医学院校辅助教材
海南医学院组织编写

野生种子植物
药用信息图鉴

主　审　郑宝江　谢毅强
主　编　刘金杰　李叶双　赵春艳
摄　影　赵春艳　刘东鹰

全国百佳图书出版单位
中国中医药出版社
·北　京·

图书在版编目（CIP）数据

野生种子植物药用信息图鉴 / 刘金杰，李叶双，赵春艳主编．—北京：中国中医药出版社，2022.6
ISBN 978-7-5132-5194-5

Ⅰ．①野…　Ⅱ．①刘… ②李… ③赵…　Ⅲ．①野生植物—药用植物—北方地区—图谱　Ⅳ．① Q949.95-64

中国版本图书馆 CIP 数据核字（2018）第 213476 号

中国中医药出版社出版
北京经济技术开发区科创十三街 31 号院二区 8 号楼
邮政编码　100176
传真　010-64405721
山东临沂新华印刷物流集团有限责任公司印刷
各地新华书店经销

开本 889×1194　1/16　印张 33.5　彩插 28.75　字数 1531 千字
2022 年 6 月第 1 版　2022 年 6 月第 1 次印刷
书号　ISBN 978-7-5132-5194-5

定价　880.00 元
网址　www.cptcm.com

服 务 热 线　010-64405510
购 书 热 线　010-89535836
维 权 打 假　010-64405753

微信服务号　zgzyycbs
微商城网址　https://kdt.im/LIdUGr
官 方 微 博　http://e.weibo.com/cptcm
天猫旗舰店网址　https://zgzyycbs.tmall.com

如有印装质量问题请与本社出版部联系（010-64405510）

作者简介

刘金杰，1950 年 12 月出生，1968 年参加工作，哈尔滨医科大学大庆校区生物学教授。

刘教授从教近 40 载，热爱教科研工作，曾主持省部级教科研项目 10 余项，分别获得了省部级科技进步奖、厅局级科技进步奖和省级教学成果奖。撰写论文 40 余篇。编写教材 5 部，其中担任副主编的教育部“十五”规划教材和卫生部规划教材，被评为国家级医学类优秀教材。

多年来的药用植物教学及野外考察实践，使其积累了黑龙江野生药用植物资源大量的第一手资料，为此担任了《全国中草药汇编（第三版）》参编单位主持人。

享有省级生物学科带头人和市级专业技术拔尖人才称号。

李叶双，1962 年 3 月出生，1985 年参加工作，现在在海南医学院工作。二级教授，硕士研究生导师，享受国务院政府特殊津贴专家，河北省“三三三人才工程”第一层次人才，海南省杰出人才。

1985 年李教授于黑龙江中医药大学本科毕业，从事中医药教学、科研、临床工作 30 余年，始终非常热爱中医药工作。曾主持和参与国家级及省部级课题多项，获得国家科技进步奖二等奖（第二名）1 项；省部级科技进步奖一、二等奖 3 项；省级著作一等奖 1 项；发表学术论文 30 余篇，作为副主编参与编写了中医药方面著作 3 部。

赵春艳，1977 年 4 月出生，副教授，硕士，毕业于哈尔滨医科大学。

2001 年赵教授参加工作，从事教学和临床工作近 20 年，曾主持和参与省级、厅局级教科研项目十余项；曾获省级科技进步奖 1 项、市级科技进步奖 5 项；发表论文二十余篇，其中 SCI 论文 2 篇；参与编写本专科教材 5 部。

多年来的药用植物学教学、研究和野外考察实践，使其积累了大量的野生北药第一手资料，为此担任了《全国中草药汇编（第三版）》参编单位的项目负责人。

医学院校辅助教材
海南医学院组织编写

《野生种子植物药用信息图鉴》编委会

主　审　郑宝江　东北林业大学
谢毅强　海南医学院中医学院

主　编　刘金杰　哈尔滨医科大学大庆校区
李叶双　海南医学院中医学院
赵春艳　广州市干部健康管理中心

摄　影　赵春艳　广州市干部健康管理中心
刘东鹰　北京市农业融资担保有限公司

副主编　齐晓琳　海南医学院中医学院
刘英莲　海南医学院中医学院
陈应奇　海南医学院中医学院
王志勇　黑龙江省沃德北药种植集团有限公司
朱有信　黑龙江省鸡西市农业农村局
刘东鹰　北京市农业融资担保有限公司
刘界宏　中晨星瀚健康科技（北京）有限公司
周夏芝　海南医学院中医学院

编　者（按姓氏笔画排序）
马　莹　哈尔滨医科大学大庆校区
杨　朕　天津市宝坻区人民医院检验科
连博琳　南通大学生命科学学院
宋彦玲　哈尔滨开放大学巴彦分校
张艳杰　辽宁省辽阳市宏伟实验学校
陈　莹　鸡西中植文化传播有限公司
陈尚岳　北京小汤山医院
国鹏菲　黑龙江省龙煤矿山建设有限公司
国海奎　黑龙江省百绿丰生态农业科技有限公司
赵作东　黑龙江省鸡西市宏福中药材科技有限公司
施笑雪　北京积水潭医院

内容提要

本书是作者以通俗易懂且不失学术描绘的表述方式编写而成的一部著作。既可以作为科普图书，又可以作为植物分类学、药用植物学、中药学专业的教学参考资料和有关课程的实习指导用书，还可以作为植物学、中药材生产与经营、生态建设、植物保护、植物资源开发有关工作者研究与学习的综合性工具书。

全书 50 余万字，另配有 2720 幅彩图，图文并茂。植物种类按恩格勒系统进行编目，共记录了东北地区的野生种子植物 102 科 402 属 840 种 16 亚种 51 变种 3 变型，其药用价值以《中华本草》等权威书籍为依据进行了阐述。作者还以其严谨的工作态度，对相关的描述做了补充：如糙叶黄耆的特征一般记载花冠黄白色，但实际图片又多显示其带有淡紫色特点，为此作者根据植物实际，描述为花冠黄白色但旗瓣与翼瓣带紫色或有紫色条纹，很好地解决了类似的疑惑之处。此外，还对药用植物的拉丁名进行了认真比对，如：照山白 *Rhododendron micranthum* Turcz，在《全国中草药汇编》《中华本草》中的药物基原都写为小花杜鹃（*Rhododendron minutiflorum* Hu in Journ.）而拉丁名及下面特征等又全是照山白的内容，这容易在使用中产生误会（一般读者不太注意拉丁名，而只是看中文名），本书也予以了订正。

本书的特点体现了生物物种多样性与植物药用方面的联系，并在查阅了大量资料后对每种植物的药用出处都进行了标注，使用者可以一次追索到更多信息，亦可使资源开发的后续工作有据可依。本书图片是作者在多年实地考察中积累的一手资料，很多照片采用数码摄像并应用微距拍摄，可以更清晰地拍摄到微小花朵的结构，便于读者识记和鉴别。

序 言

中医药是中国古代科学的瑰宝，是5000多年文明的结晶，也是世界传统医学的重要组成部分，是打开中华文明宝库的钥匙，作为中国独具特色的资源，越来越受到人类的重视。学习和研究中医药学的经典，将其与现代知识相整合，创新性地研发出健康养生文化的新体系，是推进中医药现代化，推动中医药走向世界，切实把中医药这一祖先留给我们的宝贵财富继承好、发展好、利用好的重要举措。

“千里之行，始于足下”，掌握中药的资源信息是创新性发展中医药文化的基础。《野生种子植物药用信息图鉴》就是顺应时代的需求而撰写的一部实用性很强的图书。它的问世，将为深入发掘中医药宝库中的精华，并对其与世界植物药应用相结合起到一定的推动作用。

中国北方是一个巨大的药用植物资源宝库。这里出产的野山参自古就享有“天下补虚第一要药”的美誉，是东北少数民族向中原王朝进献的贡品，其产品远销日本、韩国、欧美和东南亚等地区和国家。因此，本书所收录的野生植物侧重于北方地区。

北方自然条件复杂，生态环境优越，是我国重要的道地药材产区。这里的辽细辛、黄芪、甘草、丹参、五味子、刺五加、人参、龙胆、桔梗、苍术、穿龙薯蓣及平贝母等，是国内外从事中药和天然药物研究的重要原料，有力促进了地方医药事业的不断发展。因此，我国北方是中国重要的中药和中药材出口创汇基地。

中国北方的居民很早就有采收野生药用植物的历史。每年的春季，人们开始采挖平贝母、辽细辛、汉城细辛、狼毒大戟、白头翁、粗茎鳞毛蕨等药材。六月下旬，人们采挖天麻块茎，采收松杉灵芝等药材。七月初，人们采收肉苁蓉、草苁蓉、锁阳等。到了秋季，人们上山采挖党参、黄芪、紫草、茜草、穿龙薯蓣、芍药、地榆、白鲜、龙胆、防风、蝙蝠葛、北马兜铃、柴胡等根或根茎类药材；益母草、乌苏里瓦韦、有柄石韦、木贼等全草药材。在初冬，人们剥去黄檗（黄柏）、刺五加、暴马丁香、核桃楸等植物的树皮或采收槲寄生的植株等药材。北方地区的居民利用野生药用植物的历史也十分悠久，在民间流传着许多治疗疾病的验方，特别是在一些偏远地区和缺医少药的地方，就利用这些野生药用植物来防病、治病。

一部较全面、科学、翔实的野生药用植物图鉴，将为人们研究、合理开发利用以及选育这些丰富的植物资源提供重要的科学资料。鉴于此，哈尔滨医科大学的刘金杰教授，身体力行、跋山涉水，在经费十分拮据（完全自费）的情况下，克服了许多难以想象的困难，完成了这部彩色图鉴［80余万字，彩色照片2720幅，收录药用植物102科、406属、910种（含5亚种、56变种、3变型）］的编写工作。本图鉴在药用植物种类的遴选上，重点突出了常见的野生植物，在每个类群前面详细介绍了科、属的特征；在具体种类上，详细介绍了每一味药的中文名、学名、别名、识别要点、生境、分布、入药部位、采集时间、加工方法、化学成分、药理作用、性味归经、功能主治及用药警戒，具有极大的信息量。

我坚信：这本图鉴的出版，必将对野生药用植物资源的鉴定、开发及利用提供丰富的科学依据，对推动北方地区“道地药材基地”建设也将做出一定的贡献。

周 繇

2021 年 8 月 29 日

目 录

第一部 裸子植物门 Gymnospermae

第二部 被子植物门 Angiospermae 单子叶植物 Monocotyledons

第三部　被子植物门 Angiospermae
双子叶植物 Dicotyledons

十一、马齿苋科 Portulacaceae ········ 114

十二、石竹科 Caryophyllaceae ········ 115

十三、藜科 Chenopdiaceae ················ 127

二十八、景天科 Crassulaceae ………186

二十九、虎耳草科 Saxifragaceae……192

三十、蔷薇科 Rosaceae ……196

三十一、豆科 Leguminosae …………220

七十一、茄科 Solanaceae ……381

七十二、玄参科 Scrophulariaceae …387

第一部

裸子植物门 Gymnospermae

一、松科 Pinaceae

（一）松属 *Pinus* L.

药用记载　赤松 *Pinus densiflora* Sieb. et Zucc. 的花粉在《中华本草》中记载为松花，在《中华人民共和国药典》（以下简称《中国药典》）、《中药大辞典》中记载为松花粉；枝干的结节在《全国中草药汇编》《中药大辞典》《中华本草》中记载为松节；油树脂经蒸馏的挥发油在《中国药典》《中华本草》中记载为松节油；树皮在《中药大辞典》《中华本草》中记载为松木皮；球果在《中药大辞典》《中华本草》中记载为松球；油树脂经蒸馏除去挥发油后的遗留物在《全国中草药汇编》《中药大辞典》《中华本草》中记载为松香。针叶在《中药大辞典》《中华本草》中记载为松叶，在《全国中草药汇编》中记载为松针。红松 *P. koraiensis* Sieb. et Zucc. 的种子在《中药大辞典》《中华本草》中记载为海松子。油松 *P. tabuliformis* Carr. 和赤松 *P. densiflora* Sieb. et Zucc. 的嫩枝尖端在《中药大辞典》《中华本草》中记载为松笔头。

1. 赤松 *Pinus densiflora* Sieb. et Zucc.

别名　日本赤松、辽东赤松、短叶赤松、灰果赤松。

识别要点　乔木。树皮橘红色，不规则鳞片状脱落。一年生枝淡黄色或红黄色，微有白粉，无毛；针叶 2 针一束，先端微尖，两面有气孔线，边缘有细锯齿。雄球花淡红黄色，圆筒形，聚生于新枝下部呈短穗状；雌球花淡红紫色，单生或 2 ～ 3 个聚生，一年生小球果的种鳞先端有短刺。球果熟时暗黄褐色或淡褐黄色；种鳞张开，易脱落，有微隆起的横脊，鳞脐平或微凸起，有短刺。种子倒卵状椭圆形或卵圆形。花期 4 月，果熟期翌年 9 ～ 10 月。（图 1-1-1 ～ 1-1-4，见 502 页）

生境与分布　生长于山地和平原。分布于东北、山东、江苏。

药用部位　花粉、幼根或根皮、枝干的结节、松节油（油树脂经蒸馏或提取得到的挥发油）、树皮、球果、嫩枝尖端。

采集加工　花粉：春季开花期间采收雄花穗，晾干，搓下花粉，过筛，收取细粉，再晒。幼根或根皮：四季均可采挖，或剥取根皮，洗净，切段或片晒干。枝干的结节：多于采伐时或木器厂加工时锯取之，经过选择修整，晒干或阴干。松节油：东北在 6 ～ 9 月时在距地面 2m 高的树干处开割口，将油树脂不断收集起来。树皮：全年均可采剥，洗净，节段，晒干。球果：春末夏初采集，鲜用或干燥备用。松香：夏季采收油树脂加水蒸馏，使松节油馏出，剩下的残渣，冷却凝固后，即为松香。针叶：全年可采，以腊月采者最好，采后晒干，置于干燥处。嫩枝尖端：春季松树嫩梢长出时采，鲜用或晒干。

化学成分　花粉中含去氢分支酸、苹果酸合成酶、酸性磷酸酶、异柠檬酸裂合酶、羟基苯甲酸酯葡萄糖基转移酶及丰富的微量元素。松节含纤维素、木质素、α－和 β－蒎烯、樟烯、二戊烯、熊果酸、异海松酸。松节油含树脂酸、脂肪酸、单萜、倍半萜类。松香主要含松香酸酐、松香酸、树脂烃、α－及 β－蒎烯、左旋莰烯、二戊烯、槲皮素、山柰酚苷等。

药理作用　①松花粉中含有抑制肿瘤细胞的硒元素。②松节有一定的镇痛抗炎作用。③松节油对白色念珠菌、金黄色葡萄球菌、大肠杆菌等有一定的抑菌作用。④松节油乳剂能使胆色素型结石在 60 小时后全溶，具有一定的消炎和抑制多种细菌的作用。⑤松香酸 0.15g/kg 灌胃，能明显延长兔出血、凝血的时间，也延长血浆凝血酶原时间，使血小板数量明显减少。

性味归经　花粉：甘，温。归肝、胃经。幼根或根皮：苦，温。归肺、胃经。枝干的结节：苦，温。归肝、肾经。松节油：苦，温。归肝、肾经。树皮：苦，温。归肺、大肠经。树皮：苦，温。归肺、大肠经。球果：甘、苦，温。归肺、大肠经。松香：苦、甘，温。归肝、脾经。针叶：苦，温。归心、脾经。嫩枝尖端：苦、涩，凉。归肾经。

功能主治　花粉：祛风，益气，收湿，止血。适用于头痛眩晕，泄泻下痢，湿疹湿疮，创伤出血。

幼根及根皮：祛风除湿，活血止血。适用于风湿痹痛，风疹瘙痒，白带异常，咳嗽，跌打吐血，风虫牙痛。

枝干的结节：祛风燥湿，舒筋通络，活血止痛。适用于风寒湿痹，历节风痛，脚痹痿软，跌打伤痛。

松节油：活血通络，消肿止痛。适用于关节肿痛，肌肉痛，跌打损伤。

树皮：祛风除湿，活血止血，敛疮生肌。适用于风湿骨痛，跌打损伤，金刃伤，肠风下血，久痢，湿疹，烧烫伤，痈疽久不收口。

球果：祛风除痹，化痰止咳平喘，利尿，通便。适用于风寒湿痹，白癜风，慢性气管炎，淋浊，便秘，痔疮。

松香：祛风燥湿，排脓拔毒，生肌止痛。适用于痈疽恶疮，瘰疬，瘘证，疥癣，白秃，疠风，痹证，金疮，扭伤，白带异常，血栓闭塞性脉管炎。

针叶：祛风燥湿，杀虫止痒，活血安神。适用于风湿痿痹，脚气，湿疮，癣，风疹瘙痒，跌打损伤，神经衰弱，慢性肾炎，高血压，还可预防乙脑，流感。

嫩枝尖端：祛风利湿，活血消肿，清热解毒。适用于风湿痹痛，淋证，尿浊，跌打损伤，乳痈，动物咬伤，夜盲症。

用药警戒　花粉：血虚、内热者慎服。松节：阴虚血燥者慎服。松香：血虚、内热实火者禁服。不可久服。未经严格炮制不可服。

2. 兴凯湖松 *Pinus takahasii* Nakai　　FOC（《中国植物志》）修订为 *Pinus densiflora* Siebold et Zucc. var. *ussuriensis* Liou et Z. Wang

别名　兴凯赤松、垂果赤松。

识别要点　乔木。树皮红褐色或黄褐色，树干上部的皮呈淡褐黄色；一年生枝淡褐色或淡黄褐色，新枝被白粉。冬芽赤褐色，长卵圆形，顶端尖，稍有树脂。针叶 2 针一束，边缘有细锯齿，两面均有气孔线；叶鞘深褐色；雌球花有短梗，下弯，很少不下弯。球果长卵圆形或椭圆状卵圆形，球果中下部种鳞的鳞盾隆起向后反曲或平，鳞脐褐色，平或微凸起，有短刺；种子倒卵圆形，微扁，淡褐色有黑色斑纹。花期 5 ～ 6 月，球果第二年 9 ～ 10 月成熟。（图 1–2–1 ～ 1–2–3，见 502 ～ 503 页）

生境与分布　生长于湖边砂丘上及山顶石砾土上。分布于黑龙江兴凯湖及密山、鸡东、鸡西、穆棱等地。

药用等参考赤松。

3. 红松 *Pinus koraiensis* Sieb. et Zucc.

别名　海松、果松、红果松、朝鲜松。

识别要点　常绿～大乔木。树皮灰褐色，鳞状裂开。小枝暗褐色，新枝棕黄色，密被茸毛。叶针形，5 针一束，粗硬，三棱形，内侧具白色气孔线；叶鞘早落。花单性；雄花序圆柱状，生于新枝基部，密集成穗状，呈红黄色；雌花序单生或数个集生于主枝或新枝的先端，有长柄。球果大，卵状长圆形，初为绿色后变黄褐色；果鳞菱形或鳞状卵形，顶端伸长反曲，有粗毛。种子卵状三角形，无翅，红褐色。花期 5 月，果期 10 ～ 11 月。（图 1–3–1 ～ 1–3–4，见 503 页）

生境与分布　生长于湿润的缓山坡或排水良好的平坦地，多与阔叶树成混交林。分布于东北。

药用部位　种子，其余部位参考赤松。

采集加工　果熟后采收，晒干，去硬壳，取出种子，置干燥处保存。

化学成分　种子含 α – 蒎烯及 β – 蒎烯、莰烯、3– 蒈烯、香桧烯、月桂烯、二戊烯、β – 水芹烯、γ – 松油烯、对 – 聚伞花素、瑟模环烯、异瑟模环烯醇、4– 表异瑟模环烯醇、贝壳杉二醇、兰伯松脂酸、兰伯松脂酸甲酯、3,5– 二甲氧基芪、顺式新冷杉烯醇、18– 降脱氢松香 –4α – 醇、衣兰烯、长叶烯、红松烯、止杈酸。叶含 4–α – 哌可啉、松里汀。

药理作用　所含挥发油具有抑制家兔实验性主动脉粥样硬化的作用，而且使动脉硬化的病变程度减轻。但降低胆固醇作用不明显；还能升高血清总脂含量，这可能是因为不饱和脂肪酸能与胆固醇结合成酯，而后者更容易转运、代谢和排泄。

性味归经　甘，微温。归肝、肺、大肠经。

功能主治　润燥，养血，祛风。适用于肺燥干咳，大便虚秘，诸风头眩，骨节风，风痹，并有润泽皮肤、营养毛发的功能。

用药警戒　便溏精滑者勿用；有湿痰者禁用。

4. 油松 *Pinus tabuliformis* Carr.

别名　短叶松、红皮松、短叶马尾松、东北黑松、紫翅油松、巨果油松。

识别要点　乔木。树皮灰褐色或褐灰色，裂成不规则较厚的鳞状块片，裂缝及上部树皮红褐色；芽鳞红褐色，边缘有丝状缺裂。针叶 2 针一束，深绿色，粗硬。雄球花圆柱形，球果卵形或圆卵形，有短梗，向下弯垂，鳞盾肥厚、隆起或微隆起，扁菱形或菱状多角形，横脊显著，鳞脐凸起有尖刺；种子卵圆形或长卵圆形。花期 4 ～ 5 月，球果第二年 10 月成熟。（图 1–4–1 ～ 1–4–4，见 503 ～ 504 页）

生境与分布　生长于各种土质，喜肥沃土质。分布于东北、华北、内蒙古、陕西、甘肃、宁夏、青海及四川等省区。

药用部位 枝干的结节、嫩枝尖端，其余部位参考赤松。

采集加工 采伐时或木器厂加工时锯取之，经过选择修整，晒干或阴干。

化学成分 含纤维素、木质素、松节油、树脂、α－和 β－蒎烯、樟烯、二戊烯、油脂、熊果酸、异海松酸。

药理作用 有一定的镇痛抗炎作用。

性味归经 苦，温。归肝、肾经。

功能主治 祛风燥湿，舒筋通络，活血止痛。适用于风寒湿痹，历节风痛，脚痹痿软，跌打伤痛。

用药警戒 阴虚血燥者慎服。

（二）落叶松属 *Larix* Mill.

5. 落叶松 *Larix gmelinii*（Rupr.）Kuzen.

别名 意气松、兴安落叶松、大果兴安落叶松、粉果兴安落叶松、齿果兴安落叶松、达乌里落叶松。

识别要点 乔木，枝斜展或近平展，树冠卵状圆锥形。一年生长枝较细，淡黄褐色或淡褐黄色，二三年生枝褐色、灰褐色或灰色；短枝顶端叶枕之间有黄白色长柔毛；冬芽近圆球形，芽鳞暗褐色，边缘具睫毛，基部芽鳞的先端具长尖头。叶倒披针状条形，上面中脉不隆起，有时两侧各有气孔线。球果幼时紫红色，成熟前卵圆形或椭圆形，成熟时上部的种鳞张开，黄褐色、褐色或紫褐色；种子斜卵圆形，灰白色，具淡褐色斑纹。花期 5 ～ 6 月，球果 9 月成熟。（图 1-5-1 ～ 1-5-4，见 504 ～ 505 页）

生境与分布 生长于山麓、沼泽、泥炭沼泽、草甸、湿润而土壤富腐殖质的阴坡及干燥的阳坡、湿润的河谷及山顶等各种环境。分布于大小兴安岭。

药用等各项参考油松。

（三）云杉属 *Picea* Dietr.

药用记载 白杆 *Picea meyeri Rehd.* et. *Wils.* 的枝干结节和针叶在《中华本草》中记载为杆木。

6. 白杆 *Picea meyeri* Rehd. et. Wils.

别名 杆、红杆、红扦、白儿松、罗汉松、钝叶杉、红扦云杉、刺儿松、毛枝云杉。

识别要点 乔木，树皮灰褐色，裂成不规则的薄块片脱落；大枝近平展，树冠塔形；小枝有密生或疏生短毛或无毛，冬芽圆锥形，基部芽鳞有背脊，上部芽鳞的先端常微向外反曲。主枝之叶常辐射伸展，侧枝上面之叶伸展，四棱状条形，微弯曲。球果成熟前绿色，熟时褐黄色，矩圆状圆柱形，鳞背露出部分有条纹；种子倒卵圆形，种翅淡褐色，倒宽披针形。花期 4 月，果期 9 ～ 10 月。（图 1-6-1 ～ 1-6-4，见 505 页）

生境与分布 生长于灰棕色森林土或棕色森林土地带。分布于山西、河北、内蒙古。

药用部位　枝干结节和针叶。

采集加工　全年均可采，阴干备用。

性味归经　苦、涩，温。

功能主治　祛风除湿，活络止痛。适用于风湿关节痛，跌打肿痛，高血压病，夜盲症。

二、柏科 Cupressaceae

（四）侧柏属 *Platycladus* Spach

药用记载　侧柏 *Platycladus orientalis*（L.）Franco 的枝梢与叶在《中国药典》《中药大辞典》《中华本草》中记载为侧柏叶。

7. 侧柏 *Platycladus orientalis*（L.）Franco

别名　柏、扁柏、丛柏。

识别要点　常绿乔木。树皮薄，浅灰褐色，纵裂成条片。小枝扁平，直展，排成一平面。叶鳞形，交互对生，先端微钝，位于小枝上下两面之叶露出部分倒卵状菱形或斜方形，两侧的叶呈龙骨状，叶背中部均有腺槽。雌雄同株；球花单生于短枝顶端；雄球花黄色，卵圆形。球果当年成熟，卵圆形，熟前肉质，蓝绿色，被白粉；熟后木质，张开，红褐色；种鳞 4 对，扁平，背部近先端有反曲的尖头。种子卵圆形或长卵形，种脐大而明显。花期 3 ～ 4 月，果期 9 ～ 11 月。（图 1–7–1 ～ 1–7–3，见 505 ～ 506 页）

生境与分布　生长于湿润肥沃地，石灰岩地也有生长。分布于东北、华北、广东、广西、陕西、甘肃、四川、云南、贵州等地。

药用部位　枝梢与叶。

采集加工　多在夏、秋二季采收，阴干。

化学成分　叶含 α – 侧柏酮、侧柏烯、小茴香酮、蒎烯、丁香烯、棕榈酸、硬脂酸、月桂酸、肉豆蔻酸、油酸、亚油酸、癸酸、柏木双黄酮、芹菜素、槲皮苷、山柰酚 –7–O– 葡萄糖苷、槲皮素 –7–O– 鼠李糖苷、杨梅树皮素 –3–O– 鼠李糖苷、杨梅树皮素、扁柏双黄酮、穗花杉双黄酮、β – 谷甾醇、缩合鞣质、去氧鬼臼毒素、异海松酸。

药理作用　①侧柏提取物有显著的镇咳作用。所含异海松酸有祛痰作用。其醋酸乙酯提取物对小鼠及豚鼠离体气管平滑肌均有松弛作用，对大鼠气管和肺组织呼吸有降低组织耗氧量的作用。②侧柏煎剂能显著减少小鼠自发活动和延长戊巴比妥钠的睡眠时间，但对咖啡因所致惊厥无拮抗作用。③侧柏煎剂醇沉淀后的部分给麻醉猫静脉注射或灌胃，均可使血压轻度下降，并对离体兔耳血管也有扩张作用。④侧柏煎剂对金黄色葡萄球菌、卡他球菌、痢疾杆菌、伤寒杆菌、白喉杆菌、乙型链球菌、炭疽杆菌等均有抑制作用。侧柏叶煎剂对流感病毒、疱疹病毒均有抑制作用。

性味归经 苦、涩，微寒。归肺、肝、脾经。

功能主治 凉血止血，止咳祛痰，祛风湿，散肿毒。适用于治疗咯血，吐血，衄血，尿血，血痢，肠风下血，崩漏不止，咳嗽痰多，风湿痹痛，丹毒，痄腮，烫伤。

用药警戒 多食亦能倒胃。

三、红豆杉科 Taxaceae

（五）红豆杉属（紫杉属）*Taxus* L.

药用记载 东北红豆杉 *Taxus cuspidata* Sieb. et Zucc. 的叶在《全国中草药汇编》中记载为东北红豆杉，在《中药大辞典》《中华本草》中记载为紫杉。

8. 东北红豆杉 *Taxus cuspidata* Sieb.et Zucc.

别名 紫杉、赤柏松、米树、宽叶紫杉。

识别要点 常绿乔木。树皮红褐色，有浅裂纹。小枝互生，枝平展或斜展，密生，小枝基部宿存芽鳞。冬芽淡黄褐色，芽鳞先端渐尖，背部有纵脊。叶螺旋状着生，直，稀微弯，先端通常凸尖，基部窄，有短柄，上面深绿色，有光泽，中脉隆起，下面有两条灰褐色气孔带。雌雄异株，球花单生于叶腋。种子卵圆形，棕红色，生于红色肉质的杯状或坛状的假种皮中。花期 5 ～ 6 月，种子 9 ～ 10 月成熟。（图 1–8–1 ～ 1–8–4，见 506 页）

生境与分布 散生长于山地林中。分布黑龙江、吉林。

药用部位 茎枝、叶、根。

采集加工 茎枝叶：夏秋季采收，晒干。根：秋季采挖，洗净，切段，晒干。

化学成分 叶含紫杉素 A、H、K、L，尖叶土杉甾醇 A，蜕皮甾酮，金松双黄酮。枝含紫杉碱、罗汉松甾酮 A。茎皮含紫杉醇。心材含紫杉新素、异紫杉树脂醇、异落叶松脂醇。种子含东北红豆杉素、紫杉素、紫杉素 B、紫杉碱Ⅱ、β－谷甾醇、菜油甾醇、豆甾醇。假种皮含紫杉素及各种多糖。

药理作用 ①降血糖。②紫杉碱能麻痹草履虫，对蛙、小鼠、兔的中枢神经系统有麻痹作用。③紫杉醇是一种新型的抗肿瘤药物，被用于治疗子宫癌和乳腺癌，许多乳腺癌治愈者仍服用该药以预防癌症的复发。同时对肺癌、食管癌也有显著疗效，对肾炎及细小病毒炎症有明显抑制。

性味归经 淡，平。归肾经。

功能主治 利尿消肿。适用于肾炎浮肿，小便不利，糖尿病，抗肿瘤。

第二部

被子植物门 Angiospermae

单子叶植物 Monocotyledons

一、泽泻科 Alismataceae

（一）慈姑属 *Sagittaria* L.

药用记载　野慈姑 *Sagittaria trifolia* L. var. *trifolia* 的球茎在《中药大辞典》《中华本草》中记载为慈姑；花记载为慈姑花；叶记载为慈姑叶。

1. 野慈姑 *Sagittaria trifolia* L. var. *trifolia*

别名　茨菇、白地栗、慈菇、三裂慈姑。

识别要点　多年水生或沼生草本。根茎横生，末端膨大或否。叶柄基部渐宽，鞘状，边缘膜质；挺水叶箭形，叶片长短、宽窄变异很大，通常顶裂片短于侧裂片。花莛直立，挺水。花序总状或圆锥状分枝，具花多轮，每轮 2 ～ 3 花，苞片 3 枚；花单性，外轮花被片椭圆形或广卵形，内轮花被片白色或淡黄色；雌花 1 ～ 3 轮，心皮多数，两侧压扁；雄花多轮，雄蕊多数。瘦果倒卵形，具翅。种子褐色。花、果期 5 ～ 10 月。（图 2-1-1 ～ 2-1-5，见 508 页）

生境与分布 生长于湖泊、沼泽、水塘、水田、沟渠等水域。分布于东北、华北、西北、华东、华南及四川、贵州、云南等地。

药用部位　球茎、花、叶。

采集加工　球茎：秋季初霜后至翌春发芽前，可随时采收。采收后，洗净，鲜用或晒干。花：秋季花开时采收，鲜用。叶：夏秋季采收，晒干或鲜用。叶：夏、秋季采收，鲜用或切段晒干。

化学成分　慈姑球茎含蛋白质、脂肪、碳水化合物、粗纤维、钙、磷、铁。全草含慈姑醇、B 族维生素、胰蛋白酶抑制物。

药理作用　①从慈姑中提取的多功能蛋白酶抑制剂Ⅰ、Ⅱ对胰蛋白酶、胰凝乳蛋白酶及舒缓激肽释放酶均有较明显的抑制作用。②慈姑蛋白酶抑制剂在剂量 330μg/mL 以上时，能抑制精子顶部顶体蛋白酶的活性，使顶体蛋白酶丧失水解卵细胞透明带的能力，从而使精子不能穿过透明带与卵细胞结合，影响精子的受精。③慈姑蛋白酶抑制剂对人、兔、大鼠、仓鼠及小鼠精子顶体蛋白酶均有明显的抑制作用，并随剂量增加而抑制效应增强。

性味归经　球茎：甘、微苦、微辛，微寒。归肝、肺、脾、膀胱经。花：微苦，寒。归肝、脾经。叶：苦、微辛，寒。归心、脾经。

功能主治　球茎：活血凉血，止咳通淋，散结解毒。适用于产后血闷，胎衣不下，带下，崩漏，衄血，呕血，咳嗽痰血，淋浊，疮肿，目赤肿痛，角膜白斑，瘰疬，睾丸炎，骨膜炎，毒蛇咬伤。花：清热解毒，利湿。适用于疔肿，痔漏，湿热黄疸。叶：清热解毒，凉血化瘀，利水消肿。适用于咽喉肿痛，黄疸，水肿，恶疮肿毒，丹毒，瘰疬，湿疹，蛇虫咬伤。

用药警戒 根茎：孕妇慎服。花：孕妇忌用。叶：不宜久敷。

2. 剪刀草 *Sagittaria trifolia* L.var. *trifolia longgiloba*（Turcz.）Makino.

别名 狭叶慈姑。

识别要点 剪刀草是野慈姑的变型，与野慈姑的主要区别是叶片窄小，披针形至线状披针形，叶的先端及叶裂片尾部均为线形，整个叶片像飞燕状。（图 2-2-1 ～ 2-2-3，见 508 页）

药用等项同野慈姑。

（二）泽泻属 *Alisma* L.

药用记载 泽泻 *Alisma plantago-aquatica* L. 的干燥块茎，在《中国药典》《中药大辞典》《中华本草》《全国中草药汇编》中记载为泽泻；叶在《中药大辞典》中记载为泽泻叶；果实在《中药大辞典》《中华本草》中记载为泽泻实。

3. 泽泻 *Alisma plantago-aquatica* L.

别名 水泽、如意花、车苦菜、天鹅蛋、天秃、一枝花。

识别要点 多年生沼泽植物。地下有较大块茎，球形，外皮褐色，密生多数须根。叶根生，具叶柄及叶鞘宽；叶片椭圆形至卵形，全缘，两面均光滑无毛。花茎由叶丛中生出，总花梗通常集成大型的轮生状圆锥花序；小花梗长短不等，伞状排列；萼片 3，绿色，广卵形，花瓣 3，白色，倒卵形，较萼短；雄蕊 6；雌蕊多数，离生；子房倒卵形，侧扁；花柱侧生。瘦果多数，褐色。花期 6 ～ 8 月，果期 7 ～ 9 月。（图 2-3-1 ～ 2-3-4，见 509 页）

生境与分布 生长于沼泽边缘或栽培。分布于东北、华东、西南及河北、新疆、河南等地。

药用部位 干燥块茎、叶及果实。

采集加工 块茎：秋、冬季叶子枯萎时，采挖块茎，除去茎叶及须根，洗净，干燥，除去须根及粗皮。叶：夏季采收，晒干或鲜用。果实：夏、秋季果实成熟后分批采收，用刀割下果序，扎成小束，挂于空气流通处，脱粒，晒干。

化学成分 块茎含泽泻醇 A、泽泻醇 B、泽泻醇 C、乙酸泽泻醇 A 酯、乙酸泽泻醇 B 酯、表泽泻醇 A、法卡林二醇、异欧前胡素、邪篙内醋、谷甾醇 -3-O- 硬脂酰基 -β-D- 吡喃葡萄糖苷、天门冬素、棕榈酸、硬脂酸、油酸、亚油酸、胆碱、树脂、蛋白质、多量淀粉、糖和钾、钙、镁。

药理作用 ①泽泻醇 A 及泽泻醇 A、B、C 的乙酸酯，有显著降胆固醇作用和抗动脉硬化作用。②泽泻醇 A、B、C 乙酸酯可保护因四氯化碳中毒的小鼠肝脏，其中以泽泻醇 C 乙酸酯效果最好，对脂肪肝有对抗作用。③泽泻浸膏给犬和家兔静脉注射，有轻度降压作用。④利尿作用明显，以冬季采集的正品泽泻作用最佳。⑤对大剂量谷氨酸钠引起的肥胖有减肥作用。⑥叶含有刺激性物质，可作皮肤发红剂。

性味归经 块茎：甘，寒。归肾、膀胱经。叶：微咸，平。归肺、肝、肾经。果实：甘，平。归脾、肝、肾经。

功能主治 块茎：清热通淋，淡渗利湿。适用于治疗小便不利，水肿胀满，泄泻尿少，痰饮眩晕，热淋涩痛，高脂血症。叶：益肾，止咳，通脉，下乳。适用于慢性气管炎，虚劳咳喘，乳汁不通，疮肿。果实：祛风湿，益肾气。适用于风痹，肾亏体虚，消渴。

用药警戒 泽泻含有刺激性物质，内服可引起胃肠炎，贴于皮肤引起发泡，其叶可作为皮肤发红剂。羊吃此植物无害，而牛食可引起中毒，表现为血尿。

4. 东方泽泻 *Alisma orientale*(Samuel.)Juz.

别名 泽泻、草泽泻。

识别要点 花果较小，花柱很短，内轮花被片边缘波状，花托在果期中部呈凹形，瘦果在花托上排列不整齐等可明显与泽泻相区别。(图 2-4-1 ～ 2-4-4，见 509 页)

生境与分布 常生长于湖池、水塘、沼泽及积水湿地。分布于全国各地。

药用等项参考泽泻。

二、眼子菜科 Potamogetonaceae

(三)眼子菜属 *Potamogeton* L.

药用记载 眼子菜 *Potamogeton distinctus* A. Benn. 的全草在《全国中草药汇编》《中药大辞典》《中华本草》中记载为眼子菜；根在《中华本草》中记载为眼子菜根。浮叶眼子菜 *P. natans* L. 的全草在《中药大辞典》《中华本草》中记载为水案板。

5. 眼子菜 *Potamogeton distinctus* A. Benn.

别名 水案板、地黄瓜、压水草、牙齿草、扎木板、弹木叶、案板芽、水黄连、滑油丹。

识别要点 多年生草本。根状茎匍匐，根茎发达，白色，多分枝，常在顶端形成休眠芽体。茎细弱，多分枝。叶两型，沉水叶互生，有柄，披针形或线状披针形；漂浮叶互生，花序下的叶对生，叶片宽披针形或长圆状披针形，顶端渐尖或钝圆，基部近圆形。穗状花序生于漂浮叶的叶腋中，密生黄绿色小花，总花梗长 4 ～ 7cm。小坚果广卵形，腹面近直，背部具 3 脊，中脊近尖，波状，侧脊钝，基部通常具 2 凸起，顶端近扁平而不成喙状。花果期 5 ～ 10 月。(图 2-5-1 ～ 2-5-2，见 510 页)

生境与分布 生长于水田、池沼及河中。分布于全国各地。

药用部位 全草。

采集加工 春、夏采收，洗净，晒干或鲜用。

化学成分 全草含粗蛋白、粗脂肪、粗纤维、胡萝卜素、叶黄素、蝴蝶梅黄素、新黄质、钙、磷与微量的锰。

药理作用 眼子菜是一种有效驱蛔药。曾用小鼠灌胃测定其半数致死量，服药量达 12.5g/（kg·d）（相当于目前最大量 15 倍）皆未见死亡，故其毒性很低。

性味归经 苦，寒。归胆、肝、膀胱经。

功能主治 清热解毒，利湿通淋，补虚健脾，止血，驱蛔。适用于湿热痢疾，黄疸，热淋，带下，鼻衄，痔疮出血，蛔虫病，疮痈肿毒，结膜炎，牙痛，水肿，蛔虫病，干血痨，小儿疳积。

三、花蔺科 Butomaceae

（四）花蔺属 *Butomus* L.

药用记载 花蔺 *Butomus umbellatus* L. 近代民间习用治疗脑梗死。食疗辅助方，使用需谨慎。

6. 花蔺 *Butomus umbellatus* L.

别名 猪尾菜。

识别要点 多年生水生草本。叶基生，上部伸出水面，条形，呈三棱状，基部鞘状，抱茎。花莛圆形，直立，与叶等长或稍长。顶生伞形花序；花两性；总苞片 3，卵状披针形，膜质，外轮花被片 3，萼片状，带紫色，宿存，内轮花被片 3，花瓣状，淡红色或近白色，脱落；雄蕊轮状排列；雌蕊 6 枚，与雄蕊等长，带红色。蓇葖果成熟时腹缝开裂，种子多数，细小，有沟槽。花期 6 ～ 7 月，果期 7 ～ 8 月。（图 2-6-1 ～ 2-6-4，见 510 页）

生境与分布 生长于湖泊、水塘、沟渠的浅水中或沼泽里。分布于东北、内蒙古、河北、山西、陕西、新疆、山东、江苏、河南、湖北等地。

药用部位 根茎。

采集加工 秋季挖取根茎，鲜用或晒干备用。

功能主治 活血散瘀。适用于轻微血栓性脑梗死。

四、百合科 Liliaceae

（五）藜芦属 *Veratrum* L.

药用记载 藜芦 *Veratrum nigrum* L.，毛穗藜芦 *V. maackii* Regel，兴安藜芦 *V. dahuricum*（Turcz.）Loes. 的根及根茎在《全国中草药汇编》《中华本草》中记载为藜芦。

7. 藜芦 *Veratrum nigrum* L.

别名　山葱、黑藜芦、葱苒、鹿葱、老旱葱、山苞米、大藜芦。

识别要点　多年生草本。植株粗壮。基部的鞘枯死后残留为有网眼的黑色纤维网。茎下部叶无柄，叶片广椭圆形或卵状椭圆形。圆锥花序顶生，小花紧密，总轴和枝轴密被白色绵状毛；花被片6，黑紫色；雄蕊6；子房卵形，3室，无毛，花柱3。蒴果卵圆形，具三钝棱。种子扁平，具膜质翅。花果期7～9月。（图2-7-1～2-7-3，见511页）

生境与分布　生长于山坡林下或草丛中。分布于东北、华北及陕西、甘肃、山东、河南、湖北、四川、贵州等地。

药用部位　根及根茎。

采集加工　5～6月末抽花茎前采挖根部，除去地上部分，洗净晒干。

化学成分　藜芦根茎含去乙酰基原藜芦碱A，计默任碱，原藜芦碱A，藜芦马林碱，计米定碱，双去乙酰基原藜芦碱A，藜芦嗪，新计布定碱，芥芬胺，藜芦酰棋盘花碱，玉红芥芬胺，异玉红芥芬胺，藜芦胺，藜芦碱胺A、B、C、D，藜芦甾二烯胺，藜芦米宁，3,15-二当归酰基计明胺，茄咪啶，β-谷甾醇，β-谷甾醇硬脂酸酯，胡萝卜苷，蜡酸，硬脂酸，秋水仙碱。

药理作用　①藜芦乙醇提取物能使血压降低，并能抑制心肌兴奋性传导。②藜芦水浸液对蚊、蝇、蚤、虱有强烈的毒杀作用。③藜芦所含总生物碱具强烈局部刺激作用，口服能催吐祛痰。④对血吸虫有杀灭作用。⑤有抗真菌的作用。对结核菌也有较强的抑制作用。⑥降低全血及血浆黏度，抗血小板血栓。⑦毒性：成人口服藜芦须根70mg即发生中毒。藜芦中毒，出现恶心，呕吐，抑制心肌的兴奋传导，可出现传导阻滞。

性味归经　苦、辛，寒，有毒。归肺、胃、肝经。

功能主治　祛痰，催吐，杀虫。适用于中风痰涌，风痫癫疾，黄疸，久疟，泻痢，头痛，喉痹，鼻息，疥癣，恶疮。

用药警戒　服用藜芦忌吃狸肉和生菜。体虚气弱及孕妇忌服。作催吐药使用，内服宜慎，孕妇忌服。不宜与人参、沙参、丹参、玄参、苦参、细辛、芍药同用。

8. 毛穗藜芦 *Veratrum maackii* Regel

别名　马氏藜芦、山苞米。

识别要点　多年生草本。茎较细弱，基部被棕褐色网眼状的枯死纤维。叶互生，全缘式带微波状，基部渐狭而下沿呈鞘状，叶脉隆起；茎下部叶具明显较长的叶柄。圆锥花序顶生，花较稀疏；花两性，被片6，黑紫色。蒴果长圆形，成熟时3裂，种子多数。（图2-8-1～2-8-3，见511页）

生境与分布　生长于山地林下或高山草甸。分布于东北及内蒙古和山东等地。

药用部位　根及根茎。

采集加工　5～6月末抽花茎前采挖根部，除去地上部分，洗净晒干。

化学成分　根茎含藜芦嗪、当归酰棋盘花胺、毛穗藜芦碱、马尼春碱、棋盘花碱、藜芦嗪宁、白藜芦。

药用等项同藜芦。

9. 兴安藜芦 *Veratrum dahuricum*（Turcz.）Loes.

别名 山苞米、老旱葱、山白菜。

识别要点 多年生草本。茎基部具浅褐色或灰色无网眼的纤维束。叶互生，基部无柄，抱茎，背面密被银白色短柔毛，呈灰白色。圆锥花序下枝较长，呈金字塔形；小花梗较花被短，花被片淡黄绿色带苍白色边缘；雄蕊6，长约为花被片的一半。蒴果椭圆形。种子扁平，具翅。花期6～8月。（图2-9-1～2-9-3，见512页）

生境与分布 生长于草甸和山坡湿草地。分布于东北、内蒙古、新疆等地。

药用等项同藜芦。

10. 尖被藜芦 *Veratrum oxysepalum* Turcz.

别名 光脉藜芦、毛脉藜芦。

识别要点 多年生草本。茎基部有黑棕色无网眼的纤维束。叶背面无毛或稍有短柔毛，呈绿色。圆锥花序顶生，花序轴密生灰白色绵毛；花小，两性；花被片6，背面绿色，内面白色，矩圆形至倒卵状矩圆形，先端钝圆或稍尖，基部明显收狭；雄蕊6，着生于花被片基部；子房上位，3室，花柱3。蒴果卵形，淡褐色，熟时3裂。花期7月。（图2-10-1～2-10-5，见512页）

生境与分布 生长于山坡林下或湿草甸。分布于东北。

药用等同藜芦。

（六）知母属 *Anemarrhena* Bunge.

药用记载 知母 *Anemarrhena asphodeloides* Bunge. 的干燥根茎在《中国药典》《中药大辞典》《中华本草》中记载为知母。

11. 知母 *Anemarrhena asphodeloides* Bunge.

别名 连母、水须、穿地龙、地参、蒜瓣子草、兔子油草、山韭菜、羊胡子根。

识别要点 多年生草本。全株无毛。根状茎横生于地面，其上有许多黄褐色纤维，下生多数粗而长的须根。花莛圆柱形直立，上生鳞片状小苞叶，穗状花序稀疏而狭长，花梗顶端具关节；花淡紫红色，具短梗；花被片6，离生，宿存；雄蕊3，具丁字药；子房近圆形，3室。蒴果长卵形。花期5～8月，果期8～9月。（图2-11-1～2-11-4，见513页）

生境与分布 生长于向阳干燥的山坡、丘陵、草原，常成群生长。分布于东北、华北及陕西、宁夏、甘肃、山东、江苏等地。

药用部位 根茎。

采集加工 春、秋均可采挖，以秋季采者较佳，除去枯叶和须根，抖掉泥土，晒干或烘干为“毛知母”。趁鲜剥去外皮，晒干为“知母肉”。

化学成分 根茎含知母皂苷，异菝葜皂苷，萨尔萨皂苷元，马尔考皂苷元，新芰脱皂苷元，知母多糖 A、B、C、D，鞣酸，顺－扁柏树脂酚，氧化－顺－扁柏树脂酚，对－羟苯基巴豆油酸，二十五烷酸乙烯酯，β－谷甾醇，烟酸，烟酰胺，泛酸，芒果苷，甲氧基二苯甲酮。地上部分含芒果苷和异芒果苷。叶含芒果苷。花含皂苷。

药理作用 ①知母煎剂对葡萄球菌、伤寒杆菌、痢疾杆菌、副伤寒杆菌、大肠杆菌、枯草杆菌、霍乱弧菌有抑制作用，对某些常见的致病性皮肤癣菌也有抑菌作用。②知母皂苷元是 Na^+–K^+–ATP 酶抑制剂，它对提纯的兔肾 Na^+–K^+–ATP 酶有极明显的抑制作用。③抑制肝脏对皮质醇的分解代谢。④从知母根茎中分得的知母聚糖 A、B、C、D 有降血糖作用，其中知母聚糖 B 的活性最强。⑤知母根茎中的皂苷具有明显降低由甲状腺素造成的耗氧率增高及抑制 Na^+–K^+–ATP 酶活性的作用，与清热泻火的功效有关。⑥知母皂苷对人肝癌移植裸大鼠有抑制肿瘤生长作用，使生存期延长，但统计无显著差异。另外，治疗皮肤鳞癌、宫颈癌等有较好疗效且无副作用。⑦知母果苷有明显的利胆作用和抑制血小板聚集作用。⑧知母中的烟酸有维持皮肤与神经健康及促进消化道功能的作用。

性味归经 苦、甘，寒。归肺、胃、肾经。

功能主治 清热泻火，滋阴生津，润燥滑肠，止渴除烦。适用于外感热病，高热烦渴，肺热燥咳，骨蒸潮热，内热消渴，肠燥便秘，虚烦不眠，消渴淋浊。

用药警戒 令人作泻减食，故脾胃虚寒，大便溏泄等虚损者忌服。

（七）萱草属 *Hemerocallis* L.

药用记载 萱草 *Hemerocallis fulva* L. 和黄花菜 *H. citrina* Baroni 的根在《全国中草药汇编》中记载为萱草。萱草、黄花菜、北黄花菜 *H. lilioasphodelus* L.、小黄花菜 *H. minor* Mill. 的根在《中药大辞典》《中华本草》中记载为萱草根，嫩苗在《中药大辞典》《中华本草》中记载为萱草嫩苗。黄花菜的花蕾在《中药大辞典》《中华本草》中记载为金针菜。

12. 萱草 *Hemerocallis fulva* L.

别名 漏芦果、黄花菜根、绿葱兜、水大蒜、皮蒜、地冬。

识别要点 多年生草本。根末端膨大。叶基生，排成两列；叶片条形，下面呈龙骨状凸起。花莛粗壮，蝎尾状聚伞花序组成圆锥状；苞片披针形；花疏生，橘红色至橘黄色；花被下部合生成花被管，外轮花被裂片 3，具平行脉，内轮裂片 3，长圆形，具分枝的脉，中部具褐红色的色带，边缘波状皱褶，盛开的裂片反曲；雄蕊伸出，上弯，比花被裂短；花柱伸出，上弯，比雄蕊长。蒴果长圆形。花、果期 5 ～ 7 月。（图 2–12–1 ～ 2–12–2，见 513 页）

生境与分布 生长于草甸、湿草地、荒坡或灌丛下。分布于东北、河北、山西、陕西、甘肃、山东、江苏等地。

药用部位 根、嫩苗、花。

采集加工 根：夏、秋采挖，除去残茎，须根，洗净泥土，晒干。嫩苗：春季采收，鲜用。花：5 ～ 8 月花将要开放时采收，蒸后晒干。

化学成分 根含 γ-羟基谷氨酸、天门冬素、酪氨酸、赖氨酸、精氨酸、琥珀酸、乳酸、无羁萜、谷甾醇葡糖苷、苯甲酸乙酯。全草含大黄酸、大黄酚、美决明子素、美明子索甲醚、萱草根素。

药理作用 对尿毒症患者进行血液透析的同时，配合萱草根治疗，结果显示患者服用萱草根后，尿量可逐渐增加，体内血肌酐和尿素氮水平随之降低，透析时的超滤量（脱水量）逐渐下调，体内代谢废物的潴留情况逐渐改善。花浸膏及提取物给小鼠灌胃，可使其自发活动显著减少，有明显的镇静作用。

性味归经 根：甘，凉，有毒。归脾、肝、膀胱经。花：甘，凉。归脾、肝、膀胱经。

功能主治 根：清热利湿，凉血止血，解毒消肿。适用于黄疸，水肿，淋浊，带下，衄血，便血，崩漏，乳痈，乳汁不通。花：清热利湿，宽胸解郁，凉血解毒。适用于小便短赤，黄疸，胸闷心烦，少寐，痔疮便血，疮痈。

用药警戒 本品有毒，内服宜慎。不宜久服，过量，以免中毒。

13. 大苞萱草 *Hemerocallis middendorfii* Trautv. et Mey.

别名 大花萱草。

识别要点 多年生草本。具短的根茎和肉质，肥大的纺锤状块根。叶基生，排成两列；叶片条形，下面呈龙骨状凸起。苞片宽卵形，花序短缩，花近簇生。花莛粗壮，蝎尾状聚伞花序复组成圆锥状，具花 6 ～ 12 朵或更多；苞片卵状披针形；花橘红色至橘黄色；花被下部合生成花被管；外轮花被裂片 3，长圆状披针形，具平行脉，内轮裂片 3 具分枝的脉，中部具褐红色的色带，边缘波状皱褶，盛开的裂片反曲；雄蕊伸出，上弯，比花被裂短；花柱伸出，上弯，比雄蕊长。蒴果长圆形。花、果期为 5 ～ 7 月。（图 2–13–1 ～ 2–13–3，见 513 ～ 514 页）

生境与分布 生长于草甸、林缘。分布于东北。

药用部位 全草。

采集加工 花期采集全草，晒干。

化学成分 根含 γ-羟基谷氨酸、天门冬素、酪氨酸、赖氨酸、精氨酸、琥珀酸、乳酸、无羁萜、谷甾醇葡糖苷、苯甲酸乙酯。

性味归经 辛，寒，根有小毒。归肺、肝、肾经。

功能主治 散瘀消肿，祛风止痛，生肌疗疮。适用于跌打肿痛，劳伤腰痛，疝气疼痛，头痛，痢疾，及疮疡溃烂，耳尖流脓，眼红痒痛，白带淋浊。

14. 北黄花菜 *Hemerocallis lilioasphodelus* L.

别名 金针菜、黄花菜。

识别要点 具短的根状茎、稍肉质，多少绳索状的须根。叶基部抱茎，两面光滑。花莛由叶丛中抽出，花序有分枝，花序基部的苞片较大，披针形，花梗明显，长短不一；花淡黄色或黄色，芳香，花被片下部结合成花被管，外轮裂片倒披针形，内轮裂片长圆状椭圆形，具数条纵脉，盛开时反曲；雄蕊着生于花被管喉部，花药长线形，黄色；子房无柄，圆柱形，花柱细长，柱头小，头状。蒴果椭

圆形。种子扁圆形，黑色，有光泽。花果期 6 ～ 10 月。（图 2–14–1 ～ 2–14–3，见 514 页）

生境与分布　生长于草甸、湿草地、荒坡或灌丛下。分布于东北及河北、山西、陕西、甘肃、山东、江苏等地。

药用等项同萱草。

15. 小黄花菜 *Hemerocallis minor* Mill.

别名　金针菜、黄花菜。

识别要点　有短根茎和稍粗的须根。花序不分枝，只有 1 ～ 2 朵花。花茎与叶面等高或略高，淡黄色，有香气，下部筒状，上部漏斗状，裂片 6，内轮裂片较外轮为宽，脉纹网结状；花序几乎不分枝。蒴果。花果期 5 ～ 9 月。（图 2–15–1 ～ 2–15–3，见 514 页）

生境与分布　生长于草地、山坡或林下。分布于东北、内蒙古东部、河北、山西、山东、陕西和甘肃。

药用等项同黄花菜。

（八）顶冰花属 *Gagea* Salisb.

药用记载　顶冰花 *Gagea lutea*（L.）Ker–Gawl. 在《新华本草纲要》中记载为顶冰花。小顶冰花 *G. hiemalis* Pasch 在《新华本草纲要》中记载为小顶冰花。

16. 顶冰花 *Gagea lutea*（L.）Ker–Gawl.

别名　朝鲜顶冰花。

识别要点　多年生草本。鳞茎卵形，基部无珠芽，鳞茎皮灰黄色。基生叶条形，无茎生叶，花莛上无叶。花 2 ～ 5 朵，成伞形排列；花被片 6，黄绿色；雄蕊 6。蒴果近球形；种子近矩圆形。花期 4 ～ 5 月，果期 7 月。（图 2–16–1 ～ 2–16–4，见 515 页）

生境与分布　生长于山坡和河岸草地。分布于东北。

药用部位　鳞茎。

采集加工　夏初植株枯萎后挖取鳞茎。

性味归经　苦，平。归心经。

功能主治　养心安神。适用于血不养心所致的虚烦不眠，惊悸怔忡等症及情志所伤的忿怒忧郁、虚烦、失眠症。

用药警戒　全株有毒，以鳞茎毒性最大。每年开春，儿童外出采集野菜，误为山韭菜，食数株即可中毒，4g 以上可致死，死亡率甚高。

17. 三花顶冰花 *Gagea triflora* Roem et Schult.　　FOC 修订为 *Lloydia triflora*（Ledeb.）Baker

别名　三花萝蒂、三花洼瓣花。

识别要点 多年生草本。鳞茎广卵形，鳞茎皮内基部有几个很小的鳞茎。基生叶 1 ～ 2 枚，线形，光滑，茎生叶，狭披针形，边缘内卷，上面的较小，线形，边缘光滑。花 2 ～ 4 朵排成二歧的伞房花序，花梗不等长，苞片披针形，花被片 6，白色，具 3 条绿色脉纹，线状长圆形，先端钝，无蜜腺窝；雄蕊 6，花丝锥形；子房倒卵形。蒴果三棱状倒卵形，长为宿存花被的 1/3。花期 5 ～ 6 月，果期 7 月。（图 2–17–1 ～ 2–17–4，见 515 ～ 516 页）

生境与分布 生长于山坡草地、灌丛中。分布于东北、河北、山西。

药用等项参考顶冰花。

18. 小顶冰花 *Gagea hiensis* Pasch.

别名 顶冰花。

识别要点 多年生细弱草本。地下鳞茎卵形，鳞茎外皮黑褐色，内面黄色，薄革质。基生叶 1 枚，线形，扁平，光滑，无茎生叶。花 2 ～ 5 朵排成伞形花序；花被片 6，长圆形或线状披针形，先端锐尖或钝圆，内面淡黄色，外面黄绿色；雄蕊 6，基部扁平，花药长圆形，子房椭圆形，柱头小头状。蒴果近球形，长为宿存花被的一半。种子近长圆形。花果期 4 ～ 5 月。（图 2–18–1 ～ 2–18–4，见 516 页）

生境与分布 生长于山坡，沟谷及河岸草地。分布于东北及河北、山西、陕西、甘肃、青海等省区。

药用部位 鳞茎。

采集加工 夏初植株枯萎后挖取鳞茎。

性味归经 甘，平，有小毒。归心经。

功能主治 养心安神。适用于血不养心所致的虚烦不眠、惊悸怔忡，情志所伤的忿怒、忧郁、虚烦、失眠症。

（九）贝母属 *Fritillaria* L.

药用记载 平贝母 *Fritillaria ussuriensis* Maxim. 的鳞茎在《全国中草药汇编》《中华本草》中记载为平贝母。

19. 平贝母 *Fritillaria ussuriensis* Maxim.

别名 坪贝、贝母、平贝。

识别要点 草本。鳞茎由 2 枚肥厚的鳞瓣组成，周围还有少数小鳞茎。茎基部以上具叶，叶轮生或对生；叶条形，先端不卷曲或稍卷曲。花顶生，俯垂，紫色而具黄色小方格；花被片 6，长圆状倒卵形，钝头，基部上方有蜜腺；雄蕊 6，长约为花被片的 3/5；花柱具乳头状凸起；柱头 3 深裂。蒴果宽倒卵形，具圆棱。花期 5 ～ 6 月。（图 2–19–1 ～ 2–19–4，见 517 页）

生境与分布 生长于林中肥沃土壤。分布于我国东北。

药用部位 鳞茎。

采集加工 5 月下旬或 6 月上旬采收，将鳞茎挖出，除去泥土及须根，晒干或烘干。

化学成分 鳞茎含西贝母碱-3-β-D-葡萄糖苷、西贝素、贝母辛、平贝碱甲、平贝碱乙、平贝碱丙、西贝素苷、平贝碱苷、乌苏里宁、乌苏里啶、乌苏里啶酮、乌苏里酮、平贝酮、黑龙贝母碱。茎、叶含贝母辛碱、平贝碱甲、平贝啶苷。花含贝母辛碱、去氢浙贝母碱、贝母属碱A。全草含平贝七环碱、平贝七环酮碱、平贝七环碱甲醚、平贝七环酮碱甲醚、平贝酮。

药理作用 ①平贝母总碱对消炎痛型胃溃疡及应激性溃疡均有一定的抑制作用。②平贝母浸膏对实验性动物具有中枢抑制作用。③平贝母总生物碱，平贝碱甲均有明显的祛痰和降血压作用。④平贝碱甲和平贝碱苷有明显的祛痰作用和降压作用。⑤贝母碱可以减轻气管、支气管痉挛，改善通气状况，贝母醇提取物能明显提高小鼠常压耐缺氧能力，有止喘作用。⑥贝母碱极少量时可使血压上升，大量可使血压下降。⑦西贝素对肠道有明显的松弛作用，且随着浓度的增加而增加，并能对抗乙酰胆碱、组胺和氯化钡引起的平滑肌痉挛作用。

性味归经 苦、辛，微寒。归肺、心经。

功能主治 清热润肺，化痰止咳。适用于肺热燥咳，干咳少痰，阴虚劳嗽，咳痰带血，瘰疬，乳痈。

用药警戒 避免与乌头一同使用。

（十）百合属 *Lilium* L.

药用记载 卷丹 *Lilium lancifolium* Thunb.，百合 *L.* brownii F. E. Brown var. *viridulum* Baker或细叶百合（山丹）*L. pumilum* DC. 的鳞茎在《中国药典》《中药大辞典》《中华本草》中记载为百合；花在《中药大辞典》《中华本草》中记载为百合花；种子在《中药大辞典》《中华本草》中记载为百合子。

20. 卷丹 *Lilium lancifolium* Thunb.　　FOC修订为 *Lilium tigrinum* Ker-Gawl.

别名 天盖百合、倒垂莲、虎皮百合、珍珠花、黄百合。

识别要点 多年生草本。叶散生，叶狭披针形或线状披针形，茎上部叶腋间具珠芽。花下垂或倾斜，橙红色，具紫色斑点，花被片反卷，雄蕊向外开张，花被片蜜腺两边有乳头状及流苏状凸起。蒴果长圆形至倒卵形。种子多数。花期6～7月，果期8～10月。（图2-20-1～2-20-3，见517页）

生境与分布 生长于林缘路旁及山坡草地。分布于全国大部分省区。

药用部位 鳞茎、茎、花、种子。

采集加工 鳞茎：秋季采挖，除去茎叶，洗净泥土，剥取鳞片，置沸水中略烫或蒸后，晒干或焙干备用。花：6～7月采摘，阴干或晒干。种子：夏、秋季采收，晒干备用。

化学成分 鳞茎含秋水仙碱、岷江百合苷、阿魏酰蔗糖、阿魏酰甘油、对-香豆酰甘油、葡萄糖苷等。花药含顺花药黄质酯、已糖激酶、B族维生素、泛酸、维生素C、β-胡萝卜素。花含β-胡萝卜素、辣椒红素酯。

药理作用 ①水煎剂对氨水引起的小鼠咳嗽有止咳作用，有显著的祛痰作用。②水煎剂有明显的镇静作用。③百合多糖能增强有丝分裂反应。④可明显延长小鼠耐缺氧能力，并且对肾上腺皮质功能衰竭起显著性的保护作用。⑤可显著延长游泳时间。⑥所含秋水仙碱能抑制癌细胞的增殖。⑦止血，抗溃疡，抗痛风。

性味归经 鳞茎：甘、微苦，微寒。归心，肺经。花：甘、苦，微寒。归肺经。种子：甘、苦，凉。归大肠经。蒙药：甘、微苦，凉、轻、钝、燥、糙。

功能主治 鳞茎：润肺止咳，宁心安神。适用于阴虚久嗽，痰中带血，热病后期，余热未清，或情志不遂所致的虚烦惊悸，失眠多梦，精神恍惚，痈肿，湿疮。蒙药治毒热，筋骨损伤，创伤出血，肺热咳嗽，月经过多，虚热证。

花：清热润肺，宁心安神。适用于咳嗽痰少或黏，眩晕，夜寐不安，天疱湿疮。

种子：清热凉血。适用于肠风下血。

用药警戒 ①秋水仙碱有骨髓抑制，胃肠道症状如恶心、呕吐、食欲减退、腹泻、便秘等副作用，有的可产生肠麻痹，四肢酸痛。②注射液局部刺激性较大，漏于血管外，可引起局部坏死。③少数患者有脱发，心电图改变。④风寒咳嗽及中寒便溏者忌服。

21. 毛百合 *Lilium dauricum* Ker–Gawl.

别名 卷莲百合。

识别要点 多年生草本。植株体具白色柔毛。茎粗壮，有棱。叶散生，基部有一簇白绵毛，茎端则有 4 ～ 5 枚轮生叶。花顶生，直立，橙红色或红色，有紫红色斑点，外轮花被片倒披针形，外披白色绵毛，内轮花被片稍窄，花被片不反卷，雄蕊比花被片短，向中心靠拢。蒴果矩圆形。花期 6 ～ 7 月。果期 8 ～ 9 月。（图 2–21–1 ～ 2–21–4，见 517 ～ 518 页）

生境与分布 生长于草甸、林缘及山沟、草甸草地。分布于东北、内蒙古、河北等地。

药用等项与卷丹相同。

22. 条叶百合 *Lilium callosum* Sieb.et Zucc.

别名 野百合。

识别要点 多年生草本。鳞茎小，近球形，鳞片白色。茎直立，无毛。叶条形，稀疏散生，无柄，无毛，3 ～ 5 脉。苞片叶状，顶端增厚。花单生或数朵排列成总状花序，顶生，下垂，色鲜红，有时近基部有少数斑点，中部以上反卷，花药线形，花柱比子房短。蒴果狭长卵形。花期 7 月，果期 8 ～ 9 月。（图 2–22–1 ～ 2–22–3，见 518 页）

生境与分布 生长于山坡、草丛、林缘、溪边。分布于东北、河南、江苏、广东、安徽、浙江及台湾等省区。

药用等项与卷丹相同。

23. 山丹 *Lilium pumilum* DC.

别名 细叶百合、山丹丹、珊瑚百合、线叶百合。

识别要点 多年生草本。茎生叶细长纤弱，线形。花梗先端下弯，苞片先端不增厚。花下垂，色鲜红，花被片反卷，通常无斑点，有时近基部有少数斑点，有光泽，具清香，花柱比子房长。蒴果近球形。花期 6 ～ 8 月，果期 8 ～ 9 月。（图 2–23–1 ～ 2–23–4，见 519 页）

生境与分布　生长于向阳山坡。分布于东北、河北、河南、山东、山西、内蒙古、陕西、宁夏、甘肃、青海等省区。

药用等项与卷丹相同。

24a. 东北百合 *Lilium distichum* Nakai

别名　轮叶百合、卷莲花。

识别要点　多年生草本。鳞茎卵圆形，鳞片无节。茎粗壮直立，有小乳头状凸起。叶仅一轮轮生，叶柄短，叶片倒披针形至长椭圆形，弧形脉，茎上部有散生叶。花 2 ～ 12，数朵排成顶生总状花序，包片叶状，花被片橙红色，内面具暗紫色斑点，下垂，有香味。蒴果近球形。花期 6 ～ 7 月，果期 8 ～ 9 月。（图 2–24a–1 ～ 2–24a–4，见 519 ～ 520 页）

生境与分布　生长于林下、林缘、草地、溪边。分布于东北。

药用等项与卷丹相同。

24b. 垂花百合 *Lilium cernuum* Komar.

别名　松叶百合、细叶百合、线叶百合、卷莲花、灯伞花、散莲伞。

识别要点　鳞茎矩圆形或卵圆形，鳞片披针形或卵形，白色。茎无毛。叶线形如松针，先端渐尖，边缘稍反卷并有乳头状凸起，中脉明显。总状花序有花 1 ～ 6 朵；苞片叶状，条形，顶端不加厚；花梗直立，先端弯曲；花下垂，有香味；花被片披针形，反卷，先端钝，浅紫略带粉红色，下部有深紫色斑点，蜜腺两边密生乳头状凸起；花丝无毛，花药黑紫色；子房圆柱形。花期 7 月。（图 2–24b–1 ～ 2–24b–3，见 520 页）

生境与分布　生长于山坡，林下。分布于黑龙江、吉林。

药用项等参考卷丹。

（十一）绵枣儿属 *Scilla* L.

药用记载　绵枣儿 *Scilla scilloides*（Lindl.）Druce 的鳞茎或全草在《全国中草药汇编》《中药大辞典》《中华本草》中记载为绵枣儿。

25. 绵枣儿 *Scilla scilloides*（Lindl.）Druce　　FOC 修订为 *Barnardia japonica*（Thunberg）Schultes & J. H. Schultes

别名　石枣儿、天蒜、催生草、药狗蒜、老鸦葱地兰、地枣儿。

识别要点　多年生草本。仅具基生叶。鳞茎卵形或近球形，皮黑褐色。基生叶 2 ～ 5 枚；叶片狭带状，长平滑。花莛通常比叶长，总状花序，花小，紫红色，粉红色，在花梗顶端脱落；花被片 6，近椭圆形；雄蕊 6，稍短于花被，子房卵状球形，基部有短柄，表面有小乳突，3 室，花柱长约为子房的一半。蒴果近倒卵形，黑色。花果期 7 ～ 11 月。（图 2–25–1 ～ 2–25–2，见 520 ～ 521 页）

生境与分布 生长于山坡、草地、路旁、田间或林缘。分布于东北、华北、华东、华中及台湾、广东、四川、云南等地。

药用部位 鳞茎或全草。

采集加工 夏秋采集全草，洗净晒干或鳞茎洗净鲜用。

化学成分 鳞茎含绵枣儿糖苷 D–1、E–1、E–2、E–3、E–4、E–5、G–1，脱氧尤可甾醇，脱氧 –22– 羟基尤可甾醇，脱氧 –30– 羟基尤可甾，2– 羟基 –7–O– 甲基绵枣儿素，绵枣儿素和海葱原苷 A。

药理作用 ①具有洋地黄样强心作用，表现为心收缩力加强，心肌紧张度升高，最后停止于收缩期，对心跳频率无显著影响。对血压及呼吸无明显影响。②其他：麻醉犬在应用垂体后叶素使尿量显著减少的情况下，静脉注射根提取液，立即使尿量增加，有明显利尿作用。对离体小鼠子宫可引起痉挛，与麦角相似。

性味归经 苦、甘，寒，有小毒。归肾经。

功能主治 活血止痛，解毒消肿，强心利尿。适用于跌打损伤，筋骨疼痛，疮痈肿痛，乳痈，心源性水肿。

用药警戒 孕妇忌服。有毒成分是海葱苷，中毒症状与夹竹桃中毒相似。

（十二）葱属 *Allium* L.

药用记载 山韭 *Allium senescens* L. 的全草在《中药大辞典》《中华本草》中记载为山韭。茖葱 *A. victorialis* L. 的鳞茎或全草在《中药大辞典》中记载为茖葱。辉韭 *A. strictum* Schrader 的全草及种子在《全国中草药汇编》《中华本草》中记载为辉葱，辉韭、碱韭 *A. polyrhizum* Turcz 入藏药称龙郭给孜。薤白 *A. macrostemon* Bunge. 干燥鳞茎在《中国药典》《中药大辞典》《中华本草》中记载为薤白；叶在《中药大辞典》中记载为薤叶。长梗韭 *A. neriniflorum*（Herb.）Baker 的鳞茎在《中国药典》《中药大辞典》《中华本草》中记载为薤白。

26. 山韭 *Allium senescens* L.

别名 雈、雈菜、蒙古葱、小韭、野韭、曼吉尔、野韮、柴韭、欧亚葱、昂格日（蒙名）、山韭菜、岩葱。

识别要点 多年生草本。植株体有葱蒜味儿，具粗壮的横生根状茎，鳞茎外皮灰黑色至黑色，圆柱状，膜质，不破裂，内皮白色，有时带红色。叶线形，肥厚，基部近半圆柱状，上部扁平，有时略呈镰状弯曲，短于或稍长于花莛，花紫红色至淡紫色，花丝长于花被片，子房基部无凹陷的蜜穴；花柱伸出花被外。花果期 7 ～ 9 月。（图 2–26–1 ～ 2–26–5，见 521 页）

生境与分布 生长于山坡、草地或林缘。分布于东北及河北、山西、陕西、山东、江苏、台湾、河南、湖北等地。

药用部位 全草。

采集加工 夏、秋间采收，取鳞茎，洗净，晒干或鲜用。

化学成分 含胡萝卜素、核黄素、维生素C、钾、钙、镁、磷、钠、铁、锰、锌、铜、蒜多糖。

药理作用 ①抗菌作用，其作用机制可能是硫醚等多种成分通过与半脱氨酸反应，抑制巯基酶活性或脂类物质代谢来抑制或杀灭微生物。②增强免疫和抗肿瘤作用，对T淋巴细胞、B淋巴细胞和巨噬细胞的活力都有增加作用。

性味归经 咸，平。归脾、肾经。

功能主治 健脾开胃，固肾缩尿。适用于脾胃气虚，饮食减少，肾虚不固，小便频数。

27. 细叶韭 *Allium tenuissimum* L.

别名 野韭菜、细丝韭、丝葱、细小葱、线叶韭、扎芒、札麻。

识别要点 多年生草本，鳞茎数枚簇生，近圆柱状；鳞茎外皮紫褐色，黑褐色至灰黑色，膜质，内皮带紫红色，膜质。叶基生，半圆柱状至近圆柱状，与花莛近等长。花莛圆柱状，具细纵棱，光滑。总苞膜质，宿存；伞形花序半球形或近扫帚状，松散；小花梗近等长，有纵棱，多光滑，基部无小苞片；花淡红色或近白色；花被片6，外轮的卵状长圆形至阔椭圆形，花丝短于花被片。花期7～9月，果期8～9月。(图2-27-1～2-27-3，见521～522页)

生境与分布 生长于向阳山坡、草地、沙丘及石砬子等处。分布于东北、内蒙古等省区。

药用部位 鳞茎。

采集加工 夏、秋间采收，取鳞茎，洗净，晒干或鲜用。

化学成分 全草含乙－二硫醇、乙－呋喃甲醇、二甲苯、二甲基噻吩、二甲基三硫醚、苯酚、丁基苯、维生素E、植物醇、亚油酸乙酯、亚油酸、豆甾醇、γ－谷甾醇及麦角甾烷等。

性味归经 咸，平。归脾、肾经。

功能主治 健脾开胃，固肾缩尿。适用于脾胃气虚，饮食减少，肾虚不固，小便频数。

28. 辉韭 *Allium strictum* Schrader

别名 辉葱、宗哇（藏名）。

识别要点 多年生草本，具根茎。鳞茎单生或2枚聚生，柱状圆锥形，外皮黄褐色至灰褐色，破裂成纤维状，呈网状。叶条形，横切面为新月型，中空，比花莛短，边缘光滑或具细糙齿。花莛圆柱状，被疏离的光滑叶鞘；总苞2裂，宿存；伞形花序球状或半球状，具多而密集的花；小花梗近等长，基部具小苞片；花淡紫色至淡紫红色；花被片内轮为矩圆形至椭圆形，外轮的稍短，矩圆状卵形；柱头近头状。花果期7～9月。(图2-28-1～2-28-2，见522页)

药用部位 全草、种子。

生境与分布 生长于山坡、林下、湿地或草地上。分布于东北、内蒙古、新疆、甘肃、宁夏等地。

采集加工 花期采挖全草，除去泥土，晒干；果实成熟时采种子，晒干。全草8～9月采收，抖净泥土，鲜用；种子在果实成熟时采收，除去杂质，晒干。

性味归经　辛，温。归肺、肾经。

功能主治　发散风寒，止痢。适用于感冒头痛，发热无汗，胸胁疼痛，肠炎痢疾。

29. 黄花葱 *Allium condensatum* Turcz.

别名　黄花韭、太白韭。

识别要点　多年生草本。鳞茎狭卵状柱形至近圆柱状，外皮红褐色，薄革质，有光泽，条裂。叶圆柱状或半圆柱状，上面具沟槽，中空，比花葶短。花葶圆柱状，实心；总苞宿存；伞形花序球状，具多而密集的花；小花梗近等长，基部具小苞片；花淡黄色或白色；花被片卵状矩圆形，花丝等长，子房倒卵球状，腹缝线基部具有短帘的凹陷蜜穴；花柱伸出花被外。花期 7 ～ 9 月。（图 2-29-1 ～ 2-29-4，见 522 ～ 523 页）

生境与分布　生长于山坡、草地。分布于东北、河北、山东、山西。

药用等参考辉韭。

30. 砂韭 *Allium bidentatum* Fisch. ex Prokh.

识别要点　多年生草本。鳞茎常多数簇生，圆柱状；鳞茎外皮褐色至灰褐色，有时顶端破裂成纤维状。叶基生，狭半圆柱状，比花莛短。花莛圆柱状，下部被叶鞘。伞形花序半球状，花较多，密集；小花梗近等长，基部无小苞片；花红色至淡紫红色；外轮花被片常具不规则小齿；子房卵球状，基部无凹陷的蜜穴；花柱略比子房长。花果期 7 ～ 9 月。（图 2-30-1 ～ 2-30-2，见 523 页）

生境与分布　生长于向阳山坡、石砬子、草原。分布于我国东北、华北、内蒙古、新疆。

药用等参考辉韭。

31. 茖葱 *Allium victorialis* L.

别名　格葱、隔葱、角葱、鹿耳葱、山葱、天蒜、岩蒜。

识别要点　多年生草本，有葱蒜味。鳞茎柱状圆锥形，单生或数枚聚生，黑褐色，网状纤维质。叶具长柄，叶片 2 ～ 3 枚，长卵形或长椭圆形乃至宽椭圆形，全缘，质软而平滑，稍带粉白色；叶脉平行。花小，绿白色乃至淡紫色，簇生于茎顶，成伞形花序排列；花被片 6，雄蕊 6；子房上位，具短柄，3 室，每室有 1 胚珠。蒴果，室背开裂。种子黑色。花、果期 6 ～ 8 月。（图 2-31-1 ～ 2-31-4，见 523 ～ 524 页）

生境与分布　生长于山野林荫、草甸。分布于东北、华北、陕西、甘肃、安徽、浙江、河南、浙江。

药用部位　鳞茎或全草。

采集加工　夏、秋季采挖，去净泥沙，晒干或鲜用。

化学成分　全草含甲基烯丙基二硫化物、科斯糖、新科斯糖。鳞茎含甲基烯丙基二硫化物、二烯丙基二硫化物、甲基烯丙基三硫化物、皂苷、蔗果三糖、新蔗果三糖。

药理作用　①水煎剂治疗红白痢疾和急慢性肠炎有特效，能够治疗感冒、咳嗽和上呼吸道疾病。②杀菌，杀病毒。③提高人体的免疫机能。④消肿，祛痛。⑤具有抗衰老（对眼睛极其明显）、抗疲劳

(解乏、消除疲劳)、抗肿瘤(对鼻咽癌最明显)等多种作用。

性味归经　辛，温。归肺经。

功能主治　止血散瘀，化痰止痛，解毒。适用于跌打损伤，血瘀肿痛，衄血，气管炎咳嗽，高血压，结膜炎，风疹，疮痈肿痛，驱虫和发汗。

用药警戒　表虚多汗者忌服。

32. 碱韭 *Allium polyrhizum* Turcz.

别名　多根葱、碱葱、紫花韭、扎蒙蒙。

识别要点　多年生草本，植株成丛状。多数圆柱状鳞茎簇生在一起，鳞茎不分瓣，皮黄褐色，破裂成纤维状，呈近网状；叶基生，半圆柱形，肉质，深绿色，比花莛短。花莛圆柱形。伞形花序近球形，花多数，紫红色、淡紫红色，稀白色，花被片 6，长圆形至卵形；花丝等长或稍长于花被，内轮花丝基部扩大，每侧通常各具 1 小齿，外轮的锥形，子房卵形，不具凹陷的蜜穴；花柱比子房长。花果期 6 ～ 8 月。(图 2–32–1 ～ 2–32–2，见 524 页)

生境与分布　生长于碱性的草地及山坡。分布于东北、华北、西北及内蒙古。

采收加工　秋季果熟时将果实摘下，晒干，搓出种子，簸净果皮及杂质。

化学成分　叶含硫化物、苷类、二甲二硫化物、二烯丙基硫醚、甲基烯丙基二硫化物、二甲三硫化物、二烯丙基二硫化物、甲基烯丙基三硫化物、二甲基四硫化物、芳樟醇。种子含硫化物、苷类、维生素 C 和生物碱类等。

药用等参考山韭。

33. 蒙古韭 *Allium mongolicum* Rege in Act.

别名　蒙古葱、蒙葱、沙葱、呼木乐胡穆利(蒙名)。

识别要点　鳞茎密集地丛生，圆柱状，鳞茎不分瓣，外皮褐黄色，破裂成纤维状，呈松散的纤维状。叶半圆柱状至圆柱状，比花莛短。花莛圆柱状，下部被叶鞘；总苞单侧开裂，宿存；伞形花序半球状至球状，具多而通常密集的花；小花梗近等长，基部无小苞片；花淡红色，淡紫色至紫红色，花被片卵状矩圆形，先端钝圆，内轮的常比外轮的长；花丝近等长；子房倒卵状球形；花柱不伸出花被外。花果期 6 ～ 9 月。(图 2–33–1 ～ 2–33–2，见 524 页)

生境与分布　生长于荒漠、沙地或干旱山坡。分布于东北、西北及内蒙古。

药用部位　叶及花可食用。地上部分入蒙药。

采集加工　夏季采收地上部分，晒干或鲜用。

化学成分　全草含沙葱多糖、硫胺素、核黄素、烟酸、胡萝卜素、视黄醇、胆固醇及硒等多种微量元素和维生素。

性味归经　温，辛。归肺、胃经。

功能主治　开胃，消食，杀虫。适用于消化不良，不思饮食，秃疮，青腿病。

用药警戒　骆驼在花期大量采食蒙古韭，会发生肚胀现象，重者可造成死亡，应予以注意。

34. 薤白 *Allium macrostemon* Bunge

别名 小根蒜、密花小根蒜、团葱、野薤、野葱、薤白头、野白头。

识别要点 多年生草本。鳞茎近球形，旁侧常小鳞茎附着。叶互生；叶苍绿色，半圆柱状狭线形，中空，先端渐尖，基部鞘状抱茎。花茎单一，直立，伞形花序顶生，球状，下有膜质苞片，卵形；花被片 6，粉红色或玫瑰色；雄蕊比药被长；子房上位，球形。蒴果倒卵形，先端凹入。花期 5～6 月，果期 8～9 月。（图 2-34-1～2-34-4，见 524～525 页）

生境与分布 生长于山坡、丘陵、山谷或草地。分布于东北、河北、山东、湖北、贵州、云南、甘肃、江苏等地。

药用部位 鳞茎，叶。

采集加工 夏、秋二季采挖，洗净，除去须根，蒸透或置沸水中烫透，晒干。

化学成分 鳞茎含薤白苷、异菝葜皂苷元－吡喃乳糖苷、胡萝卜苷、腺苷、β－谷甾醇、琥珀酸、前列腺素及烯丙基异丙基硫醚。

药理作用 ①薤白水煎剂对痢疾杆菌、金黄色葡萄球菌、肺炎球菌、八叠球菌有抑制作用。②有降压利尿、血管收缩和抗癌作用。③能抑制血小板聚集，抑制实验性动脉粥样斑块形成，有良好的防治血栓性血管疾病的功效。④明显地降低血清过氧化脂质的作用。⑤有抑制血小板聚集，扩张血管、控制动脉壁胆固醇的蓄积和增加纤溶活性等作用，还有预防前列腺病变的作用。

性味归经 辛、苦，温。归肺、心、胃、大肠经。

功能主治 理气宽胸，通阳散结。适用于胸痹心痛彻背，胸脘痞闷，咳喘痰多，脘腹疼痛，泻痢后重，白带异常，疮疖痈肿。叶：治疥疮，捣如泥外敷。

用药警戒 阴虚发热、气虚者慎用。

35. 野韭 *Allium ramosum* L.

别名 龙郭给孜（藏名）。

识别要点 具横生的粗壮根状茎。鳞茎不分瓣，近圆柱状，外皮纤维近网状破裂。叶三棱状条形，背面具呈龙骨状隆起的纵棱，中空，比花序短。花莛圆柱状，具纵棱，下部被叶鞘；伞形花序半球状或近球状，多花；小花梗近等长；花白色，稀淡红色；花被片具红色中脉，先端具短尖头；花丝等长；子房倒圆锥状球形，基部不具凹陷的蜜腺。花果期 6～9 月。（图 2-35-1～2-35-3，见 525 页）

生境与分布 生长于向阳山坡、草坡或草地上。分布于东北、河北、山东、山西、内蒙古、陕西、宁夏、甘肃、青海和新疆。

药用等参考山韭。

36. 长梗韭 *Allium neriniflorum*（Herb.）Baker

别名 野韭菜。

识别要点 多年生草本，植株无葱蒜气味。鳞茎球形，单生，鳞茎外皮灰黑色，膜质。叶基生，2～6 枚，中空的圆柱形。花莛圆柱形，沿纵棱具细糙齿，下部具叶鞘，总苞白色，膜质宿存；伞形花序，疏散，花梗不等长；花红色或淡紫色，花被片 6，狭倒卵形，具 1 深色的中脉；雄蕊 6，花药黄色；子房球形，柱头不伸出花被外。花期 7 ～ 8 月，果期 9 ～ 10 月。（图 2–36–1 ～ 2–36–4，见 525 ～ 526 页）

生境与分布　生长于湿地、草地、山坡或海边沙地。

药用部位　鳞茎。

采集加工　5 ～ 6 月采挖鳞茎。去净茎叶及须根，洗净，用开水稍煮至内部无生心时取出，晒干。

性味归经　辛，温。归肝经。

功能主治　通阳散结，下气。适用于胸闷刺痛，心绞痛，泻痢后重，慢性气管炎，咳嗽痰多。鲜品用于食河豚中毒解毒。

37. 球序韭 *Allium thunbergii* G. Don

别名　野韭。

识别要点　鳞茎常单生，卵状至狭卵状，或卵状柱形，鳞茎外皮乌黑色或黑褐色，纸质，顶端常破裂成纤维状，内皮有时带淡红色，膜质。叶三棱状条形，中空或基部中空，背面具 1 纵棱，呈龙骨状隆起，短于或略长于花葶。花葶中生，圆柱状，中空。伞形花序球状，具多而极密集的花，花红色至紫色，花丝等长，子房倒卵状球形，花柱伸出花被外。花果期 8 ～ 10 月。（图 2–37–1 ～ 2–37–5，见 526 页）

生境与分布　生长于山坡、草地或林缘。分布于东北、华北、湖北（东部）、江苏和台湾。

药用等参考山韭。

（十三）铃兰属 *Convallaria* L.

药用记载　铃兰 *Convallaria majalis* L. 的全草或根在《全国中草药汇编》《中药大辞典》《中华本草》中记载为铃兰。

38. 铃兰 *Convallaria majalis* L.

别名　香水花、芦藜花、鹿铃草、铃铛花、小芦藜、君影草。

识别要点　多年生草本，有多分枝匍匐于地的根状茎。叶 2 枚；从根茎先端的顶芽长出，窄卵形或广披针形，具弧状脉，呈鞘状互相抱着，基部有数枚鞘状膜质鳞片叶互抱。总状花序偏向一侧，花葶从鞘状叶内抽出，稍外弯；苞片披针形，膜质，短于花梗；花乳白色，阔钟形，下垂；花被 6 裂，裂片卵状三角形；雄蕊 6；花柱比花被短。浆果球形，熟后红色。种子椭圆形，扁平。花期 5 ～ 6 月，果期 6 ～ 7 月。（图 2–38–1 ～ 2–38–5，见 527 页）

生境与分布　生长于潮湿处或沟边、山坡、林下。分布于东北、华北及陕西、甘肃、宁夏、山东、江苏、浙江、河南、湖南等地。

药用部位　全草及根。

采集加工　7 ～ 9 月采挖，去净泥土，晒干。

化学成分 全草含卡烯内酯、铃兰毒苷、多种葡萄糖苷。叶含杠柳鼠李糖苷、多种古洛糖苷、铃兰毒苷、生物槲皮素、铃兰黄酮苷、异槲皮素、吡喃鼠李糖苷。根及根茎含去葡萄糖墙花毒苷、铃兰毒苷、铃兰毒醇苷、呋甾烷醇皂苷、螺甾烷醇皂苷。种子含新铃兰毒原苷、铃兰毒原苷。

药理作用 ①全草的醇提取液皆有洋地黄样作用，能减慢心率，抑制传导，表现强心苷的作用特点。山楂提取液与铃兰毒苷合用，强心作用增强而毒性减弱。与氨茶碱合用对左心室功能伤害的动物更敏感。②利尿作用。③镇静作用。铃兰苷液能降低大脑皮层的兴奋过程，而增强其抑制过程。④铃兰毒苷有益于心肌的能源供应，增加脑组织氧的摄取及骨胳肌的氧张力。⑤其他作用：铃兰黄素有利胆消炎作用，能减轻家兔的四氯化碳性肝炎的病理过程，缩短恢复期。

性味归经 甘、苦，温，有毒。归心经。

功能主治 温阳利水，活血祛风。适用于充血性心力衰竭，风湿性心脏病，阵发性心动过速，浮肿。

用药警戒 本品有毒，使用不能过量，过量会出现厌食、流涎、恶心、呕吐等消化道症状，还可出现头晕、头痛、心悸等。用本品时，应特别注意心律变化，每次用药前应把观察心律及脉搏当作常规检查。

（十四）七筋姑属 *Clintonia* Raf.

药用记载 七筋姑 *Clintonia udensis* Trantv. et Mey. 的全草或根在《中药大辞典》《中华本草》中记载为雷公七。七筋姑的根在《全国中草药汇编》中记载为七筋姑。

39. 七筋姑 *Clintonia udensis* Trantv. et Mey.

别名 蓝果七筋姑、竹叶七、剪刀七、搜山虎、对口剪、雷公七。

识别要点 多年生草本。根状茎粗短，横卧。叶基生，3～5 枚，椭圆形，倒卵状椭圆形或倒披针形，稍厚，无毛或初生叶边缘具柔毛，先端短突尖，基部楔形，后期伸长成柄状。花葶单一，直立，密生或疏生白色短柔毛；顶生的总状花序，少为单花；苞片披针形，密生柔毛，早落；花被片白色，离生，外面有微毛；雄蕊较花被片短；子房卵状长圆形。浆果蓝色或蓝黑色。种子卵形，细小，褐色。花期 5～6 月，果期 7～10 月。（图 2-39-1～2-39-4，见 527～528 页）

生境与分布 生长于高山疏林下或阳坡疏林下。分布于东北、华北、陕西、甘肃、四川、云南、西藏。

药用部位 根状茎及根。

采集加工 夏、秋季采收，洗净，鲜用或晾干。

性味归经 苦、辛，凉，有小毒。归肺经。

功能主治 祛风，败毒，散瘀，止痛。适用于跌打损伤，劳伤，腰痛。

用药警戒 有小毒，脾虚便溏者禁服。此药宜单独使用，不宜与他药合用。服用过量会引起腹泻。

（十五）鹿药属 *Smilacina* Desf.

药用记载 鹿药 *Smilacina japonica* A. Gray 和管花鹿药 *S. henryi*（Baker）Wang et Tang 在《中华本草》中记载为鹿药。兴安鹿药 *S. dahurica* Turz ex Fisch. et Meyer 在《新华本草纲要》中记载为兴安鹿药。

40. 鹿药 *Smilacina japonica* A. Gray FOC 修订为 *Maianthemum japonica*（A. Gray）La Frankie

别名 偏头七、山糜子、磨盘七、盘龙七、螃蟹七、土飞七、小鹿药。

识别要点 多年生直立草本。根状茎横生，肥厚稍肉质，节明显，节上生大形新牙和多数白色须根。茎单一，直立，被稀疏糙毛，上部常倾斜。叶互生，具短柄；叶片窄长圆形至椭圆形或宽卵形。夏季开白色小花，圆锥花序顶生，花被 6 片，分离或基部稍合生，披针形至长圆形，具 1 脉；雄蕊 6，花柱与子房等长。浆果球形，熟后变红色或淡黄色。花期 5 ～ 6 月，果期 8 ～ 9 月。（图 2–40–1 ～ 2–40–3，见 528 ～ 529 页）

生境与分布 生长于山地林下或山坡阴湿处。分布于东北、华北、陕西、甘肃、浙江、安徽、江西、湖北、湖南、四川、台湾等省区。

药用部位 根状茎和根。

采集加工 秋季采挖，洗净，晒干用。

化学成分 全草含异鼠李素 –3–O– 半乳糖苷、羟基 – 甲氧基 – 甲基黄酮、8– 甲基木犀草素、3– 甲氧基木犀草素、木犀草素、槲皮素。

药理作用 具有抗真菌和抗肿瘤活性。

性味归经 甘、苦，温。归肝、肾经。

功能主治 补肾壮阳，活血祛瘀，祛风止痛。适用于肾虚阳痿，月经不调，偏、正头痛，风湿痹痛，痈肿疮毒，跌打损伤。

41. 兴安鹿药 *Smilacina dahurica* Turcz. FOC 修订为 *Maianthemum dahuricum*（Turcz. ex Fisch. et C A Mey.）LaFrankie

别名 山糜子、磨盘七、螃蟹七、小鹿药。

识别要点 多年生草本。根状茎细长，匍匐状。茎直立，单一，下部近无毛，上部有短毛。叶互生，矩圆状卵形或矩圆形，下面密被短毛，无柄。总状花序顶生，花轴密生短毛，花梗密生短毛；花冠白色，花被片长圆形或倒卵状长圆形，基部稍合生；花丝基部贴生于花被片；子房无柄，近球形，花柱与子房近等长，柱头稍三裂。浆果球形，熟时红色或紫红色。花期 6 月，果期 8 月。（图 2–41–1 ～ 2–41–3，见 529 页）

生境与分布 生长于山间山坡杂草丛中。分布于黑龙江、吉林等省区。

药用部位 根状茎和根。

采集加工 夏、秋采收，洗净切片，晒干备用。

性味归经 甘、苦，温。归肝、肾经。

功能主治 祛风止痛，活血消肿。适用于风湿病，神经性头痛，外用治乳腺炎，痈疖肿毒，跌打损伤，肾气不足，月经不调。

（十六）舞鹤草属 *Maianthemum* Weber

药用记载 舞鹤草 *Maianthemum bifolium*（L.）F. W. Schmidt 的全草在《全国中草药汇编》《中药大辞典》《中华本草》中记载为二叶舞鹤草。

42. 舞鹤草 *Maianthemum bifolium*（L.）F. W. Schmidt

别名 二叶舞鹤草。

识别要点 多年生草本。根茎横走，有节，下部生须根，上部残留叶柄和鳞叶腐烂后的纤维；当年生鳞片 2 片，包于茎基，膜质，有紫斑。茎有条棱，光滑，绿色，通常下部具暗紫色斑点。基生叶花期枯萎，茎生叶通常 2 枚，很少 3 枚，互生于茎的上部；叶片三角心形，上面无毛，下面被短毛；叶脉多条，平行弧曲，纤细有分枝。总状花序顶生；花小，白色，花被片 4；雄蕊 4；子房上位，柱头略呈头状。蒴果球形，红色。种子卵圆形。花期 5 ～ 7 月，果期 8 ～ 9 月。（图 2-42-1 ～ 2-42-3，见 529 页）

生境与分布 生长于林下潮湿腐殖质土壤。分布于东北、内蒙古、河北、陕西、甘肃、青海、四川等地。

药用部位 全草。

采集加工 7 ～ 8 月开花时采集全草，晒干。

化学成分 根含呋甾醇类皂苷、螺甾醇类皂苷及黄酮。

性味归经 酸、涩，微寒。归肝经。

功能主治 凉血止血，清热解毒。适用于吐血，尿血，月经过多，外伤出血，疮痈肿痛。

（十七）万寿竹属 *Disporum* Salisb.

药用记载 宝珠草 *Disporum viridescens*（Maxim.）Nakai 始载于《中国高等植物图鉴》。

43. 宝珠草 *Disporum viridescens*（Maxim.）Nakai

别名 绿宝铎草、长白宝铎草、山苞米。

识别要点 多年生草本。根状茎短，通常有长匍匐茎。茎有时分枝。叶纸质，椭圆形至卵状矩圆形，先端短渐尖或有短尖头，横脉明显，下面脉上和边缘稍粗糙，基部收狭成短柄或近无柄。花漏斗状，淡绿色，1 ～ 2 朵生于茎顶或枝端；花被片张开，矩圆状披针形，脉纹明显，基部囊状；子房与花柱等长或稍短。浆果球形。种子红褐色。花期 5 ～ 6 月，果期 7 ～ 10 月。（图 2-43-1 ～ 2-43-4，见 530 页）

生境与分布　生长于林下、山坡、草地。分布于东北。

药用部位　根。

采集加工　夏、秋季挖根。晒干。

化学成分　全草含鞣质和皂苷。

性味归经　甘、淡，寒。归肺、脾、胃经。

功能主治　清肺止咳，健脾和胃。适用于燥邪伤肺所致之干咳、无痰、咽痒、咽干、食积腹胀。

（十八）延龄草属 *Trillium* L.

药用记载　吉林延龄草 *T. kamtschaticum* Pall. ex Pursh 的根茎在《全国中草药汇编》《中华本草》中记载为头顶一颗珠。

44. 吉林延龄草 *Trillium kamtschaticum* Pall.ex Pursh

别名　白花延龄草、玉儿七、佛手七、黄花三七、尸儿七、芋儿七、狮儿七、天珠、地珠、头顶一颗珠。

识别要点　多年生草本，根茎粗短。茎丛生于根茎上。叶 3 枚，轮生于茎顶端；近无柄；叶片菱状扁圆形或卵圆形。花单生于叶轮中央，花梗长，花被片 6，2 轮，外轮花被片椭圆状披针形，绿色，内轮花被片椭圆形或倒卵形，白色；雄蕊 6，花药长于花丝，先端有稍突出的药隔；子房圆锥状，3 室，花柱 3 裂。浆果卵圆形，黑紫色。花期 6 月，果期 8 月。（图 2-44-1 ～ 2-44-4，见 530 页）

生境与分布　林下、林边或潮湿之处。分布于黑龙江、吉林。

药用部位　根及根状茎。

采集加工　夏、秋季采挖，除去叶及须根，洗净，晒干或鲜用。

化学成分　根茎含薯蓣皂苷元，延龄草苷元，延龄草螺苷元，杯苋甾酮，26- 氯 -26- 去羟延龄草苷元，白花延龄草苷 A、B，白花延龄草烯醇苷，表白花延龄草烯酸苷等。

药理作用　煎剂和醇提取物对麻醉猫与家兔均有明显降压作用，可能与其溶血作用也有关，其降压作用有中枢神经系统的参与。醇提取物给小鼠灌胃有明显镇痛作用。杯苋甾酮有雌激素样作用。

性味归经　甘、微辛，温，有小毒。归心、肾经。

功能主治　镇静，止痛，活血，止血。适用于高血压病，神经衰弱，眩晕头痛，腰腿疼痛，月经不调，崩漏，外伤出血，跌打损伤。

用药警戒　本品有毒。用时注意：反枇杷芋、金背枇杷叶及猪油。

（十九）黄精属 *Polygonatum* Mill.

药用记载　黄精 *Polygonatum sibiricum* Delar 的干燥根茎在《中国药典》《中药大辞典》《中华本

草》中记载为黄精。二苞黄精 *P. involucratum*（Franch. et Sav.）Maxim. 入蒙药名为：巴嘎拉 – 其图 – 查干胡日。玉竹 *P. odoratum*（Mill.）Druce 的根茎在《中国药典》《中药大辞典》《中华本草》中记载为玉竹。

45. 黄精 *Polygonatum sibiricum* Delar

别名 鸡头黄精、黄鸡菜、老虎姜、爪子参、萎蕤、气精、野仙姜、土灵芝、赖姜。

识别要点 多年生草本，高。根茎横走，圆柱状，结节膨大。叶轮生，无柄，每轮 4 ～ 6 片；叶片条状披针形，先端渐尖并拳卷。花腋生，下垂，成伞形花丛，总花梗基部有膜质小苞片，钻形或条状披针形，具 1 脉；花被筒状，白色至淡黄色，裂片 6，披针形；雄蕊花丝短。浆果球形成熟时紫黑色。花期 5 ～ 6 月，果期 7 ～ 9 月。（图 2–45–1 ～ 2–45–3，见 531 页）

生境与分布 生长于山地林下、灌木丛或山坡的半阴处。分布于东北、华北、陕西、宁夏、甘肃、河南、山东、江苏、安徽、浙江等地。

药用部位 根茎。

采集加工 春秋二季采挖，除去须根，洗净，置沸水中略烫或蒸至透心，干燥。

化学成分 黄精的根状茎含西伯利亚蓼苷、西伯利亚蓼苷、新巴拉次薯蓣皂苷元 A–3–*O*–*β* – 石蒜四糖苷，另含黄精多糖、黄精低聚糖。

药理作用 ①黄精煎剂对实验性结核病的豚鼠有显著的抑菌效果，且能改善其健康状况，其疗效与异烟肼接近。②黄精醇提溶液对堇色毛癣菌，红色表皮癣菌等有抑制作用。③黄精浸出液有降低麻醉动物血压的作用。④黄精浸膏对肾上腺素引起的血糖过高呈显著抑制作用。⑤黄精煎剂可延长小鼠游泳时间。⑥黄精煎液可使小鼠肝脏超氧化物歧化酶（SOD）活性升高，心肌脂褐质含量降低。⑦黄精煎剂有延长家蚕幼虫期的作用。⑧黄精甲醇提取物腹腔注射，可使小鼠出血量减少。⑨黄精水浸膏可明显增加麻醉犬冠脉流量，可增强小鼠对缺氧的耐受力。⑩黄精多糖对兔实验性单纯疱疹病毒性角膜炎有治疗作用。⑪ 黄精煎剂可提高小鼠红细胞膜 Na^+–K^+–ATP 酶活性，使小鼠血浆 cAMP、cGMP 含量均下降。

性味归经 甘，平。归脾、肺、肾经。

功能主治 养阴润肺，补脾益气，滋肾填精。适用于脾胃虚弱，体倦乏力，口干食少，消渴，肾亏腰膝酸软，阳痿遗精，耳鸣目暗，须发早白，体虚羸瘦，风癞癣疾。

用药警戒 中寒泄泻，痰湿痞满气滞者忌服。

46. 二苞黄精 *Polygonatum involucratum*（Franch. et Sav.）Maxim.

别名 黄精、巴嘎拉 – 其图 – 查干胡日（蒙名）。

识别要点 多年生草本。根状茎细柱形。叶互生，4 ～ 7 叶，上部叶近无柄，下部叶有短柄；叶片卵状椭圆形或长圆状椭圆形。花腋生，具 2 花；总花梗顶端有叶状苞片 2，苞片卵形或宽卵形，成对包着花，宿存，具多脉；花被绿白色或淡黄绿色；雄蕊 6，花丝下部贴生于花被筒上；子房上位。浆果圆球形，熟时蓝紫色。花期 5 ～ 6 月，果期 8 ～ 9 月。（图 2–46–1 ～ 2–46–4，见 531 页）

生境与分布　生长于林下或阴湿山坡。分布于东北及河北、山西、河南等省区。

药用部位　根茎。

采集加工　春、秋季采挖，除去地上部、须根、泥沙等杂质，生用或蒸 10 ～ 20 分钟后，取出晾干或晒干。

性味归经　中药：甘、平。归心经。蒙药：甘、苦、涩，温，软、燥、柔。

功能主治　中药：补脾润肺，益气养阴。适用于体虚乏力，心悸气短，腰膝酸软，肺燥干咳，糖尿病等。

蒙药：温中开胃，排脓，清“希日乌素”，强壮，生津，祛“巴达干”。适用于胃寒，消化不良，食积食泻，肾寒，滑精，阳痿，头晕目眩，腰腿疼。

47. 玉竹 *Polygonatum odoratum*（Mill.）Druce

别名　地管子、尾参、铃铛菜、萎蕤、玉参、铃当菜、小笔管菜、甜草根、靠山竹。

识别要点　多年生草本。根茎横走，肉质较粗，黄白色，密生多数须根。茎单一，上部弯曲，粗壮有明显棱。叶互生，无柄；叶片椭圆形至卵状长圆形，上面绿色，下面灰色，平滑无毛；叶脉隆起，中脉尤甚。花序多为 2 ～ 4 花，稀 1 花。花腋生；花被筒状，黄绿色至白色，先端 6 裂；雄蕊 6；子房短于花柱。浆果蓝黑色。花期 4 ～ 6 月，果期 7 ～ 9 月。（图 2–47–1 ～ 2–47–5，见 532 页）

生境与分布　生长于山野林下或石隙间，喜阴湿处。分布于东北、华北、华东及陕西、甘肃、青海、台湾、河南、湖北、湖南、广东等地。

药用部位　根茎。

采集加工　秋季采挖，除去须根，洗净，晒至柔软后，反复揉搓，晾晒至无硬心，晒干；或蒸透后，揉至半透明，晒干。

化学成分　根茎含玉竹黏多糖，玉竹果聚糖 A、B、C、D，吖丁啶 –2– 羧酸等。

药理作用　①玉竹配糖体对离体蛙心有强心作用，玉竹煎剂的作用与玉竹配糖体类似。②口服玉竹浸膏，血糖先升后降。玉竹甲醇提取物血压具有明显降低作用。③玉竹煎剂可使血管灌流量显著减少。玉竹注射液对蟾蜍下肢血管有扩张作用。④玉竹煎剂可使甘油三酯，血胆固醇及 β – 脂蛋白均有下降。⑤玉竹的醇提物可明显提高小鼠血清溶血素抗体水平，增强腹腔巨噬细胞的吞噬功能。⑥玉竹提取物参与机体的免疫及造血调节。⑦玉竹煎剂可使小鼠离体肠管先兴奋后抑制。对小鼠离体子宫仅有缓和的刺激作用。

性味归经　甘，微寒。归肺、胃经。

功能主治　养阴润燥，生津止渴。适用于肺胃阴伤，燥热咳嗽，咽干口渴，内热消渴。

用药警戒　痰湿气滞者禁服，脾虚便溏者慎服。

48. 小玉竹 *Polygonatum humile* Fisch.ex Maxim.

别名　竹根尾。

识别要点　多年生草本。根状茎细圆柱形。茎不分枝，直立，细。叶互生，叶片椭圆形或长椭圆形，先端尖或略钝，基部渐狭，全缘，背面绿色光亮，具短糙毛。花生于叶腋，花序通常近 1 花，花梗显著向下弯曲；花被白色，顶端带绿色，花被片 6，下部合生成筒；雄蕊 6，花药长圆形；子房长圆形。浆果球形蓝黑色。花期 4 ～ 5 月，果期 5 ～ 6 月。（图 2–48–1 ～ 2–48–4，见 532 页）

生境与分布 生长于林下或山坡草地。分布于东北及河北、山西等地。

药用部位 根状茎。

采集加工 春、秋两季采挖。除去地上部分及须根，洗净泥土，放入锅中稍煮片刻即捞出，晒干。

性味归经 甘，平。归肺经。

功能主治 养阴润燥，生津止渴。适用于热病伤阴，口燥咽干，干咳少痰，心烦心悸，糖尿病。外用于跌打损伤。

（二十）重楼属 *Paris* L.

药用记载 北重楼 *Paris verticillata* M.-Bieb. 的根茎在《全国中草药汇编》《中华本草》中记载为上天梯。

49. 北重楼 *Paris verticillata* M.-Bieb.

别名 七叶一枝花、露水一颗珠、上天梯、轮叶王孙、铜筷子、灯台七、定风筋。

识别要点 多年生草本。根状茎细长，圆柱状。茎单一，直立，绿白色，有时带紫色。叶 6 ～ 8 枚轮生于茎顶，通常无柄；叶片披针形，倒披针形或倒卵状披针形，先端渐尖，基部楔形，全缘。花单生，花梗自轮生叶丛中抽出，花被片 8 枚，2 轮，外轮的绿色，极少带紫色，叶状，平展；内轮的黄绿色，条形；雄蕊 8，与内轮花被片近等长；子房上位，花柱具 4 ～ 5 分枝。浆果状蒴果。花期 5 ～ 6 月，果期 7 ～ 8 月。（图 2–49–1 ～ 2–49–4，见 533 页）

生境与分布 生长于山坡林下。分布于东北、华北及山西、陕西、甘肃、内蒙古、安徽、湖北、江苏、浙江、四川。

药用部位 全草及根状茎。

采集加工 春、秋季采挖。洗净，晒干。

化学成分 根茎含 β – 谷甾醇、豆甾醇、胡萝卜苷、β – 蜕皮激素、4– 羟甲基 – γ – 丁内酯、多种糖苷、筋骨草甾酮、蜕皮甾酮、重楼皂苷Ⅶ等。全株含植物甾醇 – β –D– 吡喃葡萄糖、植物蜕皮素、蜕皮甾酮、筋骨草甾酮、喷诺皂苷元四糖苷。

药理作用 对小鼠肺腺癌细胞显示出一定的抑制作用。

性味归经 苦，寒，有小毒。归肾经。

功能主治 祛风利湿，清热定惊，解毒消肿。适用于风湿痹痛，高热抽搐，咽喉肿痛，痈疖肿毒，毒蛇咬伤。

（二十一）天门冬属 *Asparagus* L.

药用记载　天门冬 *A.cochinchinensis*（Lour.）Merr. 的块根在《中药大辞典》《中华本草》中记载为天门冬。龙须菜 *A.schoberioides* kunth. 始载于《长白山植物药志》。

50. 天门冬 *Asparagus cochinchinensis*（Lour.）Merr.

别名　虋（mén）冬、大当门根、天冬。

识别要点　多年生攀援草本，全株无毛。块根肉质，簇生，长椭圆形或纺锤形，灰黄色。茎细，分枝具棱或狭翅；叶状枝通常每 3 枚成簇，扁平，先端锐尖。叶退化成鳞片，先端长尖，基部有木质倒生刺，在分枝上较短或不明显。花 1 ～ 3 朵簇生叶腋，单性，雌雄异株，淡绿色；雄花花被片 6，雄蕊稍短于花被，花丝不贴生于花被片上，花药卵形，雌花与雄花大小相似，具 6 个退化雄蕊。浆果球形，成熟时红色；具种子 1 颗。花期 5 ～ 7 月，果期 8 月。（图 2–50–1 ～ 2–50–4，见 533 页）

生境与分布　生长于阴湿的山野林边、草丛或灌木丛中。分布于东北、华东、中南、西南及河北、山西、陕西、甘肃、台湾等地。

药用部位　块根。

采集加工　秋、冬采挖，但以冬季采者质量较好。挖出后洗净泥土，除去须根，按大小分开，入沸水中煮或蒸至外皮易剥落时为度。捞出浸入清水中，趁热除去外皮，洗净，微火烘干。

化学成分　块根含天冬呋甾醇寡糖苷、甲基原薯蓣皂苷、伪原薯蓣皂苷、雅姆皂苷元、薯蓣皂苷元、菝葜皂苷元、异菝葜皂苷元、葡萄糖、鼠李糖、果糖、天冬多糖、5– 甲氧基甲基糖醛、β – 谷甾醇及多种氨基酸。

药理作用　①天门冬煎剂对多种细菌有不同程度的抑菌作用。②天门冬块根切碎在水中浸泡后可用来杀灭蚊蝇幼虫。③对急性淋巴细胞型白血病、慢性粒细胞型白血病及急性单核细胞型白血病患者白细胞的脱氢酶有一定的抑制作用，并能抑制急性淋巴细胞型白血病患者白细胞的呼吸。④经动物试验有镇咳和祛痰作用。

性味归经　甘、苦，寒。归肺、肾经。

功能主治　滋阴润燥，清肺降火。适用于燥热咳嗽，阴虚劳嗽，热病伤阴，内热消渴，肠燥便秘，咽喉肿痛。

用药警戒　虚寒泄泻及风寒咳嗽者禁服。

51. 龙须菜 *Asparagus schoberioides* Kunth

别名　雉隐天冬、山苞米、玉带天门冬。

识别要点　多年生草本。根状茎粗短。茎直立，多分枝；变态枝 3 ～ 7 枚簇生，狭条形略弯成镰刀状。叶片退化成鳞片状，为小形、白色的膜状物；雌雄异株。花极小，2 ～ 4 朵腋生，黄绿色，花梗极短。浆果圆球形，初绿色，熟时红色，由于果梗极短，故果实似紧贴枝条而生。花期 5 ～ 6 月。果期 8 ～ 9 月。（图 2–51–1 ～ 2–51–4，见 534 页）

生境与分布 生长于林缘、草甸及林下。分布于我国东北、华北、山东、陕西、甘肃。

药用部位 块根。

采集加工 秋、冬采挖，洗净，晒干。

化学成分 全草含皂苷和黄酮；根中含皂苷和天门冬酰胺。

性味归经 甘，寒。归肺经。

功能主治 滋阴止血。适用于治肺络灼伤之咯血。

52. 兴安天门冬 *Asparagus dauricus* Fisch. ex Link

别名 天门冬。

识别要点 直立草本。根稍肉质。茎与分枝均具条纹，有时幼枝具软骨质齿。叶状枝每 1 ～ 6 枚成簇，通常全部斜立，与分枝交成锐角，少有平展的，近扁圆柱形，略具 4 棱；叶鳞片状，基部无刺。花每 2 朵腋生，单性，雌雄异株，黄绿色；雄花花梗与花被近等长，花丝大部分贴生于花被片上，花药矩圆形；雌花极小，花被片短于花梗，花梗关节位于上部，退化雄蕊 6 枚。浆果球形。花果期 6 ～ 8 月。（图 2-52-1 ～ 2-52-4，见 534 页）

生境与分布 生长于沙丘，多沙山坡或干燥土丘上。分布于东北、内蒙古、河北、山西、陕西、山东、江苏。

药用等参考天门冬。

五、薯蓣科 Dioscoreaceae

（二十二）薯蓣属 *Dioscorea* L.

药用记载 穿龙薯蓣 *Dioscorea nipponica* Makino 的根茎在《中药大辞典》《全国中草药汇编》《中华本草》中记载为穿山龙。

53. 穿龙薯蓣 *Dioscorea nipponica* Makino

别名 穿山龙、穿龙骨、穿地龙、山常山、火藤根、铁根薯、雄姜、黄鞭、野山药。

识别要点 多年生缠绕草本。根茎横生，圆柱形，木质，多分枝，栓皮层显著剥离。茎左旋。单叶互生，叶腋内无珠芽；叶片掌状心形，变化较大，先端叶片小，近于全缘，叶表面黄绿色。花单性，雌雄异株。雄花序为腋生的穗状花序；苞片披针形；花被碟形，6 裂，裂片先端钝圆；雄蕊 6。雌花黄绿色，单性。蒴果倒卵状椭圆形。种子具长方形翅。花期 6 ～ 8 月，果期 8 ～ 10 月。（图 2-53-1 ～ 2-53-4，见 535 页）

生境与分布 生长于山坡、林边、山脊路旁、河谷两侧或灌木丛中。分布于东北、华北、西北（除新疆）及河南、湖北、山东、江苏、安徽、浙江、江西、四川等地。

药用部位　根茎。

采集加工　秋季采挖，除去细根，刮去栓皮，晒干。

化学成分　穿山龙含薯蓣皂苷、薯蓣皂苷元、纤细薯蓣皂苷、穗菝葜甾苷、25–D– 螺甾 –3,5– 二烯及对羟基苄基酒石酸。根茎中尚分离出少量 25– 异 – 螺甾 –3,5 二烯。

药理作用　①薯蓣煎剂及皂苷等有明显的止咳作用。②煎剂对组织胺或乙酰胆碱喷雾引起的支气管痉挛都有预防作用，需较大剂量方有效。③总皂苷能显著降低兔血胆甾醇及血压，延缓心率，增强心收缩振幅，增加尿量，改善冠状循环，对主动脉斑块，肝脏脂肪沉积有减轻作用。

性味归经　平，苦。归肝、肺经。

功能主治　祛风除湿，活血通络，止咳。适用于风湿痹痛，肢体麻木，胸痹心痛，慢性气管炎，跌打损伤，疟疾，痈肿。

六、雨久花科 Pontederiaceae

（二十三）雨久花属 *Monochoria* Presl

药用记载　雨久花 *Monochoria korsakowii* Regel et Maack 在《全国中草药汇编》记载为鸭舌草。

54. 雨久花 *Monochoria korsakowii* Regel et Maack

别名　水白花、浮蔷、蓝花菜、蓝鸟花。

识别要点　多年生挺水草本植物。茎直立，基部呈现红色，全株光滑无毛。基生叶广卵圆状心形，具长柄，茎生叶叶柄渐短，基部扩大成鞘，抱茎。总状花序再聚成圆锥花序，顶生，花蓝色，花被离生。蒴果卵形。花果期 7 ～ 10 月。（图 2–54–1 ～ 2–54–4，见 535 ～ 536 页）

生境与分布　生长于池塘、湖沼靠岸的浅水处。分布于我国东北、华南、华东、华中。日本、朝鲜、东南亚也有。

药用部位　全草。

采集加工　夏季采集，晒干。

性味归经　甘，凉。归肺经。

功能主治　清热定喘，解毒消肿。适用于高热咳喘，小儿丹毒，喘息。

七、鸢尾科 Iridaceae

（二十四）鸢尾属 *Iris* L.

药用记载 野鸢尾 *Iris dichotoma* Pall. 在《中华本草》《中药大辞典》中记载为白花射干，《蒙植药志》也有记载。鸢尾 *I.tectorum* Maxim. 的根茎在《中华本草》记载为鸢根；在《中药大辞典》《全国中草药汇编》记载为鸢尾；全草在《中华本草》记载为鸢尾。马蔺 *I.lactea* Pall. var. *chinensis*（Fisch.）Koidz. 的全草在《全国中草药汇编》《中华本草》记载为马蔺；马蔺的根在《中药大辞典》《中华本草》记载为马蔺根；马蔺的花蕾在《中药大辞典》《中华本草》中记载为马蔺花；马蔺的种子在《中药大辞典》《中华本草》中记载为马蔺子；叶在《中药大辞典》中记载为马蔺叶。玉蝉花 *I.ensata* Thunb. 的根状茎在《中华本草》中记载为玉蝉花。单花鸢尾 *I.uniflora* Pall. 的根茎在《全国中草药汇编》《中华本草》中记载为单花鸢尾；其种子记载为单花鸢尾子。溪荪 *I.sanguinea* Donn ex Hom. 的根茎及根在《中华本草》中记载为溪荪。细叶鸢尾 *I.tenuifolia* Pall. 在《全国中草药汇编》中记载为老牛拽，在《蒙植药志》中也有记载。

55. 野鸢尾 *Iris dichotoma* Pall.

别名 搜山虎、金盏子花、二歧鸢尾、白花鸢尾、歧花鸢尾、射干鸢尾、扇扇草。

识别要点 根状茎为不规则的块状，须根发达。叶基生或在花茎基部互生，两面灰绿色，剑形。花茎实心上部二歧状分枝，分枝处生有披针形的茎生叶，花序生于分枝顶端；苞片膜质，绿色，边缘白色；花蓝紫色或浅蓝色，有棕褐色的斑纹，花柱分枝花瓣状，果实长圆柱形，种子有小翅。花期 7 ～ 8 月，果期 8 ～ 9 月。（图 2-55-1 ～ 2-55-4，见 536 页）

生境与分布 生长于砂质草地、山坡石隙等向阳干燥处。分布于东北、华北、西北、山东、安徽、江苏、江西、内蒙古。

药用部位 根状茎、全草。

采集加工 夏、秋季采收，洗净，切碎晒干或鲜用。

化学成分 根茎含茶叶花宁、豆甾醇、5,3′,4′－三甲氧基 -6,7- 亚甲二氧基异黄酮、尾尼鸢黄素、德鸢尾苷元、鸢尾苷元、胡萝卜苷、反式白藜芦醇、草夹竹桃苷、野鸢尾苷、鸢尾苷、鸢尾黄酮苷。

药理作用 抗氧化。

性味归经 苦，寒，有小毒。归肺、肝经。

功能主治 清热解毒，活血消肿。适用于咽喉肿痛，痄腮，齿龈肿痛，肝炎，肝脾肿大，胃痛，支气管炎，跌打损伤，乳痈外用治水田皮炎。

用药警戒 不可代替射干入药。

56. 鸢尾 *Iris tectorum* Maxim.

别名 蓝蝴蝶、蛤蟆七、冷水丹、豆豉叶、扁竹叶、燕子花、鸭屁股、土知母。

识别要点 多年生草本,植株基部围有老叶残留的膜质叶鞘及纤维。根茎较短,肥厚,常呈蛇头状,少为不规则的块状,环纹较密。叶基生;叶片剑形,质薄,淡绿色,交互排列成两行。花茎几与叶等长。总状花序。花 1 ～ 3 朵，蝶形，蓝紫色，花被裂片 6，2 轮排列，中脉具不整齐橘黄色的鸡冠状凸起；雄蕊 3，花药黄色；子房下位，3 室，花瓣状，蓝色，覆盖着雄蕊，先端 2 裂，边缘流苏状。蒴果有 6 条明显的肋；种子梨形，黑褐色。花期 4 ～ 5 月，果期 6 ～ 8 月。(图 2–56–1 ～ 2–56–2，见 536 ～ 537 页)

生境与分布 生长于林缘，水边湿地及向阳坡地。分布于东北、西南及山西、陕西、甘肃、江苏、安徽、浙江、江西、福建、湖北、湖南、广西等地。

药用部位 根茎，叶或全草。

采集加工 夏、秋季采收，洗净，切碎鲜用。

化学成分 叶含大量维生素、鸢尾烯、鸢尾酮、单环三萜酯类化合物、射干醌、苯甲醛肟。花含恩比宁。根茎含异黄酮糖苷、盾叶夹竹桃苷、鸢尾黄酮新苷、鸢尾黄酮新苷元、去甲基鸢尾黄酮新苷元、鸢尾酮苷、鸢尾苷、鸢尾苷元、野鸢尾苷元。

药理作用 叶及全草：①消炎作用。②能促进家兔唾液分泌。根茎：①鸢尾根对炎症早期和晚期均有显著的抑制作用。②乙醇提取物对大鼠发热具有一定的解热作用。③抗过敏。④有明显祛痰作用。⑤有催吐和泻下作用。

性味归经 叶及全草：辛、苦，凉，有毒。根茎：苦、辛，寒，有毒。归脾、胃、大肠经。

功能主治 叶及全草：清热解毒，祛风利湿，消肿止痛。适用于咽喉肿痛，肝炎，肝大，膀胱炎，风湿痛，跌打肿痛，疮疖，皮肤瘙痒。根茎：消积杀虫，破瘀行水，解毒。适用于食积胀满，蛔虫腹痛，癥瘕鼓胀，咽喉肿痛，痔瘘，跌打伤肿，疮疖肿毒，蛇犬咬伤。

用药警戒 体虚便溏者及孕妇禁服。心、肺、肝、肾、脑功能不全者禁用。药后忌吃甘蔗、酱料、芥兰、酸辣食物等。

57. 细叶鸢尾 *Iris tenuifolia* Pall.

别名 细叶马蔺、丝叶马蔺、楚勒布尔－乌布斯(蒙名)。

识别要点 多年生密丛草本，根状茎块状，短而硬，木质，黑褐色；根坚硬，细长，分枝少。叶质地坚韧，丝状或狭条形。花茎通常甚短；苞片 4 枚，披针形，花蓝紫色，外花被裂片匙形，爪部较长，内花被裂片倒披针形，直立。蒴果倒卵形，顶端有短喙，成熟时沿室背自上而下开裂。花期 4 ～ 5 月，果期 8 ～ 9 月。(图 2–57–1 ～ 2–57–2，见 537 页)

生境与分布 生长于砂质土壤、砂砾质地、固定沙丘、石质碎石山坡或草原。分布于东北、内蒙古、河北、山西、陕西、甘肃、宁夏、青海、新疆、西藏。

药用部位 根茎、种子。

采集加工 根茎：夏、秋季采挖根茎，切片，晒干。种子：秋季采收，晒干。

化学成分 黄酮、琥珀酸二丁酯、二烯酸甲酯、邻酞酸二丁酯、邻酞酸二异丁酯、己二酸二异丁酯、棕榈酸甲酯。

药理作用 抗老年痴呆。

性味归经 根：微苦，凉。归肝经。种子：甘，平。归肝经。

功能主治 安胎养血。适用于胎动血崩，妊娠出血，胎动不安，崩漏。

58. 马蔺 *Iris lactea* Pall. var. *chinensis*（Fisch.）Koidz.

别名 紫兰草、兰花草、箭杆风、马帚子、马莲、蠡实、马蔺花。

识别要点 多年生草本。根茎木质化，粗壮，斜升。须根粗长，黄白色。叶簇生，坚韧，近于直立，灰绿色，条形或狭剑形，无中脉。花茎先端具苞片，内有 2～4 花；花浅蓝色，蓝色，蓝紫色，花被片 6，2 轮排列，花被上有较深色的条纹；倒披针形，无附属物，花被管甚短；雄蕊 3，花药黄色；花柱分支 3，扁平，花瓣状，子房下位，纺锤形。蒴果。种子为不规则的多面体，黑褐色。花期 5～7 月，果期 6～9 月。（图 2–58–1～2–58–2，见 537 页）

生境与分布 生长于荒地、山坡草地或灌丛中。分布于东北、华北、西北及山东、江苏、安徽、浙江、河南、湖北、湖南、四川、西藏等地。

药用部位 全草、花、根茎、种子。

采集加工 全草：夏、秋季采收，扎把晒干或鲜用。花：夏季花盛开时采花，阴干备用。种子：秋季摘取成熟果实，晒干，搓下种子，除去杂质即得。根：秋季挖根，洗净，切段晒干备用。

化学成分 种皮含马蔺子甲、乙、丙素，羽扁豆烯 –3– 酮，白桦脂醇，β– 谷甾醇，植物蜡。种仁油含亚油酸、油酸、硬脂酸、软脂酸、肉豆蔻酸、月桂酸、癸酸。

药理作用 种子：①避孕。有抗生育、抗着床作用。种皮有效，种仁则无作用。②对家兔无抗排卵作用。

性味归经 全草：苦、微甘，微寒。归肾、膀胱、肝经。花：咸、酸、苦，微凉。种子：甘，平。归肝经。根：甘，平。归肝、胃、脾、肺经。

功能主治 全草：清热解毒，利尿通淋，活血消肿。适用于喉痹，淋浊，关节痛，痈疽恶疮，金疮。花：清热凉血，利尿消肿。适用于吐血，咯血，衄血，咽喉肿痛，小便不利，泌尿系感染；外用治痈疖疮疡，外伤出血。种子：凉血止血，清热利湿。适用于吐血，衄血，功能性子宫出血，急性黄疸型传染性肝炎，骨结核，小便不利，疝痛；外用治痈肿，外伤出血。根：清热解毒。用于急性咽炎，传染性肝炎，痔疮，牙痛。

用药警戒 多服令人溏泄。燥热者禁用。

59. 囊花鸢尾 *Iris ventricosa* Pall.

别名 巨苞鸢尾。

识别要点 多年生草本。根状茎粗而短。须根数多，黄褐色。植株基部有红褐色坚硬的纤维状枯死叶鞘，基生叶条形，坚韧。花莛与叶等长或稍短，苞叶鞘状膨大，呈纺锤形，光滑，花淡紫色。蒴果长圆形，棱状。种子卵圆形，黄褐色，有光泽。花期 5 ～ 6 月，果期 7 ～ 8 月。（图 2–59–1 ～ 2–59–2，见 537 ～ 538 页）

生境与分布　多生长于典型草原，草甸草原及山坡草地。分布于东北、内蒙古。

药用等参考鸢尾。

60. 燕子花 *Iris laevigata* Fisch.

别名　平叶鸢尾、光叶鸢尾。

识别要点　多年生草本。根状茎粗壮，斜伸，棕褐色；须根绳索状，灰白色，有皱缩的横纹。基生叶剑形或宽条形，灰绿色，无明显的中脉；花茎实心，光滑；苞片 3 ～ 5 枚，膜质；花大，深紫色，基部稍带黄色；花被管上部稍膨大，似喇叭形，外轮 3 裂片倒卵形或椭圆形，内轮花被裂片倒披针形；雄蕊花药白色；花柱分枝扁平，花瓣状；子房三角状圆柱形。蒴果长圆状柱形。种子扁平，褐色。花期 6 ～ 7 月，果期 7 ～ 8 月。（图 2–60–1 ～ 2–60–2，见 538 页）

生境与分布　生长于沼泽地、河岸边的水湿地、高山湿地。分布于东北、云南。

药用等参考鸢尾。

61. 玉蝉花 *Iris ensata* Thunb.

别名　花菖蒲、紫花鸢尾、东北鸢尾、土知母、马蔺草、马蔺、桂花三七。

识别要点　多年生草本，根状茎粗短，斜伸。基生叶宽线形，具多数平行脉，中脉明显。花茎圆柱形；苞片狭披针形，较厚，近革质，先端尖或稍钝；花大，鲜紫红色，花被管漏斗形，外轮花被裂片 3，中脉上具黄色斑纹，无附属物，内轮花被裂片 3 狭披针形，直立；雄蕊花药紫色，较花丝长；花柱分枝扁平，花瓣状，紫色，先端裂片三角形，具疏牙齿；子房圆形。蒴果有 6 条明显的肋。种子扁平，棕褐色，半圆形，边缘成翅状。花期 6 ～ 7 月，果期 8 ～ 9 月。（图 2–61–1 ～ 2–61–3，见 538 页）

生境与分布　生长于湿草甸或沼泽地。分布于我国东北及华东。

药用部位　全草、花、种子及根。

采集加工　夏、秋季采收全草，扎把晒干或鲜用。夏季花盛开时采花，阴干备用；秋季摘取成熟果实，晒干，搓下种子，除去杂质备用。夏、秋季采挖根，除去根茎，洗净，晒干或鲜用。

化学成分　地上部分含恩比宁、阿魏酸、对 – 香豆酸、香草酸、对 – 羟基苯甲酸、荭草素、高荭草素。

性味归经　辛、苦，寒，有小毒。归肺、脾、肝经。

功能主治　清热利水，消积理气，清热解毒。适用于咽喉肿痛，食积饱胀，湿热痢疾，经闭腹胀，水肿。

62. 紫苞鸢尾 *Iris ruthenica* Ker–Gawl.

别名　俄罗斯鸢尾、紫石蒲、细茎鸢尾。

识别要点　多年生草本，植株基部围有短的鞘状叶，不形成密丛。根状茎斜伸，二歧分枝，节明显。叶条形。灰绿色，顶端长渐尖。花茎纤细，略短于叶；苞片 2 枚，膜质，绿色，边缘带红紫色；花蓝紫色，外花被裂片倒披针形，有白色及深紫色的斑纹，内花被裂片直立；雄蕊花药乳白色；花柱分枝扁平，顶端裂片狭三角形。子房狭纺锤形。蒴果球形或卵圆形；种子球形或梨形，有乳白色的附属物，遇潮湿易变黏。花期 5 ～ 6 月，果期 7 ～ 8 月。（图 2–62–1 ～ 2–62–3，见 538 ～ 539 页）

生境与分布　生长于向阳草地或石质山坡。分布于东北、新疆、内蒙古。

药用等参考鸢尾。

63. 矮紫苞鸢尾 *Iris ruthenica* Ker–Gawl.var.*nana* Maxim.

别名　紫石蒲、细茎鸢尾。

识别要点　多年生草本。叶线形，基部为退化成鞘状的叶片所包。花茎从叶中抽出；佛焰苞膜质，披针形，边缘红紫色。花浅蓝色或蓝色，具蓝紫色条纹和斑点，花被管较短。外轮花被片倒披针形或宽卵形，内轮花被片披针形，花柱花瓣状深紫红色，柱头三角形，子房尖三角形。蒴果短而圆，种子球形。花期 5 ～ 6 月，果期 6 ～ 7 月。（图 2–63–1 ～ 2–63–2，见 539 页）

生境与分布　生长于山坡草地。分布于华北、东北、西南和新疆等地。

药用等参考鸢尾。

64. 单花鸢尾 *Iris uniflora* Pall. ex Link

别名　小鸢尾、钢笔水花、乌努钦 – 查黑乐得格（蒙名）。

识别要点　多年生矮小草本。植株基部围有黄褐色的老叶残留纤维及膜质的鞘状叶。根茎细长，二叉分枝，节处略膨大，棕褐色。须根细，生于节处。叶条形或披针形，先端渐尖，基部鞘状。花茎纤细，中下部有 1 枚茎生叶；苞片 2，较硬，内含 1 花；花蓝紫色；雄蕊 3；花柱分枝扁平，与内花被裂片等长。蒴果圆球形有 6 条明显的棱。花期 5 ～ 6 月，果期 7 ～ 8 月。（图 2–64–1 ～ 2–64–2，见 539 页）

生境与分布　生长于山坡、林缘、林中旷地，多成片生长。分布于黑龙江、辽宁、内蒙古西北部。

药用部位　根茎，种子。

采集加工　根茎：夏、秋季采挖根茎，切片，晒干。种子：秋季采收，晒干。

性味归经　根茎：甘、苦，微寒，有小毒。归肝、膀胱、肾经。种子：甘，平。归心、肺、肝、胃、大肠、膀胱经。

功能主治　根茎：泻下行水。适用于水肿，肝硬化腹水，小便不利，大便秘结。种子：清热解毒，利尿，止血。适用于咽喉肿痛，黄疸肝炎，小便不利，吐血，衄血，月经过多。

65. 溪荪 *Iris sanguinea* Donn ex Hom.

别名　东方鸢尾、溪荪鸢尾、赤红鸢尾。

识别要点　根茎粗壮，斜伸，包被棕褐色残留叶鞘纤维。叶互生，叶片剑形，先端渐尖，基部鞘状，排成二列；中脉不明显。苞片 3，内含 2 花；花天蓝色，外花被裂片 3，倒卵形，基部有黄色斑纹及黑褐色网纹，爪部楔形，无附属物，内花被裂片 3，直立，狭倒卵形；雄蕊 3，花药黄色；子房下位，圆柱状，具 3 棱。蒴果长卵状椭圆状，熟时自顶部纵裂。花期 5 ～ 6 月，果期 7 ～ 9 月。（图 2–65–1 ～

2-65-3，见 540 页）

生境与分布　生长于向阳坡地、潮湿草地和沼泽地。分布于东北及内蒙古等地。

药用部位　根茎及根。

采集加工　秋后采收，洗净，鲜用或切片晒干。

化学成分　全草含黄阿亚敏素脂多糖、当药黄素、日本当药黄素。鲜花含黄阿亚敏素、当药黄素、日本当药黄素。叶含 3-（3- 羟甲基苯基）-L- 丙氨酸、3′ – 羧苯基甘氨酸、3-（3- 羧苯基）丙氨酸。

功能主治　清热解毒。适用于疔疮肿毒外敷，可治疔疮肿。

八、灯心草科 Juncaceae

（二十五）灯心草属 *Juncus* L.

药用记载　小灯心草 *Juncus bufonius* L. 的全草在《中华本草》中记载为野灯草。

66. 小灯心草 *Juncus bufonius* L.

别名　秧草、水灯心、野席草、龙须草、灯草、水葱。

识别要点　一年生草本，有多数细弱、浅褐色须根。茎丛生，细弱，有时稍下弯，基部常红褐色。叶基生和茎生；茎生叶常 1 枚；叶片线形，叶鞘具膜质边缘，无叶耳。花序呈二歧聚伞状生于茎顶，花排列疏松，很少密集，花被片披针形，背部中间绿色，边缘宽膜质，白色，顶端锐尖，花药长圆形，淡黄色；花丝丝状；雌蕊具短花柱。蒴果三棱状椭圆形。种子椭圆形。花期 5 ～ 7 月，果期 6 ～ 9 月。（图 2-66-1 ～ 2-66-2，见 540 页）

生境与分布　生长于湿地或沼泽边缘。分布于全国各地。

药用部位　茎髓、全草、根及根茎。

采集加工　全草：秋季采割，晒干。茎髓；秋季采割下茎秆，顺茎划开皮部，剥出髓心，捆把晒干。根及根茎：夏、秋采挖，除去茎部，洗净，晒干。

化学成分　茎髓含多种灯心草酚类、去氢灯心草醛、α – 单 – 对 – 香豆酸甘油酯、木犀草素等。全草含芳樟醇、紫罗兰酮、β – 甜没药烯、β – 苯乙醇、苯酚、对 – 甲基苯酚、6,10,14- 三甲基 -2- 十五烷酮、丁香油酚、二氢猕猴桃内酯、α – 香附酮、香草醛、癸酸、月桂酸、肉豆蔻酸、硬脂酸、油酸、木犀草素、木犀草素 -7- 葡萄糖苷、β – 谷甾醇和 β – 谷甾醇葡萄糖苷等。

药理作用　利尿，止血。

性味归经　全草和茎髓：微寒、甘，淡。归心、肺、小肠、膀胱经。根及根茎：甘，寒。归心、膀胱经。

功能主治　全草和茎髓：清心火，利小便。适用于心烦失眠，尿少涩痛，口舌生疮。根及根茎：

利水通淋，清心安神。适用于淋病，小便不利，湿热黄疸，心悸不安。

用药警戒 虚寒者慎服，中寒小便不禁者勿服，气虚小便不禁者忌服。

九、鸭跖草科 Commelinaceae

（二十六）鸭跖草属 *Commelina* L.

药用记载 鸭跖草 *Commelina communis* L. 的全草在《中国药典》《中药大辞典》《中华本草》记载为鸭趾草。

67. 鸭跖草 *Commelina communis* L.

别名 竹节菜、鸭鹊草、耳环草、蓝花菜、翠蝴蝶、三角菜、桂竹草、淡竹叶。

识别要点 一年生草本。多有须根。茎叶光滑，茎基部分枝匍匐，上部分枝向上斜生。单叶互生，带肉质；叶片披针形至卵状披针形。总状花序，花 3 ～ 4 朵，着生于二叉状花序柄上的苞片内，总苞片佛焰苞状。花被 6，2 列，外列绿白色，小形，萼片状；内列 3 片中的前 1 片白色，卵状披针形，基部有爪，后 2 片深蓝色，成花瓣状，卵圆形，基部亦具爪。雄蕊 6；雌蕊 1。蒴果椭圆形，压扁状，成熟时裂开。花果期 7 ～ 10 月。（图 2–67–1 ～ 2–67–2，见 540 页）

生境与分布 生长于阴湿处，在沟边、路边、田埂、荒地、宅旁墙角、山坡及林缘草丛中。分布于云南、四川、甘肃以东的全国各省区。

药用部位 全草。

采集加工 夏、秋采收全草，鲜用或阴干。

化学成分 全草含左旋 – 黑麦草内酯、无羁萜、β – 谷甾醇、对 – 羟基桂皮酸、胡萝卜苷、D– 甘露醇。地上部分含 1– 甲氧羰基 –β – 咔啉、哈尔满、去甲哈尔满。花瓣含花色苷、鸭跖黄酮苷、丙二酸单酰基 – 对 – 香豆酰飞燕草苷、鸭跖兰素。

性味归经 甘、淡，寒。归肺、胃、小肠、膀胱经。

功能主治 清热解毒，利水消肿。适用于风热感冒，高热不退，咽喉肿痛，水肿尿少，热淋涩痛，痈肿疔毒。

用药警戒 脾胃虚寒者慎服。

十、禾本科 Poaceae

（二十七）芦苇属 *Phragmites* Adans.

药用记载　芦苇 *Phragmites australis*（Cav.）Trin. ex Steud. 的叶、花、茎、根、笋在《中华本草》中记载为芦叶、芦花、卢茎、芦根、芦笋。

68. 芦苇 *Phragmites australis*（Cav.）Trin. ex Steud.

别名　苇、芦、芦笋、葭。

识别要点　多年生水生湿生高大草本。地下茎粗壮，横走，节间中空，节上有芽。茎直立，中空。叶 2 列，互生；叶鞘圆筒状，叶及叶鞘无毛，叶舌有毛；叶片扁平，边缘粗糙。顶生圆锥花序由小穗组成，微下垂，花序分枝粗糙而无毛，下部梗腋间具白色柔毛；小穗通常有 4 ～ 7 花，第一花通常为雄花，余者为两性花，雄蕊 3，雌蕊 1，花柱 2，柱头羽状。颖果椭圆形，与内稃分离。花果期 7 ～ 10 月。（图 2–68–1 ～ 2–68–5，见 541 页）

生境与分布　多生长于低湿地或浅水中。全国大部分地区有分布。

药用部位　根茎、嫩茎、幼苗、叶、花。

采集加工　芦根全年均可采挖，除去芽，须根及膜状叶，洗净，鲜用或切段后晒干。芦茎夏、秋季采收，晒干或鲜用。芦笋春、夏季采挖，洗净，晒干或鲜用。芦叶春、夏、秋三季均可采收。芦花秋后采收，晒干。

化学成分　根茎含多量的维生素以及薏苡素、苜蓿素、天冬酰胺、多种氨基酸、脂肪酸、甾醇、生育酚、多元酚、龙胆酸、对 – 苯醌、对 – 羟基苯甲醛、丁香醛、松柏醛、香草酸、阿魏酸、对 – 香豆酸、二氧杂环已烷木质素、苯丙烷丁香酚基、4– 羟基苯基、小麦黄素、β – 香树脂醇、蒲公英赛醇、蒲公英赛酮。花含薏苡素、苜蓿素、戊聚糖、纤维素和木质素。嫩茎含纤维素、戊聚糖、木质素、薏苡素、苜蓿素。叶含纤维素、戊聚糖、木质素、抗坏血酸、薏苡素、苜蓿素、多种氨基酸、维生素 C、小麦黄素。

药理作用　①薏苡素对骨骼肌有抑制作用，能抑制肌动蛋白 – 三磷酸腺苷系统的反应。②薏苡素有镇痛作用，强度与氨基比林相似。③苜蓿素对离体豚鼠肠管有松弛作用，可使蠕动收缩减慢，可使血中甲状腺素显著增高。并有轻度抗氧化作用，可防止肾上腺素的氧化。有轻度雌激素样作用。

性味归经　芦根：甘，寒。归肺、胃、膀胱经。芦茎：甘，寒，无毒。归心、肺经。芦笋：甘，寒。归肺经。芦叶：甘，寒。归肺、胃经。芦花：甘，寒，无毒。归肺、胃、肝经。

功能主治　芦根：清热生津，除烦止呕，利尿，透疹。适用于热病烦渴，胃热呕吐，肺热咳嗽，肺痈吐脓，热淋，麻疹；还可解河鲀鱼毒。芦茎：清肺解毒，止咳排脓。适用于肺痈吐脓，肺热咳嗽，痈疽。芦笋：清热生津，利水通淋。适用于口渴心烦，肺痈，肺痿，淋病，小便不利。芦叶：清热辟秽，止血，解毒。适用于霍乱吐泻，吐血，衄血，肺痈。芦花：止泻，止血，解毒。适用于吐泻，衄血，血崩，外伤出血，鱼蟹中毒。

用药警戒 芦根脾胃虚寒者忌服；芦笋脾胃虚寒者慎服，忌巴豆。

（二十八）鹅观草属 *Roegneria* C.Koch

药用记载 鹅观草 *Roegneria kamoji* Ohwi 的全草在《中药大辞典》中记载为茅草箭。

69. 鹅观草 *Roegneria kamoji* Ohwi　　FOC 修订为 *Eiymus kamoji*（Ohwi）S. L. Chen（柯孟披碱草）

别名 弯鹅观草、弯穗鹅观草、垂穗鹅观草、弯穗大麦草。

识别要点 秆直立或基部膝曲，疏丛生，无毛。穗状花序下垂，外稃通常有芒，芒在结实期不弯曲，小穗绿色或带紫色，颖卵状披针形，短于外稃，边缘为白色宽膜质；外稃披针形，具直立的长芒，外稃与基盘近无毛，内稃脊上有翼，翼缘具细小纤毛。颖果稍扁，先端具毛绒。花期 8 月。（图 2–69–1 ～ 2–69–4，见 541 ～ 542 页）

生境与分布 生长于山坡、林缘、草地。分布于全国各地。

药用部位 全草。

采集加工 抽穗前拔出带根全草，拣净杂质、泥土，晒干，切段。

性味归经 凉，甘。归肺经。

功能主治 清热凉血，通络止痛。适用于咳嗽痰中带血，风丹，劳伤疼痛。

70. 纤毛鹅观草 *Roegneria ciliaris*（Trin.）Nevski var. *ciliaris*　　FOC 修订为 *Elymus ciliaris*（Trin. ex Bunge）Tzvelev

别名 纤毛披碱草。

识别要点 秆单生或成疏丛，直立，平滑无毛，常被白粉。叶鞘无毛，稀可基部叶鞘于接近边缘处具有柔毛；叶片扁平，两面均无毛，边缘粗糙。穗状花序直立或多少下垂；小穗通常绿色，含（6）7 ～ 12 小花；颖椭圆状披针形，先端常具短尖头，两侧或 1 侧常具齿，具 5 ～ 7 脉，边缘与边脉上具有纤毛，外稃长圆状披针形，边缘具长而硬的纤毛，上部具有明显的 5 脉，顶端延伸成粗糙反曲的芒。花期 6 ～ 8 月。（图 2–70–1 ～ 2–70–4，见 542 页）

生境与分布 生长于路旁，潮湿地及山坡上。分布于全国各地。

药用等参考鹅观草。

（二十九）画眉草属 *Eragrostis* Beauv.

药用记载 画眉草 *Eragrostis pilosa* var. *pilosa*（L.）Beauv. 的全草在《中药大辞典》《中华本草》中记载为画眉草。小画眉草 *E. minor* Host. 的全草在《中药大辞典》《中华本草》中记载为小画眉草。

71. 画眉草 *Eragrostis pilosa* var. *pilosa*（L.）Beauv.

别名 榧子草、星星草、蚊子草。

识别要点 一年生草本，或斜上升，通常具 4 节，光滑，小穗柄及叶脉上无腺体。叶鞘稍压扁，鞘口常具长柔毛；叶舌退化为 1 卷纤毛；叶片线形，扁平或内卷，背面光滑；表面粗糙。圆锥花序较开展，分枝腋间具长柔毛，小穗成熟后，暗绿色或带紫黑色；颖披针形，先端钝或第二颖稍尖；外稃侧脉不明显。颖果长圆形。花果期 8 ～ 11 月。（图 2–71–1 ～ 2–71–3，见 543 页）

生境与分布 生长于荒芜田野草地上。分布于东北、华北、华东及华南各地。

药用部位 全草。

采集加工 夏、秋采收，洗净，晒干。

性味归经 甘、淡，凉。归肾经。

功能主治 利尿通淋，清热活血。适用于热淋，石淋，目赤痒痛，跌打损伤，尿路感染，肾盂肾炎。

72. 小画眉草 *Eragrostis minor* Host

别名 蚊蚊草、星星草。

识别要点 一年生，植株有鱼腥味。秆纤细，膝曲上升，叶鞘松包秆，短于节间，脉有腺点，鞘口有长毛，圆锥花序开展，小枝及小穗柄均具腺点。小穗绿至深绿色，颖果红褐色，圆球形。花果期 6 ～ 9 月。（图 2–72–1 ～ 2–72–2，见 543 页）

生境与分布 生长于荒野、草地和路旁。分布于全国各地。

药用部位 全草。

采集加工 夏季采集。鲜用或晒干。

性味归经 淡，凉。归肾经。

功能主治 疏风清热，凉血，利尿。适用于目赤云翳，崩漏，热淋，小便不利。

（三十）䅟属 *Eleusine* Gaert

药用记载 牛筋草 *Eleusine indica*（L.）Gaertn. 在《全国中草药汇编》《中药大辞典》《中华本草》中记载为牛筋草。

73. 牛筋草 *Eleusine indica*（L.）Gaertn.

别名 蟋蟀草、路边草、鸭脚草、蹲倒驴、牛顿草、千人踏。

识别要点 一年生草本，鞘两侧扁而具脊，根系发达。秆丛生，叶松散，无毛或疏生疣毛。叶片扁平或卷折，穗状花序2～7个指状着生秆顶，稀单生，颖披针形，具脊，脊粗糙具狭翼。囊果卵圆形。花果期6～10月。（图2–73–1～2–73–2，见543页）

生境与分布 生长于荒芜之地及道路旁。分布于全国各地。

药用部位 全草。

采集加工 夏、秋采集，洗净，晒干备用。外用鲜草。

化学成分 茎叶含异荭草素、木犀草素–7–O–芸香糖苷、小麦黄素、5,7–二羟基–3′,4′,5′–三甲氧基黄酮、木犀草素–7–O–葡萄糖苷、牡荆素、异牡荆素、三色堇黄酮苷、3–O–β–D–吡喃葡萄糖基–β–谷甾醇、6′–O–棕榈酰基–3–O–β–吡喃葡萄糖基–β–谷甾醇。

药理作用 水提取物具有利尿，祛痰作用。

性味归经 甘、淡，凉。归肺、胃、肝经。

功能主治 清热利湿，凉血解毒。适用于伤暑发热，小儿惊风，乙脑，流脑，黄疸，淋证，小便不利，痢疾，便血，疮疡肿痛。外用治跌打损伤，外伤出血，狗咬伤。

用药警戒 少数患者服药后有轻微短暂的腰痛、腹泻、头痛、恶心、呕吐等反应，对于血液及肾脏未见不良影响。

（三十一）雀麦属 *Bromus* L.

药用记载 雀麦 *Bromus japonicus* Thunb. ex Murr. 的全草在《全国中草药汇编》《中药大辞典》《中华本草》中记载为雀麦，种子记载为雀麦米。

74. 雀麦 *Bromus japonicus* Thunb. ex Murr.

别名 爵麦、燕麦、杜姥草、牡姓草、牛星草、野麦。

识别要点 一年生。秆直立。叶鞘闭合，被柔毛；叶舌先端近圆形；叶片两面生柔毛。圆锥花序疏展，向下弯垂；分枝细；小穗黄绿色，颖近等长，脊粗糙，边缘膜质；外稃椭圆形，草质，边缘膜质，芒自先端下部伸出，成熟后外弯。颖果。花果期5～7月。（图2–74–1～2–74–4，见544页）

生境与分布 生长于山坡林缘、荒野路旁、河漫滩湿地。分布于华北、辽宁、山东、陕西、甘肃、安徽、江苏、江西、湖南、湖北、新疆、西藏、四川、云南、台湾。

药用部位 全草，种子。

采集加工 4～6月采收，晒干。

性味归经 全草、种子：甘，平。归肝、脾经。

功能主治 全草：止汗，催产。适用于汗出不止，难产。种子：滑肠。适用于胃肠不适。

75. 无芒雀麦 *Bromus inermis* Leyss.

别名　雀麦。

识别要点　多年生。具横走根茎。秆疏丛,叶鞘闭合,无毛或有短毛；圆锥花序较密集,花后开展；第一颖 1 脉，第二颖 3 脉。外稃长圆状披针形，无毛，基部微粗糙，先端无芒，钝或浅凹缺；内稃膜质，短于外稃，脊具纤毛；颖果长圆形，褐色。花果期 7 ～ 9 月。（图 2–75–1 ～ 2–75–2，见 544 页）

生境与分布　生长于草甸、林缘、山间谷地、河边及路旁草地。分布于东北、华北、西北。

药用等参考雀麦。

（三十二）早熟禾属 *Poa* L.

药用记载　草地早熟禾 *Poa pratensis* L. 的根茎在《中华本草》中记载为早熟禾。硬质早熟禾 *P. sphondylodes* Trin. ex Bunge 的地上部分在《全国中草药汇编》《中华本草》中记载为硬质早熟禾。

76. 草地早熟禾 *Poa pratensis* L.

别名　早熟禾。

识别要点　多年生。具发达匍匐根茎。秆疏丛生，叶鞘平滑或糙涩，长于节间，较叶片长；圆锥花序金字塔形或卵圆形，外稃膜质，脊与边脉中部以下密生柔毛，基盘具稠密长绵毛；花期 5 ～ 6 月，果期 7 ～ 9 月。（图 2–76–1 ～ 2–76–4，见 545 页）

生境与分布　生长于荒坡山地、路边及草地。分布于东北、华北、华东及西南各地。

药用部位　根茎。

采集加工　夏、秋季挖取根茎，去须根及泥土，鲜用或晒干。

化学成分　全草含维生素 A 和 L–α – 氨基二酸。

药理作用　降血糖作用：草地早熟禾提取物能使血糖明显降低，于给药后 3 小时降血糖作用最明显，作用特点与胰岛素相似。患者服此药后，尿糖明显减少，但对尿中酮体排出量无明显影响。该提取物还可加速酵母菌的糖酵解过程，其作用类似维生素的作用，可能与胰岛素无关。

性味归经　甘、淡，平。归肝经。

功能主治　降血糖。适用于糖尿病。

77. 硬质早熟禾 *Poa sphondylodes* Trin.

别名　龙须草。

识别要点　多年生草本。秆直立，丛生，花序以下及节下处常粗糙而涩。叶鞘无脊，无毛，基部叶鞘有时为淡紫色；叶舌膜质，叶片扁平，稍粗糙。圆锥花序紧缩几成穗状；小穗绿色，成熟后草黄色；颖为披针形，先端有极狭的膜质，膜质下常带黄铜色，上部小花的内稃稍长于外稃。花果期 5 ～ 8 月。（图 2–77–1 ～ 2–77–4，见 545 ～ 546 页）

生境与分布　生长于山坡、沟旁、河流两岸、低湿草地。分布于东北、华北、西北、山东、江苏。

药用部位 地上部分。

采集加工 秋季割取地上部分，洗净，晒干，切段。

化学成分 全草含芦竹素、无羁萜、粘霉酮、β－香树脂醇、羊齿烯醇、果糖、蔗糖、果聚糖。

性味归经 甘、淡，平。归肾经。

功能主治 清热解毒，利尿通淋。适用于小便淋涩，黄水疮。

（三十三）菵草属 *Beckmannia* Host

药用记载 菵草 *Beckmannia syzigachne*（Steud.）Fern. 的种子在《中华本草》中记载为菵米。

78. 菵草 *Beckmannia syzigachne*（Steud.）Fern.

别名 水稗子、菵米。

识别要点 一年生草本，疏丛型。秆直立，基部节微膝曲，光滑无毛。叶鞘较节间为长，叶舌透明膜质；叶片扁平；圆锥花序狭，小穗扁平，近圆形，黄绿色。颖草质，舟形，等长，背部具淡色横纹，外稃披针形，稍长于颖；内稃短于外稃。颖果黄褐色。花果期 7 ～ 9 月。（图 2–78–1 ～ 2–78–2，见 546 页）

生境与分布 生长于水旁潮湿之处。分布于东北、华北、西北、华东、西南等各省区的水边湿地。

药用部位 种子。

采集加工 秋季采收，晒干，拣去杂质，备用。

性味归经 甘，寒，无毒。归脾、胃经。

功能主治 益气健胃。适用于气虚，呕吐。

（三十四）狼尾草属 *Pennisetum* Rich.

药用记载 狼尾草 *Pennisetum alopecuroides*（L.）Spreng. 的全草在《全国中草药汇编》《中药大辞典》《中华本草》中记载为狼尾草。白草 Pennisetum flaccidum Griseb 的根茎在《中华本草》中记载为白草；在《全国中草药汇编》中记载为白草根。

79. 狼尾草 *Pennisetum alopecuroides*（L.）Spreng.

别名 大狗尾草、戾草、光明草、狼茅、小芒草、狗尾草、者鼠根、狗仔尾、黑狗尾草。

识别要点 多年生。须根较粗壮。秆直立，丛生，在花序下密生柔毛。叶鞘光滑，两侧压扁。叶片线形，先端长渐尖，基部生疣毛。圆锥花序直立；主轴密生柔毛；小穗通常单生，偶有双生，线状披针形，颖果长圆形。花果期夏秋季。（图 2–79–1 ～ 2–79–4，见 547 页）

生境与分布 生长于田岸、荒地、道旁及小山坡上。分布于全国各地。

药用部位 全草。

采集加工　夏、秋季采收，洗净，晒干。

性味归经　甘，平；归肺经。

功能主治　清肺止咳，凉血明目。适用于肺热咳嗽，目赤。

80. 白草 *Pennisetum centrasiaticum* Tzvel. var. *centrasiaticum*　　FOC修订为 *Pennisetum flaccidum* Griseb.

别名　倒生草、白花草。

识别要点　多年生。具横走根茎。秆直立，单生或丛生。叶鞘疏松包茎；叶舌短，具纤毛；叶片狭线形，两面无毛。圆锥花序紧密，直立或稍弯曲；小穗通常单生，卵状披针形；第一小花雄性，第二小花两性；雄蕊 3，花柱近基部联合。颖果长圆形。花果期 7 ～ 10 月。（图 2–80–1 ～ 2–80–4，见 547 ～ 548 页）

生境与分布　生于山坡和较干燥之处。分布于内蒙古、河北、山西、陕西、甘肃、青海、四川、云南、西藏等地。

药用部位　根茎。

采集加工　秋季采挖，洗净，以纸遮蔽，晒干。

性味归经　甘，寒。归心、肾经。

功能主治　清热利尿，凉血止血。适用于热淋，尿血，肺热咳嗽，鼻衄，胃热烦渴。

（三十五）看麦娘属 *Alopecrus* L.

药用记载　看麦娘 *Alopecrus aequalis* Sobol. 的全草在《全国中草药汇编》《中华本草》中记载为看麦娘。

81. 看麦娘 *Alopecurus aequalis* Sobol.

别名　牛头猛、山高粱、道旁谷、油草、棒槌草。

识别要点　一年生。秆少数丛生，光滑。叶鞘无毛，短于节间，叶舌膜质；叶片上面脉疏被微刺毛，下面粗糙。圆锥花序灰绿色圆柱形，小穗椭圆形或卵状长圆形，颖近基部连合，脊被纤毛，侧脉下部被毛。外稃膜质，花药橙黄色。花果期 4 ～ 9 月。（图 2–81–1 ～ 2–81–2，见 548 页）

生境与分布　生长于海拔较低之田边及潮湿之地。分布于全国各地。

药用部位　全草。

采集加工　春、夏季采收，晒干或鲜用。

性味归经　淡，凉。归肝经。

功能主治　清热利湿，止泻，解毒。适用于水肿，水痘，泄泻，黄疸型肝炎，赤眼，毒蛇咬伤。

（三十六）芨芨草属 *Achnatheherum* Beauv.

药用记载 芨芨草 *Achnatheherum splendens*（Trin.）Nevski 的茎、根或种子在《全国中草药汇编》《中药大辞典》《中华本草》中记载为芨芨草。花在《中华本草》中记载为芨芨草花。

82. 芨芨草 *Achnatherum splendens*（Trin.）Nevski

别名 枳机草、席箕草、枳芨草。

识别要点 植株密丛，具鞘内分枝。秆具白色髓，叶鞘无毛，具膜质边缘，叶舌披针形，叶片纵卷，坚韧，上面粗糙，下面无毛。圆锥花序开展，小穗灰绿色，基部带紫褐色，成熟后常草黄色；颖披针形，外稃芒长，直立或微弯，不扭转，粗糙。花果期 6 ～ 9 月。（图 2–82–1 ～ 2–82–2，见 548 页）

生境与分布 生长于微碱性的草滩及沙土山坡上。分布于东北、华北、西北等地。

药用部位 茎、根、种子、花。

采集加工 茎、根：全年均可采。种子：秋季采，晒干。花：夏、秋季开花时采收，晒干。

性味归经 甘、淡，平。归肾经。

功能主治 茎、根、种子：清热利尿。适用于尿路感染，尿闭。花：利尿，止血。适用于小便不利，内出血。

（三十七）狗尾草属 *Setaria* Beauv.

药用记载 狗尾草 *Setaria viridis*（L.）Beauv. 的全草在《全国中草药汇编》《中药大辞典》《中华本草》中记载为狗尾草；种子在《中华本草》中记载为狗尾草子。金色狗尾草 *S. glauca*（L.）Beauv. 的全草在《全国中草药汇编》《中华本草》中记载为金色狗尾草。大狗尾草 *S. faberii* Herrm. 的全草、根及果穗在《全国中草药汇编》《中药大辞典》《中华本草》中记载为大狗尾草。

83. 狗尾草 *Setaria viridis*（L.）Beauv.

别名 绿狗尾草、谷莠子、莠、狗尾巴草、光明草。

识别要点 一年生草本。秆直立或基部膝曲。叶鞘松弛，边缘具较长的密绵毛状纤毛；叶舌极短，边缘有纤毛；叶片扁平，长三角状狭披针形或线状披针形，先端长渐尖，基部钝圆形，通常无毛或疏具疣毛，边缘粗糙。圆锥花序紧密呈圆柱状或基部稍疏离，直方或稍弯垂，主轴被较长柔毛，粗糙，直或稍扭曲，通常绿色或褐黄到紫红或紫色；小穗 2 ～ 5 个簇生于主轴上或更多的小穗着生在短小枝上，椭圆形，先端钝，铅绿色；鳞被楔形，先端微凹；花柱基分离。颖果灰白色。花果期 5 ～ 10 月。（图 2–83–1 ～ 2–83–2，见 548 ～ 549 页）

生境与分布 生长于荒野、道旁。分布于全国各地。

药用部位 全草、种子。

采集加工 全草：夏、秋季采收，晒干或鲜用。种子：秋季采收成熟果穗，搓下种子，去净杂质，晒干。

药理作用 用狗尾草花粉制成抗原浸出液皮内注射于哮喘患者，提示狗尾草花粉是一重要致敏原。

性味归经 甘、淡，凉。归心、肝经。

功能主治 全草：清热利湿，祛风明目，解毒，杀虫。适用于风热感冒，黄疸，小儿疳积，痢疾，小便涩痛，目赤涩痛，目赤肿痛，痈肿，寻常疣，疮癣。

种子：解毒，止泻，截疟。适用于缠腰火丹，泄泻，疟疾。

84. 金色狗尾草 *Setaria glauca*（L.）Beauv.

别名 金狗尾、狗尾巴。

识别要点 一年生单生或丛生草本。秆直立或基部倾斜膝曲，叶鞘下部扁压具脊，上部圆形，光滑无毛，边缘薄膜质，光滑无纤毛；叶舌具有纤毛；叶片线状披针形或狭披针形，先端长渐尖，基部钝圆。圆锥花序紧密呈圆柱状或狭圆锥状，主轴具短细柔毛，刚毛金黄色，粗糙，通常在一簇中仅具1个发育的小穗；鳞被楔形；花柱基部联合。花果期6～10月。（图2-84-1～2-84-2，见549页）

生境与分布 生长于林边、山坡和荒芜的园地及荒野。分布于全国各地。

药用部位 全草。

采集加工 夏、秋采收，晒干。

化学成分 种子含棕榈酸、油酸、亚油酸、亚麻酸。

性味归经 甘、淡，平，无毒。归心、肝经。

功能主治 清热利湿，祛风明目，解毒杀虫。适用于目赤肿痛，眼睑炎，赤白痢疾。

85. 大狗尾草 *Setaria faberii* Herrm.

别名 谷莠子、狗尾巴、法式狗尾草。

识别要点 一年生，通常具支柱根。秆粗壮而高大，直立或基部膝曲，光滑无毛。叶鞘松弛，边缘具细纤毛，部分基部叶鞘边缘膜质无毛；叶舌具密集的纤毛。圆锥花序紧缩呈圆柱状，通常垂头，主轴具较密长柔毛，花序基部通常不间断；小穗椭圆形，第二外稃与第一外稃等长，具细横皱纹，顶端尖，成熟后背部极膨胀隆起。花果期7～10月。（图2-85-1～2-85-4，见549～550页）

生境与分布 生长于山坡、路旁、田野和荒野。分布于东北、华北、江苏、安徽、浙江、江西、台湾、湖北、湖南、广西、四川、贵州等地。

药用部位 全草或根。

采集加工 春、夏、秋均可采。鲜用或晒干。

化学成分 种子含棕榈酸、硬脂酸、油酸、亚油酸、亚麻酸、肉豆蔻酸、棕榈油酸、花生酸、甾醇、甾醇糖苷、单酸甘油酯。

性味归经 平，甘。归肝经。

功能主治 清热消疳，祛风止痛。适用于小儿疳积，风疹，牙痛。

（三十八）稗属 *Echinochloa* Beauv.

药用记载 稗 *Echinochloa crusgalli*（L.）Beauv. 的根和苗叶在《中药大辞典》《中华本草》中记载为稗根苗；种子在《中华本草》中记载为稗米。

86. 稗 *Echinochloa crusgalli*（L.）Beauv.

别名 野稗、水高粱、扁扁草。

识别要点 一年生。秆光滑无毛，基部倾斜或膝曲。叶鞘疏松裹秆，平滑无毛，叶舌缺；叶片扁平，线形，无毛，边缘粗糙。圆锥花序直立紧密，近尖塔形，主轴具棱，粗糙或具疣基长刺毛；分枝斜上举或贴向主轴，有时再分小枝；穗轴粗糙或生疣基长刺毛；小穗卵形，脉上密被疣基刺毛，密集在穗轴的一侧；第二颖稍长于谷粒。花果期 6 ～ 10 月。（图 2–86–1 ～ 2–86–2，见 550 页）

生境与分布 生长于沼泽地，沟边及水稻田中。分布于全国各地。

药用部位 根和苗叶、种子。

采集加工 根和苗叶：夏季采收，鲜用或晒干；种子：夏、秋季果实成熟时采收，舂去壳，晒干。

性味归经 根和苗叶：甘、淡，微寒。归心经。种子：辛、甘、苦，微寒，无毒。归胃经。

功能主治 根和苗叶：凉血止血。适用于金疮，外伤出血。种子：益气宜脾。适用于脾胃不和，瘦弱无力。

87. 长芒稗 *Echinochloa caudata* Roshev.

别名 稗子。

识别要点 多年生草本。秆直立，叶鞘无毛或常有疣基毛，或仅有粗糙毛或仅边缘有毛；叶舌缺；叶片线形，两面无毛，边缘增厚而粗糙。圆锥花序稍下垂，主轴粗糙，具棱，疏被疣基长毛；分枝密集，常再分小枝；小穗卵状椭圆形，常带紫色，脉上具硬刺毛。花果期 6 ～ 9 月。（图 2–87–1 ～ 2–87–3，见 550 页）

生境与分布 生长于田边、路旁及河边湿润处。分布于东北、河北、山西、新疆、安徽、江苏、浙江、江西、湖南、四川、贵州及云南等省区。

药用等参考稗。

88. 无芒稗 *Echinochloa crusgalli*（L.）Beauv. var. *mitis*（Pursh）Peterm.

别名 稗子。

识别要点 秆直立，粗壮。叶鞘疏松裹秆，平滑无毛，下部者长于节间，而上部者短于节间；无叶舌；叶片扁平，线形，圆锥花序直立，分枝斜上举而开展，常再分枝；小穗卵状椭圆形，无芒或具极短芒，脉上被疣基硬毛。花果期 7 ～ 10 月。（图 2–88–1 ～ 2–88–4，见 551 页）

生境与分布 多生长于水边或路边草地上。分布于东北、华北、西北、华东、西南及华南等地区。

药用等与稗相同。

（三十九）白茅属 *Imperata* Cyr.

药用记载 白茅 *Imperata cylindrica*（L.）Beauv. 的干燥根茎在《中国药典》《中药大辞典》《中华本草》中记载为白茅根。白茅的花穗在《中药大辞典》《中华本草》中记载为白茅花。白茅的初生未放花序在《中药大辞典》《中华本草》中记载为白茅针。白茅的叶在《中药大辞典》《中华本草》中记载为白茅叶。

89. 白茅 *Imperata cylindrica*（L.）Beauv.

别名 茅根、兰根、地菅、地筋、白茅菅、丝茅、茅草根、地节根、坚草根、甜草根。

识别要点 多年生高大草本。根茎白色，匍匐横走，密被鳞片。秆丛生，直立，圆柱形。叶线形或线状披针形；茎生叶较短，叶鞘褐色，具短叶舌。圆锥花序紧缩呈穗状，顶生，圆筒状；小穗披针形或长圆形，成对排列在花序轴上，其中一小穗具较长的梗，另一小穗的梗较短；花两性，每小穗具 1 花，基部被白色丝状柔毛；稃膜质，无毛；雄蕊 2，花药黄色；雌蕊 1，柱头羽毛状。颖果椭圆形，暗褐色，成熟的果序被白色长柔毛。花期 5 ～ 6 月，果期 6 ～ 7 月。（图 2–89–1 ～ 2–89–3，见 551 ～ 552 页）

生境与分布 生长于路旁向阳干草地或山坡上。分布于东北、华北、华东、中南、西南及陕西、甘肃等地。

药用部位 根茎、花穗、初生的未开放花序、叶。

采集加工 根茎：春、秋季采挖，除去地上部分和鳞片状的叶鞘，洗净，鲜用或扎把晒干。花穗：4 ～ 5 月花盛开前采收。摘下带茎的花穗，晒干。初生未放花序：4 ～ 5 月采摘未开放的花序，鲜用或晒干。叶：全年可采。

化学成分 根茎含芦竹素、印白茅素、薏苡素、羊齿烯醇、西米杜鹃醇、异山柑子萜醇、白头翁素、豆甾醇、β－谷甾醇、菜油甾醇、多量蔗糖、葡萄糖及少量果糖、木糖、枸橼酸、草酸及苹果酸。叶和茎含无羁萜、山柑子萜醇及其甲醚、羊齿烯醇及其甲醚、山柑子萜酮、芦竹素等。

药理作用 ①白茅根煎剂和水浸剂灌服，对正常家兔有利尿作用，有人认为白茅根的利尿作用与其所含的丰富钾盐有关。②白茅根粉撒于犬或兔的股动脉出血处，压迫 1 ～ 2 分钟，有止血作用。临床用白茅根治疗鼻衄。③白茅根煎剂在试管内对福氏及宋内氏痢疾杆菌有明显的抑制作用，但对志贺氏及舒氏痢疾杆菌却无作用。④白茅根水醇综合提取物腹腔注射可使微循环血流量的摄取量增加。⑤白茅根所含的薏苡素对骨骼肌的收缩及代谢有抑制作用。此外还有镇静，解热镇痛等作用。

性味归经 根茎：甘，寒。归肺、胃、心、膀胱经。花穗：甘，温。归心、肾经。初生未放花序：甘，平。归心、肾经。叶：辛、微苦，平。归肾经。

功能主治 根茎：凉血止血，清热利尿。适用于血热吐血，衄血，尿血，热病烦渴，黄疸，水肿，热淋涩痛，急性肾炎水肿。花穗：止血，定痛。适用于吐血，衄血，刀伤。初生未放花序：止血，解毒。适用于衄血，尿血，大便下血，外伤出血，疮痈肿毒。叶：祛风除湿。适用于风湿痹痛，皮肤风疹。

用药警戒 脾胃虚寒，溲多不渴者忌服。

（四十）荻属 *Triarrhena* Nakai.

药用记载 荻 *Triarrhena sacchariflorus*（Maxim.）Nakai. 的根状茎在《全国中草药汇编》《中华本草》中记载为巴茅根。

90. 荻 *Triarrhena sacchariflora*（Maxin.）Nakai. FOC 修订为 *Miscanthus sacchariflorus*（Maxin.）Hackel

别名 大茅根、野苇子、红紫。

识别要点 多年生草本。具粗壮被鳞片的根状茎。秆直立多节，节具长须毛。叶互生；叶鞘长于节间，或上部者短于节间；叶舌先端钝圆，具小纤毛；叶片条形，上面基部密被柔毛。圆锥花序扇形，主轴与分枝皆无毛，仅在枝腋间有小柔毛；外稃无芒或具芒，但芒不露出小穗外，仅第二小花结实；基盘上的白色丝状毛约为小穗的2倍；雄蕊3；柱头自小穗两侧伸出。花果期8～10月。（图2–90–1～2–90–3，见552页）

生境与分布 生长于山坡草地或岸边湿地。分布于东北、华北、西北、华东等地。

药用部位 全草。

采集加工 夏、秋季采集，晒干，切段。

性味归经 甘，凉。归肝经。

功能主治 清热活血。适用于妇女干血痨，潮热，产妇失血口渴，牙疼等症。

（四十一）芒属 *Miscanthus* Anderss.

药用记载 芒 *M. sinensis* Anderss. 的根状茎在《中药大辞典》《中华本草》中记载为芒根。芒的花序在《中华本草》中记载为芒花。芒的茎叶在《中药大辞典》《中华本草》中记载为芒茎。芒含寄生虫的幼茎在《中华本草》中记载为芒气笋子。芒的花序、根状茎、气笋子（幼茎内有寄生虫者）在《全国中草药汇编》中记载为芒。

91. 芒 *Miscanthus sinensis* Anderss.

别名 杜荣、笆芒、笆茅、度芸、苫房草、创高草、白尖草。

识别要点 宿根多年生草本，秆较高大，无毛或在花序以下疏生柔毛，节无毛。叶舌钝圆，先端具纤毛；叶片线形，无毛，或下面疏具柔毛并被白粉。圆锥花序扇形，分枝较强壮而直立，穗轴节间长，无毛；小穗基盘具白色至黄褐色之丝状毛，其毛稍短或等长于小穗；芒膝曲，芒柱稍扭曲，内稃微小，长约为外稃之半，先端不规则地齿裂。花果期7～11月。（图2–91–1～2–91–2，见552页）

生境与分布 生长于山坡草地或河边湿地。分布于全国各地。

药用部位 根状茎、花序、茎、含寄生虫的幼茎。

采集加工 根状茎：秋、冬季采收，洗净，晒干。花序：秋季采收。茎叶：夏、秋季采收，洗净，切段，鲜用或晒干。含寄生虫的幼茎：夏季采收，晒干。

化学成分　花序中含两种黄酮糖苷、洋李苷、芒花等。茎含有抗癌作用的多糖成分。茎含三酰甘油、酚酸、甾醇酯、游离甾醇、游离脂肪酸、n– 石蜡、苜蓿素、糖醇、单糖、双糖及多糖。

药理作用　花穗水提取物对小鼠 IgE 形成具有抑制作用。其主要成分腹腔注射或鼻腔内给药，对注射二硝基苯基 – 卵清蛋白抗原引起的原发性和继发性免疫反应均有抑制作用。

性味归经　甘，平。归膀胱经。

功能主治　根状茎：利尿，止渴。适用于治小便不利，热病口渴。花序：活血通经。适用于月经不调，半身不遂。茎：清热利尿，解毒，散血。适用于小便不利，虫兽咬伤。含寄生虫的幼茎：调气补肾，止呕生津。适用于妊娠呕吐，精枯阳痿。

用药警戒　孕妇忌服。

（四十二）荩草属 *Arthraxon* Beauv.

药用记载　荩草 *Arthraxon hispidus*（Thunb.）Makino 的全草在《全国中草药汇编》《中药大辞典》《中华本草》中记载为荩草。

92. 荩草 *Arthraxon hispidus*（Thunb.）Makino

别名　菉竹、王刍、戾草、黄草、菅灼、蓐草、细叶秀竹、马耳草、马耳朵草。

识别要点　一年生草本。秆细弱无毛，基部倾斜，分枝多节。叶鞘短于节间，有短硬疣毛；叶舌膜质，边缘具纤毛；叶片卵状披针形，基部抱茎。总状花序细弱，穗轴节间无毛，小穗孪生，有柄小穗退化成柄；无柄小穗卵状披针形，灰绿色或带紫色；雄蕊 2；花黄色或紫色。颖果长圆形。花果期 8 ～ 11 月。（图 2–92–1 ～ 2–92–3，见 552 ～ 553 页）

生境与分布　生长于山坡，草地和阴湿处。分布于全国各地。

药用部位　全草。

采集加工　7 ～ 9 月割取全草，晒干。

化学成分　叶和茎含乌头酸、木犀草素、木犀草素 –7– 葡萄糖苷、荩草素。

性味归经　苦，平。归肺经。

功能主治　止咳定喘，杀虫解毒。适用于久咳气喘，肝炎，咽喉炎，口腔炎，鼻炎，淋巴结炎，乳腺炎，疮疡疥癣。

（四十三）拂子茅属 *Calamagrostis* Adans.

药用记载 拂子茅 *Calamagrostis epigeios*（L.）Roth. 的全草在《中国主要植物图说·禾本科》记载为拂子茅。

93. 拂子茅 *Calamagrostis epigeios*（L.）Roth.

别名 怀绒草、狼尾草、山拂草、水茅草。

识别要点 多年生，具根状茎。秆直立，平滑无毛或花序下稍粗糙，圆锥花序密而狭，常间断，灰绿色或微带淡紫色的小穗，含一小花，小穗轴不延伸，雄蕊 3 枚。花果期 5 ～ 9 月。（图 2–93–1 ～ 2–93–3，见 553 页）

生境与分布 生长于潮湿地及河岸沟渠旁。分布于全国各地。

药用部位 全草。

采集加工 夏、秋季采集，晒干。去除杂质，切段备用。

化学成分 含麦角碱、甾醇类、脂肪油等。

性味归经 酸，平。归肝、肾经。

功能主治 催产助生。适用于催产、产后止血。

（四十四）臭草属 *Melica* L.

药用记载 臭草 *Melica scabrosa* Trin. 在《中药大辞典》中记载为金丝草。在《中国沙漠地区药用植物》中记载为猫毛草。在《蒙植药志》也有记载。

94. 臭草 *Melica scabrosa* Trin.

别名 猫毛草、肥马草、枪草。

识别要点 多年生草本。须根较稠密细弱。秆丛生，直立或基部膝曲。叶鞘闭合近鞘口，常撕裂，叶舌透明膜质，叶片薄，扁平。圆锥花序狭窄，小穗淡绿色或乳白色，分枝直立或斜向上升，小花数枚。颖果褐色，纺锤形。花果期 5 ～ 8 月。（图 2–94–1 ～ 2–94–4，见 553 ～ 554 页）

生境与分布 生长于林下和草地。分布于东北、华北、西北及山东、江苏、安徽、河南、湖北、四川、云南、西藏。

药用部位 全草。

采集加工 秋季采收，晒干。

性味归经 甘，凉，无毒。归肾经。

功能主治 清热利尿，通淋。适用于小便赤涩淋痛，水肿，感冒发热，黄疸，消渴。蒙药：适用于淋病，肾炎，黄疸型肝炎，消渴。

（四十五）赖草属 *Leymus* Hochst.

药用记载　赖草 *Leymus secalinus*（Gcorgi）Tzvel. 的带菌果穗在《全国中草药汇编》《中药大辞典》《中华本草》中记载为冰草白穗。根在《中国沙漠地区药用植物》中记载为冰草根。

95. 赖草 *Leymus secalinus*（Gcorgi）Tzvel.

别名　冰草、厚穗赖草、滨草、老披碱。

识别要点　多年生，具下横走的根茎。秆单生或丛生，直立光滑无毛或在花序下密被柔毛。叶鞘光滑无毛；叶舌膜质，截平，叶片扁平或内卷，上面及边缘粗糙或具短柔毛，下面平滑或微粗糙。穗状花序直立，灰绿色；穗轴被短柔毛，节与边缘被长柔毛，颖短于小穗，线状披针形，先端狭窄如芒，外稃披针形，边缘膜质。花、果期 6 ～ 10 月。（图 2–95–1 ～ 2–95–4，见 554 页）

生境与分布　生于沙地、平原绿州及山地草原带。分布于东北、华北、西北和四川等地。

药用部位　赖草的带菌果穗、根。

采集加工　果穗：秋季采收。扎成小把儿，阴干。根：秋季采挖，洗净晒干。

性味归经　果穗：苦，微寒。归肾经。根：甘，寒。归心、肾经。

功能主治　果穗：清热利湿。适用于淋证；赤白带下。根：清热，止血，利尿。适用于感冒，鼻出血，哮喘。

十一、天南星科 Araceae

（四十六）天南星属 *Arisaema* Mart.

药用记载　天南星 *Arisaema heterophyllum* Blume、东北南星 *A. amurense* Maxim. var. *amurense* 的块茎在《中国药典》《中药大辞典》《中华本草》中记载为天南星。

96. 天南星 *Arisaema heterophyllum* Blume

别名　南星、独角莲、狗爪南星、麻芋子、蛇草头、狗爪半夏、独叶一支枪、天凉伞。

识别要点　多年生草本。块茎近球状或扁球状。叶 1 片，鸟趾状全裂，长圆形，倒披针形或长圆状倒卵形，先端渐尖，基部楔形，中央裂片最小。花序柄较长，佛焰苞绿色，下部筒状。肉穗花序两性或雄花序单性，雌花序轴在下部，中性花序轴位于中段，紧接雄花序轴，其上为超出佛焰苞的长尾状的附属器。浆果红色。花期 7 ～ 8 月。（图 2–96–1 ～ 2–96–3，见 555 页）

生境与分布　生长于阴坡或山谷较为阴湿的地方。分布于东北、浙江、江苏、江西、湖北、四川、陕西等地。

药用部位 块茎。

采集加工 秋、冬季茎叶枯萎时采挖，除去须根及外皮，干燥。

化学成分 根茎含多种氨酸酐、β－谷甾醇、脲嘧啶、胸腺嘧啶、烟酰胺、3－甲基－6－仲丁基－2,5－哌嗪二酮、3－乙酰氨基－2－哌啶酮、腺苷、掌叶半夏碱、胡萝卜苷、棕榈酸、20多种氨基酸和镁、锌、硒、钒、钴等30多种无机微量元素。

药理作用 ①天南星水煎剂可明显对抗士的宁、五甲烯四氮唑及咖啡因引起的惊厥，但不能对抗电休克的发作。②有明显的镇痛作用。③有祛痰作用。④朝鲜天南星的水提取液经醇处理的制剂，体外对Hela细胞有抑制作用，d－甘露醇是其抗癌有效成分。⑤天南星所含两种生物碱有不同程度的清除超氧阴离子自由基，抑制肝线粒体脂质过氧化反应等活性的作用。

性味归经 味苦、辛，温，有毒。归肺、肝、脾经。

功能主治 燥湿化痰，祛风止痉，散结消肿。适用于顽痰咳嗽，风痰眩晕，中风痰壅，口眼㖞斜，半身不遂，跌打麻痹，癫痫，惊风，破伤风，宫颈癌。生用外治痈肿，蛇虫咬伤。

用药警戒 根头含有毒的生物碱；根、叶、茎都含苛辣性毒素。孕妇慎用。

97. 东北南星 *Arisaema amurense* Maxim. var. *amurense*

别名 南星、白南星、山苞米、蛇包谷、山棒子、羹匙菜、大头参。

识别要点 多年生草本。块茎近球状或扁球状，较小，上方须根放射状分布。叶1片，鸟趾状全裂，裂片5枚（一年生裂片3枚），倒卵形或广倒卵形，基部楔形，全缘。花序柄较叶低；佛焰苞下部筒状，口缘平截，绿色或带紫色；花序轴先端附属物棍棒状，不超出佛焰苞。浆果紫红色。花期7～8月。（图2–97–1～2–97–3，见555页）

生境与分布 生长于阴坡较为阴湿的林下。分布东北、河北、江西、湖北、四川等地。

药用等与天南星相同。

98. 朝鲜南星 *Arisaema angustatum* var. *peninsulae* Nakai　FOC修订为细齿南星 *Arisaema serratum*（Thunb.）Schott.

识别要点 多年生草本。块茎近球形或扁球形，周生须根，呈放射状，偶有侧芽。茎具明显的紫黑色斑纹。基生鳞叶2枚，鞘状，膜质，黄棕色，有的带紫色斑纹。基生叶2枚，包于花序柄，形成假茎，表面具有浅绿色，淡紫色或暗褐色的蛇皮状斑纹；叶鸟趾状深裂至全裂；雌雄异株；肉穗花序轴顶端棍棒状；佛焰苞绿色，下部筒状，顶端张开，檐部向前弯曲；雄花花丝合生成短柄；子房倒卵形，盘状柱头毛刷状。浆果近球形，成熟时红色或橘红色。花期5～6月，果期8～9月。（图2–98–1～2–98–3，见556页）

生境与分布 生长于山地阴坡林下、山麓草地、山谷溪旁。分布于东北及河南等省。

药用等与天南星相同。

（四十七）菖蒲属 *Acorus* L.

药用记载 菖蒲 *Acorus calamus* L. 的根茎在《中华本草》中记载为水菖蒲。

99. 菖蒲 *Acorus calamus* L.

别名 臭菖蒲、水菖蒲、泥菖蒲、大叶菖蒲、白菖蒲。

识别要点 多年生草本。根茎横走，稍扁，外皮黄褐色，芳香，肉质根多数，具毛发状须根。叶基生，基部两侧膜质，叶鞘向上渐狭；叶片剑状线形，中部以上渐狭，草质，绿色，光亮，中脉在两面均明显隆起。花序柄三棱形；叶状佛焰苞剑状线形，肉穗花序斜向上或近直立无附属体，狭锥状圆柱形，花黄绿色。浆果长圆形，红色。花期 2 ～ 9 月。（图 2–99–1 ～ 2–99–2，见 556 页）

生境与分布 生长于水边，沼泽湿地或湖泊浮岛。分布于全国各地。

药用部位 根茎。

采集加工 8 ～ 9 月挖取根茎，洗净，除须根，晒干。

化学成分 根茎、根、叶均含顺式 – 甲基异丁香油酚、菖蒲大牻牛儿酮、异菖蒲烯二醇、菖蒲混烯、少量的芳樟醇、樟脑、龙脑、α – 松油醇、β – 榄香烯、甲基丁香油酚、β – 古芸烯、β – 荜澄茄油烯、白菖烯、水菖蒲酮、异水菖蒲酮、表水甚蒲酮、反式 – 甲基异丁香油酚、β – 愈创木烯、荜澄茄烯、菖蒲新酮、异菖蒲新酮、γ – 细辛脑、菖蒲酮、细辛醛、菖蒲定、高良姜素、麦黄素、肉豆蔻酸、棕榈酸、亚油酸、花生酸、麦芽糖、葡萄糖、果糖、β – 谷甾醇、木犀草素 6,8–C– 二葡萄糖苷。

药理作用 ①菖蒲醇提取物可延长戊巴比妥钠引起的睡眠时间。②水菖蒲挥发油可使房颤持续时间缩短；对大鼠心律失常也有明显的对抗作用。③菖蒲挥发油对豚鼠哮喘发作有良好的平喘作用，对小鼠咳嗽有显著镇咳作用，α – 和 β – 细辛脑对氨雾引起的小鼠咳嗽也有显著镇咳作用。④菖蒲挥发油对离体肠管、子宫和气管平滑肌有松弛作用。⑤菖蒲挥发油在体外对多种细菌有不同程度的抑制作用。⑥ β – 细辛脑对红蝽属昆虫具有抗性腺作用，是一种新型昆虫抗性腺药，可用于昆虫控制。⑦对孕鼠有一定毒性。β – 细辛脑对鼠伤寒沙门菌有致突变作用，也可引起人类淋巴细胞染色体畸变。

性味归经 辛、苦，温。归心、肝、胃经。

功能主治 化痰开窍，除湿健胃，杀虫止痒。适用于痰厥昏迷，中风，癫痫，惊悸健忘，耳鸣耳聋，食积腹痛，痢疾泄泻，风湿疼痛，湿疹，疥疮。

用药警戒 阴虚阳亢，汗多，精滑者慎服。

（四十八）臭菘属 *Symplocarpus* Salisb.

药用记载 臭菘 *Symplocarpus foetidus*（L.）Salisb. 的种子在《中华本草》中记载为臭菘种子，根茎记载为臭菘。

100. 臭菘 *Symplocarpus foetidus*（L.）Salisb.

别名 黑瞎子白菜。

识别要点 根茎粗壮，有时粗达 7cm。叶基生，叶柄长 10 ～ 20cm，有时更长，叶片大，先端渐狭或钝圆。花序柄外围鳞叶。佛焰苞暗青紫色，外面饰以青紫色线纹，肉穗花序青紫色。花期 5 ～ 6 月。（图 2-100-1 ～ 2-100-4，见 556 ～ 557 页）

生境与分布 生长于潮湿针叶林或混交林下，常于沼泽地区成大片生长。分布于黑龙江、吉林。

药用部位 种子。

采集加工 种子：夏季采收，晒干。根茎：夏、秋季采挖，洗净，切段晒干或鲜用。

化学成分 全草含没食子酸丁酯、草酸钙、β - 胡萝卜素、维生素 A、β - 谷甾醇、α - 香树脂醇。

药理作用 根煎剂具有镇静、解痉和祛痰作用。

性味归经 种子：辛、微苦，平。归肺经。根茎：辛、苦，凉。归肺经。

功能主治 种子：镇咳，祛痰，平喘。适用于气管炎咳喘。根茎：解表止咳，化痰平喘。适用于发热头痛，气管炎咳喘。

用药警戒 全草有毒，牛马不食。

十二、浮萍科 Lemnaceae

（四十九）浮萍属 *Lemna* L.

药用记载 紫萍 *Lemna polyrrhiza*（L.）Scheid. 的全草在《中国药典》《中药大辞典》《中华本草》中记载为浮萍。

101. 紫萍 *Spirodela polyrrhiza*（L.）Schleid.

别名 水萍、浮瓜叶、余头藴草、浮飘草、萍、田萍、水萍草、浮萍、紫背浮萍。

识别要点 叶状体扁平，阔倒卵形，先端钝圆，表面绿色，背面紫色，具掌状脉 5-11 条，白绿色，根冠尖，脱落；根基附近的一侧囊内形成圆形新芽，萌发后，幼小叶状体渐从囊内浮出，由一细弱的柄与母体相连。肉穗花序有 2 个雄花和 1 个雌花。（图 2-101-1 ～ 2-101-2，见 557 页）

生境与分布 生于水田、水圹、湖湾、水沟，常与浮萍形成覆盖水面的飘浮植物群落。分布于全国各地。

药用部位 全草。

采集加工 6 ～ 9 月采收。捞出后去杂质，洗净，晒干。

化学成分 全草含反式植二烯、十氢番茄红素、谷甾醇、植醇、羟基异植醇、十六碳烯酸、十六碳三烯酸。

药理作用　①所含醋酸钾及氯化钾有利尿作用。②水浸膏对奎宁引起衰竭的蛙心有强心作用，钙可增强之，大剂量使心脏停止于舒张期，并能收缩血管使血压上升。③煎剂及浸剂经口服给予因注射伤寒混合疫苗而发热的家兔，证明有微弱的解热作用。④其他：抗菌、抗疟实验均为阴性。在实验室及现场对库蚊幼虫及蚊蛹有杀灭作用。

性味归经　辛，寒。归肺、膀胱经。

功能主治　发汗解表，透疹止痒，利水消肿，清热解毒。适用于风热表证，麻疹不透，隐疹瘙痒，水肿，癃闭，疮癣，丹毒，烫伤。

用药警戒　表虚自汗者禁服。

十三、香蒲科 Typhaceae

（五十）香蒲属 *Typha* L.

药用记载　水烛 *Typha angustifolia* L.、东方香蒲 *T. orientalis* Presl 及同属植物的花粉在《中国药典》中记载为蒲黄。狭叶香蒲 *T. angustifolia* L.、宽叶香蒲 *T. latifolia* L.、东方香蒲 *T. orientalis* Preel 和长苞香蒲 *T. angustata* Bory et Chaub. 的花粉在《中药大辞典》《中华本草》中记载为蒲黄。《中药大辞典》又将长苞香蒲及其同属植物的花粉记载为香蒲，治小便不利、乳痈。蒲黄筛选后剩下的花蕊、毛茸等杂质在《中药大辞典》中记载为蒲黄渣，炒用，甚涩肠，止泻血及血痢。长苞香蒲或其同属多种植物的果穗（药用其茸毛）在《中药大辞典》中记载为蒲棒，其带有部分嫩茎的根茎在《中药大辞典》中记载为蒲蒻。

102. 水烛 *Typha angustifolia* L.

别名　狭叶香蒲、水蜡烛、蒲草。

识别要点　多年生草本，植株高大。根茎匍匐，有多数须根。叶扁平，线形，质稍厚而柔，下部鞘状。花单性，雌雄同株，穗状花序长圆柱形，褐色，雌雄花序间有间隔，雄花序在上部，雌花序在下部，雄花有早落的佛焰状苞片。果穗圆柱形，小坚果。花期 6 ～ 7 月，果期 7 ～ 8 月。（图 2–102–1 ～ 2–102–3，见 557 ～ 558 页）

生境与分布　生长于浅水。分布于东北、华北、西北、华东及河南、湖北、广西、四川、贵州、云南等地。

药用部位　花粉、果穗、带嫩茎的根茎。

采集加工　夏季花将开放时采收蒲棒上部的黄色雄性花穗，晒干后碾轧，筛取细粉。

化学成分　花粉含香蒲新苷、多种葡萄糖苷、槲皮素、山柰酚、异鼠李素、柚皮素、β – 谷甾醇、棕榈酸甲酯、棕榈酸、烯醇类、2– 戊基呋喃、β – 蒎烯、多种氨基酸和钛、铝、硼等微量元素。

药理作用 ①蒲黄提取液对离体兔心有明显增加冠脉血流量的作用，大剂量蒲黄具有抗低压缺氧作用；蒲黄醇提物可提高心肌及脑对缺氧的耐受性或降低心、脑等组织的耗氧量，对心脑缺氧有保护作用。②有良好的降低总胆固醇，降低血小板黏附和聚集性的作用，同时对血管内皮细胞有保护作用，并能抑制粥样硬化斑块形成。③蒲黄注射液小剂量使规则子宫收缩稍有增强，大剂量时子宫兴奋作用明显增强，呈不规则和痉挛性收缩。④香蒲花粉对免疫系统有双向调节作用。⑤蒲黄水溶部分体外对多种细菌有较强的抑制作用，槲皮素也具有抗菌、抗过敏、解痉等作用。⑥蒲黄醇提物能延长小鼠的游泳和爬杆时间，有抗疲劳作用。还可明显消除家兔腹水。临床认为其对产后子宫的收缩作用较益母草为佳。

性味归经 甘、微辛，平。归肝、心、脾、肾经。

功能主治 止血，祛瘀，利尿。适用于吐血，咯血，衄血，血痢，便血，崩漏，外伤出血，心腹疼痛，经闭腹痛，产后瘀痛，痛经，跌仆肿痛，血淋涩痛，带下，重舌，口疮，聤耳，阴下湿痒。

用药警戒 孕妇及一切劳伤发热、阴虚内热、无瘀血者禁用。

103. 小香蒲 *Typha minima* Funk

别名 水香蒲、细叶香蒲。

识别要点 多年生沼生草本，植株较矮小。茎叶细弱，有根状茎。叶鞘边缘膜质，基部叶细条形，茎生叶仅有叶鞘，无叶片或退化成刺状。穗状花序圆柱形，雌、雄花序之间有距离。雌雄花絮等长，雌花序在下，雌花基部具毛，毛的顶端常膨大，小苞片与毛近等长，子房有长柄，柱头披针形。坚果小。花期 5 ～ 7 月，果期 7 ～ 8 月。（图 2–103–1 ～ 2–103–2，见 558 页）

生境与分布 生长于河滩、沟渠、河湖边、湿地或沼泽中。分布于东北、华北、西北、西南及河南、山东等省区。

药用参考水烛。

104. 长苞香蒲 *Typha angustata* Bory et Chaubard

别名 蒲棒。

识别要点 多年生草本，植株高大。根茎横走，有须根。茎直立粗壮。叶狭线形，叶鞘圆筒形，半抱茎。花小，单性，雌雄同株，集合成圆柱状肥厚的穗状花序，雌、雄花序离生，雄花序在上部，雌花序在下部，雄花具雄蕊 3，雌花有小苞，匙形，与柱头等长。果穗长短变化很大，通常短于雄花序，赭褐色。坚果细小，无槽。花期 8 ～ 9 月，果期 9 ～ 10 月。（图 2–104–1 ～ 2–104–2，见 558 页）

生境与分布 生长于池沼、水边。分布于东北、华北、华东及陕西、甘肃、新疆、四川等地。

药用与水烛相同。

105. 香蒲 Ty*pha orientalis* Presl.

别名 东方香蒲、毛蜡烛、水烛、水蜡烛、蒲草、蒲菜。

识别要点 多年生草本。地下根状茎粗壮，有节，茎直立。叶条形，基部鞘状，抱茎，具白色膜质边缘。穗状花序圆锥状，雌花序和雄花序相连接，雄花序在上，雌花序在下，雌花柄毛与柱头近等长，柱头匙形，不育雌蕊棍棒状。小坚果有一纵沟。花果期 5 ～ 8 月。（图 2-105-1 ～ 2-105-3，见 558 ～ 559 页）

生境与分布　生长于水旁或沼泽中。分布于东北、华北、华东及陕西、湖南、广东、贵州、云南、台湾等省区。

药用与水烛相同。

106. 宽叶香蒲 *Typha latifolia* L.

别名　香蒲。

识别要点　多年生草本。根茎粗壮，横走。叶阔线形，先端长尖，基部鞘状，抱茎。花单性，雌雄同株，穗状花序圆柱形，雌雄花序紧相连接，雄花序在上，雄花具雄蕊 3 ～ 4 枚，花丝丝状，基生白毛较花药短，有时顶端分叉，花粉黄色，花粉粒集为 4 合体，雌花序在下，具 2 ～ 3 片叶状苞片，早落，雌花基部无小苞，具子房柄，基部的毛常较柱头稍短。果穗粗，坚果细小有槽，外种皮分离。花期 7 ～ 8 月，果期 9 月。（图 2-106-1 ～ 2-106-3，见 559 页）

生境与分布　生长于河流两岸、池沼等地，水边以及沙漠地区浅水滩中。分布于东北、华北、西南及陕西、新疆、河南等地。

药用与水烛相同。

107. 普香蒲 *Typha przewalskii* Skv.

别名　蒲棒。

识别要点　多年生水生或沼生草本，根状茎圆柱状，白或灰红色。叶线形，上面具褐色或褐紫色斑块，或无，上部扁平，中下部背面隆起，叶鞘松散抱茎。雌、雄花序分离或多少靠近，不连接，雄花序轴被深褐色扁柔毛，顶端分叉或单出，雌花序基部具 1 叶状苞片，苞片上方通常具不生雌花的裸露花序轴，白色丝状毛短于花柱，稍长于不孕雌花。小坚果纺锤形。花果期 6 ～ 9 月。（图 2-107-1 ～ 2-107-2，见 559 页）

生境与分布　生长于河沟浅水处，稀生长于沼泽或湿地。分布于东北。

药用等参考水烛。

108. 无苞香蒲 *Typha laxmannii* Lepech.

别名　短穗香蒲。

识别要点　多年生沼生或水生草本，根状茎乳黄或浅褐色，顶端白色。茎直立。叶窄线形，无毛，下面下部隆起，叶鞘抱茎较紧。雌雄花序远离，雄穗状花序长于雌花序，花序轴被白、灰白或黄褐色柔毛，白色丝状毛与花柱近等长。果椭圆形。花果期 6 ～ 9 月。（图 2-108-1 ～ 2-108-3，见 560 页）

生境与分布　生长于湖泊、池塘、河流的浅水处，亦见于沼泽、湿地及排水沟内。

药用与水烛相同。

十四、姜科 Zingiberaceae

（五十一）山姜属 *Alpinia* Roxb.

药用记载 益智 *Alpinia oxyphylla* Miq. 的干燥成熟果实在《中国药典》中记载为益智；在《中药大辞典》《中华本草》中记载为益智仁。

109. 益智 *Alpinia oxyphylla* Miq.

别名 益智子、摘艼子。

识别要点 多年生草本。茎丛生。叶片披针形，顶端渐狭，具尾尖，基部近圆形，边缘具脱落性小刚毛；叶柄短；叶舌膜质，被淡棕色疏柔毛。总状花序在花蕾时全部包藏于一帽状总苞片中，花时整个脱落，花萼筒状，花冠裂片长圆形，白色，唇瓣倒卵形，粉白色而具红色脉纹，侧生退化雄蕊钻状，子房密被绒毛。蒴果鲜时球形，干时纺锤形，果皮上有隆起的维管束线条，顶端有花萼管的残迹；种子呈不规则扁圆形，被淡黄色假种皮。花期 3 ～ 5 月，果期 4 ～ 9 月。（图 2–109–1 ～ 2–109–4，见 560 页）

生境与分布 生于林下阴湿处。分布于海南、广东、福建、广西、云南。

药用部位 果实。

采集加工 夏、秋间果实由绿变红时采收，晒干或低温干燥。

化学成分 含桉油精、姜烯、姜醇及丰富的 B 族维生素、维生素 C 等。另含微量元素锰、锌、钾、钠、钙、镁、磷、铁、铜等。

药理作用 ①所含有效成分具有拮抗钙活性的作用和强心作用。②具有抗癌、控制回肠收缩等作用。③醇提物有抑制前列腺素作用。④对大白鼠的胃溃疡有明显的抑制作用。⑤可升高小白鼠外周血液白细胞。

性味归经 辛，温。归脾、肾经。

功能主治 温脾止泻，摄唾涎，暖肾，固精缩尿。适用于脾寒泄泻，腹中冷痛，口多唾涎，肾虚遗尿，小便频数，遗精白浊。

用药警戒 阴虚火旺或因热而患遗滑崩带者忌服。

十五、莎草科 Cyperaceae

（五十二）莎草属 *Cyperus* L.

药用记载 香附子（莎草）*Cyperus rotundus* L. 的干燥根茎在《中国药典》《中药大辞典》《中华本草》中记载为香附,其茎叶在《中药大辞典》《中华本草》中记载为莎草。头状穗莎草 *C. glomeratus* L. 的全草在《中药大辞典》《中华本草》中记载为水莎草。

110. 香附子 *Cyperus rotundus* L.

别名 莎草、雷公头、三棱草、香头草、回头青、雀头香。

识别要点 多年生草本。匍匐根茎长，先端具肥大纺锤形的块茎，外皮紫褐色，有棕毛或黑褐色的毛状物。茎直立，锐三棱形，基部呈块茎状。叶丛生于茎基部，叶鞘闭合包于茎上，叶片线形，先端尖，全缘。花序复穗状，3 ～ 6 个在茎顶排成伞状，小穗轴具较宽的、白色透明的翅，雄蕊 3，药线形，花柱长，柱头 3。小坚果长圆状倒卵形。花期 5 ～ 8 月，果期 7 ～ 11 月。（图 2-110-1 ～ 2-110-2，见 561 页）

生境与分布 生长于山坡草地、耕地、路旁水边潮湿处。分布于全国大部分地区。

药用部位 根茎。

采集加工 秋季采挖，燎去毛须，置沸水中略煮或蒸透后晒干，或燎后直接晒干。

化学成分 根茎含 β – 蒎烯、樟烯、桉叶素、柠檬烯、对 – 聚伞花素、香附子烯、芹子三烯、β – 芹子烯、α – 香附酮、β – 香附酮、绿叶萜烯酮、α – 莎草醇、β – 莎草醇、香附醇、异香附醇、古巴二烯、环氧莎草薁、香附醇酮、莎草薁酮、考布松、异考布松、古巴烯、β – 榄香烯、丁香烯、广藿香烯醇乙酸。

药理作用 ①不同剂量的香附挥发油均能明显协同戊巴比妥钠对小鼠的催眠作用。②对正常家兔有麻醉作用。③香附挥发油可明显降低大鼠正常体温，较氯丙嗪的降温作用强，但作用不及氯丙嗪持久。④香附挥发油有轻度雌激素样活性。⑤香附流浸膏对豚鼠、兔、猫和犬等动物的离体子宫，无论已孕或未孕都有抑制作用。⑥香附醇提取物对角叉菜胶所致脚肿的抗炎作用，比氢化可的松强 8 倍。⑦香附挥发油有明显的抑制作用，使肠管收缩幅度降低、张力下降。⑧香附挥发油对金黄色葡萄球菌有抑制作用，对其他细菌无效。香附烯 Ⅰ 和香附烯 Ⅱ 的抑菌作用比挥发油强，且对宋内氏痢疾杆菌亦有效。

性味归经 辛、微苦、微甘，平。归肝、脾、三焦经。

功能主治 行气解郁，调经止痛。适用于肝郁气滞，胸、胁、脘腹胀痛，消化不良，胸脘痞闷，寒疝腹痛，乳房胀痛，月经不调，经闭痛经。

用药警戒 气虚无滞、阴虚、血热者慎服。

111. 褐穗莎草 *Cyperus fuscus* L.

别名 莎草。

识别要点 一年生草本，具须根。秆丛生较细，扁锐三棱状，平滑，基部具少数叶。叶短于或与秆近等长，长侧枝聚伞花序复出或简单，小穗 5 ～ 10 个密聚在辐射枝顶端，近头状，窄披针形或近条形，鳞片覆瓦状排列，膜质，背面中间黄绿色，两侧深紫褐或褐色，小坚果椭圆形，三棱状，淡黄色。花果期 7 ～ 10 月。（图 2–111–1 ～ 2–111–2，见 561 页）

生境与分布 生长于稻田或水沟边。分布于东北、华北、西北、安徽、江苏和广西等地。

药用等参考香附子。

112. 头状穗莎草 *Cyperus glomeratus* L.

别名 三轮草、状元花、喂香壶、聚穗莎草、球穗莎草、头穗莎草、水莎草。

识别要点 一年生草本。根状茎短。秆粗壮，钝三棱形，具少数叶。叶线形，短于秆，叶状苞片 3 ～ 4 枚，较花序长，边缘粗糙。穗状花序无总花梗，近于圆形，小穗多列，排列极密，稍扁平，小穗轴具白色透明的翅，鳞片排列疏松，膜质，近长圆形，顶端钝，棕红色，背面无龙骨状凸起，脉极不明显，雄蕊 3，花药短，暗血红色，花柱长，柱头 3，较短。小坚果具明显的网纹。花期 6 ～ 8 月，果期 8 ～ 10 月。（图 2–112–1 ～ 2–112–2，见 561 页）

生境与分布 生长于水边沙地、稻田、河岸、沼泽地、水边湿地或路边阴湿草丛中。分布于东北及河北、河南、陕西、山西、甘肃等省区。

药用部位 全草。

采集加工 夏、秋季采挖。洗净，晒干。

药理作用 干浸膏及提取物给小鼠灌胃，有一定祛痰作用。煎剂或浸膏及上述提取物在试管内对流感杆菌、甲型链球菌、白色葡萄球菌有抑制作用。上述提取物对肺炎球菌及大肠杆菌也有效。

性味归经 苦，平。归肺经。

功能主治 止咳化痰。适用于咳嗽痰喘，慢性支气管炎。

用药警戒 少数病人诉口、咽发干，无须特殊处理。

（五十三）薹草属 *Carex* L.

药用记载 白颖薹草 Carex *duriuscula* C. A. Mey subsp. *rigescens*（Franch.）S. Y. Liang et Tang 的全草在《中华本草》中记载为白颖苔草。宽叶薹草 *C. siderosticta* Hance 的根在《中华本草》中记载为崖棕根。

113. 宽叶薹草 *Carex siderosticta* Hance

别名 干经草、芝叶薹草。

识别要点 根状茎长。营养茎和花茎有间距，花茎近基部的叶鞘，无叶片，淡棕褐色。叶长圆状披针形，有时具白色条纹，苞鞘佛焰苞状，小穗单生或孪生于各节，雄雌顺序，线状圆柱形，雌花鳞片椭圆状长圆形或披针状长圆形，果囊倒卵形或椭圆形，三棱状，小坚果紧包果囊中，椭圆形。花果期 4 ～ 5 月。（图 2–113–1 ～ 2–113–2，见 562 页）

生境与分布 生长于林下、路边、阴处岩石上。分布于东北及陕西、山东、安徽、浙江、江西、河南、湖北、四川、贵州等地。

药用部位 根。

采集加工 夏、秋季采收，洗净，切段，晒干。

性味归经 甘、辛，温。归肺、肝、肾经。

功能主治 益气养血，活血调经。适用于气血虚弱，倦怠无力，心悸失眠，月经不调，经闭。

114. 野笠薹草 *Carex drymophila* Turcz.

别名 薹草。

识别要点 根状茎具长的地下匍匐茎。秆钝三棱形，基部具红褐色无叶片的鞘，边缘细裂呈网状。叶短于秆，无毛，边缘粗糙，具较长的叶鞘。苞片叶状，具短的苞鞘；小穗 5 ～ 7 个，雄小穗基部的苞片呈刚毛状或鳞片状；雄花鳞片披针形，具短芒，淡锈色；雌花鳞片狭卵形或披针形，具短芒，两侧淡锈色，中间淡绿色。小坚果。花果期 4 ～ 5 月。（图 2–114–1 ～ 2–114–2，见 562 页）

生境与分布 生长于林下、路边、阴处岩石上。分布于东北及陕西、山东、安徽、浙江、江西、河南、湖北、四川、贵州等地。

药用等参考宽叶薹草。

115. 白颖薹草 *Carex duriuscula* C. A. Mey subsp. *rigescens*（Franch.）S. Y. Liang et Tang

别名 小羊胡子草。

识别要点 多年生。具细长匍匐根状茎，基部有黑褐色纤维状分裂的旧叶鞘。叶片短于秆，扁平。穗状花序卵形或矩圆形，小穗密集生于秆端，小穗卵形或宽卵形，顶部少数雄花，其他都为雌花。苞片鳞片状，果囊卵形或椭圆形，与鳞片近等长，两面具多数脉，基部圆，边缘无翅，顶端急缩为短喙，小坚果宽椭圆形。花果期 4 ～ 6 月。（图 2–115–1 ～ 2–115–2，见 562 页）

生境与分布 生长于田边、路旁、荒地和干燥山坡。分布于东北、河北、河南、陕西、山东、江苏、安徽、湖北、四川等地。

药用部位 全草。

采集加工 夏、秋季采收，洗净，晒干。种子成熟时采收，除去杂质，晒干。

药理作用 白颖薹草对呼吸道合并胞体病毒（RSV）、甲型流感病毒（Flu A）具有显著的抑制作用。

性味归经 甘、苦、涩，平。归三焦、脾、胃、肾经。

功能主治 清热利尿通淋。适用于乳糜尿。

116. 寸草 *Carex duriuscula* C. A. Mey.

别名 小草。

识别要点 根状茎细长，匍匐。秆纤细，平滑，基部叶鞘灰褐色，细裂成纤维状。叶短于秆，内卷，边缘稍粗糙。苞片鳞片状。穗状花序卵形或球形，小穗 3 ～ 6 个。雌花鳞片宽卵形或椭圆形，锈褐色，边缘及顶端为白色膜质，顶端锐尖，具短尖。果囊稍长于鳞片，小坚果稍疏松地包于果囊中，近圆形或宽椭圆形。花果期 4 ～ 6 月。（图 2–116–1 ～ 2–116–2，见 563 页）

生境与分布 生长于草原、山坡、路边或河岸湿地。分布于东北、内蒙古、甘肃。

药用等参考白颖薹草。

117. 大穗薹草 *Carex rhynchophysa* C. A. Mey.

别名 大穗苔、穗苔草、冒恩图格日 – 西日黑（蒙名）。

识别要点 多年生草本。具匍匐根状茎。植株粗壮，秆有三锐棱，叶生至中部以上。叶具隔节。小穗苞片叶状，长于花序，具短苞鞘；雌花鳞片披针形，褐色或红褐色，中间淡绿色，有 3 条脉，具宽的白色膜质边缘，顶端渐尖。果囊密集，黄绿色，有多数脉。小坚果倒卵形，有三棱，花柱长而扭曲，柱头 3。花果期 5 ～ 7 月。（图 2–117–1 ～ 2–117–2，见 563 页）

生境与分布 生长于山坡、水边、林下、沼泽中。分布于东北、内蒙古、新疆。

药用等参考白颖薹草。

118. 尖嘴薹草 *Carex leiorhyncha* C. A. Mey.

别名 短苞苔、山风辇苔、三棱草、霍日查 – 西日黑（蒙名）。

识别要点 多年生草本，根状茎短缩。秆三棱柱形，基部叶鞘枯老后残存。叶短于秆。花序中的苞片刚毛状，最下 1 片有时呈短狭叶状，短于花序，穗状花序圆柱形，小穗多数，紧密，呈球状卵形或卵形，顶部有少数雄花，其他为雌花，鳞片卵形或长圆状披针形，有褐色斑点。果囊卵状披针形，平凸形，绿褐色，小坚果卵形。花果期 5 ～ 7 月。（图 2–118–1 ～ 2–118–2，见 563 页）

生境与分布 生长于湿地、草甸及林中湿地。分布于东北、华北、西北。

药用等参考白颖薹草。

119. 乌拉草 *Carex meyeriana* Kunth

别名 靰鞡草、兀剌草。

识别要点 根状茎短，形成踏头。秆紧密丛生，纤细，三棱形，坚硬，基部叶鞘无叶片，棕褐色，有光泽，微细裂或为纤维状。叶刚毛状，向内对折，质硬，边缘粗糙。花密生，雄花鳞片黑褐色或淡褐色，顶端钝，雌花鳞片卵状椭圆形，顶端钝，深紫黑色或红褐色，边缘为狭的白色膜质。果囊等淡灰绿色，密被乳头状凸起，顶端急缩成柱状短喙，喙口全缘。小坚果紧包于果囊中，褐色。花果期 6 ～ 7 月。（图 2–119–1 ～ 2–119–3，见 563 ～ 564 页）

生境与分布 生长于沼泽地。分布于黑龙江、吉林、内蒙古、四川。

药用部位　全草。

采集加工　夏、秋季采集，晒干。

化学成分　全草含月桂酸、肉豆蔻酸、棕榈酸、木犀草素。

药理作用　对金黄色葡萄球菌、大肠杆菌和白色念珠菌有较强的抑制作用。

功能主治　保暖除湿，除味祛味，通经活络。适用于消除疲劳，改善血液微循环，提高免疫力。

（五十四）藨草属 *Scirpus* Linn.

药用记载　水葱 *Scirpus validus* Vahl 的地上部分在《全国中草药汇编》《中药大辞典》《中华本草》中记载为水葱。荆三棱 *Bolboschoenus yagara* Ohwi. 的块茎在《全国中草药汇编》《中华本草》中记载为荆三棱。扁秆藨草（扁秆荆三棱）*Schoenoplectus planiculmis* Fr. Schmidt 的块茎在《中华本草》中记载为扁秆藨草；在《全国中草药汇编》中记载为水莎草。

120. 水葱 *Scirpus validus* Vahl　　FOC 修订为 *Schoenoplectus tabernaemontani*（Gmelin）Palla

别名　冲天草、翠管草、莞、莞蒲、夫蓠、葱蒲、水丈葱、管子草。

识别要点　多年生草本，具多数须根。根茎匍匐，秆圆柱状，高大，基部具膜质叶鞘，最上面一叶鞘具线形叶片。长侧枝聚伞花序简单或复出，小穗单生或 2 ～ 3 个簇生，卵形成长圆形，密生多数花，雄蕊 3，柱头 2、罕 3，长于花柱。小坚果倒卵形或椭圆形。花果期 6 ～ 9 月。（图 2–120–1 ～ 2–120–4，见 564 页）

生境与分布　生长于湖边或浅水塘中。分布于东北、内蒙古、陕西、山西、甘肃、新疆、河北、江苏、贵州、四川、云南等地。

药用部位　地上部分。

采集加工　夏、秋采收，洗净，切段，晒干。

性味归经　甘、淡，平。归膀胱经。

功能主治　利水消肿。适用于小便不通。

121. 荆三棱 *Scirpus yagara* Ohwi.　　FOC 修订为 *Bolboschoenus yagara*（Ohwi）Y. C. Yang et M. Zhan

别名　泡三棱、三棱草、京三棱、草三棱、鸡爪棱、黑三棱、石三棱。

识别要点　多年生草本，根状茎横走，常膨大，末端具块茎，黑褐色，两头尖。秆高大粗壮，锐三棱形。叶互生，窄条形，全缘，先端渐尖，基部鞘状抱茎。复穗状花序，多数花穗于茎顶聚成无梗伞形花丛，花序梗不等长，上具叶状苞片；小穗长圆形，颖长椭圆形，稍膜质，先端尖，芒状；雄蕊 3，雌蕊花柱长，柱头 2 裂。瘦果三角倒卵形，褐色。花期 6 ～ 8 月，果期 7 ～ 9 月。（图 2–121–1 ～ 2–121–4，见 565 页）

生境与分布 生长于沼泽地水中。分布于东北、华北、内蒙古、新疆、江苏、江西、浙江、台湾、广东、贵州、四川等地。

药用部位 块茎。

采集加工 秋季采挖，除去茎叶，洗净，削去须根，晒干或烘干。

性味归经 辛、苦，平。归肝、脾经。

功能主治 破血行气，消积止痛。适用于癥瘕痞块，瘀血经闭，食积胀痛。

122. 扁秆藨草 *Scirpus planiculmis* Fr. Schmidt　　FOC 修订为 *Schoenoplectus planiculmis*（F. Schmidt）Egorova

别名 水莎草、三棱草。

识别要点 多年生草本。具匍匐根状茎和块茎。秆三棱形，靠近花序部分粗糙，基部膨大。叶扁平，向顶部渐狭，具长叶鞘。叶状苞片常长于花序，边缘粗糙，长侧枝聚伞花序短缩成头状，小穗卵形或长圆状卵形，锈褐色，鳞片膜质，外面被稀少的柔毛，背面具稍宽的中肋，具芒。小坚果宽倒卵形。花期 5 ～ 6 月，果期 7 ～ 9 月。（图 2–122–1 ～ 2–122–3，见 565 ～ 566 页）

生境与分布 生长于河边、沟边、湖边及田边近水处。分布于东北、华北及甘肃、青海、山东、江苏、浙江、云南等地。

药用部位 块茎。

采集加工 夏、秋季采收，除去茎叶及根茎，洗净，晒干。

性味归经 苦，平。归肺、胃、肝经。

功能主治 祛瘀通经，行气消积。适用于经闭，痛经，产后瘀阻腹痛，癥瘕积聚，胸腹胁痛，消化不良。

十六、兰科 Orchidaceae

（五十五）杓兰属 *Cypripedium* L.

药用记载 大花杓兰 *Cypripedium macranthum* Sw. 的根、根状茎和花在《全国中草药汇编》《中药大辞典》中记载为蜈蚣七，在《中华本草》中记载为敦盛草。紫点杓兰 *C. guttatum* Sw. 的花及全草在《中华本草》中记载为斑花杓兰。

123. 大花杓兰 *Cypripedium macranthum* Sw.

别名 牌楼七、黑驴蛋、大口袋花、大花囊兰、蜈蚣七、敦盛草。

识别要点 根状茎粗短。茎直立，基部有鞘。茎生叶 3 ～ 7 枚，干燥时不变黑色，叶片较大，椭圆形或椭圆状卵形。花苞片叶状，花紫色、红色、粉红色，通常有暗色脉纹，侧花瓣披针形，不扭曲，唇瓣深囊状，囊口小，囊底有毛。蒴果狭椭圆形。花期 6 ～ 7 月，果期 7 ～ 8 月。（图 2–123–1 ～ 2–123–3，见 567 页）

生境与分布 生长于山坡、疏林下、林缘草甸或灌丛。分布于东北、华北、西南及西藏。

药用部位 根与根状茎，花。

采集加工 根与根状茎：秋季采挖，洗净，晒干。花：盛花期采摘，晒干。

性味归经 苦、辛，温，有小毒。归脾、肝、肾、膀胱经。

功能主治 根与根状茎：利水消肿，祛风镇痛，活血祛瘀。适用于全身浮肿，下肢水肿，白带异常，淋证，风湿痛，跌打损伤，咳嗽，劳伤。花：止血祛瘀，阴干研粉可用于止血。

124. 大白花杓兰 *Cypripedium macranthos* f. *albiflorum*（Makino）Ohwi

别名 大口袋花。

识别要点 大白花杓兰是大花杓兰的变型，与大花杓兰的区别是花白色，在黑龙江较为多见，故依据《东北植物检索表》作变型记录。（图 2–124–1 ～ 2–124–3，见 567 ～ 568 页）

生境与分布 生长于林下草地，林缘。分布于东北、华北、内蒙古。

药用等与大花杓兰相同。

另注 该种在《中国植物志》中已并入大花杓兰。

125. 杓兰 *Cypripedium calceolus* L.

别名 紫花杓兰、女神之花、黄花杓兰。

识别要点 根状茎短粗。茎生叶 3 ～ 7 枚，干燥时不变黑色。花单生于茎顶，萼片与侧花瓣栗色，侧花瓣宽线形或线状披针形，与萼片近等长，扭曲，唇瓣深囊状椭圆形，黄色。蒴果长圆状，有毛。花期 6 ～ 7 月，果期 8 月。（图 2–125–1 ～ 2–125–3，见 568 页）

生境与分布 生长于林下、林缘。分布于东北、内蒙古。

药用等与大花杓兰相同。

126. 东北杓兰 *Cypripedium ventricosum* Sw.

别名 太太的履。

识别要点 根状茎短粗。茎直立，通常具 3 ～ 5 枚叶。叶片椭圆形至卵状椭圆形，无毛或两面脉上偶见有微柔毛。通常具两花，花红紫色，粉红色至白色，大小变化较大，侧花瓣多少扭转，唇瓣深囊状，椭圆形或倒卵状球形，通常囊口周围有浅色的圈。蒴果。花期 5 ～ 6 月。（图 2–126–1 ～ 2–126–3，见 568 ～ 569 页）

生境与分布 生长于疏林下、林缘、草地。分布于黑龙江、内蒙古。

药用等参考大花杓兰。

127. 紫点杓兰 *Cypripedium guttatum* Sw.

别名 斑花杓兰、小口袋花。

识别要点 根状茎细长横走。茎生叶 2 枚，互生，卵状椭圆形，干燥时多少变黑色。花单生于茎顶，白色具淡紫色或淡褐色斑点，中萼片卵状椭圆形或宽卵状椭圆形，侧花瓣近匙形或提琴形，唇瓣深囊状钵形或碗形。蒴果狭椭圆形，下垂。花期 6 ～ 7 月，果期 7 ～ 8 月。（图 2–127–1 ～ 2–127–3，见 569 页）

生境与分布 生长于林缘、林下、林间草地。分布于东北、华北及山东、山西、四川、云南等地。

药用部位 带根全草。

采集加工 春、夏季盛花时采挖，洗净，晾干。

性味归经 苦、辛，温，有小毒。归心、胃经。

功能主治 镇静止痛，发汗解热。适用于神经衰弱，癫痫，小儿高热惊厥，头痛，胃脘痛。

（五十六）羊耳蒜属 *Liparis* L.C. Rich

药用记载 羊耳蒜 *Liparis japonica*（Miq.）Maxim. 的带根全草在《全国中草药汇编》《中药大辞典》《中华本草》中记载为羊耳蒜。

128. 羊耳蒜 *Liparis japonica*（Miq.）Maxim.

别名 鸡心七、算盘七、珍珠七。

识别要点 多年生草本，全株无毛。假鳞茎卵球形，外被干膜质的白色鞘。基生叶 2 枚，基部抱合而近对生，叶片狭卵形或卵状椭圆形，基部渐狭，先端钝尖头，下延成鞘状抱茎。花莛由 2 叶轴抽出，苞片膜质，鳞片状，钝头，萼片长卵状披针形，先端稍钝，花淡绿色，花瓣线形，与萼片等长，唇瓣较大，倒卵形，不分裂，平坦，中部稍缢缩，其余花被片均较狭窄，蕊柱稍弓曲，子房细长，扭转。蒴果。花期 6 ～ 7 月，果期 8 ～ 9 月。（图 2–128–1 ～ 2–128–3，见 569 页）

生境与分布 生长于林下及林缘阴湿地。分布于东北、西北及安徽、湖北、四川、贵州、云南等地。

药用部位 带根全草。

采集加工 夏、秋采挖，鲜用或切段晒干。

性味归经 甘、微酸，性平。归脾、肝、胆经。

功能主治 活血止血，消肿止痛。适用于崩漏，产后腹痛，白带过多，扁桃体炎，跌打损伤，烧伤，崩漏，白带异常，产后腹痛，外伤急救。

（五十七）兜被兰属 *Neottianthe* Schltr.

药用记载 二叶兜被兰 *Neottianthe cucullata*（L.）Schltr. 的全草在《全国中草药汇编》《中药大辞

典》《中华本草》中记载为百步还阳丹。

129. 二叶兜被兰 *Neottianthe cucullata*（L.）Schltr.

别名 兜被兰。

识别要点 一年生草本，植株高 4 ～ 24cm。块茎球形或卵形。茎基部具 2 枚近对生的叶，其上具 1 ～ 4 小叶。叶卵形，卵状披针形或椭圆形，基部短鞘状抱茎，上面有时具紫红色斑点。花常偏向一侧。苞片披针形，花紫红或粉红色，花瓣披针状线形，唇瓣前伸，上面和边缘具乳突，基部楔形，3 裂，侧裂片线形，中裂片长，距细圆筒状锥形，中部前弯，近"U"字形。花期 8 ～ 9 月。（图 2–129–1 ～ 2–129–3，见 570 页）

生境与分布 生长于林下、林缘。分布于东北及河南、四川、陕西等地。

药用部位 带根全草。

采集加工 夏、秋采挖带根全草，晒干或鲜用。

化学成分 花含矢车菊素 –3–O–β –（6'–O– 草酰基）葡萄糖苷。

性味归经 甘，平。归心、肝经。

功能主治 活血散瘀，接骨生肌。适用于跌打损伤，骨折。

（五十八）舌唇兰属 *Platanthera* L. C. Rich.

药用记载 二叶舌唇兰 *Platanthera chlorantha* Cust. ex Rchb. 的块茎在《全国中草药汇编》中记载为二叶舌唇兰，在《中药大辞典》《中华本草》中记载为土白芨。

130. 二叶舌唇兰 *Platanthera chlorantha* Cust. ex Rchb.

别名 土白及、大叶长距兰。

识别要点 草本。地下块茎 2 个，近倒卵形，肥厚肉质，黄白色，顶部有须根。茎直立，无毛，中部通常具数片鳞片状叶，向上逐渐过渡为苞片。基生叶 2 片，椭圆形至倒披针状椭圆形，先端钝，基部收狭成鞘状叶柄。总状花序顶生，苞片披针形，花白色，外面 3 片花被略带淡绿色，萼片不同型，花瓣线状披针形，唇瓣线形，距长，弯曲。蒴果，具喙。花期 6 ～ 7 月，果期 7 ～ 8 月。（图 2–130–1，见 570 页）

生境与分布 生长于山野林下较潮湿的草地上。分布于东北、华北、西北及西南地区。

药用部位 块茎。

采集加工 8 ～ 10 月采挖，洗净晒干。

药理作用 球根含多量黏液质，内服可治胃肠炎，以减少对胃肠感觉神经末梢的刺激，并能阻止肠内毒物之吸收。

性味归经 苦，平。归肺、脾经。

功能主治 补肺生肌，化瘀止血。适用于肺痨咯血，吐血，衄血；外用治创伤，痈肿，水火烫伤。

（五十九）山兰属 *Oreorchis* Lindl.

药用记载 山兰 *Oreorchis patens*（Lindl.）Lindl. 的假鳞茎在《全国中草药汇编》《中华本草》中记载为冰球子。

131. 山兰 *Oreorchis patens*（Lindl.）Lindl.

别名 山慈菇、毛慈菇、泥宾子。

识别要点 多年生草本。假鳞茎近球形。数个相连生于匍匐状的根茎上，着生稀疏纤维，顶生 1～2 叶。叶片狭披针形，先端渐尖，基部收窄成柄。花莛侧生于假鳞茎顶端，下部被 2 枚膜质筒状鞘，多花排成长的总状花序，小苞片短，狭披针形，花黄褐色，花被略向外反折，萼片和花瓣近等大，唇瓣白色带紫斑，3 裂，侧裂片狭镰刀状，中裂片楔状倒卵形，前缘皱波状。花期 6～7 月，果期 9～10 月。（图 2–131–1～2–131–3，见 570～571 页）

生境与分布 生长于山中林下。分布于东北、陕西、甘肃、四川、贵州、云南、江西、湖南、台湾、西藏。

药用部位 假鳞茎。

采集加工 春季采收，鲜用或晒干。

性味归经 甘、辛，寒，小毒。归肺经。

功能主治 清热解毒，消肿散结。适用于痈疽疮肿，无名肿毒，瘰疬。

用药警戒 本品有毒，多作外用。

（六十）朱兰属 *Pogonia* Juss.

药用记载 朱兰 *Pogonia japonica* Rchb. F. 的全草在《中华本草》中记载为朱兰。

132. 朱兰 *Pogonia japonica* Rchb. F.

别名 斩龙剑、双肾草、祖师箭、青蛇剑。

识别要点 陆生植物。根茎短小，生 3～7 条细长根。茎直立，纤细，中部或中部以上具 1 枚叶。叶片长圆状披针形，急尖，直立伸展。花淡紫色仅 1 朵，苞片狭长圆形，萼片狭长圆状近倒披针形，唇瓣狭长圆形，基部渐狭，侧裂片较短，中裂片长，舌状，边缘具流苏状锯齿，从唇瓣基部至中裂片先端有 2 条纵褶片，褶片在中裂片上具明显的鸡冠状凸起。花期 5～6 月，果期 8～9 月。（图 2–132–1～2–132–3，见 571 页）

生境与分布 生长于山坡林下或山坡草丛中。分布于东北、华北及湖北、湖南、广西、四川、贵州、云南等地。

药用部位 全草。

采集加工 夏、秋季采收，鲜用或晒干。

性味归经　甘，平。归肝经。

功能主治　清热解毒。适用于肝炎，胆囊炎，痈疽疮毒，毒蛇咬伤。

（六十一）绶草属 *Spiranthes* L.C. Rich.

药用记载　绶草 *Spiranthes sinensis*（Pers.）Ames. 的根和全草在《全国中草药汇编》《中药大辞典》《中华本草》中记载为盘龙参。

133. 绶草 *Spiranthes sinensis*（Pers.）Ames.

别名　盘龙参、盘龙草、龙缠柱、猪牙参、乌牙七、龙抱柱、双瑚草。

识别要点　多年生草本。茎直立，基部簇生数条粗厚，肉质的根。叶数枚生于茎的基部，线形至线状披针形，先端钝尖，全缘，基部微抱茎，上部的叶退化而为鞘状苞片。花序顶生，具多数密生的小花，似穗状，花紫红色、粉红色或白色，花小，在花序轴上呈螺旋状排生；花被线状披针形，唇瓣矩圆形，有皱纹，花柱短，下部拱形，斜着于子房之顶，花粉粉状，子房下位，1 室。蒴果椭圆形，有细毛，深褐色。花期 7 ～ 8 月。（图 2–133–1 ～ 2–133–4，见 571 ～ 572 页）

生境与分布　生长于山坡林下、灌丛下、草地、路边或河滩沼泽草甸中。分布几遍全国。

药用部位　根或全草。

采集加工　秋季挖根，除去茎叶，洗净晒干。春夏采收全草，洗净晒干或鲜用。

化学成分　根含二氢菲类化合物：盘龙参酚、盘龙参新酚、盘龙参醌、盘龙参二聚菲酚、红门兰酚、β – 谷甾醇、豆甾醇、菜油甾醇、多种阿魏酸醇酯、对 – 羟基苯甲醛、对 – 羟基苄醇。

性味归经　甘、苦，平。归心、肺经。

功能主治　益气养阴，清热解毒。适用于病后虚弱，阴虚内热，咳嗽吐血，头晕，腰痛酸软，糖尿病，遗精，淋浊带下，咽喉肿痛，毒蛇咬伤，烫火伤，疮疡痈肿。

用药警戒　有湿热瘀滞者忌服。

（六十二）蜻蜓兰属 *Tulotis* Rafin.

药用记载　蜻蜓兰 *Tulotis fuscescens*（L.）Czer. Addit. et Collig 的全草在《中药大辞典》《中华本草》中记载为蜻蜓兰。

134. 蜻蜓兰 *Tulotis fuscescens*（L.）Czer. Addit. et Collig

别名　竹叶兰。

识别要点　多年生草本。根伸长，稍肥厚。茎下部通常有 3 片（稀 2 片）较大的叶，倒卵状长椭圆形，椭圆形或广椭圆形，茎上部叶 1 ～ 2，呈苞叶状，显著小。花黄绿色，排列稍密，苞片披针状线形，先端尖，中央的萼片椭圆形，侧萼片与花瓣几等长，唇瓣线状长椭圆形，基部两侧有微小的三角状凸起，距圆筒状。花期 6 ～ 8 月，果期 9 ～ 10 月。（图 2–134–1 ～ 2–134–4，见 572 页）

生境与分布　生长于林缘、林间湿润的地方或山坡林下、山坡草丛中。分布于东北、华北、西北及湖南、湖北、四川、云南等地。

药用部位　全草。

采集加工　夏、秋季采收，鲜用或晒干。

性味归经　苦，寒。归心经。

功能主治　解毒生肌。适用于烧伤。

第三部

被子植物门 Angiospermae

双子叶植物 Dicotyledons

一、胡桃科 Juglandaceae

（一）胡桃属 *Juglans* L.

药用记载　胡桃楸 *Juglans mandshurica* Maxim 未成熟果实或果皮在《中药大辞典》《中华本草》中记载为核桃楸果。胡桃楸枝皮或干皮在《中药大辞典》《中华本草》中记载为核桃楸皮。胡桃楸种仁在《中华本草》中记载为核桃楸果仁。

1. 胡桃楸 *Juglans mandshurica* Maxim

别名　核桃楸、山核桃、楸子、马核桃。

识别要点　落叶乔木。树皮暗灰色；浅纵裂。小枝粗壮，具柔腺毛。孕性枝上叶集于枝顶，萌发枝上叶为奇数羽状复叶；小叶长椭圆形，叶缘具细锯齿，叶顶端钝尖，叶基阔楔形或圆形。雄柔荑花序腋生，下垂，先叶开放；花单性，雌雄同株；雄花花被状，雌花序穗状具 4 ～ 10 雌花。核果球形或卵形，顶端尖，不易开裂，果核坚硬，具 8 条纵棱。花期 4 ～ 5 月，果期 8 ～ 9 月。（图 3–1–1 ～ 3–1–4，见 574 页）

生境与分布　多生长于土质肥厚、湿润、排水良好的沟谷两旁或山坡的阔叶林中。分布于东北、河北、山西。

药用部位　未成熟果实及果皮、树皮、种仁。

采集加工　核桃楸果：夏、秋季采收未成熟绿色果实或成熟果皮，鲜用或晒干。胡桃楸皮：春、秋采收，剥取树皮，晒干。胡桃楸果仁：秋季采成熟果实，除去外果皮和内果皮（壳）取仁，干燥。

化学成分　树皮、叶及外果壳含有苷类及大量鞣质等。叶含鞣质。种仁含亚油酸、油酸、亚麻酸的甘油酯、维生素 E、维生素 B_2。青果果仁含维生素 C。青果皮中含有胡桃醌等。

药理作用　①胡桃楸皮中含有胡桃醌，有明显的抗癌作用。②胡桃楸叶煎剂对大鼠有加速体内糖的同化，降低血糖的作用。

性味归经　核桃楸果：辛、微苦，平，有毒。归胃经。胡桃楸皮：苦、辛，微寒。归肺经。胡桃楸果仁：甘，温。归肺、肾经。

功能主治　核桃楸果：行气止痛。适用于脘腹疼痛、牛皮癣。胡桃楸皮：清热燥湿，泻肝明目。适用于湿热下痢，目赤肿痛，麦粒肿，迎风流泪，骨结核。胡桃楸果仁：敛肺平喘，温补肾阳，润肠通便。适用于肺虚咳喘，肾虚腰痛，遗精阳痿，大便秘结。

用药警戒　该物种为中国植物图谱数据库收录的有毒植物，其叶有毒，可毒鱼及杀虫。

二、杨柳科 Salicaceae

（二）杨属 *Populus* L.

药用记载　山杨 *Populus davidiana* Dode 的根皮在《中华本草》《中药大辞典》中记载为白杨树根皮；树皮在《全国中草药汇编》中记载为山杨树皮；山杨的雄花序在《中华本草》中记载为杨树花。

2. 山杨 *Populus davidiana* Dode

别名　大叶杨、响杨、麻嘎勒（蒙名）、玛格（藏名）。

识别要点　乔木，树冠圆形或近圆形，树皮光滑，淡绿色或淡灰色。叶片近圆形，具有波浪状钝齿；先叶开花，雌雄异株，柔荑花序下垂，红色花药，苞片深裂，裂缘有毛；蒴果椭圆状纺锤形。花期 3 ～ 4 月，果期 4 ～ 5 月。（图 3-2-1 ～ 3-2-3，见 574 ～ 575 页）

生境与分布　生长于山地阳坡，常与白桦形成混交林。分布于东北、华北、西北、西南、华中。

药用部位　雄花序、树皮、根皮。

采集加工　雄花序：春季现蕾开花时，分批摘取雄花序，鲜用或晒干。树皮：春秋两季均可采收，以春季清明后采剥为宜。为了保护资源，一般采取局部纵剥，晒干即可。根皮：冬、春季采挖；除去泥土，趁鲜剥取根皮，晒干。

化学成分　叶含槲皮素、槲皮素葡萄糖苷、杨梅树皮素、半乳糖苷、木犀草素葡萄糖苷。叶含水杨苷、白杨苷、柳皮苷、特里杨苷、柳匍匐苷、去羟基大齿杨苷、胡萝卜素、琥珀酸、焦儿茶酚。树皮含水杨苷、水杨酰基白杨苷、水杨酰基特里杨次苷、白杨苷、特里杨苷、柳匍匐苷、去羟基大齿杨苷、水杨胡萝卜素、苦味苷、β－谷甾醇、对甲氧基苯酚、间甲氧基苯酚、樱花素、东莨菪素、水杨酰颤杨苷、颤杨苷、β－胡萝卜苷、匍匐柳苷、樱花苷。

性味归经　雄花序：苦，寒。归大肠经。树皮：苦、辛，平。归肺经。蒙药味苦，性凉。排脓，止咳。

功能主治　雄花序：清热解毒，化湿止痢。适用于细菌性痢疾，肠炎。树皮：凉血解毒，清热止咳，驱虫。适用于高血压，肺热咳嗽，蛔虫病，小便淋漓。根皮：清热，止咳，利湿，驱虫。适用于肺热咳喘，淋浊，白带异常，妊娠下痢，蛔虫病。

蒙药治咳嗽，肺脓肿，麻疹。

用药警戒　脾胃虚寒者慎服。无湿热瘀滞者禁服。

（三）柳属 *Salix* L.

药用记载　垂柳 *Salix babylonica* L. 的根及根须在《中药大辞典》《中华本草》中记载为柳根；垂

柳的树枝或根部的韧皮在《中药大辞典》《中华本草》中记载为柳白皮；垂柳的花序在《中药大辞典》《中华本草》中记载为柳花；垂柳茎枝蛀孔中的蛀屑在《中药大辞典》《中华本草》中记载为柳屑；垂柳的带毛种子在《中药大辞典》《中华本草》中记载为柳絮；垂柳的叶在《中药大辞典》《中华本草》中记载为柳叶；垂柳的枝条在《中药大辞典》《中华本草》中记载为柳枝。

3. 垂柳 *Salix babylonica* L.

别名　垂枝柳、倒挂柳、倒插杨柳。

识别要点　落叶乔木，树冠广倒卵形。树皮粗糙，灰褐色，深裂。小枝细而长，自基部下垂，淡褐色或淡黄褐色，无顶芽。单叶互生，披针形或线状披针形，先端渐长尖，基部楔形，缘有细锯齿。叶片表面绿色，背面蓝灰绿色。雌雄异株，葇荑花序，种子细小，外被白色柳絮。花期 3 ～ 4 月，果熟期 4 ～ 5 月。（图 3–3–1 ～ 3–3–2，见 575 页）

生境与分布　耐水湿，也能生于旱处。分布于长江及黄河流域，北方普遍栽培并有逸为野生者。

药用部位　根及根须、树枝或根部的韧皮、花序、茎枝蛀孔中的蛀屑、带毛的种子、叶和枝条。

采集加工　柳根：春、夏、秋季采收，洗净，鲜用或晒干。柳白皮：多在冬、春季采收，趁鲜剥取树皮或根皮，除去粗皮，鲜用或晒干。柳花：春季花初开放时采收，鲜用或晒干。柳屑：夏、秋季采收，除去杂质，晒干。柳絮：春季果实将成熟时采收，干燥。柳叶：春、夏季采收，鲜用或晒干。柳枝：春季摘取嫩树枝条，鲜用或晒干。

化学成分　茎皮、根皮含水杨苷、芸香苷、柚皮素 –7– 葡萄糖苷、柚皮素 –5– 葡萄糖苷、木犀草素 –7– 葡萄糖苷、柳皮苷、槲皮素、木犀草素、芹菜素。柳叶含有丰富的碘、柳黄酮。柳枝含水杨苷。

药理作用　所含水杨苷有退热作用。水杨苷与稀盐酸或硫酸共煮可水解为水杨苷元及葡萄糖。水杨苷可作苦味剂（局部作用于胃），吸收后部分变为水杨酸（解热止痛），随即很快水解。柳叶所含柳黄酮能增强小鼠游泳耐力，延长爬杆时间，具有抗疲劳作用。还可降低血乳酸、血中尿素氮含量，提高肝糖原含量和肌糖原含量。

性味归经　根、皮、花：苦，寒。归肾、肝经。柳絮：苦，凉。归心经。柳叶：苦，寒。归肺、肾、心、脾经。柳枝：苦，寒。归胃、肝经。

功能主治　柳根：利水通淋，祛风除痛，泻火解毒。适用于淋证，白浊，水肿，黄疸，痢疾，白带，风湿疼痛，黄水疮，牙痛，烫伤，乳痈。柳白皮：祛风利湿，消肿止痛。适用于风湿骨痛，风肿瘙痒，黄疸，淋浊，乳痈，疔疮，牙痛，汤火烫伤。柳花：祛风利湿，止血散瘀。适用于风水，黄疸，咯血，吐血，便血，血淋，经闭，疮疥，齿痛。柳屑：祛风除湿，止痒。适用于风疹，筋骨疼痛，湿气腿肿。柳絮：凉血止血，解毒消痈。适用于吐血，创伤出血，痈疽，恶疮。柳叶：清热解毒，平肝利尿，透疹止痛。适用于慢性气管炎，尿道炎，膀胱炎，膀胱结石，白浊，高血压，痈疽肿毒，烫火伤，关节肿痛，牙痛，痧疹，皮肤瘙痒。柳枝：祛风利湿，解毒消肿。适用于风湿痹痛，小便淋浊，黄疸，风疹瘙痒，疔疮，丹毒，龋齿。

4. 三蕊柳 *Salix triandra* L.

别名 毛柳。

识别要点 灌木或小乔木。树皮暗褐色或近黑色，有时有白粉；芽卵形，急尖，有棱，无毛。托叶斜广卵形或卵状披针形，锯齿缘。花序与叶同时开放，有花序梗，着生有 2 ～ 3 有锯齿缘的小叶；雄花序花丝基部有短柔毛；雌花序花柱短，柱头 2 裂，苞片倒卵状长圆形。花期 4 月，果期 5 月。（图 3–4–1 ～ 3–4–3，见 575 页）

生境与分布 生长于林区溪流旁。分布于东北、内蒙古、河北、山东等地。

药理作用 树皮及叶的提取物具有抗凝血酶原活性及抗诱变、抗炎止痛、清热解毒、镇静强心、降血压及中枢抑制等作用。

其他参考垂柳。

5. 大黄柳 *Salix raddeana* Ladsch.

别名 黄花柳、王八柳、红心柳、套木 – 协日 – 巴日嘎苏（蒙名）。

识别要点 灌木状乔木。枝粗壮，乌绿色、暗红色或红褐色。托叶半圆形或半卵圆形；叶片革质，倒卵状圆形、卵形、近圆形或椭圆形，先端短渐尖或急尖，边缘全缘或有不整齐的齿。花先于叶开放，雄花序椭圆形或近球形，雄蕊 2，花丝细长，无毛或基部微有毛，花药长圆形，黄色；雌花序随着子房受粉后迅速增粗增大，有灰色绢质柔毛。蒴果。花期 4 月中旬，果期 5 月上、中旬。（图 3–5–1 ～ 3–5–2，见 575 ～ 576 页）

生境与分布 生长于山坡、林缘，稀生于林中林区路旁。分布于东北、内蒙古等省区。

药理作用 ①有降压、抗血栓、抗动脉硬化的作用。②有消肿散解、消热解毒、祛风利湿的作用。

其他参考垂柳。

6. 棉花柳 *Salix leucopithecia* Kimura

别名 银芽柳、银柳、银苞柳、猫柳、桂香柳。

识别要点 小枝黄褐色或红褐色。芽长圆状卵形，先端尖，黄褐色，有柔毛。叶椭圆状长圆形或倒卵状长圆形，或长圆形，上面深绿色，无毛，下面灰色，有绢质柔毛；叶脉明显凸起，边缘有锯齿；叶柄明显；托叶大，半心形。花序先叶开花，无花序梗，雄蕊 2，花药红色或红黄色，苞片椭圆状披针形，上部黑色，两面密生长毛，红黄色，子房椭圆形，被绒毛，无柄，花柱细长。蒴果被密毛。花期 4 月，果期 5 月上旬。（图 3–6–1 ～ 3–6–2，见 576 页）

生境与分布 生长于山区溪流旁。分布于东北。

药用等参考垂柳。

（四）钻天柳属 *Chosenia* Nakai

7. 钻天柳 *Chosenia arbutifolia*（Pall.）A. Skv.

别名 红毛柳、朝鲜柳、顺河柳、化妆柳。

识别要点 落叶乔木；树冠圆柱形或近椭圆形，树皮褐灰色；小枝红黄色或紫红色，有白粉，无毛；芽扁卵圆形。叶互生，长圆状披针形至披针形，两面无毛，上面灰绿色，下面苍白色，常有白粉。花单性，雌雄异株，柔荑花序先叶开放；雄花序下垂，雄蕊5，花药球形，黄色；雌花序直立或斜展，柱头2裂；苞片倒卵状椭圆形，边缘有长毛。蒴果成熟后2瓣裂；种子长椭圆形，基部有长毛。花期5月，果期6月。（图3–7–1～3–7–3，见576页）

生境与分布 生长于河岸和溪流旁。分布于东北、内蒙古。

药用等参考垂柳。

三、桦木科 Betulaceae

（五）桤木属 *Alnus* Mill.

药用记载 日本桤木 *Alnus japonica*（Thunb.）Steud. 的嫩枝叶或树皮在《全国中草药汇编》《中药大辞典》《中华本草》中记载为赤杨。

8. 日本桤木 *Alnus japonica*（Thunb.）Steud.

别名 赤杨、水柯子、木拨树、木瓜树、水冬果、赏树。

识别要点 落叶乔木。树皮暗灰褐色或灰褐色，无毛，小枝褐色，无毛或有黄色短柔毛，有时密生腺点。芽有短柄，无毛，有2枚芽鳞。单叶互生，倒卵形或长倒卵形，先端锐尖或渐尖，基部楔形，稀圆形，边缘具疏细齿。花单性，雌雄同株，先叶开放；雄花为柔荑花序；雌花为穗状花序。果穗宽卵形，深棕色；小坚果卵形或倒卵形，果翅厚纸质。花期4～5月，果期9～10月。（图3–8–1～3–8–3，见577页）

生境与分布 生长于山坡、山沟、河边及路旁。分布于东北、河北、山东。

药用部位 嫩枝叶或树皮。

采集加工 春、秋季采收，鲜用或晒干。

化学成分 树皮含蒲公英赛醇、白桦脂酸、羽扇烯酮、β–粘霉烯醇、β–谷甾醇。芽含三裂鼠尾草素、山柰素、异鼠李素、3′–甲基鼠李素、刺槐素、柳穿鱼素。木质部含赤杨酮、赤杨醇、赤杨酮环氧化物、赤杨二醇、香草酸、丁香酸、β–谷甾醇、胡萝卜苷、齐墩果醛、白桦脂酸。花粉含羽扇烯酮、丙二酸、葡萄糖、甘露糖。雄花含赤杨萜烯酸。

性味归经 苦、涩，凉。归心经。

功能主治 清热降火，止血。适用于鼻衄，外伤出血，水泻。

9. 辽东桤木 *Alnuss sibirica* Fisch. ex Turcz.　　FOC 修订为 *Alnus hrisuta* Turcz. ex Rupr.

别名　毛赤杨、水冬瓜、水冬瓜赤杨。

识别要点　为落叶乔木，干皮灰褐色，光滑。老时鳞裂，枝无顶芽，小枝褐色，密被灰色短柔毛。单叶互生，叶宽，被密毛；叶缘具缺裂，缺裂间具粗齿；叶柄密被短柔毛，单性同株。雄花序圆柱形柔荑花序下垂，雌花序序梗极短，矩圆形，球果状。果苞木质鳞片状，每果苞有 2 小坚果，小坚果扁平宽卵形，有狭翅。花期 5 月，果熟期 8 ～ 9 月。（图 3–9–1 ～ 3–9–4，见 577 ～ 578 页）

生境与分布　生长于山坡林中、岸边或潮湿地。分布于东北、山东。

药用参考日本桤木。

（六）榛属 *Corylus* L.

药用记载　榛 *Corylus heterophylla* Fisch. 与毛榛 *C. mandshurica* Maxim 的种仁在《中药大辞典》《中华本草》中记载为榛子；榛与毛榛的雄花在《中华本草》中记载为榛子花。

10. 榛 *Corylus heterophylla* Fisch.

别名　榛子、槌子、平榛、山板栗。

识别要点　落叶灌木或小乔木。叶互生；阔卵形至宽倒卵形，先端近截形而有锐尖头，基部圆形或心形，边缘有不规则重锯齿；叶柄，密生细毛；托叶小，早落。花单性，雌雄同株，先叶开放；雄花成柔荑花序，圆柱形，苞有细毛，先端尖，鲜紫褐色，雄蕊 8；雌花 2 ～ 6 个簇生枝端，开花时包在鳞芽内，仅有花柱外露，花柱 2 个，红色。小坚果近球形，淡褐色。花期 4 ～ 5 月，果期 9 ～ 10 月。（图 3–10–1 ～ 3–10–2，见 578 页）

生境与分布　生长于沟谷或山坡灌木丛中或疏林中。分布于东北、华北、西北及西南。

药用部位　种仁、花。

采集加工　种仁：果实成熟后极易脱落，应及时采摘，晒干后除去总苞及果壳。花：清明前后五六日采收，晾干，或加工制成干粉。

化学成分　果仁含 16 种氨基酸，其中精氨酸含量最高，其次为谷氨酸、脯氨酸、丙氨酸、酪氨酸、缬氨酸。

性味归经　甘，平。归胃、肺经。

功能主治　种仁：健脾和胃，润肺止咳。适用于病后体弱，脾虚泄泻，食欲不振，咳嗽。花：止血，消肿，敛疮。适用于外伤出血，冻伤，疮疖。

11. 毛榛 *Corylus mandshurica* Maxim.

别名　毛榛子、火榛子。

识别要点　灌木。小枝黄褐色，被长柔毛。叶宽卵形、矩圆形或倒卵状矩圆形，边缘具不规则的粗锯齿，中部以上具浅裂或缺刻，上面疏被毛或几无毛，下面疏被短柔毛。雄花序排成总状；苞鳞密被白色短柔毛。果单生或 2 ～ 6 枚簇生；果苞管状，在坚果上部缢缩，较果长 2 ～ 3 倍，外面密被黄色刚毛兼有白色短柔毛，上部浅裂，裂片披针形。坚果几球形，顶端具小突尖，外面密被白色绒毛。花期 5 月，果熟期 6 ～ 9 月。（图 3-11-1 ～ 3-11-2，见 578 页）

生境与分布　生长于山坡灌丛中或林下。分布于东北、河北、山西、山东、陕西、甘肃、四川。

药用等同榛。

（七）桦木属 *Betula* L.

药用记载　白桦 *Betula platyphylla* Suk. 的树干中流出的液汁在《中药大辞典》《中华本草》中记载为桦树液；树皮在《全国中草药汇编》中记载为桦树皮，在《中药大辞典》《中华本草》中记载为桦木皮。岳桦 *B. ermanii* Cham. 的树皮在《中华本草》中记载为岳桦。

12. 白桦 *Betula platyphylla* Suk.

别名　粉桦、桦皮树、白桦皮、桦树皮、桦树、臭桦。

识别要点　落叶乔木，树冠卵圆形，树皮白色，纸状分层剥离，皮孔黄色。小枝细，红褐色，光滑无毛，外被白色蜡层。叶三角状卵形或菱状卵形，叶缘有不规则重锯齿，背面疏生油腺点，无毛或脉腋有毛。花单性，雌雄同株，柔荑花序。果序单生，为圆柱形，坚果小而扁，两侧具宽翅。果苞中裂片三角形，侧裂片平展或下垂，小坚果椭圆形，膜质翅与果等宽或较果稍宽。花期 6 月，果熟期 7 ～ 8 月。（图 3-12-1 ～ 3-12-2，见 578 ～ 579 页）

生境与分布　生长于山坡或林中。分布于东北、华北、河南、陕西、宁夏、甘肃、青海、四川、云南、西藏。

药用部位　树皮、树干中流出的液汁。

采收加工　树皮：春季采剥，或在已采伐的树上剥取，切丝，晒干备用。桦树液：5 月间将树皮划开，盛取液汁，鲜用。

化学成分　树皮含白桦脂醇、桦叶烯四醇、桦叶烯四醇 A、桦叶烯五醇。

药理作用　①止咳、祛痰与平喘作用。②抗菌作用。

性味归经　苦，平。归肺、胃、大肠经。

功能主治　清热利湿，祛痰止咳，解毒。适用于咽痛喉痹，咳嗽气喘，黄疸，腹泻，痢疾，淋证，小便不利，乳痈，疮毒，痒疹。

用药警戒　脾胃冷弱、易于泄泻者，勿多服久服。

13. 岳桦 *Betula ermanii* Cham.

识别要点　乔木，树干弯曲多分枝；树皮灰白色，成层、大片剥裂。枝条红褐色，无毛；幼枝暗绿色，稍有树脂腺体；芽鳞密被白色绒毛。叶三角状卵形、宽卵形或卵形，边缘具规则或不规则的锐尖重锯齿，上面疏被毛，下面几无毛，密被腺点。果序单生，直立，矩圆形。小坚果倒卵形或长卵

形，膜质翅。花期 6 ～ 7 月，果期 8 ～ 9 月。（图 3-13-1 ～ 3-13-2，见 579 页）

生境与分布　生长于山坡林中。分布于东北及内蒙古。

药用部位　树皮。

采集加工　全年均可剥取，鲜用或晒干。

化学成分　嫩芽分泌物含异鼠李素、3′－甲基鼠李素、山柰酚、鼠李柠檬素、山柰素、山柰酚 -4′，7- 二甲醚、桦木酚、3- 甲基桦木酚、刺槐素、樱花素、柚皮素 -4′，7- 二甲醚、柳穿鱼素。嫩芽含岳桦素。

药理作用　岳桦所含的 3- 甲基桦木酚及桦木酚，在体外对 EB 癌细胞有细胞毒作用。

性味归经　苦，平。归肺、胃经。

功能主治　清热解毒。适用于痈肿疮毒。

14. 硕桦 *Betula costata* Trautv.

别名　枫桦、风桦、黄桦、千层桦。

识别要点　乔木。树皮黄褐色或暗褐色，层片状剥裂，枝条红褐色，无毛，小枝褐色，密生黄色树脂状腺体，多少有毛。叶厚纸质，卵形或长卵形，边缘具细尖重锯齿。果序单生，直立或下垂，矩圆形。小坚果倒卵形。花果期 6 ～ 9 月。（图 3-14-1 ～ 3-14-2，见 579 页）

生境与分布　生长于山坡林或散生于针叶阔叶混交林中。分布于东北、内蒙古、河北、北京。

药用等同岳桦。

15. 黑桦 *Betula dahurica* Pall.

别名　纸皮桦、红皮桦。

识别要点　乔木。树皮黑褐色，龟裂；小枝红褐色，疏被长柔毛，密生树脂腺体。叶厚纸质，通常为长卵形，边缘具不规则的锐尖重锯齿，上面无毛，下面密生腺点，沿脉疏被长柔毛，脉腋间具簇生的髯毛。果序矩圆状圆柱形，单生，直立或微下垂，有时具树脂腺体。小坚果宽椭圆形，两面无毛，膜质翅宽约为果的 1/2。花期 5 月，果期 6 ～ 7 月。（图 3-15-1 ～ 3-15-2，见 579 ～ 580 页）

生境与分布　生长于阳坡、山顶石岩上、针叶林或杂木林下。分布于东北、华北。

药用等与岳桦相同。

四、壳斗科 Fagaceae

（八）栎属 *Quercus* L.

药用记载　蒙古栎 *Quercus mongolicus* Fisch. ex Turoz. 的茎皮在《全国中草药汇编》《中药大辞典》

《中华本草》中记载为柞树皮，叶记载为柞树叶。辽东栎 *Q. wutaishanica* Mdyr. 的果实、果实外总苞、树皮及根皮在《全国中草药汇编》中记载为辽东栎；果实外总苞（壳斗）在《中药大辞典》中记载为辽东栎壳斗，树皮及根皮在《中药大辞典》中记载为辽东栎皮。

16. 蒙古栎 *Quercus mongolica* Fisch. ex Turoz.

别名　柞木、柞栎、蒙栎、凿刺树、冬青、青风栎、小叶槲、树岛输尔巴姆那木（朝名）。

识别要点　常绿灌木或小乔木，生棘刺。树皮灰褐色，纵裂。幼枝紫褐色，有棱。树冠卵圆形，芽鳞紫褐色，有缘毛。叶片倒卵形至长倒卵形，顶端短钝尖或短突尖；叶柄短而无毛。花单性同株，雄花序为下垂的柔荑花序，花序轴近无毛；雌花序生于新枝上端叶腋。壳斗杯形，包着坚果 1/2，壳斗外壁小苞片三角状卵形，密被灰白色短绒毛，伸出口部边缘呈流苏状。坚果卵形至长卵形，无毛，果脐微凸起。花期 4 ～ 5 月，果期 9 月。（图 3–16–1 ～ 3–16–3，见 580 页）

生境与分布　生长于山地阳坡、半阳坡。分布于东北、内蒙古、河北、山东等省区。

药用部位　树皮、叶。

采集加工　树皮：春、秋季采，刮去外层粗皮，晒干或煅灰。叶：夏、秋季采摘嫩叶，鲜用或晒干。

化学成分　叶含羽扇豆醇、β – 粘霉烯醇、β – 谷甾醇。

性味归经　树皮：微苦、涩，平。归肝经。叶：微苦、涩，平。归胃经。

功能主治　树皮：清热利湿，解毒消肿。适用于痢疾，小儿消化不良，黄疸，痔疮。叶：清热止痢，止咳，解毒消肿。适用于痢疾，消化不良，痈肿，痔疮。

17. 辽东栎 *Quercus wutaishanica* Mdyr.

别名　辽东柞、柴树、青冈、杠木、小叶青冈、青冈柳。

识别要点　落叶乔木。树皮暗灰色，深纵裂。幼枝无毛，灰绿色。叶倒卵圆形或椭圆状卵形，顶端圆钝，基部耳形或圆形，叶缘具波形圆齿，幼时沿叶脉有毛，侧脉 5 ～ 7 对；叶柄短。花单生，雌雄同株，柔荑花序下垂，花苞成熟时木质化、碗状，包坚果的 1/3。坚果卵形。花期 5 ～ 6 月，果期 9 ～ 10 月。（图 3–17–1 ～ 3–17–3，见 580 ～ 581 页）

生境与分布　生长于山地阳坡、半阳坡、山脊上。分布于东北、华北、内蒙古、山东、河南、陕西、宁夏、甘肃、青海、四川。

药用部位　果实、壳斗、树皮、根皮。

采集加工　果实和壳斗：秋季果实成熟时采摘，晒干，将果实与壳斗分离，保存。树皮及根皮：春、秋季采，刮去外层粗皮，晒干或煅灰。

性味归经　果：苦，微温。壳斗：涩，温。树皮及根皮：苦，平。均归脾、肾经。

功能主治　果：健脾止泻，收敛止血。适用于脾虚腹泻，痔疮出血，脱肛便血，子宫出血，白带，恶疮，痈肿。壳斗：收敛，止血，止泻。适用于便血，子宫出血，白带异常，泻痢，疮肿。树皮及根皮：收敛，止泻。适用于久痢，水泻，恶疮，痈肿。

五、榆科 Ulmaceae

（九）榆属 *Ulmus* L.

药用记载 榆树 *Ulmus pumila* L. 的树皮、根皮在《中药大辞典》《中华本草》中记载为榆白皮；花在《中药大辞典》《中华本草》中记载为榆花；果实或种子记载为榆荚仁；叶在《中药大辞典》《中华本草》中记载为榆叶；枝在《中华本草》中记载为榆枝，在《全国中草药汇编》中记载为榆树；茎皮部的涎汁在《中华本草》中记载为榆皮涎；果实或种子和（huó）面粉等制成的酱在《中药大辞典》《中华本草》中记载为榆仁酱。大果榆 *U. macrocarpa* Hance 的果实在《全国中草药汇编》《中药大辞典》《中华本草》中记载为芜荑。果实与面曲等加工制成的酱在《中药大辞典》《中华本草》中记载为芜荑酱。

18. 榆树 *Ulmus pumila* L.

别名 白榆、家榆、榆钱、春榆、粘榔树。

识别要点 落叶乔木，树干端直。树皮暗灰褐色，粗糙，有纵沟裂；小枝柔软，有毛，浅灰黄色。叶互生，纸质；有毛；托叶早落；叶片倒卵形、椭圆状卵形或椭圆状披针形，上面暗绿色，边缘具单锯齿；侧脉明显。花先叶开放，簇年成聚伞花序，生于去年枝的叶腋；花被针形；雄蕊与花被同数，花药紫色；子房扁平，1 室，花柱 2。翅果近圆形或倒卵形，光滑，先端有缺口，种子位于翅果中央，与缺口相接。花期 3 ～ 4 月，果期 4 ～ 6 月。（图 3–18–1 ～ 3–18–2，见 581 页）

生境与分布 生长于河堤、田埂和路边；山麓、沙地上亦有生长。分布于东北、华北、西北、华东、中南、西南及西藏等地。

药用部位 树皮或根皮、花、果实或种子、叶、枝。

采集加工 根皮：春、秋季采收根皮。皮：春季或 8 ～ 9 月间割下老枝条，立即剥取内皮晒干。花：3 ～ 4 月采花，鲜用或晒干。果实或种子：4 ～ 6 月果实成熟时采收，除去果翅，晒干。叶：夏、秋季采叶，鲜用或晒干。枝：夏、秋季采收树枝，鲜用或晒干。榆皮涎：四季可采，割破茎皮，收集流出的涎汁。

化学成分 树皮含 β – 谷甾醇、豆甾醇等多种甾醇类，鞣质，树胶，脂肪油。果实含硫胺素、核黄素、烟酸等。叶含多种氨基酸。

药理作用 榆白皮制成的药粉对甲、乙型链球菌有抑菌作用，对白色葡萄球菌、绿脓杆菌、伤寒杆菌有抑菌作用，对大肠杆菌、结核杆菌有抑菌作用。

性味归经 甘，微寒。归肺、脾、膀胱经。花：甘，平。归肾经。果实或种子：苦、微辛，平。归心经。叶：甘，平。归肺、肾经。榆仁酱：辛，温。归心、肾经。

功能主治　根皮或树皮：利水通淋，祛痰，消肿解毒。适用于小便不利，淋浊，带下，咳喘痰多，失眠，内外出血，难产胎死不下，瘰疬，秃疮，疥癣。花：清热定惊，利尿疗疮。适用于小儿惊痫，小便不利，头疮。果实或种子：健脾安神，清热利水，消肿杀虫。适用于失眠，食欲不振，带下，小便不利，水肿，小儿疳热羸瘦，烫火伤，疮癣。叶、枝：清热利尿，安神，祛痰止咳。适用于水肿，小便不利，石淋，尿浊，失眠，暑热困闷，痰多咳嗽，酒渣鼻。榆皮涎：杀虫。适用于疥癣。榆仁酱：温中行气，杀虫。适用于心腹冷痛，虫积腹痛，疮癣。

用药警戒　脾胃虚寒者慎服，少服。

19. 大果榆 *Ulmus macrocarpa* Hance

别名　芜荑、姑榆、山松榆、黄榆、毛榆、山榆、翅枝黄榆、柳榆。

识别要点　落叶小乔木或灌木状。大枝斜向，开展，小枝淡黄褐色或带淡红褐色，有粗毛，枝上常有发达的木栓质翅。叶互生；叶片阔倒卵形，边缘具钝单锯齿或重锯齿。花先叶开放；花大，两性，花被绿色；雄蕊与花被片同数，花药大，带黄玫瑰色；雌蕊 1，绿色，柱头 2 裂。翅果大形，倒卵形或近卵形，全部有毛，有短柄。种子位于翅果中部。花期 4 ～ 5 月，果熟期 5 ～ 6 月。（图 3–19–1 ～ 3–19–2，见 581 页）

生境与分布　生长于向阳山坡、丘陵及固定沙丘的林缘或河岸。分布于东北、华北及陕西、甘肃、青海、江苏、安徽、河南等地。

药用部位　果实。

采集加工　夏季当果实成熟时采下，晒干，搓去膜翅，取出种子。将种子浸入水中发酵后，加入家榆树皮面、红土、菊花末及适量温开水混成糊状，放板上摊平节成方块，晒干。

药理作用　①醇浸提取物在体外对猪蛔虫、蚯蚓、水蛭皆有显著治虫效力。②浸液（1∶2）在试管内对堇色毛癣菌、奥杜盎氏小芽孢癣菌等 12 种皮肤真菌有不同程度的抑制作用。

性味归经　苦、辛，温。归脾、胃经。

功能主治　杀虫消积，除湿止痢。适用于虫积腹痛，小儿疳积，久泻久痢，疮疡，疥癣。

用药警戒　脾胃虚弱者慎服。脾、肺燥热者禁用。

20. 黑榆 *Ulmus davidiana* Planch.

别名　山毛榆、热河榆、东北黑榆。

识别要点　落叶乔木或灌木状；树皮浅灰色或灰色，纵裂成不规则条伏，幼枝被柔毛，当年生枝无毛或多少被毛，小枝具木栓层；冬芽卵圆形，芽鳞背面被覆部分有毛。叶倒卵形或倒卵状椭圆形，先端尾状渐尖，叶面幼时有散生硬毛，后脱落无毛，常留有圆形毛迹，不粗糙，叶脉腋常有簇生毛，边缘具重锯齿。花在去年生枝上排成簇状聚伞花序。翅果倒卵形或近倒卵形，通常无毛，果梗被毛。花果期 4 ～ 5 月。（图 3–20–1 ～ 3–20–2，见 581 ～ 582 页）

生境与分布　生长于山地或谷地。分布于东北、河北、山西、河南及陕西等省。

药用等参考榆树。

21. 旱榆 *Ulmus glaucescens* Franch.

别名 灰榆、崖榆、粉榆。

识别要点 落叶乔木或灌木，树皮浅纵裂；幼枝多少被毛，小枝无木栓翅及膨大的木栓层；冬芽卵圆形或近球形。叶卵形、菱状卵形、椭圆形、长卵形或椭圆状披针形，基部偏斜，楔形或圆。花自混合芽抽出，散生于新枝基部或近基部。翅果椭圆形或宽椭圆形。花果期 3 ～ 5 月。（图 3–21–1，见 582 页）

生境与分布 生长于坡地，河边等。分布于东北、河北、山东、河南、山西、内蒙古、陕西、甘肃及宁夏等省区。

药用等参考榆树。

22. 春榆 *Ulmus davidiana* Planch. var. *japonica*（Rehd.）Nakai

别名 日本榆、山榆、蜡条榆、栓皮榆、光叶春榆、白皮榆。

识别要点 落叶高大乔木。树皮暗灰色，粗糙，不规则纵裂。叶片倒卵状椭圆形或广倒卵形，先端急尖，基部楔形、偏斜，叶缘具重锯齿和缘毛，上表面深绿色，背面淡绿色。花早春先叶开放，老枝上为束状聚伞花序，深紫色；花两性；雄蕊 4 枚，雌蕊由 2 心皮组成。翅果扁平，倒卵形，无毛或仅在顶端凹陷处被毛；种子位于翅果的上部，上端接近凹陷处，周围均具膜质的翅。花期 4 ～ 5 月，果熟期 5 ～ 6 月。（图 3–22–1 ～ 3–22–3，见 582 页）

生境与分布 生长于河岸、溪旁、沟谷、山麓及排水良好的冲积地和山坡。分布于东北至华中、华东、西北。

药用等参考榆树。

23. 裂叶榆 *Ulmus laciniata*（Trautv.）Mayr.

别名 青榆、大青榆、麻榆、大叶榆、粘榆。

识别要点 落叶乔木；树皮淡灰褐色或灰色，浅纵裂。叶倒卵形、倒三角状、倒三角状椭圆形或倒卵状长圆形，先端通常 3 ～ 7 裂，裂片三角形，渐尖或尾状，叶面密生硬毛，粗糙。花在去年生枝上排成簇状聚伞花序。翅果椭圆形或长圆状椭圆形，除顶端凹缺柱头面被毛外，余处无毛。花果期 4 ～ 5 月。（图 3–23–1 ～ 3–23–2，见 582 ～ 583 页）

生境与分布 生长于山坡中部以上排水良好湿润的斜坡或山谷。分布于东北、内蒙古、河北和山西等省区。

药用等参考榆树。

六、桑科 Moraceae

（十）桑属 *Morus* L.

药用记载 桑 *Morus alba* L. 的根皮在《中国药典》《中药大辞典》和《中华本草》中记载为桑白皮。桑的木材所烧成的灰在《中药大辞典》和《中华本草》中记载为桑柴灰。根在《中药大辞典》和《中华本草》中记载为桑根。枝条经烧灼后沥出的汁液在《中药大辞典》和《中华本草》中记载为桑沥。树皮中的白色液汁在《中药大辞典》和《中华本草》中记载为桑皮汁。干燥的果穗在《中国药典》《中药大辞典》中记载为桑椹；在《中华本草》中记载为桑椹子。干燥叶在《中国药典》《中药大辞典》和《中华本草》中记载为桑叶；干叶的蒸馏液在《中药大辞典》和《中华本草》中记载为桑叶露，其鲜叶摘破叶脉后渗出的白色液汁在《中药大辞典》和《中华本草》中记载为桑叶汁；其老树上的结节在《中药大辞典》和《中华本草》中记载为桑瘿；其干燥嫩枝在《中国药典》《中药大辞典》和《中华本草》中记载为桑枝。

24. 桑 *Morus alba* L.

别名 桑树。

识别要点 落叶灌木或小乔木。树皮灰白色，有条状浅裂；根皮黄棕色或红黄色，纤维性强。单叶互生；叶柄长；叶片卵形或宽卵形，先端锐尖或渐尖，基部圆形或近心形，边缘有粗锯齿或圆齿，有时有不规则的分裂。花单性，穗状柔荑花序，腋生；雌雄异株；雌花序被毛；雄花序下垂；雄花具雄蕊 4，中央有不育的雌蕊；雌花基部合生，柱头 2 裂。聚合瘦果，成熟后变肉质、黑紫色或红色。种子小。花期 4 ～ 5 月，果期 5 ～ 6 月。（图 3–24–1 ～ 3–24–3，见 583 页）

生境与分布 生长于丘陵、山坡、村旁、田野等处。分布于全国各地。

药用部位 根皮，木材所烧成的灰，根、枝条经烧灼后沥出的汁液，新鲜树皮中所含的白色汁液，干燥的果穗，桑柴灰汁经过滤蒸发后所得的结晶状物，叶，叶的蒸馏液，鲜桑叶的乳汁，老桑树上的结节，桑树的嫩枝。

采集加工 根皮：多在春、秋季挖取根部，去净泥土及须根，除去木心，晒干。桑柴灰：初夏剪取桑枝，晒干后，烧火取灰。根：全年均可挖取，除去泥土和须根，鲜用或晒干。桑沥：取较粗枝条，将两端架起，中间加火烤，收集两端滴出的液汁。桑皮汁：用刀划破桑树枝皮，有白色乳汁流出，用洁净容器收取。桑椹：4 ～ 6 月果实变红时采收，晒干，或略蒸后晒干。桑霜：取桑柴灰，用热水浸泡，适当搅拌，静置，取上清液过滤，滤液再经加热蒸干，收取干燥的结晶状物，装入瓶（罐）中，加盖。桑叶：初霜后采收，除去杂质，晒干。桑叶露：取鲜桑叶和清水置于蒸馏器中，加热蒸馏，收取蒸馏液，分装于玻璃瓶中，封口，灭菌。桑叶汁：鲜叶流出的乳汁。桑瘿：冬季桑树修枝时，锯取老桑树上的瘤状结节，趁鲜时劈成不规则小块片，晒干。桑枝：春末夏初采收，去叶，晒干，或趁鲜切片，晒干。

化学成分 叶含芸香苷、槲皮素、异槲皮苷、槲皮素 –3– 三葡糖苷、菜油甾醇、β – 谷甾醇、β –D– 葡糖苷、蛇麻脂醇、内消旋肌醇、昆虫变态激素、牛膝甾酮、蜕皮甾酮、豆甾醇、菜油甾醇、羽扇豆醇、β – 香树脂醇、溶血素、绿原酸。干燥果实含糖，鞣酸，苹果酸及维生素 B_1、B_2，维生素 C 和胡萝卜素，桑椹油，辛酸，壬酸，癸酸，肉豆蔻酸，亚麻酸，桉叶素，牻儿醇，芳樟醇乙酸酯，芳樟醇，樟脑，α – 蒎烯，柠檬烯，磷脂酸胆碱，溶血磷脂酸胆碱，磷脂酸乙醇胺，磷脂酸，磷脂酰肌醇，双磷脂酰甘油，矢车菊素，矢车菊苷。茎枝含桑素、桑色烯、环桑素、环桑色烯。木材含桑色素、柘树宁、桑酮、四羟基芪、二氢桑色素、二氢山柰酚、白桑八醇。

药理作用 ①桑白皮煎剂有利尿作用。水提取物有导泻作用。②桑白皮提取物有一定的降压作用，比较持久，并伴有心动徐缓。③桑白皮正丁醇提取物能明显增加胃肠道活动。④镇静和安定作用。⑤桑白皮正丁醇或水提取物均能轻度抑制小鼠电休克发作，但仍表现伸肌紧张。⑥有明显的镇痛作用。⑦桑白皮正丁醇提取物小鼠腹腔注射有降温作用。煎剂对金黄色葡萄球菌、伤寒杆菌、福氏痢疾杆菌有抑制作用，对发癣菌也有抑制作用，对结核杆菌无抑制作用。⑧桑树根的乙醇及丙酮浸出液在体外有抑制真菌的作用。⑨桑椹水煎剂有中度激发淋巴细胞转化的作用。⑩桑椹煎剂能显著降低红细胞膜 Na^+–K^+–ATP 酶活性与机体释放能量，桑椹子降低该酶的活性可能是其滋阴作用机制之一。⑪桑叶有抗糖尿病作用。

性味归经 根皮：甘、辛，寒。归肺、脾经。桑柴灰：辛，寒。根：微苦，寒。归肝经。桑沥：甘，凉。归肝经。桑皮汁：苦，微寒。归心经。桑椹：甘、酸，寒。归心、肝、肾经。桑霜：甘，凉。归心经。桑叶：甘、苦，寒。归肺、肝经。桑叶露：辛，微寒。归肝经。桑叶汁：苦，微寒。归肝经。桑瘿：苦，平。归肝、胃经。桑枝：苦，平。归肝经。

功能主治 桑白皮：泻肺平喘，利水消肿。适用于肺热喘痰，水饮停肺，胀满喘急，水肿，脚气，小便不利。桑柴灰：利水，止血，蚀恶肉。适用于水肿，金疮出血，面上痣疵。

根：清热定惊，祛风通络。适用于惊痫，目赤，牙痛，筋骨疼痛。桑沥：祛风止痉，清热解毒。适用于破伤风，皮肤疮疥。桑皮汁：清热解毒，止血。适用于口舌生疮，外伤出血，蛇虫咬伤。桑葚：补血滋阴，生津润燥。用于眩晕耳鸣，心悸失眠，须发早白，津伤口渴，失眠多梦，内热消渴，血虚便秘。桑霜：解毒消肿，散积。适用于痈疽疔疮，噎食积块。桑叶：疏散风热，清肺润燥，清肝明目。用于风热感冒，肺热燥咳，头晕头痛，目赤昏花，下肢象皮肿。桑叶露：清肝明目。适用于目赤肿痛。桑叶汁：清肝明目，消肿解毒。适用于目赤肿痛，痈疖，瘿瘤，蜈蚣咬伤。桑瘿：祛风除温，止痛，消肿。适用于风温痹痛，胃痛，鹤膝风。桑枝：祛风湿，通经络，行水气。适用于风湿痹痛，中风半身不遂，水肿脚气，肌体风痒。

用药警戒 肺虚无火力、便多及风寒咳嗽忌服。脾胃虚寒作泄者勿服桑椹。

（十一）葎草属 *Humulus* L.

药用记载 葎草 *Humulus scandens*（Lour.）Merr. 的全草在《全国中草药汇编》《中药大辞典》和

《中华本草》中记载为葎草，其根、果穗和花在《中药大辞典》中分别记载为葎草根、葎草果穗和葎草花。啤酒花 *H. lupulus* L. 的未成熟的绿色带花果穗在《全国中草药汇编》《中药大辞典》和《中华本草》中记载为啤酒花。

25. 葎草 *Humulus scandens*（Lour.）Merr.

别名 拉拉秧、拉拉藤、五爪龙、勒草、割人藤、葛勒子秧、锯锯藤。

识别要点 一年生或多年生缠绕草本，茎、枝和叶柄有倒生皮刺。叶片为掌状复叶，掌状深裂，边缘有粗锯齿，两面均有粗糙刺毛，背面有黄色小腺点，基部心形；有叶柄。花雌雄异株，圆锥花序，雄花小，淡黄色，花被和雄蕊各 5；雌花排列成近圆形的穗状花序，每 2 朵花有 1 卵形苞片，有白刺毛和黄色小腺点，花被退化为膜质片。瘦果淡黄色。花期 7～8 月，果熟期 8～9 月。（图 3–25–1～3–25–2，见 583 页）

生境与分布 常生长于沟边、荒地、废墟、林缘边。分布于全国各地。

药用部位 全草、根、果穗、花。

采集加工 夏、秋季采集，切段，除去杂质，晒干。

化学成分 全草含木犀草素、葡萄糖苷、胆碱、天门冬酰胺、鞣质及树脂。球果含葎草酮及蛇麻酮。叶含大波斯菊苷、牡荆素。挥发油中主要含 β－葎草烯、石竹烯、α－玷巴烯、α－芹子烯、β－芹子烯和 γ－荜澄茄烯等。

药理作用 ①茎、叶的乙醇浸液在试管内对革兰阳性菌有显著抑制作用。葎草酮与蛇麻酮也有抗菌作用；对革兰阳性及阴性细菌、某些真菌、酵母菌的生长有抑制作用。②葎草酮对猫有二硝基酚样作用，静脉注射 3mg/kg 后，可使氧耗量立即增加 1 倍，并出现呼吸急促，随之体温升高；并可因体温过度升高（45℃）而致死，死亡迅速发生严重“尸僵”。大量注射尚可产生糖尿、血尿。

性味归经 甘、苦，寒。归肺、肾经。

功能主治 清热解毒，利尿消肿。适用于肺结核潮热，痢疾，感冒发热，小便不利。外用治痈疖肿毒，湿疹，毒蛇咬伤。

用药警戒 非热病者慎用。

26. 啤酒花 *Humulus lupulus* L.

别名 忽布、香蛇麻、啤瓦古丽（维名）。

识别要点 多年生缠绕草本。全株被倒钩刺，茎枝和叶柄有密生细毛。单叶对生；叶柄长不超过叶片；叶片纸质，卵形，基部心形或圆形，边缘具粗锯齿，上面密生小刺毛，下面有疏毛和黄色小油点。花单性，雌雄异株；雄花序黄绿色；雌花每 2 朵生于一苞片的腋部，苞片覆瓦状排列，组成近圆形的短穗状花序。果穗球果状，宿存苞片膜质且增大，有黄色腺体，气芳香。瘦果扁圆形，褐色，为增大的苞片包围着。花期 5～6 月，果期 6～9 月。（图 3–26–1～3–26–2，见 584 页）

生境与分布 生长于光照较好的山地林缘、灌丛或河流两岸的湿地，多为栽培或逸为半野生。分布于东北、华北、新疆、山东、浙江等地。

药用部位 未成熟带花果穗。

采集加工 夏、秋季当果穗呈绿色而略带黄色时采摘，晒干或烘干，烘干时温度不得超过 45℃。

化学成分 花苞片腺体含树脂及挥发油、葎草酮、类葎草酮、伴葎草酮、蛇麻酮、类蛇麻酮、伴蛇麻酮、异葎草酮、原花色素、前葎草酮。花含葎草二烯酮、葎草烯酮－Ⅱ、α－去二氢荜澄茄烯、γ－去二氢菖蒲烯、2－甲基－3－丁烯－2－醇、紫云英苷、异槲皮苷、芸香苷、山柰酚－3－鼠李糖基二葡萄糖苷、山柰酚－3－鼠李糖葡萄糖苷、槲皮素－3－鼠李糖二葡萄糖苷、槲皮素－3－葡萄糖苷、山柰酚－葡萄糖苷、无色矢车菊素、无色飞燕草素、山柰酚、槲皮素、异黄腐醇、黄腐醇、羟基查耳酮、6－异戊烯基柚皮素、抗坏血酸、去氢抗坏血酸、月桂烯、芳樟醇、牻牛儿醇、葎草烯、蛇麻素、丁香烯、丁香烯氧化物、葎草烯醇、葎草烯环氧化物、游离氨基酸和蛋白质。

药理作用 ①啤酒花浸膏、蛇麻酮、葎草酮试管内能抑制革兰阳性细菌的生长，对革兰阴性细菌无抑制作用，对结核菌亦能抑制，对致病性及非致病性真菌及放线状菌抑制效力极弱，或无效。②啤酒花提取液对中枢神经系统小量镇静、中量催眠、大量麻痹，蛇麻酮、葎草酮具镇静作用。③树脂中的 β－酸具有较强的雌性激素样作用。④啤酒花的乙醇提取液，对离体兔空肠、豚鼠十二指肠、大鼠子宫平滑肌有强大的解痉作用，并能拮抗乙酰胆碱、氯化钡的致痉作用，其解痉作用系直接松弛平滑肌。

性味归经 苦，微凉。归肝、胃经。

功能主治 健胃消食，利尿消肿，抗痨消炎。适用于消化不良，腹胀，浮肿，膀胱炎，肺结核，咳嗽，失眠，麻风病。

七、荨麻科 Urticaceae

（十二）荨麻属 *Urtica* L.

药用记载 宽叶荨麻 *Urtica* laetevirens Maxim.、狭叶荨麻 *U. amgustifolia* Fisch. ex Hornem 的全草在《中药大辞典》和《中华本草》中记载为荨麻；根在《中药大辞典》和《中华本草》中记载为荨麻根。狭叶荨麻在《全国中草药汇编》中记载为狭叶荨麻。

27. 宽叶荨麻 *Urtia laetevirens* Maxim.

别名 荨麻、蝎子草、螯麻子。

识别要点 多年生草本。疏生螫毛和微柔毛，不分枝或分枝。叶对生；叶片狭卵形或宽卵形，基部宽楔形或圆形，边缘有锐牙齿或锯齿。雌雄同株；雄花序生于茎上部叶腋，雄蕊 4；雌花序生于下部叶腋，较短，柱头画笔头状。瘦果卵形，稍扁。花期 3 ～ 5 月，果期 5 ～ 8 月。（图 3–27–1 ～ 3–27–2，见 584 页）

生境与分布 生长于山地林下或沟边。分布于东北、华北及陕西、甘肃、青海、山东、湖北、湖南、四川、云南、西藏等地。

药用部位 全草。

采集加工 夏、秋季采收，切段，晒干。

性味归经 苦、辛，温，有毒。归心、肝经。

功能主治 祛风通络，平肝定惊，消积通便，解毒。适用于风湿痹痛，产后抽风，小儿惊风，小儿麻痹后遗症，高血压，消化不良，大便不通，荨麻疹，跌打损伤，虫蛇咬伤。

用药警戒 误服会吐痢不止。

28. 狭叶荨麻 *Urtica angustifolia* Fisch.ex Hornem

别名 螯麻子、小荨麻、哈拉海（蒙名）。

识别要点 多年生草本，有木质化根状茎。茎四棱形，疏生刺毛和稀疏的细糙毛。叶披针形至披针状条形，叶柄短，疏生刺毛和糙毛；托叶每节 4 枚，离生，条形。雌雄异株，花序圆锥状，有时分枝短而少近穗状，雄花近无梗，花被片 4，退化雌蕊碗状；雌花小，近无梗。瘦果卵形或宽卵形。花期 6 ～ 8 月，果期 8 ～ 9 月。（图 3-28-1 ～ 3-28-2，见 584 页）

生境与分布 生长于山地河谷溪边或台地潮湿处。分布于东北、内蒙古、山东、河北和山西。

药用部位 全草、根。

采集加工 全草于夏秋采收，鲜用或晒干。根于夏、秋季采挖，除去杂质，洗净，晒干或鲜用。

化学成分 富含蛋白质、脂肪、氨基酸及无机元素，其中谷氨酸、天门冬氨酸含量更为突出；含粗纤维、碳水化合物，还含有较高的铁、钙等无机盐及丰富的胡萝卜素和维生素 C，叶绿素含量很高。

性味归经 苦、辛，温，有毒。归肝经。

功能主治 祛风通络，平肝定惊，消积通便。适用于产后抽风，小儿惊风。外用治荨麻疹初起，蛇咬伤。

用药警戒 该物种为中国植物图谱数据库收录的有毒植物，其毒性为小毒，刺毛有毒。《本草图经》载：误服之，吐痢不止。

八、檀香科 Santalaceae

（十三）百蕊草属 *Thesium* L.

药用记载 百蕊草 *Thesium chinense* Turcz. 的全草在《全国中草药汇编》《中药大辞典》和《中华本草》中记载为百蕊草，根在《中药大辞典》和《中华本草》中记载为百蕊草根。长叶百蕊草 *Th. longifolium* Turcaz. 的全草在《中药大辞典》《中华本草》中记载为九仙草。

29. 百蕊草 *Thesium chinense* Turcz.

别名 草檀、积药草、珍珠草、凤芽蒿、松毛参、小草、白风草、地石榴。

识别要点 多年生柔弱草本，全株多少被白粉，无毛；茎细长，簇生，基部以上疏分枝，斜升，有纵沟。叶线形，具单脉。花单一，5 数，腋生；花梗短或很短；苞片 1 枚，线状披针形；小苞片 2 枚，线形，边缘粗糙；花绿白色，花被管呈管状；雄蕊不外伸；子房无柄；花柱很短。坚果椭圆状或近球形，淡绿色，表面有明显、隆起的网脉，顶端的宿存花被近球形，花期 4 ～ 5 月，果期 6 ～ 7 月。（图 3–29–1 ～ 3–29–2，见 585 页）

生境与分布 生长于荫蔽湿润或潮湿的小溪边、田野、草甸，也见于草甸和沙漠地带边缘、干草原与栎树林的石砾坡地上。分布于我国南北各地。

药用部位 全草、根。

采集加工 春、夏季拔取全草，去净泥土，晒干。

化学成分 全草含四羟基黄酮 –3– 葡萄糖 – 鼠李糖苷、紫云英苷、山柰酚、琥珀酸、D– 甘露醇。

药理作用 抑菌：百蕊草素Ⅱ对金黄色葡萄球菌、卡他球菌、伤寒杆菌、变形杆菌、痢疾杆菌均有抑制作用；琥珀酸对白色念珠菌无抑制作用。百蕊草素Ⅰ仅对金黄色葡萄球菌、卡他球菌、痢疾杆菌有抑制作用。

性味归经 全草：辛、微苦，寒。归脾、肾经。根：苦、辛，平。归肺、肾经。

功能主治 全草：清热解毒，补肾涩精。适用于风热感冒，中暑，肺痈，乳蛾，淋巴结结核，乳痈，疖肿，淋证，黄疸，腰痛，遗精。根：行气通乳，调血祛瘀。适用于月经不调，乳汁不下，肾虚腰痛。

30. 长叶百蕊草 *Thesium longifolium* Turcaz.

别名 九龙草、珍珠草、酒仙草、小星宿草、山柏枝、绿珊瑚、一颗松。

识别要点 多年生草本。茎簇生，有明显的纵沟。叶无柄，线形，两端渐尖，有 3 脉。总状花序腋生或顶生；花黄白色，钟状；苞片 1 枚，线形，边缘均粗糙；花被 5 裂，顶端锐尖，内弯；雄蕊 5，插生于裂片基部，内藏；花柱内藏。坚果近球形或椭圆形，宿存花被比果短。花期 6 ～ 7 月，果期 8 ～ 9 月。（图 3–30–1 ～ 3–30–2，见 585 页）

生境与分布 生长于荒坡草丛中或疏林下。分布于东北及内蒙古、河北、甘肃、江苏、四川、云南等地。

药用部位 全草。

采集加工 夏、秋季采收全草，晒干。

性味归经 甘、微苦，凉。归肺、肝、脾经。

功能主治 解表清热，祛风止痉。适用于感冒，中暑，小儿肺炎，惊风。

九、桑寄生科 Loranthaceae

（十四）槲寄生属 *Viscum* L.

药用记载 槲寄生 *Viscum coloratum*（Kom.）Nakai 的干燥带叶茎枝在《中国药典》《中华本草》中记载为槲寄生。

31. 槲寄生 *Viscum coloratum*（Kom.）Nakai

别名 北寄生、冬青、桑寄生、柳寄生、黄寄生、冻青、寄生子。

识别要点 灌木；茎、枝均圆柱状，二歧或三歧分枝，节稍膨大。叶对生，稀 3 枚轮生，厚革质或革质；叶柄短。雌雄异株；花序顶生或腋生于茎叉状分枝处；雄花序聚伞状，总苞舟形，通常具花 3 朵，中央的花具 2 枚苞片或无；雄花花蕾时卵球形，萼片卵形。雌花序聚伞式穗状，顶生的花具 2 枚苞片或无，交叉对生的花各具 1 枚苞片；雌花花蕾时长卵球形。花托卵球形，萼片三角形，柱头乳头状。果球形，具宿存花柱，成熟时淡黄色或橙红色，果皮平滑。花期 4 ～ 5 月，果期 9 ～ 11 月。（图 3-31-1 ～ 3-31-8，见 585 ～ 586 页）

生境与分布 生长于阔叶林中，寄生于榆、杨、柳、桦、栎、梨、李、苹果，枫杨、赤杨、椴属植物上。分布于除新疆、西藏、云南、广东外的我国其他各省区。

药用部位 全株。

采集加工 冬季至次春采割，除去粗茎，切段，干燥或蒸后干燥。

化学成分 全株含多种鼠李素及其糖苷、多种槲寄生新苷、圣草素、槲寄苷甲、香树脂醇、羽扇豆醇、齐墩果酸、白烨脂酸、棕榈酸 -β- 香树脂醇酯、乙酸 -β- 香树脂醇酯、β- 谷甾醇、胡萝卜苷、丁香苷、消旋肌醇、棕榈酸、琥珀酸、阿魏酸、咖啡酸、原儿茶酸等。

药理作用 ①具抗癌活性，槲寄生毒肽对移植性小鼠肉瘤 S-180 能抑制其生长并有延长存活期的作用。②用槲寄生或白槲寄生新鲜叶醇提取物的生理盐水溶液 1mL/kg 给麻醉犬、兔作静脉注射，可使血压下降，其茎和叶的浸剂同样有降压作用。③齐墩果酸有强心、利尿作用。

性味归经 苦、甘，平。归肝、肾经。

功能主治 祛风湿，补肝肾，强筋骨，安胎。适用于风湿痹痛、腰膝酸软、胎动不安。

十、蓼科 Polygonaceae

（十五）蓼属 *Polygonum* L.

药用记载 拳参 *Polygonum bistorta* L. 的根茎在《中国药典》《中药大辞典》和《中华本草》中记载为拳参。耳叶蓼 *P. manshuriense* V. Petr. ex Kom. 的根茎在《中药大辞典》《中华本草》中记载为拳参。石生蓼 *P. lapidosum* Kitag. 的根茎在《中药大辞典》拳参条目的备注项记载亦同等入药。珠芽蓼 *P. viviparum* L. 的根茎在《全国中草药汇编》《中药大辞典》中记载为珠芽蓼，在《中药大辞典》《中华本草》中记载为蝎子七。两栖蓼 *P. amphibium* L. 的全草在《全国中草药汇编》《中药大辞典》《中华本草》中记载为两栖蓼。水蓼 *P. hydropiper* L. 的地上部分在《中药大辞典》《中华本草》中记载为水蓼，果实在《中药大辞典》《中华本草》中记载为蓼实，根、叶在《全国中草药汇编》中记载为辣蓼。叉分蓼 *P. divaricatum* L. 的全草在《中药大辞典》《中华本草》中记载为酸不溜，在《全国中草药汇编》中记载为叉分蓼；根在《中药大辞典》《中华本草》中记载为酸不溜根。香蓼 *P. viscosum* Buch. 的全草在《中华本草》中记载为香蓼。酸模叶蓼 *P. lapathifolium* L. 的全草在《全国中草药汇编》中记载为大马蓼，在《中药大辞典》中记载为假辣蓼，果实在《中药大辞典》中记载为水红花子。荭蓼 *P. orientale* L. 的茎叶在《全国中草药汇编》《中药大辞典》《中华本草》中记载为荭草，花序在《中药大辞典》《中华本草》中记载为荭草花，根在《中华本草》中记载为荭草根，干燥成熟果实在《中国药典》《中药大辞典》《中华本草》中记载为水红花子。杠板归 *P. perfoliatum* L. 的地上部分在《全国中草药汇编》《中药大辞典》中记载为杠板归。萹蓄 *P. aviculare* L. 的全草在《中国药典》《中药大辞典》《中华本草》中记载为萹蓄。春蓼 *P. persicaria* L. 的全草在《全国中草药汇编》中记载为桃叶蓼。西伯利亚蓼 *P. sibiricum* Laxm. 的根茎在《中华本草》中记载为西伯利亚蓼。戟叶蓼 *P. thunbergii* Sieb. et Zucc. 的全草在《中华本草》中记载为水麻刁。

32. 拳参 *Polygonum bistorta* L.

别名 紫参、草河车、刀剪药、铜罗、虾参、地虾、山虾。

识别要点 多年生草本。根茎肥厚，弯曲。茎直立，单一，无毛。基生叶有长柄；叶片革质，长圆披针形或披针形，先端渐尖，基部沿叶柄下延成翅状，边缘外卷；茎生叶互生，向上柄渐短至抱茎。总状花序呈穗状顶生，圆柱形，直立或稍弯；小花密集，苞片卵形，膜质，花梗纤细；花淡红色或白色，花被 5 深裂，裂片椭圆形；雄蕊 8；花柱 3。瘦果三棱状椭圆形，红棕色，光亮，包于宿存花被内。花期 6 ～ 9 月，果期 9 ～ 11 月。（图 3-32-1 ～ 3-32-2，见 587 页）

生境与分布 生长于山野草丛中或林下阴湿处。分布于东北、华北、西北及山东、江苏、安徽、浙江、湖北、湖南等地。

药用部位　根茎。

采集加工　春、秋两季挖取根状茎，去掉茎、叶，洗净，晒干或切片晒干，亦可鲜用。

化学成分　根茎含没食子酸、并没食子酸、右旋儿茶酚、左旋表儿茶酚、6- 没食子酰葡萄糖、3,6- 二没食子酸葡萄糖、葡萄糖、羟基甲基蒽醌、维生素、β - 谷甾醇的异构体。全草含绿原酸、咖啡酸、原儿茶酸及金丝桃苷等。

药理作用　拳参渗漉液与明胶等制成的止血剂，用于犬和绵羊各种止血实验均有一定止血效果。在体外对金黄色葡萄球菌、绿脓杆菌、枯草杆菌、大肠杆菌等均有抗菌作用。

性味归经　苦，微寒，有小毒。归肺经。

功能主治　清热利湿，凉血止血，解毒散结。适用于肺热咳嗽，热病惊痫，赤痢，热泻，吐血，衄血，痔疮出血，痈肿疮毒。

用药警戒　无实火热毒者不宜。阴证外疡忌服。

33. 耳叶蓼 *Polygonum manshuriense* V. Petr. ex Kom.

别名　草河车、刀剪药、倒根草、拳参、山虾、苏门 - 没和日（蒙名）。

识别要点　多年生草本。根状茎短而粗，近块茎状，黑色。茎单一不分枝。托叶鞘锈色，膜质，管状；基生叶具长柄，叶片草质，长圆形或披针形，先端渐尖，全缘或微波状；茎中、上部叶无柄，基部抱茎，叶耳明显。花穗多单一，顶生，圆柱形，苞片棕色，膜质，椭圆形或长圆形，略呈尾状尖；花被 5 深裂，粉红色或白色。坚果，浅棕色，有光泽。花期 6 ～ 7 月，果期 8 ～ 9 月。（图 3-33-1 ～ 3-33-4，见 587 页）

生境与分布　生长于山坡水沟旁或湿草地。分布于东北各地。

药用等参考拳参。

34. 珠芽蓼 *Polygonum viviparum* L.

别名　草合车、猴娃七、山高粱、蝎子七、剪刀七、染布子。

识别要点　多年生草本。根茎粗，肥厚，下部上卷，状如蝎子。茎直立，不分枝，细弱。根生叶与茎下部叶具长柄；叶片长圆形、卵形或披针形，边缘略反卷，革质，两面无毛，稀有白柔毛；茎上部叶无柄，披针形，较小。穗状花序顶生，花密，苞膜质，淡褐色，广卵形，锐尖，其中着生 1 珠芽或 1 ～ 2 花；珠芽广卵圆形，褐色，通常生于花穗下半部；花被 5 裂，白色或粉红色；雄蕊花药暗紫色；花柱 3。小坚果三棱状卵形。花期 6 ～ 8 月。（图 3-34-1 ～ 3-34-2，见 588 页）

生境与分布　生长于林中草地或高山草原上。分布于东北、华北、西北、西南及湖北等地。

药用部位　根茎。

采集加工　秋季采挖，除去茎叶、细根、泥沙，晒干。

药理作用　①珠芽蓼的醇提取物对多种细菌有较强抗菌作用。对白色念珠菌和热带念珠菌有较弱的抗真菌作用。②珠芽蓼根茎的除鞣煎剂对亚洲甲型流感病毒及 I 型副流感病毒有明显的抗病毒作用。根茎是抗轮状病毒的有效药物，用于治疗婴幼儿秋季腹泻。

性味归经 苦、涩、微甘，凉。归脾、胃、大肠经。

功能主治 清热解毒，止血，活血。适用于咽喉肿痛，乳蛾，痈疮肿毒，湿热泄泻，痢疾，赤白带下，吐血，衄血，崩漏，肠风下血，外伤出血，跌打损伤，腰痛，关节疼痛。

35. 两栖蓼 *Polygonum amphibium* L.

别名 小黄药、水荭、天蓼。

识别要点 多年生草本，有根状茎。生于水中者：茎横走，节部生根；叶有长柄，柄由托叶鞘中部以上伸出；叶片矩圆形，浮于水面，先端钝，基部通常为心形。生于陆地者：茎直立，不分枝；叶有短柄；叶片宽披针形，密生短硬毛，顶端急尖，基部近圆形；托叶鞘筒状，顶端截形。花序穗状，顶生或腋生；苞片三角形；花淡红色或白色；花被5深裂；雄蕊5；花柱2，伸出于花被之外。瘦果近圆形，两面凸出，黑色，有光泽。（图3–35–1～3–35–3，见588页）

生境与分布 生长于湖泊、河流浅水中和水边湿地。分布于东北、河北、山西、山东、陕西、湖北、云南、贵州等地。

药用部位 全草。

采集加工 夏秋采收，晒干。

化学成分 含黄酮类金丝桃苷、萹蓄苷、槲皮黄苷、槲皮素、山柰酚、木犀草素–7–葡萄糖苷、绿原酸、咖啡酸、芸香苷、酒石酸、苹果酸、柠檬酸。

药理作用 木犀草素对平滑肌有解痉作用，但不及罂粟碱；并有轻度利尿作用。木犀草素在年幼大鼠（生后25～28天）口服后，可使胸腺萎缩，此作用与垂体–肾上腺系统有关，可用来解释其抗炎作用。木犀草素在体外，能抑制葡萄球菌及枯草杆菌的生长。

性味归经 平，苦。归心、脾经。

功能主治 清热利湿，解毒。适用于脚浮肿，痢疾，尿血，潮热，多汗，疔疮，无名肿毒。

36. 水蓼 *Polygonum hydropiper* L.

别名 蓼、泽蓼、药蓼子草、辣蓼、辣柳草、红辣蓼、水辣蓼。

识别要点 一年生草本。茎直立或斜升，不分枝或基部分枝，无毛。单叶互生；有短叶柄；托叶鞘筒形，褐色，膜质，疏生短伏毛；叶片披针形，两面有黑色腺点，叶缘具缘毛。总状花序穗状，顶生或腋生，细长，下垂；苞片漏斗状，有褐色腺点；花被4～5深裂，裂片淡绿色或淡红色，密被褐色腺点；雄蕊6，比花被短；花柱2～3，基部合生，柱头头状。瘦果卵形。花、果期6～10月。（图3–36–1～3–36–3，见588～589页）

生境与分布 生长于水边、路旁湿地。分布于全国各地。

药用部位 全草、果实。

采集加工 全草：秋季开花时采收，晒干。果实：秋季果实成熟时采收，除去杂质，阴干。

化学成分 水蓼全草含水蓼二醛、异水蓼二醛、密叶辛木素、水蓼酮、水蓼素–7–甲醚、水蓼素、槲皮素类、金丝桃苷、顺/反阿魏酸、顺/反芥子酸、香草酸、丁香酸、草木犀酸、顺/反对香豆酸、对羟基苯甲酸、龙胆酸、顺/反咖啡酸、原儿茶酸、没食子酸、对羟基苯乙酸、绿原酸、水杨酸、没食子酸、异水蓼醇醛、水蓼醛酸、β–谷甾醇、花白苷、槲皮素–3–硫酸酯。种子中含水蓼醇醛、水蓼二醛、异水蓼二醛、密叶辛木素。

药理作用 ①水蓼叶用于子宫出血（月经过多）及痔疮出血，以及其他内出血，其作用与麦角相似，但较弱，所不同者本剂还有镇痛作用。②挥发油对哺乳动物能降低血压（主要由于血管扩张引起），降低小肠及子宫平滑肌的张力。③叶、茎中含鞣质，体外试验对痢疾杆菌有轻度抑制作用。④水蓼根乙醇提取物对雌性大鼠、小鼠有抗生育作用。

性味归经 全草：辛、苦，平。归脾、胃、大肠经。果实：辛，温。归肺、脾、肝经。

功能主治 全草：行滞化湿，散瘀止血，祛风止痒，解毒。适用于湿滞内阻，脘闷腹痛，泄泻，痢疾，小儿疳积，崩漏，血滞经闭痛经，跌打损伤，风湿痹痛，便血，外伤出血，皮肤瘙痒，湿疹，风疹，足癣，痈肿，毒蛇咬伤。果实：化湿利水，破瘀散结，解毒。适用于吐泻腹痛，水肿，小便不利，症积痞胀，痈肿疮疡，瘰疬。

用药警戒 ①蓼食过多有毒，发心痛。和生鱼食之，令人脱气，阴核疼痛。②蓼叶与大麦面相宜。蓼实，多食吐水，拥气损阳。③挥发油具辛辣味，有刺激性，敷于皮肤可使之发炎。

37. 叉分蓼 *Polygonum divaricatum* L.

别名 分叉蓼、酸不溜、分枝蓼、酸溜子草、酸姜、酸木浆、酸浆。

识别要点 多年生草本。茎叉状分枝，疏散开展，外观轮廓呈球状。托叶鞘膜质，在茎中下部多破碎脱落；叶柄极短或无；叶长圆状线形或长圆形，基部渐狭，边缘常有缘毛。圆锥花序大，疏散开展，苞片膜质，内着生 2～3 花，花梗末端有关节，花被白色，5 深裂，裂片有脉，果期稍增大，雄蕊 8（7），花柱 3，柱头头状。坚果卵状菱形或圆菱形。花期 7～8 月，果期 8～9 月。（图 3–37–1～3–37–4，见 589 页）

生境与分布 生长于山坡草地、山谷灌丛、草甸及砂地。分布于东北、华北、西北、内蒙古等地。

药用部位 根、全草。

采集加工 全草：夏、秋间采收，晾干。根：春、秋季采挖，晒干备用。

化学成分 叉分蓼全草含金丝桃苷、槲皮苷、山柰酚、杨梅树皮素。地上部分含左旋表没食子儿茶精、没食子酸酯、左旋表儿茶精没食子酸酯、右旋儿茶精、左旋表儿茶精、槲皮素、萹蓄苷、金丝桃苷、柳皮苷、芸香苷、氨基酸。新鲜叶含异槲皮苷。根含左旋表没食子儿茶精、右旋没食子儿茶精、左旋表儿茶精、左旋表没食子儿茶精、没食子酸酯、左旋表儿茶精没食子酸酯、花苷、没食子酸。

药理作用 抑菌作用：对金黄色葡萄球菌、伤寒杆菌、甲型副伤寒杆菌、乙型副伤寒杆菌、大肠杆菌、宋内氏痢疾杆菌、弗氏痢疾杆菌均中敏，卡他球菌低敏。

性味归经 全草：酸、苦，凉。归肾经。根：酸、甘，温。归脾、肾经。

功能主治 全草：祛寒温肾，清热燥湿，软坚散结。适用于湿热腹泻，痢疾，瘿瘤疬。根：温肾散寒，理气上痛，止泻止痢。适用于寒疝，阴囊汗出，胃痛，腹泻，痢疾。

38. 香蓼 *Polygonum viscosum* Buch.–Ham. ex D. Don.

别名 水毛蓼、红杆蓼、粘毛蓼、肥曼（傣药名）。

识别要点 一年生草本。茎直立，上部多分枝，密生开展的长毛和有柄腺状毛。叶互生；托叶鞘筒状，膜质，密生长毛；叶片披针形或宽披针形，先端渐尖，基部楔形，两面疏生或密生糙伏毛。花序穗状；总花梗有长毛和密生有柄的腺毛；花红色；花被5深裂；雄蕊8；花柱3，柱头头状。瘦果宽卵形，有3棱，黑褐色，有光泽。花期7～8月，果期9～10月。（图3–38–1～3–38–3，见589～590页）

生境与分布 生长于水边及路旁湿地。分布于东北、陕西、安徽、江苏、浙江、河南、湖北、福建、江西、广东、贵州、云南等地。

采集加工 花期采收地上部分，扎成束，晾干。

性味归经 辛，平。归胃经。

功能主治 理气除湿，健胃消食。适用于胃气痛，消化不良，小儿疳积，风湿疼痛。

39. 酸模叶蓼 *Polygonum lapathifolium* L.

别名 大马蓼、旱苗蓼、斑蓼、柳叶蓼。

识别要点 一年生草本。茎直立，上部分枝，粉红色，节部膨大。叶片宽披针形，大小变化很大，顶端渐尖或急尖，表面绿色，常有黑褐色新月形斑点，两面沿主脉及叶缘有伏生的粗硬毛；托叶鞘筒状，无毛，淡褐色。花序为数个花穗构成的圆锥花序；苞片膜质，边缘疏生短睫毛，花被粉红色或白色，深裂；雄蕊6；花柱2裂，向外弯曲。瘦果卵形，扁平，两面微凹，黑褐色，光亮。花期6～8月，果期7～10月。（图3–39–1～3–39–2，见590页）

生境与分布 生长于田边、路旁、水边、荒地或沟边湿地。分布于全国各地。

药用部位 全草、果实。

采集加工 全草：夏、秋季采收，鲜用或晒干。果实：8～10月间割取果穗，晒干，打落果实，除去杂质。

性味归经 辛、苦，凉。归心、胃经。

功能主治 全草：清热解毒，利湿止痒。适用于肠炎，痢疾；外用治湿疹，颈淋巴结结核。果实：消瘀破积，健脾利湿。适用于胁腹症积，水臌，胃疼，食少腹胀，火眼，疮肿，瘰疬。

40. 红蓼 *Polygonum orientale* L.

别名 大蓼、水红花、东方蓼、水蓬稞、九节龙、大接骨、辣蓼。

识别要点 一年生草本。茎直立，中空，多分枝，密生长毛。叶互生；托叶鞘筒状，下部膜质，褐色，上部草质，被长毛，上部常展开成环状翅；叶片卵形或宽卵形，先端渐尖，基部近圆形，全缘，两面疏生软毛。总状花序由多数小花穗组成，顶生或腋生；花淡红或白色；花被5深裂，裂片椭圆形；雄蕊通常7，长于花被；子房上位，花柱2。瘦果近圆形，扁平，黑色，有光泽。花期7～8月，果期8～10月。（图3–40–1～3–40–4，见590页）

生境与分布　生长于路旁和水边湿地。分布于除西藏自治区以外的全国各地。

药用部位　全草或带根全草、花序、根、成熟果实。

采集加工　茎叶：晚秋霜后，采割茎叶，洗净，茎切成小段，晒干；叶置通风处阴干。花序：夏季开花时采收，鲜用或晒干。根：夏、秋季挖取根部，洗净，晒干或鲜用。成熟果实：秋季果实成熟时割取果穗，晒干，打下果实，除去杂质。

化学成分　地上部分含槲皮苷、黄酮、洋地黄黄酮、月橘素。叶含荭草素，荭草苷 A、B，大量的叶绿素，牡荆素。

药理作用　茎、叶的水溶性提取物对蛙、小鼠的心脏有抑制作用，对蛙、兔的离体心脏也有抑制作用，且不被阿托品拮抗，对蛙心之抑制可用麻黄碱及氯化钙拮抗之，对蛙下肢血管及兔耳血管皆有明显的收缩作用，能使犬的血压短暂升高。对离体兔肠无作用，对在位子宫（麻醉或不麻醉家兔）有兴奋作用。

性味归经　全草：辛，平，有小毒。归肝、脾经。花序：辛，温。归心经。根：辛，凉，有毒。归胃、脾经。成熟果实：咸，微寒。归肝、胃经。

功能主治　全草：祛风除湿，清热解毒，活血，截疟。适用于风湿痹痛，痢疾，腹泻，吐泻转筋，水肿，脚气，痈疮疔疖，蛇虫咬伤，小儿疳积疝气，跌打损伤，疟疾。花序：行气活血，消积，止痛。适用于头痛，心胃气痛，腹中痞积，痢疾，小儿疳积，横痃。根：清热解毒，除湿通络，生肌敛疮。适用于痢疾，肠炎，水肿，脚气，风湿痹痛，跌打损伤，荨麻疹，疮痈肿痛或久溃不敛。成熟果实：散血消癥，消积止痛。适用于癥瘕痞块，瘿瘤肿痛，食积不消，胃脘胀痛。

41. 杠板归 *Polygonum perfoliatum* L.

别名　蛇倒退、犁头刺、猫爪刺、蛇不过、蛇牙草、穿叶蓼。

识别要点　多年生草本。茎有棱，红褐色，有倒生钩刺。叶互生，盾状着生；叶片近三角形，先端尖，基部近心形或截形，下面沿脉疏生钩刺；托叶鞘近圆形，抱茎；叶柄长，疏生倒钩刺。花序短穗状；苞片圆形；花被 5 深裂，淡红色或白色，结果时增大，肉质，变为深蓝色；雄蕊 8；花柱 3 裂。瘦果球形，包于蓝色多汁的花被内。花期 6 ～ 8 月，果期 9 ～ 10 月。（图 3-41-1 ～ 3-41-3，见 591 页）

生境与分布　生长于山谷、灌木丛中或水沟旁。分布于东北、华北、华南及甘肃、四川、贵州、江苏、浙江、福建、江西、湖南。

药用部位　地上部分。

采集加工　夏季花开时采割，晒干。

化学成分　含靛苷、水蓼素、阿魏酸、香草酸、原儿茶酸、咖啡酸。

性味归经　酸，微寒。归肾经。

功能主治　利水消肿，清热解毒，止咳。适用于肾炎水肿，百日咳，泻痢，湿疹，疖肿，毒蛇咬伤。

42. 萹蓄 *Polygonum aviculare* L.

别名　扁蓄、大萹蓄、鸟蓼、扁竹、竹节草、猪牙草、道生草。

识别要点 一年生或多年生草本。茎平卧地上或斜上伸展，基部分枝，绿色，具明显沟纹，无毛，基部圆柱形，幼枝具棱角。单叶互生，几无柄；托叶鞘抱茎，膜质；叶片窄长椭圆形或披针形，先端钝或急尖，基部楔形，两面均无毛，侧脉明显。花小，常 1 ～ 5 朵簇生于叶腋；花梗短，顶端有关节；花被绿色，边缘白色或淡红色；雄蕊 8，花丝短。瘦果三角状卵形。花果期 5 ～ 10 月。（图 3–42–1 ～ 3–42–2，见 591 页）

生境与分布 生长于山坡、田野、路旁等处。分布于全国各地。

药用部位 全草。

采集加工 夏季茎叶生长茂盛时采收。割取地上部分，晒干。

化学成分 全草含槲皮素、萹蓄苷、槲皮苷、牡荆素、异牡荆素、木犀草素、鼠李素 –3– 半乳精苷、金丝桃苷、伞形花内酯、东莨菪素、阿魏酸、芥子酸、香草酸、丁香酸、草木犀酸、对香豆酸、对羟基苯甲酸、龙胆酸、咖啡酸、原儿茶酸、没食子酸、对羟基苯乙酸、绿原酸、水杨酸、并没食子酸、右旋儿茶精、草酸、硅酸及多种氨基酸。

药理作用 ①利尿。②抗菌。③降压。④对子宫止血。⑤增强呼吸运动的幅度及肺换气量，有轻度收敛作用，可作创伤用药。

性味归经 苦，微寒。归膀胱、大肠经。

功能主治 利水通淋，杀虫止痒。适用于淋证，小便不利，黄疸，带下，泻痢，蛔虫病，蛲虫病，钩虫病，皮肤湿疮，疥癣，痔疾。

用药警戒 多服泄精气。

43. 西伯利亚蓼 *Polygonum sibiricum* Laxm.

别名 剪刀股、野茶、驴耳朵、牛鼻子、鸭子嘴。

识别要点 多年生草本。有细长的根茎。茎斜上或近直立，通常自基部分枝。叶互生，有短柄；叶片稍肥厚，近肉质，披针形或长椭圆形，无毛，先端急尖或钝，基部戟形或楔形。花序圆锥状，顶生；苞片漏斗状；花梗中上部有关节；花黄绿色，有短梗；花被 5 深裂，裂片长圆形；雄蕊 7 ～ 8；花柱 3，甚短，柱头头状。瘦果椭圆形，有 3 棱，黑色，平滑，有光泽。花、果期 7 ～ 9 月。（图 3–43–1 ～ 3–43–3，见 591 ～ 592 页）

生境与分布 生长于盐碱荒地或砂质含盐碱土壤。分布于东北、内蒙古、河北、山西、甘肃、山东、江苏、四川、云南和西藏等地。

药用部位 根茎。

采集加工 秋季采挖其根茎，除去泥土及杂质，洗净，晾干。

化学成分 根茎含西伯利亚蓼苷 A、新巴拉次薯蓣苷元 A、3–O–β – 石蒜四糖苷、西伯利亚蓼苷 B。

性味归经 微辛、苦，微寒。归肺经。

功能主治 疏风清热，利水消肿。适用于目赤肿痛，皮肤湿痒，水肿，腹水。

44. 春蓼 *Polygonum persicaria* L.

别名 桃叶蓼。

识别要点 一年生草本。茎直立或上升。叶披针形或椭圆形，顶端渐尖或急尖，基部狭楔形，两面疏生短硬伏毛，边缘具粗缘毛；托叶鞘筒状，膜质，顶端截形。总状花序呈穗状，顶生或腋生，较紧密，通常数个再集成圆锥状；苞片漏斗状，紫红色，具缘毛；花被通常5深裂，紫红色；瘦果包于宿存花被内。花期6～9月，果期7～10月。（图3–44–1～3–44–3，见592页）

生境与分布 生长于沟边湿地。分布于东北、华北、西北、华中、广西、四川及贵州。

药用部位 全草。

功能主治 发汗除湿，消食止泻。适用于痢疾，泄泻，蛇咬伤。

45. 戟叶蓼 *Polygonum thunbergii* Sieb. et Zucc.

别名 藏氏蓼、凹叶蓼、水犁壁草、火烫草、拉拉草、红降龙草。

识别要点 一年生草本。茎直立，下部有时平卧，有匍匐枝，四棱形，沿棱有倒生钩刺。叶柄有狭翅和刺毛，叶片戟形，两侧有平展的叶耳，叶耳边缘生短睫毛。花序头状，顶生和腋生，总花梗细，被柔毛和腺毛，苞片圆卵形，先端叶质具缘毛，花被白色或粉红色。雄蕊8，柱头头状。果实褐色。花果期7～9月。（图3–45–1～3–45–4，见592～593页）

生境与分布 生长于山谷草地、湿水边。分布于东北、华北、华东、中南、西南、陕西、甘肃等地。

药用部位 全草。

采集加工 夏季采收，鲜用或晒干。

化学成分 全草含水蓼素、槲皮苷。其芽叶中含矢车菊苷、卡宁、花青素鼠李葡萄糖苷、石蒜花青苷、芍药花苷、矢车菊素、飞燕草素、芍药花素、锦葵花素、2,6–二甲氧基苯醌。

药理作用 所含槲皮苷有抗病毒作用，对鼠体组织和鸡胚中的流感病毒A有消除作用，也有抗水疱性口炎病毒作用。所含2,6–二甲氧基苯醌对苯并咪唑类抗真菌药有解毒作用。

性味归经 苦、辛，寒。归胃经。

功能主治 祛风清热，活血止痛。适用于风热头痛，咳嗽，痢疾，跌打伤痛，干血痨。

46. 柳叶刺蓼 *Polygonum bungeanum* Turcz.

别名 本氏蓼。

识别要点 一年生草本。茎直立，疏生倒向钩刺。叶片披针形或长圆状披针形。圆锥状花序，顶生或腋生。苞片漏斗状，上部为紫红色，苞内生有3～4朵花。花排列稀疏，白色或淡红色。花被片5深裂，裂片椭圆形。雄蕊7～8枚，花柱2裂。瘦果圆形而略扁，黑色，无光泽。花果期7～9月。（图3–46–1～3–46–2，见593页）

生境与分布 生长于田地边、砂地及路边荒芜湿地。分布于东北、河北、山西和内蒙古。

药用等参考水蓼。

47. 箭叶蓼 *Polygonum sieboldii* Meisn.

别名 倒刺林、荞麦刺、长野荞麦草、雀翘。

识别要点 茎蔓延或半直立，四棱，带红色。单叶互生；叶片窄椭圆形至披针形，先端急尖或圆钝，基部箭形，无毛；叶柄及叶背中脉上有倒钩刺；托叶鞘膜质，三角卵形。秋季开淡粉色花，花序头状，成对顶生；苞片光滑无毛；花被5片；雄蕊8个，短于花被；子房上位，花柱3裂。瘦果卵形，黑色。花期6～9月，果期8～10月。（图3-47-1～3-47-3，见593～594页）

生境与分布 生长于阴湿草丛、河岸、近水处或山坡地。分布于东北、华北、陕西、甘肃、华东、华中、四川、贵州、云南。

药用部位 全草。

采集加工 夏秋采收，晒干。

性味归经 酸、涩，平。归肾经。

功能主治 祛风除湿，清热解毒。适用于风湿关节痛，毒蛇咬伤。

（十六）酸模属 *Rumex* L.

药用记载 酸模 *Rumex acetosa* L. 的根在《全国中草药汇编》《中药大辞典》《中华本草》中记载为酸模，茎叶在《中药大辞典》《中华本草》中记载为酸模叶。皱叶酸模 *R. crispusl* L. 的根在《中药大辞典》《中华本草》中记载为牛耳大黄，叶在《中药大辞典》《中华本草》中记载为牛耳大黄叶，全草或根在《全国中草药汇编》中记载为羊蹄。羊蹄 *R. japonicus* Houtt. 的根在《中药大辞典》《中华本草》中记载为羊蹄。巴天酸模 *R. patientia* L. 的根在《中国民族药志要》中记载为嘎肖。毛脉酸模 *R. gmelinii* Turcz. ex Ledeb. 的根及根茎在《中华本草》中记载为毛脉酸模。

48. 酸模 *Rumex acetosa* L.

别名 遏兰菜、酸溜溜、山羊蹄、酸母、牛耳大黄、鸡爪黄连。

识别要点 多年生草本。根为肉质须根，黄色。茎直立，具纵沟纹，中空。单叶互生；叶片卵状长圆形，基部箭形或近戟形，全缘，有时略呈波状，上面无毛，下面及叶缘常具乳头状凸起。花单性，雌雄异株；花序顶生，狭圆锥状，分枝稀，花数朵簇生；雄花雄蕊6，花丝甚短；雌花的外轮花被片反折向下紧贴花梗，内轮花被片直立，花后增大包被果实；子房三棱形，柱头3，画笔状，紫红色。瘦果三棱形，黑色，有光泽。花期5～6月，果期7～8月。（图3-48-1～3-48-2，见594页）

生境与分布 生长于路边、山坡及湿地。分布于全国各地。

药用部位 根、茎叶。

采集加工 夏季采收，洗净，晒干或鲜用。

化学成分 根中含有大黄酚、大黄素甲醚、大黄素、大黄酚蒽酮、大黄素甲醚蒽酮、大黄素蒽酮、芦荟大黄素、葡萄糖基大黄酚、酸模素。叶中含大黄酚、蒽醌、芦荟大黄素、槲皮素、山柰酚、杨梅黄酮、牡荆素、金丝桃苷、堇黄质、鞣质、草酸钙、酒石酸。

药理作用 ①毒性：因含酸性草酸钾及某些酒石酸，故有酸味，有时因草酸含量过多而致中毒，文献上曾有小儿食酸模叶而致死的报告。②抗菌：其水提取物有抗真菌（发癣菌类）作用。

性味归经 酸、微苦，寒。归肾经。

功能主治 根：凉血止血，泄热通便，利尿杀虫。适用于吐血，便血，月经过多，热痢，目赤，便秘，小便不通，淋浊，恶疮，疥癣，湿疹。茎叶：泄热通便，利尿，凉血止血，解毒。适用于便秘，小便不利，内痔出血，疮疡，丹毒，疥癣，湿疹，烫伤。

用药警戒 多食可引起中毒。

49. 小酸模 *Rumex acetosella* L.

别名 酸浆、小酸浆。

识别要点 多年生草本。根状茎横走，木质化。茎数条自根状茎发出。茎下部叶戟形，中裂片披针形或线状披针形，顶端急尖，基部两侧的裂片伸展或向上弯曲，全缘，两面无毛，托叶鞘膜质，白色，常破裂。花序圆锥状，顶生，疏松，花单性，雌雄异株，雄花内花被片椭圆形，外花被片披针形，雌花内花被果时不增大或稍增大，卵形，外花被片披针形，果时不反折。瘦果宽卵形，黄褐色，有光泽。花期 6 ～ 7 月，果期 7 ～ 8 月。（图 3–49–1 ～ 3–49–2，见 594 页）

生境与分布 生长于山坡草地、林缘、山谷路旁。分布于黑龙江、内蒙古、新疆、河北、山东、河南、江西、湖南、湖北、四川、福建及台湾。

药用等参考酸模。

50. 皱叶酸模 *Rumex crispus* L.

别名 土大黄、四季菜根、火风棠、羊蹄根、羊蹄草、皱叶羊蹄。

识别要点 多年生草本。根肥厚，黄色，有酸味。茎直立，通常不分枝，具浅槽。叶披针形或长圆状披针形，基部渐狭，边缘有波状皱褶，两面无毛。花多数，聚生于叶腋，或形成短的总状花序，合成一狭长的圆锥花序；花被 6，两轮，宿存；雄蕊 6；柱头 3，画笔状，瘦果褐色有光泽。花果期 6 ～ 8 月。（图 3–50–1 ～ 3–50–4，见 594 ～ 595 页）

生境与分布 生长于沟边湿地、河岸及水甸子旁。分布于东北、华北及陕西、甘肃、青海、福建、广西、贵州、台湾等地。

药用部位 根。

采集加工 根：4 ～ 5 月采集，洗净，晒干或鲜用。叶：5 ～ 6 月采集，晒干或鲜用。

化学成分 根含酸模素，游离蒽醌中有大黄素、大黄酚、大黄酚苷，1,8– 二羟基 –3– 甲基 –9– 蒽酮，矢车菊素，右旋儿茶酚，左旋表儿茶酚。种子中含植物血凝素。叶含维生素 A。

药理作用 ①止咳、祛痰及平喘。②抑菌。③抗肿瘤。④其他：根茎含大黄素等蒽醌衍生物，故有泻下作用；它含鞣质的量也相当高，故有收敛作用；根与根茎还含维生素 B_1，可作健胃、强壮剂。

性味归经 苦，寒。归心、肝、大肠经。

功能主治 根：清热解毒，凉血止血，通便杀虫。适用于急慢性肝炎，肠炎，痢疾，慢性气管炎，吐血，衄血，便血，崩漏，热结便秘，痈疽肿毒，疥癣，秃疮。叶：清热解毒，止咳。适用于热结便秘，咳嗽，痈肿疮毒。

用药警戒 脾虚泄泻者忌用。

51. 羊蹄 *Rumex japonicus* Houtt.

别名 东方宿、败毒菜根、羊蹄大黄、土大黄、牛舌根、野萝卜。

识别要点 多年生草本。根粗大，断面黄色。茎直立，通常不分枝。单叶互生，具柄；叶片长圆形至长圆状披针形，基生叶较大，先端急尖，基部圆形至微心形，边缘微状波皱褶。总状花序顶生，每节花簇略下垂；花两性，花被片6，淡绿色；果被广卵形，有明显的网纹，背面各具一卵形疣状凸起；雄蕊6，成3对；子房具棱，花柱3，柱头细裂。瘦果宽卵形，有3棱，先端尖，角棱锐利，黑褐色，光亮。花期4月，果期5月。（图3–51–1～3–51–2，见595页）

生境与分布 生长于山野、路旁、湿地。分布于我国东北、华北、华东、中南各地。

药用部位 根、叶。

采集加工 根：春、秋季挖，洗净切片，晒干。叶：夏、秋季采收，洗净；鲜用或晒干。

化学成分 根及根茎含大黄素、大黄素甲醚、大黄酚、酸模素。叶含槲皮苷、大量维生素C。

药理作用 ①抑菌。②预防感染。③对血液系统的作用。④降压。⑤小剂量有收敛作用，大量有轻泻作用；并能反射性的利胆，亦有某些止血作用。⑥毒性：羊蹄含草酸，大剂量应用时有毒。

性味归经 根：苦，寒。归心、肝、大肠经。叶：甘，寒。归大肠经。

功能主治 根：清热通便，凉血止血，杀虫止痒。适用于大便秘结，吐血衄血，肠风便血，痔血，崩漏，疥癣，白秃，痈疮肿毒，跌打损伤。叶：凉血止血，通便，解毒消肿，杀虫止痒。适用于肠风便血，便秘，小儿疳积，痈疮肿毒，疥癣。

用药警戒 脾胃虚寒、泄泻不食者切勿入口。

52. 巴天酸模 *Rumex patientia* L.

别名 洋铁叶、洋铁酸模、牛舌头棵、嘎肖（藏名）。

识别要点 多年生草本。根粗壮，黄褐色。茎直立，粗壮，单一或分枝，有沟槽。基生叶有长柄；叶长椭圆形，全缘或边缘波状。大型圆锥花序，顶生或腋生；花两性；多数簇状轮生；花梗中部以下具关节；花被片6，淡绿色；雄蕊6，子房上位，柱头细裂，画笔状。瘦果褐色，包于花被内，光亮。花期5～6月，果期8～9月。（图3–52–1～3–52–2，见595页）

生境与分布 生长于村边、路旁、潮湿地和水沟边。分布于东北、华北、西北、山东、河南、湖南、湖北、四川及西藏。

药用部位 根。

采集加工 秋末待茎枯时采挖，除去茎叶，洗净，晒干。

化学成分 根含苯骈呋喃酮、决明酮、葡萄糖苷、没食子酸、β–谷甾醇、胡萝卜苷、儿茶素。全草含豆甾醇、α–细辛醚、大黄素甲醚、大黄素、1,6–二甲醚、大黄酚、牛蒡子苷、3–羟基牛蒡子苷、葡萄糖苷、山柰酚、异鼠李素、芸香糖苷。

性味归经 苦、酸，寒。有小毒。归肝经。

功能主治 凉血止血，清热解毒，通便杀虫。适用于痢疾，泄泻，肝炎，跌打损伤，大便秘结，痈疮疥癣。

附：藏药记载为嘎肖：根及根茎治“培根”病，眼结膜炎，胆热病，咽喉病，中毒症，慢性肠炎，子宫功能性出血，血小板减少等症；外用治湿疹，皮癣，疮疖痈肿，外伤出血，跌打损伤（《藏本草》）。

53. 毛脉酸模 *Rumex gmelinii* Turcz. ex Ledeb.

别名 土大黄。

识别要点 多年生草本。根状茎肥厚，多支根；茎直立，粗壮，具沟槽，全草无毛，中空，微红色或淡黄色。根生叶与茎下部叶具长柄，具沟；叶片三角状卵形或三角状心形，叶形变化幅度较大，表面无毛，下面脉上被糙硬短毛，全缘或微皱波状；茎上部叶较小，托叶鞘长筒状，易破裂。花序圆锥状，通常多少具叶，花两性，花具长小梗，雄蕊 6，花药大，花丝短；花柱 3，侧生。小坚果三棱形，深褐色，有光泽。花果期 6 ～ 8 月。（图 3-53-1 ～ 3-53-4，见 596 页）

生境与分布 生长于水边、山谷湿地。分布于东北、华北、陕西、甘肃、青海、新疆。

药用部位 根及根茎。

采集加工 夏、秋季采挖，洗净，鲜用或晒干。

化学成分 根及根茎含大黄素、大黄素甲醚、大黄酚、酸模素、蒽醌类、二苯乙烯类、黄酮类、白藜芦醇、白藜芦醇苷。

药理作用 毛脉酸模水煎液在试管内对金黄色葡萄球菌的抑菌效果次于土霉素，对乙型链球菌和白喉杆菌的抑菌效果与土霉素相当，均显示有明显的体外抑菌和杀菌活性，对流感甲型病毒的抑制较强。

性味归经 苦，寒。归肺、心经。

功能主治 清热解毒，燥湿杀虫。适用于痈疮肿毒、疥癣，具有抗真菌、抗肿瘤、镇咳祛痰、平喘降压、抗病毒和抗氧化作用。

（十七）大黄属 *Rheum* L.

药用记载 波叶大黄 *Rheum undulatum* var. *undulatum* 的根及根茎在《中华本草》中记载为山大黄。

54. 波叶大黄 *Rheum undulatum* L. var. *undulatum*　　FOC 修订为 *Rheum rhabarbarum* L.

别名 唐大黄、台黄、土大黄、峪黄、籽黄、北大黄、大黄、野大黄、酸酸草、黄古卵子、苦大黄、华北大黄、祁黄、庄黄、格西古讷（蒙名）。

识别要点 多年生草本。根茎肥厚，表面黄褐色。茎粗壮，直立，无毛，常不分枝，中空。基生叶有长柄；叶片卵形至卵状圆形，边缘波状，下面稍有毛；茎生叶具短柄或无柄，托叶鞘长卵形，暗褐色，抱茎。圆锥花序项生，花小，多数，白绿色；苞小，肉质；花梗中部以下有一关节；花被片6，卵形，2轮，外轮3片较厚而小；雄蕊9；子房三角状卵形，花柱3。瘦果具3棱，有翅，基部心形，具宿存花被。花期6月，果期7月。（图3–54–1～3–54–3，见596～597页）

生境与分布 生长于山坡、石隙、草原。分布于东北、华北及湖北等地。

药用部位 根及根茎。

采集加工 秋季采挖，切片，晒干。

化学成分 根及根茎含大黄素、大黄酚、大黄苷、鞣质。

药理作用 ①抗氧化作用。②本品水提取物对胶原诱导的人血小板聚集有较弱的抑制作用。

性味归经 苦，寒。归胃、大肠经。

功能主治 泄热解毒，凉血行瘀。适用于湿热黄疸，痢疾，经闭腹痛，吐血，衄血，跌打瘀痛，痈肿疔毒，口舌糜烂，烧烫伤。

用药警戒 体虚及胎前、产后忌用。

十一、马齿苋科 Portulacaceae

（十八）马齿苋属 *Portulaca* L.

药用记载 马齿苋 *Portulaca oleracea* L. 在《中国药典》《全国中草药汇编》和《中药大辞典》《中华本草》中记载为马齿苋；种子在《中药大辞典》《中华本草》中记载为马齿苋子。

55. 马齿苋 *Portulaca oleracea* L.

别名 马苋、五行草、长命菜、瓜子菜、麻绳菜、马齿草、蚂蚱菜、蚂蚁菜、猪肥菜。

识别要点 一年生草本，全株无毛。茎平卧或斜倚，伏地铺散，多分枝，圆柱形，淡绿色或带暗红色。叶互生，有时近对生，叶片扁平，肥厚，倒卵形，似马齿状，全缘，上面暗绿色，下面淡绿色或带暗红色，中脉微隆起；叶柄粗短。花无梗，常3～5朵簇生枝端；花瓣黄色，倒卵形，顶端微凹，基部合生；花柱比雄蕊稍长。蒴果卵球形，盖裂；种子黑褐色。花期5～8月，果期6～9月。（图3–55–1～3–55–4，见598页）

生境与分布 生长于菜园、农田、路旁，为田间常见杂草。分布于南北各地。

药用部位 全草、种子。

采集加工 全草：8～9月割取全草，洗净泥土，拣去杂质，再用开水稍烫（煮）一下或蒸、晒或炕干；亦可鲜用。种子：夏、秋季果实成熟时，割取地上部分，收集种子，除去泥沙杂质，干燥。

化学成分 全草含钾盐：硝酸钾、氯化钾、硫酸钾和其他钾盐，多巴，多巴胺，甜菜素，异甜菜素，甜菜苷，异甜菜苷，草酸，苹果酸，柠檬酸，谷氨酸，天冬氨酸，丙氨酸，葡萄糖，果糖，蔗糖，香豆精，黄酮，强心苷，蒽苷。

药理作用　①马齿苋乙醇提取物对志贺氏和佛氏付赤痢杆菌有显著的抑制作用。②马齿苋提取液及其分离的结晶氯化钾对豚鼠、大鼠及家兔离体、犬的在位子宫皆有明显的兴奋作用，该药可分别作为松弛剂和强心剂，其对支气管的扩张作用可用于治疗支气管哮喘。③水提取物用于脊髓损伤所致的骨骼肌强直有效。④马齿苋茎中氯化钾对动物子宫有兴奋作用，马齿苋叶中有机成分对动物子宫有抑制作用。⑤水煎剂对离体蛙心有抑制作用。⑥所含维生素 A 样物质，能促进上皮细胞的生理功能趋于正常。⑦马齿苋提取物可改善脂质代谢的紊乱。

性味归经　全草：酸，寒。归大肠、肝经。种子：甘，寒。归肝、大肠经。

功能主治　全草：清热解毒，凉血止痢，除湿通淋。适用于热毒泻痢，热淋，尿闭，赤白带下，崩漏，痔血，疮疡痈疖，丹毒，瘰疬，湿癣，白秃。种子：清肝，化湿，明目。适用于青盲白翳，泪囊炎。

用药警戒　凡脾胃虚寒，肠滑作泄者勿用；煎方中不得与鳖甲同煮。

十二、石竹科 Caryophyllaceae

（十九）无心菜属 *Arenaria* L.

药用记载　老牛筋 *Arenaria juncea* Bieb. 的根在《全国中草药汇编》《中华本草》中记载为山银柴胡。

56. 老牛筋 *Arenaria juncea* Bieb.

别名　毛轴鹅不食、灯心草蚤缀、毛轴蚤缀、银柴胡、山银柴胡。

识别要点　多年生草本。主根粗而伸长。茎直立，多数丛生，基部有许多老叶的残留物；茎基部无毛，上部被多细胞的腺毛。叶片窄线形。聚伞花序顶生；花白色，花梗、花萼被有腺毛；萼片 5，卵形，边缘膜质；花瓣倒卵形，先端微凹；雄蕊 10；花柱 3。（图 3-56-1 ～ 3-56-3，见 598 页）

生境与分布　生长于石砾质干山坡及丘陵坡地上。分布于东北、华北、西北及山东地区。

药用部位　根。

采集加工　春、秋季采挖，去净泥土，切片，晒干备用。

性味归经　甘，微寒。归肺、肝、胆、肾、胃经。

功能主治　凉血，清虚热。适用于阴虚肺痨，骨蒸潮热，盗汗，小儿疳热，久疟不止。

（二十）卷耳属 *Cerastium* L.

药用记载　狭叶卷耳 *Cerastium arvense* L. var. *angustifolium* Fenzl 的全草在《中华本草》中记载为田野卷耳。

57. 狭叶卷耳 *Cerastium arvense* L. var. *angustifolium* Fenzl　　FOC 修订为 *Cerastium arvense* L. subsp. *strictum* Gaudin.

别名　田卷耳、细叶卷耳。

识别要点　二年生草本，全株密生长柔毛。茎簇生、直立，下部紫红色，上部绿色。基部叶匙形；上部叶卵形至椭圆形，全缘，主脉明显。二歧聚伞花序顶生，基部有叶状苞片；薄片披针形，绿色，边缘膜质，有腺毛；花瓣倒卵形，白色，顶端 2 裂；雄蕊 10，药黄色；子房圆卵形，花柱 4 ～ 5。果圆柱形，10 齿裂；种子近三角形，褐色，密生小瘤状凸起。花期 4 月，果期 5 月。（图 3–57–1 ～ 3–57–3，见 599 页）

生境与分布　生长于疏林下潮湿的草丛中。分布于青海、黑龙江、内蒙古、河北、山西、陕西、甘肃等地。

药用部位　全草。

采集加工　6 ～ 7 月采收，洗去泥上，除去根须、残叶，以纸遮蔽，晒干。

性味归经　淡，温。归心经。

功能主治　滋阴补阳。适用于阴阳亏虚证。

58. 毛蕊卷耳 *Cerastium pauciflorum* Stev. ex Ser. var. *oxalidiflorum*（Makino）Ohwi

别名　寄奴花。

识别要点　多年生草本。根细长，有分枝。茎丛生，直立或基部上升，被短柔毛，上部被腺柔毛。基生叶叶片小而狭，匙形；中部茎生叶叶片披针形或卵状长圆形，两面有毛。聚伞花序顶生，苞片草质，花梗细，密被腺柔毛；萼片 5，边缘膜质；花瓣白色，无毛，倒卵形或倒卵状长圆形，全缘，基部无毛；雄蕊无毛；花柱 5，线形。蒴果圆柱形；种子三角状扁肾形，淡黄褐色。花期 5 ～ 7 月，果期 7 ～ 8 月。（图 3–58–1 ～ 3–58–2，见 599 页）

生境与分布　生长于林下、山区路旁湿润处及草甸中。分布于东北。

药用等参考狭叶卷耳。

（二十一）石竹属 *Dianthus* L.

药用记载　瞿麦 *Dianthus superbus* L.、石竹 *D. chinensis* L. 的地上部分在《中国药典》《中药大辞典》《中华本草》中记载为瞿麦。

59. 石竹 *Dianthus chinensis* L.

别名　石竹子花、石柱花、洛阳花、石菊、绣竹、常夏、日暮草、瞿麦草等。

识别要点　多年生草本，直立簇生。茎直立，有节，多分枝，叶对生，条形或线状披针形。花萼筒圆形，花单朵或数朵簇生于茎顶，形成聚伞花序，花色有紫红、大红、粉红、紫红、纯白、红色、杂色，单瓣 5 枚或重瓣，先端锯齿状，微具香气。花瓣阳面中下部组成黑色美丽环纹，盛开时瓣面如碟闪着绒光，绚丽多彩。蒴果矩圆形或长圆形，种子扁圆形，黑褐色。花期 5 ～ 6 月，果期 7 ～ 9 月。（图 3–59–1 ～ 3–59–2，见 599 页）

生境与分布　生长于山坡、草地、路旁或林下。分布于全国各地。

药用部位　根、全草。

采收加工　一般在花开放前，割去全草，晒干捆成小把，或切段晒干。

化学成分　石竹含皂苷。花含丁香酚、苯乙醇、苯甲酸苄酯、水杨酸甲酯、水杨酸卡酯等。

药理作用　①利尿作用。②水煎剂对肠管有显著的兴奋作用，离体兔肠主要表现在紧张度上升；麻醉犬在位肠管及狗慢性肠瘘则表现为肠蠕动增强，而张力并无太大的影响。③水煎剂对麻醉犬有降压作用，这可能由于心脏抑制所引起。

性味归经　苦，寒。归心、肝、小肠、膀胱经。

功能主治　利小便，清湿热，活血通经。适用于小便不通，热淋，血淋，石淋，闭经，目赤肿痛，痈肿疮毒，湿疮瘙痒。

用药警戒　脾、肾气虚及孕妇忌服。

60. 簇茎石竹 *Dianthus repens* Willd.

别名　石竹。

识别要点　多年生草本，全株无毛。根粗大；根茎多分歧。茎多数，密丛生，基部分枝而上升，分枝纤细，节部膨大。叶线形至狭线状披针形，基部渐狭，先端渐尖，叶中脉明显。花顶生，单一或有时为 2 朵；萼圆筒形有时带紫色，萼齿直立，披针形，具凸尖，边缘膜质，具微细睫毛；红紫色，上缘具不规则的细长牙齿，表面被微细的短毛，基部表面具暗紫色彩圈并簇生长软毛。蒴果。花期 7 ～ 8 月。（图 3–60–1，见 600 页）

生境与分布　生长于河岸山坡上。分布于东北。

药用参考石竹。

61. 缝裂石竹 *Dianthus orientalis* Adams

别名　东方石竹。

识别要点　多年生草本，根粗壮，木质化。茎丛生，基部木质，上部分枝，无毛。基生叶簇生，叶片线形，质硬，顶端具硬尖，边缘向背卷；茎生叶稍短。花单生枝端，稀成聚伞花序；卵形，顶端长渐尖或凸尖，边缘膜质，花萼圆筒形，无毛，稍有白粉；花瓣粉红色，有长爪，瓣片狭长圆形，边缘缝裂至近中部；雄蕊短于花瓣，花药长圆形；子房长圆形，花柱线形。蒴果圆筒形，顶端 4 裂；种子扁长圆形，黑褐色，边缘具宽翅。花期 5 ～ 8 月，果期 8 ～ 9 月。（图 3–61–1 ～ 3–61–2，见 600 页）

生境与分布　生长于草甸、林区向阳干山坡、山坡灌丛及石砬子上。分布于新疆、内蒙古。

药用部位　全草。

性味归经　苦，寒。归心、肝、小肠、膀胱经。

功能主治　清热，利尿，破血通经。适用于尿路感染、热淋、尿血、妇女经闭、疮毒、湿疹。

62. *头石竹 Dianthus barbatus* L. var. *asiaticus* Nakai

别名 球序石竹。

识别要点 多年生草本，植株细长，全株麦秆色。叶片狭，质薄。茎由根颈生出，疏丛生，直立，上部分枝。叶片线状披针形，全缘或有细小齿，中脉较显。聚伞花序顶生，花梗极短，密集成头状，近平顶；花萼圆筒形，有纵条纹，萼齿披针形，有缘毛，花瓣倒卵状三角形，紫红色、粉红色、鲜红色或白色，顶缘不整齐齿裂，喉部有斑纹，疏生髯毛，雄蕊露出喉部外，花药蓝色，子房长圆形，花柱线形。蒴果圆筒形，包于宿存萼内，种子黑色。花期 5～6 月，果期 7～9 月。（图 3-62-1～3-62-2，见 600 页）

生境与分布 生长于林缘及阔叶林下。分布于东北。

药用等参考石竹。

63. *瞿麦 Dianthus superbus* L.

别名 大石竹、鬼麦、麦禾七、天花草、绸子花、高妥－巴希卡（蒙名）。

识别要点 多年生草本。茎丛生，直立，绿色，无毛，上部分枝。叶片线状披针形，顶端锐尖，中脉特显，基部合生成鞘状。花 1 或 2 朵生枝端；苞片 2～3 对，倒卵形，顶端长尖；花萼圆筒形，常染紫红色晕，萼齿披针形，包于萼筒内，瓣片宽倒卵形，边缘燧裂至中部或中部以上，通常淡红色或带紫色，稀白色，喉部具丝毛状鳞片；雄蕊和花柱微外露。蒴果圆筒形，与宿存萼等长或微长，顶端 4 裂；种子扁卵圆形，黑色，有光泽。花期 6～9 月，果期 8～10 月。（图 3-63-1～3-63-3，见 600～601 页）

生境与分布 生长于丘陵山地疏林下、林缘、草甸、沟谷溪边。分布于东北、华北、西北及山东、江苏、浙江、江西、河南、湖北、四川、贵州、新疆。

药用部位 根、全草。

采收加工 一般在花开放前，割去全草，晒干捆成小把，或趁鲜切段晒干。

化学成分 含瞿麦皂苷 A、B、C、D 和糖类、维生素 A 样物质。全草尚含 8 种黄酮类化合物及少量生物碱。

药理作用 ①瞿麦水煎剂口服有明显的利尿作用，并能增加氯化物的排出量。②从离体、整体的动物实验中证明有兴奋肠管的作用，并有抑制心脏、降低血压的作用。③抑菌实验：瞿麦对金黄色葡萄球菌、大肠杆菌、伤寒杆菌、福氏痢疾杆菌、绿脓杆菌均有抑制作用。

性味归经 苦，寒。归心、小肠、肾经。

功能主治 清热利尿，破血通经，散瘀消肿。适用于热淋，血淋，石淋，小便不通，淋沥涩痛，月经闭止。

用药警戒 孕妇慎用。

（二十二）石头花属 *Gypsophila* L.

药用记载 草原石头花 *Gypsophila davurica* Turcz. ex Fenzl. 的根在《中华本草》中记载为北丝

石竹。大叶石头花 *G.pacifica* Kom. 在《中华本草》中记载为山银柴胡。

64. 草原石头花 *Gypsophila davurica* Turcz.ex Fenzl

别名　商陆、银柴胡、草原霞草、兴安丝石竹、北丝石竹、石头花。

识别要点　多年生草本。根圆柱形或圆锥形。茎紫色，有毛，上部常多分枝。单叶对生；叶片披针形或线披针形，全缘，主脉 3 条。聚伞花序顶生；花小，淡紫色；花萼短钟形，5 裂，裂片广卵形，边缘膜质；花瓣 5，长椭圆形；雄蕊 10；花柱 2。蒴果球形。花期 8 ～ 9 月。（图 3–64–1 ～ 3–64–3，见 601 页）

生境与分布　生长于丘陵向阳坡地、砂砾质坡地、固走沙地。分布于东北及内蒙古。

药用部位　根。

采集加工　立秋至秋分之间，将根挖出，去掉根茎，剪去须根，洗净晒干。

性味归经　苦，微寒。归膀胱经。

功能主治　利尿逐水。适用于水肿，小便不利。

65. 大叶石头花 *Gypsophila pacifica* Kom.

别名　细梗丝石竹、细梗石头花、石头花、山蝇、马蛇菜。

识别要点　多年生草本，根肥大，圆锥状，表面呈扭拧纹，表皮棕色。茎直立、全株平滑，呈粉白色。叶对生、无柄、初肉质后革质，卵状披针形，顶端尖、全缘、有 3 条纵脉，基部合生，上部叶小。疏聚伞花序，花梗细小；萼杯状、先端 5 裂，裂片卵圆形、带紫色；花瓣 5 片，淡紫色，线状长圆形；雄蕊 10，花药椭圆形；花柱 2、线形，比雄蕊短；子房圆形。蒴果。花期 8 ～ 9 月。（图 3–65–1 ～ 3–65–3，见 601 ～ 602 页）

生境与分布　生长在山坡柞木林，或石砬子、石砾质山坡上。分布于东北、河北、内蒙古、山西、新疆、山东、江苏等地。

药用部位　根。

采集加工　春、秋季采挖，去净泥土，切片，晒干备用。

化学成分　根含棉根皂苷。

药理作用　①根所含棉根皂苷可降低血清胆甾醇浓度，使胆甾醇 / 脑磷脂系数降低，并使主动脉类脂质含量降低，对于动脉硬化家兔所表现的兴奋、脱毛以及肢体皮下类脂质增厚等症状均有改善。②棉根皂苷能加强水合氯醛和大剂量巴比妥钠对小鼠的催眠作用，对士的宁引起的惊厥有拮抗作用，能延迟戊四唑、樟脑和咖啡因等引起的小鼠惊厥发作。

性味归经　甘，微寒。归肝、胃经。

功能主治　退虚热，清疳热。适用于阴虚发热，小儿疳积，腹水，小便不利，子宫糜烂，白带多。

用药警戒　气虚泄泻、血虚发热者忌用。

（二十三）剪秋罗属 *Lychnis* L.

药用记载 剪秋罗 *Lychnis fulgens* Fisch. 的全草及根部在《全国中草药汇编》中记载为剪秋罗。大花剪秋罗 *L. fulgens* Fisch. 的根及全草在《中华本草》中记载为大花剪秋罗（现已将大花剪秋罗归并于剪秋罗）。

66. 剪秋罗 *Lychnis fulgens* Fisch.

别名 山红花、大花剪秋罗、阔叶鲤鱼胆。

识别要点 多年生草本。根呈肥厚的纺锤形。茎单生，直立，上部疏生长柔毛。单叶对生；叶长圆形或卵状长圆形，先端渐尖，基部圆形，两面均有硬柔毛。聚伞花序，有 2 ～ 3 朵花，叶腋短枝端常有单花；苞片钻形，密生长柔毛；萼管棍棒形，有 10 条脉，密生长柔毛；花瓣 5，深红色，基部有爪，边缘有长柔毛，瓣片 4 裂，中 2 裂片较大，外侧 2 裂片较小，雄蕊 10；子房长圆状圆柱形，花柱 5，丝形。蒴果。种子暗褐色或黑色。花期 6 ～ 8 月，果期 7 ～ 9 月。（图 3–66–1 ～ 3–66–2，见 602 页）

生境与分布 生长于山林草甸、林间草地。分布于东北、河北、山西、内蒙古、云南、四川。

药用部位 全草。

采集加工 夏、秋季采，洗净，晒干。

化学成分 全草含黄酮类成分荭草素、异荭草素、牡荆素、异牡荆素、脱皮甾酮、水龙骨素、α–蜕皮素。同属植物浅裂剪秋罗全草含蜕皮甾体。丝瓣剪秋罗全草含有荭草素、异荭草素、牡荆素、异牡荆素。

性味归经 甘，寒。归肾经。

功能主治 清热利尿健脾，安神。适用于小便不利，小儿疳积，盗汗，头痛，失眠。

67. 浅裂剪秋罗 *Lychnis cognata* Maxim.

别名 剪秋罗、毛缘剪秋罗。

识别要点 多年生草本，全株被稀疏长柔毛。根簇生，纺锤形，稍肉质。茎直立，不分枝或上部分枝。叶片长圆状披针形或长圆形，基部宽楔形，不呈柄状，顶端渐尖，两面被疏长毛，沿脉较密，边缘具缘毛。二歧聚伞花序具数花，苞片叶状，花萼筒状棒形，花瓣橙红色或淡红色，爪微露出花萼，狭楔形，叉状浅 2 裂或深凹缺，副花冠片长圆状披针形，暗红色，顶端具齿。蒴果长椭圆状卵形，种子圆肾形。花期 6 ～ 7 月，果期 7 ～ 8 月。（图 3–67–1 ～ 3–67–4，见 602 ～ 603 页）

生境与分布 生长于林下或灌丛草地。分布于东北及河北、山西、山东、内蒙古。

药用等与剪秋罗相同。

68. 丝瓣剪秋罗 *Lychnis wilfordii*（Regel）Maxim.

别名 燕尾仙翁。

识别要点 多年生草本，全株无毛或被疏毛。主根细长。茎直立，不分枝或上部多少分枝。叶无柄，叶片长圆状披针形或长披针形，基部楔形，微抱茎，顶端渐尖，两面无毛，边缘具粗缘毛。二歧聚伞花序稍紧密，花萼筒状棒形，无毛；花瓣鲜红色，爪不露或微露出花萼，狭楔形，无缘毛，瓣片轮廓近卵形，深4裂，几呈流苏状，裂片狭条形。蒴果长圆状卵形，比宿存萼短或近等长；种子肾形，黑褐色，具棘凸。花期6～7月，果期8～9月。（图3-68-1～3-68-2，见603页）

生境与分布 生长于湿草甸、河岸低湿地、林缘或疏林下。分布于东北。

药用等参考剪秋罗。

（二十四）鹅肠菜属 *Myosoton* Moench

药用记载 鹅肠菜 *Myosoton aquaticum*（L.）Moench 的全草在《全国中草药汇编》《中药大辞典》《中华本草》中记载为鹅肠草。

69. 鹅肠菜 *Myosoton aquaticum*（L.）Moench

别名 牛繁缕、石灰菜、伸筋草、壮筋丹、鸡卵菜、鹅儿肠、白头娘草。

识别要点 二年或多年生草本。茎多分枝，下部伏卧，上部直立，节膨大，带紫色。叶对生；下部叶有短柄，疏生柔毛，上部叶无柄或抱茎；叶片卵形或卵状心形，先端急尖，基部近心形，全缘。二歧聚伞花序顶生，花梗细长；萼片5，基部连合，顶端钝；花瓣5，白色，长于萼片，2深裂至基部；雄蕊10；子房上位，花柱5。蒴果卵形。种子多数，扁圆形，褐色，有瘤状凸起。花期5～8月，果期6～9月。（图3-69-1～3-69-2，见603页）

生境与分布 生长于山野阴湿处或路旁田间草地。分布于全国各地。

药用部位 全草。

采集加工 春季生长旺盛时采收，鲜用或晒干。

性味归经 甘、酸，平。归肝、胃经。

功能主治 清热解毒，散瘀消肿。适用于肺热喘咳，痢疾，痈疽，痔疮，牙痛，月经不调，小儿疳积。

（二十五）蝇子草属（麦瓶草属）*Silene* L.

药用记载 女娄菜 *Silene aprica* Turca. ex Fisch. et Mey. 的全草在《全国中草药汇编》《中药大辞典》《中华本草》中记载为女娄菜；根或果实在《全国中草药汇编》《中药大辞典》《中华本草》中记载为女娄菜根。坚硬女娄菜 *S. firma* Sieb. et Zucc. 的全草在《中药大辞典》《中华本草》中记载为硬叶女娄菜。旱麦瓶草 *S. jenisseensis* Willd.、山蚂蚱草、毛萼麦瓶草 *S. repens* Patr. 的根在《中华本草》中记载为山银柴胡。

70. 女娄菜 *Silene aprica* Turcz. ex Fisch. et Mey.

别名 桃色女娄菜、对叶草、对叶菜、大米罐、珍珠红、野罂粟。

识别要点 一二年或多年生草本。全株密被短柔毛。茎直立，叶对生，上部叶无柄，下面叶具短柄；叶片线状披针形至披针形，先端急尖，基部渐窄。全缘。聚伞花序 2～4 分歧；萼管长卵形，具 10 脉，先端 5 齿裂；花瓣 5，白色，倒披针形，先端 2 裂，基部有爪，喉部有 2 鳞片；雄蕊 10，略短于花瓣；子房上位，花柱 3 条。蒴果椭圆形。种子多数，细小，黑褐色，有瘤状凸起。花期 5～6 月，果期 7～8 月。（图 3-70-1～3-70-2，见 603 页）

生境与分布 生长于山坡草地或旷野路旁草丛中。分布于全国各地。

药用部位 全草、根或果实。

采集加工 全草：夏、秋季采集，除去泥沙，鲜用或晒干。根或果实：夏、秋季采根，秋季采果实，均晒干备用。

性味归经 全草：辛、苦，平。归肝、脾经。根或果实：苦、甘，平。归肾经。

功能主治 全草：活血调经，下乳，健脾，利湿，解毒。适用于月经不调，乳少，小儿疳积，脾虚浮肿，疔疮肿毒。根或果实：利尿，催乳。适用于小便短赤，乳少。

71. 坚硬女娄菜 *Silene firma* Sieb. et Zucc.

别名 光萼女娄菜、大叶金石榴、女娄菜、剪金花、白花女娄菜。

识别要点 多年生草本，茎直立，单一簇生，较粗壮，有时基部稍被卷毛。叶有柄；叶片卵状披针形，基部渐狭，稍抱茎。总状聚伞花序顶生或生于上部叶腋间；花梗长短不一，直立，被短柔毛；萼筒状，无毛，果期膨大成卵状圆筒形；花瓣白色，稀稍带粉紫色，先端 2 裂，喉部具 2 鳞片，基部具狭爪；雄蕊短于花瓣，花丝细长；子房长椭圆形，花柱 3。蒴果长卵形。种子小，肾形，黑褐色。花期 7～8 月，果期 8～9 月。（图 3-71-1～3-71-4，见 604 页）

生境与分布 生长于山坡草地、林缘、灌丛间、河谷、草甸及山沟路旁。分布于我国东北、华北、华中、西北。

药用部位 全草。

采集加工 8～9 月种子成熟时采收，晒干。

化学成分 全草含牡荆素、异牡荆素、荭草素、合模荭草素、蒙花苷、夏弗塔雪轮苷、α-菠菜甾醇葡萄糖苷、女娄菜素。

性味归经 甘、淡，凉。归小肠、肝经。

功能主治 清热，解毒，利尿，调经。适用于咽喉肿痛，耳出脓，小便不利。

72. 蔓茎蝇子草 *Silene repens* Part.

别名 蔓麦瓶草、毛萼麦瓶草、匍生蝇子草、匐生鹤草、普坡孜（藏名）。

识别要点 多年生草本。根状茎细长，分叉。茎疏丛生或单生，一般不分枝。叶片线状披针形、披针形、边缘基部具缘毛，中脉明显。总状圆锥花序，小聚伞花序常具 1～3 花；苞片披针形，草质；花萼筒状棒形，常带紫色，被柔毛，萼齿边缘膜质，具缘毛；雌雄蕊柄被短柔毛；花瓣白色，爪倒披针形，无耳，瓣片平展；雄蕊微外露，花丝无毛；花柱微外露。蒴果卵形。种子肾形，黑褐色。花期

6～8月，果期7～9月。（图3-72-1～3-72-2，见604页）

生境与分布　生长于河岸及山坡草地、湿草甸、湖边的固走沙丘、草原、多石质干山坡、山坡林下。分布于东北、华北等地。

药用部位　根。

采集加工　春、秋采挖，去净泥土，切片，晒干备用。

药理作用　①根含棉根皂苷可降低血清胆甾醇浓度，使胆甾醇/脑磷脂系数降低，并使主动脉类脂质含量降低，对于动脉硬化家兔所表现的兴奋、脱毛以及肢体皮下类脂质增厚等症状均有改善。②棉根皂苷能加强水合氯醛和大剂量巴比妥钠对小鼠的催眠作用，对士的宁引起的惊厥有拮抗作用，能延迟戊四唑、樟脑和咖啡因等引起的小鼠惊厥发作。

性味归经　甘，微寒。归肺、肝、胆、肾、胃经。

功能主治　凉血，清虚热。适用于阴虚肺痨，骨蒸潮热，盗汗，小儿疳热，久疟不止。

藏药：全草治肺结核，疟疾发烧，肠炎，痢疾，月经过多，淋病（《藏本草》）。

朝药：全草治胃炎，肺结核，鼻炎（《朝药》）。

用药警戒　气虚泄泻者忌用。

73. 长柱蝇子草 *Silene macrostyla* Maxim.

别名　长柱麦瓶草。

识别要点　多年生草本。根粗壮，木质，具多头根颈。茎单生或丛生，直立。基生叶花期枯萎，茎生叶叶片狭披针形，边缘具缘毛，中脉明显。假轮伞状圆锥花序，具多数花，花梗细，苞片披针状线形，边缘膜质，花萼宽钟形，有时淡紫色，萼齿短，宽三角形，花瓣白色，近楔形，爪无毛，耳不显，副花冠缺，雄蕊与花柱明显外露。蒴果卵形。种子肾形。花期7～8月，果期8～9月。（图3-73-1～3-73-2，见604～605页）

生境与分布　生长于多砾石的草坡、干草原或林下。分布于东北、山西。

药用部位　根。

采集加工　秋季采挖，洗净，晒干。

性味归经　甘，微寒。归肝、胃经。

功能主治　退虚热，清疳热。适用于阴虚发热，劳热骨蒸，盗汗，虫积发热，腹大，消瘦，口渴，眼红。

用药警戒　外感风寒及血虚无热者忌服。

74. 山蚂蚱草 *Silene jenisseensis* Willd.

别名　旱麦瓶草、叶尼塞蝇子草。

识别要点　多年生草本。根粗壮，木质。茎丛生，不分枝，无毛，基部常具不育茎。基生叶叶片狭倒披针形或披针状线形；茎生叶少数，较小，基部微抱茎。假轮伞状圆锥花序或总状花序；苞片卵形或披针形；花萼狭钟形，无毛，纵脉绿色，萼齿卵形或卵状三角形，无毛，边缘膜质，具缘毛；雌雄蕊柄被短毛；花瓣白色或淡绿色，无明显耳；雄蕊外露，花丝无毛；花柱外露。蒴果卵形。种子肾形，灰褐色。花期 7 ～ 8 月，果期 8 ～ 9 月。（图 3–74–1 ～ 3–74–2，见 605 页）

生境与分布 生于草原、草坡、林缘或固定沙丘。分布于东北、华北。

药用部位 根。

采集加工 春、秋季采挖，除去茎叶及须根，洗净泥土，晒干，切片备用。

性味归经 甘、苦，凉。归肝、肾经。

功能主治 清热凉血，除骨蒸。适用于阴虚血热，虚劳骨蒸，阴虚久疟，小儿疳热，盗汗，羸瘦。

用药警戒 气虚泄泻者忌用。

（二十六）繁缕属 *Stellaria* L.

药用记载 縫瓣繁缕 *Stellaria radians* L. 的全草在《全国中草药汇编》中记载为雀舌草；在《中华本草》和《中药大辞典》中记载为天蓬草。繁缕 *S. media*（L.）Cry. 的全草在《全国中草药汇编》《中华本草》和《中药大辞典》中记载为繁缕。银柴胡 *S. dichotoma* L. var. *lanceolata* Bunge 的根在《中国药典》《中华本草》和《中药大辞典》中记载为银柴胡。

75. 縫瓣繁缕 *Stellaria radians* L.

别名 天蓬草、垂梗繁缕、雪里花、寒草、金线吊葫芦。

识别要点 多年生草本。茎纤细，丛生，下部平卧，上部有稀疏分枝，绿色或带紫色。单叶对生；无柄；叶片长圆形或卵状披针形，先端渐尖，基部渐狭，全缘或浅波状。花序聚伞状，顶生或腋生；花柄细冬长如丝；苞片和小苞片较小；萼片 5，边缘膜质，光滑；花瓣 5，白色，2 深裂几达基部；雄蕊 5；子房卵形，花柱 2 ～ 3。蒴果较宿存的萼稍长。种子肾形，褐色，表面具皱纹凸起。花期 4 ～ 11 月，果期 6 ～ 12 月。（图 3–75–1 ～ 3–75–3，见 605 页）

生境与分布 生长于田间、溪岸或潮湿地区。分布于东北、华东、华中、西南及陕西、甘肃、青海等地。

药用部位 全草或带根全草。

采集加工 春至秋初采，洗净，鲜用或晒干。

性味归经 辛，平。归肺、脾经。

功能主治 祛风除湿，活血消肿，解毒止血。适用于感冒，泄泻，痢疾，风湿骨痛，跌打损伤，骨折，痈疮肿毒，痔漏，毒蛇咬伤，吐血，衄血，外伤出血。

76. 繁缕 *Stellaria media* L.

别名 鹅肠菜、鹅耳伸筋、鸡儿肠、五爪龙、狗蚤菜、鹅馄饨、圆酸菜、野墨菜、和尚菜、乌云草。

识别要点 一年或二年生草本，匍茎纤细平卧，节上生出多数直立枝，枝圆柱形，肉质多汁而脆。单叶对生；上部叶无柄，下部叶有柄；叶片卵圆形或卵形，先端急尖或短尖，基部近截形或浅心形，全缘或呈波状。花两性；花单生枝腋或成顶生的聚伞花序，花梗细长；萼片 5，披外形，外面有白色短腺毛，边缘干膜质；花瓣 5，白色，短于萼，2 深裂直达基部；雄蕊 10，花药紫红色后变为蓝色；子房卵形，花柱 3 ～ 4。蒴果卵形，先端 6 裂。种子多数，黑褐色。花期 7 ～ 8 月，果期 8 ～ 9 月。（图 3–76–1 ～ 3–76–2，见 606 页）

生境与分布 生长于田间路边或溪旁草地。分布于全国各地。

药用部位 全草。

采集加工 花开时采集，去尽泥土，晒干。

化学成分 全草含棉根皂苷元、荭草素、异荭草素、牡荆素、异牡荆素、木犀草素、芹菜素、染料木素、香草酸、对羟基苯甲酸、阿魏酸、咖啡酸、绿原酸、酵母氨酸、氨基己二酸、抗坏血酸、去氢抗坏血酸、多种氨基酸。

性味归经 微苦、甘、酸，凉。归肝、大肠经。

功能主治 清热解毒，凉血消痈，活血止痛，下乳。适用于痢疾，肠痈，肺痈，乳痈，疔疮肿毒，痔疮肿痛，出血，跌打伤痛，产后瘀滞腹痛，乳汁不下。

77. 细叶繁缕 *Stellaria filicaulis* Makino

别名 线茎繁缕。

识别要点 多年生草本，全株无毛。茎丛生，细弱，直立或上升，具四棱，上部分枝。叶片线形，微抱茎，边缘具疏缘毛。花单生枝顶或成腋生聚伞花序，花梗丝状，苞片披针形；萼片 5，披针形至狭披针形；花瓣 5，白色，线状披针形。蒴果长圆状卵形，黄色。种子椭圆形。花期 5 ～ 7 月，果期 6 ～ 8 月。（图 3–77–1 ～ 3–77–2，见 606 页）

生境与分布 生长于湿润草地或河岸平原。分布于东北、内蒙古、河北、山西。

药用等参考繁缕。

78. 银柴胡 *Stellaria dichotoma* L. var. *lanceolata* Bge.

别名 叉歧繁缕、歧枝繁缕、双歧繁缕、叉繁缕、银夏柴胡、银胡、牛肚根、沙参儿、白根子、土参。

识别要点 多年生草本，主根圆柱形，外皮淡黄色。茎直立而纤细，上部二叉状分枝，密被短毛或腺毛；节略膨大。单叶对生；无柄；叶片披针形。花单生于叶腋；萼片 5，披针形，绿色，边缘白色膜质；花瓣 5，较萼片短，白色，先端 2 深裂；雄蕊 10，2 轮，花丝基部合生，黄色；子房上位，花柱 3，细长。蒴果近球形，外被宿萼，成熟时先端 6 齿裂。种子深棕色。花期 6 ～ 7 月，果期 8 ～ 9 月。（图 3–78–1 ～ 3–78–2，见 606 页）

生境与分布 生长于干燥草原及山坡石缝中。分布于东北及内蒙古、河北、陕西、甘肃、宁夏等地。

药用部位 根。

采集加工 秋季采挖，除去茎、叶及须根，洗净，晒干。

化学成分 银柴胡根中含有菠菜甾醇、7– 豆甾烯醇、银柴胡环肽 Ⅰ、豆甾醇、α – 菠菜甾醇 –

葡萄糖苷、7– 豆甾烯醇葡萄糖苷、β – 谷甾醇。

药理作用 可降低血清胆甾醇浓度，使胆甾醇 / 脑磷脂系数降低，并使主动脉类脂质含量降低。皂苷可作用于血浆脂蛋白，阻止胆甾醇的酯化及其在血管壁的沉积，阻止胆甾醇从肠道吸收。

性味归经 甘，微寒。归肝、胃经。

功能主治 清虚热，除疳热。适用于阴虚发热，骨蒸劳热，小儿疳积发热。

用药警戒 外感风寒及血虚无热者忌服。

（二十七）孩儿参属 *Pseudostellaria* Pax

药用记载 孩儿参 *Pseudostellaria heterophylla*（Miq.）Pax 的块根在《中国药典》《中药大辞典》《中华本草》中记载为太子参。

79. 细叶孩儿参 *Pseudostellaria sylvatica*（Maxim.）Pax.

别名 疙瘩七、狭叶假繁缕、森林假繁缕。

识别要点 多年生草本。块根长卵形或短纺锤形。茎直立，近 4 棱，被 2 列柔毛。叶无柄，叶片线状或披针状线形，顶端渐尖，基部渐狭，质薄，边缘近基部有缘毛，下面粉绿色，中脉明显。花单生茎顶或成二歧聚伞花序，花梗纤细，萼片披针形，绿色，花瓣白色，倒卵形，雄蕊短于花瓣，花柱常露出于花瓣。蒴果卵圆形。种子肾形。花期 4 ～ 5 月，果期 6 ～ 8 月。（图 3–79–1 ～ 3–79–3，见 607 页）

生境与分布 生长于松林或混交林下。分布于东北、河北、河南、湖北、陕西、甘肃、新疆、四川、云南、西藏。

药用部位 块根。

采集加工 夏季茎叶大部分枯萎时采挖，洗净，除去须根，置沸水中略烫后晒干或直接晒干。

化学成分 块根含有棕榈酸；亚油酸；1– 亚油酸甘油酯；吡咯 –2– 羧酸 –3′– 呋喃甲醇酯；2– 吡咯甲酸；β – 谷甾醇；太子参环肽 A、B。

药理作用 对机体具有适应原样作用，即能增强机体对各种有害刺激的防御能力。还可增强人体内的物质代谢。

性味归经 甘、微苦，平。归脾、肺经。

功能主治 益气健脾，生津润肺。适用于脾虚体倦，食欲不振，病后虚弱，气阴不足，自汗口渴，肺燥干咳。

（二十八）麦蓝菜属 *Vaccaria* Medic.

药用记载 麦蓝菜 *Vaccaria segetalis*（Neck.）Garcke 的干燥成熟种子在《全国中草药汇编》《中华本草》和《中药大辞典》中记载为王不留行。

80. 麦蓝菜 *Vaccaria segetalis*（Neck.）Garcke　　FOC 修订为 *Vaccaria hispanica*（Mill.）Rauschert.

别名　奶米、王不留、麦蓝子、剪金子、留行子、王不留行。

识别要点　一年生或二年生草本，全株呈灰绿色。主根系。茎单生，直立，上部分枝。叶片具 3 基出脉。伞房花序稀疏，花梗细，苞片披针形；花萼卵状圆锥形，后期微膨大呈球形，棱绿色，棱间绿白色，近膜质，萼齿小，边缘膜质；雌雄蕊柄极短；花瓣淡红色，爪狭楔形，淡绿色，瓣片狭倒卵形，斜展或平展，微凹缺，有时具不明显的缺刻；雄蕊内藏；花柱线形，微外露。蒴果宽卵形或近圆球形；种子近圆球形，红褐色至黑色。花期 5～7 月，果期 6～8 月。（图 3-80-1～3-80-2，见 607 页）

生境与分布　生长于草坡、撂荒地或麦田中，为麦田常见杂草。分布于除华南外的全国各地。

药用部位　种子。

采集加工　夏季果实成熟、果皮尚未开裂时采割植株，晒干，打下种子，除去杂质，再晒干。

化学成分　种子含王不留行皂苷、葡萄糖醛酸、D- 半乳糖、L- 阿拉伯糖、D- 木糖、D- 岩藻糖、L- 鼠李糖、王不留行黄酮苷、异肥皂草苷、植酸钙镁、磷脂、豆甾醇等。

药理作用　王不留行煎剂对小鼠具有抗着床抗早孕作用，同时又能调节生理功能，影响体内代谢。

性味归经　苦，平。归肝、胃经。

功能主治　活血通经，下乳消痈。适用于妇女经行腹痛，经闭，乳汁不通，乳痈，痈肿。

用药警戒　孕妇忌服。

十三、藜科 Chenopdiaceae

（二十九）藜属 *Chenopodium* L.

药用记载　藜 *Chenopodium album* L. 及灰绿藜 *Ch. glaucum* L. 的幼嫩全草在《中药大辞典》和《中华本草》中记载为藜，其果实和种子在《中华本草》中记载为藜实；老茎在《全国中草药汇编》中记载为藜茎。杂配藜 *Ch. hybridum* L. 的全草在《全国中草药汇编》和《中华本草》中记载为大叶藜；在《中药大辞典》中记载为血见愁。

81. 藜 *Chenopodium album* L.

别名　灰菜、灰藜、蔓华、蒙华、鹤顶草、红落藜、舜芒谷、飞扬草。

识别要点　一年生草本。茎直立，粗壮，具条棱，绿色或紫红色条纹，多分枝。叶互生；下部叶片菱状卵形或卵状三角形，上面通常无粉，有时嫩叶的上面有紫红色粉；上部叶片披针形，下面常被粉质。花小形，两性，黄绿色，许多花簇集成大的或小的圆锥状花序，生于叶腋和枝顶；花被片 5，背面具纵隆脊，有粉，先端微凹，边缘膜质；雄蕊 5，伸出花被外；子房扁球形，花柱短，柱

头2。胞果稍扁，近圆形。种子黑色。花期8～9月，果期9～10月。（图3–81–1～3–81–4，见607～608页）

生境与分布　生长于荒地、路旁及山坡。全国各地均有分布。

药用部位　幼嫩全草、老茎、果实与种子。

采集加工　幼嫩全草：春季割取全草，去杂质，鲜用或晒干备用。老茎：夏秋采集，晒干备用。

化学成分　藜全草含齐墩果酸、L–亮氨酸、β–谷甾醇。叶含草酸盐、棕榈酸、二十四烷酸、油酸、亚油酸、谷甾醇、二十九烷、油醇、蜡。根含甜菜碱、氨基酸、甾醇、油脂等。花序含阿魏酸、香草酸。种子含柳杉二醇、8–α–乙酰柳杉二醇。

药理作用　将藜的70%醇浸剂用于蛙、蟾蜍、鸽、小鼠、豚鼠、兔等，对呼吸先兴奋后抑制，终因呼吸麻痹致死；亦有降压和抑制心脏的作用；能增加平滑肌器官的运动，对末梢血管主要是收缩作用；对骨胳肌和运动神经常呈麻痹作用；但连续用于兔和小鼠，可逐渐产生习惯性，使麻痹作用减弱，同时耳壳、四肢、尾根等处发生充血、浮肿、出血等症状，且可因紫外线照射而增剧。

性味归经　幼嫩全草：甘，平，小毒。归脾、肾经。果实与种子：苦、微甘，寒，小毒。归肾经。

功能主治　全草：清热祛湿，解毒消肿，杀虫止痒。适用于发热，咳嗽，痢疾，腹泻，腹痛，疝气，龋齿痛，湿疹，疥癣，白癜风，疮疡肿痛，毒虫咬伤。藜茎：藜茎烧灰，和荻灰、蒿灰等分，水和蒸取汁，煎膏，点疣赘黑子，蚀恶肉。果实与种子：清热祛湿，杀虫止痒。适用于小便不利，水肿，皮肤湿疮，头疮，耳聋。

用药警戒　光过敏者慎用。

82. 灰绿藜 *Chenopodium glaucum* L.

别名　灰菜、灰藜。

识别要点　与藜极相似，但植株较小；植物体有粉，叶下面灰白色。花被片3～4，基部合生；雄蕊1～2，花丝不伸出花被。扁圆形的种子上有细点纹。花果期5～10月。（图3–82–1～3–82–3，见608页）

生境与分布　生长于农田、菜园、村舍附近或有轻度盐碱的土地上。分布于除台湾、福建、江西、广东、广西、贵州、云南以外的全国各地。

药用等与藜相同。

83. 尖头叶藜 *Chenopodium acuminatum* Willd.

别名　绿珠藜。

识别要点　一年生草本。茎上部的叶片有时呈卵状披针形。叶片宽卵形至卵形，茎上部的叶片有时呈卵状披针形，上面无粉，浅绿色，下面多少有粉，灰白色。花两性，团伞花序于枝上部排列成紧密的或有间断的穗状或穗状圆锥状花序，花被片扁球形，5深裂，裂片宽卵形，边缘膜质，并有红色或黄色粉粒。胞果顶基扁，圆形或卵形。种子横生，黑色。花期6～7月，果期8～9月。（图3–83–1～3–83–2，见608～609页）

生境与分布 生长于荒地、河岸、田边等处。分布于东北、内蒙古、河北、山东、浙江、河南、山西、陕西、宁夏、甘肃、青海、新疆。

药用参考藜。

84. 杂配藜 *Chenopodium hybridum* L.

别名 大叶藜、血见愁、杂灰菜、八角灰菜、大叶灰菜、光藜、刺穗藜。

识别要点 一年生草本。茎直立，具5条锐棱，秃净，绿色，有时具紫色条纹。单叶互生；叶片卵形、宽卵形或三角状卵形，先端锐尖，基部稍心形，边缘弯缺状。花序大，为疏散的圆锥状，顶生或腋生；花两性或兼有雌性；花被5裂，花被片5，绿色，卵形，钝头，被有粉粒，背面有肥厚的隆脊；雄蕊5；雌蕊1。胞果，扁豆形。种子盘状。花期8～9月，果期9～10月。（图3-84-1～3-84-2，见609页）

生境与分布 生长于村边、菜地及林缘草丛中。分布于东北、华北、西北、西南及江苏、浙江、山东等地。

药用部位 全草。

采集加工 6～8月割取带花、果全草，鲜用或切碎晒干备用。

化学成分 含槲皮素。

性味归经 甘，平。归心经。

功能主治 调经止血，解毒消肿。适用于月经不调，崩漏，吐血，衄血，咯血，尿血，血痢，便血，疮疡肿毒。

（三十）虫实属 *Corispermum* L.

药用记载 兴安虫实 *Corisprmum chinganicum* Iljin 的全草在《中华本草》中记载为虫实。

85. 兴安虫实 *Corispermum chinganicum* Iljin

别名 绵蓬、红蓬草。

识别要点 一年生草本。茎直立，圆柱形，基部通常红色，有毛或后期脱落。叶互生；叶片线状披针形或条形，先端渐尖或具短尖头。穗状花序通常紧密，狭圆筒状；苞片卵形或长椭圆状卵形，渐尖，边缘宽膜质。花被3，近轴花被片1，宽椭圆形，先端具不规则细齿，远轴2片小，近三角形。基部心形，背面凸起。果卵形或圆卵形，果翅狭。花果期6～8月。（图3-85-1～3-85-2，见609页）

生境与分布 生长于固定沙地、半固定沙丘地。分布于东北、华北、西北各地。

药用部位 全草。

采集加工 夏、秋季采收，晒干。

性味归经 淡、微苦，凉。归肾经。

功能主治 清湿热，利小便。适用于小便不利，热涩疼痛，黄疸。

（三十一）地肤属 *Kochia* Roth

药用记载 地肤 *Kochia scparia*（L.）Schrad 的嫩茎叶在《全国中草药汇编》《中华本草》中记载为地肤苗；其成熟果实在《中国药典》《中药大辞典》《中华本草》中记载为地肤子。

86. 地肤 *Kochia scparia*（L.）Schrad.

别名 扫帚苗。

识别要点 一年生草本。茎直立，多分枝，淡绿色或浅红色，生短柔毛。叶互生；无柄；叶片狭披针形或线状披针形，先端短渐尖，基部楔形，全缘；茎上部叶较小，有一中脉。花单个或 2 个生于叶腋，集成稀疏的穗状花序；花下有时有锈色长柔毛；花小，两性或雌性；黄绿色，花被片 5，近球形，基部合生，果期背部生三角状横凸起或翅，有时近扇形；雄蕊 5，花丝丝状；花柱极短，柱头丝状。胞果扁球形。种子黑褐色。花期 6 ～ 9 月，果期 8 ～ 10 月。（图 3–86–1 ～ 3–86–4，见 609 ～ 610 页）

生境与分布 生长于荒野、田边、路旁。分布于全国各地。

药用部位 嫩茎叶、成熟果实。

采集加工 嫩茎叶：春、夏季割取嫩茎叶，洗净，鲜用或晒干。果实：秋季割取全草，晒干，打下果实，除去杂质，备用。

化学成分 嫩茎叶含哈尔满、哈尔明碱及钙、镁、铁、锌、铜、磷等元素。果实含齐墩果酸。

药理作用 ①地肤子的水浸剂在试管中对许兰氏黄癣菌、奥杜盎氏小芽孢癣菌、铁锈色小芽孢癣菌、羊毛样小芽孢癣菌等皮肤真菌均有不同程度的抑菌作用。煎剂对伤寒杆菌有较弱的抑制作用。②地肤子水提物对小鼠单核巨噬细胞系统及迟发型超敏反应有抑制作用。

性味归经 嫩茎叶：苦、寒。归肝、脾、大肠经。成熟果实：苦，寒。归肾、膀胱经。

功能主治 嫩茎叶：清热解毒，利尿通淋。适用于赤白痢，泄泻，小便淋痛，目赤涩痛，雀盲，皮肤风热赤肿，恶疮疥癣。成熟果实：清热利湿，祛风止痒。适用于小便不利，淋浊，带下，血痢，风疹，湿疹，疥癣，皮肤瘙痒，疮毒。

87. 碱地肤 *Kochia scoparia*（L.）Schrad. var. *sieversiana*（Pall.）Ulbr. ex Aschers. et Graebn.

别名 扫帚苗。

识别要点 一年生草本。茎直立，自基部分枝，枝斜升，黄绿色或稍带浅红色，枝上端密被白色柔毛，中、下部无毛，秋后植株全部变为红色。叶互生，无柄，倒披针形、披针形或条状披针形，全缘，两面有毛或无毛。花两性或雌性，通常 1 ～ 2 朵集生于叶腋的束状密毛丛中，多数花于枝上端排列成穗状花序。花被片 5，果实花被片背部横生出 5 个圆形或椭圆形的短翅，翅具明显脉纹。胞果扁球形。花期 6 ～ 9 月，果期 8 ～ 10 月。（图 3–87–1 ～ 3–87–2，见 610 页）

生境与分布 生长于河谷冲积平原、阶地和湖滨及荒漠带的盐渍化低地等处的碱性、砂质和砂砾质土上。分布于我国东北、华北、西北。

药用参考地肤。

（三十二）猪毛菜属 *Salsola* L.

药用记载　猪毛菜 *Salsola collina* Pall. 的全草在《全国中草药汇编》《中药大辞典》《中华本草》中记载为猪毛菜。

88. 猪毛菜 *Salsola collina* Pall.

别名　扎蓬棵、刺蓬、三叉明棵、猪毛缨、叉明棵、猴子毛、蓬子菜、乍蓬棵子。

识别要点　一年生草本。茎自基部分枝，枝互生，淡绿色，有红紫色条纹，生稀疏的短硬毛。叶片丝状圆柱形，生短硬毛，先端有硬针刺，基部边缘膜质，稍扩展而下延。花序穗状，生枝条上部；苞片宽卵形，先端有硬针刺；小苞片 2，狭披针形，比花被长，花被片 5，膜质，披针形，结果时自背面中上部生鸡冠状凸起；花药短圆形，顶部无附属物；柱头丝形。胞果倒卵形，果皮膜质。种子先端平。花期 7 ～ 9 月，果期 9 ～ 10 月。（图 3–88–1 ～ 3–88–4，见 610 ～ 611 页）

生境与分布　生长于村边、路旁、荒地戈壁滩和含盐碱的砂质土壤上。分布于东北、华北、西北、西南、山东、江苏、安徽、河南等地。

药用部位　全草。

采集加工　夏、秋季开花时割取全草，晒干，除去泥沙，打成捆，备用。

化学成分　全草含蔗糖、D– 葡萄糖、D– 果糖、内消旋肌醇、D– 甘露醇、葡萄糖和果糖的乙酯、甾醇糖苷、三甲铵己内盐。地上部分含豆甾醇、菜油甾醇、胆甾醇、β – 谷甾醇、水仙苷、异鼠李素、小麦黄素、小麦黄素 –7–O–β –D– 吡喃葡萄糖苷、槲皮素 –3–O–β –D– 吡喃葡萄糖苷、异鼠李素 –3–O–β –D– 吡喃葡萄糖苷。

药理作用　①猪毛菜乙醇提取液给慢性实验性高血压的狗灌胃，有较好的降压作用；水浸膏给麻醉兔、猫、狗等动物静脉注射均有降压作用，且剂量增加时其降压程度亦增加。本品能抑制由于阻断颈总动脉及刺激坐骨神经向中端而致的升压反射，并可使带神经的离体兔耳血管产生反向性扩张。②猪毛菜水浸剂皮下注射，可减少小鼠的自发活动。③其水浸剂小鼠皮下注射的半数致死量为 56g/kg，兔以 80g/kg 水浸剂灌胃则引起死亡。

性味归经　淡，凉。归肝经。

功能主治　平肝潜阳，润肠通便。适用于高血压，眩晕，失眠，肠燥便秘。

（三十三）碱蓬属 *Suaeda* Forsk. ex Scop.

药用记载　碱蓬 *Suaeda glaucu*（Bunge）Bunge 的全草在《中药大辞典》《中华本草》中记载为碱蓬。

89. 碱蓬 *Suaeda glauca*（Bunge）Bunge

别名　盐蓬、碱蒿子、盐蒿子、老虎尾、和尚头、猪尾巴、盐蒿。

识别要点 一年生草本。茎直立，粗壮，圆柱状，浅绿色，有条棱，上部多分枝；枝细长，上升或斜伸。叶丝状条形，半圆柱状，光滑无毛。花两性兼有雌性，大多着生于叶的近基部处；两性花花被杯状，黄绿色；雌花花被近球形，较肥厚，灰绿色；花被裂片卵状三角形，果时增厚，使花被略呈五角星状，干后变黑色；雄蕊 5；柱头 2，黑褐色，稍外弯。胞果包在花被内，果皮膜质。种子双凸镜形，黑色。花果期 7 ～ 9 月。（图 3-89-1 ～ 3-89-4，见 611 页）

生境与分布 生长于海滨、荒地、渠岸、田边等含盐碱的土壤上。分布于东北、西北、华北和河南、山东、江苏、浙江等地。

药用部位 全草。

采集加工 夏、秋季收割地上部分，晒干，除去泥沙、杂质备用，亦可鲜用。

性味归经 微咸，凉。归肾经。

功能主治 清热，消积。适用于食积停滞，发热。

十四、苋科 Amaranthaceae

（三十四）苋属 *Amaranthus* L.

药用记载 凹头苋 *Amaranthus lividus* L.（异名 *A. ascenders* Loisel.）的全草和种子在《全国中草药汇编》中记载为凹头苋；种子和根在《全国中草药汇编》中记载为苋菜。反枝苋 *A. retroflexus* L. 的全草或根在《中药大辞典》《中华本草》《全国中草药汇编》中记载为野苋菜；种子在《中华本草》中记载为野苋子。皱果苋 *A. viridis* L. 的全草或根在《中药大辞典》《中华本草》中记载为白苋。

90. 凹头苋 *Amaranthus lividus* L.　　FOC 修订为 *Amaranthus blitum* L.

别名 野苋菜、光苋菜、苋菜。

识别要点 一年生草本。茎伏卧而上升，从基部分枝，淡绿色或紫红色。叶片卵形或菱状卵形，顶端凹缺，基部宽楔形，全缘或稍呈波状。花成腋生花簇，直至下部叶的腋部，生在茎端和枝端者成直立穗状花序或圆锥花序；苞片及小苞片矩圆形；花被片矩圆形或披针形，淡绿色，顶端急尖，边缘内曲，雄蕊比花被片稍短；柱头 3 或 2，果熟时脱落。胞果扁卵形。种子环形，黑色或黑褐色。花期 7 ～ 8 月，果期 8 ～ 9 月。（图 3-90-1 ～ 3-90-2，见 611 ～ 612 页）

生境与分布 生长于田间或路旁、村舍附近、杂草地上。分布于除内蒙古、宁夏、青海、西藏外的全国各地。

药用部位 全草、根、种子。

采集加工 茎叶：春、夏季采收，洗净，鲜用或晒干。根：春、夏、秋三季均可采挖，去茎叶，洗净，鲜用或晒干。种子：夏秋果实成熟后采集，晒后搓揉脱下种子，扬净，晒干。

化学成分 茎含亚油酸、棕榈酸。叶含苋菜红苷、棕榈酸、亚麻酸、二十四烷酸、花生酸、菠菜甾醇、单半乳糖基甘油二酯、二半乳糖基甘油二酯、三半乳糖基甘油二酯、三酰甘油、甾醇、游离脂肪酸、维生素A、维生素C及B族维生素、核黄素。地上部分含正烷烃、正烷醇、甾醇。

药理作用 石油醚提取物中的正烷烃类、正烷醇类、16-三十一烷酮、甾醇类对金黄色葡萄球菌、白色葡萄球菌、草绿色链球菌、大肠杆菌、绿脓假单胞菌和克雷白杆菌有较强的抗菌作用。其中，16-三十一烷酮及甾醇类的抗菌作用强于正烷烃类。

性味归经 全草：甘，微寒。归大肠、小肠经。根：辛，微寒。归肝、大肠经。种子：甘，寒。归肝、大肠、膀胱经。

功能主治 全草：清热解毒，通利二便。适用于痢疾，二便不通，蛇虫蜇伤，疮毒。根：清解热毒，散瘀止痛。适用于痢疾，泄泻，痔疮，牙痛，漆疮，阴囊肿痛，跌打损伤，崩漏，带下。外用适量，捣敷，煅存性研末干撒或调敷，煎汤熏洗。种子：清肝明目，通利二便。适用于青盲翳障，视物昏暗，白浊血尿，二便不通等病症。

用药警戒 ①阳虚体质、脾虚便溏或慢性腹泻者，不宜食用。②苋菜不宜与甲鱼、蕨粉同食，否则会引起中毒。③过敏性体质的人食用苋菜后经日光照射有可能患植物日光性皮炎，此症较严重，需多加注意。

91. 反枝苋 *Amaranthus retroflexus* L.

别名 西风谷、野兔苋、苋菜。

识别要点 一年生草本植物。茎直立、粗壮、有钝棱，密生短柔毛。幼时淡绿色，叶互生，有长柄；菱状卵形或椭圆状卵形，先端微凸，具小芒尖，基部楔形，全缘，两面均被柔毛。花单性或杂性，集成顶生和腋生的圆锥花序；苞片与小苞片干膜质，钻形；花被片5，膜质，绿白色，有一淡绿色中脉；雄蕊5，超出花被；雌花花柱3，内侧有小齿。胞果扁圆形，盖裂；种子直立，卵圆状，棕色或黑色，有光泽，边缘钝。花期7～8月，果期8～9月。（图3-91-1～3-91-2，见612页）

生境与分布 生长于旷野、田间或村舍附近草地。分布于东北、华北、西北及山东、台湾、河南等地。

药用部位 全草或根、种子。

采集加工 全草或根：春、夏、秋季采收，洗净，鲜用。种子：秋季采收果实，日晒，搓揉取种子，干燥。

化学成分 全草含饱和的和不饱和的脂肪酸有亚麻酸、棕榈酸、亚油酸、油酸、硬脂酸、肉豆蔻酸。叶含谷氨酸、天冬氨酸、蛋氨酸、组胺酸、葡糖胺、半乳糖胺。种子油含肉豆蔻酸、棕榈酸、硬脂酸、花生酸、山萮酸、油酸和亚油酸。

性味归经 全草与根：甘，微寒。归大肠、小肠经。种子：甘，凉。归肝、膀胱经。

功能主治 全草：清热解毒，利尿。适用于痢疾，腹泻，疔疮肿毒，毒蛇咬伤，蜂蜇伤，小便不利，水肿。种子：清肝明目，利尿。适用于肝热目赤，翳障，小便不利。

用药警戒 同苋。

92. 皱果苋 *Amaranthus viridis* L.

别名 绿苋、糠苋，细苋、野苋、猪苋、假苋菜。

识别要点 一年生草本，全体无毛；茎直立。叶片卵形、卵状矩圆形或卵状椭圆形，顶端尖凹或凹缺，基部宽楔形或近截形，全缘或微呈波状缘。圆锥花序顶生，有分枝，由穗状花序形成，圆柱形，细长，直立，顶生花穗比侧生者长；花被片矩圆形或宽倒披针形；雄蕊比花被片短；柱头3或2。胞果扁球形，极皱缩，超出花被片。种子近球形。花期6～8月，果期8～10月。（图3–92–1～3–92–3，见612页）

生境与分布 生长于旷野、田间或村舍附近杂草地上。分布于东北、华北、陕西、华东、江西、华南、云南等地。

药用部位 全草或根。

采集加工 春、夏、秋季均可采收全株或根，洗净，鲜用或晒干。

化学成分 全草含去氢胆甾醇、类胡萝卜素、β–胡萝卜素、维生素A。叶中含堇黄质、新黄质、β–胡萝卜素、α–隐黄质、叶黄素、维生素C、类脂和以棕榈酸为主的脂肪酸。根含苋菜甾醇。

性味归经 甘、淡，凉。归大肠、小肠经。

功能主治 清热，利湿，解毒。适用于痢疾，泄泻，小便赤涩，疮肿，蛇虫螫伤，牙疳。

（三十五）青葙属 *Celosia* L.

药用记载 青葙 *Celosia argentea* L. 的全草在《中药大辞典》《中华本草》中记载为青葙；其干燥成熟的种子在《中国药典》《中药大辞典》《中华本草》中记载为青葙子。

93. 青葙 *Celosia argentea* L.

别名 野鸡冠花、鸡冠花、百日红、狗尾草、草蒿、狐狸尾、指天笔、牛尾巴花、牛母莴、牛尾行。

识别要点 一年生草本，全体无毛；茎直立，有分枝，绿色或红色，具明显条纹。叶片矩圆披针形、披针形或披针状条形，少数卵状矩圆形。花多数，密生，在茎端或枝端成单一、无分枝的塔状或圆柱状穗状花序；苞片及小苞片披针形，白色，光亮，顶端渐尖，延长成细芒；花被片矩圆状披针形，初为白色顶端带红色，或全部粉红色，后成白色，顶端渐尖，花药紫色，花柱紫色。胞果卵形，包裹在宿存花被片内。种子凸透镜状肾形。花期5～8月，果期6～10月。（图3–93–1～3–93–4，见612～613页）

生境与分布 生于平原、田边、丘陵、山坡。分布于全国各地。

药用部位 茎叶及根、种子。

采集加工 夏季采收，鲜用或晒干。

化学成分 种子含青葙子油脂、烟酸及丰富的硝酸钾。

药理作用 ①本品煎剂对绿脓杆菌有较强抑制作用，感染伤口经用10%煎剂，绿脓杆菌不再生长，对伤口无明显刺激。②本品干粉能缩短家兔血浆再钙化时间。

性味归经 全草：苦，寒。归肝、膀胱经。种子：苦，寒。归肝经。

功能主治 全草：燥湿清热，杀虫止痒，凉血止血。适用于湿热带下，小便不利，尿浊，泄泻，阴痒，疮疥，风瘙身痒，痔疮，衄血，创伤出血。种子：祛热，清肝火，明目退翳。适用于目赤肿痛，眼生翳膜，视物昏花，高血压病，鼻衄，皮肤风热瘙痒，疮癣。

十五、木兰科 Magnoliaceae

（三十六）五味子属 *Schisandra* Michx.

药用记载 五味子 *Schisandra chinensis*（Turcz.）Baill. 的果实在《中国药典》《中华本草》和《中药大辞典》中记载为五味子。

94. 五味子 *Schisandra chinensis*（Turcz.）Baill.

别名 北五味子、辽五味子、菋、茎藸、玄及、会及、五梅子、山花椒。

识别要点 落叶木质藤本。茎皮灰褐色，皮孔明显，小枝褐色，稍具棱角。叶互生，柄细长；叶片薄而带膜质；卵形、阔倒卵形以至阔椭圆形，先端尖，基部楔形、阔楔形至圆形，边缘有小齿牙，上面绿色，下面淡黄色，有芳香。花单性，雌雄异株；雄花具长梗，花被椭圆形，雄蕊 5，基部合生；雌花的雌蕊多数，螺旋状排列在花托上，子房倒梨形，无花柱，受粉后花托逐渐延长成穗状。浆果球形，成熟时呈深红色。花期 5 ～ 7 月，果期 8 ～ 9 月。（图 3–94–1 ～ 3–94–4，见 613 页）

生境与分布 生长于沟谷、溪旁、山坡。分布于东北、内蒙古、河北、山西、宁夏、甘肃、山东。

药用部位 成熟果实。

采集加工 秋季果实成熟时采摘，晒干或蒸后晒干，除去果梗及杂质。

化学成分 果实含戈米辛、华中五味子酯、五味子醇、当归酰戈米、内消旋 – 二氢愈创木脂酸、当归酸异戈米辛、α – 侧柏烯、α – 及 β – 蒎烯、樟烯、α – 水芹烯、β – 松油烯、4– 松油烯醇、α – 松油烯醇、β – 榄香烯、菖蒲二烯、α – 及 β – 雪松烯、橙花叔醇、糠醛。

药理作用 ①可提高正常人和眼病患者的视力以及扩大视野。②对听力也有良好影响，可提高皮肤感受器的辨别力。③保护肝脏的作用。④对中枢神经系统、消化系统、心血管系统、呼吸系统、免疫系统均有一定保护作用。⑤延缓衰老。⑥抗过敏。

性味归经 酸、甘，温。归肺、心、肾。

功能主治 收敛固涩，益气生津，补肾宁心。适用于咳嗽虚喘，梦遗滑精，尿频遗尿，久泻不止，自汗盗汗，津伤口渴，心悸失眠，短气脉虚，内热消渴。

用药警戒 外有表邪、内有实热、咳嗽初起、痧疹初发者忌服。

十六、毛茛科 Ranunculaceae

（三十七）乌头属 *Aconitum* L.

药用记载 黄花乌头 *A. coreanum*（Levl.）Rapaics 的块根在《全国中草药汇编》《中华本草》《中药大辞典》中记载为关白附，在《中药大辞典》中又记载为关白附子。北乌头 *A. kusnezoffii* Reichb. 的干燥块根在《中国药典》中记载为草乌，在《中药大辞典》《中华本草》《全国中草药汇编》记载为草乌头；叶在《中国药典》中记载为草乌叶。蔓乌头 *A. volubile* Pall. ex Koelle 的块根在《中药大辞典》《中华本草》中记载为蔓乌头。

95. 北乌头 *Aconitum kusnezoffii* Reichb.

别名 小叶芦、草乌、蓝靰鞡花、蓝附子、五毒根、鸦头、小叶鸦儿头、穴种、小叶芦、勒革拉花。

识别要点 多年生草本，全株无毛。块根圆锥形或胡萝卜形，暗褐色。茎直立，粗壮，无毛。茎下部叶具长柄，上部叶的叶柄渐短，叶片五角形，掌状3深裂，基部心形，中裂片菱形，3中裂至深裂，裂片再2～3浅裂。顶生总状花序，多花，花轴及花梗无毛，苞片披针形或线形；萼片盔帽状蓝紫色，喙稍向前平伸，侧萼片倒卵状圆形，下萼片长圆形，不等大；雄蕊多数，花药椭圆形，黑色；心皮无毛。蓇葖果。种子扁椭圆状球形。花期7～9月，果期9月。（图3–95–1～3–95–4，见614页）

生境与分布 生长于山地、丘陵、草坡或疏林、草甸上。分布于东北、华北。

药用部位 块根，叶。

采集加工 块根：秋季茎叶枯萎时采挖，除去须根及泥沙，干燥。叶：夏季叶茂盛花未开时采收，除去杂质，及时干燥。

化学成分 根含中乌头碱、次乌头碱、乌头碱、3–去氧乌头碱、北草乌碱、乌胺。地上部分含雷波乌头碱、乌胺、雷波乌头碱、无毛翠雀亭。

药理作用 ①草乌乙醇浸剂，有明显的镇痛作用，但有毒性反应。小鼠热板法实验表明，北草乌碱、次乌头碱亦有镇痛作用。②北草乌碱在动物身上有局部麻醉作用。③可对小鼠产生急性毒性作用，还可诱发大鼠心律失常，其中以北草乌头碱诱发心律失常作用最强，而对呼吸抑制较弱。④草乌总生物碱和乌头碱有增强肾上腺素对兔心肌的作用；可对抗氯化钙引起的T波倒置；能增强毒毛旋花子苷对豚鼠心脏的毒性；还能对抗垂体后叶制剂对兔引起的ST段位移；总碱还有抗组胺作用。

性味归经 块根：辛、苦，热，有大毒。归心、肝、肾、脾经。叶：辛、涩，平，有小毒。

功能主治 块根：祛风除湿，温经散寒，消肿止痛。适用于风寒湿痹，关节疼痛，头风头痛，中风不遂，心腹冷痛，寒疝作痛，跌打损伤，瘀血肿痛，阴疽肿毒，麻醉止痛。叶：清热，解毒，止痛。适用于热病发热，泄泻腹痛，头痛，牙痛。

用药警戒　块根：有剧毒，经炮制后可入药。叶：孕妇慎用。

96. 长白乌头 *Aconitum tschangbaischanense* S. H. Li et Y. H. Huang

别名　蒿叶乌头。

识别要点　多年生草本。块根倒圆锥形，茎下部变无毛，中部以上疏被反曲的短柔毛，茎中部叶有稍长柄；叶片肾状五角形，基部心形，羽状深裂近中脉，末回裂片线状披针形或线形。总状花序顶生或腋生，萼片蓝色，外面疏被短柔毛，上萼片高盔形或盔形，花瓣无毛，雄蕊无毛，花丝大多全缘；心皮 5，子房上部疏生短毛或无毛。花果期 8 ～ 10 月。（图 3–96–1 ～ 3–96–2，见 614 页）

生境与分布　生长于山地草坡或林边草地。分布于吉林长白山区。

性味归经　辛，热，有毒。归肝、脾、肺经。

药用等参考北乌头。

97. 黄花乌头 *Aconitum coreanum*（Levl.）Rapaics

别名　关白附、白附子、竹节白附、黄乌拉花、山喇叭花、鼠尾草、两头菜、药虱子草、白花子、乌拉花。

识别要点　块根倒卵球形或纺锤形。茎疏被反曲的短柔毛，密生叶，不分枝或分枝。茎下部叶在开花时枯萎，中部叶具稍长柄；叶片宽菱状卵形，三全裂，全裂片细裂；叶柄具狭鞘。顶生总状花序短；轴和花梗密被反曲的短柔毛；下部苞片羽状分裂，其他苞片线形；小苞片狭卵形至线形；萼片淡黄色，外密被曲柔毛，上萼片船状盔形或盔形，侧萼片斜宽倒卵形，下萼片斜椭圆状卵形；花瓣无毛，瓣片狭长，距极短，头形；花丝全缘，疏被短毛；心皮 3。蓇葖果；种子椭圆形。8 ～ 9 月开花。（图 3–97–1 ～ 3–97–2，见 615 页）

生境与分布　生长于山坡草地、灌丛及疏林中。分布于我国东北、河北等省区。

药用部位　块根。

采集加工　秋末冬初采挖，洗净晒干。

化学成分　根含关附素、异阿替新、关附氯化阿替新、乌头碱、β – 谷甾醇、油酸、亚油酸、棕榈酸和 24– 乙基胆甾醇。

药理作用　①抗心律失常：关附甲素静脉注射，对乌头碱引起的大鼠心律失常和电刺激引起的兔心室纤颤都有保护作用；对哇巴因引起的犬室性心动过速也有治疗作用。②抗炎镇痛：关附甲素腹腔注射对小鼠热板法、辐射热致痛法均表现有镇痛作用；灌胃，对蛋清、5– 羟色胺、甲醛性大鼠关节炎均有抑制作用。③对血液系统作用：关附甲素腹腔注射可提高小鼠对缺氧的耐受能力。关附甲素对兔红细胞膜有保护作用，可抵抗低渗、加热、低 pH 值、皂素的溶血作用。

性味归经　辛、甘，热，有毒。归肝、胃经。

功能主治　祛风痰，逐寒湿，定惊痫。适用于中风痰壅，口眼㖞斜，头痛，癫痫，风湿痹痛，破伤风，疮疡疥癣，皮肤湿痒。

用药警戒　阴虚或热盛者忌服。块根有毒，经炮制后可入药。孕妇忌服。

98. 蔓乌头 *Aconitum volubile* Pall. ex Koelle

别名 细茎蔓乌头、鸡头草。

识别要点 多年生蔓生草本。块根倒圆锥形。茎长 1 ～ 3m，缠绕上升或弯曲。叶片阔卵状五角形，具柄，3 全裂，裂片卵状披针形，有缺刻，中央裂片 3 浅裂，侧生裂片不等地 2 裂。总状花序顶生，密被伸展的白色柔毛；花蓝紫色，具短梗；萼片 5，花瓣状，上面一片大而呈盔状；花瓣 2；雄蕊多数；心皮 3 ～ 5，无毛或稍有毛。蓇葖果。种子狭倒金字塔形。花期 8 ～ 9 月，果期 9 ～ 10 月。（图 3–98–1 ～ 3–98–3，见 615 页）

生境与分布 生长于山地、草坡或林中。分布于东北。

药用部位 块根。

采集加工 秋季采挖。以清水漂洗 3 日，每日换水 2 次，切片，晒干。

性味归经 温、辛，大毒。归肺、肝经。

功能主治 祛风，散寒，止痛，止痉。适用于风寒湿痹，关节疼痛，神经痛，四肢拘挛，半身不遂，疮疡肿毒。

用药警戒 使用时应严格掌握剂量，孕妇禁服，酒浸剂只宜外用。

（三十八）侧金盏花属 *Adonis* L.

药用记载 侧金盏花 *Adonis amurensis* Regel. 的带根全草在《中药大辞典》中记载为福寿草。

99. 侧金盏花 *Adonis amurensis* Regel

别名 献岁菊、雪莲、长春菊、冰里花、顶冰花、雪莲花、冰凌花、金盏花、金盅花、福寿草。

识别要点 多年生草本。根茎短而粗，簇生黑褐色须根。茎绿色或带紫堇色，有时下部分枝，近基部具数个淡褐色或白色的膜质鞘。叶在花后长大，下部叶具长柄，无毛；叶片三角形，3 回羽状全裂。花单个顶生；萼片约 9，白色或淡紫色，狭倒卵形，与花瓣近等长；花瓣黄色，矩圆形或倒卵状矩圆形；雄蕊多数；心皮多数，子房被微柔毛。瘦果倒卵形，宿存花柱弯曲。花期 4 ～ 5 月。（图 3–99–1 ～ 3–99–4，见 615 ～ 616 页）

生境与分布 生长于疏林下或阴湿山坡的灌木丛中。分布于东北各省。

药用部位 带根全草。

采集加工 4 月间挖取带根全草，切段，晒干。

化学成分 根含加拿大麻苷、加拿大麻醇苷、黄麻属苷、铃兰毒苷、毒毛旋花子次苷、索马林、厚果酮、异厚果酮、侧金盏花内酯、福寿草酮、降福寿草二酮、烟酰异厚果酮、苯甲酰异厚果酮、伞形花内酯、东莨菪素。地上部分含异热马酮、烟酰异热马酮、洋地黄毒苷元、厚果酮、夜来香素、毒毛旋花子苷元、加拿大麻糖、沙门糖、夹竹桃糖、伞形花内酯、东莨菪素。

药理作用 ①侧金盏花全草浸剂具有强心苷的作用特点。②侧金盏花毒苷内服较静脉注射效力低 4 倍，蓄积性比较低。③侧金盏花总苷能抑制小白鼠的自发活动，增加剂量可出现催眠，大剂量对抗咖啡因的兴奋作用，侧金盏花属植物的制剂与溴剂合用，可用以治疗过度兴奋、失眠、癫痫，并可拮抗可卡因、印防己毒素引起的惊厥。④侧金盏花制剂有利尿作用，对实验性动脉炎亦有疗效。

性味归经 苦，平；有毒。归心经。

功能主治 强心，利尿。适用于心悸，水肿，癫痫。

用药警戒 有小毒，慎用。

（三十九）银莲花属 *Anemone* L.

药用记载 多被银莲花 *Anemone raddeana* Regel 的干燥根茎在《中国药典》中被记载为两头尖。二歧银莲花 *A. dichotoma* L. 的根茎在《中华本草》中记载为二歧银莲花根，在《全国中草药汇编》中记载为草玉梅。

100. 多被银莲花 *Anemone raddeana* Regel

别名 两头尖、老鼠屎、红背银莲花、红被银莲花、竹节香附。

识别要点 草本。根状茎横走，细棒状或圆柱形，暗褐色。基生叶 1，有长柄，无毛或疏被长毛，叶三出，小叶具柄，广卵形或近圆形，2 ～ 3 深裂，边缘具缺刻状圆齿；两面无毛或近基部疏被长毛。花莛疏被柔毛，苞片 3，有短柄，形似基生叶，较小；萼片 10 ～ 15，白色，长圆形至线形，两面无毛，雄蕊多数，花丝细丝状，花药椭圆形；子房密被柔毛，花柱短。花期 4 ～ 5 月，果期 6 月。（图 3-100-1 ～ 3-100-2，见 616 页）

生境与分布 生长于阔叶林下。分布于我国黑龙江、吉林、山东等省。

采集加工 夏季采挖，除去须根，洗净，干燥。

药用部位 根茎。

性味归经 辛，热，有毒。归脾经。

功能主治 祛风湿，消痈肿。适用于风寒湿痹，四肢拘挛，骨节疼痛，痈肿溃烂。

101. 二歧银莲花 *Anemone dichotoma* L.

别名 土黄芩、草玉梅。

识别要点 草本。根茎横走，细长，暗褐色。茎直立，通常上部 2 叉状分枝。基生叶早枯，茎生叶位于茎上部分枝处，叶对生，近无柄，叶片 3 深裂，裂片长圆形至长圆状披针形，通常中下部全缘。总苞与茎生叶同形；自总苞间抽出花梗，密被伏毛；萼片形状不一，外面稍带淡紫红色，里面白色，无毛；心皮多数。聚合果近球形。花期 6 月，果期 6 ～ 7 月。（图 3-101-1 ～ 3-101-3，见 616 ～ 617 页）

生境与分布 生长于丘陵、山坡湿草地或林中。分布于吉林、黑龙江。

药用部位 根茎。

采集加工 夏季采挖，除去须根，洗净，干燥。

化学成分 根茎含皂苷；全草含白头翁素。

性味归经 味苦，微寒。归脾经。

功能主治 舒筋活血，清热解毒。适用于跌打损伤，风湿性关节炎，痢疾，疮痈。

102. 黑水银莲花 *Anemone amurensis*（korsh.）Kom.

别名 土黄芩、草玉梅。

识别要点 草本。根状茎横走，细长，圆柱形。基生叶 1 ～ 2，三出复叶，有长柄，小叶具柄，柄 3 全裂，中裂片近菱形，近羽状分裂，侧裂片歪卵形，不等 2 深裂，裂片再羽状分裂，边缘具不规则锯齿，两面近无毛或沿叶脉被疏毛。花莛细弱，下部无毛，上部疏被柔毛；苞片 3，具狭翅；萼片白色，长圆形或倒卵状长圆形；雄蕊多数，花药椭圆形；子房被柔毛，瘦果卵形，花柱宿存，柱头向外弯。花期 5 月，果期 6 ～ 7 月。（图 3–102–1 ～ 3–102–2，见 617 页）

生境与分布 生长在山地林下或灌丛下。分布于东北。

药用部位 根茎。

性味归经 辛，凉。归肺经。

功能主治 解表清热。适用于热邪袭肺夹外感风热证。

103. 阴地银莲花 *Anemone umbrosa* C. A. Mey.

别名 银莲花。

识别要点 多年生草本。根状茎横走，细长。基生叶通常不存在，三全裂，全裂片近无柄，卵形，不明显三浅裂，边缘有浅锯齿，侧全裂片不等二裂，两面有短伏毛。萼片 5，白色，椭圆形或卵状椭圆形，心皮约 11，子房密被柔毛，花柱短。花期 5 ～ 6 月。（图 3–103–1 ～ 3–103–2，见 617 页）

生境与分布 生长于低山阴坡草地或林下阴处。分布于东北。

药用等项参考多被银莲花。

104. 小银莲花 *Anemone exigua* Maxim.

别名 银莲花。

识别要点 多年生草本。根状茎斜，细长。基生叶有长柄，叶片心状五角形。花莛上部有疏柔毛，苞片 3，有柄；叶片三角状卵形或卵形；萼片 5，白色，椭圆形或倒卵形；雄蕊长为萼片之半，花药椭圆形，花丝丝形，子房有短疏毛，花柱短。瘦果黑色，疏被短毛。花期 6 ～ 8 月。（图 3–104–1 ～ 3–104–2，见 618 页）

生境与分布 生长于山地云杉林中或灌丛中。分布于吉林、黑龙江、云南、四川、青海、甘肃、陕西、山西。

药用等项参考多被银莲花。

（四十）耧斗菜属 *Aquilegia* L.

药用记载 尖萼耧斗菜 *A. oxysepala* Trautv. et Mey. 的带根全草在《全国中草药汇编》《中华本草》中记载为耧斗菜，在《中药大辞典》中记载为漏斗菜。

105. 尖萼耧斗菜 *Aquilegia oxysepala* Trautv. et Mey.

别名 血见愁、猫爪花、漏斗菜。

识别要点 多年生草本。根粗壮，圆柱形，外皮黑褐色。茎直立。基生叶为二回三出复叶，具长柄，茎生叶具短柄，形似基生叶，但上部的变小。花 3 ～ 5 构成聚伞花序，鲜艳美丽，下垂；苞片 3 全裂；花梗密被腺毛；距末端弯曲，萼片 5，紫红色或紫色；花瓣 5，淡黄色，无毛；雄蕊多数；花丝白色；花药黑色，退化雄蕊 10，心皮 5，被白色短柔毛。蓇葖果。种子狭卵形，黑色。花期 5 ～ 6 月，果期 7 ～ 8 月。（图 3-105-1 ～ 3-105-3，见 618 页）

生境与分布 生长于山地杂木林边和草地中。分布于东北。

药用部位 带根全草。

采集加工 夏季采收，洗净切碎，晒干或熬煎至浓缩成膏用。

化学成分 全草含紫堇块茎碱、木兰花碱、黄连碱。

药理作用 经对大鼠股动脉、肱动脉、颈动脉横切断止血试验表明，止血效果很好。

性味归经 微苦、辛、甘，平。归肾经。

功能主治 活血调经，凉血止血，清热解毒。适用于痛经，崩漏，痢疾。

106. 华北耧斗菜 *Aquilegia yabeana* Kitag.

别名 血见愁、漏斗菜。

识别要点 根圆柱形。茎高有稀疏短柔毛和少数腺毛，上部分枝。基生叶数个，有长柄，为一或二回三出复叶；小叶菱状倒卵形或宽菱形，三裂，边缘有圆齿，表面无毛，背面疏被短柔毛。茎中部通常为二回三出复叶，上部叶小，为一回三出复叶。花序有少数花，密被短腺毛；苞片三裂或不裂，狭长圆形；花下垂；萼片紫色，狭卵形，花瓣紫色，瓣片顶端圆截形，末端钩状内曲，外面有稀疏短柔毛。蓇葖果隆起的脉网明显；种子黑色。花期 5 ～ 6 月，果期 6 ～ 8 月。（图 3-106-1 ～ 3-106-2，见 618 页）

生境与分布 生长于山地路旁、河边或潮湿草地。分布于东北、华北及陕西、宁夏、甘肃、青海等地。

药用等各项参考尖萼耧斗菜。

（四十一）驴蹄草属 *Caltha* L.

药用记载 三角叶驴蹄草 *C. palustris* L. var. *sibirica* Regel、膜叶驴蹄草 *C. palustris* L. var. *membranacea* Turcz. 的全草在《中华本草》中记载为驴蹄草。驴蹄草的根及叶在《全国中草药汇编》中记载为驴蹄草。

107. 三角叶驴蹄草 *Caltha palustris* L. var. *sibirica* Regel

别名 驴蹄草、立金花、马蹄叶、马蹄草。

识别要点 多年生草本，须根肉质。茎直立，实心，具细纵沟。基生叶 3 ～ 7，草质，有长柄；叶多为宽三角状肾形，基部宽心形，边缘只在下部有小牙齿，其他部分微波状或近全缘。聚伞花序生于茎或分枝顶端，通常有 2 朵花；花两性，萼片 5，花瓣状，黄色，倒卵形或狭倒卵形，先端圆；花瓣无；雄蕊多数，花丝狭线形，花药长圆形；花柱短，蓇葖果。花期 5 ～ 6 月，果期 6 ～ 8 月。（图 3–107–1 ～ 3–107–3，见 619 页）

生境与分布 生长于沼泽地、河边草地、山谷边或浅水中。分布于东北、内蒙古、山东。

药用部位 根及全草。

采集加工 夏、秋季采集，洗净，鲜用或晒干。

化学成分 全草含紫堇块茎碱、木兰花碱、烟碱、驴蹄草内酯、表驴蹄草内酯、常春藤皂苷元、常春藤酸、β – 谷甾醇、胡萝卜苷、东莨菪素、伞形花内酯等。花含萜皂苷、3–O– 二去氢叶黄素、3– 表叶黄素、α – 隐黄质。叶含原白头翁素、原阿片碱。根含嚏根草碱、嚏根草毒素。

药理作用 驴蹄草所含三萜皂苷能使大鼠血中胆固醇水平明显下降，总蛋白减少，清蛋白无改变，球蛋白下降，血糖升高。此外，还具有明显的抗炎作用，能明显抑制大鼠甲醛性足跖肿胀，而其苷元之一的齐墩果酸抗炎作用则较弱。

性味归经 辛、微苦，凉。归脾、肺经。

功能主治 祛风，解暑，活血消肿。适用于伤风感冒，中暑发痧，跌打损伤，烫伤。

108. 膜叶驴蹄草 *Caltha palustris* L. var. *membranacea* Turcz.

识别要点 与三角叶驴蹄草的区别为叶质地较薄，近膜质；花梗常较长；基生叶多为圆肾形，有时三角状肾形，边缘均有小牙齿，有时上部边缘的牙齿浅而钝。花期 5 ～ 6 月，果期 6 ～ 8 月。（图 3–108–1 ～ 3–108–3，见 619 页）

生境与分布 生长于溪边、沼泽地或林下。分布于东北。

药用等与三角叶驴蹄草相同。

（四十二）升麻属 *Cimicifuga* L.

药用记载 兴安升麻 *Cimicifuga dahurica*（Turcz.）Maxim. 和大三叶升麻 *C. heracleifolia* Kom. 的根状茎在《中国药典》《中药大辞典》《中华本草》中记载为升麻。单穗升麻 *C. simplex* Wormsk. 的根茎在《中药大辞典》《中华本草》中记载为野生麻。

109. 兴安升麻 *Cimicifuga dahurica*（Turcz.）Maxim.

别名 地龙芽、苦龙芽菜、达呼尔升麻、苦菜秧、苦力芽、苦壮菜。

识别要点 多年生草本。根茎粗壮，多弯曲，表面黑色，有许多下陷圆洞状的老茎残迹。茎直立，下部茎生叶为二至三回三出复叶；顶生小叶宽菱形，3 深裂，侧生小叶长椭圆形，稍斜；复总状花序；花单性，雌雄异株，雄性花序大，雌性花序稍小，分枝少；花序轴和花梗被灰色腺毛和短柔毛；苞片钻形；萼片 5，花瓣状，白色，早落；无花瓣；雄蕊多数，心皮 4 ～ 7。种子椭圆形，褐色。花期 7 ～ 8 月，果期 8 ～ 9 月。（图 3–109–1 ～ 3–109–4，见 620 页）

生境与分布 生长于山坡及林荫处。分布于东北、河北、湖北、四川、山西、内蒙古等地。

药用部位 根状茎。

采集加工 春、秋季采挖，除去地上茎苗和泥土，晒至须根干时，用火燎或用竹筐撞去须根，晒干。

化学成分 根茎含阿魏酸、异阿魏酸、咖啡酸、吲哚酮、升麻精、齿阿米素、去甲齿阿米素、齿阿米醇、北升麻萜、β – 谷甾醇、升麻环氧醇、升麻环氧醇木糖苷、兴安升麻醇糖苷、升麻苷、升麻新醇木糖苷。

药理作用 ①升麻在试管内能抑制结核杆菌的生长。②消炎。③降压、抑制心肌、减慢心率的作用。④兴安升麻对动物的中枢神经系统有镇静作用。⑤对伤寒、副伤寒有解热作用。⑥有一定的镇痛作用。⑦能抑制离体肠段与妊娠子宫，对未孕子宫及膀胱则呈兴奋作用。⑧抗菌及抑制人子宫颈癌细胞。⑨升高白细胞，抑制血小板的聚集及释放功能。

性味归经 辛、甘，微寒。归肺、脾、大肠经。

功能主治 清热解毒，发表透疹，升阳举陷。适用于时疫火毒，口疮，咽痛，斑疹，头痛寒热，痈肿疮毒，中气下陷，脾虚泄泻，久痢下重，妇女带下，崩中。

110. 大三叶升麻 *Cimicifuga heracleifolia* Kom.

别名 关升麻、龙眼根、窟窿牙根。

识别要点 草本。根状茎粗壮，表面黑色，有许多下陷圆洞状的老茎残痕。茎直立。下部的茎生叶为二回三出复叶，无毛；茎上部叶通常为一回三出复叶。花序分枝和花序轴所成的角度通常小于 45°；轴及花梗被灰色腺毛和柔毛；苞片钻形；萼片黄白色，倒卵状圆形至宽椭圆形；退化雄蕊椭圆形，顶部白色，近膜质，通常全缘；花丝丝形；有短柄，无毛。蓇葖果下部有细柄；种子通常 2 粒，四周生膜质的鳞翅。花期 8 ～ 9 月，果期 9 ～ 10 月。（图 3–110–1 ～ 3–110–4，见 620 页）

生境与分布 生长于山坡草丛或灌木丛中。分布于东北。

药用部位 根状茎。

采集加工 秋季采挖，除去泥沙，晒至须根干时，燎去或除去须根，晒干。

性味归经 辛、微甘，微寒。归肺、脾、胃、大肠经。

功能主治 发表透疹，清热解毒，升举阳气。适用于风热头痛，齿痛，口疮，咽喉肿痛，麻疹不透，阳毒发斑，脱肛，子宫脱垂。

111. 单穗升麻 *Cimicifuga simplex* Wormsk.

别名 野升麻。

识别要点 多年生草本。根状茎粗大，横走，黑褐色，须根多。茎单一，直立，无毛。叶互生具长柄，叶片卵状三角形，大形，二至三回三出羽状复叶，顶生小叶有短柄，侧生小叶无柄或具短柄；小叶片披针形至狭卵形或歪卵形，基部歪楔形。总状花序长，苞片线形，萼片卵形，花瓣状，白色，早落；花瓣无；退化雄蕊椭圆形或宽椭圆形，膜质，雄蕊多数，花丝线形，花药黄白色。蓇葖果；被短伏毛。种子椭圆形有膜质鳞翅。花期8～9月，果期9～10月。(图3-111-1～3-111-3，见621页)

生境与分布 生长于山地草坡、河岸地、灌木丛或草甸中。分布于我国东北、华北、西北、西南。

药用部位 根状茎。

化学成分 根茎含升麻二烯醇、升麻二烯醇酯、阿魏酸、咖啡酸、凯诺醇、阿米醇、咖啡酸二甲醚、升麻精、双异升麻环氧醇、双异升麻环氧醇苷、兴安升麻醇、去羟兴安升麻醇、异兴安升麻醇、金龟草二醇、金龟草酮、麻苷、无羁萜、β－谷甾醇、β－谷甾醇葡萄糖苷、升麻环氧醇、甲基升麻环氧醇、升麻环氧醇木糖苷、豆甾醇、菜油甾醇等。

采集加工 秋季采挖，除去地上茎苗和泥土，晒至须根干时，用火燎或用竹筐撞去须根，晒干。

性味归经 甘、辛、微苦，微寒。归肺、脾、大肠经。

功能主治 发表透疹，清热解毒，升举清阳。适用于风热感冒，小儿麻疹，热毒斑疹，咽喉肿痛，痈肿疮疡，阳明头痛，以及久泄脱肛，女子崩漏，白带异常。

(四十三)类叶升麻属 *Actaea* L.

药用记载 类叶升麻 *Actaea asiatica* Hara 的根茎在《全国中草药汇编》《中药大辞典》《中华本草》中记载为绿豆升麻。

112. 类叶升麻 *Actaea asiatica* Hara

别名 升麻、绿豆升麻。

识别要点 多年生草本。根茎横生，外皮黑褐色，有多数细根。茎直立，中上部被白色短柔毛。茎下部叶为三回三出近羽状复叶；茎上部叶较小，具短柄。总状花序有多数花；花序轴和花梗被短柔毛；花两性，萼片4，花瓣状，白色，早落，倒卵形；花瓣6，匙形，下部渐狭成爪；雄蕊多数；心皮1。浆果近球形，紫黑色。种子卵形，有3纵棱。花期5～6月，果期7～9月。(图3-112-1～3-112-3，见621页)

生境与分布 生长于山地林下、草地或沟边阴处。分布于东北及内蒙古、河北、山西、陕西、甘肃、青海、湖北、四川、云南、西藏东部。

药用部位 根茎。

采集加工 春、秋二季采挖，洗净泥土，切片，晒干。

药理作用 根有催吐和致泻作用，动物食后发生腹泻、呕吐和严重的胃肠炎。果实种子有强烈局部刺激作用和全身麻醉作用。全株酊剂能抑制血中疟原虫的发育。

性味归经 辛、微苦，平。归肺经。

功能主治 散风热，祛风湿，透疹，解毒。适用于风热头痛，咽喉肿痛，风湿疼痛，风疹块，麻疹不透，百日咳，子宫脱垂，犬咬伤。

（四十四）铁线莲属 *Clematis* L.

药用记载 棉团铁线莲 *Clematis hexapetala* Pall.、辣蓼铁线莲 *C. terniflora* var. *mandshurica*（Rupr.）Ohwi 的干燥根及根茎在《中国药典》《中药大辞典》《中华本草》中记载为威灵仙；叶在《中华本草》中记载为威灵仙叶。西伯利亚铁线莲 *C. sibirica*（L.）Mill. 的茎枝在《中药大辞典》《中华本草》中记载为新疆木通。

113. 棉团铁线莲 *Clematis hexapetala* Pall.

别名 山蓼、棉花团、山辣椒秧、黑薇、棉花子花、野棉花。

识别要点 直立草本。老枝圆柱形，有纵沟；茎疏生柔毛，后变无毛。叶片近革质绿色，干后常变黑色，单叶至复叶，一至二回羽状深裂，裂片线状披针形，长椭圆状披针形至椭圆形，网脉突出。花序顶生，聚伞花序或为总状、圆锥状，有时花单生；萼片白色，外面密生棉毛，花蕾时像棉花球，内面无毛；雄蕊无毛。瘦果倒卵形，密生柔毛，宿存花柱有灰白色长柔毛。花期 6 ～ 8 月，果期 7 ～ 10 月。（图 3-113-1 ～ 3-113-4，见 621 ～ 622 页）

生境与分布 生长于沙丘、干山坡或山坡草地。分布于东北、甘肃、山西、河北、内蒙古、陕西。

药用部位 根和根茎、叶。

采集加工 根和根茎：秋季采挖，除去地上部分及泥土晒干。叶：夏、秋季采叶，鲜用或晒干。

化学成分 根和根茎含白头翁素、白头翁内酯、甾醇、糖类、皂苷、内酯、酚类、氨基酸。叶含内酯、酚类、三萜、氨基酸、有机酸、白头翁素。

药理作用 棉团铁线莲浸剂和煎液对离体蟾蜍心脏有先抑制后兴奋的作用；煎剂可使麻醉狗血压下降，肾血管收缩，对小鼠、大鼠和豚鼠有显著的抗利尿作用；煎剂对小鼠离体肠管有兴奋作用。

性味归经 根及根茎：辛、微苦、咸，温，小毒。归膀胱、肝经。叶：辛、苦，平。归肺经。

功能主治 根及根茎：解热镇痛，利尿通经。适用于风湿症，水肿，神经痛，痔疮肿痛。叶：利咽解毒，活血消肿。适用于咽喉肿痛，喉痹，喉蛾，鹤膝风，麦粒肿，结膜炎等。

用药警戒 气血亏虚者及孕妇慎服。

114. 辣蓼铁线莲 *Clematis terniflora* var. *mandshurica*（Rupr.）Ohwi

别名 圆锥铁线莲、铁脚威灵仙、黄药子、小叶力刚、铜威灵、蟹珠眼草。

识别要点 攀援藤本。茎和分枝除节上有白色柔毛外，其余无毛或近无毛。一回羽状复叶，小叶片全缘，近革质，卵形、长卵形或披针状卵形，网脉明显。花序较长而挺直，花序梗、花梗近无毛或稍有短柔毛；萼片外面除边缘有绒毛外，其余无毛或稍有短柔毛。瘦果较小。花期 6 ～ 8 月，果期 7 ～ 9 月。（图 3-114-1 ～ 3-114-4，见 622 页）

生境与分布 生长于林缘、山坡灌丛、阔叶林下。分布于我国东北、华北。

药用部位 根及根茎、叶。

采集加工 根及根茎：秋季挖出，去净茎叶，洗净泥土，晒干，或切成段后晒干。叶：夏、秋季采叶，鲜用或晒干。

化学成分 根含三萜皂苷、铁线莲苷A、铁线莲苷B、铁线莲苷C。叶含原白头翁素。

药理作用 ①有镇痛功能。②在试管内对皮肤真菌有抑制作用。③能促进胆汁分泌。④对回肠平滑肌有直接松弛作用。

性味归经 根及根茎：辛、咸、微苦，温，有小毒。归膀胱、肝经。叶：辛、苦，平。归肺经。

功能主治 根及根茎：镇痛，利尿作用。适用于风湿性关节炎，半身不遂，水肿，神经痛，偏头痛，颜面神经麻痹，鱼刺鲠喉。叶：利咽解毒，活血消肿。适用于咽喉肿痛，喉痹，喉蛾，鹤膝风，麦粒肿，结膜炎等。

用药警戒 气血亏虚者及孕妇慎服。

115. 西伯利亚铁线莲 *Clematis sibirica*（L.）Mill.

别名 天山木通、花木通、青格力克（维名）。

识别要点 亚灌木，根棕黄色。茎圆柱形，光滑无毛，当年生枝基部有宿存的鳞片。二回三出复叶，纸质，中部有整齐的锯齿，两面均不被毛，叶脉在表面不显，在背面微隆起。单花，花基部有密柔毛，花钟状下垂，淡黄色，退化雄蕊花瓣状，子房被短柔毛。瘦果倒卵形。花期6～7月，果期7～8月。（图3-115-1～3-115-2，见623页）

生境与分布 生长于林边、小河边、路旁或林下。分布于东北、新疆。

药用部位 茎枝。

采集加工 四季均可采，去粗皮，晒干。用时切段或切片。

性味归经 苦，微寒。归心、膀胱经。

功能主治 清热利湿，通利血脉，下乳。适用于湿热淋证，小便热赤涩痛，口舌生疮，妇女产后乳汁不通。

用药警戒 孕妇禁服。

116. 长瓣铁线莲 *Clematis macropetala* Ledeb.

别名 大瓣铁线莲。

识别要点 木质藤本，幼枝微被柔毛，老枝光滑无毛。二回三出复叶，小叶片9枚，纸质，卵状披针形或菱状椭圆形。花单生于当年生枝顶端，花萼钟状，萼片4枚，蓝色或淡紫色，狭卵形或卵状披针形，边缘有密毛；退化雄蕊成花瓣状，披针形或线状披针形，与萼片等长或微短，外面被密绒毛，内面近于无毛；雄蕊花丝线形，花药黄色，宿存花柱向下弯曲。花期7月，果期8月。（图3-116-1～3-116-4，见623页）

生境与分布 生于荒山坡、草坡岩石缝中及林下。分布于青海、甘肃、陕西南部、宁夏、山西、河北。药用等参考西伯利亚铁线莲。

117. 褐毛铁线莲 *Clematis fusca* Turcz.

识别要点　多年生直立草本或藤本。根棕黄色，有膨大的节，节上有密集的侧根。茎表面暗棕色或紫红色，有沟纹。羽状复叶，顶端小叶有时变成卷须。聚伞花序腋生，花梗被黄褐色柔毛，中部生一对叶状苞片；花钟状，下垂；萼片 4 枚；雄蕊较萼片为短，花丝线形，花药线形；子房被短柔毛，花柱被绢状毛。瘦果扁平，棕色，边缘增厚，被稀疏短柔毛。花期 6 ～ 7 月，果期 8 ～ 9 月。（图 3–117–1 ～ 3–117–2，见 624 页）

生境与分布　生长于山坡草地、林缘、灌丛。分布于东北。

药用参考西伯利亚铁线莲。

118. 紫花铁线莲 *Clematis fusca* Turcz. var. *violacea* Maxim.

识别要点　缠绕藤本。茎暗紫色。叶对生，为一回羽状复叶；小叶顶生，常退化成卷须状，其他小叶卵形。聚伞花序无总花梗；苞片 3，全裂或不裂，卵形或披针形；花萼钟形，萼片 4，呈暗紫色，卵形，顶端急尖，边缘密生绒毛；无花瓣；雄蕊多数，花药和花丝的上部密生柔毛；心皮多数，瘦果卵形，生长柔毛，花期 7 ～ 8 月，果期 8 ～ 9 月。（图 3–118–1 ～ 3–118–2，见 624 页）

生境与分布　生长于山坡和灌丛。分布于东北。

药用等参考棉团铁线莲。

（四十五）翠雀属 *Delphinium* L.

药用记载　翠雀 *Delphinium grandiflorum* L. 的全草或根在《中药大辞典》中记载为翠雀花；在《中华本草》中记载为小草乌。

119. 翠雀 *Delphinium grandiflorum* L.

别名　大花飞燕草、鸽子花、百部草、鸡爪连、飞燕草、小草乌、猫眼花、百部草、鹦哥草、玉珠色洼（藏名）。

识别要点　茎与叶柄均被反曲而贴伏的短柔毛，分枝。基生叶和茎下部叶有长柄；叶柄基部具短鞘。总状花序；下部苞片叶状，其他苞片线形；花梗与轴密被贴伏的白色短柔毛；小苞片生花梗中部或上部；萼片 5，花瓣状，蓝色或紫蓝色，上面 1 片有距，先端常微凹；花瓣 2，较小，有距，距突伸于萼距内；退化雄蕊 2，瓣片宽倒卵形，微凹，有黄色髯毛；雄蕊多数；心皮 3，离生。蓇葖果 3 个聚生。花期 8 ～ 9 月，果期 9 ～ 10 月。（图 3–119–1 ～ 3–119–3，见 624 页）

生境与分布　生长于草坡或丘陵沙地。分布于东北、河北、山西、宁夏、四川、甘肃、新疆、云南、西藏等地。

药用部位　全草、根。

采集加工　秋季采收块根，洗去泥土，剪去须根，切片，晒干。7 ～ 8 月采收全草，漂洗，切段，晒干。

化学成分 根含飞燕草碱等生物碱。地上部分含生物碱甲基牛扁亭碱、根含二萜生物碱、牛扁碱、甲基牛扁亭碱。

性味归经 苦，寒，有毒。归肺、胃经。

功能主治 祛风除湿，止痛，杀虫止痒。适用于风热牙痛，风湿痹痛，疮痈癣癞。

药用警戒 本品有毒，不可内服。

120. 东北高翠雀 *Delphinium korshinskyanum* Nevski.

别名 千鸟草、萝小花、小草乌、猫眼花、百部草、鹦哥草。

识别要点 多年生草本。茎直立，被伸展的白色长毛。基生叶和茎下部叶有长柄；总状花序单一或基部稍分枝，花序轴无毛；萼片5枚，暗蓝紫色，卵形，外面无毛，上萼片基部伸长成距，先端常向上弯，无毛；蜜叶2枚，瓣片披针形，具距，无毛，退化雄蕊2枚，瓣片黑褐色，椭圆形，先端2裂，被带黄色髯毛，爪无毛。蓇葖果。花期7～8月，果期8月。（图3–120–1～3–120–4，见625页）

生境与分布 生长于林间草地或灌丛间草地。分布于东北。

药用部位 全草及根。

采集加工 秋季采收块根，洗去泥土，剪去须根，切片，晒干。7～8月采收全草，漂洗，切段，晒干。

性味归经 苦，寒，有毒。归肺、胃经。

功能主治 可作杀虫剂。能灭蝇和蟑螂。

（四十六）碱毛茛属 *Halerpestes* Green

药用记载 水葫芦苗 *Halerpestes cymbalaria*（Pursh）Green 的全草在《中华本草》中记载为圆叶碱毛茛；在《全国中草药汇编》《中药大辞典》中记载为水葫芦苗。

121. 水葫芦苗 *Halerpestes cymbalaria*（Pursh）Green

别名 圆叶碱毛茛、曲露柏拉（藏名）、区儒白拉（藏名）。

识别要点 多年生草本。匍匐茎细长，横走，节处生根和叶。叶多数基生；稍有毛；叶片纸质，肾形或宽卵形，宽稍大于长，基部圆心形、截形或宽楔形，无毛。花莛1～4，苞片线形；花两性，单朵顶生；萼片5，卵形，无毛，绿色，反折，早落；花瓣5，黄色，与萼片近等长，基部有爪，爪上端有点状蜜槽。瘦果小而极多，有3～5条纵肋，无毛，喙极短，呈点着。花果期5～9月。（图3–121–1～3–121–3，见625页）

生境与分布 生长于碱性沼泽地或湖边。分布于东北、华北、西北、西藏。

药用部位 全草。

采集加工 6～7月在开花时采集全草，洗去泥土、杂质，阴干。

性味归经 甘、淡，寒。归肾、小肠经。

功能主治 利水消肿，祛风除湿。适用于关节炎，水肿。

（四十七）白头翁属 *Pulsatilla* Adans.

药用记载　白头翁 *Pulsatilla chinensis*（Bunge）Regel 的干燥根在《中国药典》中记载为白头翁。白头翁、细叶白头翁 *P. turczaninovii* Kryl. et Serg.、兴安白头翁 *P. dahurica*（Fisch.）Spreng.、朝鲜白头翁 *P. cernua* Bercht. et Opiz. 的根在《中药大辞典》《中华本草》中记载为白头翁，花记载为白头翁花；地上部分在《中药大辞典》《中华本草》中记载为白头翁茎叶。

122. 白头翁 *Pulsatilla chinensis*（Bunge）Regel.

别名　羊胡子花、老冠花、将军草、大碗花、老公花、老姑子花、毛骨朵花。

识别要点　多年生草本，全株密被白色长柔毛。主根较肥大。叶根出，丛生；叶柄长，基部较宽或成鞘状；三出复叶，小叶再分裂，疏被白色柔毛，下面淡绿色，密被白色长柔毛。花先叶开放，单一，顶生；花茎根出；总苞由 3 小苞叶组成，苞叶基部愈合抱茎；花被 6，排列为内外 2 轮，紫色，瓣状，外被白色柔毛；雄蕊多数，花药基着，黄色；雌蕊多数，花柱丝状，密被白色长毛。瘦果多数，密集成头状，花柱宿存，长羽毛状。花期 3 ～ 5 月，果期 5 ～ 6 月。（图 3–122–1 ～ 3–122–4，见 626 页）

生境与分布　生长于平原或低山坡草地、林缘或干旱多石的坡地。分布于东北、华北及陕西、甘肃、山东、江苏、安徽、河南、湖北、四川。

药用部位　根、花、地上部分。

采集加工　根：春、秋二季采挖，除去泥沙，干燥。花：4 月中旬采收鲜花，及时晒干，防止霉变。地上部分：秋季采集地上部分，切段，晒干。

化学成分　根含白头翁苷、羽扇豆烯酸、白头翁皂苷、白桦脂酸、3– 氧代白桦脂酸、胡萝卜苷、白头翁素、原白头翁素。

药理作用　①煎剂能抑制溶组织阿米巴原虫生长。②浸膏可杀灭滴虫。③对金黄色葡萄球菌、绿脓杆菌有抑制作用，在除去鞣质后即失去作用；对痢疾杆菌的作用较差，对志贺氏菌作用较强，对小鼠流感病毒感染有轻度抑制作用。④乙醇提取物具有镇静、镇痛及抗痉挛作用。⑤白头翁尚能抑制植物种子发芽。其所含白头翁皂苷 A3 有一定抑癌作用。

性味归经　根：苦，寒。归胃、大肠经。花：苦，微寒。归肝、脾经。地上部分：苦，寒。归肝、胃经。

功能主治　根：清热解毒，凉血止痢，燥湿杀虫。适用于赤白痢疾，鼻衄，崩漏，血痔，寒热温疟，带下，阴痒，湿疹，瘰疬，痈疮，眼目赤痛。花：清热解毒，杀虫。适用于疟疾，头疮，白秃疮。地上部分：泻火解毒，止痛，利尿消肿。适用于风火牙痛，四肢关节疼痛，秃疮，浮肿。

用药警戒　虚寒泻痢者忌服。

123. 细叶白头翁 *Pulsatilla turczaninovii* Kryl. et Serg.

别名　毛姑朵花、细裂白头翁、古拉盖 – 花儿（蒙名）、那林 – 高乐贵（藏名）。

识别要点　多年生草本。基生叶 4 ～ 5，开花时长出地面。叶二至三回羽状复叶；叶柄疏被白色柔毛，羽片又作羽状细裂，裂片线状披针形或线形，有时卵形，边缘稍反卷。花莛有柔毛；苞片3，基部合生，裂片线形或线状披针形，外面被长柔毛；花两性，单朵，直立；萼片6，排成2轮，卵状长圆形或椭圆形，蓝紫色，先端微尖或钝，外面被长柔毛；花瓣无；雄蕊多数；心皮多数。瘦果纺锤形，顶部有羽毛状宿存花柱。花期5月，果期6月。（图3–123–1～3–123–2，见626页）

生境与分布 生长于草原或山地草坡或林边。分布于东北及内蒙古、河北、宁夏。

药用等与白头翁相同。

124. 兴安白头翁 *Pulsatilla dahurica*（Fisch.）Spreng.

别名 野丈人、胡王使者、白头公。

识别要点 多年生草本。根状茎粗。基生叶开花时长出地面，叶3全裂；叶柄被柔毛；叶片3全裂或近羽状分裂。花莛有柔毛；苞片3，基部合生，裂片似基生叶的裂片，外面密被柔毛；花两性，单朵，萼片排成2轮，紫色，外面密被短柔毛；花瓣无；雄蕊多数；心皮多数。果为瘦果，密被柔毛，顶部有羽毛状宿存花柱。花期5～6月，果期6～7月。（图3–124–1～3–124–4，见627页）

生境与分布 生长于山坡草地。分布于东北和内蒙古。

药用等与白头翁相同，治疗阿米巴痢疾功效显著。

125. 蒙古白头翁 *Pulsatilla ambigua* Turcz.

别名 老公花、毛姑朵花。

识别要点 多年生草本。根状茎较细。基生叶与花同时发育；叶片卵形三全裂。花葶直立，有柔毛；苞片裂片披针形或线状披针形；花直立；萼片紫色，长圆状卵形，顶端微尖，外面有密绢状毛；雄蕊长约为萼片之半。聚合瘦果卵形或纺锤形。花期7月，果期8月。（图3–125–1～3–125–4，见627～628页）

生境与分布 生长于高山草地。分布于内蒙古、黑龙江、新疆、青海、甘肃。

药用等与白头翁相同。

（四十八）毛茛属 *Ranunculus* L.

药用记载 石龙芮 *Ranunculus sceleratus* L. 的全草在《全国中草药汇编》《中药大辞典》《中华本草》中记载为石龙芮。毛茛 *R. japonicus* Thunb. 的全草及根在《全国中草药汇编》《中药大辞典》《中华本草》中记载为毛茛。茴茴蒜 *R. chinensis* Bunge 的全草在《中药大辞典》《中华本草》中记载为茴茴蒜；果实在《中华本草》中记载为茴茴蒜果。

126. 石龙芮 *Ranunculus sceleratus* L.

别名 水堇、姜苔、无毛野芹菜、鸭巴掌、水堇、水黄瓜香、打锣锤、清香草。

识别要点 一年生或二年生草本。须根簇生。茎直立，上部多分枝，无毛或疏生柔毛。基生叶有长柄，叶片轮廓肾状圆形，3深裂，上部叶较小，3全裂，基部扩大成膜质宽鞘，抱茎。聚伞花序有多数花；花两性，小；萼片 5，椭圆形；花瓣 5，倒卵形，淡黄色，基部有短爪，蜜槽呈棱状袋穴；雄蕊多数，花药卵形；花托在果期伸长增大呈圆柱形；心皮多数，花柱短。瘦果极多，紧密排列在花托上，倒卵形，稍扁。花期 4 ～ 6 月，果期 5 ～ 8 月。（图 3–126–1 ～ 3–126–2，见 628 页）

生境与分布 生长于平原湿地或河沟边。分布于全国各地。

药用部位 全草、果实。

采集加工 全草：夏季采收，洗净晒干或鲜用。果实：夏季采摘，鲜用或晒干。

化学成分 全草含原白头翁素、毛茛苷、5– 羟色胺、白头翁素、胆碱、甾醇类、没食子酚型鞣质及黄酮类化合物。

药理作用 新鲜叶含原白头翁素，故能引起皮炎、发泡，如加热或久置，变为白头翁素，可丧失其辛辣味或刺激性。新鲜植物之茎、叶中未发现组织胺或乙酰胆碱，但含有 7 种色胺的衍化物，其中之一为 5– 羟色胺；还有 2 种抗 5– 羟色胺的物质。所有 7 种色胺衍化物都对大鼠子宫的 5– 羟色胺受体有收缩作用。

性味归经 全草：苦、辛，寒，有毒。归心、肺经。果实：苦，微温。归肺经。

功能主治 全草：清热解毒，消肿散结，止痛，截疟。适用于痈疖肿毒，毒蛇咬伤，痰核瘰疬，风湿关节肿痛，牙痛，疟疾。果实：明目，截疟。适用于夜盲，疟疾。

用药警戒 本品有毒，内服宜慎。误食可致口腔灼热，随后肿胀，咀嚼困难，剧烈腹泻，脉搏缓慢，呼吸困难，瞳孔散大，严重者可致死亡。

127. 毛茛 *Ranunculus japonicus* Thunb.

别名 鱼疔草、鸭脚板、野芹菜、山辣椒、老虎脚迹、五虎草、毛芹菜。

识别要点 多年生草本。须根多数，簇生。茎直立，具分枝，中空，有开展或贴伏的柔毛。基生单叶；茎下部叶与基生叶相同，茎上部叶较小，3 深裂，裂片披针形，有尖齿牙；最上部叶为宽线形，全缘，无柄。聚伞花序有多数花，疏散；花两性，被柔毛；萼片 5，椭圆形，被白柔毛；花瓣 5，倒卵状圆形，黄色，基部有爪；雄蕊多数；心皮多数，无毛，花柱短。瘦果斜卵形，扁平。花、果期 4 ～ 9 月。（图 3–127–1 ～ 3–127–3，见 628 ～ 629 页）

生境与分布 生长于田野、路边、水沟边草丛中或山坡湿草地。分布于除西藏外的全国各地。

药用部位 全草及根。

采集加工 夏末秋初采收全草及根，洗净，阴干。鲜用可随采随用。

化学成分 全草含原白头翁素、二聚物白头翁素。

药理作用 ①原白头翁素对革兰阳性及阴性菌和霉菌都具有良好的抑制作用。②原白头翁素可降低豚鼠支气管痉挛窒息的死亡率，原白头翁素可拮抗组胺对豚鼠离体回肠平滑肌的收缩作用。

性味归经 辛，温，有毒。归肝、胆、心、胃经。

功能主治 退黄，定喘，截疟，镇痛，消翳。适用于黄疸，哮喘，疟疾，偏头痛，牙痛，鹤膝风，风湿关节痛，目生翳膜，瘰疬，痈疮肿毒。

用药警戒 本品有毒，一般不作内服。皮肤有破损及过敏者禁用，孕妇慎用。

128. 茴茴蒜 *Ranunculus chinensis* Bunge

别名 大细辛、地桑椹、鹅巴掌、番禺毛茛、过路黄、乌斯图－好乐得存－其其格（蒙名）。

识别要点 一年生草本。须根多数簇生。茎直立粗壮，中空，有纵条纹，分枝多，与叶柄均密生淡黄色糙毛。基生叶与下部叶有长叶柄，为三出复叶。花序有较多疏生的花，花梗贴生糙毛；萼片外面生柔毛；花瓣 5，宽卵圆形，黄色或上面白色，蜜槽有卵形小鳞片；花托在果期显著伸长。聚合果长圆形；瘦果扁平，喙极短，呈点状。花果期 5 ～ 9 月。（图 3-128-1 ～ 3-128-3，见 629 页）

生境与分布 生长于平原与丘陵、溪边、田旁的水湿草地。分布于东北、华北、西北、华东、华中、华南、西南等地。

药用部位 全草。

采集加工 夏季采收，常鲜用或晒干用。

性味归经 辛、苦，温，有毒。归肝经。

功能主治 消炎，退肿，截疟，杀虫。外敷引赤发泡。

用药警戒 本品有毒，一般供外用。内服宜慎，并需久煎。外用对皮肤刺激性大，用时局部要隔凡士林或纱布。

（四十九）唐松草属 *Thalictrum* L.

药用记载 唐松草 *Thalictrum aquilegifolum* L. var. *sibiricum* Regel et Tiling 的根及根茎在《中华本草》中记载为唐松草。贝加尔唐松草 *Th. baicalense* Turcz. 的根及根茎在《全国中草药汇编》《中药大辞典》《中华本草》中记载为马尾连。东亚唐松草 *Th. minus* L. var. *hypoleucum*（Sieb. et Zucc.）Miq. 的根及根茎在《中药大辞典》《中华本草》中记载为烟锅草。展枝唐松草 *Th. squarrosum* Steph. 的根及茎或全草在《中华本草》中记载为猫爪子。瓣蕊唐松草 *Th. petaloideum* L. 的根及根茎在《全国中草药汇编》中记载为花唐松草，在《中药大辞典》《中华本草》中记载为瓣蕊唐松草。箭头唐松草 *Th. simplex* L. 的根在《中药大辞典》中记载为硬水黄连。短梗箭头唐松草 *Th. simplex* L. var. *brevipes* Hara. 的根或全草在《中华本草》中记载为硬水黄连，全草在《全国中草药汇编》中记载为水黄连。

129. 唐松草 *Thalictrum aquilegifolum* L. var. *sibiricum* Regel et Tiling

别名 翼果唐松草、猫爪子、黑汉腿、白蓬草、草黄连、马尾连、土黄连。

识别要点 植株全部无毛。茎粗壮分枝。基生叶在开花时枯萎。茎生叶为三至四回三出复叶；小叶草质，顶生小叶倒卵形或扁圆形；叶柄有鞘，托叶膜质，不裂。圆锥花序伞房状，有多数密集的花；萼片白色或外面带紫色，宽椭圆形，早落；雄蕊多数，花药长圆形，顶端钝；心皮有长心皮柄，花柱短，柱头侧生。瘦果倒卵形。花期 7 月。（图 3-129-1 ～ 3-129-3，见 629 ～ 630 页）

生境与分布 生长于草原、山地林边或林中。分布于东北、华北及山东、浙江。

药用部位 根。

采集加工 春、秋季挖根茎及根，除去地上茎叶，洗去泥土，晒干。

化学成分　本品须根中含有小檗碱、β－谷甾醇、*N*－去甲唐松草替林、5–O－去甲唐松草替林。

药理作用　小檗碱具有抗菌作用，用于治疗细菌性痢疾；贝加尔唐松草总生物碱有抗肿瘤作用。

性味归经　苦，寒。归心、肝、大肠经。

功能主治　清热泻火，燥湿解毒。适用于热病心烦，湿热泻痢，肺热咳嗽，目赤肿痛，痈肿疮疖。

130. 贝加尔唐松草 *Thalictrum baicalense* Turcz.

别名　球果白蓬草、猫爪子、马尾黄连、金丝黄连、草黄连。

识别要点　多年生草本。全株无毛。茎直立，上部分枝。叶互生；基部有狭鞘；托叶狭，膜质；茎中部叶为三回三出复叶，有短柄；叶脉在背面隆起，网脉稍明显。复单歧聚伞花序近圆锥状，花两性；萼片 4，花瓣状，绿白色，早落；花瓣无。瘦果卵球形或椭圆球形。花期 5～6 月，果期 6～7 月。（图 3–130–1～3–130–2，见 630 页）

生境与分布　生长于山坡或山地林下。分布于东北、河北、山西、陕西、甘肃、青海、河南、西藏。

药用部位　根及根茎。

采集加工　春、秋季将根挖出，剪去地上茎叶，洗去泥土，晒干。

化学成分　根茎含贝加尔啶、海罂粟碱、小檗碱、贝加尔灵、木兰花碱、贝加尔唐松啶碱、贝加尔唐松灵碱。茎含小檗碱、海罂粟碱、贝加尔灵、贝加尔唐松灵碱、7－氧代贝加尔灵、5–O－去甲柱唐松草碱、*N*－去甲柱唐松草碱、β－谷甾醇。

药理作用　①抑菌。②降压。③所含小檗碱具有增强乙酰胆碱和对抗乙酰胆碱的双向调节作用。

性味归经　苦，寒。归心、肝、大肠经。

功能主治　清热燥湿，泻火解毒。适用于湿热泻痢，黄疸，疮疡肿毒，目赤肿痛，感冒发热，癌肿。

用药警戒　脾胃虚寒者慎服。

131. 东亚唐松草 *Thalictrum minus* L. var. *hypoleucum*（Sieb. et Zucc.）Miq.

别名　马尾黄连、金鸡脚下黄、烟锅草、马尾连、佛爷指甲、穷汉子腿。

识别要点　多年生草本，全株无毛。茎直立，有分枝。叶互生；叶柄长，基部有狭鞘；茎中部叶为三至四回三出羽状复叶，有短柄或无柄，叶脉隆起，网脉明显。圆锥花序黄绿色，早落；花瓣无；雄蕊多数；心皮有 8 条纵肋。花期 6～7 月，果期 7～9 月。（图 3–131–1～3–131–2，见 630 页）

生境与分布　生长于丘陵、山地林边或山谷沟边。分布于东北、华北及陕西、山东、江苏、安徽、河南、湖北、湖南、广东、四川、贵州。

药用部位　根及根茎。

采集加工　夏、秋间采收，洗净，晒干用。

化学成分　根含唐松草碱、唐松草任碱、高唐松草任碱。茎、叶含唐松草碱、唐松草北碱、唐松草北碱甲醚。叶中含黄酮苷、唐松草胺。

性味归经　苦，寒，小毒。归肺经。

功能主治 清热，解毒，燥湿。适用于百日咳，痈疮肿毒，牙痛，湿疹。

132. 展枝唐松草 *Thalictrum squarrosum* Steph.

别名 歧序唐松草、坚唐松草、猫爪子。

识别要点 植株全部无毛。根状茎细长，自节生出长须根。茎有细纵槽。基生叶在开花时枯萎。茎下部及中部叶有短柄，为二至三回羽状复叶；小叶坚纸质或薄革质，背面有白粉，脉平或稍隆起，脉网稍明显。花序圆锥状，近二歧状分枝；花梗细，在结果时稍增长；萼片4，淡黄绿色，狭卵形，脱落；雄蕊多数，花药长圆形，有短尖头，花丝丝形；柱头箭头状。瘦果狭倒卵球形或近纺锤形。花期7～8月，果期8～9月。（图3–132–1～3–132–2，见630页）

生境与分布 生长于平原草地、田边或干燥草坡。分布东北、华北、内蒙古及陕西等地。

药用部位 根及茎或全草。

采集加工 秋季采收，洗净，泥土，晒干。

化学成分 地上部分含胡萝卜苷，展枝唐松草苷，展枝唐松草苷元1、2，展枝唐松草酸。根含厚果唐松草次碱。

性味归经 苦，寒，有毒。归肝、大肠经。

功能主治 清热解毒，健胃制酸，发汗。适用于急性结膜炎，传染性肝炎，痢疾，胃病吐酸。

133. 瓣蕊唐松草 *Thalictrum petaloideum* L.

别名 唐松草、肾叶唐松草、花唐松草、马尾黄连、猫爪子、知尕尔曼巴（藏名）。

识别要点 多年生草本，全株无毛。茎直立，上部分枝。叶互生；小叶草质，倒卵形、3浅裂或深裂，裂片全缘，网脉不明显。复单歧聚伞花序伞房状；花两性；萼片4，花瓣状，卵形，白色，早落；花瓣无；雄蕊多数，花药狭长圆形，先端钝；心皮无柄，花柱短，柱头生于腹面。瘦果有8条纵肋，无柄。花期6～7月，果期7～9月。（图3–133–1～3–133–2，见631页）

生境与分布 生长于山坡草地。分布于东北、华北及陕西、宁夏、甘肃、青海、安徽、河南、四川。

药用部位 根及根茎。

采集加工 夏、秋季采挖，除去茎叶及泥土，切段，晒干备用。

化学成分 根茎含小檗碱、隐品碱、药根碱、木兰花碱。

性味归经 苦，寒。归肝、胃、大肠经。

功能主治 清热，燥湿，解毒。适用于湿热泻痢，黄疸，肺热咳嗽，目赤肿痛，痈肿疮疖，渗出性皮炎。

藏药代替黄连治疗黄疸肝炎，痈疽。

用药警戒 虚寒证者慎服。

134. 狭裂瓣蕊唐松草 *Thalictrum petaloideum* var. *supradecompositum*（Nakai）Kitag.

别名 瓣蕊唐松草、马尾黄连、查存－其其格（蒙名）。

识别要点 多年生草本植物，植株全部无毛，上部分枝。基生叶数个，有短或稍长柄，小叶草质，形状变异很大，叶脉平，脉网不明显，基部有鞘。花序伞房状，萼片 4，白色，早落，卵形，雄蕊多数，花药狭长圆形，顶端钝，花丝上部倒披针形，花柱短，腹面密生柱头组织。瘦果卵形。花果期 6 ～ 7 月。（图 3–134–1 ～ 3–134–4，见 631 页）

生境与分布 生长在低山干燥山坡或草原多砂草地或田边。分布于东北、华北及四川、青海、甘肃、宁夏、陕西、安徽。

药用参考瓣蕊唐松草。

135. 短梗箭头唐松草 *Thalictrum simplex* L. var. *brevipes* Hara.

别名 水黄连、金鸡脚下黄、硬杆水黄连、黄脚鸡。

识别要点 多年生草本，全株无毛。茎直立，不分枝或有向上的分枝。叶互生；圆锥花序，分枝近直展；花两性，萼片 4，花瓣状，卵形，白色，早落；花瓣无；雄蕊多数，花丝丝状，先端有短尖头；柱头宽三角形。瘦果狭卵形，果梗短，或与瘦果近等长。花期 6 ～ 7 月，果期 7 ～ 9 月。（图 3–135–1 ～ 3–135–3，见 631 ～ 632 页）

生境与分布 生长于平原或低山草地、沟边。分布于东北、华北、陕西、甘肃、青海、湖北、四川。

药用部位 根或全草。

化学成分 全草含唐松草宁碱、箭头唐松草碱、鹤氏唐松草碱、芬氏唐松草碱、唐松草洒明碱。叶含唐松草宁碱、箭头唐松草碱。根含生物碱小唐松草碱、小唐松草宁碱、β – 别隐品碱、木兰花碱、箭头唐松草米定碱、黄唐松草碱、鹤氏唐松草碱等。种子含箭头唐松草碱。油中分出唐松草酸。根含小檗碱。

药理作用 ①镇静作用，延长睡眠时间。②降压，大剂量可导致死亡。③有抗肿瘤作用。

性味归经 苦，寒。归肝、肺、大肠经。

功能主治 清热解毒，利湿退黄，止痢。适用于黄疸，痢疾，肺热咳嗽，目赤肿痛，鼻疳。

用药警戒 脾胃虚寒者慎服。

（五十）金莲花属 *Trollius* L.

药用记载 金莲花 *Trollius chinensis* Bunge、宽瓣金莲花 *T. asiaticus* L. 和短瓣金莲花 *T. ledebouri* Reichb. 的花在《全国中草药汇编》《中药大辞典》《中华本草》中记载为金莲花。

136. 金莲花 *Trollius chinensis* Bunge

别名 金梅草、金疙瘩、旱地莲、金芙蓉、旱金莲。

识别要点 多年生草本。茎直立，不分枝，疏生 2 ～ 4 叶。基生叶有长柄，基部具狭鞘；叶片五角形，3 全裂，中央全裂片菱形，边缘具不等大的三角形锐锯齿。花两性，单朵顶生或 2 ～ 3 朵排列成稀疏的聚伞花序；苞片 3 裂；萼片金黄色，干时不变绿色，椭圆状卵形或倒卵形；花瓣狭线形，稍长于萼片或与萼片等长，近基部有蜜槽；雄蕊多数；螺旋状排列，花丝线形，花药在侧面开裂。蓇葖果，具脉网。花期6～7月，果期8～9月。（图3-136-1～3-136-2，见632页）

生境与分布 生长于山地草坡、疏林下或湿草甸。分布于东北、内蒙古东部、河北、山西和河南北部。

药用部位 花。

采集加工 夏季花盛开时采收，晾干。

化学成分 花含藜芦酸、荭草苷、牡荆苷、藜芦酰胺、棕榈酸。

药理作用 抗菌作用。

性味归经 苦，微寒。归肺、胃经。

功能主治 清热解毒，消肿，明目。适用于感冒发热，咽喉肿痛，口疮，牙龈肿痛，牙龈出血，目赤肿痛，疔疮肿毒，急性鼓膜炎，急性淋巴管炎。临床用于扁桃体炎、咽炎及泌尿系感染等亦有疗效。

用药警戒 脾胃虚寒者慎服。

137. 宽瓣金莲花 *Trollius asiaticus* L.

别名 旱地莲、金芙蓉、旱金莲、金疙瘩。

识别要点 多年生草本。全株无毛。茎直立，不分枝或上部分枝。基生叶具长柄，基部具狭鞘；叶片五角形；茎生叶互生，2～3枚，叶形与基生叶相似，但较小，有短柄或无柄。花两性，单生于顶端，萼片金黄色，宽椭圆形或倒卵形，全缘或先端有不整齐小齿；花瓣匙状线形，较萼片稍短；雄蕊多数，螺旋状排列。蓇葖果。花期6月，果期7～8月。（图3-137-1～3-137-2，见632页）

生境与分布 生长于湿草甸、林间草地或林下。分布于黑龙江、新疆。

药用等各项与金莲花同。

138. 短瓣金莲花 *Trollius ledebouri* Reichb.

别名 旱地莲、金芙蓉、旱金莲、金疙瘩。

识别要点 草本，全体无毛。茎疏生3～4个叶。基生叶有长柄；叶片五角形，基部心形，顶端急尖；叶柄基部具狭鞘。茎生叶与基生叶相似，上部的较小，变无柄。花单独顶生或2～3朵组成稀疏的聚伞花序；苞片无柄，三裂；萼片黄色，干时不变绿色；花瓣长度超过雄蕊，但比萼片短，线形；雄蕊多数；心皮多数。蓇葖果具喙。6～7月开花，7月结果。（图3-138-1～3-138-3，见633页）

生境与分布 生长于湿草地、林间草地或河边。分布于我国东北及内蒙古。

药用等各项与金莲花同。

139. 长瓣金莲花 *Trollius macropetalus* Fr. Schmidt

别名 金梅草、金疙瘩。

识别要点 多年生草本，全株无毛。茎疏生3～4叶。基生叶2～4个有长柄；叶片与短瓣金莲花及金莲花的叶片均极相似。萼片金黄色，干时变橙黄色；花瓣稍超过萼片或超出萼片，狭线形，顶端渐变狭，常尖锐；雄蕊多数；心皮多数。蓇葖果具喙；种子黑色。花果期 7 ～ 9 月。（图 3-139-1 ～ 3-139-4，见 633 ～ 634 页）

生境与分布 生长于湿草地。分布于东北及内蒙古、河北、山西等地。

药用等各项与金莲花同。

十七、小檗科 Berberidaceae

（五十一）小檗属 *Berberis* L.

药用记载 细叶小檗 *Berberis pliretii* Schneid. 的根、茎及树皮在《中药大辞典》《中华本草》中记载为三颗针。黄芦木 *B. amurensis* Rupr. 的根、茎和枝在《中华本草》中记载为黄芦木。细叶小檗、黄芦木根、根皮、茎及茎皮在《全国中草药汇编》《中药大辞典》中记载为小檗。

140. 细叶小檗 *Berberis poiretii* Schneid.

别名 钢针刺、刺黄连、铜针刺、三颗针、酸狗奶子。

识别要点 落叶灌木。老枝灰褐色，具光泽，幼枝紫褐色，密生黑色疣状凸起，刺短小，通常单一，生于老枝或干枝条下端的刺有时 3 分叉。叶簇生；无柄；纸质；叶片狭倒披针形或披针状匙形，先端急尖，基部楔形，全缘，具羽状脉。总状花序下垂；萼片 6，花瓣状，排成 2 轮，长圆形或倒卵形；花黄色，外面带红色，花瓣 6，倒卵形；雄蕊 6；子房圆柱形，无花柱。浆果长圆形，熟时红色。种子倒卵形，表面光滑，紫黑色。花期 5 ～ 6 月，果期 7 ～ 8 月。（图 3-140-1 ～ 3-140-4，见 635 页）

生境与分布 生长于向阳的砂质丘陵、山坡、路旁或溪边。分布于东北、华北及陕西、山东、河南等地。

药用部位 根皮、茎皮。

采集加工 根皮全年可采。茎皮春、秋季采收，取茎枝刮去外皮，剥取深黄色的内皮。晒干。

化学成分 根及茎皮含小檗碱、巴马汀、小檗红碱、药根碱、古伦胺碱、氧化小檗碱、异粉防己碱、小檗胺、黄皮树碱、尖刺碱、木兰花碱。果实中除含大量维生素 C 和维生素 K 之外，还含有有机酸、单宁、果胶和糖类等成分；未熟果实多含小檗碱、小檗胺等。叶中含儿茶精、有机酸及丰富的钙等无机元素。

药理作用 ①有显著的降压作用，对呼吸和心率的影响不显著。②其煎剂在试管内能抑制出血性黄疸型钩端螺旋体的生长。③小檗胺对白细胞下降有对抗作用。④盐酸小檗胺对离体豚鼠乳头状肌和人心耳梳状肌的收缩性、自律性有抑制作用，并延长功能不应期及非竞争性的拮抗氯化钙的正性肌力作用；其静脉注射对乌头碱、哇巴因、氯化钙及结扎冠脉引起的心律失常均有抑制作用，小檗胺抗心律不齐的机理可能是抑制钙内流。

性味归经 苦，寒。归肝、胃、大肠经。

功能主治 清热，燥湿，泻火解毒。适用于湿热，痢疾，腹泻，黄疸，湿疹，疮疡，口疮，目赤，咽痛。

用药警戒 本品脾胃虚寒者慎用。

141. 黄芦木 *Berberis amurensis* Rupr.

别名 大叶小檗、狗奶根、三颗针、刀口药、刺黄檗、陶木－希日－毛都（蒙名）。

识别要点 落叶灌木。枝有沟，灰黄色，老枝灰色。刺粗大，常3分叉，稀单一。叶簇生；叶片长椭圆形、倒卵状椭圆形或卵形，先端急尖或钝，基部渐狭下延成柄，边缘密生刺状细锯齿，网脉明显。总状花序开展或下垂，花淡黄色；萼片倒卵形；花瓣椭圆形，先端微缺，内面近基部有1对蜜腺；雄蕊6，花药瓣状开裂；子房卵圆形，柱头扁圆形。浆果椭圆形，鲜红色，常被白粉，先端无宿存花柱。花期6～7月，果期8～9月。（图3–141–1～3–141–4，见635～636页）

生境与分布 生长于山坡灌丛中及山沟、山区地埂上。分布于东北、华北及山东、陕西等地。

药用部位 根、茎、枝及其皮。

采集加工 春、秋季采挖根及茎，洗净，晒干。

化学成分 根含小檗碱、小檗胺、药根碱、大叶小檗碱、氧化小檗碱、木兰花碱、非洲防己碱、掌叶防己碱、尖刺碱。茎含小檗碱、掌叶防己碱。

药理作用 ①所含尖刺碱可引起血管扩张，全身血压显著下降；具有利胆作用，强度较小檗碱为弱，但较持久。②黄芦木叶酊剂能引起动物子宫肌收缩，加快心率，增加心肌收缩力，降低血压。③其根制剂能降低胆囊收缩张力，减少收缩次数，增加胆汁流量，减轻疼痛及炎症现象。

性味归经 苦，寒。归肺、肝、脾经。

功能主治 清热燥湿，解毒。适用于肠炎，痢疾，慢性胆囊炎，急慢性肝炎，无名肿毒，丹毒湿疹，烫伤，目赤，口疮。

（五十二）鲜黄连属 *Plagiorhegma* Maxim

药用记载 鲜黄连 *Plagiorhegma dubia* Maxim. 的根及茎在《全国中草药汇编》《中药大辞典》《中华本草》中记载为鲜黄连。

142. 鲜黄连 *Plagiorhegma dubia* Maxim.

别名 细辛幌子、常黄连、铁丝草、朝鲜黄连、毛黄连。

识别要点 多年生草本。根茎短，外皮暗褐色，断面鲜黄色，须根发达，形成密集的根系。叶丛生；有长柄，柄基部具紫褐色的鳞片；叶质薄，叶片近圆形，先端微凹，基部深心形，边缘不规则波状，掌状脉。花葶顶端着生一花；萼片紫红色，早落；花冠淡紫色或蓝紫色，花瓣倒卵形；雄蕊8；雌蕊1，纺锤形，柱头2裂。蒴果革质，梨形，近先端半盖裂。种子多数，黑色，有光泽。花果期4～6月。（图

3–142–1 ～ 3–142–3，见 636 页）

生境与分布 生长于山坡灌木丛中，杂木及针阔混交林下或山脚阴湿处。分布于东北。

药用部位 根及茎。

采集加工 春、秋季采挖，除去茎叶及泥土，晒干。

化学成分 根和根茎含小檗碱、木兰花碱、药根碱、去氢二松柏醇 –4– β –D– 葡萄糖苷、去氢二松柏醇 – α – β –D– 葡萄糖苷。

性味归经 苦，寒。归胃、大肠、肺经。

功能主治 清热燥湿，泻火解毒。适用于湿热泄泻，赤白痢疾，脘胁疼痛，呕吐，吞酸，吐血，衄血，口舌生疮，目赤肿痛，咽痛喉蛾，痈疽疔疮。

用药警戒 芫花为使，恶蘘草、牵牛子，畏大黄、黄连、藜芦。畏芦笋，菰笋，酱豉，冷水。得火良，与牵牛花相反。体弱者和孕妇禁忌。

十八、防己科 Menispermaceae

（五十三）蝙蝠葛属 *Menispermum* L.

药用记载 蝙蝠葛 *Menispermum dauricum* DC. 的根茎在《中国药典》《中华本草》中记载为北豆根，在《中药大辞典》中记载为蝙蝠葛根。蝙蝠葛的藤茎在《中药大辞典》中记载为蝙蝠葛，在《中华本草》中记载为蝙蝠葛藤。蝙蝠葛的叶在《中华本草》中记载为蝙蝠葛叶。

143. 蝙蝠葛 *Menispermum dauricum* DC.

别名 黄条香、汉防己、山地瓜秧、蝙蝠葛根、北山豆根、哈日 – 敖日秧古（蒙名）。

识别要点 多年生缠绕藤本。根茎细长、横走，黄棕色或黑褐色，有分枝。小枝绿色，有细纵纹。叶互生；圆肾形或卵圆形，边缘浅裂片近三角形，先端尖，基部心形或截形，上面绿色，下面苍白色，掌状脉；叶柄盾状着生。腋生短圆锥花序；花小，黄绿色，有小苞片。核果扁球形，熟时黑紫色，内果皮坚硬，有环状凸起的雕纹。花期 5 ～ 6 月，果期 7 ～ 9 月。（图 3–143–1 ～ 3–143–4，见 636 ～ 637 页）

生境与分布 生长于山坡林缘、灌丛中、田边、路旁及石砾滩地，或攀援于岩石上。分布于东北、华北、华东及陕西、宁夏、甘肃、山东等地。

药用部位 根茎、藤茎、叶。

采集加工 根茎：4 ～ 5 月或 8 ～ 10 月间采挖，除去残茎、须根及泥土，晒干。藤茎：8 ～ 11 月割取藤茎，晒干。叶：夏、秋季采收，鲜用或晒干。

化学成分 根茎含山豆根碱、去甲山豆根碱、木兰花碱、青藤碱、双青藤碱、蝙蝠葛碱、汉防己碱、尖防己碱、蝙蝠葛辛、蝙蝠葛定、蝙蝠葛宁、碎叶紫堇碱、光千金藤碱、光千金藤啶碱、蝙蝠葛波芬碱、山豆根波芬诺灵碱。叶含去羟尖防己碱。

药理作用 ①降压作用，急性降压作用与剂量有关。②有广谱抗心律失常作用，尤其是抗缺血性心律失常作用，并与利多卡因、胺碘酮等抗心律失常药有协同作用。③可减弱心肌收缩力，减慢心率。④有明显的镇咳作用。⑤北豆根能抑制胃液的分泌，对溃疡有明显的修复作用。⑥有神经节阻断作用，此作用能被抗胆碱酯酶药新斯的明拮抗。⑦北豆根碱可明显抑制血栓形成。还具有抑制动脉平滑肌细胞增殖的作用。⑧北豆根碱有明显的抗炎作用。⑨对白血病细胞有抑制作用，对网状内皮系统功能有兴奋作用。⑩可降低血胆固醇。

性味归经 根茎：苦，寒，有小毒。归肺、胃、大肠经。藤茎：淡，平。归肾经。叶：苦，寒。归肝、肺、大肠经。

功能主治 根茎：清热解毒，消肿止痛，利湿。适用于咽喉肿痛，肺热咳嗽，痄腮，泻痢，黄疸，风湿痹痛，痔疮肿痛，蛇虫咬伤。藤茎：滋阴补肾。适用于腰痛，瘰疬。叶：散结消肿，祛风止痛。适用于瘰疬，风湿痹痛。

用药警戒 脾虚便溏者不宜用。

十九、睡莲科 Nymphaeaceae

（五十四）睡莲属 *Nymphaea* L.

药用记载 睡莲 *Nymphaea tetragona* Georgi 的花在《中药大辞典》《中华本草》中记载为睡莲。

144. 睡莲 *Nymphaea tetragona* Georgi

别名 睡莲菜、瑞莲、子午莲、茈碧花。

识别要点 多年水生草本；根状茎短粗。叶纸质，心状卵形或卵状椭圆形，基部具深弯缺，裂片急尖，稍开展或几重合，全缘，上面光亮，下面带红色或紫色，两面皆无毛，具小点；浮在水面上。花梗细长；花萼基部四棱形，萼片革质，宿存；花瓣白色，宽披针形、长圆形或倒卵形；雄蕊比花瓣短，花药条形；柱头具 5 ～ 8 辐射线。浆果球形，为宿存萼片包裹；种子椭圆形，黑色。花期 6 ～ 8 月，果期 8 ～ 10 月。（图 3-144-1 ～ 3-144-3，见 637 页）

生境与分布 生长于池沼湖泊中。全国大部分地区均有分布。

药用部位 花。

采集加工 夏季采收，洗净，去杂质，晒干。

化学成分 根和叶含氨基酸及生物碱。

药理作用 同属植物白睡莲的全草水提取物有明显的降压作用，而毒性则颇低。

性味归经 甘、苦，平。归肝、脾经。

功能主治 消暑，解酒，定惊。适用于中暑，醉酒烦渴，小儿惊风。

（五十五）芡属 *Euryale* Salisb. ex DC.

药用记载 芡实 *Euryale ferox* Salisb. ex Konig 在《中国药典》《中药大辞典》《中华本草》中记载为芡实。

145. 芡实 *Euryale ferox* Salisb. ex Konig

别名 鸡头米、鸡头。

识别要点 一年生大型水生草本。全株具尖刺。根茎粗壮而短，具白色须根及不明显的茎。初生叶沉水，箭形或椭圆肾形，两面无刺；叶柄无刺；后生叶浮于水面，革质，椭圆肾形至圆形，上面深绿色，多皱褶，下面深紫色，有短柔毛，叶脉凸起，边缘向上折。叶柄及花梗粗壮。花单生，昼开夜合，内面紫色；花瓣多数，长圆状披针形，紫红色。浆果球形。种子球形，黑色。花期 7～8 月，果期 8～9 月。（图 3-145-1～3-145-5，见 638 页）

生境与分布 生于池沼湖泊中。分布于东北、华北、华东、华中及西南等地。

药用部位 干燥成熟种仁。

采集加工 秋末采收成熟果实，除去果皮，取出种子，洗净，再除去硬壳（外种皮），晒干。

化学成分 种子含淀粉、蛋白质及脂肪。此外，尚含钙、磷、铁，维生素 B_1、B_2，维生素 C、烟酸及胡萝卜素。

药理作用 ①具有收敛、滋养作用。②益精气，强志，令耳目聪明。

性味归经 甘、涩，平。归脾、肾经。

功能主治 益肾固精，补脾止泻，祛湿止带。适用于梦遗滑精，遗尿尿频，脾虚久泻，白浊，带下。

用药警戒 大小便不利者禁服；食滞不化者慎服。

二十、金粟兰科 Chloranthaceae

（五十六）金粟兰属 *Chloranthus* Swartz

药用记载 银线草 *Chloranthus japonicus* Sieb. 的根及根茎在《全国中草药汇编》中记载为四块瓦，在《中药大辞典》中记载为银线草根；全草在《中药大辞典》《中华本草》中记载为银线草。

146. 银线草 *Chloranthus japonicus* Sieb.

别名 四叶草、四块瓦、四大天王、四叶细辛、四代草、白毛七、灯笼花、鬼督邮、独摇草。

识别要点 多年生草本。根茎横走，有节，生多数细长须根；茎直立，通常不分枝，节明显，带紫色，上生鳞片状小叶数对；茎顶4叶对生，广卵形、卵形或椭圆形，先端长尖，基部楔形，边缘具粗锯齿，齿尖有一腺体，叶面暗绿色，背面淡绿色，纸质；穗状花序顶生，单一，苞片三角形或近半圆形；花小，白色；雄蕊3；子房卵形，无花柱，柱头截平。核果近球形或倒卵形，绿色。花期4～5月，果期5～7月。（图3-146-1～3-146-3，见638～639页）

生境与分布 生长于山林阴湿处。分布于东北、河北、山西、陕西、甘肃、山东。

药用部位 全草和根。

采集加工 全草：春、秋采挖全草及根，洗净，鲜用或晒干。根：春、秋采挖，洗净，晒干用或鲜用。

化学成分 根含金粟兰内脂、苍术内酯、银线草内酯、银线草内酯醇、银线草呋喃醇、银线草螺二烯醇、莪术呋喃二烯酮、东莨菪素、去氢银线草内酯、欧亚活血丹内酯、异莪术呋喃二烯、异秦皮啶、银线草醇。

性味归经 全草：辛、苦，温，有毒。归肺、心、肝经。根：辛、苦，温，有毒。归胃经。

功能主治 全草：活血行瘀，散寒止咳，祛风除湿，解毒止痛。适用于跌打损伤，风湿痹痛，风寒感冒，肿毒疮疡，毒蛇咬伤。根：祛风胜湿，活血理气。适用于风湿痛，劳伤，感冒，胃气痛，经闭，白带异常，跌打损伤，疖肿。

用药警戒 有心脏病、吐血史者及孕妇忌服。

二十一、木麻黄科 Casuarinaceae

（五十七）木麻黄属 *Casuarina* Adans.

药用记载 木麻黄 *Casuarina equisetifolia* Forst. 的幼嫩枝叶或树皮在《中华本草》中记载为木麻黄；种子在《中华本草》中记载为木麻黄种子。

147. 木麻黄 *Casuarina equisetifolia* Forst.

别名 木贼叶木麻黄、木贼麻黄、短枝木麻黄、驳骨树、马尾树。

识别要点 乔木，树干通直，树冠狭长圆锥形；树皮在幼树上的赭红色，老树的树皮粗糙、深褐色，不规则纵裂。鳞片状叶每轮通常7枚，少为6或8枚，披针形或三角形。花雌雄同株或异株；雄花序几无总花梗，棒状圆柱形，被白色柔毛的苞片，花药两端深凹入；雌花序通常顶生于近枝顶的侧生短枝上。球果状果序椭圆形，小苞片变木质，阔卵形，顶端略钝或急尖，背无隆起的棱脊；小坚果连翅。花期4～5月，果期7～10月。（图3-147-1～3-147-3，见639页）

生境与分布 生于沿海海岸。分布于广西、广东、福建、台湾等沿海地区。

药用部位 幼嫩枝叶或树皮、种子。

采集加工　幼嫩枝叶或树皮：全年可采摘嫩枝，或剥取树皮，鲜用或晒干。种子：秋季采收成熟果实，晒至近干，脱下种子，充分干燥。

化学成分　叶和果实含羽扇豆醇、蒲公英赛醇、计曼尼醇、粘霉烯醇、羽扇烯酮、β－香树脂醇、蒲公英赛醇乙酸酯、β－香树酯醇乙酸酯、β－谷甾醇、豆甾醇、菜油甾醇、胆甾醇、胡桃苷、阿福豆苷、三叶豆苷、异槲皮素、色氨酸、亮氨酸、缬氨酸、甘氨酸。茎、果及心材还含酚性及鞣质成分：右旋儿茶精、右旋没食子儿茶精、左旋表儿茶精、左旋表没食子儿茶精、没食子酸、原儿茶酸、没食子酸甲酯、左旋表儿茶精－3－没食子酸酯、左旋表没食子儿茶精－3－没食子酸酯、氢醌以及莽草酸、奎宁酸。

性味归经　幼嫩枝叶或树皮：微苦、辛，温。归肺、大肠、小肠经。种子：微涩，温。

功能主治　幼嫩枝叶或树皮：宣肺止咳，行气止痛，温中止泻，利湿。适用于感冒发热，咳嗽，疝气，腹痛，泄泻，痢疾，小便不利，脚气肿毒。种子：涩肠止泻。适用于慢性腹泻。

二十二、马兜铃科 Aristolochiaceae

（五十八）细辛属 *Asarum* L.

药用记载　辽细辛 *Asarum heterotropoides* F. Schmidt var. *mandshuricum*（Maxim.）Kitag.、汉城细辛 *A. sieboldii* Miq. f. *seoulense*（Nakai）C. Y. Cheng et C. S. Yang 的带根全草在《中国药典》《中药大辞典》《中华本草》中记载为细辛。

148. 辽细辛 *Asarum heterotropoides* F. Schmidt. var. *mandshuricum*（Maxim.）Kitag.

别名　北细辛、万病草、细参、烟袋锅花、绿须姜、独叶草、卧龙丹、铃铛花、四两麻、玉香丝。

识别要点　多年生草本。根茎横走，密生须根，捻之有辛香。茎短，茎端生 2～3 叶；叶卵状心形或近肾形。花单生于叶腋，紫棕色，稀紫绿色；花被管壶状或半球状，花裂片三角状卵形，由基部向外反折，贴靠于花被管上；雄蕊着生于子房中部，花丝常较花药稍短；花柱柱头侧生。蒴果半球状。种子卵状圆锥形。花期 5 月，果期 6～7 月。（图 3–148–1～3–148–3，见 639～640 页）

生境与分布　生长于林下、灌木丛间、山沟、林缘或山阴湿地。分布于东北及山东、山西、河南等地。

药用部位　带根全草。

采集加工　5～7 月间连根挖取，除净泥土，及时阴干。

化学成分　全草含 α－蒎烯、樟烯、β－蒎烯、月桂烯、香桧烯、柠檬烯、桉叶素、对－聚伞花素、γ－松油烯、异松油烯、龙脑、优葛缕酮、爱草脑、茴香醚、黄樟醚、甲基丁香油酚、细辛醚、肉豆蔻醚、榄香脂素、β－水芹烯、β－松油烯、表樟脑、异龙脑、α－松油醇、β－甜没药烯、卡枯醇、细辛脑、乌胺。

药理作用 ①乙醇提取物可增强心肌收缩性能，与心率增快适度、心室舒张较完全有关。②所含的甲基丁香酚，具显著协同戊巴比妥钠的催眠作用。③对体温升高有降低作用，有一定的镇痛作用，但特异性不高。细辛煎剂能阻滞蟾蜍坐骨神经的冲动传导，具可逆性。④抑菌，能完全抑制黄曲霉素的产生。⑤细辛油对大鼠棉球肉芽肿有抑制作用，并能使胸腺萎缩。⑥具有强心、扩大血管、松弛平滑肌、增强脂质代谢及升高血糖等功效。⑦抗组胺及抗变态反应。⑧细辛挥发油对兔离体子宫、肠管，低浓度使张力先增加后下降，振幅增加；高浓度则呈抑制作用。对大鼠离体子宫呈抑制作用。

性味归经 辛，温，小毒。归肺、肾、心、肝、胆、脾经。

功能主治 祛风散寒，通窍止痛，温肺化饮。适用于风寒感冒，头痛，牙痛，鼻塞鼻渊，风湿痹痛，痰饮喘咳。

用药警戒 不宜与藜芦同用。气虚多汗、血虚头痛、阴虚咳嗽等忌服。

149. 汉城细辛 *Asarum sieboldii* Miq. f. *seoulense*（Nakai）C. Y. Cheng et C. S. Yang

别名 华细辛、盆草细辛、细辛、细参、烟袋锅花。

识别要点 与辽细辛的主要区别是花裂片平展不向下反卷，叶柄有毛。（图 3–149–1 ～ 3–149–4，见 640 页）

生境与分布 生长于林下及山沟阴湿地。分布于辽宁。

化学成分 全草含甲基丁香油酚、黄樟醚、细辛醚、优葛缕酮、α – 蒎烯、樟烯、β – 蒎烯、月桂烯、香桧烯、柠檬烯、桉叶素、对 – 聚伞花素、龙脑、α – 松油醇、α – 羟基 – 对 – 聚伞花素、爱草脑、香醚、乙酸龙脑酯、肉豆蔻醚、榄香脂素。

药用等与辽细辛相同。

二十三、芍药科 Paeoniaceae

（五十九）芍药属 *Paeonia* L.

药用记载 芍药 *Paeonia lactiflora* Pall. 的干燥根在《中国药典》中记载为赤芍、白芍。芍药、草芍药 *P. obovata* Maxim. 的根在《中华本草》中记载为赤芍、白芍，在《中药大辞典》中记载为赤芍药、白芍。毛果芍药 *P. lactiflora* Pall. var. *trichocarpa*（Bunge）Stern 的根在《中华本草》中记载为白芍。

150. 芍药 *Paeonia lactiflora* Pall.

别名 山芍药、草芍药、木芍药、赤芍药、红芍药。

识别要点 多年生草本，无毛。根肥大，纺锤形或圆柱形，黑褐色。茎直立，上部分枝，基部有数枚鞘状膜质鳞片。叶互生；茎下部叶为二回三出复叶，上部叶为三出复叶；小叶狭卵形、椭圆形或披针形，先端渐尖，基部楔形或偏斜，边缘具白色软骨质细齿，两面无毛，下面沿叶脉疏生短柔毛，近革质。花两性，数朵生茎顶和叶腋；萼片宽卵形或近圆形，绿色，宿存；花瓣倒卵形，白色或其他，有时基部具深紫色斑块或粉红色。花期 5 ～ 6 月，果期 6 ～ 8 月。（图 3-150-1 ～ 3-150-2，见 641 页）

生境与分布 生长于山坡草地和林下。分布于东北、华北、陕西及甘肃。

药用部位 根。

采集加工 根不同加工，成为赤芍与白芍两种药材。①赤芍：8 ～ 9 月采挖，去除地上部分及泥土，晾晒至半干时，捆成小捆，晒至足干。②白芍：夏、秋二季采挖，洗净，除去头尾及细根，置沸水中煮至无硬心，用竹刀刮去外皮，晒干或切片晒干。

化学成分 根含芍药苷、氧化芍药苷、苯甲酰芍药苷、白芍苷、没食子酰芍药苷、巢菜苷、芍药新苷、芍药内酯、β－谷甾醇、胡萝卜苷、右旋儿茶精、苯甲酸、牡丹酚。花含黄芪苷、山柰酚、多量没食子鞣质、除虫菊素、13－甲基十四烷酸、β－谷甾醇。

药理作用 赤芍：①煎剂对血凝有显著抑制作用，有抗血栓作用。②降低血脂。③有扩张肺血管，降低肺动脉压和肺血管阻力，增加心输出量，改善右心功能和血液流变性等作用。④与抗癌或抗癌增效作用有关。⑤对肝细胞再生和肝功能恢复有良好影响。⑥可保护线粒体结构和功能的正常。⑦赤芍在体外对痢疾杆菌、伤寒杆菌和溶血性链球菌有较强抑制作用。

白芍：①镇静作用，能延长戊巴比妥钠的催眠时间。②对平滑肌有抑制或解痉作用。③有较弱的抗炎作用。④能促进巨噬细胞的吞噬功能。⑤白芍总苷能显著提高动物的耐缺氧能力。⑥白芍提取物凝聚素能改善急性失血所致家兔贫血。⑦白芍的抗菌作用较强，抗菌谱较广。⑧对肝损伤有明显抑制作用。⑨增强丝裂霉素 C 的抗肿瘤作用，此外尚能抑制丝裂霉素 C 所致的白细胞减少。

性味归经 赤芍：苦，微寒。归肝、脾经。白芍：苦、酸，微寒。归肝、脾经。

功能主治 赤芍：清热凉血，散瘀止痛。适用于温毒发斑，吐血衄血，目赤肿痛，肝郁胁痛，经闭痛经，癥瘕腹痛，跌仆损伤，痈肿疮疡。白芍：平肝止痛，养血调经，敛阴止汗。适用于头痛眩晕，胁痛，腹痛，四肢挛痛，血虚萎黄，月经不调，自汗，盗汗。

用药警戒 赤芍：不宜与藜芦同用。血虚无瘀之证及痈疽已溃者慎服。白芍：虚寒之证不宜单独应用，反藜芦。

151. 毛果芍药 *Paeonia lactiflora* Pall. var. *trichocarpa*（Bunge）Stern　FOC 修订为 *Paeonia lactiflora* Pall.（芍药）

识别要点 与芍药的主要区别是心皮和幼果密生柔毛，成熟的蓇葖果疏被柔毛。（图 3-151-1 ～ 3-151-2，见 641 页）

生境与分布 生长于山地灌木丛中。分布于东北及内蒙古、河北、山西等地，各地多有栽培。

药用等各项与芍药相同。

152. 草芍药 *Paeonia obovata* Maxim.

别名 卵叶芍药、山芍药、野芍药。

识别要点 多年生草本。根粗大,多分歧,长圆形或纺锤形,褐色。茎直立,有时呈微红紫色,无毛,基部生数枚鞘状鳞片，叶互生，纸质；茎下部叶为二回三出复叶；茎上部叶为三出复叶或单叶。花两性，单朵顶生，萼片宽卵形、淡绿色，宿存；花瓣 6，白色、红色、紫红色，倒卵形；雄蕊花丝淡红色，花药长圆形，黄色；花盘浅杯状，包住心皮基部。蓇葖果卵圆形，成熟时果皮反卷呈红色。花期 5 ～ 6 月，果期 7 ～ 9 月。（图片 3–152–1 ～ 3–152–4，见 641 ～ 642 页）

生境与分布 生长于山坡草地、林下和腐殖质较深厚的土壤。分布于东北及华北、陕西、宁夏、安徽、浙江、河南、湖北、湖南、四川、贵州等地。

药用等各项与芍药相同。

二十四、猕猴桃科 Actinidiaceae

（六十）猕猴桃属 *Actinidia* Lindl

药用记载 狗枣猕猴桃 *Actinidia kolomikta*（Maxim. et Rupr.）Maxim. 的果实在《中华本草》中记载为狗枣猕猴桃，在《全国中草药汇编》中记载为狗枣子。软枣猕猴桃 *A. arguta*（Sieb. et Zucc.）Planch. et Miq. 的果实在《中药大辞典》《中华本草》中记载为软枣子。葛枣猕猴桃 *A. polygama*（Sieb. et Zucc.）Maxim. 带虫瘿的果实在《全国中草药汇编》中记载为葛枣，在《中药大辞典》《中华本草》中记载为木天蓼子；枝叶在《中药大辞典》《中华本草》中记载为木天蓼；根在《中药大辞典》《中华本草》中记载为木天蓼根。

153. 狗枣猕猴桃 *Actinidia kolomikta*（Maxim. et Rupr.）Maxim.

别名 狗枣子、猫人参、母猪藤、深山木天寥。

识别要点 藤本，嫩枝略有柔毛，老枝无毛；髓淡褐色，片状。叶互生，膜质至薄纸质，卵形至矩圆状卵形，基部心形，少有圆形，上面无毛，下面沿叶脉疏生灰褐色短毛，脉腋密生柔毛，叶片中部以上常有黄白色或紫红色斑。雌雄异株，雄花大部分为 3 朵腋生；雌花或两性花单生，花序基部有脱落性的小花苞；萼片长圆形，外侧被褐色柔毛；花瓣圆形至倒卵形，白色或玫瑰红色。浆果长圆形，具 12 条纵向深色条纹，顶端有宿存的花柱及萼片，萼片反折。花期 6 ～ 7 月，果期 9 ～ 10 月。（图 3–153–1 ～ 3–153–4，见 642 页）

生境与分布 生长于阔叶林或红松针阔混交林中或灌丛中。分布于东北、华北、华中、华南各省区。

药用部位 果实。

采集加工 秋季采果，晒干。

化学成分 果实含维生素 C。叶含山柰酚、槲皮素葡萄糖苷、山柰甲黄素鼠李糖苷等多种糖苷、β－谷甾醇、β－胡萝卜苷。根含 7－豆甾烯醇、狗枣三糖、胡萝卜苷、β－谷甾醇。

药理作用 ①增强机体的免疫功能。②有增强组织清除自由基功能及延缓衰老的作用。③对急性缺血性脑细胞和心肌细胞具有保护作用且存在量效关系。

性味归经 酸、甘，平。归胃经。

功能主治 滋养强壮。适用于维生素 C 缺乏症。

154. 软枣猕猴桃 *Actinidia arguta*（Sieb.et Zucc.）Planch.et Miq.

别名 软枣子、猿枣、圆枣、藤瓜、藤梨果、猕猴梨、藤梨。

识别要点 大型藤本。嫩枝有时被灰白色疏柔毛，老枝光滑；髓褐色，片状。单叶互生；叶柄及叶脉干后常带黑色；叶片膜质或纸质，卵圆形、椭圆状卵形或长圆形，先端突尖或短尾尖，基部圆形或心形，少有近楔形，边缘有锐锯齿，下面脉腋有淡棕色或灰白色柔毛，其余无毛。聚伞花序腋生，花单性，雌雄异株或单性花与两性花共存；花白色，花被 5 数；萼片仅边缘有毛；雄蕊多数；花柱丝状，多数。浆果球形至长圆形，黄绿色。花期 6 ～ 7 月，果期 9 月。（图 3–154–1 ～ 3–154–4，见 643 页）

生境与分布 生长于山地灌丛中或林内。分布于东北、华北、陕西、山东、安徽、浙江、江西、河南、湖北、云南等地。

化学成分 猕猴桃苷、草苁蓉醛碱、维生素 C、维生素 A、烟酸、熊果酸、齐墩果酸、琥珀酸、胡萝卜苷、β－谷甾醇、乌苏酸。

药理作用 ①显著延长寿命。②对小鼠全脑 B 型单胺氧化酶的活性有显著抑制作用。③有对抗小鼠肝脂质过氧化和提高雄性小鼠肝超氧化物歧化酶活性的作用。

性味归经 甘、微酸，微寒。归胃经。

功能主治 滋阴清热，除烦止渴。适用于热病津伤或阴血不足，烦渴引饮，砂淋，石淋，维生素 C 缺乏症，牙龈出血，肝炎，多作滋补营养剂。

155. 葛枣猕猴桃 *Actinidia polygama*（Sieb. et Zucc.）Maxim.

别名 葛枣子、金莲枝、含水藤、木天蓼、该他利（朝名）。

识别要点 藤本。嫩枝略有微毛；髓白色，实心。单叶互生；叶片薄纸质，宽卵形至卵状长圆形，先端渐尖，基部圆形、阔楔形或近心形，边缘具尖锯齿，上面无毛或有细刺毛，下面沿叶脉有柔毛；花腋生；雌雄异株或单性花与两性花共存；中部有节；萼片通常 5，连同花梗略有短柔毛或光滑；花瓣白色；雄蕊多数，花柱多数。浆果长圆形至卵圆形，黄色，有喙，无斑点，可食，花期 5 月，果熟期 9 ～ 10 月。（图 3–155–1 ～ 3–155–2，见 643 页）

生境与分布 生长于山地林中。分布于东北、西北及陕西、山东、湖南、湖北、四川、浙江、云南等地。

药用部位 带虫瘿的果实、枝叶、根。

采集加工 带虫瘿的果实：秋季采集，晒干或鲜用。枝叶：春、秋季采，晒干或鲜用。根：全年可采挖，洗净，晒干或鲜用。

化学成分 叶和果实中含猕猴桃碱、木天蓼内酯、木天蓼醚、新木天蓼醇、异新木天蓼醇、去氢臭蚁二醇、猕猴桃内酯、二氢猕猴桃内酯、木天蓼醇、5-羟基木天蓼醚、苯乙醇、异阿根廷蚁素、假荆芥内酯、阿根廷蚁素、去氢阿根廷蚁素、山柰酚、胡萝卜苷、伞形花内酯及多种糖苷。

药理作用 ①有镇静及催眠作用。②可引起犬或猫的唾液分泌。③对正常未孕大鼠，猕猴桃碱可缩短性周期的休止期，延长动情期及动情后期。对雄性大鼠腹腔注射可使脑下垂体、睾丸之重量有增加。

性味归经 带虫瘿的果实：辛、苦，温。归肝、肾经。枝叶：辛，温，有小毒。归肝、肾经。根：辛，温。归膀胱、胃、大肠经。

功能主治 带虫瘿的果实：祛风通络，活血行气，散寒止痛。适用于中风口面㖞斜，痃癖腹痛，疝气。枝叶：祛除风湿，温经止痛，癥瘕。适用于中风半身不遂，风寒湿痹，腰疼，疝痛，癥瘕积聚，气痢，白癞风。根：祛风散寒，杀虫止痛。适用于寒痹腰痛，风虫牙痛。

用药警戒 本品辛温耗气，不宜久服。

二十五、藤黄科 Clusiaceae

（六十一）金丝桃属 *Hypericum* L.

药用记载 黄海棠 *Hypericum ascyron* L. 的全草在《全国中草药汇编》《中药大辞典》《中华本草》中记载为红旱莲。赶山鞭 *H. attenuatum* Choisy 的全草在《全国中草药汇编》《中药大辞典》《中华本草》中记载赶山鞭。

156. 黄海棠 *Hypericum ascyron* L.

别名 长柱金丝桃、牛心菜、红旱莲、大精血、大箭草、土黄芩、刘寄奴。

识别要点 多年生草本，全株光滑无毛。茎四棱形，淡棕色，上部有分枝。单叶对生，长圆形至卵状披针形，全缘，基部抱茎，两面密布细小透明的腺点。聚伞花序顶生，花瓣 5，金黄色，顶端俯视花瓣呈逆时针旋转，像小风车的叶片。雄蕊多数，基部合生成 5 束。花丝细长。花柱与花丝等长并且颜色变化也一致，花柱基部合生，上部 5 裂；花柱上面的柱头颜色较浅，呈乳白色。蒴果圆锥形，成熟后 5 裂。花期 7～8 月，果期 8～9 月。（图 3-156-1～3-156-4，见 644 页）

生境与分布 生长于山坡缘、草丛、路旁向阳地。除新疆、青海外，全国各地均有分布。

药用部位 全草。

采集加工 7～8 月果实成熟时，割取地上部分，用热水泡过，晒干。

化学成分 含槲皮素、山柰酚、金丝桃苷、异槲皮苷、芸香苷、α-丁香烯、胡萝卜素、核黄素、乌苏酸、β-谷甾醇、豆甾醇等。

药理作用 ①对哮喘有抑制作用。②有祛痰作用。③有镇咳作用。④有抑菌作用。⑤有较强的抗炎镇痛效应。⑥有降低血压、解痉和抗过敏的生理活性，还有抗抑郁、抗肿瘤等作用。

性味归经 苦，寒，有毒。归肝经。

功能主治 凉血止血，活血调经，清热解毒。适用于血热所致的吐血，咯血，尿血，便血，崩漏，跌打损伤，外伤出血，月经不调，痛经，乳汁不下，风热感冒，疟疾，肝炎，痢疾，腹泻，毒蛇咬伤，烫伤，湿疹，黄水疮。

157. 赶山鞭 *Hypericum attenuatum* Choisy

别名 乌腺金丝桃、野金丝桃、小金丝桃、小旱莲、小叶牛心菜、胭脂草。

识别要点 多年生草本植物。茎直立，全株散生黑色腺点。叶长卵形，基部渐狭而多少抱茎。聚伞花序顶生；花瓣5，淡黄色，不等边形，旋转状排列，多脉纹；雄蕊多数，合成3束，花药上有黑色腺点；子房上位，3室，花柱3，分离。蒴果卵圆形，深棕色。种子长圆柱形，一侧具狭翼。花期7～8月，果期8～9月。（图3–157–1～3–157–4，见644页）

生境与分布 生长于草原区山地、林缘、灌丛、草甸草原。分布于我国东北、华北、华东等地区。

药用部位 全草。

采集加工 秋季采集，晒干。

化学成分 含金丝桃苷、槲皮素、绿原酸。

性味归经 苦，平。归心经。

功能主治 凉血止血，活血止痛，解毒消肿。适用于吐血，咯血，崩漏，外伤出血，风湿痹痛，跌打损伤，痈肿疔疮，乳痈肿痛，乳汁不下，乳腺炎，烫伤及蛇虫咬伤。

二十六、罂粟科 Papaveraceae

（六十二）白屈菜属 *Chelidonium* L.

药用记载 白屈菜 *Chelidonium majus* L. 的全草在《全国中草药汇编》《中药大辞典》《中华本草》中记载为白屈菜，根在《中药大辞典》《中华本草》中记载为白屈菜根。

158. 白屈菜 *Chelidonium majus* L.

别名 土黄连、水黄连、小人血七、牛金花、八步紧、断肠草、观音草。

识别要点 多年生草本，主根圆锥状，土黄色。茎直立，多分枝，嫩绿色，被白粉，疏生白色细长柔毛，有黄色乳汁。叶互生，1～2回单数羽状全裂，边缘有不整齐缺刻，上面近无毛，下面疏生短柔毛，有白粉。花数朵，伞状排列；萼片2，早落，椭圆形，外面疏生柔毛；花瓣4，黄色，倒卵圆形，雄蕊多数，花丝黄色；子房线形，无毛，花柱短。蒴果条状圆柱形，成熟时由基部向上开裂。种子多数，黄褐色。花果期 5 ～ 10 月。（图 3–158–1 ～ 3–158–4，见 645 页）

生境与分布　生长于山谷湿润地、水沟边、绿林草地或草丛中、住宅附近。分布于东北、华北、西北及江苏、江西、四川等地。

药用部位　全草、根。

采集加工　全草：盛花期采收，割取地上部分，晒干，贮放于通风干燥处。亦可鲜用。根：夏季采挖，洗净泥沙，阴干。

化学成分　全草含多种白屈菜碱、原阿片碱、高白屈菜碱、金罂粟碱、白屈菜红碱、血根碱类、小檗碱类、黄连碱类、紫堇沙明碱、白屈菜酸、胆碱、芸香苷、槲皮苷、皂苷、白屈菜醇、α – 菠菜甾醇、挥发油、维生素 C、羟基桂皮酸衍生物、咖啡酰苹果酸、咖啡酰乙醛酸酯。果实含胆碱、白屈菜碱、黄连碱、四氢黄连碱等。种子含黄连碱、小檗碱及白屈菜红碱等。根含左旋金罂粟碱、黄连碱、刻叶紫堇明碱、白屈菜胺、菠菜甾醇、麦角甾醇等。叶含黄酮类、维生素 C。

药理作用　①有解痉作用，而毒性则较低，能解除痉挛收缩。大剂量还能抑制心肌、减慢心率、停止于扩张期，对横纹肌也有抑制作用。②能产生中枢抑制作用，使自发活动减少，对小鼠有镇痛作用。③对有丝分裂有显著的阻断分裂作用，能延缓恶性肿瘤之生长。④降血压。⑤有抑制百日咳杆菌的作用。

性味归经　全草：苦，凉，有毒。归肺、心、肾经。根：苦、涩，温。归肝、脾、肾经。

功能主治　全草：镇痛，止咳，利尿，解毒。适用于胃痛，腹痛，肠痉挛，肠炎，痢疾，慢性支气管炎，百日咳，咳嗽，黄疸，胆囊炎，胆石症，水肿，腹水，疥癣疮肿，蛇虫咬伤。根：散瘀，止血，止痛，解蛇毒。适用于劳伤瘀血，脘痛，月经不调，痛经，蛇咬伤。

（六十三）紫堇属 *Corydalis* DC.

药用记载　堇叶延胡索 *Corydalis fumariifolia* Maxim. 或全叶延胡索 *C. repens* Mandl et Muhld. 的块茎在《中药大辞典》《中华本草》中记载为东北延胡索。齿瓣延胡索 *C. remota* Fisch. ex Maxim. 及其各变型的块茎在《中药大辞典》《中华本草》中记载为齿瓣延胡索。延胡索 *C. yanhusuo* W. T. Wang 的块茎在《中国药典》《中药大辞典》《中华本草》中记载为延胡索。珠果黄堇 *C. speciosa* Maxim. 的全草在《中华本草》中记载为珠果黄紫堇。

159. 堇叶延胡索 *Corydalis fumariifolia* Maxim.

别名　元胡、玄胡、土元胡、延胡索、蓝花菜、蓝花豆。

识别要点　多年生草本，无毛。块茎球状，单一断面白色至淡黄色。茎单一，自鳞片叶腋中伸出。叶互生，有长柄；叶片不完全二回三出全裂，小裂片狭倒卵形或狭卵状长圆形。总状花序生于枝顶；苞片卵状长圆形；萼片 2，早落；花冠淡蓝色至蓝紫色，呈唇形，上唇有距与下唇对生；外轮瓣片全缘，无突尖，距粗而直，蜜腺体贯穿距长的 1/2。蒴果条形，干后略呈串珠状。种子多数，卵形至椭圆形，

深褐色。花果期 4 ～ 6 月。（图 3-159-1 ～ 3-159-3，见 645 页）

生境与分布　生长于杂木疏林下、林缘、阴湿沟边。分布于东北。

药用部位　块茎。

采集加工　5 ～ 6 月挖取块茎，去外皮，用开水煮至内部变黄，晒干。

化学成分　块茎含左旋的紫堇碱、紫堇达明碱、去氢紫堇达明碱、消旋四氢掌叶防己碱、原阿片碱、去氢紫堇碱、左旋四氢非洲防己碱、消旋四氢黄连碱、左旋四氢黄连碱、黄连碱、卡文啶碱、α – 别隐品碱、消旋甲基紫堇杷灵、去氢岩黄连碱、白元胡碱。

药理作用　①煎剂对幽门结扎性溃疡、应激性溃疡、阿司匹林性溃疡、ACTH（促肾上腺皮质激素）性溃疡均有一定的抑制，能显著抑制胃液分泌，显著降低胃液游离酸度，对胃蛋白酶活性也有降低趋势。②对内分泌腺的作用：四氢掌叶防己碱能促进大鼠垂体分泌促肾上腺皮质激素；还能影响甲状腺的机能；对小鼠动情周期有明显抑制作用。③经兔、鼠、犬、猴等试验，较大剂量延胡索乙素有明显的催眠作用，无麻醉作用。④延胡索醇提物有显著扩张离体兔心和在体猫心的冠状血管、降低冠脉阻力与增加血流量的作用。对麻醉犬冠状动脉的扩张作用最明显，颈内动脉次之，具有改善坏死边缘区营养性供血的能力。对心肌梗死可能有一定的防治作用。

性味归经　辛、苦，温。归肝、胃经。

功能主治　活血散瘀，清热解毒，行气止痛。适用于心腹腰膝诸痛，痛经，月经不调，产后瘀滞腹痛，崩漏，癌瘤，跌打损伤。

用药警戒　孕妇禁服，体虚者慎服。

160. 延胡索 *Corydalis yanhusuo* W. T. Wang

别名　元胡、玄胡素、延胡、元胡索。

识别要点　多年生草本，全株无毛。块茎扁球形，上部略凹陷，下部生须根，有时纵裂成数瓣，断面深黄色。茎直立或倾斜。基生叶二回三出全裂，茎生叶常 2 枚，互生，较基生叶小而同形。总状花序顶生，花冠淡紫红色，花瓣 4，2 轮，外轮上瓣最大。蒴果。花期 3 ～ 4 月，果期 4 ～ 5 月。（图 3-160-1 ～ 3-160-2，见 646 页）

生境与分布　生长于山地林下。分布河北、山东、江苏、浙江等地。

药用部位　块茎。

采集加工　5 ～ 6 月间当茎叶枯萎时采挖。挖取后，搓掉外面浮皮，洗净，分别大小，放入开水中烫煮，随时翻动，至内部无白心呈黄色时，捞出晒干，置于干燥通风处，防潮及虫蛀。

化学成分　紫堇碱、四氢掌叶防己碱、原阿片碱、β – 高白屈菜碱、黄连碱、去氢紫堇碱、紫堇达明碱。

药理作用　①延胡索素甲有显著的镇痛作用。②较大剂量延胡索乙素有明显的催眠作用。③延胡索浸剂对豚鼠离体肠管呈兴奋作用，但对兔及大鼠离体小肠无显著作用。④延胡索醇提物有显著扩张离体兔心和在体猫心的冠状血管、降低冠脉阻力与增加血流量的作用。⑤延胡索乙素有兴奋垂体肾上腺系统的作用。⑥延胡索乙素、四氢巴马汀对兔、离体豚鼠的实验表明，对其肌肉有松弛作用。

性味归经 辛、苦，温。归肝、脾经。

功能主治 活血，利气，止痛。适用于胸胁、脘腹疼痛，经闭痛经，产后瘀阻，跌仆肿痛。

用药警戒 孕妇慎用。

161. 全叶延胡索 *Corydalis repens* Mandl et Muhid.

别名 土元胡。

识别要点 多年生草本，无毛。块茎球形至倒圆锥形，有时瓣裂为 3 ～ 6 枚，外被枯萎栓皮若干层，断面白色至浅黄色。茎斜卧，单一，自下部 1 枚鳞片起作 2 ～ 5 分枝。叶具柄；叶片三回三出全裂，末回裂片椭圆形或倒卵形，全缘，稀先端浅或深裂。总状花序顶生，疏生花 4 ～ 10 朵；苞片披针形至卵形，中、下部者常中裂，上部者全缘；花梗纤细，花瓣浅蓝色至紫红色，外轮上花瓣瓣片先端 2 浅裂，无短尖，全缘，距较瓣片略长；柱头具 4 乳突。蒴果卵形至长卵形，熟时下垂。种子扁肾圆形，黑色。花期 4 月，果期 5 月。（图 3–161–1 ～ 3–161–2，见 646 页）

生境与分布 生长于杂木疏林下或林缘。分布于东北及河北、山东、江苏、安徽、浙江、河南等地。

药用等各项与堇叶延胡索相同。

162. 齿瓣延胡索 *Corydalis remota* Fisch. ex Maxim.

别名 蓝雀花、蓝花菜、元胡。

识别要点 多年生草本。茎稍粗，生于鳞片叶腋处，鳞叶较大。茎上部生 2 ～ 3 叶；叶片二回三出全裂，小叶片披针形或狭倒卵形，全缘。总状花序顶生；花瓣 4，蓝紫色，上唇顶端 2 浅裂，有短尖，矩圆筒状，下唇 2 裂；雄蕊 6；雌蕊 1，条形。蒴果近念珠状。花果期 4 ～ 7 月。（图 3–162–1 ～ 3–162–2，见 646 页）

生境与分布 生长于林缘、杂木疏林下、河滩及溪沟边。分布于东北及内蒙古、河北、山西、山东等地。

药用部位 块茎。

采集加工 茎叶枯萎时采挖，搓去浮皮，洗净，放入 80 ～ 90℃的水中煮 2 ～ 4 分钟，随时翻动，至内无白心、呈黄色时捞出，晒干。

化学成分 含多种延胡索素、四氢小檗碱、棕榈酸、豆甾醇、油酸、亚油酸、亚油烯酸、皂苷、左旋紫堇碱、原阿片碱、α – 别隐品碱、四氢黄连碱、紫堇定、左旋海罂粟碱、黄连碱、掌叶防己碱、豆甾醇等。

药理作用 有镇痛、镇静作用。

性味归经 辛、苦，温。归肝、胃经。

功能主治 活血散瘀，行气止痛。适用于心腹腰膝诸痛，痛经，产后瘀阻腹痛，跌打肿痛。

用药警戒 孕妇及体虚者慎服。

163. 珠果黄堇 *Corydalis speciosa* Maxim.

别名 狭裂球果紫堇、念珠黄堇、念珠紫堇、胡黄堇。

识别要点 多年生草本，无毛。主根长直。茎直立，自下部分枝。叶互生；叶片轮廓狭卵形，二至三回羽状全裂，一回裂片 5 ～ 7，末回裂片披针形至条形，下面略带白粉。总状花序顶生，花密集，苞片披针形，萼片膜质，卵形，先端有缺刻；花冠黄色，末端钝圆。蒴果条形，串珠状。种子扁球形，黑色，表面密生小凹点。花期 5 ～ 6 月，果期 6 ～ 7 月。（图 3–163–1 ～ 3–163–4，见 647 页）

生境与分布 生长于山坡林下或沟边湿地。分布于东北及河北、山西、山东、河南等地。

药用部位 全草。

采集加工 盛花期采集，切段晒干。

化学成分 全草含紫堇杷灵碱、原阿片碱、别隐品碱、咖坡明碱、咖坡任碱、消旋四氢掌叶防己碱。

性味归经 苦、涩，寒。归肺经。

功能主治 清热解毒，消肿止痛。适用于痈疮热疖，无名肿毒，角膜充血。

164. 小黄紫堇 *Corydalis raddeana* Regel

别名 山黄堇、珠果黄堇、黄花地丁。

识别要点 一年生草本，主根粗壮，茎直立，具棱，通常自下部分枝。基生叶少数，具长柄，叶片轮廓三角形或宽卵形，茎生叶多数。总状花序顶生和腋生，花排列稀疏；苞片狭卵形至披针形，全缘，有时基部者 3 浅裂；花梗劲直。萼片鳞片状，近肾形，花瓣黄色，舟状卵形，先端渐尖，背部鸡冠状凸起。蒴果圆柱形。花果期 6 ～ 10 月。（图 3–164–1 ～ 3–164–2，见 647 页）

生境与分布 生长于林间空地、火烧迹地、林缘、河岸或多石坡地。分布于东北、华北、山东、陕西、湖北、江西、安徽、江苏、浙江、福建、台湾。

药用等参考珠果黄堇。

165. 巨紫堇 *Corydalis gigantea* Trautv. et Mey.

别名 紫堇。

识别要点 多年生中型草本，无毛。根头部粗大成块。茎直立，中空，上部多分枝。基生叶具长柄，叶片轮廓三角形，三出全裂，裂片有短柄，再羽状深裂，最终裂片椭圆形至长卵形，下面淡绿色；茎生叶无或仅 1 枚，干后变黑。总状花序腋生，2 ～ 3 分枝，组成圆锥状，花密生；苞片条形；萼片大，宽卵形，早落；花冠红紫色，子房条形，柱头戟形。蒴果椭圆形。花期 6 ～ 7 月，果期 8 ～ 9 月。（图 3–165–1 ～ 3–165–3，见 648 页）

生境与分布 生长于林下沟边。分布于黑龙江、吉林等地。

药用部位 全草。

采集加工 7 ～ 8 月采收，切段晒干。

化学成分 全草含左旋斯氏紫堇碱、左旋碎叶紫堇碱、左旋山缘草碱、原阿片碱、血根碱、右旋比枯枯灵碱、左旋山缘草定碱生物碱。根茎中含前鸦片碱、血根碱、山缘草碱、碎叶紫堇碱等。

性味归经 苦，寒。归肺、心、肝经。

功能主治 镇痛镇静，抗菌消炎。适用于各种疼痛。

（六十四）罂粟属 *Papaver* L.

药用记载 野罂粟 *Papaver nudicaule* L. var. *nudicaule*、黑水罂粟 *P. nudicaule* L. var. *aquilegioides* f. *amurense*（Busch）H. Chuang 的果实、果壳或带花的全草在《中华本草》中记载为野罂粟；野罂粟的果实、果壳或带花的全草在《中药大辞典》中记载为野罂粟；果壳在《全国中草药汇编》中记载为野罂粟壳。黑水罂粟的全草及未成熟果实在《中药大辞典》中记载为山大烟。

166. 野罂粟 *Papaver nudicaule* L. var. *nudicaule*

别名 山大烟、山罂粟、毛罂粟、野大烟、山米壳、丽春花。

识别要点 多年生草本，全株被硬毛，折断有白浆。根长锥形，根茎短，具多数叶柄残基。基生叶丛生；具长柄，叶片长卵圆形，羽状深裂，裂片再作不等浅裂。花茎自基部生出，远较叶为长；花单一，顶生；花萼 2 枚，广卵形；花瓣 4，倒卵形，内轮 2 个较小，橙黄色或黄色；雄蕊多数；子房倒卵形，柱头辐射状。蒴果长圆形或倒卵状球形，顶部有盖，常密生硬毛。种子细小，多数。花期 6 ～ 9 月，果期 7 ～ 8 月。（图 3–166–1 ～ 3–166–3，见 648 页）

生境与分布 生长于山坡高燥地带。分布于东北及河北、内蒙古、山西、宁夏、新疆等地。

药用部位 果实、果壳或带花的全草。

采集加工 夏、秋季采收，除去须根、泥土，晒干。

化学成分 全草含黑水罂粟菲酮碱、黑水罂粟螺酚碱、二氢黑水罂粟菲酮碱、黄连碱、黑水罂粟菲酚碱、α－别隐品碱、原阿片碱、白屈菜红碱、血根碱、紫勤定、小檗碱和黄连碱。果壳中含有隐掌叶防己碱。花中含野罂粟素。

性味归经 酸、微苦、涩，凉，有毒。归肺、肾、胃、大肠经。

功能主治 敛肺止咳，涩肠止泻，镇痛。适用于久咳喘息，泻痢，便血，脱肛，遗精，带下，头痛，胃痛，痛经。

167. 黑水罂粟 *Papaver nudicaule* L. var. *aquilegioides* f. *amurense*（Busch）H. Chuang

别名 野大烟、山大烟。

识别要点 一年生草本，全株密生硬毛，富含乳汁，折断有白浆。叶全部基生；有短柄，具伸展的硬毛；叶卵形，羽状深裂，裂片卵形、长卵形或披针形，边缘具同等深度缺刻，两面有硬毛，质稍肥厚。花大而美丽，白色，单生于一长花莛上；花瓣 4 枚，广倒卵形，长先端具波状缺刻；子房倒卵形，柱头分裂呈辐射状。蒴果卵形，孔裂。花果期 6 ～ 8 月。（图 3–167–1 ～ 3–167–3，见 648 ～ 649 页）

生境与分布 生长于山野、路旁、石砾地或河岸沙地。分布于东北、华北、华中等地区。

药用等与野罂粟相同。

168. 长白山罂粟 *Papaver radicatum* var. *pseudoradicatum*（Kitag.）Kitag.

别名　高山罂粟。

识别要点　多年生草本，植株矮小，多呈小丛状。叶全部基生，叶片卵形，一至二回羽状全裂，裂片 2 ～ 3 对，最终裂片宽线形。花莛一至数个，花单生于花莛顶部，淡黄色或淡黄绿色，花瓣 4 枚，广倒卵形；雄蕊多数，花药黄色，长圆形；雌蕊长圆形。蒴果长倒卵形，种子多数。花期 6 ～ 7 月，果期 8 月。（图 3–168–1 ～ 3–168–2，见 649 页）

生境与分布　生长于高山冻原、石砾地、山坡上。分布于东北。

药用等与野罂粟相同。

（六十五）荷青花属 *Hylomecon* Maxim.

药用记载　荷青花 *Hylomecon japonica*（Thunb.）Prantl 的根和根茎在《全国中草药汇编》《中华本草》中记载为拐枣七；在《中药大辞典》中记载为荷青花。

169. 荷青花 *Hylomecon japonica*（Thunb.）Prantl

别名　拐枣七、刀豆三七、水菖三七、大叶老鼠七、大叶芹幌子、鸡蛋黄草、乌筋七。

识别要点　多年生草本。茎叶含有黄色液汁，茎直立。上部稍分枝，单数羽状复叶；基生叶有柄，广卵形至菱状卵形，先端尖锐，基部楔形，边缘有缺刻及不整齐的锯齿；茎生叶具小叶 3 ～ 5，花两性，腋生成稀疏的聚伞花序，1 ～ 2 朵，萼片 2，绿色，狭卵形，早落；花瓣黄色，圆卵形；雄蕊多数；雌蕊花柱短。蒴果。花期 4 ～ 6 月，果期 6 ～ 7 月。（图 3–169–1 ～ 3–169–2，见 649 页）

生境与分布　生长于山坡阴湿处或林下、林边、沟边。分布于全国各地。

药用部位　根。

采集加工　夏、秋季挖根。阴干。

化学成分　根含隐品碱、别隐品碱、原阿片碱、黄连碱、小檗碱、血根碱、白屈菜红碱、白屈菜玉红碱、白屈菜黄碱、白屈菜碱、人血草碱、四氢小檗碱。

性味归经　苦，平。归肺、肾经。

功能主治　祛风湿，舒筋活络，散瘀消肿，止血止痛。适用于风湿性关节炎，劳伤，跌打损伤。

二十七、十字花科 Cruciferae

（六十六）南芥属 *Arabis* L.

药用记载　垂果南芥 *Arabis pendula* L. 的果实在《全国中草药汇编》《中药大辞典》中记载为垂

果南芥。垂果南芥和粉绿垂果南芥 *A. pendula* L. var. *hypoglauca* Franch. 的果实在《中华本草》中记载为扁担蒿。

170. 垂果南芥 *Arabis pendula* L.

别名 野白菜、扁担蒿、唐芥、大蒜芥、文珠日－赫其（蒙名）、文吉格日－少布都海（蒙名）。

识别要点 二年生草本，全株被硬单毛。主根圆锥状，黄白色。茎直立有分枝。叶互生，长椭圆形、倒卵形或披针形；先端尖，基部耳状，稍抱茎，边缘有细锯齿，无柄。总状花序顶生或腋生；萼片椭圆形；花瓣白色；雄蕊 6，4 长 2 短；雌蕊 1，花柱不明显。长角果线形，弧曲，下垂。种子褐色，边缘有环状的翅。花期 6 ～ 9 月，果期 7 ～ 10 月。（图 3–170–1 ～ 3–170–2，见 650 页）

生境与分布 生长于山坡、山沟、草地、林缘、灌木丛、河岸及路旁的杂草地。分布于东北、华北、西北、西南及湖北、山东等地。

药用部位 果实、种子。

采集加工 秋季采收，晒干，酒炒。

化学成分 全草含黄酮类成分，叶含维生素 C。

性味归经 辛，平。

功能主治 果实：清热解毒，祛痰止咳，平喘，消肿。适用于疮痈肿毒，阴道炎，阴道滴虫，咳嗽气喘。种子：退热。

（六十七）荠属 *Capsella* Medic.

药用记载 荠 *Capsella bursa-pastoris*（L.）Medic. 的全草在《全国中草药汇编》《中药大辞典》《中华本草》中记载为荠菜；荠的花序在《中药大辞典》《中华本草》中记载为荠菜花；荠的种子在《中药大辞典》《中华本草》中记载为荠菜子。

171. 荠 *Capsella bursa-pastoris*（L.）Medic.

别名 荠菜、菱角菜、枕头草、粽子菜、三角草、荠荠菜、地菜、净肠草、清明菜、香田芥、烟盒草。

识别要点 一或二年生草本。茎直立，有分枝，稍有分枝毛或单毛。基生叶丛生呈莲座状，叶片大头羽状分裂，浅裂或具有不规则粗锯齿；茎生叶窄披针形或披针形，基部箭形抱茎，边缘有缺刻或锯齿，两面有细毛或无毛。总状花序项生或腋生；萼片长圆形；花瓣白色，匙形或卵形，有短爪。短角果倒三角形或倒心状三角形，扁平，无毛，先端稍凹，裂瓣具网脉。种子 2 行，呈椭圆形，浅褐色。花、果期 4 ～ 6 月。（图 3–171–1 ～ 3–171–3，见 650 页）

生境与分布 生长于田野、路边及庭园。全国各地均有分布或栽培。

药用部位 全草、花序、种子。

采集加工 全草：3 ～ 5 月采收，洗净，晒干。花序：4 ～ 5 月采收，晒干。种子：6 月间果实成熟时，采摘果枝，晒干，揉出种子。

化学成分　全株含香叶木苷、橙皮苷、芸香苷、木犀草素 -7- 芸香糖苷、黑芥子苷、胆碱、乙酸胆碱、酪胺、马钱子碱、芥子碱、麦角克碱、育亨宾、棕榈酸、多种有机酸、多种氨基酸、山梨糖醇、甘露醇、谷甾醇、侧金盏花醇、刺槐乙素、胡萝卜素、硫胺素、核黄素以及钾、钙等无机物。

药理作用　①浸膏对动物离体子宫或肠管有显著的收缩作用。②提取物有止血作用。③醇提取物可产生一过性血压下降。④提取物能延长睡眠时间。

性味归经　全草：甘、淡，凉。归肝、心、肺经。花序：甘、凉。归大肠经。种子：甘、平。归肝经。

功能主治　全草：凉肝止血，平肝明目，清热利湿。适用于吐血，衄血，咯血，尿血，崩漏，目赤疼痛，眼底出血，高血压病，赤白痢疾，肾炎水肿，乳糜尿。花序：凉血止血，清热利湿。适用于痢疾，崩漏，尿血，吐血，咯血，衄血，小儿乳积，赤白带下。种子：祛风明目。适用于目痛，青盲翳障。

（六十八）碎米荠属 *Cardamine* L.

药用记载　白花碎米荠 *Cardamine leucantha*（Tausch）O. E. Schulz 的根状茎或全草在《全国中草药汇编》《中药大辞典》《中华本草》中记载为菜子七。

172. 白花碎米荠 *Cardamine leucantha*（Tausch）O. E. Schulz

别名　山芥菜、假芹菜、角蒿、白花石芥菜。

识别要点　多年生草本。根状茎短而匍匐，有长短不一的匍匐枝。茎直立，单一，不分枝或有时上部有少数分枝，表面有细棱。奇数羽状复叶；基生叶具较长叶柄；顶生小叶长卵状披针形，边缘具不整齐钝齿，侧生小叶与顶生小叶相似。总状花序顶生，分枝或不分枝；萼片 4，椭圆形；花瓣 4，白色。长角果线形。种子栗褐色。花期 4 ～ 7 月，果期 7 ～ 8 月。（图 3-172-1 ～ 3-172-4，见 650 ～ 651 页）

生境与分布　生长于林区路旁、山坡灌木林下、沟边及湿草地。分布于东北、山西、陕西、甘肃、江苏、安徽、浙江、江西、河南、湖北、湖南、四川等地。

药用部位　根状茎或全草。

采集加工　秋季采挖，去泥土杂质及须根，晒干。

性味归经　辛、甘，平。归肺、肝经。

功能主治　化痰止咳，活血止痛。适用于百日咳，慢性支气管炎，月经不调，跌打损伤。

173. 伏水碎米荠 *Cardamine prorepens* Fisch.

别名　水田荠、水芥菜、小水田荠、奥存 – 照古其（蒙名）。

识别要点　多年生草本，茎下部伏卧，匍匐生根，并分生匐枝，上部上升。叶为羽状全裂或复叶，下部叶及基生叶的柄很长，上部叶的柄短，通常顶小叶比侧小叶稍大。总状花序生于茎顶及分枝顶端；萼片广卵形或卵形，花瓣广倒卵形、椭圆形或有时为广卵形，少为倒卵形，子房无毛或有时疏生毛。长角果。花期 6 ～ 8 月，果期 7 ～ 9 月。（图 3-173-1 ～ 3-173-2，见 651 页）

生境与分布　生长在林内河边、山沟、溪边或山顶草原湿地。分布于东北、内蒙古。

药用部位 全草。

采集加工 春季采集，洗净，晒干或鲜用。

性味归经 平、甘，辛。归肝、肾经。

功能主治 清热利湿，凉血调经，明目去翳。适用于肾炎水肿，痢疾，吐血，崩漏，月经不调，目赤，云翳。

174. 细叶碎米荠 *Cardamine schulziana* Baehne. FOC 修订为 *Cardamine trifida*（Lam. ex Poir.）B. M. G. Jones

别名 细叶石荠花、那林 – 照古其（蒙名）。

识别要点 多年生草本。根茎很短，自根茎生须根，并生出多数丝状的地下匐枝，匐枝的末端肥厚而形成近球形的小球茎。茎单一，通常直立，无毛。基生叶有长柄，具 3 或 5 小叶。总状花序顶生，花较密集；萼片倒卵形或卵形，花瓣紫色或粉红色，少有白色。长角果。花期 5 ～ 6 月，果期 6 ～ 7 月。（图 3–174–1 ～ 3–174–3，见 651 ～ 652 页）

生境与分布 生长于林下、林间及塔头甸子间。分布于东北、内蒙古、台湾。

药用部位 全草。

采集加工 春季。

性味归经 味甘、微辛，平。归肾经。

功能主治 抗菌，消炎，解毒，利尿。适用于尿道炎，膀胱炎，皮肤炎，痢疾，白带异常。

（六十九）播娘蒿属 *Descurainia* Webb et Berthel.

药用记载 播娘蒿 *Descurainia sophia*（L.）Webb ex Prantl 的种子在《中药大辞典》《中国药典》《中华本草》中记载为南葶苈子，《中华本草》中记为葶苈子。

175. 播娘蒿 *Descurainia sophia*（L.）Webb ex Prantl

别名 丁历、大适、大室、南葶苈子、哈可西（维名）、嘎希昆 – 含毕勒（蒙名）。

识别要点 一年生或二年生草本。全株呈灰白色。茎直立，上部分枝，具纵槽，密被分枝状短柔毛。叶二至三回羽状全裂或深裂，最终裂片条形或条状长圆形，全缘；茎下部叶有叶柄，向上叶柄逐渐缩短或近于无柄。总状花序顶生，具多数花；萼片 4，条状长圆形，边缘膜质；花瓣黄色，匙形，与萼片近等长；雄蕊 6；雌蕊 1，子房圆柱形，花柱短，柱头呈扁压的头状。长角果圆筒状。种子淡红褐色，表面有细网纹，潮湿后有黏胶物质。花、果期为 4 ～ 7 月。（图 3–175–1 ～ 3–175–2，见 652 页）

生境与分布 生长于山坡、田野和农田。分布于除华南外的全国各地。

药用部位 种子。

采集加工 夏季果实成熟时采割植株，晒干，搓出种子，除去杂质。

化学成分 种子含芥子酸、毒毛花苷元、黄白糖芥苷、多种糖苷、芥酸、异硫氰酸苄酯、多种硫氰酸酯、多种有机酸、β－谷甾醇。

药理作用 ①种子醇提取物，有强心作用。②煎剂有利尿作用。③对渗出性胸膜炎、胸腔积液、肺源性心脏病均有较好疗效。④所含苄基芥子油具有广谱抗菌作用。⑤有调血脂作用。⑥对胰蛋白酶有较高的抑制作用。

性味归经 辛、苦，寒。归肺、心、肝、胃、膀胱经。

功能主治 泻肺降气，祛痰平喘，利水消肿。适用于痰涎壅肺之喘咳痰多，肺痈，水肿，胸腹积水，小便不利，慢性肺源性心脏病，心力衰竭之喘肿，瘰疬结核。

用药警戒 肺虚喘咳、脾虚肿满者忌服。

（七十）葶苈属 *Draba* L.

药用记载 葶苈 *Draba nemorosa* L. 的种子在《全国中草药汇编》中记载为葶苈，在《中华本草》中记载为葶苈子。

176. 葶苈 *Draba nemorosa* L.

别名 猫耳朵菜、丁苈、大室、大适、狗荠。

识别要点 一年或二年生草本。茎直立。基生叶莲座状，边缘有疏细齿或近于全缘；茎生叶长卵形或卵形。总状花序密集成伞房状，花后显著伸长，疏松；萼片椭圆形，背面略有毛；花瓣黄色，花期后成白色，顶端凹；雄蕊花药短心形；雌蕊柱头小。短角果被短单毛。种子椭圆形，褐色，种皮有小疣。花期 3 ～ 4 月上旬，果期 5 ～ 6 月。（图 3–176–1 ～ 3–176–4，见 652 ～ 653 页）

生境与分布 生长于田边路旁，山坡草地及河谷湿地。分布于东北、华北及江苏、浙江、四川、西藏。

药用部位 种子。

采集加工 夏季果实成熟时采割植株，晒干，搓出种子，除去杂质。

化学成分 种子含黑芥子苷。全草含甾体、香豆素、内酯、黄酮及其苷类、挥发油、油脂。

药理作用 葶苈子有利尿作用。

性味归经 辛、苦，寒。归肺、膀胱经。

功能主治 泻肺平喘，行水消肿。适用于痰涎壅肺，喘咳痰多，胸胁胀满，不得平卧，胸腹水肿，小便不利，肺源性心脏病水肿。

用药警戒 肺虚喘咳、脾虚肿满者忌服。

（七十一）芝麻菜属 *Eruca* Mill.

药用记载 芝麻菜 *Eruca sativa* Mill. 的种子在《中华本草》中记载为芝麻菜；在《全国中草药汇编》中记载为金堂葶苈。

177. 芝麻菜 *Eruca sativa* Mill.　　FOC 修订为 *Eruca vesicaria* subsp *sativa*（Mill.）Thell.

别名　金堂葶苈、葶苈子、苦葶苈、香油罐、臭菜、芸芥、臭萝卜。

识别要点　一年生草本。茎直立，上部常分枝，疏生白色硬糙毛或近无毛。叶片肉质，叶形多变化。总状花序生于枝顶，花大，有臭味；萼片棕紫色或黄绿色，外面有蛛丝状长柔毛；花瓣 4，黄色、乳黄色或渐转为白色，瓣片倒圆形，并具有紫褐色的脉纹，基部具渐狭形长爪；雄蕊 6；雌蕊 1，柱头头状。长角果圆柱形，中肋明显，角果先端具有扁平剑形的喙；果熟时果瓣开裂。种子黄棕色。花期 3 ～ 4 月，果期 4 ～ 6 月。（图 3–177–1 ～ 3–177–3，见 653 页）

生境与分布　生长于向阳斜坡、草地、路边、麦田中、水沟边或为栽培品。分布于东北、华北、西北以及江苏、四川、云南等地。

药用部位　种子。

采集加工　4 ～ 6 月种子成熟时，割起全株，晒干，打出种子，扬净果壳、灰渣。

化学成分　种子含棕榈酸、棕榈油酸、硬脂酸、油酸、亚油酸、亚麻酸、芥酸、花生四烯酸、花生酸、芥子碱、芥子油苷。叶含异鼠李素、异鼠李素 –3– 葡萄糖苷。

性味归经　辛、苦，寒。归肺、膀胱经。

功能主治　下气行水，祛痰定喘。适用于痰壅喘咳，水肿，腹水。

用药警戒　肺虚喘嗽、脾肾阳虚水肿者禁服。

（七十二）糖芥属 *Erysimum* L.

药用记载　小花糖芥 *Erysimum cheiranthoides* L. 的全草和种子在《中华本草》中记载为桂竹糖芥。

178. 小花糖芥 *Erysimum cheiranthoides* L.

别名　桂竹糖芥、糖芥、打水水花、金盏盏花、苦葶苈、野菜子。

识别要点　一年或二年生草本。具贴生的“丁”字形毛。叶互生，近于无柄；叶片线形或披针形，全缘或深波状。总状花序，顶生或腋生；花浅黄色；雄蕊 6 枚，4 长 2 短。长角果柱形，有棱，果梗斜向伸展；种子细小，扁卵圆形，淡褐色。花期 4 ～ 6 月，果期 5 ～ 7 月。（图 3–178–1 ～ 3–178–2，见 653 页）

生境与分布　生长于山坡、山谷、路旁及村旁荒地。分布于东北、华北、西北及山东、江苏、安徽、河南、四川、云南等地。

药用部位　全草和种子。

采集加工　4 ～ 5 月花盛期，割取全草，晒干。或于果实近成熟时，割下全草，晒干；将种子打落，簸去杂质，取净籽入药。

化学成分　主要含多种糖芥苷、黄麻苷、木糖糖芥醇苷、糖芥卡诺醇苷、毒毛旋花子苷元、肉豆蔻酸、棕榈油酸、多种有机酸、槲皮素、鼠李素、异鼠李素、异硫氰酸烯丙酯、卡诺醇。

药理作用　①乙醇提取液有强心苷样作用，作用出现快，无明显蓄积性。②木糖糖芥苷有中枢性降低血压作用。糖芥卡诺醇苷除具降压作用外，尚能使冠状血流量增加。③七里香苷可使冠脉血流量先减少，后恢复或超过正常。

性味归经　辛、苦，寒，有小毒。归心、脾、胃经。

功能主治　强心利尿，和胃消食。适用于心力衰竭，心悸，浮肿，脾胃不和，食积不化。

用药警戒　本品有小毒，内服不宜过量，如出现呕吐、恶心、头晕、头痛、心动过缓即需停服。

（七十三）独行菜属 *Lepidium* L.

药用记载　独行菜 *Lepidium apetalum* Willd. 的种子在《中国药典》《中华本草》《中药大辞典》中记载为北葶苈子；全草在《中华本草》中记载为辣辣菜。家独行菜 *L. sativum* L. 的全草和种子在《中华本草》中记载为家独行菜。

179. 独行菜 *Lepidium apetalum* Willd.

别名　腺独行菜、腺茎独行菜、辣辣根、羊辣罐、拉拉罐、白花草、北葶苈子、南葶苈子、克孜力图地日（维名）、阿木塔图－含毕勒（蒙名）。

识别要点　一年生或二年生草本。茎直立，上部多分枝，被有多数微小的头状毛。叶互生；茎下部叶狭长椭圆形，边缘浅裂或深裂；茎上部叶线形，较小，全缘或前端有疏锯齿；叶基部均有耳，上面疏生微小短毛，下面无毛。长总状花序，顶生；花小；萼 4，椭圆形；花瓣通常很小，呈退化状。短角果，卵状椭圆形，扁平，果柄细，密生头状毛；中央开裂，假隔膜膜质白色。种子倒卵状椭圆形，淡红棕色。花期 5 ～ 6 月，果期 6 ～ 7 月。（图 3–179–1 ～ 3–179–3，见 654 页）

生境与分布　生长于田野、荒地、路旁。分布于东北、华北、山东、甘肃、青海、云南、四川等地。

药用部位　种子、全草。

采集加工　种子：夏季果实成熟时，割取全草，晒干，打下种子，筛净杂质。全草：春季采挖，洗净，晒干。

化学成分　种子含黑芥子苷、七里香苷甲、白芥子苷、异硫氰酸苄酯、强心苷。全草含硫胺素、膳食纤维、多种维生素、胆固醇、胡萝卜素、视黄醇。

药理作用　有强心作用，临床用于治疗慢性肺源性心脏病并发心力衰竭。

性味归经　种子：辛、苦，寒。归肺、心、肝、胃、膀胱经。全草：辛，平。归肾、膀胱经。蒙药：辛、苦，凉、钝、稀、轻、糙。

功能主治　种子：泻肺降气，祛痰平喘，利水消肿。适用于痰涎壅肺之喘咳痰多，肺痈，水肿，胸腹积水，小便不利，慢性肺源性心脏病，心力衰竭之喘肿，瘰疬结核。全草：清热解毒，利尿，通淋。适用于痢疾，腹泻，小便不利，淋证，浮肿。蒙药：止咳，祛痰，平喘，清热，解毒。

用药警戒　肺虚喘咳、脾虚肿满者忌服。

180. 家独行菜 *Lepidium sativum* L.

别名 樱菜、台尔台孜（维名）。

识别要点 一年生草本，通常被蓝灰色粉霜。茎直立，通常在顶部分枝。基生叶倒卵状椭圆形；茎下部叶线形，羽状多裂；茎上部的叶线形，全缘。总状花序顶生或腋生，花序轴无毛，果期显著伸长，花小，多数，排列疏松；萼片椭圆形；花瓣白色或带淡红色，长圆状匙形。短角果圆卵形或椭圆形。种子扁平，果瓣红棕色，光滑，无边缘。花期 6 ～ 7 月，果期 8 ～ 9 月。（图 3–180–1 ～ 3–180–3，见 654 页）

生境与分布 生长于路边、田边地头等。分布于黑龙江、吉林、新疆、山东及西藏。

药用部位 全草、种子。

采集加工 全草春、夏季采集，种子于 8 ～ 9 月果熟时割取全株，晒干，打下种子，去除杂质。

化学成分 全草及种子含苯乙腈、硫氰酸苄酯、异硫氰酸苄酯、独行菜碱、芥子碱等。

性味归经 辛，温。

功能主治 祛痰止咳，温中，利尿。适用于咳嗽，喘息，痰多而稠，呃逆，腹泻，痢疾，腹胀，水肿，小便不利，疥癣。

181. 密花独行菜 *Lepidium densiflorum* Schrad.

别名 北美独行菜、琴叶独行菜。

识别要点 一年生草本；茎单一，直立，上部分枝，具疏生柱状短柔毛。基生叶长圆形或椭圆形，叶上面无毛，下面有短柔毛。总状花序有多数密生花，果期伸长；萼片卵形；无花瓣或花瓣退化成丝状，远短于萼片；雄蕊 2。短角果圆状倒卵形，顶端圆钝，微缺，有翅，无毛。种子卵形，黄褐色，有不明显窄翅。花期 5 ～ 6 月，果期 6 ～ 7 月。（图 3–181–1 ～ 3–181–2，见 655 页）

生境与分布 生长于在海滨、沙地、农田边及路边。分布于东北。

药用参考家独行菜。

（七十四）蔊菜属 *Rorippa* Scop.

药用记载 蔊菜 *Rorippa indica*（L.）Hiern 的全草在《全国中草药汇编》《中药大辞典》《中华本草》中记载为蔊菜。沼生蔊菜 *Rorippa islandica*（Oed.）Borb. 的全草在《中华本草》中记载为水前草。风花菜 *R. globosa*（Turcz.）Hayck 的全草在《中药大辞典》中记载为风花菜。

182. 蔊菜 *Rorippa indica*（L.）Hiern

别名 辣米菜、野油菜、塘葛菜、干油菜、石豇豆、鸡肉菜、田葛菜、江剪刀草、野雪里蕻、野芥草、野菜花、山芥菜、独根菜、山萝卜、金丝荚。

识别要点 一二年生直立草本，植株较粗壮，无毛或具疏毛。茎单一或分枝，表面具纵沟。叶互生，基生叶及茎下部叶具长柄，叶形多变化，茎上部叶片宽披针形或匙形，基部耳状抱茎。总状花序顶生或侧生，花小，多数，具细花梗；萼片 4；花瓣 4，黄色，匙形，基部渐狭成短爪，与萼片近等长；雄蕊 6，2 枚稍短。长角果线状圆柱形。种子卵圆形而扁。花期 4 ～ 6 月，果期 6 ～ 8 月。(图 3-182-1 ～ 3-182-3，见 655 页)

生境与分布　生于路旁、田边、园圃、河边、屋边墙脚及山坡路旁等较潮湿处。分布于山东、河南、江苏、浙江、福建、台湾、湖南、江西、广东、陕西、甘肃、四川、云南。

药用部位　全草。

采集加工　5 ～ 7 月采收全草，鲜用或晒干。

药理作用　①蔊菜素对家兔有祛痰作用，对小鼠没有止咳作用。②蔊菜素对 4 株肺炎球菌及 4 株流感杆菌均有抑制作用并有祛痰作用，对肺炎球菌及流感均有抑制作用。③对小鼠灌胃的 LD_{50} 为 402.3mg/kg，给兔 60mg/kg 灌胃，共 10 天，心电图检查或外观观察，均未见毒性反应。

性味归经　辛、苦，微温。归肺，肝经。

功能主治　祛痰止咳，解表散寒，活血解毒，利湿退黄。主咳嗽痰喘，感冒发热，麻疹透发不畅，风湿痹痛，咽喉肿痛，疔疮痈肿，漆疮，经闭，跌打损伤，黄疸，水肿。

药用警戒　本品不能与黄荆叶同用，同用则使人肢体麻木。

183. *沼生蔊菜 Rorippa islandica* (Oed.) Borb.

别名　风花菜、水萝卜、蔊菜、叶香。

识别要点　一年生或二年生草本。植株较粗壮，无毛或具疏毛。茎直立斜升，单一或多分枝，具棱，下部常带紫色。基生叶多数，莲座状着生，叶片羽状深裂或大头状羽裂，叶片基部扩大，耳状抱茎；茎生叶向上渐小，羽状深裂有齿，基部耳状抱茎。总状花序顶生或腋生，花小，多数；萼片 4，直立，浅黄色而微带黄绿色；花瓣 4，鲜黄色；雄蕊 6；雌蕊 1，子房圆柱形，花柱短粗。长角果，成熟时果瓣隆起。种子淡褐色。花期 4 ～ 5 月，果期 6 ～ 8 月。(图 3-183-1 ～ 3-183-2，见 655 ～ 656 页)

生境与分布　生长于潮湿地或近水处，如溪岸、田边、河旁、洼地、草地或宅旁污水边。分布于东北、华北、西北及山东、江苏、安徽、河南、湖南、贵州、云南等地。

药用部位　全草。

采集加工　7 ～ 8 月采收全草，洗净，切段，晒干。

化学成分　种子含芥子碱。

性味归经　辛、苦，凉。归肝、膀胱经。

功能主治　清热解毒，利水消肿。适用于风热感冒，咽喉肿痛，黄疸，淋病，水肿，关节炎，痈肿，烫火伤。

184. *风花菜 Rorippa globosa* (Turcz.) Hayck

别名　球果蔊菜、圆果蔊菜、银条菜、叶香（藏名）。

识别要点　二年生或多年生草本。茎稍斜上，有分枝。基生叶多数簇生，羽状深裂，边缘有钝齿，只在叶柄和中脉疏生短毛，其他部分无毛；茎生叶互生，不分裂，披针形。总状花序顶生或腋生，花小呈“十”字形，黄色；萼片长椭圆形；花瓣篦形；4 强雄蕊；雌蕊 1。长角果圆柱状长椭圆形，稍弯曲。种子细小，红黄色。花期 4 ～ 6 月，果期 7 ～ 9 月。（图 3–184–1 ～ 3–184–4，见 656 页）

生境与分布　生长于山坡、石缝、路旁、田边、水沟潮湿地及杂草丛中。分布于东北、内蒙古、山东、四川、江苏等地。

药用部位　全草。

采集加工　7 ～ 8 月采全草，切段，晒干备用。

性味归经　苦、辛，凉。归心、肝、肺经。

功能主治　清热利尿，解毒，消肿。适用于黄疸，水肿，淋病，咽痛，痈肿，烫火伤。

（七十五）诸葛菜属 *Orychophragmus* Bunge

药用记载　诸葛菜 *Orychophragmus violaceus*（L.）O. E. Schulz. 在《国际药学研究杂志》2018 年 45 卷 3 期有报道。

185. 诸葛菜 *Orychophragmus violaceus*（L.）O. E. Schulz.

别名　二月兰。

识别要点　一年生或二年生草本，无毛；茎单一，直立。基生叶及下部茎生叶大头羽状全裂，顶裂片近圆形或短卵形，全缘或有牙齿，顶端急尖，基部耳状，抱茎。花紫色、浅红色或褪成白色，花萼筒状，紫色。长角果线形，种子卵形，黑棕色，有纵条纹。花期 4 ～ 5 月，果期 5 ～ 6 月。（图 3–185–1 ～ 3–185–4，见 656 ～ 657 页）

生境与分布　生长在平原、山地、路旁或地边。分布于辽宁、河北、山西、山东、河南、安徽、江苏、浙江、湖北、江西、陕西、甘肃、四川。

药用部位　全草。

采集加工　盛花时采全草，切段，晒干备用。

化学成分　茎叶中含槲皮素、山柰酚、异鼠李素。嫩枝富含蛋白质、铁、钙、胡萝卜素和维生素 B_1、维生素 C 及 7 种人体必需氨基酸。种子含芥酸、亚麻酸、棕榈酸、油酸和亚油酸。

性味归经　苦，凉。归心经。

功能主治　清热降脂。适用于高胆固醇症，动脉粥样硬化。

（七十六）菥蓂属 *Thlaspi* L.

药用记载　菥蓂 *Thlaspi arvense* L. 的全草在《中药大辞典》《中护本草》中记载为菥蓂；种子在《中药大辞典》《中华本草》中记载为菥蓂子；全草和种子在《全国中草药汇编》中记载为菥蓂。

186. 菥蓂 *Thlaspi arvense* L.

别名 遏蓝菜、败酱草、犁头草。

识别要点 一年生草本。茎直立，不分枝或分枝，具棱。基生叶倒卵状长圆形，顶端圆钝或急尖，基部抱茎，两侧箭形，边缘具疏齿。总状花序顶生；花白色；萼片直立，卵形；花瓣长圆状倒卵形，顶端圆钝或微凹。短角果倒卵形或近圆形，扁平，顶端凹入，边缘有翅。种子倒卵形，稍扁平，黄褐色。花期 3 ～ 4 月，果期 5 ～ 6 月。（图 3–186–1 ～ 3–186–4，见 657 页）

生境与分布 生在平地路旁，沟边或村落附近。

药用部位 全草、种子。

采集加工 全草：春夏采集，晒干。种子：5 ～ 6 月果实成熟时采取全株，打下种子，晒干，扬净。

化学成分 全草含黑芥子苷，经酶作用后产生芥子油。种子：含黑芥子苷、芥子酶与挥发油、二十碳 –11– 烯酸甲酯。

药理作用 黑芥子苷本身无刺激性，一旦水解成芥子油后，刺激性很强，有杀菌作用。亦可用于痛风，以增加尿酸排泄。

性味归经 全草：苦、甘，平。归肝、肾经。种子：辛、苦，微温。归肝、脾、肾经。

功能主治 全草：清热解毒，利湿消肿，和中开胃。适用于阑尾炎，肺脓疡，痈疖肿毒，丹毒，子宫内膜炎，白带，肾炎，肝硬化腹水，小儿消化不良。种子：明目，祛风湿。适用于目赤肿痛，障翳胬肉，迎风流泪，风湿痹痛。

用药警戒 得荆实、细辛良。恶干姜、苦参。

（七十七）大蒜芥属 *Sisymbrium* L.

药用记载 垂果大蒜芥 *Sisymbrium heteromallum* C.A.Mey. 的全草和种子在《中华本草》中记载为垂果大蒜芥。

187. 垂果大蒜芥 *Sisymbrium heteromallum* C. A. Mey.

别名 弯果蒜芥。

识别要点 一年生或二年生草本。茎直立，具疏毛。基生叶叶片为羽状深裂或全裂。总状花序密集成伞房状，果期延长；萼片 4，淡黄色长圆形；内轮的基部略成囊状；花瓣黄色，长圆形，顶端钝圆，具爪。雄蕊 6，花丝分离，无齿或翅；雌蕊 1，子房无柄，柱头钝，不裂或 2 裂。长角果线形，常下垂，果瓣略隆起。种子黄棕色。花期 4 ～ 5 月，果期 5 ～ 6 月。（图 3–187–1 ～ 3–187–3，见 658 页）

生境与分布 生长于林下、阴坡、河边。分布于东北、河北、山西 、陕西、甘肃、青海、新疆、四川、云南等地。

药用部位 全草、种子。

采集加工 5 ～ 6 月果实成熟时采收，晒干。

性味归经 甘，凉。归肺经。

功能主治 止咳化痰，清热，解毒。适用于急慢性气管炎，百日咳。全草可治淋巴结核。外敷可治肉瘤。

188. 钻果大蒜芥 *Sisymbrium officinale*（L.）Scop.

别名 钻果蒜芥、药用大蒜芥、少布格日－哈木日（蒙名）。

识别要点 一年生草本。茎直立，有密的短柔毛和长硬毛。叶茎生，下部叶有长柄，羽状全裂，顶裂片较大，近戟形；上部叶戟形或近箭头状。总状花序，花期伞房状，集生，后显著伸长；花小，黄色；萼片长圆形；花瓣狭倒卵状楔形，雄蕊 6；子房钻状，有短柔毛，花柱短圆锥状。长角果钻状，有短柔毛；种子淡红褐色。花期 5 ～ 6 月。（图 3–188–1 ～ 3–188–4，见 658 ～ 659 页）

生境与分布 生长于杂草地或耕地。分布于东北、内蒙古、西藏。

药用参考垂果大蒜芥。

二十八、景天科 Crassulaceae

（七十八）瓦松属 *Orostachys*（DC.）Fisch.

药用记载 瓦松 *Orostachyl fimbriatus*（Turcz.）Berger、钝叶瓦松 *O. malacophyllus*（Pall.）Fisch 及黄花瓦松 *O. spinosus*（L.）C. A. Mey. 的全草在《全国中草药汇编》《中药大辞典》《中华本草》中记载为瓦松。狼爪瓦松 *O. cartilaginea* A. Bor. 的地上部分在《中华本草》中记载为辽瓦松。

189. 瓦松 *Orostachys fimbriatus*（Turcz.）Berger

别名 流苏瓦松、瓦花、瓦塔、狗指甲、向天草、天王铁塔草，酸塔。

识别要点 二年生或多年生草本。全株粉绿色，圆柱形至狭金字塔形，无毛，密生紫红色斑点。根多分枝，须根状。茎直立，不分枝。基生叶莲座状，肉质，线形，互生且有刺，先端增大的白色软骨质附属物具流苏状牙齿。茎生叶互生，无柄，线形至披针形。总状花序，下部有分枝组成尖塔形；花小，两性，苞片线状渐尖，叶片状；萼片长圆形，花瓣淡红色，披针状椭圆形，基部稍连合；雄蕊 10，2 轮；心皮分离。蓇葖果，长圆形，喙细。种子多数，细小，卵形。花期 8 ～ 9 月，果期 9 ～ 11 月。（图 3–189–1 ～ 3–189–2，见 660 页）

生境与分布 生长于山坡石上、沙丘、樟子松林下、屋瓦缝中。分布于东北、华北、西北、华东地区及湖北等地。

药用部位 全草。

采集加工 夏、秋采收，用开水泡后晒干或鲜用。

化学成分 全草含槲皮素、槲皮素 –3– 葡萄糖苷、山柰酚、山柰酚 –7– 鼠李糖苷、山柰酚 –3–

葡萄糖苷 -7- 鼠李糖苷、草酸。

药理作用 ①黄花瓦松流浸膏，可使血压先升后降，但很快恢复，全草煎剂可使麻醉兔心脏收缩增强。②对呼吸有轻度兴奋作用。③离体蟾蜍下肢血管灌流则可使之收缩，对离体兔肠有明显兴奋作用。④有明显解热作用。⑤抗菌活性较强。

性味归经 酸、苦，凉，有毒。归肝、肺经。

功能主治 凉血止血，清热解毒，收湿敛疮。适用于吐血，鼻衄，便血，血痢，热淋，月经不调，疔疮痈肿，痔疮，湿疹，烫伤，肺炎，肝炎，宫颈糜烂，乳糜尿。

用药警戒 脾胃虚寒者忌用。

190. 钝叶瓦松 *Orostachys malacophylla*（Pall.）Fisch

别名 岩松、屋松、松笋、松玉、狗指甲、岩脂、岩笋、瓦莲。

识别要点 二年生肉质草本。第一年仅长莲座状丛叶，叶矩圆形至卵形，无刺尖，先端钝。第二年，自莲座状丛叶中抽出花茎，不分枝、茎生叶互生。花序紧密，总状，有时穗状，花瓣 5，白色或带绿色，基部微连合、雄蕊 10，花药黄色。蓇葖果。种子卵状长圆形、花期 7 月，果期 8 ～ 9 月。（图 3–190–1 ～ 3–190–2，见 660 页）

生境与分布 生长于岩石缝中。分布于东北及内蒙古、河北等地。

药用等与瓦松相同。

191. 黄花瓦松 *Orostachys spinosus*（L.）C. A. Mey.

别名 瓦塔、天蓬草、瓦霜、瓦葱。

识别要点 二年生肉质草本。第一年仅有莲座叶，叶密生，长圆形，顶端具半圆形白色软骨质的附属物，中央有长 2 ～ 4mm 白色软骨质的刺。花茎于第二年生出，通常不分枝；基部密生叶，叶互生，宽线形至倒卵形。花序顶生，穗状或总状花序，狭长；花密生，多数，花瓣黄绿色，卵状披针形、椭圆状披针形。蓇葖果。花期 7 ～ 8 月，果期 9 ～ 10 月。（图 3–191–1 ～ 3–191–2，见 660 页）

生境与分布 生长于干燥山坡石缝中或江岸石崖及砂质草原上。分布于东北及内蒙古、甘肃、新疆、西藏等地。

药用等与瓦松相同。

192. 狼爪瓦松 *Orostachys cartilagineus* A. Bor.

别名 辽瓦松、瓦松、干滴落。

识别要点 二年生或多年生肉质草本，全株粉白色，密布紫红色细点，叶肉质，上面绿色或带紫色，根生叶，覆瓦状排列呈莲座状，长圆状狭篦形，先端锐尖。莲座叶先端中央有白色软骨质刺；总状花序圆柱形；花白色；蓇葖果；种子线状长圆形，褐色。花果期 9 ～ 10 月。（图 3–192–1 ～ 3–192–2，见 661 页）

生境与分布 生长于山坡岩石及石质干山坡或屋顶上。分布于东北、华北、内蒙古。

药用部位 地上全草。

采集加工 夏季割取地上部分，切段，开水焯过，晒干备用。

性味归经 酸，平，有毒。归肝、大肠经。

功能主治 凉血，止痢，解毒敛疮。适用于泻痢，便血，痔疮出血，崩漏，疮疡，烫火伤，痈肿疮毒。

用药警戒 脾胃虚寒者忌用。

（七十九）八宝属 *Hylotelephium* H. Ohba

药用记载 八宝 *Hylotelephium erythrostictum*（Miq.）H. Ohba 的全草在《全国中草药汇编》《中药大辞典》《中华本草》中记载为景天，花在《中华本草》中记载为景天花。

193. 八宝 *Hylotelephium erythrostictum*（Miq.）H. Ohba

别名 景天、活血三七、对叶景天、白花蝎子草、胡豆七、大打不死、火焰草、八宝草、观音扇。

识别要点 多年生草本。块根胡萝卜状。茎直立，不分枝。叶对生，少有互生或3叶轮生，长圆形至卵状长圆形。伞房状花序顶生、花密生、萼片5，卵形、花瓣5，白色或粉红色，宽披针形，花药紫色。花期8～10月。（图3-193-1～3-193-3，见661页）

生境与分布 生长于山坡草丛、石缝中或沟边湿地。分布于东北及河北、山西、陕西、江苏、安徽、浙江、河南、湖北、四川、贵州、云南等地。

药用部位 全草、花。

采集加工 全草：夏、秋季采挖全草，除去泥土，置沸水中稍烫，晒干。花：7～8月花期采摘，晒干。

化学成分 叶中含有景天庚酮糖。

性味归经 全草：苦、酸，寒。归心、肝、肾、大肠经。花：苦，寒。归肺经。

功能主治 全草：清热解毒，止血。适用于疔疮痈疖，火眼目翳，烦热惊狂，风疹，漆疮，烧烫伤，蛇虫咬伤，吐血，咯血，月经量多，外伤出血。花：清热利湿，明目，止痒。适用于赤白带下，火眼赤肿，风疹瘙痒。

用药警戒 脾胃虚寒者忌服。

（八十）景天属 *Sedum* L.

药用记载 费菜（景天三七）*Sedum aizoon* L.、勘察加景天 *S. kamtschaticum* Fisch. 的根或全草在《全国中草药汇编》《中华本草》中记载为景天三七；全草在《中药大辞典》中记载为景天三七，根记载为景天三七根；全草或根在《中药大辞典》中记载为费菜。景天 *S. erythrostictum* Miq. 在《全国中草药汇编》《中药大辞典》《中华本草》中记载为景天。

194. 费菜 *Sedum aizoon* L. FOC 修订为 *Phedimus aizoon*（L.）' Hart.

别名 土三七、白三七、胡椒七、血山草、八仙草、晒不干、吐血草、见血散、活血丹、墙头三七、养心草、回生草。

识别要点 多年生肉质草本。根状茎粗而木质。茎直立，圆柱形，无毛。叶互生，倒卵形，或长椭圆形，中部以上最广，先端稍圆，基部楔形，边缘近先端处有齿牙，几无柄。聚伞花序有多花，平展，下托以苞叶。萼片 5，线形；花瓣 5，黄色，长圆形至椭圆状披针形；雄蕊 10，较花瓣短；心皮 5，卵状长圆形，基部合生，腹面凸出，花柱长钻形。蓇葖果星芒状排列；种子椭圆形。花期 6 ～ 7 月，果期 8 ～ 9 月。（图 3–194–1 ～ 3–194–3，见 661 ～ 662 页）

生境与分布 生长于山地上或河沟坡上。分布于东北、华北、内蒙古、西北、长江流域。

药用部位 带根全草。

采集加工 春、秋季采挖根部，洗净晒干。全草随用随采，秋季后晒干。

化学成分 全草含生物碱、齐墩果酸、熊果酸、熊果酚苷、氨醌、谷甾醇、景天庚糖、蔗糖、果糖、消旋 – 甲基异石榴皮碱、左旋景天宁、消旋景天胺。

药理作用 景天注射液可使血凝时间缩短。

性味归经 甘、微酸，平。归心、肝、脾经。

功能主治 散瘀，止血，宁心安神，解毒。适用于吐血，衄血，便血，尿血，崩漏，紫斑，外伤出血，跌打损伤，心悸，失眠，疮疖痈肿，烫火伤，毒虫蜇伤。

用药警戒 肠胃虚弱，大便溏薄者忌用。

195. 灰毛景天 *Sedum selskianum* Regel et Maack FOC 修订为 *Phedimus selskianum*（Regel et Maack）' Hart.

别名 毛景天。

识别要点 多年生草本。植株全部密被浅灰色柔毛。茎多数，木质，直立或上升，分枝或不分枝。叶互生，边缘中部以上有锯齿，被浅灰色毛。花序伞房状，有多花，被微毛；花瓣 5，金黄色，雄蕊 10，稍短于花瓣。蓇葖果狭长圆形，种子长圆形，棕褐色。花期 7 ～ 8 月，果期 9 月。（图 3–195–1 ～ 3–195–3，见 662 页）

生境与分布 生长于山坡石上。分布于东北。

药用参考景天。

（八十一）红景天属 *Rhodiola* L.

药用记载 库页红景天 *Rhodiola sachalinensis* A. Bor. 的全草在《全国中草药汇编》《中药大辞典》《中华本草》中记载为红景天。

196. 库页红景天 *Rhodiola sachalinensis* A. Bor.

别名 高山红景天、扫罗玛尔布（藏名）。

识别要点 多年生草本。根粗壮，有分枝，通常直立。下部的叶较小，疏生，上部的叶较大，密生，叶片长圆状匙形，茎部楔形，边缘上部有粗牙齿、下部近全缘。聚伞花序伞房状，顶生，花密集，雌雄异株、萼片4，披针状线形，花瓣4，稀为5，黄色或黄绿色，线状倒披针形或长圆形，雄花有雄蕊及不发育的心皮存在，雌花中心皮4，花柱向外弯曲。蓇葖果，披针形或线状披针形，直立。种子长圆形至披针形。花期4～6月，果期7～9月。（图3–196–1～3–196–2，见662页）

生境与分布 生长于山坡草地或林下、碎石滩及高山冻原。分布于黑龙江、吉林等地。

药用部位 全草。

采集加工 春、秋两季均可采收，以秋季为好，除去地上枯萎茎叶，挖掘全株，大的根茎作种用，除去泥土，晒干或在70℃以下烘干。

化学成分 根和茎含毛柳苷、酪醇、二苯甲基六氢吡啶、β–谷甾醇、黑蚂蚁素、藏红花醛、超氧化物歧化酶及钙、镁、硒等35种常量和微量元素、8种必需氨基酸，另有多种维生素。

药理作用 ①水煎剂有明显镇静作用。②红景天制品可提供能量，具抗疲劳作用。③可增强缺血心脏的泵血功能，加快血流，并能修复受损的心肌细胞，恢复心脏活力。④对提高低氧运动的耐力有明显效果。⑤有明显的降血糖作用。⑥能促进胆固醇和脂肪的代谢，防止心脑血管病的发生与发展。⑦可促进蛋白质的合成，降低磷酸酶活性，阻抑细胞、器官的退行性病变。⑧可使脾脏和胸腺重量及其指数明显升高，是免疫增强剂。⑨红景天素可明显抑制肝癌、胃癌、肺癌的癌细胞生长增殖。⑩有抗贫血和促白细胞增生的作用，可用于防治辐射或化放疗引起的造血机能障碍。⑪有适应原样作用，能恢复运动疲劳，提高运动成绩。⑫ 有一定的防治脂质过氧化肝损伤的作用。⑬ 能健脑益智，对长期记忆力有明显提高作用。

性味归经 寒、甘，涩。归肺经。

功能主治 补气清肺，益智养心，收涩止血，散瘀消肿。适用于气虚体弱，病后畏寒，气短乏力，肺热咳嗽，咯血，白带异常，腹泻，跌打损伤，烫火伤，神经症，高原反应。

用药警戒 儿童，孕妇慎用。服用红景天提取物超过800mg/d可能导致过敏、失眠、不快等副作用。

197. 长白红景天 *Rhodiola angusta* Nakai

别名 长白景天、乌苏里景天。

识别要点 多年生草本。根粗壮，通常直立，少有为横生，根颈短粗，先端被多数棕褐色、膜质鳞片状叶。花茎下部的叶较小，疏生，上部叶较密生，叶长圆状匙形、长圆状菱形或长圆状披针形。聚伞花序，密集多花，雌雄异株；萼片4，少有5，披针状线形；花瓣4，稀5，淡黄色，线状倒披针形或长圆形。蓇葖果披针形或线状披针形，种子长圆形至披针形。花期4～6月，果期7～9月。（图3–197–1～3–197–2，见663页）

生境与分布 生长于高山冻原、高山草原或林内岩石上。分布于东北。

药用部位 全草。

采集加工 夏秋季采挖，晒干。

化学成分 主要含红景天苷，淀粉，鞣质，黄酮类化合物，脂肪，蜡，甾醇，有机酸，蛋白质，挥发油以及具有生物活性的微量元素铁、铝、锌、钴、银、钛、钼、锰等。其叶和茎中含有少量生物碱和氨基酸。根含两种不同的 SOD 同工酶。

药理作用 具有明显的适应原样作用。可镇静安神，抗疲劳，促进蛋白质分解，抗炎，抗氧化，抗病毒，增强免疫功能。

性味归经 微苦，寒。归肾经。

功能主治 滋补强壮。适用于阳痿，糖尿病等。

（八十二）落地生根属 *Bryophyllum* Salisb

药用记载 落地生根 *Bryophyllum pinnatum*（L. f.）Oken 的全草在《全国中草药汇编》《中药大辞典》《中华本草》中记载为落地生根。

198. 落地生根 *Bryophyllum pinnatum*（L. f.）Oken

别名 土三七、叶生根、叶爆芽、天灯笼、枪刀草、厚面皮、着生药、伤药、打不死、大还魂。

识别要点 多年生草本，茎有分枝。羽状复叶，小叶长圆形至椭圆形，先端钝，边缘有圆齿，圆齿底部容易生芽，芽长大后落地即成一新植物。圆锥花序顶生，花下垂，花萼圆柱形，花冠高脚碟形，基部稍膨大，向上成管状，裂片 4，卵状披针形，淡红色或紫红色；雄蕊 8，着生花冠基部。蓇葖果包在花萼及花冠内；种子小，有条纹。花期 1 ～ 3 月。（图 3–198–1 ～ 3–198–4，见 663 页）

生境与分布 生于山坡、路旁。分布于海南、云南、广西、广东、福建、台湾。

药用部位 根及全草。

采集加工 全年均可采，多鲜用。

化学成分 叶子含顺式乌头酸、抗坏血酸、对香豆酸、阿魏酸、丁香酸、咖啡酸、对羟基苯甲酸、槲皮素、山柰酚、槲皮素 –3– 二那阿拉伯糖苷、山柰酚 –3– 葡萄糖苷、18α – 齐墩果烷、Ψ– 蒲公英甾醇、β – 香树脂醇乙酸酯、24– 乙基 –25– 羟基胆甾醇、α – 香树脂醇、β – 香树脂醇、癸烯基菲、十一碳烯基菲、落地生根甾醇、落地生根酮、落地生根烯酮、落地生根醇。全草还含有 β – 谷甾醇、槲皮素 –3– 鼠李糖 – 阿拉伯糖苷、布沙迪苷元 –3– 乙酸酯、落地生根毒素 A 及 B。

药理作用 ①煎剂对离体豚鼠回肠有非常显着的兴奋作用，对离体兔十二指肠及大鼠子宫均无明显作用。②煎剂对离体兔心有抑制作用，对血压均无明显影响。③小鼠腹腔注射 1g（生药）/ kg，动物（每组 2 只）于 24h 内均死亡。

性味归经 苦、酸，寒。归肺、肾经。

功能主治 凉血止血，清热解毒。适用于吐血，外伤出血，跌打损伤，疔疮痈肿，乳痈，丹毒，溃疡，烫伤，胃痛，关节痛，咽喉肿痛，肺热咳嗽。

用药警戒 脾胃虚寒者忌用。

二十九、虎耳草科 Saxifragaceae

（八十三）落新妇属 *Astilbe* Buch. –Ham. ex D. Don

药用记载 落新妇 *Astilbe chinensis*（Maxim.）Franch. et Savat. 的全草在《中药大辞典》《中华本草》《全国中草药汇编》中记载为落新妇；根茎在《中华本草》《全国中草药汇编》中记载为红升麻；全草和根茎在《全国中草药汇编》中记载为红升麻；根在《中药大辞典》中记载为落新妇根。

199. *落新妇 Astilbe chinensis*（Maxim.）Franch. et Savat.

别名 小升麻、术活、马尾参、山花七、铁火钳、阴阳虎、红升麻、阿根八、金毛三七、巴日斯－敖鲁素（蒙名）。

识别要点 多年生直立草本。被褐色长柔毛并杂以腺毛；根茎横走，粗大呈块状，被褐色鳞片及深褐色长绒毛，须根暗褐色。基生叶为二至三回三出复叶，具长柄，托叶较狭；小叶片卵形至长椭圆状卵形或倒卵形，边缘有重锯齿，两面均被刚毛；茎生叶较小。花轴直立；花两性或单性，稀杂性或雌雄异株，圆锥状花序；苞片卵形，萼5深裂；花瓣5，紫色或紫红色；雄蕊10；心皮2，子房半上位。蒴果，成熟时橘黄色。种子多数。花期8～9月。（图3-199-1～3-199-3，见664页）

生境与分布 生长于山坡林下阴湿地或林缘路旁草丛中。分布于东北、华北、西南及陕西、宁夏、甘肃、山东、安徽、浙江、江西、湖北、湖南、广西等地。

药用部位 全草、根茎。

采集加工 全草：秋季采收，晒干。根茎：秋季挖取根状茎，除去须根，洗净，切片，鲜用或晒干。

化学成分 叶含水杨酸。全草含氢氰酸。花含槲皮素、2-羟基苯乙酸。根含有淀粉、鞣质、岩白菜素、没食子酰岩白菜素、儿茶素。

药理作用 ①根水煎剂能显著地抑制小鼠 S_{108} 实体瘤生长。②有促进脾淋巴细胞转化的作用。

性味归经 全草：苦，凉，无毒。归肺经。根茎：辛、苦，温。归肝经。

功能主治 全草：祛风，清热，止咳。适用于风热感冒，头身疼痛，咳嗽。根茎：活血止痛，祛风除湿，强筋健骨，解毒。适用于跌打损伤，关节筋骨疼痛，胃痛，手术后疼痛，闭经，癥瘕，跌打损伤，睾丸炎，毒蛇咬伤。

（八十四）金腰属 *Chrysosplenium* Tourn. ex L.

药用记载 中华金腰 *Chrysosplenium sinicum* Maxim. 的全草在《中药大辞典》《中华本草》中记载为华金腰子，在《全国中草药汇编》中记载为金腰子。

200. 中华金腰 *Chrysosplenium sinicum* Maxim.

别名　华金腰子、猫眼睛、金钱苦叶草、牙呜马（藏名）。

识别要点　多年生草本。根须状，黄色。茎直立或斜生。茎生叶通常对生，卵形或宽卵形，先端钝圆，边缘具小钝齿；叶柄长度和叶片略等长。聚伞花序稍紧密；苞叶阔卵形、狭卵形；边缘具钝齿。近苞腹部具褐色孔头凸起；花黄绿色；萼片直立；无花瓣；雄蕊通常 8 个，比萼片短；子房 1 室，上部 2 裂。蒴果下位，蒴果 2 裂状，具极短的喙。种子黑褐色，平滑。花期 7 ～ 8 月，果期 9 ～ 10 月。（图 3–200–1 ～ 3–200–2，见 664 页）

生境与分布　生长于河边湿地或山地树林中。分布于东北、华北、陕西、甘肃、安徽、浙江、江西、河南、湖北、四川等地。

药用部位　全草。

采集加工　8 ～ 9 月采集，洗净，晒干。

性味归经　苦，寒。归心、脾、膀胱经。

功能主治　清热解毒，退黄。适用于黄疸，淋证，膀胱结石，胆道结石，疔疮。

201. 毛金腰 *Chrysosplenium pilosum* Maxim.

别名　毛金腰子。

识别要点　多年生草本；不育枝出自茎基部叶腋，密被褐色柔毛，其叶对生，具褐色斑点。花茎疏生褐色柔毛。茎生叶对生，扇形，先端近截形，具不明显波状圆齿，基部楔形，两面无毛。聚伞花序分枝无毛；苞叶近扇形，先端钝圆至近截形；花梗无毛；萼片具褐色斑点；雄蕊 8；子房半下位，花柱无花盘。蒴果；种子黑褐色，具纵沟和纵肋。花期 7 ～ 8 月，果期 9 ～ 10 月。（图 3–201–1 ～ 3–201–2，见 664 页）

生境与分布　生长于林下阴湿地。分布于东北。

药用等与中华金腰相同。

202. 林金腰 *Chrysosplenium lectus–cochleae* Kitagawa

别名　林金腰子。

识别要点　多年生草本；不育枝出自茎基部叶腋，被褐色卷曲柔毛。花茎疏生褐色柔毛。茎生叶对生，近扇形，先端钝圆至近截形，基部楔形，两面无毛，但具褐色斑点，边缘具褐色睫毛；花序分枝疏生柔毛；花梗疏生柔毛；花黄绿色；萼片在花期直立，近阔卵形。蒴果；种子黑褐色，具微乳头凸起。花果期 5 ～ 8 月。（图 3–202–1 ～ 3–202–2，见 665 页）

生境与分布　生长于林下、林缘阴湿处或石隙。分布于东北。

药用等项参考中华金腰，东北地区作金腰子用。

（八十五）梅花草属 *Parnassia* L.

药用记载　梅花草 *Parnassia palustris* L. 的全草在《全国中草药汇编》《中药大辞典》《中华本草》中记载为梅花草。

203. 多枝梅花草 *Parnassia palustris* var. *multiseta* Ledeb.

别名　梅钵草、梅花草、小瓢菜、小瓢花、耳七。

识别要点　多年生草本。全株无毛。根茎短，近球形。基生叶缺如或小而少；花茎中部生 1 无柄叶片，基部抱茎。花单生于茎顶，白色至浅黄色；萼片 5，椭圆形，花瓣 5，平展，卵状圆形，先端圆；退化雄蕊分枝多，子房上位，卵形；花柱极短。蒴果。种子多数。花果期 7 ～ 9 月。（图 3-203-1 ～ 3-203-3，见 665 页）

生境与分布　生长于山坡、林边、山沟、湿草地。分布于东北、华北及陕西、甘肃、青海等地。

药用部位　全草。

采集加工　夏季开花时采收，晒干。

化学成分　根中含生物碱。全草含芸香苷、金丝桃苷、山柰酚和槲皮素的衍生物。茎尚含槲皮素的葡萄糖苷。

性味归经　苦，凉。归肺、肝、胆经。

功能主治　清热凉血，解毒消肿，止咳化痰。适用于黄疸型肝炎，细菌性痢疾，咽喉肿痛，脉管炎，疮痈肿毒，咳嗽多痰。

（八十六）茶藨子属 *Ribes* L.

药用记载　东北茶藨 *Ribes mandschuricum*（Maxim.）Kom. 的果实在《中药大辞典》《中华本草》中记载为灯笼果，在《全国中草药汇编》中记载为醋栗。

204. 东北茶藨子 *Ribes mandshuricum*（Maxim.）Kom.

别名　灯笼果、狗葡萄、醋栗、山麻子、山樱桃、满洲茶藨子、东北醋李。

识别要点　落叶灌木。树皮灰色；小枝褐色，光亮，剥裂；芽卵圆形，密被灰白色短毛。叶互生，掌状 3 裂，稀 5 裂，中央裂片比侧裂长，边缘有尖刺，下面密生白绒毛。总状花序下垂，花密生，花轴粗，有密毛；萼片 5，反卷，带绿色或黄色，倒卵形；花瓣 5，绿色，楔形或截形；雄蕊 5，伸出；花柱 2 裂，基部圆锥状，比萼片长。浆果球形，熟时红色。花期 5 ～ 6 月，果期 7 ～ 8 月。（图 3-204-1 ～ 3-204-2，见 665 ～ 666 页）

生境与分布　生长于杂木或针阔叶混交林中。分布于我国东北、华北及山西、陕西、甘肃等地。

药用部位　果实。

采集加工　7 ～ 8 月采摘成熟果实，晒干。

化学成分 含酒石酸、柠檬酸、苹果酸、硫胺素、烟酸、胡萝卜素、视黄醇。

性味归经 辛，温。归肝经。

功能主治 疏风解表。适用于感冒。

205. 双刺茶藨子 *Ribes diacanthum* Pall.

别名 楔叶茶藨、楔叶草藨、二刺茶藨、乌混－少布特日（蒙名）。

识别要点 落叶灌木，小枝较平滑，灰褐色，皮呈纵向细条状剥裂，节间无刺或有稀疏细刺。叶倒卵圆形或菱状倒卵圆形，基部楔形，上面暗绿色，有光泽，下面灰绿色，两面无毛，掌状3裂，边缘具粗大锯齿。花单性，雌雄异株，组成总状花序；雄花序下垂，雌花序较短，苞片披针形或舌形，花萼黄绿色，花瓣甚小，楔状圆形。果实球形或卵球形，红色。花期5～6月，果期8～9月。（图3–205–1～3–205–2，见666页）

生境与分布 生长于沙丘、砂质草原及河岸边。分布于黑龙江、吉林、内蒙古。

化学成分 果实含有非常丰富的维生素、无机元素、花青素、酚类物质。

药理作用 ①降血脂。②降血压。③抗动脉硬化。④防衰老。

功能主治 祛风除湿，活血补血。适用于痛风，贫血，水肿，关节炎，风湿病，咳嗽等。

（八十七）山梅花属 *Philadelphus* L.

药用记载 东北山梅花 *Philadelphus schrenkii* Rupr. 为民间用药，现代对其根皮的化学成分研究，同属植物云南山梅花 *Ph. delavayi* L. Henry 在《西藏植物志》中有记载，可参考《中国高等植物图鉴》。

206. 东北山梅花 *Philadelphus schrenkii* Rupr.

别名 辽东山梅花、石氏山梅花。

识别要点 落叶灌木；枝条对生，一年生枝上有短毛或变无毛。单叶对生，有短柄；叶片卵形、广卵形或椭圆状卵形，先端渐尖，基部圆形或宽楔形，边缘疏生小牙齿，上面通常无毛。花序具5～7花，花序轴和花梗有短柔毛；萼筒疏被柔毛，裂片4，宿存，三角状卵形；花瓣4，白色，倒卵形，花盘无毛；雄蕊多数；子房下位，4室，花柱下部被毛，上部4裂。蒴果球状倒圆锥形。花期6月，果熟期8～9月。（图3–206–1～3–206–4，见666～667页）

生境与分布 生长于杂木林中。分布于东北、河北。

药用部位 茎叶、根皮。

采集加工 茎叶：夏秋采集，晒干或鲜用。根皮：全年可采。

化学成分 含香兰素、7–羟基–8甲氧基香豆素、甲酸乙酯、乙酸乙酯、亚硝基甲烷、正己醛、正丁醇、正癸烷、2–羟基丙酰胺、正丁酸、豆甾醇。

性味归经 茎叶：甘、淡，平。归肾经。根皮：辛，温。归肝、肾经。

功能主治 茎叶：清热利湿。适用于膀胱炎，黄疸型肝炎。根皮：活血，止痛，截疟。适用于跌打损伤，腰肋疼痛，疟疾，头痛，挫伤，胃气疼。花：可作为强壮剂，利尿剂。

（八十八）虎耳草属 *Saxifraga* Tourm. ex L.

药用记载 斑点虎耳草 *Saxifraga punctata* L. 的全草在《中华本草》中记载为斑点虎耳草。

207. 斑点虎耳草 *Saxifraga punctata* L.

识别要点 多年生草本。根茎较粗，有多数须根。茎疏被腺柔毛。基生叶数枚莲座状，叶片肾形，边缘有锯齿，并具腺睫毛。聚伞花序圆锥状；多花，花梗疏生短柔毛及腺毛；苞片线状条形至披针形；花萼紫色，5深裂，无毛，花开放时反卷，阔卵形至卵形，花瓣5，白色或带粉红色，有橘黄色斑点，卵状长椭圆形，基部箭形，有短爪；雄蕊10；子房2室；花柱分离。蒴果先端具喙。种子多数。花期6～7月，果期7～8月。（图3-207-1～3-207-3，见667页）

生境与分布 生长于红松林下、河边及林缘等处。分布于东北地区。

药用部位 全草。

采集加工 夏秋季采集带花的植株，洗净，鲜用或晒干。

性味归经 苦，平。归心经。

功能主治 解毒消肿。适用于疮痈肿毒。

208. 长白虎耳草 *Saxifraga laciniata* Nakai et Takeda

别名 虎耳草。

识别要点 多年生草本。根状茎短。叶全部基生，稍肉质，通常匙形，边缘中上部具粗锯齿，中下部全缘，具腺睫毛。花莛被腺柔毛。聚伞花序伞房状，苞叶披针形或线形；萼片在花期反曲，稍肉质，卵形；花瓣白色，基部具2黄色斑点，卵形、狭卵形至长圆形；雄蕊花丝钻形；子房近上位，卵球形。蒴果。花期7～8月。（3-208-1～3-208-4，见667页）

生境与分布 生长于高山草甸或石隙。分布于吉林。

药用等参考斑点虎耳草。

三十、蔷薇科 Rosaceae

（八十九）绣线菊属 *Spiraea* L.

药用记载 绣线菊 *Spiraea salicifolia* L. 的根或全株在《中药大辞典》《中华本草》中记载为空心柳；全株在《全国中草药汇编》中记载为柳叶绣球菊。

209. 绣线菊 *Spiraea salicifolia* L.

别名 柳叶绣线菊、珍珠梅、马尿溲、空心柳。

识别要点 灌木。枝条密集，小枝稍有棱角，黄褐色，嫩枝具短柔毛，老时脱落。单叶互生；叶片长圆状披针形至披针形，先端急尖或渐尖，基部楔形，边缘密生锐锯齿，有时为重锯齿，两面无毛。花序为长圆形或金字塔形的圆锥花序，被细短柔毛，花朵密集；花萼筒钟状，萼片三角形；花瓣卵形，粉红色。蓇葖果直立。花期 6 ～ 8 月，果期 8 ～ 9 月。（图 3–209–1 ～ 3–209–3，见 668 页）

生境与分布 生长于河流沿岸、湿草地、空旷地和山沟中。分布于东北、内蒙古、河北等地。

药用部位 全株、根、叶、果实。

采集加工 全株：夏、秋季采集，洗净，切碎，晒干。根：7 ～ 8 月采挖，除去泥土，洗净晒干。叶：春、秋季采收，鲜用或晒干研末用。果实：秋季果实成熟时采收，晒干。

化学成分 全草含绣线菊碱。全草和种子含绣线菊因碱。

性味归经 全株：苦，平。归肺、肝经。根：苦、辛，凉，无毒。归肺、肝经。叶：淡，平。归肝、脾、肾经。果实：苦，凉，无毒。归肺、大肠经。

功能主治 全株：活血调经，利水通便，化痰止咳。适用于跌打损伤，关节酸痛，闭经，痛经，小便不利，大便秘结，咳嗽痰多。根：祛风清热，明目退翳。适用于咳嗽，头痛，牙痛，目赤翳障。叶：解毒消肿，祛腐生肌。适用于阴疽瘘管。果实：清热祛湿。适用于痢疾。

210. 毛果绣线菊 *Spiraea trichocarpa* Nakai

别名 石蚌子、石蹦子。

识别要点 灌木。小枝灰褐色至暗红褐色有棱角，冬芽约与叶柄等长，长卵形或长圆形，先端急尖或圆钝，两面无毛；叶柄无毛或幼时被稀疏短柔毛。复伞房花序着生在侧生小枝顶端，多花，苞片线形；萼筒钟状，萼片三角形，外面近无毛，花瓣宽倒卵形或近圆形，白色；花盘圆环形，有不规则的裂片，蓇葖果直立，合拢成圆筒状。5 ～ 6 月开花，7 ～ 9 月结果。（图 3–210–1 ～ 3–210–4，见 668 ～ 669 页）

生境与分布 生长于溪流附近的杂木林中。分布于辽宁、内蒙古。

药用等参考绣线菊。

（九十）珍珠梅属 *Sorbaria*（Ser.）A. Br. ex Aschers.

药用记载 珍珠梅（东北珍珠梅）*Sorbaria sorbifolia*（L.）A. Br. 的茎皮或果穗在《全国中草药汇编》《中药大辞典》《中华本草》中记载为珍珠梅。

211. 珍珠梅 *Sorbaria sorbifolia*（L.）A. Br.

别名 东北珍珠梅、山高粱、八木条、珍珠杆、花儿杆、高楷子、花楸珍珠梅。

识别要点 灌木。小枝红褐色或黄褐色，嫩枝绿色，无毛，或被微柔毛。单数羽状复叶，互生；

小叶广披针形，先端长渐尖，基部圆形，边缘有重锯齿。复总状圆锥花序；萼片 5，卵圆形，近于无毛；花瓣 5，白色，近圆形，长约为萼片之 3 倍；雄蕊比花瓣长；无毛。蓇葖果。花期 6 ～ 7 月，果期 8 ～ 9 月。（图 3–211–1 ～ 3–211–4，见 669 页）

生境与分布 生长于村边、山谷、溪旁、林隙地、疏林中。分布于东北。

药用部位 茎皮或果穗。

采集加工 春、秋季采茎枝，可剥取外皮，晒干；9 ～ 10 月果穗成熟时采收果穗，晒干，研粉。

化学成分 叶含珍珠梅苷。叶和花含黄芪苷、紫云英苷、异鼠李素 –3– 葡萄糖苷、黄芩素苷、绿原酸、熊果酚苷、黄芩素 –7– 鼠李糖苷、三叶豆苷。

药理作用 对脑循环障碍性缺氧、组织中毒性缺氧有保护作用。

性味归经 苦，寒，有毒。归肝、肾经。

功能主治 活血祛瘀，消肿止痛。适用于跌打损伤，骨折，风湿痹痛。

用药警戒 中毒有恶心、呕吐等症状。轻者服甘草水解毒，重者对症治疗。

（九十一）假升麻属 *Aruncus* Adans.

药用记载 假升麻 *Aruncus sylvester* Kostel. 的根在《中药大辞典》中记载为升麻草。

212. 假升麻 *Aruncus sylvester* Kostel.

别名 棣棠升麻、金毛三七、升麻草。

识别要点 多年生草本，基部木质化。根茎粗大，横走。茎直立，光滑。羽状复叶，茎生叶基部成鞘状抱茎，无托叶；小叶片卵形或卵状椭圆形，边缘具重锯齿。雌雄异株，穗状圆锥花序顶生或腋生，花小，黄白色，萼筒杯状 5 裂，花瓣 5，倒卵状匙形；雄花的雄蕊长于花瓣；雌花中具退化雄蕊，雌蕊 3，直立，卵形。蓇葖果，成熟时褐色。花期 6 ～ 7 月，果期 9 月。（图 3–212–1 ～ 3–212–2，见 669 页）

生境与分布 生长于山坡疏林下、草丛或溪旁、岩石边缘等阴湿处。分布于东北、华东、西南和河南、甘肃、陕西、湖南、西藏等地。

药用部位 根。

采集加工 春秋采挖，洗净，晒干。

药理作用 ①有良好的抑菌效果。②有较强的抗氧化作用。

性味归经 苦，平。归肝经。

功能主治 散瘀止痛，补虚收敛。适用于跌打损伤，劳伤，筋骨疼痛。

（九十二）鸡麻属 *Rhodotypos* Sieb. et Zucc.

药用记载 鸡麻 *Rhodotypos scandens*（Thunb.）Makino 的果实及根在《中药大辞典》《中华本草》中记载为鸡麻。

213. 鸡麻 *Rhodotypos scandens*（Thunb.）Makino

别名　双珠母

识别要点　落叶灌木。小枝紫褐色，嫩枝绿色，光滑。叶对生，卵形，顶端渐尖，基部圆形至微心形，边缘有尖锐重锯齿。单花顶生于新梢上；萼片大，卵状椭圆形，顶端急尖，边缘有锐锯齿；花瓣白色，倒卵形。核果 1～4，黑色或褐色，斜椭圆形，光滑。花期 4～5 月，果期 6～9 月。（图 3–213–1～3–213–4，见 670 页）

生境与分布　生于山坡疏林中及山谷林下阴处。分布于辽宁、陕西、甘肃、山东、河南、江苏、安徽、浙江、湖北。

药用部位　果实及根。

采集加工　夏、秋季采挖根，洗净，切片，晒干。6～9 月采果实，晒干。

性味归经　甘，平。归肾经。

功能主治　补血，益肾。适用于血虚肾亏。

（九十三）花楸属 *Sorbus* L.

药用记载　水榆花楸 *Sorbus alnifolia*（Sieb. et Ucc.）K. Koch 的果实在《中药大辞典》《中华本草》中记载为水榆果；在《全国中草药汇编》中记载为水榆。花楸树 *S. pohuashanensis*（Hance）Hedl. 在《东北常用中草药手册》中记载为花楸树。

214. 水榆花楸 *Sorbus alnifolia*（Sieb. et Ucc.）K. Koch

别名　枫榆、千筋树、黄山榆、水榆、糯米珠、千筋树、粘枣子。

识别要点　乔木。小枝圆柱形，具灰白色皮孔。单叶互生；叶片卵形至椭圆状卵形，先端短渐尖，基部圆形或宽楔形，边缘有不整齐尖锐重锯齿，上面无毛，下面沿中脉和侧脉上微具短柔毛。复伞房花序较疏松，总花梗和花梗具稀疏柔毛；花白色；萼筒钟状，萼片三角形，内面密被白色绒毛；花瓣卵形或近圆形；雄蕊 20，突出；子房下位，花柱 2。果实椭圆形或卵形，红色或黄色。花期 5 月，果期 8～9 月。（图 3–214–1～3–214–2，见 670 页）

生境与分布　生长于山坡、山沟或山顶混交林或灌木丛中。分布于河北、陕西、甘肃、山东、安徽、江西、浙江、河南、湖北、四川等地。

药用部位　果实。

采集加工　秋季果实成熟时采摘，晒干。

性味归经　甘，平。归脾、肝经。

功能主治　养血补虚。适用于血虚萎黄，劳倦乏力。

215. 花楸树 *Sorbus pohuashanensis*（Hance）Hedl.

别名　百华花楸、马加木、红果臭山槐、绒花树、山槐子。

识别要点 落叶乔木或大灌木。干皮紫灰褐色，光滑，小枝粗壮，灰褐色，具灰白色细小皮孔，幼时被绒毛，鳞芽形大，红褐色，被绒毛。奇数羽状复叶互生，叶缘上部有齿，叶表色暗绿，叶背面有白绒毛。顶生复伞房花序，花部具毛，花两性，白色，雄蕊 20 枚，与花瓣近等长。梨果近球形，熟时红色，具直立闭合之宿存萼片。花期 6 月，果熟期 9 ～ 10 月。（图 3–215–1 ～ 3–215–4，见 671 页）

生境与分布 生长于山坡或山谷杂木林内。分布于东北、西北、华北。

药用部位 果实、茎、茎皮。

采集加工 果实：秋季果实红色时采摘，晒干。茎及茎皮：春、夏、秋季均可采收，晒干。

性味归经 果实：甘、苦，平。茎、茎皮：苦，寒。归脾、肺、胃经。

功能主治 果实：健胃补虚。适用于胃炎，维生素 A 缺乏症。茎、茎皮：利肺止咳，补脾生津。适用于肺结核，哮喘，咳嗽。

（九十四）稠李属 *Padus* Mill.

药用记载 稠李 *Padus racemosa*（Lam.）Gilib 在《河北中草药》中记载为臭李子。

216. 稠李 *Padus racemosa*（Lam.）Gilib

别名 臭耳子、臭李子、黑山丁子、臭山丁子、吗嘎（蒙名）。

识别要点 高大落叶乔木；树皮粗糙而多斑纹，老枝紫褐色或灰褐色，有浅色皮孔；小枝紫褐色有棱，近无毛，叶缘具尖细锯齿，有侧脉 8 ～ 11 对，中脉和侧脉均凸起；叶柄近叶片基部有 2 腺体；腋生总状花序下垂，基部常有小叶 1 ～ 4 枚，芳香，花瓣白色；核果近球形，黑或紫红色。花期 4 ～ 5 月，果期 5 ～ 10 月。（图 3–216–1 ～ 3–216–4，见 671 ～ 672 页）

生境与分布 生长于山坡、山谷或灌丛中。分布于东北、华北、河南、山东等地。

药用部位 叶、果实。

采集加工 叶：春夏采集，干燥。果实：7 ～ 8 月成熟时采集。

化学成分 苯甲酸、苯甲醛、叶绿醇、α – 红没药醇、α – 羟基苯乙腈。

药理作用 所含叶绿醇具有降低胆固醇作用。

性味归经 甘、酸、涩，平。归大肠经。

功能主治 果实：止泻，补脾。适用于泻痢，腹泻。叶：镇咳。

（九十五）山楂属 *Crataegus* L.

药用记载 山里红 *Crataegus pinnatifida* var. *major* N. E. Brown 的成熟果实在《中国药典》《全国中草药汇编》《中药大辞典》《中华本草》中记载为山楂。

217. 山里红 *Crataegus pinnatifida* var. *major* N. E. Brown

识别要点 落叶乔木，当年生枝紫褐色，老枝灰褐色，有刺；冬芽三角卵形，紫色。叶片宽卵形或三角状卵形，稀菱状卵形，通常两侧各有 3 ～ 5 羽状深裂片，边缘有尖锐稀疏不规则重锯齿，上面暗绿色有光泽，下面沿叶脉有疏生短柔毛；托叶草质，镰形，边缘有锯齿。伞房花序具多花，总花梗和花梗均被柔毛；花萼筒钟状,外面密被灰白色柔毛；萼片三角卵形至披针形；花瓣倒卵形或近圆形，白色；雄蕊 20，短于花瓣，花药粉红色；花柱 3 ～ 5，基部被柔毛，柱头头状。果实近球形或梨形，深红色，有浅色斑点。花期 5 ～ 6 月，果期 9 ～ 10 月。（图 3-217-1 ～ 3-217-4，见 672 页）

生境与分布 生长于山坡林边或灌木丛中。分布于东北、华北、山东、陕西、江苏。

药用部位 果实。

采集加工 秋季果实成熟后采收。

化学成分 果实含左旋儿表茶精、槲皮素、金丝桃苷、绿原酸、枸橼酸、枸橼酸单甲酯、枸橼酸二甲酯、枸橼酸三甲酯、黄烷聚合物。

药理作用 ①口服山楂能增加胃中酶类分泌，促进消化，所含解酯酶亦能促进脂肪类食物的消化，能使动脉粥样硬化兔血中卵磷脂比例提高，胆固醇和脂质在器官上的沉积降低。②经动物试验证明，山楂可使血管扩张，冠状动脉血流增加，血压下降。③山楂久服有降低胆固醇的作用。④山楂酸有强心作用，花、叶制剂亦有强心、降压作用，山楂浸膏对垂体后叶素引起的心律不齐有一定的抑制作用，三萜烯酸类能增加冠状动脉血流量，提高心肌对强心苷作用的敏感性，增加心排出量，减弱心肌应激性和传导性，具有抗心室颤动、心房颤动和阵发性心律失常等作用。⑤抑菌；山楂在体外对痢疾杆菌有较强的抑制作用；焦山楂对痢疾杆菌及绿脓杆菌均有抑制作用，有免疫增强作用。⑥山楂对子宫有收缩作用；对预防肝癌有意义。

性味归经 酸、甘、微温。归脾、胃、肝经。

功能主治 消食健胃，行气散瘀。适用于肉食积滞，胃脘胀满，泻痢腹痛，瘀血经闭，产后瘀阻，心腹刺痛，疝气疼痛，高脂血症。焦山楂消食导滞作用增强，用于肉食积滞、泻痢不爽。

用药警戒 脾胃虚弱者慎服。

（九十六）樱属 *Cerasus* Mill

药用记载 欧李 *Cerasus humilis*（Bge.）Sok. 的种仁在《中国药典》《中药大辞典》《中华本草》中记载为郁李仁；根在《中药大辞典》《中华本草》中记载为郁李根。欧李 *C. humilis* Bge. 的种子在《中药大辞典》中记载为欧李。毛樱桃 *C. tomentosa*（Thunb.）Wall. 的果实在《中草药大辞典》《中华本草》中记载为山樱桃；种子在《中草药大辞典》中记载为山樱桃核。

218. 欧李 *Cerasus humilis*（Bge.）Sok.

别名 山梅子、小李仁。

识别要点 灌木。小枝灰褐色或棕褐色，被短柔毛。叶片倒卵状长椭圆形或倒卵状披针形，边有单锯齿或重锯齿；托叶线形，边缘有腺体。花单生或 2 ～ 3 花簇生，花叶同开；萼片三角卵圆形，先端急尖或圆钝；花瓣白色或粉红色，长圆形或倒卵形。核果成熟后近球形，红色或紫红色。花期 4 ～ 5 月，果期 6 ～ 10 月。（图 3-218-1 ～ 3-218-2，见 673 页）

生境与分布 生长于阳坡砂地、山地灌丛中。分布于东北、内蒙古、河北、山东、河南。

药用部位 种子、种仁。

采集加工 夏、秋季采收成熟果实，除去果肉及核壳，取出种子，干燥。

化学成分 含苦杏仁苷、脂肪油、皂苷等。欧李果实含果糖。

药理作用 ①种仁所含的郁李仁苷有强烈泻下作用。其泻下作用机制类似番泻苷，均属大肠性泻剂。②从种仁中提取的蛋白成分有抗炎和镇痛作用。

性味归经 种仁：辛、苦，平，无毒。归脾、肝、胆、大肠、小肠经。根：苦、酸，凉。归脾、胃经。

功能主治 种仁：润燥滑肠，下气，利水。适用于津枯肠燥，食积气滞，腹胀便秘，水肿，脚气，小便不利。根：清热，杀虫，行气破积。适用于龋齿疼痛，小儿发热，气滞积聚。

用药警戒 种仁：阴虚津亏者及孕妇慎服。忌牛、马肉。根：孕妇慎用。

219. 毛樱桃 *Cerasus tomentosa*（Thunb.）Wall.

别名 山樱桃、朱桃、麦樱、大李仁、英豆、李桃、奈桃、梅桃、野樱桃、山豆子。

识别要点 落叶灌木。小枝紫褐色或灰褐色，幼枝密被黄色绒毛或无毛。单叶互生，或于短枝上簇生；叶片卵状椭圆形或倒卵状椭圆形，叶缘有急尖或粗锐锯齿。花两性；单生或两朵簇生；花叶同开或近先叶开放；萼片 5，外被短柔毛；花瓣 5，白色或粉红色，倒卵形，先端圆钝；雄蕊短于花瓣；花柱与雄蕊近等长或稍长。核果近球形，红色。花果期 4 ～ 9 月。（图 3-219-1 ～ 3-219-2，见 673 页）

生境与分布 生长于向阳坡上，山坡林中，林缘、灌丛中或草地。分布于东北、华北及陕西、宁夏、甘肃、青海、山东、四川、云南、西藏等地。

药用部位 果实、种子。

采集加工 果实：6 ～ 9 月果实成熟时采摘。

化学成分 叶含槲皮苷。木材含右旋儿茶精、毛樱桃苷、苦杏仁苷。种子含皂苷。

性味归经 果实：辛、甘，平，无毒。归脾、肾经。

功能主治 果实：健脾，益气，固精。适用于食积泻痢，便秘，脚气，遗精滑泻。

附注 核仁亦可作郁李仁入药。

（九十七）桃属 *Amygdalus* L.

药用记载 榆叶梅 *Amygdalus triloba*（Lindl.）Ricker 的种仁在《中华本草》中记载为郁李仁。

220. 榆叶梅 *Amygdalus triloba*(Lindl.)Ricker

别名　额勒伯特－其其格（蒙名）。

识别要点　灌木稀小乔木；枝条开展，具多数短小枝；一年生枝灰褐色，无毛或幼时微被短柔毛；叶片宽椭圆形至倒卵形，边缘具粗锯齿或重锯齿。花 1 ～ 2 朵，先于叶开放；萼片卵形或卵状披针形，无毛，近先端疏生小锯齿；花瓣近圆形或宽倒卵形，粉红色。果实近球形，红色，外被短柔毛；果肉薄，成熟时开裂；核近球形，具厚硬壳，两侧几不压扁。花期 4 ～ 5 月，果期 5 ～ 7 月。（图 3-220-1 ～ 3-220-3，见 673 页）

生境与分布　生长于坡地、灌木林下或林缘。分布于东北、华北及陕西、甘肃、山东、江苏、浙江、江西等省区。

药用部位　种仁。

采集加工　5 月中旬至 6 月初当果实呈鲜红色后采收。将果实堆放在阴湿处，待果肉腐烂后，取其果核，清除杂质，稍晒干，将果核压碎去核，即得种仁。

性味归经　辛、苦、甘，平。归大肠经。

功能主治　润燥滑肠，下气利水。适用于大肠气滞，肠燥便秘，水肿腹满，脚气，小便不利。

用药警戒　特殊体质者慎用。

（九十八）李属 *Prunus* L.

药用记载　李 *Prunus salicina* Lindl. 的果实在《中药大辞典》《中华本草》中记载为李子，种子记载为李核仁，根记载为李根，根皮记载为李根皮，叶记载为李树叶，树脂记载为李树胶；根及果实在《全国中草药汇编》中记载为李。东北李 *P. ussuriensis* Kov. et Kost. 在东北地区与李同等入药。

221. 东北李 *Prunus ussuriensis* Kov. et Kost.

别名　乌苏里李。

识别要点　多分枝呈灌木状；老枝灰黑色；小枝节间短，红褐色，无毛；叶片长圆形、倒卵长圆形，边缘有单锯齿或重锯齿。花 2 ～ 3 朵簇生，有时单朵；萼筒钟状，萼片长圆形；花瓣白色，先端波状，基部楔形，有短爪；雄蕊多数，花丝长短不等；雌蕊 1，柱头盘状。核果较小，卵球形，紫红色；核长圆形，有明显侧沟，表面有不明显蜂窝状凸起。花期 4 ～ 5 月，果期 6 ～ 9 月。（图 3-221-1 ～ 3-221-2，见 674 页）

生境与分布　生长于林边或溪流附近。分布于东北。

药用部位　果实、种仁、根、根皮、树脂、树叶。

采集加工　果实：7 ～ 8 月果实成熟时采摘，鲜用。种仁：7 ～ 8 月果实成熟时采摘，除去果肉收果核，洗净，破核取仁，晒干。根：全年均可采挖，洗净、晒干。根皮：全年均可采挖，洗净，去掉木心，晒干。树脂：在李树生长繁茂的季节，收采树干上分泌的胶质，晒干。树叶：夏、秋季间采叶，鲜用或晒干。

化学成分 果实含赤霉素、β – 胡萝卜素、隐黄质、叶黄素、堇黄质、新黄质、维生素 A。种子含苦杏仁苷。树叶含绿原酸、木犀草素 -7-O- 葡萄糖苷、洋槐苷、槲皮素、芸香苷、槲皮素 -3,7-O-二葡萄糖苷。

性味归经 果实：甘、酸，平。归肝、脾、肾经。种仁：苦、平，无毒。归肝、肺、大肠经。根：苦、寒，无毒。归脾、胃经。根皮：苦、咸，寒，无毒。归肝、脾、心经。树脂：苦、寒，无毒。归心、肝经。树叶：甘、酸，平，无毒。归胃、脾、肺经。

功能主治 果实：清热，生津，消积。适用于虚劳骨蒸，消渴，食积。种仁：祛瘀，利水，润肠。适用于血瘀疼痛，跌打损伤，水肿膨胀，脚气，肠燥便秘。根：清热解毒，利湿。适用于疮疡肿毒，热淋，痢疾，白带异常。根皮：降逆，燥湿，清热解毒。适用于气逆奔豚，湿热痢疾，赤白带下，消渴，脚气，丹毒疮痈。树脂：清热，透疹，退翳。适用于麻疹透发不畅，目生翳障。树叶：清热解毒。适用于壮热惊痫，肿毒溃烂。

用药警戒 果实：不可多食，多食生痰、损伤脾胃、令人虚。助湿发疟痢，脾弱者尤忌之。种仁：脾弱便溏、肾虚遗精者及孕妇忌用。

（九十九）杏属 *Armeniaca* Mill.

药用记载 山杏 *Armeniaca sibirica*（L.）Lam.、东北杏 *A. mandshurica*（Maxim.）Skv. 的干燥成熟种子在《中国药典》《中药大辞典》中记载为苦杏仁；在《中华本草》《中药大辞典》中记载为杏仁；花在《中华本草》《中药大辞典》中记载为杏花；根在《中华本草》《中药大辞典》中记载为杏树根；树皮在《中华本草》《中药大辞典》中记载为杏树皮；叶在《中华本草》《中药大辞典》中记载为杏叶；树枝在《中华本草》《中药大辞典》中记载为杏枝；果实在《中华本草》《中药大辞典》中记载为杏子。

222. 山杏 *Armeniaca sibirica*（L.）Lam.

别名 西伯利亚杏、西伯日 – 归勒斯（蒙名）。

识别要点 灌木或小乔木。叶卵形或近圆形。花单生；萼片长圆状椭圆形，先端尖；花瓣近圆形或倒卵形，白色或粉红色。果实扁球形，果肉薄而干燥，熟时开裂，味酸涩。核易与果肉分离。花期 3 ～ 4 月，果期 6 ～ 7 月。（图 3–222–1 ～ 3–222–2，见 674 页）

生境与分布 生长于干燥向阳山坡上、丘陵草原或与落叶乔灌木混生。分布于东北、华北和甘肃等地。

药用部位 种仁、花、根、树皮、叶、树枝、果实。

采集加工 种仁：夏季采收成熟果实，除去果肉及核壳，取出种子，晒干。花：3 ～ 4 月采花，干燥。根和树皮：四季均可采收。叶：夏、秋季叶长茂盛时采收。树枝：夏、秋季采收。果实：果熟时采收。

化学成分 种仁含苦味氰苷（苦杏仁苷）、多种有机酸、肌醇、豆甾醇、β – 谷甾醇、燕麦甾醇、胆甾醇、雌性酮、17β – 雌二醇、甘油三油酸酯、苯甲醛、芳樟醇、4- 松油烯醇、α – 松油醇。花含棉子糖、密二糖等。叶含芸香苷、槲皮素 -3- 鼠李葡萄糖苷、绿原酸、新绿原酸、根皮苷。果实含枸橼酸等有机酸、槲皮素、芸香苷、金丝桃苷、山柰酚、月桂烯、柠檬烯、对聚伞花素、牻牛儿醇、2-甲基丁酸、乙酸、芳樟醇、催吐萝芙木醇、去氢催吐萝芙木醇等。

药理作用 ①消炎。②镇痛。③镇咳平喘。④血压下降。⑤对肺癌、乳腺癌、鼻咽癌有疗效。⑥可促进肺表面活性物质的合成，使病变得到改善。⑦苦杏仁苷有抗突变作用。⑧有预防和治疗抗肿瘤药阿脲引起的糖尿病的作用。⑨苦杏仁油有驱虫、杀菌作用。

性味归经 种仁：苦，温，有毒。归肺、脾、大肠经。花：苦，温，无毒。归脾、肾经。根：苦，温。归肝、肾经。树皮：甘，寒。归心、肺经。叶：辛、苦，微凉。归肝、脾经。树枝：辛，平。归肝经。果实：酸、甘，温，有毒。归肺、心经。

功能主治 种仁：祛痰止咳，润肠开痹。适用于外感咳嗽，喘满，伤燥咳嗽，寒气奔豚，惊痫，胸痹，食滞脘痛，血崩，耳聋，疳肿胀，湿热淋证，疥疮，喉痹，肠燥便秘。花：活血补虚。适用于不孕，肢体痹痛，手足逆冷。根：解毒。适用于食苦杏仁中毒。树皮：解毒。适用于食苦杏仁中毒。叶：祛风利湿，明目。适用于水肿，皮肤瘙痒，目疾多泪，痈疮瘰疬。树枝：活血散瘀。适用于跌打损伤，瘀血阻络。果实：润肺定喘，生津止渴。适用于肺燥咳嗽，津伤口渴。

用药警戒 ①内服不宜过量，以免中毒。②恶黄芪、黄芩、葛根。畏蘘草。③阴虚咳嗽，肺有虚热、热痰者忌之。

223. 东北杏 *Armeniaca mandshurica*（Maxim.）Skv.

别名 辽杏。

识别要点 树皮暗灰色。小枝绿色或淡红褐色，无毛。叶卵圆形或卵状椭圆形，基部楔形至圆形，先端渐尖，边缘有粗而尖的重锯齿，近叶柄顶端有 2 腺体。花单生，先叶开放，花瓣淡红色或近白色。核果扁圆形，有短柔毛，黄色，有红晕或红点。花期 3～4 月，果期 6～7 月。（图 3-223-1～3-223-2，见 674 页）

生境与分布 生长于开阔的向阳山坡灌木林或杂木林下。分布于东北、内蒙古、河北、陕西。

其余各项与山杏相同。

（一百）蛇莓属 *Duchesnea* J. E. Smith

药用记载 蛇莓 *Duchesnea indica*（Andr.）Focke 的全草在《全国中草药汇编》《中药大辞典》《中华本草》中记载为蛇莓。

224. 蛇莓 *Duchesnea indica*（Andr.）Focke

别名 蛇泡草、龙吐珠、三爪风、鸡冠果、野杨梅、蛇藨、地莓、蚕莓、三点红、龙吐珠、狮子尾、疔疮药、蛇蛋果。

识别要点 多年生草本；匍匐茎多数，有柔毛。小叶片倒卵形至菱状长圆形，先端圆钝，边缘有钝锯齿，两面皆有柔毛；托叶窄卵形至宽披针形。花单生于叶腋；有柔毛；萼片卵形，副萼片倒卵形，比萼片长，先端常具 3 ～ 5 锯齿；花瓣倒卵形，黄色，先端圆钝；花托在果期膨大，海绵质，鲜红色，有光泽，直径 10 ～ 20mm，外面有长柔毛。瘦果卵形。花期 6 ～ 8 月，果期 8 ～ 10 月。（图 2–224–1 ～ 2–224–4，见 675 页）

生境与分布 生于山坡、河岸、草地、潮湿的地方。分布于辽宁以南各地。

药用部位 全草。

采集加工 6 ～ 11 月采收全草。

化学成分 全草含甲氧基去氢胆甾醇，低聚缩合鞣质，并没食子鞣质，没食子酸，己糖，戊糖，糖醛酸，蛋白质，蛋白质鞣质多糖，酚性物质，熊果酸，委陵菜酸，野蔷薇葡萄糖酯，刺梨苷，6–甲氧基柚皮素，杜鹃素，β – 谷甾醇，硬脂酸，白桦苷，蛇莓并没食子苷 A、B，山柰酚 –3–O– 芸香糖苷，山柰酚 –3–O– 刺槐二糖苷。

药理作用 ①蛇莓水提取物对食管癌细胞及移植 S/180 肉瘤小鼠显示出明显的抗肿瘤活性。②蛇莓流浸膏显著升高小鼠腹腔巨噬功能。③蛇莓提取物对金黄色葡萄球菌和志贺痢疾杆菌的生长抑制呈阳性，对绿脓杆菌呈弱阳性，对沙门副伤寒菌呈阴性。④其流浸膏对麻醉狗或兔有短暂的降压作用，并与剂量相关。对心脏收缩和心率有抑制作用，并有增加冠脉流量作用。⑤其流浸膏对离体肠仅使收缩振幅增大，张力无明显变化；对家兔、豚鼠及大鼠的离体子宫均呈兴奋作用。⑥蛇莓乙醚提取部分有雄激素样和组胺样效果。对红细胞膜无保护作用。⑦毒性：其注射剂给小鼠腹腔注射未见死亡；静脉注射（每只 0.3mL）无异常或死亡。其流浸膏给小鼠灌服 50g/kg 14d，未见异常和中毒。

性味归经 甘、苦，寒。归肺、肝、大肠经。

功能主治 清热解毒，散瘀消肿，凉血止血。适用于热病，惊痫，咳嗽，吐血，咽喉肿痛，痢疾，痈肿，疔疮，蛇虫咬伤，汤火伤，感冒，黄疸，目赤，口疮，痄腮，疖肿，崩漏，月经不调，跌打肿痛。

（一百零一）蔷薇属 *Rosa* L.

药用记载 山刺玫 *Rosa davurica* Pall. 在《中药大辞典》中记载为刺莓果；花在《中药大辞典》《中华本草》中记载为刺玫花；根在《中药大辞典》中记载为刺莓果根；山刺玫的花、果和根在《全国中草药汇编》中记载为刺玫。

225. 山刺玫 *Rosa davurica* Pall.

别名 刺玫蔷薇、刺玫果、红根。

识别要点 直立灌木。小枝及叶柄基部有成对的黄色皮刺，刺弯曲，基部大。羽状复叶，叶柄和叶轴有柔毛、腺毛和稀疏皮刺；托叶大部贴生于叶柄，边缘有带腺锯齿；小叶片长圆形或宽披针形，先端急尖或圆钝，基部宽楔形，边缘近中部以上有锐锯齿，上面无毛，下灰绿色，有白霜、柔毛或腺点。花单生或数朵簇生；花瓣粉红色；花柱离生，柱头稍伸出花托口部。果球形或卵球形，红色。萼片宿存，直立。花期 6 ～ 7 月，果期 8 ～ 9 月。（图 3–225–1 ～ 3–225–4，见 675 ～ 676 页）

生境与分布 生长于山坡阳处或杂木林边、丘陵草地。分布于东北、华北等地。

药用部位　果实、花、根。

采集加工　果实：在将成熟时摘下，立刻晒干，干后除去花萼，或把新鲜果实切成两半，除去果核，再行干燥。花：6～7月花将开放时采摘，晾干或晒干。根：全年可采。

化学成分　果实含有机酸，糖，果胶，维生素C，类胡萝卜素，花白素，花色素，儿茶精；钙、氟、镁等微量元素，银椴苷，木麻黄鞣亭，仙鹤草素，金樱子鞣质，刺玫果素，齐墩果酸等。

药理作用　①刺玫果冲剂能使红细胞中的单氧化物歧化酶活性增强，延长生命。②刺玫果冲剂可使中老年人体质有明显改善，并能提高智力。③刺玫果对噪声引起的免疫功能低下有良好的扶正作用，且有增强体液免疫的作用。④刺玫果可作为一种肿瘤化疗和放疗的辅助治疗剂。⑤水提物能降低大鼠血压及脑血管阻力，明显增加猫冠脉血流量、减少冠脉阻力。⑥含有丰富的齐墩果酸，能降低对肝脏的损伤，减轻和消除肝细胞的变性和坏死。⑦具有抗疲劳、耐缺氧作用。⑧对甲醛引起的大鼠关节炎有效。

性味归经　花：甘、微苦，平。归肝、脾经。果实：酸、苦，温。归肝、脾、胃、膀胱经。根：苦、涩，平。归肺经。

功能主治　花：理气和胃，解郁调经，止咳。适用于月经不调，痛经，崩漏，吐血，肋间神经痛，肺痨咳嗽。果实：健脾消食，活血调经，敛肺止咳。适用于消化不良，食欲不振，脘腹胀痛，腹泻，月经不调，痛经，动脉粥样硬化，肺结核咳嗽。根：止咳祛痰，止痢，止血。适用于慢性支气管炎，肠炎，细菌性痢疾，功能性子宫出血，跌打损伤。

用药警戒　孕妇慎服。

226. 美蔷薇 *Rosa bella* Rehd. et Wils. var. *bella*

别名　油瓶子。

识别要点　灌木，小枝圆柱形，细弱，老枝常密被针刺。小叶7～9，小叶片椭圆形、卵形或长圆形，先端急尖或圆钝，基部近圆形，边缘有单锯齿；托叶宽平，大部贴生于叶柄，离生部分卵形，先端急尖，边缘有腺齿，无毛。花单生或2～3朵集生，苞片卵状披针形；花梗和萼筒被腺毛；萼片卵状披针形，全缘；花瓣粉红色，宽倒卵形，先端微凹，基部楔形；花柱离生，密被长柔毛，比雄蕊短很多。果椭圆状卵球形，顶端有短颈，猩红色。花期5～7月，果期8～10月。（图3-226-1～3-226-4，见676页）

生境与分布　生长于砍伐后针叶林迹地以及路旁林缘开阔地、河岸地、山坡灌木及杂木林。分布于东北。

药用部位　果实。

采集加工　果实为橙红色即可采收，然后去掉顶端宿萼，切开进行干燥。

化学成分　果实含山柰素苷、蔷薇酸、胡萝卜苷、槲皮素、齐墩果酸、β－谷甾醇。还含葡萄糖、果糖等多种糖类，柠檬酸、苹果酸、奎宁酸等各种有机酸类以及多种色素。鲜花含挥发油。

药理作用　果实的甲醇提取物有明显强心作用。

其余各项与山刺玫相同。

附：河北、山西用本种果实代金樱子入药。

（一百零二）悬钩子属 *Rubus* L.

药用记载 库页悬钩子 *Rubus sachalinensis* Lévl. 的茎叶在《中药大辞典》《中华本草》中记载为库页悬钩子；根在《中药大辞典》《中华本草》中记载为库页悬钩子根；在《蒙药正典》中记载为布格日勒哲根。牛叠肚 *R. crataegifolius* Bge. 的果实和根在《全国中草药汇编》中记载为托盘。覆盆子 *R. idaeus* L. 的果实在《中国药典》《中药大辞典》《中华本草》中记载为覆盆子。

227. 库页悬钩子 *Rubus sachalinensis* Lévl.

别名 野悬钩子、白背悬钩子、沙窝窝、查干－干达嘎尔（蒙名）、布格日勒哲根（蒙名）。

识别要点 小灌木。枝紫褐色，被较密黄色、棕色或紫红色针刺，并混生腺毛。复叶，叶具柔毛、针刺或腺毛；托叶腺形；小叶叶片卵状披针形或长圆状卵形，叶片下面密被灰白色绒毛，边缘有不规则粗锯齿或缺刻状锯齿。花白色，5～9朵成伞房花序，顶生或腋生；花萼外面密被短柔毛；花瓣舌状或匙形，短于萼片；花丝与花柱等长；花柱基部和子房具绒毛。果实卵圆形红色。花期6～7月，果期8～9月。（图3–227–1～3–227–3，见677页）

生境与分布 生长于山坡潮湿地密林下、稀疏杂木林内、林缘、林间草地。分布于黑龙江、吉林、内蒙古、河北、甘肃、青海、新疆等地。

药用部位 根及根皮、茎叶、未成熟果实。

采集加工 茎叶：7～8月采割，晒干。根：秋季采挖，洗净，鲜用或晒干。

化学成分 叶、果和茎含黄酮苷类。根含三萜皂苷类。果含苹果酸、柠檬酸、水杨酸、葡萄糖、蔗糖、果胶质、黏液质、维生素C。

药理作用 叶、茎和根浸膏有促性激素样作用，且增强子宫收缩幅度。

性味归经 茎叶：苦、涩，平。归心、肺、大肠经。根：苦、涩，平。归脾、肝经。果实：甘，微温。蒙药：甘、微辛，平、软。

功能主治 茎叶：清肺止血，解毒止痢，祛风湿。适用于吐血，鼻衄，痢疾，泄泻。

根及根皮：收涩止血，祛风清热。适用于久痢，久泄，吐血，衄血，带下，支气管喘息，荨麻疹。果实：益肾，固精，缩尿。适用于遗精，遗尿，尿频。

蒙药：止咳，清热，调元。适用于感冒，搏热，咳嗽，“赫依”热。

228. 牛叠肚 *Rubus crataegifolius* Bge.

别名 山楂叶悬钩子、沙窝窝、蓬蘽、托盘、白背悬钩子、马林果、布格日勒哲根（蒙名）、查干－干达嘎尔（蒙名）。

识别要点 直立灌木；枝具沟棱，幼时被细柔毛，老时无毛，有微弯皮刺。单叶，卵形至长卵形，上面近无毛，下面脉上有柔毛和小皮刺，边缘有不规则缺刻状锯齿，基部具掌状5脉。花数朵簇生或成短总状花序，常顶生；花萼外面有柔毛，萼片卵状三角形或卵形，顶端渐尖；花瓣椭圆形或长圆形，白色。果实近球形，暗红色，无毛，有光泽；核具皱纹。花期5～6月，果期7～9月。（图3–228–1，

见 677 页）

生境与分布　生长于向阳山坡灌木丛中或林缘，常在山沟、路边成群生长。分布于东北、河北、河南、山西、山东。

药用部位　根及根皮、茎、未成熟果实。

采集加工　茎叶：夏季采收，晒干备用。根：春、秋季采挖，洗净泥土，晒干，切段备用。果实：果实已饱满而尚呈绿色时采摘，除净梗叶，用沸水浸 1 ～ 2 分钟后，置烈日下晒干。

化学成分　叶、果和茎有黄酮苷反应。根呈三萜皂苷反应。果含苹果酸、柠檬酸、水杨酸、葡萄糖、蔗糖、果胶质、黏液质、染料和挥发油。果熟初期含丰富的维生素 C。

药理作用　叶、茎和根浸膏有促性激素样作用，且增强子宫收缩幅度。

性味归经　果：酸、甘，温。根：苦、涩，平。均归肾经。蒙药：味甘、微辛，平、软。

功能主治　果：补肝肾，缩小便。适用于阳痿，遗精，尿频，遗尿。根：祛风利湿。适用于肝炎，风湿性关节炎，痛风。茎叶：清热解毒。适用于吐血，鼻衄，痢疾，风湿性腰腿痛。

蒙药：果实适用于止咳，清热，调元。根适用于搏热，咳嗽，“赫依”热，遗精，遗尿，尿频。

229. 兴安悬钩子 *Rubus chamaemorus* L.

别名　托盘、马林果。

识别要点　多年生低矮草本。雌雄异株，有长而分枝的匍匐根状茎；茎一年生，直立，被短柔毛或稀疏短腺毛；基生叶肾形或心状圆形，边缘浅裂，有不整齐粗锐锯齿。花单生，顶生，单性，通常雄花较大，被柔毛；花瓣顶端常有凹缺，白色，比萼片长大很多；雌花中的雌蕊花柱长，线形，但雄蕊不发达，无花药；雄花中雄蕊发达，雌蕊不发育。果实近球形，橙红色或带黄色，无毛；核大。花期 5 ～ 7 月，果期 8 ～ 9 月。（图 3–229–1 ～ 3–229–2，见 677 页）

生境与分布　生长于林中，分布于东北。

药用部位　为未成熟的果实、根、茎、叶。

采集加工　果实：宜在已饱满而尚呈绿色时采摘，除去梗、叶，以沸水浸 1 ～ 2 分钟，置太阳下晒干备用。根：春、秋季采挖，洗净泥土，晒干，切段备用。茎叶：夏季采割，晒干。

性味归经　甘、平，无毒。归肝经。

功能主治　果实：益肝明目，补肾固精，安神理气。适用于肾虚遗尿，小便频数，阳痿早泄，遗精滑精。根：消肿止痛，活血祛风。适用于酒醉不醒，肝炎，风湿病，痛风。茎叶：清热解毒。适用于痔疮、颈淋巴结核，煎水可洗湿疹，捣烂可敷疮痈。

230. 覆盆子 *Rubus idaeus* L.

别名　蛇泡竻、藕田藨、婆婆头、草杨梅子、茅梅悬钩子、三月泡、红梅消。

识别要点　灌木。枝褐色或红褐色，幼时被绒毛状短柔毛，疏生皮刺。小叶 3 ～ 7 枚，花枝上有时具 3 小叶，顶生小叶边缘有不规则粗锯齿或重锯齿。花生于侧枝顶端成短总状花序或少花腋生，花萼外面密被绒毛状短柔毛和疏密不等的针刺，花瓣匙形。果实近球形，红色或橙黄色。花期 5 ～ 6 月，

果期 8 ～ 9 月。（图 3-230-1 ～ 3-230-4，见 678 页）

生境与分布 生长于山地杂木林边、灌丛或荒野。分布于东北、河北、山西、新疆。

药用部位 果实。

采集加工 夏初果实由绿变绿黄时采收，除去梗、叶，置沸水中略烫或略蒸，取出，干燥。

化学成分 果实含有机酸；糖类、少量维生素 C、没食子酸、β－谷甾醇、覆盆子酸。

药理作用 ①对葡萄球菌有抑制作用，对霍乱弧菌也有抑制作用。②有雌激素样作用。

性味归经 甘、酸，温。归肾、膀胱经。

功能主治 固精，缩尿。适用于肾虚遗尿，小便频数，阳痿早泄，遗精滑精。

（一百零三）龙牙草属 *Agrimonia* L.

药用记载 龙牙草 *Agrimonia pilosa* Ledeb. 的地上部分在《全国中草药汇编》《中药大辞典》《中华本草》中记载为仙鹤草；根在《中药大辞典》中记载为龙牙草根；带有不定芽的根茎在《中药大辞典》中记载为仙鹤草根芽。

231. *龙牙草 Agrimonia pilosa* Ledeb.

别名 脱力草、狼牙草、金顶龙牙、黄龙尾、毛脚茵。

识别要点 多年生草本。根茎短，基部常有 1 或数个地下芽。茎被疏柔毛及短柔毛。奇数羽状复叶互生；托叶 2 枚，斜卵形，有深裂齿，被长柔毛；小叶顶端及中部的叶较大，其间夹杂数对小形叶片。两面均被柔毛，有显著腺点。总状花序单一或 2 ～ 3 个生于茎顶，花序轴被柔毛；萼片三角状卵形；花瓣 5，长圆形，黄色。瘦果，包于具钩的宿存花萼内。花期 7 ～ 9 月，果期 9 ～ 10 月。（图 3-231-1 ～ 3-231-3，见 678 ～ 679 页）

生境与分布 生长于溪边、路旁、草地、灌丛、林缘及疏林下。分布于我国大部分地区。

药用部位 地上全草、根、根芽。

采集加工 地上全草：夏、秋间，在枝叶茂盛未开花时，割取全草，除净泥土，晒干。根：秋后采收，洗净，除去芦头，晒干。根芽：冬、春季新株萌发前挖取根茎，去老根，留幼芽，洗净，晒干。

化学成分 全草含仙鹤草素、仙鹤草内酯、焦性儿茶酚鞣质、没食子鞣质、谷甾醇、仙鹤草酚、木犀草素、大波斯菊苷。茎、叶含木犀草素 -7-β- 葡萄糖苷、芹菜素 -7-β- 葡萄糖苷、维生素 C、维生素 K。鲜根茎冬芽含仙鹤草酚、仙鹤草内酯、香草酸、l- 花旗松素、鞣花酸、伪绵马素、委陵菜酸等。

药理作用 ①杀灭血吸虫、猪绦虫。②对动物精子有较强的杀死作用。③鹤草酚对肝癌腹水癌的癌细胞具有一定杀灭作用，且不但不损害正常细胞，反而促进正常细胞的生长发育，有明显延长生命的作用。④临床上用仙鹤草素作止血剂。⑤仙鹤草乙醇浸膏使血压上升，并能兴奋呼吸，而其水提部分却能使家兔的血压降低。⑥消炎作用。⑦仙鹤草嫩茎叶煎剂局部应用，对阴道滴虫病亦有良好效果。

性味归经 地上全草：苦、涩，平。归肺、肝、脾、心经。根：辛、涩，温，无毒。归肾经。

功能主治 地上全草：收敛止血，止痢，杀虫。适用于咯血，吐血，尿血，便血，赤白痢疾，崩漏带下，劳伤脱力，痈肿，跌打，创伤出血。根：适用于赤白痢疾，妇女经闭，肿毒，绦虫病，偏头痛。根芽：适用于绦虫病，滴虫性肠炎。

用药警戒 非出血不止者不用。

（一百零四）草莓属 *Fragaria* L.

药用记载 黄毛草莓 *Fragaria nilgerrensis* Schlecht. ex Gay 的全草在《中药大辞典》《中华本草》中记载为白草莓。

232. 东方草莓 *Fragaria orientalis* Lozinsk.

别名 野草莓、高丽果、高粱果。道日纳音－古哲勒哲根纳（蒙名）、孜孜萨森（藏名）。

识别要点 多年生草本，雌雄异株。匍匐茎红色，其上茸毛直立。三出复叶绿色，叶柄红色，中心小叶卵圆形，前端较宽，尖锯齿。叶具茸毛，背面常紫红色。多歧聚伞花序高于叶面，花序及花都较多。萼片三角形至宽披针形；花瓣白色，5枚；雌花花药瘪小，雌蕊发育正常；雄花花药较大，不等长，雌蕊柱头极短小，在落瓣时，花药脱落，花丝残存。果实短圆锥形或卵球形，萼裂片和副萼片宿存伸展，红色；果肉白色。花期5月，果期6月。（图3–232–1～3–232–4，见679页）

生境与分布 生长于林下、林缘灌丛、林间草甸及河滩草甸。分布于东北、内蒙古、青海、甘肃、山西、陕西、湖北、河北、山东。

药用部位 全草、叶、青果、成熟果实。

采集加工 全草：花期采收，除去杂质及根须，晾干。果实：夏季采收，除去杂质，晒干备用。蒙药夏、秋季采收全草，晒干备用。

化学成分 全草含草莓胺，维生素C，苹果酸，柠檬酸，多种维生素，胡萝卜素，锌、铬等无机元素，烟酸，果胶和丰富的膳食纤维等。

药理作用 ①草莓中的有效成分可抑制癌肿的生长。②草莓植株中提取出的“草莓胺”，对白血病、障碍性贫血等血液病有较好的疗效。

性味归经 中药：酸、微甘，温，平。归肺、肝、肾经。蒙药：甘、酸，平。

功能主治 中药：全草浸汁治腹泻，眼病，子宫出血。叶祛痰止咳。未熟青果治肾结石。果生津止渴，祛痰。蒙药：止血，祛痰，燥脓“希日乌素”，清“巴达干”“协日”。适用于治疗子宫出血，咳痰不爽，肺脓肿，“巴达干”，“协日”病。

用药警戒 ①草莓虽然是很好的开胃水果，但是性凉，脾胃虚寒、容易腹泻、胃酸过多的人，吃草莓要控制量。②草莓含草酸钙较多，患尿路结石和肾功能不好的人也不宜多吃草莓，因为过多食用会加重患者病情。③草莓最好在饭后吃，因为其含有大量果胶及纤维素，可促进胃肠蠕动，帮助消化，改善便秘，这样才能更有效地预防痔疮、肠癌的发生。④草莓含嘌呤较多，嘌呤代谢失常的痛风病人和血尿酸浓度增高的人多食易导致痛风发作。

（一百零五）地榆属 *Sanguisorba* L.

药用记载 地榆 *Sanguisorba officinalis* L.、长叶地榆 *S. officinalis* L. var. *Longifolia*（Bert.）Yu et Li 的根在《中国药典》《中药大辞典》《中华本草》中记载为地榆。

233. 地榆 *Sanguisorba officinalis* L.

别名 黄瓜香、玉札、山枣子、白地榆、鼠尾地榆、西地榆、地芽、野升麻。

识别要点 多年生草本。根多呈纺锤形，横切面黄白或紫红色。茎直立，有棱。基生叶为羽状复生，小叶片卵形或长圆形，有短柄；托叶膜质；茎生叶较少，托叶大，革质，半卵形，外侧边缘有尖锐锯齿。穗状花序椭圆形、圆柱形或卵球形，萼片 4 枚，紫红色，中央微有纵棱脊，顶端常具短尖头；雄蕊 4 枚；子房外面无毛或基部微被毛，柱头边缘具流苏状乳头。果实包藏在宿存萼筒内，外面有斗棱。花期 7 ～ 10 月，果期 9 ～ 11 月。（图 3–233–1 ～ 3–233–4，见 680 页）

生境与分布 生长于草原、草甸、山坡草地、灌丛中、疏林下。分布于东北、华北、西北、华东、西南及河南、湖北、湖南、广西等地。

药用部位 根。

采集加工 于春季发芽前或秋季枯萎前后采挖，除去地上茎叶，洗净晒干，或趁鲜切片干燥。

化学成分 根含地榆素、没食子酰 –β –D– 葡萄糖、没食子酰葡萄糖类、地榆酸双内酯、右旋儿茶精、棕儿茶素、地榆糖苷、地榆皂苷、甜茶皂苷、地榆皂苷元、胡萝卜苷、被模醇酸、2–α – 羟基被模醇酸。根茎中含右旋地茶精、右旋没食子儿茶精。茎叶富含槲皮素、山柰酚、白桦脂酸。

药理作用 ①地榆粉或炒炭地榆粉有止血作用。②地榆水提取剂可消炎。③地榆水提取剂可促进伤口愈合。④地榆有抗菌作用。⑤体外实验对人子宫颈癌有抑制作用。⑥地榆鞣质可明显对抗氨基匹林合并亚硝酸钠引起的急性肝损伤。

性味归经 苦、酸，寒，无毒。归肝、肺、肾、大肠经。

功能主治 凉血止血，清热解毒，消肿敛疮。适用于吐血，咯血，衄血，尿血，便血，痔血，血痢，崩漏，赤白带下，疮痈肿痛，湿疹，阴痒，水火烫伤，蛇虫咬伤。

用药警戒 虚寒者忌服。

234. 腺地榆 *Sanguisorba officinalis* L. var. *glandulosa*（Kom.）Worosch.

别名 黄瓜香。

识别要点 地榆的变种，与地榆的区别是茎、叶柄及花序梗或多或少有柔毛和腺毛，叶下面散生短柔毛。花果期 7 ～ 9 月。（图 3–234–1 ～ 3–234–3，见 680 ～ 681 页）

生境与分布 生长于山谷阴湿处、林缘。分布于黑龙江、陕西、甘肃。

药用等与地榆相同。

235. 长叶地榆 *Sanguisorba officinalis* L. var. *longifolia*（Bert.）Yu et Li

别名 绵地榆。

识别要点　基生叶小叶带状长圆形至带状披针形，基部微心形，圆形至宽楔形，茎生叶较多，与基生叶相似，但更长而狭窄；花穗长圆柱形，雄蕊与萼片近等长。花果期 8 ～ 11 月。（图 3–235–1 ～ 3–235–3，见 681 页）

生境与分布　生长于山坡草地、溪边、灌丛、湿草地及疏林中。分布于东北、华北、华东、华南、云南、台湾等省区。

药用等与地榆相同。

236. 长蕊地榆 *Sanguisorba officinalis* L. var. *longifila*（Kitagawa）Yu et Li

别名　直穗粉花地榆。

识别要点　本变种与长叶地榆十分相近，但花丝长 4 ～ 5cm，比萼片长 0.5 ～ 1 倍，可以区别。花果期 8 ～ 9 月。（图 3–236–1 ～ 3–236–3，见 681 页）

生境与分布　生长于沟边及草原湿地。分布于黑龙江、内蒙古。

药用等参考地榆。

237. 大白花地榆 *Sanguisorba sitchensis* C. A. Mey.　　FOC 修订为 *Sanguisorba stipulate* Raf.

别名　黄瓜香、玉札、山枣子、酸赭、白地榆、鼠尾地榆、西地榆、地芽、野升麻。

识别要点　多年生草本。根粗壮、深长，疏散地长出若干细根。茎光滑。叶为羽状复叶，叶柄有棱；小叶椭圆形或卵状椭圆形，边缘有粗大缺刻状急尖锯齿，上面暗绿色，下面绿色，无毛。穗状花序直立，从基部向上逐渐开放，花序梗无毛；苞片狭带形，无毛或外被疏柔毛，与萼片近等长；萼片 4，椭圆卵形，无毛；雄蕊 4 枚，花丝比萼片长。果被疏柔毛，萼片宿存。花果期 7 ～ 9 月。（图 3–237–1 ～ 3–237–3，见 682 页）

生境与分布　生长于山地、山谷、湿地、疏林下及林缘。分布于东北。

药用等参考地榆。

238. 小白花地榆 *Sanguisorba teriuifolia* Fisch. var. *alba* Trautv.

识别要点　与大白花地榆的区别是花较小，花丝比萼片长 1 ～ 2 倍。花果期 7 ～ 9 月。（图 3–238–1 ～ 3–238–3，见 682 页）

生境与分布　生长于湿地、草甸、林缘及林下。分布于东北、内蒙古。

药用等参考地榆。

（一百零六）蚊子草属 *Filipendula* Mill.

药用记载　蚊子草 *Filipendula palmate*（Pall）Maxim. 的全草在《中国本草彩色图鉴》中记载为蚊子草。

239. 蚊子草 *Filipendula palmate*（Pall）Maxim.

别名 合叶子、黑白蚊子草。

识别要点 多年生草本。茎有棱，近无毛或上部被短柔毛。叶为羽状复叶，有小叶2对，顶生小叶特别大，5～9掌状深裂，边缘常有小裂片和尖锐重锯齿，下面密被白色绒毛，侧生小叶较小；托叶大，草质，绿色，半心形，边缘有尖锐锯齿。顶生圆锥花序，花梗疏被短柔毛，以后脱落无毛；花小而多；萼片卵形；花瓣白色，倒卵形，有长爪。瘦果半月形，直立。花果期7～9月。（图3-239-1～3-239-2，见683页）

生境与分布 生长于山麓、沟谷、草地、河岸、林缘及林下。分布于东北、内蒙古、河北、山西。

药用部位 干燥根茎或全草。

采集加工 秋季挖根茎，夏季采收全草。晾干。

化学成分 全草含槲皮素、芦丁、萹蓄苷、槲皮苷、金丝桃苷。叶含维生素C。果含生物碱。

性味归经 苦、辛，温。归肾经。

功能主治 祛风湿，止痉。适用于痛风，癫痫，冻伤，烧伤，妇科止血。

240. 槭叶蚊子草 *Filipendula purpurea* Maxim.

别名 巴掌草、光叶蚊子草。

识别要点 多年生草本。茎光滑有棱。叶为羽状复叶，小叶中间有时夹有附片，顶生小叶大，侧生小叶小，边缘均有重锯齿或不明显裂片；托叶草质或半膜质，较小，卵状披针形，全缘。顶生圆锥花序，花梗无毛，萼片卵形，顶端急尖，外面无毛；花瓣粉红色至白色，倒卵形。瘦果直立，基部有短柄，背腹两边有一行柔毛。花果期6～8月。（图3-240-1～3-240-4，见683页）

生境与分布 生长于林缘、林下及湿草地。分布于东北。

药用等与蚊子草相同。

241. 翻白蚊子草 *Filipendula intermedia*（Glehn）Juzep.

别名 阿拉嘎－塔布拉嘎－额布苏（蒙名）。

识别要点 多年生草本。茎几无毛，有棱。叶为羽状复叶，顶生小叶稍比侧生小叶大或几相等，边缘有整齐或不规则锯齿，顶端渐尖，上面无毛，下面被白色绒毛；托叶草质，扩大，半心形，边缘有锯齿。圆锥花序顶生，花梗常被短柔毛；萼片卵形，顶端急尖或钝，外面密被短柔毛；花瓣白色，倒卵形。瘦果基部有短柄，直立，周围有一圈糙毛。花果期6～8月。（图3-241-1～3-241-2，见684页）

生境与分布 生长于山岗灌丛、草甸及河岸边。分布于黑龙江、吉林。

药用等与蚊子草相同。

（一百零七）路边青属 *Geum* L.

药用记载 路边青 *Geum aleppicum* Jacq. 的全草及根在《中华本草》《中药大辞典》中记载为五气朝阳草；在《全国中草药汇编》中记载为草本水杨梅。

242. 路边青 *Geum aleppicum* Jacq.

别名 水杨梅、草本水杨梅、五气朝阳草、追风七、见肿消、追风草、乌金丹。

识别要点 多年生草本。须根簇生。茎直立。基生大头羽状复叶，叶柄被粗硬毛，小叶大小极不相等，边缘常浅裂，有不规则粗大锯齿；茎生羽状复叶，有时重复分裂，向上小叶逐渐减少；茎生叶托叶大，绿色，叶状，卵形。花序顶生，疏散排列，花梗被短柔毛或微硬毛；花瓣黄色；萼片卵状三角形。聚合果倒卵球形，瘦果被长硬毛，顶端有小钩；果托被短硬毛。花果期 7 ～ 10 月。（图 3–242–1 ～ 3–242–5，见 684 ～ 685 页）

生境与分布 生长于山坡草地、沟边、地边、河滩、林间隙地及林缘、山坡林下、溪边、路边或河边草丛中。分布于东北、华北、西南及陕西、甘肃、新疆、山东、河南、湖北、西藏等地。

采集加工 夏季采收，鲜用或切段晒干。

药用部位 根及全草。

化学成分 全草含水杨梅苷、鞣质、山柰酚葡萄吡喃糖苷、苯甲酸、没食子酸、水杨酸、香草醛、苯甲醛、苯甲酸乙酯、胡萝卜苷、β – 谷甾醇。

药理作用 对沙门氏菌属、金黄色葡萄球菌及宋内氏痢疾杆菌均有较强的抑制作用。

性味归经 苦、辛，寒。归肝、脾、大肠经。

功能主治 清热解毒，活血止痛，调经止带。适用于疮痈肿痛，口疮咽痛，跌打伤痛，风湿痹痛，泻痢腹痛，月经不调，崩漏带下，脚气水肿，小儿惊风。

（一百零八）委陵菜属 *Potentilla* L.

药用记载 蕨麻 *Potentilla anserina* L. 的块根在《全国中草药汇编》《中药大辞典》《中华本草》中记载为蕨麻，在《晶珠本草》中记载为戳玛；全草在《中华本草》中记载为蕨麻草。狼牙委陵菜 *P. cryptotaeniae* Maxim. 的带根全草在《中华本草》中记载为狼牙委陵菜。三叶委陵菜 *P. freyniana* Bornm. 的根及全草在《全国中草药汇编》《中华本草》中记载为地蜂子，在《中药大辞典》中记载为三叶委陵菜；根在《中药大辞典》中记载为三叶委陵菜根。莓叶委陵菜 *P. fragarioides* L. 的全草在《全国中草药汇编》《中药大辞典》《中华本草》中记载为雉子筵；根及根茎在《中药大辞典》中记载为莓叶委陵菜。翻白草 *P. discolor* Bge. 的带根全草在《全国中草药汇编》《中药大辞典》《中华本草》中记载为翻白草。委陵菜 *P. chinensis* Ser. 的全草在《中国药典》《中药大辞典》《中华本草》中记载为委陵菜。大萼委陵菜 *P. conferta* Bge. 的根在《全国中草药汇编》《中华本草》中记载为白毛委陵菜。

243. 蕨麻 *Potentilla anserina* L.

别名 鹅绒委陵菜、人参果、延寿草、蕨麻委陵菜、莲花菜、卓老沙僧（藏名）、戳玛（藏名）。

识别要点 多年生草本。根向下延长，有时在根的下部长成纺锤形或椭圆形块根。茎匍匐，在节处生根，常着地长出新植株，外被疏柔毛或脱落几无毛。基生叶为间断羽状复叶，托叶膜质，褐色，和叶柄连成鞘状，叶柄被伏生或半开展疏柔毛。单花腋生；花萼片三角卵形，花瓣黄色，倒卵形、顶端圆形，花柱侧生，柱头稍扩大。瘦果卵形，背部有槽。花果期 5 ～ 8 月。（图 3-243-1 ～ 3-243-4，见 685 页）

生境与分布 生长于河岸、路边、山坡草地及草甸。分布于东北、华北、西北及四川、云南、西藏等地。

药用部位 块根、全草。

采集加工 块根：6 ～ 9 月采挖，除去杂质，洗净，晒干。全草：夏、秋季采挖全草，除去杂质，扎成把晒干。

化学成分 块根中含胆碱、甜菜碱、蕨麻素、野鸦椿酸、组胺酸、琥珀酸。全草含委陵菜苷、花生酸、亚油酸、亚麻酸、甾醇、β - 谷甾醇、槲皮苷及槲皮素、儿茶精、叶绿体醌、胡萝卜素、维生素 B_{10}、维生素 B_{20}、烟酸及钙、磷、铁等元素。全草含叶绿醌、叶绿素、胡萝卜素、并没食子鞣质、杨梅树皮素、槲皮苷、槲皮素、无色飞燕草素、β - 谷甾醇等。叶含杨梅树皮素、无色飞燕草素。

药理作用 ①增强肝细胞抗损伤的能力，降低肝损伤提高肝脏活力。②蕨麻多糖具有清除羟自由基的作用。③对机体的非特异性免疫和细胞免疫功能具有增强作用。④有抗疲惫、抗严寒、抗缺氧能力。⑤在临床上对月经不调有良好功效，但对子宫无解痉作用。⑥可增强平滑肌蠕动或提高张力。可能有强心成分。

性味归经 块根：甘、苦，寒。归脾、胃经。全草：甘、苦，凉。归心经。

功能主治 块根：补气血，健脾胃，生津止渴。适用于脾虚泄泻，病后贫血，营养不良，水肿，风湿痹痛。全草：凉血止血，解毒利湿。适用于各种出血痢疾，泄泻疮疡疖肿。

244. 狼牙委陵菜 *Potentilla cryptotaeniae* Maxim.

别名 地蜂子、狼牙、狼牙萎陵菜。

识别要点 一年生或二年生草本，多须根。花茎直立或上升，被硬毛或长柔毛，或脱落近无毛。基生叶为三出复叶，开花时已枯死，茎生 3 小叶；基生叶托叶膜质，褐色，外面密被长柔毛；茎生中托叶草质，绿色，全缘，披针形。花两性；伞房状聚伞花序，花梗细，被长柔毛或短柔毛；花萼片 5，长卵形；花瓣 5，倒卵形，先端圆钝或微凹，比萼片长或近等长，黄色；花柱近顶生。瘦果卵形，光滑。花、果期 7 ～ 9 月。（图 3-244-1 ～ 3-244-4，见 685 ～ 686 页）

生境与分布 生长于河谷、草甸、草原、林缘。分布于东北、陕西、甘肃、四川等地。

药用部位 带根全草。

采集加工 夏季采挖，洗净，切碎晒干。

性味归经 涩，平。归心、肺经。

功能主治　活血止血，解毒敛疮。适用于跌打损伤，外伤出血，肺虚咳嗽，泄泻，痢疾，胃痛，狂犬咬伤，疮疡。

245. 莓叶委陵菜 *Potentilla fragarioides* L.

别名　雉子筵、满山红、毛猴子、菜飘子、软梗蛇扭、经如草。

识别要点　多年生矮小草本，全株密被毛绒。主根粗短，侧生多数支根，暗褐色。茎柔弱，直立或倾斜。单数羽状复叶，基生叶顶端的 3 小叶较大，椭圆状卵形、倒卵形或矩圆形，边缘具粗锯齿；叶柄长；托叶膜质；茎生叶小,有 3 小叶,叶柄短或无。伞房状聚伞花序,多花；花黄色；萼开展 5 裂，副萼片 5；花瓣 5，雄蕊多数。瘦果小。花期 4 ～ 6 月，果期 6 ～ 8 月。（图 3–245–1 ～ 3–245–3，见 686 页）

生境与分布　生长于地边、沟边、草地、灌丛及疏林下。分布于东北、华北、西北、华东及西南地区。

药用部位　全草、根及根茎。

采集加工　全草：夏季割取，洗净，晒干。根及根茎：秋季采挖，除去地上部分，洗净，晒干。

化学成分　含 α – 儿茶素。

药理作用　所含儿茶素有增强毛细血管收缩作用和收缩子宫作用。

性味归经　全草：甘，温。归肺、脾经。根及根茎：甘、微苦，温。归心、脾经。

功能主治　全草：活血化瘀，养阴清热。适用于疝气，干血痨。根及根茎：补阴虚，止血。适用于治疝气，月经过多，功能性子宫出血，产后出血。

246. 翻白草 *Potentilla discolor* Bge.

别名　鸡腿根、鸡腿子、白头翁、叶下白、郁苏参、鸡爪参、土洋参。

识别要点　多年生草本。根粗壮，下部常肥厚呈纺锤形。花茎直立，上升或微铺散，密被白色绵毛。基生叶叶柄密被白色绵毛，有时并有长柔毛；小叶对生或互生，无柄，小叶片长圆形或长圆披针形，边缘具圆钝锯齿，下面密被白色或灰白色绵毛；聚伞花序有花数朵至多朵，疏散，外被绵毛；花瓣黄色，倒卵形，萼片三角状卵形。瘦果近肾形，光滑。花果期 5 ～ 9 月。（图 3–246–1 ～ 3–246–3，见 687 页）

生境与分布　生长于荒地、山谷、沟边、山坡草地、草甸及疏林下。分布于东北、华北、华东、中南及陕西、四川等地。

药用部位　带根全草。

采集加工　夏、秋季，将全草连块根挖出，抖去泥土，洗净，晒干或鲜用。

化学成分　全草含芹菜素糖苷类、柯伊利素、槲皮素、蒺藜黄酮苷、金丝桃苷、乌苏酸、蔷薇酸、委陵菜酸、胡萝卜苷、β – 谷甾醇、儿茶素、没食子酚儿茶素、鞣花酸。

药理作用　①有抑菌作用。②对 B 细胞有明显的修复作用并可以降低血糖、胆固醇及甘油三酯的含量。水提液能显著提高正常小鼠肝细胞对葡萄糖的吸收和利用。③翻白草还具有免疫抑制、抗肿瘤的作用。

性味归经 甘、苦，平。归肺经。

功能主治 清热解毒，凉血止血。适用于肺热咳喘，泻痢，疟疾，咯血，便血，崩漏，痈肿疮毒，疮癣结核。外用治创伤，痈疖肿毒。

用药警戒 阳虚有寒、脾胃虚寒者少用。

247. 假翻白委陵菜 *Potentilla pannifolia* Liou et C Y Li

别名 委陵菜。

识别要点 多年生草本。根粗壮,纺锤形。基生叶密被灰白色簇生绒毛；羽状复叶,小叶通常 7 枚，顶生 3 小叶大，向下渐小，长圆状披针形或披针形，基部广楔形或歪楔形，先端微尖，边缘有稍开展的粗大锯齿，表面亮绿，花黄色。花期 5 ～ 6 月。（图 3–247–1 ～ 3–247–3，见 687 页）

生境与分布 生长于较为干旱的草甸、盐碱草原。分布于黑龙江省、吉林。

药用等参考翻白草。

备注 假翻白委陵菜在《中国植物志》中未记载。但在《东北植物检索表》中有记录，另外它在黑龙江和吉林比较常见，因此，本书予以收录。

248. 委陵菜 *Potentilla chinensis* Ser.

别名 毛鸡腿子、野鸡膀子、蛤蟆草、山萝卜、翻白草、白头翁、扑地虎、五虎噙血、萎陵菜。

识别要点 多年生草本。根粗壮，稍木质化。茎直立或上升，被稀疏短柔毛及白色绢状长柔毛。基生叶为羽状复叶，托叶近膜质，褐色，外面被白色绢状长柔毛；茎生叶与基生叶相似，绿色，边缘锐裂。伞房状聚伞花序，基部有披针形苞片，外面密被短柔毛、萼片三角卵形，顶端急尖，花瓣黄色，宽倒卵形，顶端微凹，柱头扩大。瘦果卵球形，深褐色，有明显皱纹。花果期 4 ～ 10 月。（图 3–248–1 ～ 3–248–3，见 688 页）

生境与分布 生长于山坡草地、沟谷、林缘、灌丛或疏林下。分布于东北、华北、中南、西南及陕西、甘肃、山东、江苏、安徽、浙江、江西、台湾、西藏等地。

药用部位 带根全草。

采集加工 4 ～ 10 月间采挖带根全草，除去花枝与果枝，洗净，晒干。

化学成分 全草含槲皮素、山柰素、没食子酸、壬二酸、3–O– 甲基并没食子酸。

药理作用 ①有抗菌活性。②叶及根煎剂可扩张豚鼠离体支气管，兴奋豚鼠离体子宫。

性味归经 苦、平，无毒。归肝、脾、胃、大肠经。

功能主治 凉血止痢，清热解毒。适用于久痢不止，赤痢腹痛，痔疮出血，疮痈肿毒。

用药警戒 慢性腹泻伴体虚者慎用。

249. 大萼委陵菜 *Potentilla conferta* Bge.

别名 大头委陵菜、白毛委陵菜、热干巴（蒙名）。

识别要点 多年生草本。根粗壮，上部有残叶。茎斜升或近平卧，基部分枝，疏生稍开展的白色长柔毛，奇数羽状复叶，基生叶初密被灰白色长绢毛，后渐疏生而开展；托叶膜质；小叶长圆状披针形或长圆形，先端钝或微尖，表面暗绿色，被短柔毛，背面密被灰白色长绢毛，后渐脱落。聚伞花序较密集；花黄色；花萼大，萼片广卵形或长圆状卵形。瘦果卵形或半圆形。花期 7 ～ 8 月，果期 8 月。（图 3-249-1 ～ 3-249-2，见 688 页）

生境与分布 生长于耕地边、山坡草地、沟谷、草甸及灌丛中。分布于东北、华北及甘肃、新疆、四川、云南、西藏等地。

药用部位 根。

采集加工 夏季采挖，洗净，切片晒干。

性味归经 苦、酸，凉。归肝、肾经。

功能主治 凉血止血。适用于崩漏，鼻衄。

250. 朝天委陵菜 *Potentilla supina* L.

别名 伏枝委陵菜、仰卧委陵菜、野香菜、地榆子。

识别要点 一年或二年生草本。根细长，并有稀疏侧根。茎平展，上升或直立，叉状分枝。基生羽状复叶，小叶互生或对生，无柄，最上面 1 ～ 2 对小叶基部下延与叶轴合生。花茎上多叶，下部花自叶腋生，顶端呈伞房状聚伞花序、萼片三角卵形，顶端急尖、花瓣黄色，倒卵形，顶端微凹，花柱近顶生。瘦果长圆形，先端尖，表面具脉纹。花果期 3 ～ 10 月。（图 3-250-1 ～ 3-250-3，见 688 ～ 689 页）

生境与分布 生长于田边、路旁、沟边或沙滩等湿润草地。分布于东北、华北、西南、西北及河南、山东、江西等省区。

药用部位 全草。

采集加工 夏秋季采全草。6 ～ 9 月枝叶繁茂时割取全草，晾干或鲜用。

化学成分 全草含黄酮类化合物。

性味归经 淡，凉。归心、脾经。

功能主治 清热解毒，活血消肿。适用于感冒发热，肠炎，痢疾，各种出血。鲜品外用于疮毒痈肿及蛇虫咬伤。

251. 长叶二裂委陵菜 *Potentilla bifurca* L. var. *major* Ldb. Fl. Ross.

别名 高二裂委陵菜、光叉叶委陵菜。

识别要点 多年生草本或亚灌木。根圆柱形，纤细，木质。花茎直立或上升，密被疏柔毛或微硬毛。羽状复叶、叶柄密被疏柔毛或微硬毛，小叶片无柄，对生稀互生，带形或长椭圆形，两面绿色，伏生疏柔毛。近伞房状聚伞花序，顶生，疏散，萼片卵圆形；花较大，花瓣黄色，倒卵形，顶端圆钝，比萼片稍长，心皮沿腹部有稀疏柔毛。花柱侧生，棒形，基部较细，顶端缢缩，柱头扩大。瘦果表面光滑。花果期 5 ～ 9 月。（图 3-251-1 ～ 3-251-2，见 689 页）

生境与分布 生长于耕地道旁、河滩沙地、山坡草地。分布于黑龙江、吉林、内蒙古、河北、山西、陕西、甘肃、新疆。

药用参考委陵菜。

252. 轮叶委陵菜 *Potentilla verticillaris* Steph. ex Willd.

别名 轮叶萎陵菜。

识别要点 多年生草本，全株密被灰白色短绒毛。根木质、分枝。基生叶 3 ～ 5，小叶片羽状深裂或掌状深裂几达叶轴形成假轮生状，下部小叶片比上部小叶片稍短，裂片带形或窄带形，基部楔形，叶边反卷，上面绿色，被疏柔毛或脱落几无毛，下面被白色绒毛，沿脉疏被白色长柔毛。聚伞花序疏散，少花，萼片长卵形，花瓣黄色，宽倒卵形，顶端微凹。瘦果光滑。花果期 5 ～ 8 月。（图 3–252–1 ～ 3–252–2，见 689 页）

生境与分布 生长于干旱山坡、河滩沙地、草原及灌丛下。分布于黑龙江、吉林、内蒙古、河北。

药用等参考委陵菜。

三十一、豆科 Leguminosae

（一百零九）云实属 *Caesalpinia* L.

药用记载 喙荚云实 *Caesalpinia minax* Hance 的种子在《中药大辞典》《中华本草》中记载为苦石莲；在《全国中草药汇编》中记载为南蛇簕。

253. 喙荚云实 *Caesalpinia minax* Hance

别名 南蛇簕、石莲子、老鸦枕头、土石莲子、青蛇子、猫儿核、广石莲子、石花生、盐棒头果。

识别要点 有刺藤本，各部被短柔毛。二回羽状复叶长可达 45cm；托叶锥状而硬；小叶椭圆形或长圆形，先端圆钝或急尖，基部圆形，微偏斜，两面沿中脉被短柔毛。总状花序或圆锥花序顶生；苞片卵状披针形，萼片密生黄色绒毛；花瓣 5，白色，有紫色斑点，倒卵形；雄蕊较花瓣稍短，子房密生细刺，花柱稍超出于雄蕊。荚果长圆形，先端圆钝而有喙，果瓣表面密生针状刺，有种子 4 ～ 8 颗；种子椭圆形与莲子相仿。花期 4 ～ 5 月；果期 7 月。（图 3–253–1 ～ 3–253–2，见 690 页）

生境与分布 生于山沟、溪旁或灌丛中。分布于海南、广东、广西、云南、贵州、四川。

药用部位 根、茎、叶、种子。

采集加工 种子：8 ～ 9 月间采成熟果实，敲破，除去果壳，取出种子，晒干。根及茎、叶：全年可采，洗净切片或段，晒干。

性味归经 种子：苦，凉寒；无毒。归心、脾、肾经。根、茎、叶：苦，凉。

功能主治 种子：清热化湿，散瘀止痛。适用于风热感冒，痢疾淋浊，呃逆，痈肿，疮癣，跌打损伤，毒蛇咬伤。根、茎、叶：清热解暑，消肿，止痛，止痒。适用于感冒发热，风湿性关节炎；外用治跌打损伤，骨折，疮疡肿毒，皮肤搔痒，毒蛇咬伤。

药用警戒　虚寒无火者忌用。大便燥结者忌用。

（一百一十）紫穗槐属 *Amorpha* L.

药用记载　紫穗槐 *Amorpha fruticosa* L. 在《甘肃中草药手册·3》中记载为紫穗槐，另见论文“紫穗槐果实提取物的保肝作用研究”。

254. 紫穗槐 *Amorpha fruticosa* L.

别名　绵槐、紫花槐、油条、椒条、穗花槐、紫翠槐、苕条。

识别要点　多年生落叶丛生小灌木，枝叶繁密。叶互生，奇数羽状复叶；小叶卵形、椭圆形或披针状椭圆形，顶端圆或微凹，有短尖，基部圆形，两面有白色短柔毛直伸，叶内有透明油腺点；托叶小。总状花序密集顶生或枝端腋生，花冠紫色，旗瓣心形；花轴密生短柔毛，萼钟形，常具油腺点；花旗瓣蓝紫色，翼瓣，龙骨瓣均退化；雄蕊 10，伸出花冠外。荚果下垂，弯曲，棕褐色，密被隆起瘤状腺点，不开裂。花期 5 ～ 6 月，果期 9 ～ 10 月。（图 3–254–1 ～ 3–254–2，见 690 页）

生境与分布　生长于荒丘沟沿、河滩、沙滩、盐碱滩、堤坝，路旁处可见逸为野生者。分布于东北、华北、河南、华东、湖北、四川等地。

药用部位　茎叶。

采集加工　夏季采集，晒干备用。

化学成分　荚果中含异黄酮类、β－谷甾醇、大牻牛儿烯、β－蒎烯、3－蒈烯、古巴烯、石竹烯、D–伪－α－雪松烯、甲位没药烯、顺－丁香烯、杜松烯、桉叶醇、喇叭茶醇、刺柏脑、灰叶素。叶中含去氢灰叶酚、去氢鱼藤素、鱼藤酮、去氢色蒙酮。根、茎、叶中均含有紫穗槐苷。

药理作用　①果实提取物具有明显的保护肝脏作用。②叶所含异黄酮类化合物可抑制人恶性黑色素肿瘤细胞生长。

性味归经　叶：微苦，凉。归脾经。

功能主治　祛湿消肿。适用于痈肿，湿疹。

（一百一十一）黄耆属 *Astragalus* L.

药用记载　膜荚黄耆 *Astragalus membranaceus*（Fisch.）Bunge. 及蒙古黄耆 *A. mongholicus*（Bunge）的根在《中国药典》《全国中草药汇编》和《中药大辞典》中记载为黄芪；《中药大辞典》还将其根记载为黄芪，其茎叶记载为黄芪茎叶。华黄耆 *A. chinensis* L. 在《中国药典》《中药大辞典》中记载为沙苑子。斜茎黄耆 *A. adsurgens* Pall. 的成熟种子在《中药大辞典》中以直立黄芪的名字记载于沙苑子条目下。糙叶黄耆 *A. scaberrimus* Bange 在《甘肃中草药手册》中记载为糙叶黄芪。

255. 膜荚黄耆（黄耆）*Astragalus membranaceus*（Fisch.）Bunge.　　FOC 修订为 *Astragalus penduliflorus* Lam. subsp. *mongholicus*（Bunge）X. Y. Zhu var. *dahuricus*（Fisch. ex DC.）X. Y. Zhu

别名　膜荚黄芪、卜奎耆、口耆。

识别要点　多年生草本，全株被白色柔毛。主根直而长，常分枝，圆柱形，稍带木质，皮淡棕黄色至深棕色。茎直立，多分枝。单数羽状复叶互生，叶柄基部有披针形托叶；小叶卵状披针形或椭圆形，先端稍钝，有短尖，基部楔形，全缘。总状花序腋生，花 10 ～ 20 余朵，较叶稍长；花萼 5 浅裂，筒状；蝶形花冠淡黄色，旗瓣三角状倒卵形，翼瓣和龙骨瓣均有柄状长爪。荚果膜质，膨胀，卵状长圆形，先端有喙。种子肾形，棕褐色。花期 7 ～ 8 月，果期 8 ～ 9 月。（图 3–255–1 ～ 3–255–3，见 690 ～ 691 页）

生境与分布　生长于林缘、灌丛、疏林、草甸及旱坡砂质土壤。分布于东北、华北、西北、内蒙古、四川和西藏等省区。

药用部位　根。

采集加工　秋季采挖，除去茎叶及须根，晒干。

化学成分　根含胆碱、核黄素、叶酸、亚麻酸、亚油酸、尼克酸、异黄酮类、甜菜碱、维生素 P、香豆素、β－谷甾醇、胡萝卜苷、羽扁豆醇、山柰酚、槲皮素、黄芪多糖类、糖醛酸、γ－氨基丁酸、多种氨基酸、多种微量元素和无机元素等。

药理作用　①强心作用。②增强线粒体清除氧自由基的能力，对脑组织损伤起到保护作用，增强了前列环素（PGI2）合成酶的活性，抗血小板凝聚。③小剂量升压、大剂量降压，不同剂量下对血压有双向调节作用。④对病毒性心肌炎有预防与治疗作用。⑤煎剂有利尿作用。⑥家兔口服黄芪，可使血糖明显下降。⑦对大白鼠离体子宫具有兴奋收缩作用。⑧对多种病菌有抑制作用。

性味归经　甘，微温。归肺、脾经。

功能主治　补气固表，利尿托毒，排脓，敛疮生肌。适用于气虚乏力，食少便溏，中气下陷，久泻脱肛，便血崩漏，表虚自汗，气虚水肿，痈疽难溃，久溃不敛，血虚萎黄，内热消渴，慢性肾炎，蛋白尿，糖尿病。

用药警戒　表实邪盛、湿阻气滞、肠胃积滞、阴虚阳亢、痈疽初起或溃后热毒尚盛者，均禁服。

256. 蒙古黄耆 *Astragalus mongholicus*（Bunge）　　FOC 修订为 *Astragalus penduliflorus* Lam. subsp *mongholicus*（Bunge）X. Y. Zhu.

别名　红蓝耆、白皮耆。

识别要点　本品是膜荚黄耆的变种，与膜荚黄耆的区别为，本品托叶呈三角状卵形，小叶较多，25 ～ 37 片，小叶片短小而宽，呈椭圆形。花冠黄色，长不及 2cm。荚果无毛，有显著网纹。花期 6 ～ 7 月，果期 8 ～ 9 月。（图 3–256–1 ～ 3–256–4，见 691 页）

生境与分布　生长于山野。分布于黑龙江、吉林、内蒙古、河北、山西等省区。

化学成分　含异黄酮、羟基查尔酮、黄芪皂苷Ⅰ～Ⅷ、乙酰基黄芪皂苷、异黄芪皂苷Ⅰ～Ⅳ、大豆皂苷。

药用等其余各项与膜夹黄耆相同。

257. 华黄耆 *Astragalus chinensis* L.

别名 沙苑子、地黄耆、华黄芪。

识别要点 多年生草本。茎直立，有条棱，近无毛。单数羽状复叶，椭圆形或卵状椭圆形先端钝，有短尖，基部圆形或渐狭，上面无毛，下面疏生短柔毛。总状花序腋生；花多数；萼钟状，膜质，萼齿三角披针形，近无毛；花冠黄色；子房有长柄。荚果椭圆形，革质，膨胀，密生横纹，成熟后开裂。种子肾形，种脐凹陷较深，黄褐色。花果期 6 ～ 9 月。（图 3–257–1 ～ 3–257–4，见 691 ～ 692 页）

生境与分布 生长于向阳山坡、路旁、砂质地、草地草原、河边。分布于东北、河北、河南、山东、内蒙古等地。

药用等各项与膜夹黄耆相同。

258. 湿地黄耆 *Astragalus uliginosus* L.

别名 湿地黄芪、珠勒格音 – 好恩其日（蒙名）。

识别要点 茎单一或数个丛生，直立，被白色伏贴毛。小叶椭圆形至长圆形，常具刺状小尖头，基部通常圆形，上面无毛，下面被白色伏贴毛。总状花序紧密，小花下垂，花冠苍白绿色或稍带黄色，子房无毛。荚果长圆形，膨胀，斜立，表面无毛，具细横纹，革质。花期 6 ～ 7 月，果期 8 ～ 9 月。（图 3–258–1 ～ 3–258–4，见 692 页）

生境与分布 生长于林缘、林下湿草地、河边草地及沼泽湿草地近旁。分布于东北、内蒙古。

药用部位 根。

采集加工 春、秋两季采挖。洗净，晒干。

性味归经 辛、苦，寒。归肝经。

功能主治 清肝明目。适用于肝经风热或肝火上攻所致的目赤肿痛、视物昏花、羞明流泪等症。

259. 草木犀状黄耆 *Astragalus melilotoides* var. *melilotoides* Pall.

别名 草木犀状黄芪、扫帚苗、马梢。

识别要点 多年生草本，根很长。茎直立，多分枝，疏生柔毛。奇数羽状复叶，叶较稀少，长圆形或条状长圆形，全缘，两面被短柔毛，托叶披针形。总状花序腋生，花小，多数而疏生；萼钟状，三角形，有短柔毛；花冠蝶形，粉红或白色，翼瓣和龙瓣较旗瓣短，旗瓣有短爪，龙骨瓣带紫色；子房无毛，无柄。荚果近圆形，表面有横纹，无毛。花期 7 ～ 8 月，果期 8 ～ 10 月。（图 3–259–1 ～ 3–259–3，见 693 页）

生境与分布 生长于高原丘陵、低山坡、森林、草原等地。分布于东北、西北、山西西部、河北、内蒙古、山东等地。

药用参考达乌里黄耆。

260. 细叶黄耆 *Astragalus melilotoides* Pall. var. *tenuis* Ledeb.

别名 细叶黄芪。

识别要点 本品为草木犀状黄耆的变种，与原变种的区别是植株多分枝，呈扫帚状；小叶 3 片，稀 5 片，狭线形或丝状。花果期 6 ～ 8 月。（图 3–260–1 ～ 3–260–4，见 693 页）

生境与分布 生长于向阳山坡、路旁草地或草甸草地。分布于长江以北各省区。

药用参考达乌里黄耆。

261. 丹麦黄耆 *Astragalus danicus* Retz.

别名 丹麦黄芪、丹黄芪、丹黄耆、乌兰 – 好恩其日（蒙名）。

识别要点 多年生草本。茎上升或近直立，常从下部分枝，有细棱。奇数羽状复叶；小叶长圆状卵形，全缘，两面被白色长柔毛。总状花序腋生；花近无柄，10 ～ 20 朵集生长于总花梗的顶端，成头状、椭圆状或长圆状的花序；总苞一枚，长卵形，密被毛；萼密毛，萼齿披针形；花冠紫色，旗瓣卵形，基部渐狭，翼瓣长圆形，比旗瓣稍短，具耳和细长爪，龙骨瓣比翼瓣短；子房有短柄，密被白色长柔毛。荚果椭圆状卵形，膨胀。花期 6 ～ 7 月，果期 7 ～ 8 月。（图 3–261–1 ～ 3–261–4，见 694 页）

生境与分布 生长于草地、向阳山坡。分布于东北、内蒙古。

药用参考膜荚黄耆。

262. 糙叶黄耆 *Astragalus scaberrimus* Bunge

别名 粗糙紫云英、春黄耆、粗毛黄耆、掐不齐。

识别要点 无地上茎或极短。羽状复叶，小叶 3 ～ 7 对，椭圆形至长椭圆形，两面均密被平伏的丁字毛。花序几无梗或近无梗，总花梗长短变化较大，花冠白色或近淡黄色，但旗瓣常带淡紫色或有淡紫色条纹。荚果披针状长圆形，微弯，革质。花期 4 ～ 8 月，果期 5 ～ 9 月。（图 3–262–1 ～ 3–263–3，见 694 页）

生境与分布 生长于山坡石砾质草地、砂质地及河岸沙地。分布于东北、华北、西北。

药用部位 根。

采集加工 春、秋两季采挖。洗净泥土，去须根，晒干。

性味归经 味微苦，温。归脾、肾经。

功能主治 健脾利水。适用于水肿，胀满。现也用于抗肿瘤。

263. 新巴黄耆 *Astragalus hsinbaticus* P. Y. Fu et Y. A. Chen FOC 修订为 *Astragalus grubovii* Sanchir.

别名 新巴黄芪、糙黄耆。

识别要点 多年生、密丛状草本，全株被开展的丁字毛。根粗壮，木质。茎极短缩，不明显。奇数羽状复叶，小叶椭圆形，有时为倒卵形，全缘，两面密被开展的白色长毛。花腋生，无柄，密集于叶丛的基部，类似根生；萼密被白色长毛；花冠白带淡黄色，旗瓣长圆形，中部稍缢缩，基部具短爪，翼瓣比旗瓣稍短，比龙骨瓣长；子房密被白色长柔毛。荚果近无柄，稍膨胀，密被白色长柔毛，2室或近2室。花期6～7月，果期7～8月。（图3-263-1～3-263-2，见695页）

生境与分布 生长于草原砂质土地上。分布于黑龙江、内蒙古。

药用参考糙叶黄耆。

264. 乳白黄耆 *Astragalus galactites* Pall.

别名 白花黄耆、白花黄芪。

识别要点 多年生草本。具短缩而分歧的地下茎。地上部分无或具极短的茎。羽状复叶，小叶长圆形、椭圆形至条状披针形，先端钝或失，基部圆形或楔形，上面无毛，下面被平伏的丁字毛；托叶卵状三角形。花序近无梗，花密集于叶丛基部如根生状，花萼筒状，密被开展的白色长柔毛，花冠白色，蝶形。果卵形，先端具喙。花期5～6月，果期6～8月。（图3-264-1～3-264-2，见695页）

生境与分布 生长于砂质草地、草原、向阳干山坡或路旁等处。分布于东北、华北、黄土高原、内蒙古。

药用参考糙叶黄耆。

（一百一十二）岩黄耆属 *Hedysarum* Linn.

265. 山岩黄耆 *Hedysarum alpinum* L. subsp. *alpinum*

别名 岩黄耆、岩黄芪。

识别要点 多年生草本。根为直根系，主根深长，粗壮。茎多数，直立，具细条纹。托叶三角状披针形，棕褐色干膜质；小叶片卵状长圆形或狭椭圆形，先端钝圆，具不明显短尖头，基部圆形或圆楔形，上面无毛，下面被灰白色贴伏短柔毛，主脉和侧脉明显隆起。总状花序腋生，花多数，较密集着生，稍下垂，时而偏向一侧，花萼钟状；花冠紫红色，旗瓣倒长卵形，翼瓣线形，等于或稍长于旗瓣，龙骨瓣长于旗瓣；子房线形，无毛。荚果。种子圆肾形，黄褐色。花期7～8月，果期8～9月。（图3-265-1～3-265-4，见695～696页）

生境与分布 生长于河谷草甸和林下，沼泽化的针、阔叶林。分布于内蒙古东部的额尔古纳和黑龙江北部的针叶林区。

药用等各项参考湿地黄耆。

（一百一十三）大豆属 *Glycine* Willd.

药用记载 野大豆 *Glycine soja* Sieb. et Zucc. 的种子在《全国中草药汇编》中记载为野大豆，在《中药大辞典》中记载为野料豆；野大豆的茎、叶及根在《中药大辞典》《中华本草》中记载为野大豆蔓。

266. 野大豆 *Glycine soja* Sieb. et Zucc.

别名 野大豆、小落豆、落豆秧、鹿藿、乌豆、饿马黄、柴豆、野黄豆、山黄豆、野毛扁旦。

识别要点 一年生缠绕草本，全株有黄色硬毛。茎细瘦。三出复叶，薄纸质，顶生小叶卵状披针形，先端急尖，基部圆形，两面有白色短柔毛；托叶卵状披针形，急尖；小托叶，狭披针形。总状花序腋生；花萼钟状，萼齿5，上面2齿连合，披针形；花小，花冠紫红色、蓝紫色或白色。荚果，稍呈镰刀形，种子间缢缩。种子黑色。花、果期8～9月。（图3-266-1～3-266-5，见696～697页）

生境与分布 生长于山野、路旁或灌木丛中。分布于东北及河北、山西、陕西、甘肃、山东、江苏、安徽、浙江、河南、湖北、湖南、四川、贵州等地。

药用部位 茎、叶及根、种子。

采集加工 茎、叶及根：秋季采收，切段晒干。种子：秋季果实成熟时，割取全株，晒干，打开果荚，收集种子，再晒至足干。

化学成分 大豆异黄酮、大豆皂苷、大豆低聚糖、大豆磷脂。

药理作用 ①种子粉有明显降低血糖和血胆甾醇的作用。②提取野大豆油后的豆饼中含一种酸性成分，牛或其他动物食之可中毒，皮下或内脏有严重出血。③能凝集兔血细胞；对人血细胞在低温或高温时，也能产生不完全的凝集。

性味归经 茎叶及根：甘，凉。归肝、脾经。种子：甘，凉。归肺、脾经。

功能主治 茎叶及根：清热敛汗，舒筋止痛。适用于盗汗，劳伤筋痛，胃脘痛，小儿食积。种子：补益肝肾，祛风解毒。适用于阴亏目昏，肾虚腰痛，盗汗，筋骨疼痛，产后风痉，小儿疳疾。

用药警戒 能滑肠动泄、脾胃虚滑者忌之。

（一百一十四）甘草属 *Glycyrrhiza* L.

药用记载 甘草 *Glycyrrhiza uralensis* Fisch. 的根在《中国药典》《全国中草药汇编》《中药大辞典》《中华本草》中记载为甘草；根或根茎内充填有棕黑色、树脂状物质的部分在《中药大辞典》和《中华本草》中记载为甘草节，根的末梢部分或细根记载为甘草梢，根茎上端的芦头部分记载为甘草头。刺果甘草 *G. pallidiflora* Maxim. 的根及果实在《全国中草药汇编》中记载为刺果甘草。

267. 甘草 *Glycyrrhiza uralensis* Fisch.

别名 甜草根、红甘草、粉甘草、美草、密甘、密草、国老、粉草、甜草、甜根子、棒草。

识别要点 多年生草本。根及根茎粗壮，皮红棕色。茎直立，带木质，有白色短毛和刺毛状腺体。奇数羽状复叶，卵形或宽卵形，先端急尖或钝，两面均被短毛和腺体；托叶阔披针形。总状花序腋生，花密集；花萼钟状，萼齿5，披针形，外面有短毛和刺毛状腺体；花冠蓝紫色，无毛，旗瓣大，卵圆形，有爪，龙骨瓣直，较翼瓣短，均有长爪；雄蕊二体。荚果条形，呈镰刀状或环状弯曲，外面密被刺毛状腺体。种子肾形。花期7～8月，果期8～9月。（图3-267-1～3-267-4，见698页）

生境与分布 生长在干旱、半干旱的荒漠草原、沙漠边缘和黄土丘陵地带。分布于东北、西北、华北等地。

药用部位 根及根茎。

采集加工 秋季采挖，除去茎基、枝杈、须根等，截成适当长短的段，晒至半干，打成小捆，再晒至全干。

化学成分 根和根茎含甘草甜素、多种甘草皂苷、多种甘草苷、甘草西定、甘草利酮、刺芒柄花素、多种甘草苷元葡萄糖苷、甘草香豆精、甘草新木脂素、β－谷甾醇、甘草葡聚糖等。叶含水仙苷、烟花苷、芸香苷、异槲皮苷、紫云英苷、乌拉尔醇、新乌拉尔醇、乌拉尔宁、乌拉尔素、槲皮素、乌拉尔新苷。地上部分含东莨菪素、刺芒柄花素、黄羽扇豆魏特酮、多种甘草宁等。

药理作用 ①甘草所含多种成分都对溃疡有明显的保护作用，有良好的抗溃疡作用。②所含黄酮苷类有明显的解痉作用。③流浸膏对肝损害有明显保护作用。④能增加胆汁分泌，对胆红素升高有抑制作用。⑤有一定的降低血中胆固醇的作用。⑥促进咽喉及支气管的分泌，使痰容易咳出，呈现祛痰镇咳作用，对咽喉有保护作用。⑦对炎症有抑制作用。⑧甘草次酸可镇静、催眠、体温降低和呼吸抑制。⑨有解热作用。⑩有利尿作用，能抑制膀胱结石的形成。能抑制雌激素对成年动物子宫的增长作用。⑪增强免疫功能。⑫ 对艾滋病毒细胞的增殖有抑制效果。⑬ 对细菌、病毒、病原虫均有抑制作用。⑭ 对各种中毒有一定的解毒能力。⑮ 甘草次酸具有提高豚鼠内耳听觉功能的作用。

性味归经 甘，平。归心、肺、脾、胃经。

功能主治 补脾益气，清热解毒，祛痰止咳，缓急止痛，调和诸药，炙甘草能补脾益气。适用于脾胃虚弱，倦怠乏力，心悸气短，咳嗽痰多，胃、十二指肠溃疡，肝炎，癔病，脘腹、四肢挛急疼痛，痈肿疮毒，缓解药物毒性和烈性。

用药警戒 不宜与京大戟、芫花、甘遂同用。勿与抗菌药、水杨酸类及非甾体抗炎、解热、镇痛药及降糖药、强心苷类药物、利尿药混用。

268. 刺果甘草 *Glycyrrhiza pallidiflora* Maxim.

别名 胡苍耳、马狼秆、马狼柴、狗甘草。

识别要点 多年生草本植物。茎直立，有条棱，有鳞片状腺体。羽状复叶；小叶，披针形或宽披针形，先端渐尖，基部楔形，两面有鳞片状腺体。总状花序腋生；花紧密；花萼钟状，有鳞片状腺体和短毛；花冠蓝色。荚果卵形，褐色，密生尖刺。种子 2 颗，黑色。花果期 7 ～ 9 月。（图 3–268–1 ～ 3–268–4，见 698 ～ 699 页）

生境与分布 生长于田边、路边、河边草丛中。分布于东北、西北、华北等地。

药用部位 根、果实入药。

采集加工 根全年可采；果秋冬季成熟后采，均晒干。

化学成分 刺果甘草含 β－谷甾醇、豆甾 –3,6– 二酮、后莫紫檀素、刺果甘草酸、查尔酮、4′,7–二甲氧基异黄酮、白桦脂酸、美迪紫檀素、异光甘草酚、芒柄花素、胡萝卜苷、刺果甘草甲酯。

药理作用 所含后莫紫檀素和美迪紫檀素具体外抗癌活性。

性味归经 甘、辛，温。归心经。

功能主治 果序：催乳。适用于乳汁缺少。根：杀虫。外用治阴道滴虫病。

（一百一十五）米口袋属 *Gueldenstaedtia* Fisch.

药用记载 米口袋 *Gueldenstaedtia verna*（Georgi）Boiss. subsp. *muitiflora* Tsui 和小米口袋的带根全草在《中药大辞典》中记载为地丁，在《全国中草药汇编》中记中载为甜地丁。狭叶米口袋 *G. stenophylla* Bunge 带根全草在《中国本草彩色图鉴》中记载为狭叶米口袋。

269. 米口袋 *Gueldenstaedtia verna*（Georgi）Boriss. subsp. *muitiflora* Tsui　　FOC 修订为 *Gueldenstaedtia verna*（Georgi）Boriss.（少花米口袋）

别名 少花米口袋、小米口袋、甜地丁、莎勒吉日、地丁。

识别要点 多年生草本，全株被白色长柔毛。主根直下，较长。茎短，叶丛生，单数羽状复叶，小叶广椭圆形、卵形或长卵形，全缘。花茎自叶丛中生出，花 5 ～ 7 朵，顶生，成伞形花序；苞片披针形；花萼钟形，萼齿 5，混生白色和黑色柔毛；花冠蝶形，紫堇色，旗瓣广倒卵形，顶端微缺，翼瓣长圆状楔形，有短爪；龙骨瓣短；二体雄蕊，子房上位，长椭圆形，花柱短，无毛，柱头膨大。荚果圆筒状。种子肾形，黑色。花果期 4 ～ 6 月。（图 3-269-1 ～ 3-269-3，见 699 页）

生境与分布 生长于向阳草地、山坡、田野、砂质地、草甸草原或路旁等处。分布于东北、华北、西北、华东及中南等地区。

药用部位 带根全草。

采集加工 春、秋季采挖带根全草，晒干或鲜用。

化学成分 全草含烈香杜鹃素Ⅰ、木栓醇、木栓醛、β－谷甾醇、黑麦草内酯、木栓酮、4－烯－3－酮豆甾烷。

性味归经 甘、苦，寒。归心、肝经。

功能主治 清热解毒，散瘀消肿，利湿，消肿。适用于各种化脓性炎症，痈肿，疔疮（常与蒲公英配用），高热烦躁，黄疸，肠炎，痢疾，毒蛇咬伤。

用药警戒 体质虚寒者忌服。

270. 狭叶米口袋 *Gueldenstaedtia stenophylla* Bunge　　FOC 修订为 *Gueldenstaedtia verna*（Georgi）Boriss.（少花米口袋）

别名 细叶米口袋、地丁、痒痒草。

识别要点 多年生草本，全株有长柔毛。主根较细长，上端生有多数短茎，短茎上有宿存的托叶。奇数羽状复叶，集生于短茎上端；小叶长圆形至线形，先端具小刺尖，全缘，两面被白柔毛。总花梗数个，自叶丛间抽出，顶端各着生 2 ～ 3（4）朵花，排列成伞形；苞及小苞披针形，萼钟状；花粉紫色，旗瓣近圆形，顶端微凹，基部渐狭成爪，翼瓣比旗瓣短，比龙骨瓣长。荚果圆筒形，被灰白色

柔毛。花期 4 ～ 5 月，果期 5 月。（图 3–270–1 ～ 3–270–4，见 699 ～ 700 页）

生境与分布　生长于河边砂质地、阳坡草地、田边路旁。分布于东北、华北、山东、河南、陕西、甘肃、江苏、江西等地。

药用部位　全草。

采集加工　秋季采挖。洗净，晒干。

化学成分　正十六烷酸、β – 谷甾醇、胡萝卜苷、芹菜素、D– 果糖、三羟基 – 甲氧基异黄烷、芫花素、槲皮素、芦丁、白桦酸、二羟基苯甲酸。

性味归经　辛、苦，寒。归肺经。

功能主治　清热解毒。适用于化脓性炎症，痈疽恶疮，疔肿，急性阑尾炎，止泻痢。

（一百一十六）鸡眼草属 *Kummerowia* Schindl.

药用记载　鸡眼草 *Kummerowia striata*（Thunb.）Schneidl. 的全草在《全国中草药汇编》《中药大辞典》《中华本草》中记载为鸡眼草。

271. 鸡眼草 *Kummerowia striata*（Thunb.）Schneidl.

别名　掐不齐、人字草、小蓄片、妹子草、红花草、地兰花、土文花、满路金鸡、细花草、鸳鸯草、夜关门、老鸦须、铺地龙。

识别要点　一年生草本。茎直立，斜升或平卧，基部多分枝，茎及枝上疏被向下倒生的毛。叶互生；托叶膜质；三出复叶，小叶片倒卵形或长圆形，两面中脉及边缘有白色长硬毛。花通常 1 ～ 2 朵腋生；萼基部具小苞片；花萼钟形，萼齿 5，带紫色；花冠淡红紫色，旗瓣椭圆形，先端微凹；二体雄蕊。子房椭圆形，花柱细长，柱头小。荚果。花果期 7 ～ 9 月。（图 3–271–1 ～ 3–271–2，见 700 页）

生境与分布　生长于林下、田边、路旁。分布于东北、华北、华东、中南、西南各地。

药用部位　全草。

采集加工　7 ～ 8 月采收，鲜用或晒干。

化学成分　茎叶含有染料木素、异荭草素、异槲皮苷、异牡荆素、山柰酚、木犀草素 –7–O– 葡萄糖苷、槲皮素、芸香苷、β – 谷甾醇、β – 谷甾醇葡萄苷、黄酮苷类。种子中含有黎豆胺。

性味归经　甘、辛、微苦，平。归肝、脾、肺、肾经。

功能主治　清热解毒，健脾利湿，活血止血。适用于感冒发热，暑湿吐泻，黄疸，痈疖疮，痢疾，疳疾，血淋，咯血，衄血，跌打损伤，赤白带下。

（一百一十七）含羞草属 *Mimosa* L.

药用记载　含羞草 *Mimosa pudica* L. 的全草在《全国中草药汇编》《中药大辞典》中记载为含羞草；根在《中药大辞典》中记载为含羞草根。

272. 含羞草 *Mimosa pudica* L.

别名 知羞草、呼喝草、怕丑草、望江南、惧内草、感应草。

识别要点 披散、亚灌木状草本；茎圆柱状，具分枝，有散生、下弯的钩刺及倒生刺毛。托叶披针形。羽片和小叶触之即闭合而下垂；羽片通常 2 对，指状排列于总叶柄之顶端；小叶线状长圆形，先端急尖，边缘具刚毛。头状花序圆球形，具长总花梗；花小，淡红色，多数；苞片线形；花萼极小；花冠钟状，雄蕊 4 枚，伸出于花冠之外；子房有短柄。荚果长圆形，成熟时荚节脱落，荚缘宿存；种子卵形。花期 3 ～ 10 月，果期 5 ～ 11 月。（图 2–272–1 ～ 2–272–3，见 700 ～ 701 页）

生境与分布 生于旷野荒地、灌木丛中。分布于海南、台湾、福建、广东、广西、云南等地。

药用部位 全草。

采集加工 全草：夏季采收，晒干。根：夏、秋采集，洗净，晒干。

化学成分 全草含黄酮苷、酚类、氨基酸、有机酸、含羞草碱、含羞草碱 –O–β–D– 葡萄糖苷。叶含收缩性蛋白质。种子含亚麻酸、亚油酸、油酸、棕榈酸和硬脂酸。

药理作用 ①止咳、祛痰，但祛痰作用不显著。②对离体兔回肠有明显的抗乙酰胆碱作用。③根煎剂在试管内对金黄色与白色葡萄球菌、卡他双球菌有较强的抑菌作用，对大肠杆菌亦有作用，但对肺炎双球菌、甲型和乙型链球菌及流感杆菌作用微弱。④能轻度抑制碱性磷酸酶，对含金属的酶系统抑制不显著。其低铁复合物毒性较小。酪氨酸大量可拮抗含羞草碱对大鼠生长的抑制作用。

性味归经 苦、涩，微寒，小毒。归心、肝、胃、大肠经。

功能主治 全草：凉血解毒，清热利湿，镇静安神。适用于感冒，小儿高热，支气管炎，肝炎，肠炎，结膜炎，泌尿系结石，水肿，劳伤咳血，鼻衄，血尿，神经衰弱，失眠，疮疡肿毒，带状疱疹，跌打损伤。根：止咳化痰，利湿通络，和胃消积。适用于慢性气管炎，慢性胃炎，小儿消化不良，风湿疼痛、眼花，失眠头痛。

用药警戒 孕妇忌服。含羞草碱有毒可致脱毛，人食入可致头发突然脱落。

（一百一十八）山黧豆属 *Lathyrus* L.

药用记载 山黧豆 *Lathyrus quinquenervius*（Miq.）Litv. 在《全国中草药汇编》中记载为五脉山黧豆。大山黧豆 *L. davidii* Hance 的种子在《全国中草药汇编》《中华本草》中记载为大山黧豆。

273. 山黧豆 *Lathyrus quinquenervius*（Miq.）Litv.

别名 五脉山黧豆、五脉香豌豆、紫地丁、山豌豆、五叶香豌豆。

识别要点 多年生草本。根状茎细而稍弯，常横走于地下。茎单一，直立或稍上升，有棱和毛。偶数羽状复叶，茎下部叶的卷须很短，常成刺状、托叶为狭细的半箭头状；小叶长圆状披针形，全缘，具 5 条明显凸出的纵脉。总状花序腋生，花序的长短多变化，花梗与萼近等长、花萼钟形，被短柔毛，上萼齿三角状，花冠蓝紫色，旗瓣于中部缢缩，瓣片近圆形，子房有毛，花柱下弯。荚果长圆状线形。种子椭圆形。花期 6 ～ 8 月，果期 8 ～ 9 月。（图 3–273–1 ～ 3–273–3，见 701 页）

生境与分布 生长于林缘、草甸、沙地、山坡，分布于东北、华北、中南、西南。

药用部位 全草、花、种子。

采集加工 全草夏、秋季采挖，花 6 ～ 7 月采，种子 9 ～ 10 月采，阴干或晒干。

性味归经 苦、涩，温。归肾经。

功能主治 祛风除湿，止痛。适用于关节炎，头痛。

274. 大山黧豆 *Lathyrus davidii* Hance

别名 茳芒山黧豆、茳芒香豌豆、大豌豆。

识别要点 多年生草本。茎近直立或斜升，圆柱状。叶直生；托叶大，半箭头形，全缘或下缘稍有锯齿；偶数羽状复叶，上部叶轴顶端常具分歧的卷须，下部叶轴多为单一的卷须或成长刺状；小叶片卵形或椭圆形，有时为菱状卵形或长卵形，先端具短刺尖；叶脉网状。总状花序腋生，通常有花 10 余朵；萼钟形，萼齿三角形至锥形，花黄色，二体雄蕊，子房无毛。荚果条形，两面膨胀，无毛。种子多数，近球形。花期 6 ～ 7 月，果期 8 ～ 9 月。（图 3–274–1 ～ 3–274–4，见 701 ～ 702 页）

生境与分布 生长于林缘、疏林下灌丛、草坡或林间溪流附近。分布于东北、华北、陕西、甘肃、山东、河南等地。

药用部位 种子。

采集加工 秋季果实成熟后采收，晒干。

性味归经 辛，温。归肝经。

功能主治 疏肝理气，调经止痛。适用于痛经，月经不调。

（一百一十九）胡枝子属 *Lespedeza* Michx.

药用记载 胡枝子 *Lespedeza bicolore* Turcz. 的枝叶在《中药大辞典》《中华本草》中记载为胡枝子，根在《中药大辞典》《中华本草》中记载为胡枝子根。兴安胡枝子 *L. daurica*（Laxm.）Schindl. 的全草或根在《中药大辞典》《中华本草》《全国中草药汇编》中记载为枝儿条。多花胡枝子 *L. floribunda* Bunge 的根、茎叶在《全国中草药汇编》中记载为多花胡枝子。牛枝子 *L. potaninii* V. Vassil. 在《中国野菜食谱大全》中记载为炒牛枝子。

275. 胡枝子 *Lespedeza bicolore* Turcz.

别名 二色胡枝子、随军茶、山扫帚、荆条、楚子、扫皮、胡枝条、杭子梢、虾夷山萩、鹿鸡花、扫条、野花生、羊角梢、豆叶柴、夜合草、假花生。

识别要点 直立灌木。茎多分枝，被疏柔毛。叶互生，三出复叶，托叶条形；顶生小叶较大，宽椭圆形，长圆形或卵形，先端圆钝，微凹或有极小短尖，侧生小叶较小，具短柄。总状花序腋生，较叶长，小苞片长圆形或卵状披针形，花萼杯状，紫褐色，萼齿 4 裂；花冠蝶形，紫红色，旗瓣倒卵形，先端圆或微凹，基部有爪，翼瓣长圆形，有爪和短耳，龙骨瓣基部有爪，与旗瓣等长，二体雄蕊，子房线形。

荚果扁平，倒卵形。种子 1 颗。花期 7 ～ 8 月，果期 9 ～ 10 月。（图 3–275–1 ～ 3–275–4，见 702 页）

生境与分布 生长于山地灌木林下、山坡、草原。分布于东北、华北、西北、西南、华南及内蒙古等地。

药用部位 枝叶、根或根皮。

采集加工 枝叶：夏、秋季采，鲜用或切段晒干。根或根皮：夏、秋季采根，洗净，切片，晒干。

化学成分 全株含槲皮素、三叶豆苷、异槲皮苷、荭草素、异荭草素、多种山柰酚葡萄糖苷、黄酮、异黄酮、黄酮醇、双氢黄酮、双氢异黄酮、查尔酮、花青素、三叶豆苷、必需氨基酸、鞣质。种子含儿茶精、表儿茶精、糖脂类、磷脂类。

药理作用 ①胡枝子叶中的总黄酮可增加尿素及氯离子的排出，对钠、钾的排出无影响。②茎及新鲜叶的醇提取物可做成注射剂而应用于肾外性高血氮症、慢性肾炎、多囊性肾病。③胡枝子叶的总黄酮提取物对炎症有对抗作用。④从大叶胡枝子根皮中提取的鞣质有显著的抗早孕作用。

性味归经 枝叶：甘，平。归心、肝经。根或根皮：甘，平。归脾经。

功能主治 枝叶：润肺清热，利水通淋，强筋益肾，健脾。适用于肺热咳嗽，百日咳，鼻衄，淋病，祛湿，头晕，脱力，蛇伤，跌打损伤，赤白带下。根或根皮：祛风除湿，活血止痛，止血止带，清热解毒。适用于感冒发热，风湿痹痛，跌打损伤，鼻衄，赤白带下，肿毒。

276. 兴安胡枝子 *Lespedeza daurica*（Laxm.）Schindl.

别名 毛果胡枝子、枝儿条、牡牛查、达乌里胡枝子、达呼尔胡枝子。

识别要点 小灌木，全株有毛。茎单一或数个簇生，老枝黄褐色至赤褐色，被短柔毛或无毛，幼绿褐色，有细棱。叶互生，托叶 2 片，长圆形或狭长圆形，先端圆形，有小刺尖。花序腋生；小苞片披针状线形；花萼 5 片，深裂，萼片披针形，先端长渐尖，成刺毛状，与花冠近等长；花冠白色或黄白色，旗瓣长圆形，中央稍带紫色，具柄，先端钝，较短，龙骨瓣先端圆形；闭锁花生长于叶腋；翼瓣较短，龙骨瓣长于翼瓣。荚果。花果期 7 ～ 10 月。（图 3–276–1 ～ 3–276–2，见 703 页）

生境与分布 生长于干燥的山坡、路旁、沙丘、海滨沙滩等砂质地上。分布于东北、华北、西北、华中、西南及内蒙古等地。

药用部位 全草或根。

采集加工 夏、秋季采挖，切段，晒干备用。

化学成分 叶中含荭草素、异荭草素、牡荆素、异牡荆素、芹菜素、多种糖苷、槲皮素。地上部分含有异夏弗塔雪轮苷。

性味归经 辛，温。归肺经。

功能主治 解表散寒。适用于感冒发烧、咳嗽。

277. 美丽胡枝子 *Lespedeza formosa*（Vog.）Koehne

别名 三妹木、假蓝根、沙牛木、夜关门、鸡丢枝、三必根、红布纱、马须草、马乌柴、羊古草。

识别要点 直立灌木。多分枝，枝伸展，被疏柔毛。小叶椭圆形、长圆状椭圆形或卵形，稀倒卵形，两端稍尖或稍钝，上面绿色，稍被短柔毛，下面淡绿色，贴生短柔毛。总状花序单一，腋生，或构成顶生的圆锥花序；苞片卵状渐尖，花萼钟状，花冠红紫色，龙骨瓣比旗瓣稍长，在花盛开时明显长于旗瓣。荚果。花期 7 ～ 9 月，果期 9 ～ 10 月。（图 3–277–1 ～ 3–277–2，见 703 页）

生境与分布　生长于山坡林下或杂草丛中。分布于华北、华东、西南及广东、广西等地。

药用部位　茎叶、根。

采集加工　茎叶：盛花期采，除去杂质，洗净，晒干。根：全年可采，除去杂质，洗净，略泡，润透，切厚片，干燥。

性味归经　苦，平。归心、肺经。

功能主治　茎叶：清热利湿，通淋。适用于热淋，小便不利。根：清肺热，祛风湿，散瘀血。适用于肺痈，风湿疼痛，跌打损伤。

278. 多花胡枝子 *Lespedeza floribunda* Bunge

别名　铁鞭草、米汤草。

识别要点　小灌木。根细长；茎常近基部分枝；枝有条棱，被灰白色绒毛。羽状复叶具 3 小叶；小叶具柄，倒卵形、宽倒卵形或长圆形，先端微凹、钝圆或近截形，具小刺尖，基部楔形。总状花序腋生；总花梗细长，显著超出叶；花多数；花萼被柔毛；花冠紫色、紫红色或蓝紫色，龙骨瓣长于旗瓣，钝头。荚果宽卵形。花期 6 ～ 9 月，果期 9 ～ 10 月。（图 3–278–1 ～ 3–278–3，见 703 ～ 704 页）

生境与分布　生长于干旱山坡或山坡丛林中。分布于东北、华北、华东、河南、陕西、甘肃、青海、四川、云南等地。

药用部位　根或全草。

采集加工　6 ～ 10 月采收，根洗净，切片，晒干；茎叶，切段，晒干。

性味归经　味甘、涩，凉。归肝、胃经。

功能主治　消积散瘀，截疟。适用于小儿疳积，疟疾。

279. 尖叶铁扫帚 *Lespedeza juncea*（L. f.）Per

别名　铁扫帚、细叶胡枝子、灯心草状胡枝子、黄蒿子。

识别要点　草本状半灌木，分枝少或上部多分枝成扫帚状。小枝灰绿色或黄绿色，基部褐色。羽状三出复叶；托叶刺芒状有毛；叶轴甚短；顶生小叶长条状矩圆形，先端尖或钝有短刺尖，基部楔形，上部灰绿色，近无毛，下部灰色，侧生小叶较小；总状花序腋生具 2 ～ 5 朵花；小苞片条状披针形，顶端锐尖；花萼杯状，披针形，有明显的三脉；花冠白色，有紫斑，旗瓣近椭圆形，基部有短爪，翼瓣矩圆形较旗瓣稍短，龙骨瓣与旗瓣近等长；子房有毛。荚果宽椭圆形或卵形，顶端有宿存花柱。花期 8 ～ 9 月，果期 9 ～ 10 月。（图 3–279–1 ～ 3–279–2，见 704 页）

生境与分布　生长于草甸草原带的丘陵坡地、砂质地。分布于东北、华北等地。

药用部位　全株、根。

采集加工　夏、秋季挖根及全株，洗净切碎，晒干。

性味归经　甘、微苦，平。归肺、胃、肾经。

功能主治　清热利湿，消食除积，祛痰止咳。适用于小儿疳积，消化不良，胃肠炎，细菌性痢疾，胃痛，黄疸型肝炎，肾炎水肿，白带异常，口腔炎，咳嗽，支气管炎；外用治带状疱疹，毒蛇咬伤。

280. 牛枝子 *Lespedeza potaninii* Vassil.

别名　牡牛查、牛筋子、豆豆苗、牛枝条。

识别要点　草本状半灌木。茎通常伏生或斜倚，黄绿色或绿褐色，具纵棱和柔毛。叶互生，羽状三出复叶，托叶刺芒状；小叶矩圆形或倒卵状矩圆形，先端钝圆，有短刺尖，基部圆形或宽楔形，全缘，下面灰绿色，有短伏毛。总状花序腋生；花萼密被长毛，5深裂，裂片披针形，先端渐尖，呈刺芒状；花冠蝶形，白色或黄白色，旗瓣中央和龙骨瓣顶部带蓝紫色。荚果小。花期7～9月，果期9～10月。（图3-280-1～3-280-5，见704～705页）

生境与分布　生长于森林草原干山坡、丘陵地区、沙地。分布于东北、内蒙古、陕西、宁夏、甘肃、云南等地。

药用部位　根。

采集加工　夏、秋季节可采收，鲜用或切段晒干。

性味归经　辛、微苦，凉。归肺经。

功能主治　解表散寒。适用于感冒发烧，咳嗽。

（一百二十）苜蓿属 *Medicago* L.

药用记载　野苜蓿 *Medicago falcata* L. 的全草在《中药大辞典》《中华本草》中记载为野苜蓿。紫苜蓿 *M. sativa* L. 的全草在《全国中草药汇编》《中药大辞典》《中华本草》中记载为苜蓿。花苜蓿 *M. ruthenica*（L.）Trautv. 的全草在《全国中草药汇编》《中药大辞典》《中华本草》中记载为花苜蓿。天蓝苜蓿 *M. lupulina* L. 的全草在《全国中草药汇编》中记载为天蓝苜蓿。

281. 野苜蓿 *Medicago falcata* L.

别名　蛇蜕草、镰荚苜蓿、豆豆苗、连花生。

识别要点　多年生草本。茎直立或匍匐，稍有毛，多分枝。三出复叶，小叶长圆状倒卵形，或倒披针形，先端钝圆，基部楔形，边缘上部有齿；托叶大，尖而长。总状花序，腋生；花梗长于叶柄；花冠蝶形，黄色，比萼长2倍。荚果扁，矩形，弯曲成半月形，光滑，成熟时褐色。花期7～8月，果期8～9月。（图3-281-1～3-281-3，见706页）

生境与分布　生长于山坡林下、草原、丘陵及低湿处。分布于东北、华北、西北及西藏等地。

药用部位　全草。

采集加工　夏、秋季采收全草，晒干备用。

化学成分　全草含皂苷，叶黄素酯，叶黄素，叶黄素-5,6-环氧化物，菊黄质，毛茛黄质，小麦

黄素 -5-O- 葡萄糖苷，小麦黄素葡萄糖苷，维生素 B_1、B_2，精氨酸、天冬氨酸、谷氨酸，微量元素锰、铁、锌、铜等。花含 β - 胡萝卜素、δ - 胡萝卜素、羟基 -α - 胡萝卜素、新黄质、异堇黄质、毛茛黄质。种子中含有半乳甘露聚糖。

性味归经 甘、微苦，平。归脾、胃、膀胱经。

功能主治 健脾补虚，利尿退黄，舒筋活络。适用于脾虚腹胀，消化不良，浮肿，黄疸，风湿痹痛。

282. 紫苜蓿 *Medicago sativa* L.

别名 紫花苜蓿、苜蓿、蓿草、木粟、怀风、光风、连枝草、光风草。

识别要点 多年生宿根草本。根茎发达；有蔓茎或无，茎直立或匍匐，光滑，多分枝。三出复叶，小叶片倒卵状长圆形，仅上部尖端有锯齿；小叶顶端有中肋突出；叶柄长而平滑；托叶大。总状花序形成簇状；花梗由叶腋抽出，花有短柄；萼钟状，有 5 齿；花冠紫色。荚果螺旋形，稍有毛，黑褐色，不开裂。种子肾形，黄褐色，很小。花期 5 ～ 6 月。（图 3–282–1 ～ 3–282–4，见 706 ～ 707 页）

生境与分布 生长于旷野和田间。分布于东北、华北、西北、内蒙古、新疆、西藏。

药用部位 全草。

采集加工 夏、秋季收割，晒干，或鲜用。

化学成分 全草含卢瑟醇、苜蓿酚、考迈斯托醇、刺芒柄花素、大豆黄酮、苜蓿素、瓜氨酸、刀豆酸、紫苜蓿酚。叶和茎都含果胶酸。花含矮牵牛素、锦葵花素、芳樟醇、月桂烯、柠檬烯。种子含高水苏碱、水苏碱、唾液酸。

药理作用 ①苜蓿素对离体豚鼠肠管有松弛作用，但并不使羊引起鼓胀。②苜蓿素尚有轻度的抗氧化作用，可防止肾上腺素的氧化，并有轻度雌激素样作用。③全草提取物能抑制结核杆菌的生长，并对小鼠脊髓灰白质炎有效。

性味归经 苦，平，无毒。归脾、胃、肾经。

功能主治 清脾胃，清湿热，利尿，消肿。适用于尿结石，膀胱结石，水肿，淋证，消渴。

283. 花苜蓿 *Medicago ruthenica*（L.）Trautv.

别名 扁豆子、苜蓿草、野苜蓿。

识别要点 多年生直立草本。主根较粗长。茎、枝四棱形，有白色柔毛。叶具 3 小叶，中间小叶卵形、狭卵形或倒卵形，先端圆形或截形，微凹或有小尖头，边缘有锯齿，侧生小叶略小；叶柄长约 5mm，有白色柔毛；托叶披针形。总状花序腋生，花小；萼筒钟状，被白色柔毛；花冠黄色，有紫纹。荚果扁平，矩圆形。种子矩形。黄褐色。花期 6 ～ 9 月，果期 8 ～ 10 月。（图 3–283–1 ～ 3–283–4，见 707 页）

生境与分布 生长于沙地、渠边、路旁、田埂、山坡。分布于东北、甘肃、陕西、青海、内蒙古、四川等地。

药用部位 全草。

采集加工 6 ～ 7 月采收全草，洗净，除去残叶、须根，晾干。

性味归经 苦，寒。归肝、肺、胃、大肠经。

功能主治 清热解毒，止咳，止血。适用于发热，咳嗽，痢疾，外伤出血。

284. 天蓝苜蓿 *Medicago lupulina* L.

别名 接筋草、黑荚苜蓿、杂花苜蓿、米粒苜蓿、天蓝。

识别要点 一年生草本。茎平铺或上升，由基部分枝，有棱角，被白色柔毛。小叶宽倒卵形、圆形、长圆形或倒卵圆形至棱形，先端圆或截形而微凹，具小突尖；托叶斜卵形，全缘，下面被柔毛。密集总状花序；萼被柔毛，萼齿长，萼筒短；花冠黄色；旗瓣倒卵形，先端凹；翼瓣与龙骨瓣几等长，而较旗瓣短。荚果黑褐色，具网纹。种子肾形，黄褐色。花果期 6 ～ 12 月。（图 3–284–1 ～ 3–284–3，见 707 ～ 708 页）

生境与分布 生长于郊野旷地上和路边，田埂草丛中。分布于南北各地。

药用部位 全草。

采集加工 夏秋季采，洗净晒干。

性味归经 甘、微涩，平。归肝经。

功能主治 清热利湿，凉血止血，舒筋活络。适用于黄疸型肝炎，便血，痔疮出血，白血病，坐骨神经痛，风湿骨痛，腰肌劳损。外用治蛇咬伤。

（一百二十一）草木犀属 *Melilotus* Adans.

药用记载 草木犀 *Melilotus officinalis*（L.）Pall. 的全草在《中药大辞典》《中华本草》中记载为辟汗草；在《全国中草药汇编》中记载为草木犀。白花草木犀 *M. albus* Medik. ex Desr. 的全草在《中药大辞典》和《中华本草》中记载为辟汗草。

285. 草木犀 *Melilotus officinalis*（L.）Pall.

别名 黄花草、黄花草木犀、香马料木犀、野木犀、铁扫把、省头草、辟汗草、野苜蓿。

识别要点 一年生或二年生草本。主根粗而长。茎直立，多分枝，无毛，表面淡绿色。羽状三出复叶，小叶长椭圆形披针形，先端圆形或钝，基部宽楔形，边缘具细锯齿，托叶线形。总状花序腋生或顶生，长而纤细，花小，密生多数花，花黄色，萼片钟形，花冠蝶形，黄色，旗瓣倒卵形，翼瓣、龙骨瓣皆短于旗瓣。荚果卵球形。花期 6 ～ 9 月（图 3–285–1 ～ 3–285–4，见 708 页）

生境与分布 生长于较湿润的荒地、沟渠、路旁或农田中。分布于东北、华北、西北、西南、内蒙古、西藏、江苏、江西、浙江等地。

药用部位 全草入药。

采集加工 夏季采全草，洗净，晾干。

化学成分 草木犀茎叶及花含香豆精。

药理作用 ①能破坏疟原虫的形态使之灭亡。②香豆精少量毒性不大，大量可导致恶心、呕吐、眩晕、心脏抑制及四肢发冷。③白香草木犀含紫苜蓿酚，能延长血凝时间。④叶、茎、根的提取物可抑制结核杆菌的生长。⑤有一定的抗炎作用。

性味归经　辛、甘、微苦，凉，小毒。归肝、脾、胃经。

功能主治　清暑化湿，健胃和中。适用于暑湿胸闷，头胀头痛，痢疾，疟疾，淋证，带下，口疮，口臭，疮疡，湿疮，疥癣，淋巴结核。

用药警戒　脾胃寒者慎用，孕妇禁用。

286. 白花草木犀 *Melilotus albus* Medik. ex Desr.

别名　白香草木犀、百甜车轴草、辟汗草。

识别要点　一年生或两年生草本植物，全株有香草气味。主根粗壮发达。茎圆中空、直立高大，光滑或稍有毛。叶为三出羽状复叶，小叶片，椭圆形或倒卵状长圆形，边缘有锯齿。总状花序细直，小花多，白色，翼瓣和龙骨瓣稍短，花冠易脱落，与雄蕊分离，旗瓣圆形，翼瓣狭细，龙骨瓣直而钝，雄蕊二体，柱头顶生。荚果下垂不开裂。花果期 5 ～ 9 月。（图 3–286–1 ～ 3–386–3，见 708 ～ 709 页）

生境与分布　生长于沙丘、山坡、草原、海边。分布于东北、华北、西北、华中、四川、云南、内蒙古等地。

药用部位　全草入药。

采集加工　6 ～ 8 月开花期割取地上部分，鲜用或晒干，切段备用。

化学成分　全草含苦马酸、邻香豆酸、对香豆酸、伞形花内酯、东莨菪素、草木犀苷、苦马酸葡萄糖苷、草木犀酸葡萄糖苷、多种氨基酸及必需氨基酸。根和茎含对 – 香豆酸、邻 – 香豆酸、绿原酸、咖啡酸。叶和嫩芽含草木犀酸、草木犀酸葡萄糖苷、邻 – 香豆酸葡萄糖苷、草木犀苷、马栗树皮素。

药用等与草木犀相同。

（一百二十二）棘豆属 *Oxytropis* Dc.

药用记载　多叶棘豆 *Oxytropis myriophylla*（Pall.）DC. 的全草在《中药大辞典》和《中华本草》中记载为鸡翎草。硬毛棘豆 *O. fetissovil* Bunge 的全草在《中华本草·蒙药卷》中记载为淑润 – 奥日道扎。山泡泡 *O. leptophylla*（Pall.）DC. Astrag. 的全草在《全国中草药汇编》中记载为薄叶棘豆。山棘豆 *O. oxyphylla* DC. 的全草在《中药大辞典》和《中华本草》中记载为泡泡草；在《全国中草药汇编》中记载为山棘豆。

287. 多叶棘豆 *Oxytropis myriophylla*（Pall.）DC.

别名　长肉芽草、狐尾藻棘豆、鸡翎草、查干达格沙（蒙名）。

识别要点　多年生草本。根长而粗壮。无地上茎，全株被白色或黄白色长柔毛。叶为轮生小叶的复叶，小叶线状披针形，先端渐尖，干后边缘反卷。总状花序具花 10 余朵，生长于直立的总花梗顶端，花淡红紫色，花梗极短或近无梗，萼筒状，苞及萼均密被毛，旗瓣长圆形，顶端微凹，下部渐狭成爪，龙骨瓣短于翼瓣，顶端具锥形喙，基部具长爪、子房线形，被毛。荚果披针状长圆形，先端长而尖的喙，

表面被密毛，内具稍厚的假隔膜。花期5～6月，果期7～8月。（图3–287–1～3–287–4，见709页）

生境与分布 生长于山坡、平缓草原、丘陵、干河沟、沙丘上。分布于东北、华北。

药用部位 地上部分。

采集加工 夏、秋季割取地上部分，除去杂质，晾干。

化学成分 花含乙酰狐尾藻苷、狐尾藻苷、香豆酰异狐尾藻苷。地上部分含山柰酚、吡喃鼠李糖苷、山柰酚–3–O–葡萄糖苷、3–O–鼠李糖苷、槲皮素苷类。

性味归经 甘，寒。归肺、肝、脾经。

功能主治 清热解毒，消肿止血。适用于流感，咽喉肿痛，痈疮肿毒，跌打损伤，瘀血肿胀，各种出血。

288. 硬毛棘豆 *Oxytropis fetissovil* Bunge

别名 淑润–奥日道扎（蒙名）、毛棘豆、哈日–达格沙（蒙名）、猫尾巴花、山毛豆。

识别要点 多年生草本，无地上茎，全株被长硬毛。奇数羽状复叶，基生；小叶5～19，卵状披针形或长椭圆形，先端锐尖，基部圆形；托叶披针形，与叶柄基部合生。总状花序呈长穗状，花多而密集，总花梗粗壮，显著比叶长；花淡紫色或淡黄色；苞片披针形；花萼筒状；花冠蝶形，旗瓣椭圆形，翼瓣与旗瓣近等长，龙骨瓣较短，具喙。荚果藏于萼内，长卵形，密被长毛。花期6～7月，果期7～8月。（图3–288–1～3–288–2，见710页）

生境与分布 生长于山坡、丘陵、山地林缘草甸、草甸草原。分布于东北、华北、华东、内蒙古、陕西、甘肃。

药用部位 地上部分。

采集加工 夏、秋季采收，除去杂质，洗净泥土，晒干，切段备用。

化学成分 含酚类物质、鞣质、还原性糖、皂苷、生物碱、黄酮及氨基酸。

性味归经 苦、甘，凉。归大肠经。

功能主治 适用于瘟疫，丹毒，腮腺炎，肠刺痛，麻疹，抽筋，鼻出血，月经过多。

289. 山泡泡 *Oxytropis leptophylla*（Pall.）DC. Astrag.

别名 薄叶棘豆、光棘豆、泡泡草、尖叶棘豆、山棘豆、羚羊蛋。

识别要点 多年生草本，全株有灰白毛。根深而长、粗壮，黄褐色至黑褐色。茎短缩，基部多分歧或近于无地上茎。叶具长柄、托叶贴生长于叶柄上，密被长硬毛、小叶4～6对，线形，表面无毛。总花梗稍倾斜，与叶略等长，被毛，总状花序，花紫红色、萼筒状，密被毛，旗瓣的瓣片近圆形，顶端圆或微凹，基部渐狭成长爪，具细长的爪和短耳，龙骨瓣稍短于翼瓣，子房密被毛，花柱顶部弯曲。荚果顶端具喙。花期5～6月，果期6月。（图3–289–1～3–289–5，见710～711页）

生境与分布 生长于向阳干山坡。分布于东北、山西、陕西、内蒙古。

药用部位 根、全草。

采集加工 夏、秋季采收全草，晒干。

性味归经　辛，寒。归肝经。

功能主治　清热解毒。适用于疮疖痈肿，急慢性湿疹，感冒，咽喉肿痛，瘰疬结核。

290. 海拉尔棘豆 *Oxytropis hailarensis* Kitag.　　FOC 修订为 *Oxytropis oxyphylla*（Pall.）DC.（尖叶棘豆）

别名　泡泡草、尖叶棘豆、山泡泡、羚羊蛋。

识别要点　多年生草本，全株呈白色。小叶 3 ～ 4 个轮生，线形。花序似头状；淡紫色或紫红色；花萼与叶柄等长，萼有毛。荚果膨大，球形或卵状球形，有褐色毛。花期 7 月。（图 3-290-1 ～ 3-290-4，见 711 页）

生境与分布　生长于沙丘上。分布于东北、内蒙古、陕西、甘肃等地。

药用部位　全草。

采集加工　夏、秋季采收全草，晒干。

性味归经　辛，寒。归肝经。

功能主治　清热解毒。适用于感冒，咽喉痛，疮疖痈肿，瘰疬结核，急慢性湿疹。外用治乳腺炎。

291. 长白棘豆 *Oxytropis anertii* Nakai ex Kitag

识别要点　多年生草本。根圆柱状，伸入地中，稍分歧。根的顶端有特别短缩的分歧的茎，全株成丛生状。奇数羽状复叶，小叶卵形，基部圆形，先端渐尖，边缘稍反卷，表面沿中脉生白色长毛。总状花序，花淡蓝紫色，萼筒状，表面密被白柔毛，旗瓣的瓣片广倒卵形，基部有长爪，顶端深凹，龙骨瓣稍短于翼瓣，瓣片顶端的喙很短。荚果卵状长圆形，膨胀，顶端渐尖，内具假隔膜，表面光滑。种子多数。花期 6 月，果期 7 ～ 9 月。（图 3-291-1 ～ 3-291-4，见 712 页）

生境与分布　生长于高山冻原。分布于吉林。

药用部位　全草入药。

采集加工　夏末秋初采挖全草，洗净泥土，除净杂质，晒干。

性味归经　苦、寒。归心经。

功能主治　清热解毒，生肌愈疮，涩脉止血。适用于跌打损伤，疮肿出血，通便。

（一百二十三）槐属 *Sophora* L.

药用记载　槐 *Sophora japonica* L. 的花及花蕾在《中国药典》《中药大辞典》《中华本草》中记载为槐花；成熟的果实记载为槐角；树皮或根皮的韧皮部在《中药大辞典》《中华本草》中记载为槐白皮；根记载为槐根；树脂记载为槐胶；叶记载为槐叶；嫩枝记载为槐枝。《中药大辞典》又将花蕾记载为槐米。苦参 *S. flavescens* Ait. 的根在《中国药典》《中药大辞典》《中华本草》中记载为苦参；种子在《中药大辞典》《中华本草》中记载为苦参实。

292. 槐 *Sophora japonica* L.

别名 五七香花树、富贵树。

识别要点 落叶乔木。树皮灰色或深灰色，粗糙纵裂，嫩枝暗绿褐色，皮孔明显。奇数羽状复叶，互生，小叶卵状长圆形或卵状披针形，先端尖，基部圆形或阔楔形，全缘，上面微亮，下面伏生白色短毛。圆锥花序顶生，萼钟状，5浅裂，花冠蝶形，乳白色，花瓣5，浅裂，旗瓣同心形，有短爪，脉微紫，翼瓣和龙骨瓣均为长方形；雄蕊10，分离不等长；子房筒状，花柱弯曲。荚果肉质，串珠状，黄绿色。种子肾形。花果期7～10月。（图3–292–1～3–292–3，见712～713页）

生境与分布 生长于山坡、平原。分布于全国各地。

药用部位 花及花蕾、成熟的果实、树皮及根皮的韧皮部、根、树脂、叶、嫩枝。

采集加工 花及花蕾：夏季花蕾形成时采收，及时干燥，除去枝、梗和杂质。果实：成熟时采收。将打落或摘下的果实平铺席上，晒至干透成黄绿色时，除去果柄及杂质，或以沸水稍烫后再晒至足干。鲜果实在果期随采随用。树皮：全年均可采，除去栓皮用。根皮：秋冬季挖根，剥取根皮，除去外层栓皮，洗净，切段，晒干或鲜用。根：全年均可采，挖取根部，洗净，晒干。树脂：夏、秋季采收。叶：春、夏季采收，晒干或鲜用。嫩枝：春季采收，晒干鲜用。

化学成分 花及花蕾含芸香苷，白桦脂醇，槐花二醇，葡萄糖，葡萄糖醛酸，槐花米甲、乙、丙素，鞣质，赤豆皂苷，大豆皂苷，槐花皂苷，槲皮素，异鼠李素，肉豆蔻酸，花生酸，β–谷甾醇，鞣质。果实（槐角）含染料木素、山柰酚、槲皮素、芸香苷、槐属苷、槐属双苷、槐属黄酮苷、多种氨基酸。种子含金雀花碱、N–甲基金雀花碱、槐根碱、苦参碱、黎豆胺、植酸钙镁、植物血凝素、消旋–山槐素、槐根苷、野葛醇等。槐叶含少量芸香苷。槐枝含芸香苷。

药理作用 ①所含芦丁对发炎过程有明显的抑制作用。②芦丁具有维持血管抵抗力，对脂肪浸润的肝有祛脂作用。③芦丁对水疱性口炎病毒有最大的抑制作用。④芦丁有抑制醛糖还原酶作用，此作用有利于糖尿病型白内障的治疗。⑤所含的槲皮素有一定的平喘作用。此外还有降低血压，增强毛细血管抵抗力，减少毛细血管脆性，降血脂，扩张冠状动脉，增加冠脉血流量等作用。⑥槐花提取物对15–羟前列腺素脱氢酶有强的抑制活性。抑制15–羟前列腺素脱氢酶可延长前列腺素E2（PGE2）的利尿作用。⑦有抗生育作用和雌激素样活性。⑧有保护脂质过氧化物酶和抗氧化物酶的作用。

性味归经 槐花：苦，微寒。归肺、心、肝、大肠经。槐角：苦，寒。归肝、大肠经。槐白皮：苦，平。归肺、心、肝、大肠经。槐胶：苦，寒。归肝经。槐根：苦，平。归肺、大肠经。槐叶：苦，平。归肝、胃经。槐枝：苦，平。归心、肝经。

功能主治 槐花：凉血止血，清肝泻火。适用于便血，痔血，血痢，崩漏，吐血，衄血，肝热目赤，头痛眩晕。

槐角：凉血止血，清肝明目。适用于痔疮出血，肠风下血，血痢，崩漏，血淋，血热吐衄，肝热目赤，头晕目眩。

槐白皮：祛风除湿，敛疮生肌，消肿解毒。适用于风邪外中，身体强直，热病口疮，牙疳，喉痹，肠风下血，痔疮，痈疽疮疡，阴部湿疮，水火烫伤。

槐胶：平肝，息风，化痰。适用于中风口噤，筋脉抽掣拘急或四肢不收，破伤风，顽痹，风热耳聋，耳闭。

槐根：散瘀消肿，杀虫。适用于痔疮，喉痹，蛔虫病。

槐叶：清肝泻火，凉血解毒，燥湿杀虫。适用于小儿惊痫，壮热，肠风，尿血，痔疮，湿疹，疥癣，痈疮疔肿。

槐枝：散瘀止血，清热燥湿，祛风杀虫。适用于崩漏，赤白带下，痔疮，阴囊湿痒，心痛，目赤，疥癣。

用药警戒 槐花：脾胃虚寒者慎服。槐角：脾胃虚寒者及孕妇忌服。槐胶：血虚气滞者禁用。

293. 苦参 *Sophora flavescens* Ait.

别名 野槐、好汉枝、苦骨、白茎地骨、地槐、山槐、川参、凤凰爪、牛参、野槐根、山槐根。

识别要点 落叶半灌木。根圆柱状，下部常分叉，皮黄白色。茎直立，多分枝，具纵沟。奇数羽状复叶，互生；小叶披针形，先端渐尖，基部圆，有短柄，全缘，托叶线形。总状花序顶生，被短毛，苞片线形；萼钟状，扁平，5 浅裂；花冠蝶形，淡黄白色；旗瓣匙形，翼瓣无耳，与龙骨瓣等长；雄蕊 10，花丝分离；子房柄被细毛，柱头圆形。荚果线形，先端具长喙，成熟时不开裂。种子黑色。花期 5 ～ 7 月，果期 7 ～ 9 月。(图 3-293-1 ～ 3-293-4，见 713 页)

生境与分布 生长于向阳山坡灌丛、草地。分布于山西、河南、河北等省。

药用部位 根、叶、花。

采集加工 根：春、秋二季采挖，除去根头及小支根，洗净，干燥，或趁鲜切片，干燥。种子：7 ～ 8 月果实成熟时采收，晒干，打下种子，去净果壳、杂质，再晒干。

化学成分 全草及根含苦参碱类、槐定碱、苦参查耳酮、苦参素、苦参皂苷类、大豆皂苷、苦参醌、异苦参胺等。种子含左旋槐根碱、左旋金雀花碱、左旋苦参碱、右旋苦参碱、右旋槐花醇 -*N*-氧化物等。

药理作用 ①对肿瘤细胞增殖有明显的抑制作用。②对正常外周血白细胞有明显的升高作用，维持时间较长。③苦参碱和氧化苦参碱静脉注射显著对抗心律失常、腹腔注射显著对抗心室纤颤。④有平喘祛痰作用。⑤可降低过敏介质的释放，为免疫抑制剂，其可抑制 T 细胞增殖。⑥对免疫功能有抑制作用。⑦能明显对抗渗出性炎症。

性味归经 根：苦，寒。归心、肝、胃、小肠、大肠、膀胱经。种子：苦，寒。归肝、脾、大肠经。

功能主治 根：清热燥湿，杀虫，利尿。适用于热痢，热毒血痢，便血，肠风下血，小儿肺炎，黄疸尿闭，赤白带下，阴肿阴痒，脱肛，湿疹，痔漏，湿疮，皮肤瘙痒，瘰疬，疥癣麻风。种子：清热解毒，通便，杀虫。适用于急性菌痢，大便秘结，蛔虫症。

用药警戒 不宜与藜芦同用，脾胃虚寒者忌服，胃弱者慎用，久服能损肾气，肝、肾虚而无大热者勿服。

（一百二十四）野决明属 *Thermopsis* R. Br.

药用记载 披针叶野决明 *Thermopsis lanceolata* R. Br. 的全草在《中药大辞典》和《中华本草》中记载为牧马豆。

294. 披针叶野决明 *Thermopsis lanceolata* R. Br.

别名 牧马豆、披针叶黄华、黄花苦豆子、野决明、枪叶野决明、苦豆、土马豆。

识别要点 多年生草本。全株被密生白色长柔毛。根直，淡黄棕色。茎直立，稍有分枝，表面有细纵纹。三出复叶，互生，叶片长圆状倒卵形至倒披针形，背面密生紧贴的短柔毛，全缘；托叶披针形，基部连合。总状花序顶生，苞片3个轮生，花轮生，萼筒状，5裂，密生平伏短柔毛，花冠蝶形，黄色；旗瓣近圆形，先端微凹，基部有爪，翼瓣稍短，龙骨瓣半圆形，短于翼瓣；雄蕊10，分离，稍弯。荚果扁条形，先端有长喙，密生短柔毛。种子黑褐色，有光泽。花期6～7月，果期8～9月。（图3–294–1～3–294–4，见714页）

生境与分布 生长于向阳山坡、河岸草地、沙丘、路旁及田边，分布于东北、华北、西北各地。

药用部位 全草及种子均可入药。

采集加工 夏季采收全草，晒干。秋季采收果实，打下种子，晒干。

化学成分 全草含金雀花碱、黄华碱、厚果槐碱、合模黄华碱、臭豆碱、甲基金雀花碱、鹰爪豆碱、四氢脱氧阿艮亭碱、菱叶野决明碱、羽扇豆碱、菱叶黄华碱、黄华胺、金雀花碱。茎叶含少量黄酮类化合物。种子含金雀花碱、黄华碱、鹰爪豆碱、臭豆碱、*N*–甲基金雀花碱。

药理作用 ①能直接兴奋呕吐及呼吸中枢。②对植物神经节有中度的抑制作用，并有箭毒样作用。③干燥植物有杀灭昆虫的作用（接触毒），全草浸剂尚可驱肠虫。④叶的流浸膏静脉注射可使呼吸加深加快，血压升高，心率变快。

性味归经 甘，微温。归肺经。

功能主治 解毒消肿，祛痰，止咳。适用于咳嗽痰喘，祛痰催吐，恶疮，疥癣。

（一百二十五）决明属 *Cassia* L.

药用记载 翅荚决明 *Cassia alata* L. 在《云南思茅中草药选》有记录，是傣族常用药。望江南 *Cassia occidentalis* L. 的茎叶在《中药大辞典》《中华本草》中记载为望江南；种子记载为望江南子。茎叶、种子在《全国中草药汇编》中记载为望江南。

295. 翅荚决明 *Cassia alata* L.　　FOC 修订为 *Senna alata*（L.）Roxb.

别名 有翅决明、芽拉勐龙（傣药名）

识别要点 直立灌木，枝粗壮，绿色。在靠腹面的叶柄和叶轴上有二条纵棱条，有狭翅，小叶柄极短或近无柄。花序顶生和腋生，具长梗，单生或分枝；花芽时为长椭圆形、膜质的苞片所覆盖；花瓣黄色，有明显的紫色脉纹。荚果长带状，翅纸质，具圆钝的齿；种子扁平，三角形。花期 11 月～次年 1 月；果期 12 月～次年 2 月。（图 3–295–1 ～ 3–295–4，见 714 ～ 715 页）

生境与分布 生于疏林或较干旱的山坡。分布于海南、广东、云南。

药用部位 叶。

采集加工 夏、秋季选晴天采摘，除去茎枝，洗净，鲜用或晒干。

化学成分 全草含山奈酚、大黄酸、桑辛素；树皮含 5–［3–（羟甲基）–4,5– 二甲氧基苯］–3– 甲基呋喃 –2– 甲酸。

药理作用 ①叶的酸性提取物对接种于小鼠大腿肌内之肉瘤有轻度的伤害作用。②叶、果含蒽醌痡类，故有泻下、抗菌作用。③叶醇提液抗氧化能力最强。

性味归经 辛，温。归心、脾经。

功能主治 祛风燥湿，止痒，缓泻。适用于湿疹，皮肤瘙痒，牛皮癣，神经性皮炎，疱疹，疮疖肿疡，便秘。外用：适量，鲜叶捣汁擦；或调制成油膏敷。

296. 望江南 *Cassia occidentalis* L.　FOC 修订为 *Senna occidentalis*（L.）Link

别名 野扁豆、狗屎豆、羊角豆、黎茶、羊角豆、山绿豆、假决明、假槐花。

识别要点 直立、少分枝的亚灌木或灌木；枝带草质，有棱；根黑色。叶柄近基部有大而带褐色、圆锥形的腺体 1 枚；小叶卵形至卵状披针形。花数朵组成伞房状总状花序，腋生和顶生，萼片不等大，花瓣黄色，雄蕊 7 枚发育，3 枚不育，无花药。荚果带状镰形，褐色，压扁，稍弯曲，边较淡色，加厚，有尖头，种子间有薄隔膜。花期 4 ～ 8 月，果期 6 ～ 10 月。（图 3–296–1 ～ 3–296–2，见 715 页）

生境与分布 生于村边、河边滩地、旷野或丘陵的灌木林或疏林中。分布于我国东南部、南部及西南部各省区。

药用部位 茎叶、种子。

采集加工 茎叶：夏季植株生长旺盛时采收，阴干。鲜用者可随采新鲜茎叶供药用。种子：除去果柄，拣净杂质，切成小段；或搓去果壳，将种子晒干。

化学成分 根含金钟柏醇 – Ⅰ、金钟柏醇 – Ⅱ、大黄酚、大黄素、青霉抗菌素、大黄素 –8– 甲醚、计米大黄蒽酮、甲基计米决明蒽酮、东非山扁豆醇。叶含大黄酚及一种双蒽醌。种子含大黄素甲醚的匀二蒽酮、大黄酸、大黄酚、芦荟大黄素。种子油含亚油酸、油酸、棕榈酸、硬脂酸、廿四烷酸；非皂化部分中还含谷甾醇。尚含毒蛋白、挥发油。果皮中含芹菜素的碳键黄酮苷。种子含大黄素甲醚、大黄素甲醚 –1– 葡萄糖苷、1,8– 二羟基 –2– 甲基蒽醌、半乳糖甘露糖聚糖、β – 谷甾醇及脂肪酸。果皮含芹菜素碳 – 苷类。

药理作用 茎叶：①所含挥发油对多种细菌有抑制作用，也有报告无抗菌作用。②水提取物对某些真菌有抑制作用。③叶及茎的水煎剂及醇沉淀后的煎剂对豚鼠回肠、大鼠子宫有兴奋作用，使狗血压下降，前者对离体兔心有轻度兴奋作用，后看对大鼠后被灌流的流量能显着减少之。④其他：非洲民间用叶治疗蛇咬，用其根治疗水肿，或作轻泻剂及解热药者。种子：①所含大黄素有致泻作用；所含毒蛋白有明显的毒性，但因具有抗原性质，狗可得到免疫。②小鼠、大鼠、马喂饲种子或注射苯提取物均表现毒性。

性味归经 茎与叶：苦，寒。归肺，肝，胃经。种子：甘、苦，凉；有毒。归肝、胃、大肠经。

功能主治 茎叶：肃肺清肝，利尿通便，解毒消肿。适用于咳嗽气喘，头痛目赤，小便血淋，大便秘结，痈肿疮毒，蛇虫咬伤。

种子：清肝，健胃，通便，解毒。适用于目赤肿痛，高血压头痛，头晕头胀，消化不良，胃痛，痢疾，便秘，痈肿疔毒，口腔糜烂，慢性肠炎。

（一百二十六）猪屎豆属 *Crotalaria* L.

药用记载 猪屎豆 *Crotalaria pallida* Ait. 的全草在《中华本草》中记载为猪屎豆。根、茎、叶及种子在《全国中草药汇编》中记载为猪屎豆。

297. 猪屎豆 *Crotalaria pallida* Ait.

别名 野花生、猪屎青、土沙苑子、大马铃。

识别要点 多年生草本，或呈灌木状；茎枝圆柱形，具小沟纹，密被紧贴的短柔毛。叶三出，小叶长圆形或椭圆形，先端钝圆或微凹，基部阔楔形，两面叶脉清晰。总状花序顶生，有花 10 ~ 40 朵；苞片线形，花萼近钟形，萼齿三角形；花冠黄色，伸出萼外，旗瓣圆形或椭圆形，基部具胼胝体二枚，翼瓣长圆形，龙骨瓣最长，具长喙，基部边缘具柔毛；子房无柄。荚果长圆形，果瓣开裂后扭转。花果期 9 ~ 12 月。（图 3–297–1 ~ 3–297–4，见 715 页）

生境与分布 生于荒山草地及沙质土壤之中。分布于海南、福建、台湾、广东、广西、四川、云南、山东、浙江、湖南。

采集加工 秋季采收茎叶，打去荚果及种子，晒干或鲜用。

药用部位 根、茎、叶及种子。

化学成分 种子含猪屎豆碱、次猪屎豆碱、光萼猪屎豆碱、尼勒吉扔碱、猪屎青碱和全缘千里光碱。叶含 β – 谷甾醇、木犀草素、牡荆素、牡荆素木糖苷以及植物凝集素。

药理作用 ①所含全缘千里光碱有显著降压作用，此外，还有肌肉松弛和解痉作用。②种子及叶含大量生物碱，可通过皮肤吸收，主要对肝脏表现毒性，但不出现贫血、血清总蛋白降低、血浆凝血酶原时间（大鼠）延长。开花期植物的叶饲喂山羊可引起中毒，干枯物则失去毒性。雷卓碱对大鼠腹腔注射的半数致死量为 37mg/kg。

性味归经 全草：苦、辛，平，有毒。归心、胃经。根：微苦、辛，平。归脾、胃经。种子：甘、涩，凉。归肝经。茎、叶：苦、辛，平。归肾经。

功能主治 全草：清热利湿，解毒散结。适用于湿热腹泻，小便淋沥，小儿疳积，乳腺炎。根：解毒散结，消积。适用于淋巴结结核，乳腺炎，痢疾，小儿疳积。

种子：补肝肾，明目，固精。适用于头晕眼花，神经衰弱，遗精，早泄，小便频数，遗尿，白带。茎、叶：清热祛湿。适用于痢疾，湿热腹泻。

用药警戒 孕妇忌服。

附注：全草有散结、清湿热等作用。近年来试用于抗肿瘤效果较好，主要对鳞状上皮癌、基底细胞癌有疗效。

（一百二十七）车轴草属 *Trifolium* L.

药用记载 野火球 *Trifolium lupinaster* L. 在《中华本草》中记载为野火球。红车轴草 *T.pratense* L. 在《全国中草药汇编》《中药大辞典》《中华本草》中记载为红车轴草。

298. 野火球 *Trifolium lupinaster* L.

别名 野车轴草、豆参、野火萩。

识别要点 多年生草本。根纺锤状，粗壮，发达，常多分叉。茎直立丛生，被柔毛。掌状复叶，托叶膜质，大部分抱茎呈鞘状，叶柄几全部与托时合生，小叶披针形，先端锐尖，基部狭楔形，中脉在下面隆起，被柔毛，分叉直伸出叶边成细锯齿。头状花序着生顶端和上部叶腋，花序下端具一早落的膜质总苞，萼钟形；花冠淡红色，旗瓣椭圆形，翼瓣长圆形；花柱丝状，上部弯成钩状。荚果长圆形，膜质。种子阔卵形，橄榄绿色。花、果期 6 ～ 10 月。（图 3–298–1 ～ 3–298–3，见 716 页）

生境与分布 生长于草甸草原、山地灌丛及沼泽化草甸中。分布于东北、华北、内蒙古。

药用部位 全草。

采集加工 秋季割取全草，除去杂质，晒干。

性味归经 苦，平。归肺、心、肝经。

功能主治 镇痛散结，止咳止血。适用于咳喘，淋巴结核，痔疮，体癣。

299. 红车轴草 *Trifolium pratense* L.

别名 红三叶、红菽草、红荷兰翘摇、红花苜蓿、金花菜、红花车子、三叶草。

识别要点 多年生草本，全株有柔毛。茎直立或斜升，分枝多。三出复叶，小叶 3，无柄；叶片椭圆形卵状至宽椭圆形，先端钝圆，基部圆楔形，叶脉延伸至叶缘，托叶卵形，基部抱茎。花序头状扁球形，腋生，总苞卵圆形；花萼钟状，萼齿 5，线状披针形；花冠蝶形，紫色或淡紫红色；旗瓣狭菱形，翼瓣长圆形，基部具耳及爪，龙骨瓣稍短于翼瓣；花柱丝状，细长。荚果小，倒卵形，包被于宿存萼内。种子肾形，黄褐色。花、果期 5 ～ 9 月。（图 3–299–1 ～ 3–299–4，见 716 ～ 717 页）

生境与分布 生长于路边，村旁，荒草地。分布于东北、华北及江苏、安徽、浙江、江西、贵州、云南等地。

药用部位 花序及带花枝叶。

采集加工 夏季采摘花序或带花嫩枝叶，阴干。

化学成分 全草含芒柄花素、染料木素、大豆素、红车轴草素、三叶豆紫檀苷、柳穿鱼苷、大麻酚、咖啡因、东莨菪碱、异香豆精、苯基戊二醛、苯基已二烯、假荆芥内酯、胡萝卜素。

药理作用　①有祛痰、解痉作用。②对某些革兰阴性杆菌有抗菌作用。③水提取物有某些抗肿瘤作用。④长期大量食用对牲畜可引起光致敏性皮炎。⑤果实所含异黄酮成分有某些雌激素样作用。

性味归经　甘、苦，微寒。归肺经。

功能主治　清热止咳，散结消肿。适用于感冒，咳喘，硬肿，烧伤。

（一百二十八）野豌豆属 *Vicia* L.

药用记载　山野豌豆 *Vicia amoena* Fisch. ex DC. 嫩茎叶在《中药大辞典》中记载为山野豌豆。歪头菜 *V. unijuga* A. Br. 的全草在《全国中草药汇编》中记载为歪头菜；根或嫩叶在《中药大辞典》中记载为三铃子。救荒野豌豆 *V. sativa* L. 的全草或种子在《中药大辞典》《中华本草》中记载为大巢菜；全草在《全国中草药汇编》中记载为野豌豆。多茎野豌豆 *V. multicaulis* Ledeb. 的全草在《中药大辞典》中记载为多茎野豌豆。

300. 山野豌豆 *Vicia amoena* Fisch. ex DC.

别名　宿根巢菜、山豌豆、山豆苗、宿根草藤、豆碗碗、涝豆秧、山黑豆、透骨草、草藤。

识别要点　多年生草本。根状茎横走，茎攀缘，具四棱，多分枝。偶数羽状复叶，多卷曲皱缩，小叶叶轴末端成分枝或单一的卷须；托叶大，半边箭头形，小叶椭圆形，先端圆或微凹，有细尖，基部圆形，全缘，两面疏生柔毛。总状花序腋生，花萼钟状，先端微缺，有毛；花冠蝶形，紫色或蓝紫色；旗瓣倒卵形，先端微缺，翼瓣比龙骨瓣稍长，与旗瓣近等长，龙骨瓣先端稍狭。荚果长圆形，种子近球形，黑褐色。花期 7 ～ 9 月，果期 8 ～ 9 月。（图 3–300–1 ～ 3–300–2，见 717 页）

生境与分布　生长于草甸草原、河滩草甸、草原沟谷、山地林缘及灌丛。分布于东北、华北、西北等地区。

药用部位　嫩茎叶、地上部分。

采集加工　7 ～ 9 月间采收植株上部的嫩茎叶，晒干。

化学成分　含抗 –A– 植物凝集素、胰蛋白酶抑制物。

性味归经　甘、苦，温、平。归肝、膀胱经。

功能主治　败毒除湿，活血止痛，发汗舒筋。适用于风湿疼痛，筋骨拘挛，黄疸肝炎，腹水，白带异常，鼻血，闪挫伤，无名肿毒，阴囊湿疹，热疟，小便不利。

301. 歪头菜 *Vicia unijuga* A. Br.

别名　两叶豆苗、三铃子、草豆、野豌豆、二叶楸。

识别要点　多年生草本。幼枝疏生淡黄色柔毛。茎直立。偶数羽状复叶，互生，小叶 2，小叶片卵形或菱形，先端急尖，基部斜楔形，卷须不发达而变为针状。总状花序腋生，花序梗长于叶，萼钟状，疏生短毛；花冠紫色或紫红色；旗瓣提琴形，先端微凹；二体雄蕊，子房具柄、无毛，花柱上部周围有白色短柔毛。荚果狭长圆形，种子棕褐色。花期 4 ～ 5 月，果熟期 7 ～ 8 月。（图 3–301–1 ～ 3–301–3，

见 717 页）

生境与分布 生长于山坡草地、灌丛或疏林中。分布于东北、华中、西北、西南及内蒙古、湖南等省区。

药用部位 全草。

采集加工 夏、秋季采收，晒干。

化学成分 胡萝卜素、B 族维生素、维生素 C 、大波斯菊苷、芹菜素 –7– 葡萄糖苷、木犀草素 –7– 葡萄糖苷等。

药理作用 ①含有的芹菜素，具有解痉止痛和抗胃溃疡作用，可促进溃疡的愈合，治疗胃、十二指肠溃疡。②所含的木犀草苷对咳痰、喘症均有一定疗效，可用治急慢性支气管炎。③所含的木犀草苷能降低动脉胆固醇的含量，可用于高血压、冠心病患者的辅助食疗。④含有丰富的维生素 C、胡萝卜素等物质，有助于增强人体免疫功能，具有一定的抗肿瘤作用。

性味归经 甘，平。归肝、脾、肾经。

功能主治 补虚调肝，理气止痛，降压，清热利尿。适用于虚劳，头晕，浮肿，胃痛等病症。外用治疗疖。

302. 多茎野豌豆 *Vicia multicaulis* Ledeb.

识别要点 多年生草本。根茎极粗。茎上升，很多。叶轴顶端有卷须，卷须通常不分枝；小叶矩椭圆形或线矩形，先端钝或尖。总状花序被竖立的毛，高出于叶，有 10 ～ 20 朵向一边疏生的花；花平展的远离；萼钟状，有平伏短茸毛，上面的萼齿较短，三角形，下面的披针形，中间的几乎和萼管等长；花冠紫色，旗瓣矩倒卵形，有极短的爪。荚果矩形。种子有小脐。花果期 4 ～ 9 月。（图 3–302–1 ～ 3–302–2，见 718 页）

生境与分布 生长于草地、林缘、河滩灌丛中。分布于东北、内蒙古、陕西。

药用部位 全草。

采集加工 夏秋采割全草，晒干，备用。

性味归经 辛，平。归肝、胆经。

功能主治 发汗除湿，活血止痛。适用于风湿疼痛，筋骨拘挛，黄疸肝炎，白带异常，鼻血，热疟，阴囊湿疹。

303. 广布野豌豆 *Vicia cracca* L.

别名 透骨草。

识别要点 多年生蔓生草本，有微毛。羽状复叶有卷须；小叶狭椭圆形或狭披针形，顶端突尖，基部圆形，表面无毛，背面有短柔毛；托叶披针形。总状花序腋生，有花 7 ～ 15 朵；花萼斜钟形，有 5 裂齿，上面 2 齿较长；花冠紫色或蓝色；子房无毛，有长柄，花柱顶端周围有黄色腺毛。荚果长圆形，褐色，肿胀，两端急尖，有柄；种子黑色。花果期 5 ～ 9 月。（图 3–303–1 ～ 3–303–3，见 718 页）

生境与分布 生长于田边、山坡上，分布于华北、东北以及河南、陕西、甘肃、四川、贵州、浙江、安徽、湖北、江西、福建、广东、广西。

注 东北习惯作透骨草药用。

304. 救荒野豌豆 *Vicia sativa* L.

别名 大巢菜、野豌豆、马豆草、野麻碗、野绿豆、野菜豆、箭舌豌豆。

识别要点 一年生或二年生草本，被疏黄色短柔毛。偶数羽状复叶，叶轴顶端具卷须；托叶戟形，一边披针形齿牙，一边全缘；小叶片长圆形或倒披针形，先端截形，凹入，有细尖，基部楔形，两面疏生黄色柔毛。总状花序腋生；花冠深紫色或玫红色；萼钟状，有白色疏短毛；旗瓣倒卵形，翼瓣及龙骨瓣均有爪；二体雄蕊；子房无柄，花柱短，先端背部有淡黄色髯毛。荚果线形，扁平。种子圆球形，棕色。花期 3 ～ 4 月，果期 5 ～ 6 月。（图 3–304–1 ～ 3–304–2，见 718 ～ 719 页）

生境与分布 生长于山脚草地、路旁、灌木林下。分布于全国大部分地区。

药用部位 全草。

采集加工 夏季采，晒干或鲜用。

化学成分 全草含维生素 B_1、B_2、C，异槲皮素，芸香苷，安妥苷，大波斯菊苷，胆甾醇，β – 谷甾醇，豆甾醇，花椒毒素，香柑内酯，伞形花内酯，马栗树皮素，东莨菪素，原花色素，尿囊酸，胡萝卜素，叶黄素，玉蜀黍黄质，γ – 氨基丁酸，多种氨基酸和钙等无机元素。种子含多种氨基酸、卵磷脂、磷脂酸乙醇胺、磷脂酰肌醇、豌豆球蛋白、清蛋白、巢菜碱苷、巢菜苷、植物凝集素、氢氰酸等。

药理作用 种子中含毒性成分，能麻痹动物的中枢神经系统。

性味归经 甘、辛，寒。归心、肝、脾经。

功能主治 益肾利水，补肾调经，祛痰止咳，止血消肿。适用于肾虚腰痛，遗精，黄疸，水肿，疟疾，鼻衄，心悸，咳嗽痰多，月经不调，疮疡肿毒。

用药警戒 含有氢氰酸成分，临床上需谨慎。

305. 野豌豆 *Vicia sepium* L.

别名 滇野豌豆。

识别要点 多年生草本，根茎匍匐，茎柔细斜升或攀援，具棱，疏被柔毛。偶数羽状复叶，叶轴顶端卷须发达；托叶半戟形，长卵圆形或长圆披针形，先端钝或平截，微凹，有短尖头，基部圆形。短总状花序，腋生；花萼钟状；花冠红色或近紫色至浅粉红色，稀白色；旗瓣近提琴形；子房线形，花柱与子房连接处呈近 90° 夹角。荚果宽长圆状。花期 6 月，果期 7 ～ 8 月。（图 3–305–1 ～ 3–305–2，见 719 页）

生境与分布 生长于山坡、林缘草丛。分布于东北、西北、西南各省区。

药用等参考救荒野豌豆。

306. 细叶野豌豆 *Vicia tenuifolia* Roth.

别名　黑子野豌豆、三齿草藤。

识别要点　多年生草本。根茎黑褐色，多分枝。茎坚韧，直立或斜升，微被柔毛。偶数羽状复叶，叶轴顶端卷须有 2 ～ 3 分支；小叶线形或线状披针形，先端钝尖，具短尖头。总状花序密被柔毛；花密集于一面着生在花序轴上部；花萼浅钟形，长约 0.5cm，萼齿三角形至锥形，短于萼筒；花冠鲜紫色，稀白色，荚果长圆状披针形。种子近球形。花果期 6 ～ 9 月。（图 3–306–1 ～ 3–306–2，见 719 页）

生境与分布　生长于干旱草原、坡地、草甸或林中。

药用等参考救荒野豌豆。

307. 大叶野豌豆 *Vicia pseudorobus* Fisch. ex C. A. Meyer

别名　假香野豌豆、大叶草藤。

识别要点　多年生攀援性草本。根状茎粗壮，分歧。茎有棱，稍被细柔毛或近无毛。叶为偶数羽状复叶，茎上部叶轴末端为分歧或单一的卷须。小叶卵形或椭圆形，近革质。总状花序腋生，有时花轴稍分枝构成复总状花序，多边缘花；花梗有毛；萼钟状；花冠紫色或蓝紫色。荚果长圆形。花期 7 ～ 9 月，果期 8 ～ 10 月。（图 3–307–1 ～ 3–307–2，见 719 页）

生境与分布　生长于林缘、灌丛、山坡草地及柞林或杂木的林间草地疏林下和路旁等处。分布于东北、华北、西北、华中、西南。

药用等参考救荒野豌豆。

三十二、牻牛儿苗科 Geraniaceae

（一百二十九）牻牛儿苗属 *Erodium* L' Her

药用记载　牻牛儿苗 *Erodium stephanianum* Willd. 在《中国药典》《中药大辞典》《中华本草》中记载为老鹳草。

308. 牻牛儿苗 *Erodium stephanianum* Willd.

别名　太阳花、狼怕怕、五叶草、老鹳嘴、老鸦嘴、老贯筋、老牛筋。

识别要点　一年生或二年生草本，低矮，半匍匐状。根直立，细圆柱状。茎细弱，铺地面或斜升，淡紫色，分枝，节明显。叶对生，长卵形或椭圆形，二回羽状全裂。花通常 2 ～ 5 朵，排列成伞形花序。花较小；花瓣 5 枚，倒卵形，蓝紫色；雄蕊 10，外轮 5 枚，无花药。花柱 5 个，密生短柔毛。蒴果，室间开裂。种子褐色。花期 7 ～ 8 月，果期 8 ～ 9 月。（图 3–308–1 ～ 3–308–3，见 720 页）

生境与分布 生长于山坡、田野间、河岸阶地、沟边。分布于东北、华北、华中、西南、内蒙古等地。

药用部位 全草。

采集加工 夏、秋季采收，除去杂质，洗净泥土，晒干，切段备用。

化学成分 全草含牻牛儿醇、鞣质、没食子酸、谷甾醇、山柰酚、槲皮素、鞣花酸。

药理作用 ①全草煎剂对卡他球菌等有较明显的抑制作用。②全草煎剂对亚洲甲型流感病毒等有较明显的抑制作用。

性味归经 苦、微辛，平。归脾、膀胱经。

功能主治 祛风湿，活血通络，清热解毒。适用于风湿关节疼痛，拘挛麻木，痈疮肿毒，跌打损伤，泄泻，痢疾，月经不调，白带异常。

用药警戒 孕妇禁用。

（一百三十）老鹳草属 *Geranium* L.

药用记载 老鹳草 *Geranium wilfordii* Maxim. 的干燥地上部分在《中国药典》中记载为老鹳草；老鹳草、粗根老鹳草 *G. dahuricum* DC. 带果实的全草在《中华本草》和《中药大辞典》中记载为老鹳草。东北老鹳草 *G. eriostemon* DC. 的全草在《中药大辞典》中记载为毛蕊老鹳草。

309. 老鹳草 *Geranium wilfordii* Maxim.

别名 老鹳嘴、老鸦嘴、老贯筋、老牛筋、五叶草、老官草、五瓣花。

识别要点 多年生草本。叶对生；基生叶和下部叶有长柄，向上渐短；托叶狭披针形，先端渐尖，有毛；叶片肾状三角形，基部心形，3 深裂，茎下部叶 5 深裂。花单生叶腋，或 2 ～ 3 花成聚伞花序；花小，花瓣 5，淡红色或粉红色，与萼片近等长，具 5 条紫红色纵脉；雄蕊 10，基部连合，花丝基部突然扩大，扩大部分具缘毛。蒴果，有微毛，喙较短，果熟时 5 个果瓣与中轴分离，喙部由下向上内卷。花期 7 ～ 8 月，果期 8 ～ 10 月。（图 3-309-1 ～ 3-309-2，见 720 页）

生境与分布 生长于山坡草地、平原路边和树林下。分布于东北、华北、华东地区及湖北、湖南、四川、云南、贵州等地。

药用部位 带果实的全草。

采集加工 夏、秋季果实将成熟时，割取地上部分或将全株拔起，去净泥土和杂质，晒干。

化学成分 全草含老鹳草鞣质、金丝桃苷。

药理作用 老鹳草全草煎剂对人卡他球菌等有较明显的抑制作用，其中所含鞣质对其抑菌作用有一定的影响；对亚洲甲型流感病毒等有较明显的抑制作用。

性味归经 苦、微辛，平。归脾、膀胱经。

功能主治 祛风通络，活血，清热利湿。适用于风湿痹痛，肌肤麻木，筋骨酸楚，跌打损伤，泄泻痢疾，疮毒。

310. 毛蕊老鹳草 *Geranium platyanthum* Duthie

识别要点 多年生草本。根状茎粗短。茎直立，向上分枝，有倒生白毛。叶互生，肾状五角形，掌状 5 中裂或略深，裂片宽，边缘有羽状缺刻或粗牙齿，上面有长伏毛。聚伞花序顶生，2 ～ 4 花；萼片 5，卵状椭圆形，有密腺毛；花瓣 5，淡蓝紫色，向后反折；雄蕊 10；子房 5 室，被毛，花柱有毛，先端 5 裂，花后伸长，花梗果期直立。蒴果。花果期 7 ～ 9 月。（图 3–310–1 ～ 3–310–3，见 720 ～ 721 页）

生境与分布 生长于湿润林缘、灌丛中。分布于东北、西北、华北、内蒙古、湖北、四川等地。

药用部位 全草及果实均可入药。

采集加工 8 ～ 9 月采收，洗去泥沙，晒干备用。

性味归经 微辛，微温。归肝、脾经。

功能主治 疏风通络，祛风，活血，清热解毒，强筋健骨。适用于风寒湿痹，关节疼痛，肌肤麻木，肠炎，痢疾。

311. 突节老鹳草 *Geranium krameri* Franch. et Sav.

别名 老鹳草、牛扁、草甸老鹳草。

识别要点 多年生草本。根状茎短粗，直生或斜生，具束生细长纺锤形块根。茎直立，具倒生白毛，关节处略膨大。基生叶和茎生叶掌状 5 ～ 7 深裂，叶裂片 2 ～ 3 深裂。花序顶生或腋生，长于叶，花梗果期下弯；花瓣淡红色或苍白色，具浓红紫色脉；雄蕊与萼片近等长，花丝棕色，下部扩展，具长缘毛；雌蕊被短伏毛，花柱棕色。蒴果。花期 7 ～ 8 月，果期 8 ～ 9 月。（图 3–311–1 ～ 3–311–2，见 721 页）

生境与分布 生长于草甸、灌丛、岗地、路边等处。分布于东北、华北、湖北。

药用部位 茎、叶、花及果实。

采集加工 夏、秋二季果实近成熟时采割，捆成把，晒干。

性味归经 苦、辛，平。归肾、胃经。

功能主治 祛风，活血，清热解毒。适用于风湿痹痛，拘挛麻木，痈疽肿痛，跌打损伤，肠炎痢疾。

312. 兴安老鹳草 *Geranium maximowiczii* Regel et Maack

别名 兴安老观草、兴安 – 西木德格来（蒙名）。

识别要点 多年生草本，全株被开展的毛。根茎短粗，细长纺锤形块根。茎直立，假二叉状分枝，具棱槽。叶基生和茎上对生，叶裂达 2/3，裂片菱形，边缘具牙齿状缺刻，顶端近 3 裂；花序腋生和顶生，花大，花瓣紫红色；雄蕊与萼片近等长，花丝棕色，下部扩展，被缘毛；雌蕊被短糙毛，花柱分枝棕色。蒴果。花期 7 ～ 8 月，果期 8 ～ 9 月。（图 3–312–1 ～ 3–312–2，见 721 页）

生境与分布 生长于林缘、林下、灌丛间及山坡草甸和河边湿地。分布于黑龙江、吉林、内蒙古。

药用参考老鹳草。

313. 线裂老鹳草 *Geranium soboliferum* Kom.

别名 线裂老观草、浅裂老鹳草。

识别要点 多年生草本。根粗，具有簇生纺锤形块根，多数黑褐色。基生叶肾形，通常 7（5）深裂几达基部，裂片通常二回深裂至全裂，小裂片线形。花序具多数花，每花序柄具 2 花；花较大形，浓鲜紫红色；花瓣长比萼片超出 1 倍，花梗果期直立。蒴果。花期 7 ～ 8 月，果期 8 ～ 9。（图 3–313–1 ～ 3–313–2，见 722 页）

生境与分布 生长于草甸、阔叶林下、河谷、沼泽化草地上。分布于东北。

药用参考老鹳草。

314. 鼠掌老鹳草 *Geranium sibiricum* L.

别名 老贯筋、块根牻牛儿苗、老鸹筋、鼠掌草、西比日 – 西木德格来（蒙名）。

识别要点 一年生或多年生草本。根粗，具一主根。茎纤细，仰卧，多分枝，具棱槽。叶对生；叶掌状 5 深裂，裂片倒卵形，中部以上齿状羽裂。总花梗单生于叶腋，具 1 花或偶具 2 花；花小，花瓣倒卵形，淡紫色或白色；花柱不明显。蒴果，果梗下垂。花果期 6 ～ 9 月。（图 3–314–1 ～ 3–314–3，见 722 页）

生境与分布 生长于杂草地、住宅附近、河岸、林缘。分布于东北、华北、西北、西南、湖北。

药用参考老鹳草。

315. 东北老鹳草 *Geranium erianthum* DC.

别名 北方老观草、北方老鹳草、大花老鹳草、额水老鹳草、毛蕊老鹳草。

识别要点 多年生草本。根茎短粗。叶基生和茎上互生，叶片五角状肾圆形，掌状 5 ～ 7 深裂至叶片的 2/3 处，裂片边缘具缺刻状深裂或为大牙齿状。聚伞花序顶生，花大，花瓣紫红色，雄蕊稍长于萼片，花丝棕色，边缘具长糙毛，雌蕊被短糙毛，花柱分枝棕色。蒴果被短糙毛和腺毛。花期 7 ～ 8 月，果期 8 ～ 9 月。（图 3–315–1 ～ 3–315–2，见 723 页）

生境与分布 生长于林缘草甸、灌丛和林下。分布于黑龙江、吉林。

药用参考老鹳草。

三十三、蒺藜科 Zygophyllaceae

（一百三十一）蒺藜属 *Tribulus* L.

药用记载 蒺藜 *Tribulus terrester* L. 的干燥成熟果实在《中国药典》《中药大辞典》中记载为蒺藜；根在《中华本草》《中药大辞典》中记载为蒺藜根；花在《中华本草》《中药大辞典》中记载为蒺

藜花；茎叶在《中华本草》《中药大辞典》中记载为蒺藜苗。

316. 蒺藜 *Tribulus terrester* L.

别名　刺蒺藜、白蒺藜、硬蒺藜、蒺骨子。

识别要点　一年生匍匐草本，多分枝，全株有柔毛。羽状复叶互生或对生；小叶 5 ～ 7 对，长椭圆形，先端锐尖或钝，基部常偏斜，有托叶。花单生于叶腋；萼片 5；花瓣 5，黄色，早落；雄蕊 10，子房上位。果中部边缘有锐刺。花期 6 ～ 7 月，果期 8 ～ 9 月。（图 3–316–1 ～ 3–316–4，见 723 ～ 724 页）

生境与分布　生长于田野、路旁及河边草丛。各地均产。

药用部位　成熟的果实、根、花、茎叶。

采集加工　果实：秋季果实成熟时采割植株，晒干，打下果实，除去杂质。根：秋季挖根，洗净泥土，晒干。花：5 ～ 8 月采收，阴干或烘干。茎叶：夏季采收，鲜用或晒干。

化学成分　果实含薯蓣皂苷元等多种皂苷元、蒺藜苷、紫云英苷、哈尔满碱等。根含薯蓣皂苷元等、山柰酚、山柰酚苷。叶含多种槲皮素糖苷、山柰酚、多种山柰酚糖苷、异鼠李素葡萄糖苷等。

药理作用　①全草或果实在印度用作利尿剂。生长在非洲者对羊有毒。②生药水浸液、乙醇－水浸液及 30% 乙醇浸液对麻醉动物均有降压作用。③生物碱成分和水溶部分对大鼠小肠蠕动有抑制作用。④生药提取物对金黄色葡萄球菌和大肠杆菌的生长有抑制作用。⑤生物碱成分对大鼠有中枢兴奋作用，可升高血糖、胆固醇及血药浓度。

性味归经　果实：辛、苦，微温，有小毒。归肝经。根：苦，平。归肝经。花：辛，温。归肝经。茎叶：辛，平。归肝经。

功能主治　果实：平肝解郁，活血祛风，明目，止痒。适用于头痛眩晕，胸胁胀痛，乳闭乳痈，目赤翳障，风疹瘙痒。根：行气破血。适用于牙齿外伤动摇。花：祛风和血。适用于白癜风。茎叶：祛风，除湿，止痒，消痈。适用于暑湿伤中，呕吐泄泻，鼻塞流涕，皮肤风痒，疥癣，痈肿。

三十四、亚麻科 Linaceae

（一百三十二）亚麻属 *Linum* L.

药用记载　亚麻 *Linum usitatissimum* L. 的根、茎、叶在《中药大辞典》《中华本草》中记载为亚麻；其成熟种子在《中国药典》《中药大辞典》《全国中草药汇编》《中华本草》中记载为亚麻子。野亚麻 *L. stellarioides* Planch. 的地上部分及种子在《全国中草药汇编》中记载为野亚麻。《青藏药鉴》记载为日吉洒尔玛。

317. 亚麻 *Linum usitatissimum* L.

别名 鸦麻、山西胡麻、山脂麻、胡脂麻、胡麻、日吉洒尔玛（藏药名）。

识别要点 一年生草本，全株无毛。茎圆柱形，直立，表面具纵条纹，基部稍木质化，分枝少。叶互生；无柄或近于无柄；叶片线形或线状披针形。花多数，生长于分枝顶端及上部叶腋间；每叶腋生1花；萼片5，绿色，边缘无黑色腺点；花瓣5，蓝白或白色。蒴果球形或稍扁。花期6～7月，果期7～9月。（图3–317–1～3–317–3，见725页）

生境与分布 生长于干燥山坡、草地或路旁。分布于东北、内蒙古、四川、湖北、陕西、山西、云南等地。

药用部位 根、茎、叶、种子。

采集加工 根：秋季采挖，洗净，切片，晒干。叶：夏季采收，鲜用或晒干。种子：8～10月间果实成熟时割取全草，捆成小把，晒干，打下种子，除去杂质，再晒干。

化学成分 全草含亚麻苦苷，其水解可产生氢氰酸、葡萄糖和丙酮。茎、叶含荭草素、异荭草素、牡荆素、异牡荆素等黄酮类。种子含亚油酸、亚麻酸、油酸、肉豆蔻酸、棕榈酸、牻牛儿醇、甾醇类、环木菠萝烯醇、阿魏酸酯、亚麻苦苷。子叶及幼芽含对–香豆酸、咖啡酸、阿魏酸、芥子酸酯、黄酮苷、牡荆素–7–鼠李糖苷、荭草素–7–鼠李糖苷。

药理作用 ①全草所含的亚麻苦苷对小肠的分泌、运动功能有调节作用，此苷可产生氢氰酸；亚麻油有轻泻作用。②全草含多量不饱和脂肪酸，曾用于预防高脂血症或动脉粥样硬化，但效果不及向日葵油，兔长期饲以亚麻酸未见明显降血脂及改善动脉粥样病变作用。③种子含黏胶及油，故有润滑、缓和刺激的作用，可用于治疗局部炎症。对其内服治疗消化道、呼吸道及泌尿道炎症，尚有不同意见。

性味归经 全草：甘、辛，平。归肝经。种子：甘，平。归肝、胃、大肠经。

功能主治 根：平肝，补虚，活血。适用于慢性肝炎，睾丸炎，跌打扭伤。全草：润肠通便，养血祛风。适用于肝风头痛，刀伤出血，痈肿疔疮，过敏性皮炎，疮疡湿疹。种子：润燥，祛风。适用于肠燥便秘，皮肤干燥瘙痒，毛发枯萎脱落。

藏药用：花和果实治疗子宫瘀血，经闭痛经，身体虚弱，神经性头痛；外用皮肤瘙痒，湿疹，伤口红肿。

用药警戒 果实里氢氰酸含量很高，可以引起中毒；胃弱、大便滑泻者及孕妇忌服。种子：大便滑泻者忌用。

318. 野亚麻 *Linum stelleroides* Planch.

别名 亚麻、疗毒草。

识别要点 一年生或二年生草本。茎直立，基部略带木质，上部多分枝，无毛。叶互生，线状披针形，先端锐尖，无柄。聚伞花序单生长于枝端；萼片5，卵状披针形，边缘有黑色腺体；花瓣5，淡紫色或蓝色；雄蕊5，退化雄蕊5，与花柱等长；子房上位。蒴果球形。花、果期7～9月。（图3–318–1～3–318–3，见725页）

生境与分布 生长于干燥山坡及草原。分布于东北、华北及甘肃、青海、江苏等地。

药用部位 地上部分、种子。

采集加工 秋季果实成熟时，割取地上部分，晒干，打下种子，分别备用。地上部分亦可鲜用。

化学成分 含木质素、戊聚糖。

性味归经 甘，平。归心经。

功能主治 养血润燥，祛风解毒。适用于便秘，皮肤瘙痒，荨麻疹，疮疡肿毒。

用药警戒 大便滑泻者慎用。

319. 垂果亚麻 *Linum nutans* Maxim.

别名 贝加尔亚麻。

识别要点 多年生草本。主根垂直，木质化。茎直立或稍斜生，无主茎，通常无不育枝。基部的叶较小，鳞片状，其余的叶线形或线状披针形，基部狭窄，边缘反卷，无毛。聚伞花序，花多数，暗蓝色或蓝紫；萼片卵形，边缘膜质；花瓣倒卵形，基部楔形。蒴果。花期6～7月，果期7～9月。（图3-319-1～3-319-3，见725页）

生境与分布 生长于砂质草原和干山坡。分布于东北、内蒙古、宁夏、陕西和甘肃。

药用等参考亚麻。

320. 黑水亚麻 *Linum amurense* Alet.

别名 宿根亚麻。

识别要点 多年生草本。根为直根系，垂直，稍粗，根木质化，白色。茎多数，丛生，直立；具密集线形叶的不育枝。茎上部叶较密集，互生或散生，狭条形或条状披针形，先端锐尖，边缘稍卷或平展。花较少，排成稀疏的聚伞花序；花瓣蓝紫色，倒卵形，先端圆形，基部楔形，脉纹显著；雄蕊5，基部耳形；子房卵形。蒴果近球形，果梗向下弯垂。花期6～7月，果期8月。（图3-320-1～3-320-4，见726页）

生境与分布 生长于草原、山地干山坡、干河床砂砾地等。分布于东北、内蒙古、陕西、甘肃、宁夏、青海等地。

药用等参考亚麻。

三十五、大戟科 Euphorbiaceae

（一百三十三）白饭树属 *Flueggea* Willd.

药用记载 一叶萩 *Flueggea suffruticosa*（Pall.）Baill. 的叶及花在《全国中草药汇编》中记载为叶

底珠；在《中药大辞典》《中华本草》中记载为一叶萩。

321. 一叶萩 *Flueggea suffruticosa*（Pall.）Baill.

别名 叶底珠、狗杏条、花幕条、山扫条、老米饮、假金柑藤、叶下珠、八颗叶下珠。

识别要点 落叶灌木，高达2m，多分枝，小枝有棱角。叶片椭圆形或卵形，具短柄。花小，单性异株；雄花簇生；雌花单生于叶腋；子房3室。蒴果近球形，熟时淡褐色。花期7～8月，果期8～10月。（图3–321–1～3–321–3，见726～727页）

生境与分布 生长于山坡灌丛、路旁等处。分布于东北、华北、华东及湖南、河南、陕西、四川等地。

药用部位 嫩枝叶或根。

采集加工 嫩枝叶：春末至秋末均可采收，割取连叶的绿色嫩枝，扎成小把，阴干。根：全年均可采，除去泥沙，洗净，切片晒干。

化学成分 全株含一叶萩碱、二氢一叶萩碱、叶底珠碱、叶底珠宁、叶底珠啶。叶含一叶萩碱醇。根含一叶萩次碱、别一叶萩碱、芸香苷。根皮含一叶萩新碱。种子含亚麻酸、亚油酸、12–羟基十七烷酸、12–羟基二十烷酸、羟基庚酸、羟基十八烷酸。

药理作用 ①一叶萩碱有士的宁样中枢作用，但作用较弱，对脊髓有明显兴奋作用，能引起惊厥。对脊髓有兴奋作用，可用于治疗小儿麻痹后遗症。亦可治疗面神经麻痹。②煎剂有呼吸兴奋和血压下降的现象。

性味归经 辛、苦，温，小毒。归肝、肾、脾经。

功能主治 祛风活血，益肾强筋。适用于风湿腰痛，四肢麻木，阳痿，小儿疳积，面神经麻痹，小儿麻痹症后遗症，眩晕，耳聋，神经衰弱，嗜睡症。

用药警戒 该物种为中国植物图谱数据库收录的有毒植物，其毒性为全株有毒，新鲜的较干燥的毒性大，树液有刺激作用，茎叶引起的中毒症状与马钱子碱相似，有强直性抽搐、惊厥，最后死于呼吸停止。马、牛、羊误食引起肠胃炎、疝痛、出血性下痢，进食大量时引起痉挛。

（一百三十四）铁苋菜属 *Acalypha* L.

药用记载 铁苋菜 *Acalypha australis* L. 的全草在《中药大辞典》《中华本草》中记载为铁苋；在《全国中草药汇编》中记载为铁苋菜。

322. 铁苋菜 *Acalypha australis* L.

别名 海蚌含珠、蚌壳草、人苋、撮斗装珍珠、叶里含珠、野麻草、六合草、半边珠、野黄麻、小耳朵草、玉碗捧珍珠。

识别要点 一年生草本。茎直立，分枝，被微柔毛。叶互生；叶片卵状菱形或卵状椭圆形，先端渐尖，基部楔形或圆形。穗状花序腋生；花单性，雌雄同株；通常雄花序极短；雌花序生于叶状苞片内；苞片展开时肾形，合时如蚌，边缘有钝锯齿；花萼四裂；无花瓣；雄蕊 7 ～ 8 枚；雌花 3 ～ 5 朵；子房被疏柔毛；花柱羽状分裂至基部。蒴果小，三角状半圆形。花期 5 ～ 7 月，果期 7 ～ 10 月。（图 3–322–1 ～ 3–322–2，见 727 页）

生境与分布 生长于旷野、丘陵、路边较湿润的地方。分布于长江、黄河中下游各地及东北、华北、华南、西南各地及台湾。

药用部位 全草。

采集加工 夏秋采集全草，去泥土，晒干或鲜用。

化学成分 全草含没食子酸、铁苋碱。

药理作用 ①铁苋水煎液有抗菌作用，尤其对志贺氏痢疾杆菌效果好。②所含没食子酸对豚鼠、猫的支气管有扩张作用。

性味归经 苦、涩，凉。归心、肺、大肠、小肠经。

功能主治 清热解毒，消积，止痢，止血。适用于肠炎，细菌性痢疾，阿米巴痢疾，小儿疳积，肝炎，疟疾，吐血，衄血，尿血，便血，子宫出血；外用治痈疖疮疡，外伤出血，湿疹，皮炎，毒蛇咬伤。

用药警戒 孕妇忌用，老弱气虚者少用。

（一百三十五）大戟属 *Euphorbia* L.

药用记载 大戟 *Euphorbia pekinensis* Pupr. 的根在《中药大辞典》《中华本草》中记载为大戟。乳浆大戟 *Eu. esula* L. 的根在《中药大辞典》中记载为鸡肠狼毒；其异名 *Eu. lunulata* Bunge. 的全草在《全国中草药汇编》《中药大辞典》《中华本草》中记载为猫眼草。狼毒 *Eu. fischeriana* Steud. 在《中药大辞典》中记载为狼毒。地锦 *Eu. humifusa* Willd. ex Schlecht. 的干燥全草在《中国药典》《中药大辞典》《中华本草》中记载为地锦草。飞扬草 *Eu. hirta* L. 的带根全草在《中药大辞典》《中华本草》中记载为大飞扬草；全草在《全国中草药汇编》中记载为飞扬草。

323. 大戟 *Euphorbia pekinensis* Rupr.

别名 邛巨、大猫儿眼、黄花大戟、紫大戟、下马仙、京大戟。

识别要点 多年生草本，全株含白色乳汁。根粗壮，圆锥形，有侧根。茎自上部分枝，表面被白色短柔毛。单叶互生；几无柄；叶片狭长圆状披针形，全缘，具明显中脉。杯状聚伞花序顶生或腋生，顶生者通常 5 枝，排列成复伞形；总苞钟形或陀螺形，腺体 4 ～ 5，两腺体之间有膜质长圆形附属物；雌雄花均无花被；雄花多数；雌花 1，花柱先端 2 裂。蒴果三棱状球形，密被刺疣。花期 6 ～ 9 月，果期 7 ～ 10 月。（图 3–323–1 ～ 3–323–2，见 727 页）

生境与分布 生长于山坡、路旁、荒地、草丛、林缘及疏林下。分布于除新疆、广东、海南、广西、云南、西藏外的全国各地。

药用部位 根。

采集加工 秋季地上部分枯萎后至早春萌芽前挖掘，洗净，切片晒干或烘干。

化学成分 根含大戟酮，大戟色素体 A、B、C，树胶，树脂。新鲜叶含维生素 C。

药理作用 ①煎剂能刺激肠管，引起肠蠕动增加，产生泻下作用。②提取物能扩张末梢血管，兴奋妊娠离体子宫。③鲜叶汁在试管内对金黄色葡萄球菌及绿脓杆菌有抑制作用，但除去鞣质后，抗菌作用即消失。④水煎浓缩液可使尿量明显增加。⑤提取物对末梢血管有扩张作用，能抑制肾上腺素的升压。

性味归经 苦、辛，寒，有毒。归肺、脾、肝、肾、膀胱经。

功能主治 泻水逐饮，消肿散结。适用于水肿，胸腹积水，二便不利，痈肿，瘰疬。

用药警戒 患虚寒阴水者及孕妇忌服。体弱者慎用。

324. 乳浆大戟 *Euphorbia esula* L.

别名 猫眼草、奶浆草、烂疤眼、华北大戟、新疆大戟、东北大戟、松叶乳汁大戟、鸡肠狼毒。

识别要点 多年生草本，全株含乳汁。茎直立，多分枝。叶密生；通常无柄；叶片线形、线状倒披针形乃至披针形，先端钝，基部渐狭，全缘；营养枝上的叶丛生于上方，条形。杯状聚伞花序顶生，排列成伞形；叶状苞片 5，轮生，披针形或长圆状卵形；花单性，无花被；多数雄花和 1 枚雌花同生于杯状总苞内，总苞具肾形腺体；雄花仅有雄蕊 1；雌花位于花序中央，仅有雌蕊 1。蒴果卵圆形，平滑无毛。花期 5 ～ 6 月，果期 6 ～ 7 月。（图 3–324–1 ～ 3–324–2，见 727 页）

生境与分布 生长于山坡、山沟、草地。分布于除海南、贵州、云南、西藏外的全国各地。

药用部位 根。

采集加工 春、秋季采收，晒干备用。

化学成分 地上部分含 β – 谷甾醇、24– 亚甲基环木菠萝烷醇、巨大戟醇 –3,20– 二苯甲酸脂、山柰酚 –3– β –D– 葡萄糖醛酸、吲哚 –3– 乙酸氧化酶、环木菠萝烷醇、羽扇豆醇等。

性味归经 苦、辛，有麻舌感，微寒，有毒。归肾、肺经。

功能主治 利尿消肿，拔毒止痒，镇咳祛痰，抗菌平喘。适用于四肢浮肿，小便不利，疟疾，慢性气管炎；外用治颈淋巴结核，癣疮瘙痒。

用药警戒 该物种为中国植物图谱数据库收录的有毒植物，其毒性为全草有毒。误食能腐蚀肠胃黏膜，先呕吐后峻泻。可毒鼠、雀、蚊及其幼虫、蛆。

325. 狼毒 *Euphorbia fischeriana* Steud.

别名 猫眼花根、东北狼毒、狼毒疙瘩、狼毒、猫眼睛、山红萝卜。

识别要点 多年生草本，全体有白色乳汁。根肉质肥厚，长圆锥状，外皮褐色，内部黄色。茎单一，粗壮，带红褐色。茎上部叶轮生，中部叶轮生或互生，全缘，微带紫色；下部叶鳞片状。总状花序多歧聚伞状，通常 5 伞梗，每伞梗又生出 3 小伞梗或再抽第三回小伞梗；苞叶轮生；杯状总苞裂片内面近无毛，外面有柔毛，边缘有睫毛，腺体肾形。花单性，无花瓣，雄花生总苞内，雄花仅有雄蕊 1；雌花位于总苞中央，仅有雌蕊 1；子房扁球形。蒴果扁球形，3 瓣裂。种子褐色，光滑。花果期 5 ～ 7 月。（图 3–325–1 ～ 3–325–4，见 728 页）

生境与分布 生长于林下草原及向阳石质山坡、干草地。分布于东北、华北、西北、内蒙古、江苏、安徽、浙江等地区。

药用部位 根。

采集加工 春、秋季采挖，去茎叶、泥沙，晒干。生狼毒：用水洗净，润透，切片晒干。醋狼毒：取狼毒片加醋拌匀，稍闷，待醋吸尽，置锅内用文火炒至微干，取出晒干。

化学成分 根含硬性橡胶，异降香乙醇酯，岩大戟内酯，狼毒大戟甲、乙素，羽扇豆醇，大戟醇，皂苷，强心苷，谷甾醇，豆甾醇，胡萝卜苷，莨菪碱，没食子酸鞣质，鞣料云实素。

药理作用 ①对小鼠移植性肿瘤有一定的抑制作用，抑制肿瘤生长的同时可提高机体免疫力。②在试管内对革兰阴性肠内致病菌有抑制作用。③狼毒大戟水浸液对白血病病程发展有一定的抑制作用。④狼毒大戟的根可用以杀蛆，灭孑孓。

性味归经 平、辛，有毒。归肺、心经。

功能主治 除湿止痒，逐水散结，破积杀虫。适用于水肿腹胀，痰食虫积，骨结核，皮肤结核，顽固性溃疡，酒糟鼻，牛皮癣，神经性皮炎，疥癣，慢性气管炎，咳嗽，气喘，阴道滴虫。外用于淋巴结结核，皮癣，灭蛆。

用药警戒 本品有大毒，一般多外用，内服慎用，体弱者及孕妇忌用。

326. 地锦 *Euphorbia humifusa* Willd.ex Schlecht.

别名 奶浆草、铺地锦、地锦草、血见愁、卧蛋草、雀儿卧蛋、田代氏大戟。

识别要点 茎纤细，近基部分枝，带紫红色，无毛。叶对生；叶柄极短；托叶线形，通常 3 裂；叶片长圆形，先端钝圆，基部偏狭，边缘有细齿，两面无毛或疏生柔毛，绿色或淡红色。杯状花序单生于叶腋；总苞倒圆锥形，浅红色，顶端 4 裂，裂片长三角形；腺体 4，长圆形，有白色花瓣状附属物；子房 3 室；花柱 2 裂。蒴果三棱状球形；种子卵形黑褐色。花期 6 ～ 10 月，果期 7 ～ 10 月。（图 3–326–1 ～ 3–326–2，见 728 页）

生境与分布 生长于平原、荒地、路旁及田间。分布于除广东、广西外的全国各地。

药用部位 干燥全草。

采集加工 10 月采收全株，洗净，晒干或鲜用。

化学成分 全草含东莨菪素、伞形花内酯、阿牙潘泽兰内酯、棕榈酸、没食子酸、没食子酸甲酯、内消旋肌醇。

药理作用 ①鲜汁、水煎剂、水煎醇提物等对多种致病菌有明显的抑菌作用。②对白喉外毒素有明显中和效果，能减低动物死亡率，但煎剂作用不明显。③有止血作用。④缓解六六六对小鼠组织病理学的毒性作用。

性味归经 辛，平。归肺、肝、胃、大肠、膀胱经。

功能主治 清热解毒，利湿退黄，活血止血。适用于痢疾，泄泻，黄疸，咯血，吐血，尿血，便血，崩漏，乳汁不下，跌打肿痛及热毒疮疡。

327. 林大戟 *Euphorbia lucorum* Rupr.

别名 猫眼草。

识别要点 多年生草本。根较肥厚，纺锤形，黑褐色。茎直立，通常单一，不分枝，基部常带淡紫色，被白色细柔毛或无毛。总花序顶生，通常具 5 ～ 8 伞梗；杯状总苞淡黄色，外面无毛，内部稍有毛；檐部 4 裂，裂片钝圆，边缘有细齿或无齿；腺体 4，狭椭圆形；子房球形，具不均匀的长瘤状凸起；花柱 3，先端 2 浅裂。蒴果近球形，表面具不整齐的长瘤，瘤基底部宽，通常连成鸡冠状凸起。种子卵圆形，褐色。花期 5 ～ 6 月，果期 6 ～ 7 月。（图 3–327–1 ～ 3–327–2，见 729 页）

生境与分布 生长于林下、林缘、灌丛间、草甸子、高山草地、背阴山坡等地。分布于东北各省。

药用部位 全草。

采集加工 春季萌芽前挖取根部，洗净，切段或切片晒干备用。

性味归经 辛，平。归肺、肝、大肠、膀胱经。

功能主治 利尿消肿，拔毒止痒，镇咳，祛痰平喘。适用于肾炎水肿，血吸虫病肝硬化，结核性腹膜炎引起的腹水、胸腔积液、痰饮积聚。外用治疗疮疖肿。

328. 飞扬草 *Euphorbia hirta* L.

别名 乳籽草、飞相草、大飞扬、大乳汁草、节节花、癣药草、脚癣草、催乳草、大奶浆草。

识别要点 一年生草本。根纤细，常不分枝，偶 3 ～ 5 分枝。茎单一，自中部向上分枝或不分枝，被褐色或黄褐色的多细胞粗硬毛。叶对生，披针状长圆形、长椭圆状卵形或卵状披针形；叶面绿色，叶背灰绿色，有时具紫色斑。花序多数，于叶腋处密集成头状，基部无梗或仅具极短的柄，变化较大；总苞钟状；雄花数枚，微达总苞边缘；雌花 1 枚，具短梗，伸出总苞之外；子房三棱状。蒴果三棱状。花果期 4 ～ 12 月。（图 3–328–1 ～ 3–328–2，见 729 页）

生境与分布 生于路旁、草丛、灌丛及山坡，多见于砂质土。分布于海南、江西、湖南、福建、台湾、广东、广西、海南、四川、贵州和云南。

药用部位 带根全草。

采集加工 夏、秋季采收，晒干。

化学成分 全草含黄酮苷类：黄鼠李苷、槲皮苷、肌醇、没食子酸、蒲公英酮、蒲公英醇、无羁萜、β – 香树脂醇、三十一烷、β – 谷甾醇、菠菜甾醇、豆甾醇、蒲桃醇、槲皮素、鼠李素 –3– 鼠李糖苷。茎含无羁萜，三十烷醇、三十一烷醇、蒲公英赛醇、三十一烷、β – 香树脂醇等。叶含没食子酸、槲皮苷、杨梅苷、没食子酸奎宁酸及其糖苷。新鲜花含并没食子酸。

药理作用 ①水煎剂对金黄色葡萄球菌、绿脓杆菌均有一定抑制作用，但较弱。②有利尿和中度致泻作用。③雌性豚鼠在性成熟期前给予大飞扬草，可使乳腺加快发育及泌乳。

性味归经 微苦、微酸，凉。归肺、肝经。

功能主治 清热解毒，利湿止痒，通乳。适用于肺痈，乳痈，痢疾，泄泻，热淋，血尿，湿疹，脚癣，皮肤瘙痒，疔疮肿毒，牙疳，产后少乳。

用药警戒 脾胃虚寒者忌用。

（一百三十六）蓖麻属 *Ricinus* L.

药用记载 蓖麻 *Ricinus communis* L. 的种子在《中国药典》《中药大辞典》《中华本草》中记载为蓖麻子；种子精致榨取的脂肪油在《中国药典》《中药大辞典》《中华本草》中记载为蓖麻油。根在《中药大辞典》《中华本草》中记载为蓖麻根。叶在《中药大辞典》《中华本草》中记载为蓖麻叶。

329. 蓖麻 *Ricinus communis* L.

别名 草麻子、蓖麻仁、大麻子、红大麻子。

识别要点 一年生粗壮草本或草质灌木，小枝、叶和花序通常被白霜，茎多液汁。叶轮廓近圆形，掌状 7 ～ 11 裂，裂缺几达中部，裂片卵状长圆形或披针形。托叶长三角形。总状花序或圆锥花序，雄花花萼裂片卵状三角形，雄蕊束众多；雌花萼片卵状披针形，子房卵状，花柱红色。蒴果卵球形或近球形，果皮具软刺或平滑；种子椭圆形，微扁平，平滑，斑纹淡褐色或灰白色；种阜大。花期热带全年或其余 6 ～ 9 月。（图 3–329–1 ～ 3–329–4，见 729 ～ 730 页）

生境与分布 常逸生于村旁疏林或河流两岸冲积地。分布于海南、福建、台湾、广东、广西及西南地区。

药用部位 种子及其脂肪油、根、叶。

采集加工 种子：当年 8 ～ 11 月，蒴果呈棕色、未开裂时，选晴天，分批剪下果序，摊晒，脱粒，扬净。根：春、秋季采挖，晒干或鲜用。叶：夏、秋季采摘，鲜用或晒干。

化学成分 种子含蓖麻毒蛋白、蓖麻碱、甘油三酯、甘油酯、甾醇、磷脂、蓖麻油酸、油酸、亚油酸、硬脂酸、棕榈酸、磷脂酸乙醇胺、磷脂酰胆碱、十八碳二烯酸、蓖麻毒蛋白 D、酸性蓖麻毒蛋白、碱性蓖麻毒蛋白、蓖麻毒蛋白 E、蓖麻毒蛋白 T 等。种子还含凝集素、脂肪酶。种皮含 30– 去甲羽扇豆 –3–β – 醇 –20– 酮。根含 β – 谷甾醇等。叶含芸香苷、槲皮素、金丝桃苷、异槲皮苷、槲皮素 –3– 葡萄糖苷、山柰酚、山柰酚 –3– 芸香糖苷、紫云英苷、瑞诺苷、绿原酸、新绿原酸、没食子酸、蓖麻碱、N– 去甲基蓖麻毒蛋白、蓖麻毒蛋白、维生素 C、天冬酰胺、丙氨酸、蛋氨酸、脯氨酸、缬氨酸等。

药理作用 ①蓖麻毒蛋白对体外培养的多种肿瘤细胞株和变异细胞株均十分敏感，亦能抑制体外培养的正常细胞和各种动物肿瘤细胞。②蓖麻血凝素在体外对各种动物和人类的红细胞、小肠黏膜细胞、肝细胞及其他细胞、组织悬液均有强烈的凝集作用。③蓖麻毒蛋白对各种哺乳类动物都具有十分强的致热作用，它可作为解热实验的工具药。④蓖麻毒蛋白能产生细胞毒作用，能抑制巨噬细胞等参与免疫功能。蓖麻血凝素还能够沉淀免疫球蛋白。⑤蓖麻碱可引起实验动物血压下降，呼吸抑制可能与其分子中所含氰基有关。蓖麻叶水煎剂可使正常离体蛙心及水合氯醛、麦角浸膏、乙酰胆碱、阿托品、奎宁、氯化钾中毒的蛙心振幅增大。该水煎剂能使犬血压下降，大鼠后肢血管扩张。⑥蓖麻毒蛋白可以影响体外培养的各类白细胞的呼吸作用：降低单核细胞、淋巴细胞的耗氧量，增加嗜中性粒细胞的耗氧量，但加大剂量也可使嗜中性粒细胞的呼吸受抑制。⑦蓖麻毒蛋白可能是一种蛋白分解酶，7mg 即可使成人死亡。⑧蓖麻子中毒后症状有头痛、胃肠炎、体温上升、白细胞增多、血象左移、无尿、黄疸、冷汗、痉挛、心血管虚脱；中毒症状发生常有较长的潜伏期。

性味归经 甘、辛，平；有小毒。归大肠、肺、脾、肝经。根：辛，平；小毒。归心、肝经。叶：苦、辛，平；小毒。归肺、脾经。

功能主治 消肿拔毒，泻下导滞，通络利窍。适用于痈疽肿毒，瘰疬，乳痈，喉痹，疥癞癣疮，烫伤，水肿胀满，大便燥结，口眼㖞斜，跌打损伤。根：祛风解痉，活血消肿。适用于破伤风，癫痫，风湿痹痛，痈肿瘰疬，跌打损伤，脱肛，子宫脱垂。叶：祛风除湿，拔毒消肿。适用于脚气，风湿痹痛，痈疮肿毒，疥癣瘙痒，子宫脱垂，咳嗽痰喘。

用药警戒 孕妇及便滑者忌服。脾胃薄弱、大肠不固之人，慎用轻用。

三十六、芸香科 Rutaceae

（一百三十七）白鲜属 *Dictamnus* L.

药用记载 白鲜 *Dictamnus dasycarpus* Turcz. 的根皮在《全国中草药汇编》《中药大辞典》《中华本草》中记载为白鲜皮。狭叶白鲜 *D. angustifolius* G. Don ex Sweet. 的根皮在《中华本草》中记载为白鲜皮。

330. 白鲜 *Dictamnus dasycarpus* Turcz.

别名 白藓、白羊鲜、八股牛、山牡丹、金雀儿椒、白膻、羊蹄草、好汉拔、臭烘烘、大茴香、臭骨头。

识别要点 多年生草本，全株具香气。根肉质粗长，淡黄白色。茎直立。奇数羽状复叶互生，卵形至椭圆形，两面密被油腺点。总状花序顶生；花瓣 5，白色带淡紫红色或粉红色脉纹；萼片 5；雄蕊 10；子房上位。蒴果 5 裂，密被黑色腺点和白色柔毛。种子近球形，黑色，有光泽。花期 5 月，果期 8～9 月。（图 3–330–1～3–330–4，见 730 页）

生境与分布 生长于山坡、林下、林缘或草甸。分布于东北至西北，华东。

药用部位 根皮。

采集加工 大部分地区在春秋季节采挖，南方于立夏后采挖，洗净泥土，去除须根及粗皮，趁鲜时纵向剖开，抽去木心，晒干。

化学成分 根中含有白鲜碱、茵芋碱、γ–崖椒碱、异斑佛林草碱、胡芦巴碱、胆碱、去甲茵芋碱、梣酮、异白蜡树酮、柠檬苦素、胸腺嘧啶核苷等。地上部分含有补骨脂内酯、花椒毒素、东莨菪素、槲皮素、异槲皮素、木犀草素、汉黄芩素、咻酮。

药理作用 ①消炎。②提取物对肝癌细胞有显著杀伤作用。③水浸剂有抑菌作用。④小剂量对离体蛙心有兴奋作用，对离体兔耳血管有明显的收缩作用。⑤能明显降低生育率。⑥梣酮对三龄粘虫有拒食和毒杀活性。⑦粗多糖能明显提高血清超氧化物歧化酶活性，以延缓衰老。⑧煎剂口服可使发热家兔体温下降。

性味归经　苦，寒。归脾、胃、膀胱经。

功能主治　清热燥湿，祛风解毒。适用于湿热疮毒，黄水淋漓，湿疹，风疹，疥癣疮癞，风湿热痹，黄疸尿赤。

用药警戒　本品虚寒证者忌服。

（一百三十八）拟芸香属 *Haplophyllum* A. Juss.

药用记载　大叶芸香 *Haplophyllum perforatum*（M–B）Kar et klrkuta 的全草记载于《植物分类学报》为大叶芸香。

331. 北芸香 *Haplophyllum dauricum*（L.）G. Don

别名　假芸香、草芸香。

识别要点　多年生草本，茎细，丛生，全株有特殊香气。单叶互生，倒披针形，几无柄，厚纸质，油腺点甚多，中脉不明显。伞房状聚伞花序顶生，多花；花瓣 5，黄色，边缘薄膜质，散生半透明油腺点；雄蕊 10，花药长椭圆形，子房 3 室。蒴果至顶部开裂，在果柄处分离而脱落，每果瓣 2 粒种子。花期 6 ～ 7 月，果期 8 ～ 9 月。（图 3–331–1 ～ 3–331–3，见 731 页）

生境与分布　生长于草原和森林草原地区，分布于东北、华北、西北地区。

药用部位　全草。

采集加工　夏季盛花期采集，去杂质，洗净，切断，晒干。

性味归经　辛，凉。归肝经。

功能主治　清热镇惊。适用于壮热神昏，小儿惊风，痉挛抽搐，痰热阻闭心窍所致的神昏、口噤等症。

（一百三十九）黄檗属 *Phellodendron* Rupr.

药用记载　黄檗 *Phellodendron amurense* Rupr. 的树皮在《中国药典》《中药大辞典》《中华本草》中记载为黄柏，习称“关黄柏”，后者习称“川黄柏”。

332. 黄檗 *Phellodendron amurense* Rupr.

别名　檗木、关黄柏、黄柏、元柏、黄波罗树、黄檗木、黄伯栗。

识别要点　落叶乔木，树皮厚，外皮灰褐色，木栓发达，不规则网状纵沟裂，内皮鲜黄色，味苦。奇数羽状复叶对生，小叶薄纸质，披针形至卵状长圆形，先端长渐尖，基部宽楔形，边缘有细钝齿，仅中脉基部两侧密被柔毛。花小，黄绿色，雌雄异株，圆锥状聚伞花序；雄花雄蕊 5，伸出花瓣外，花丝基部有毛；雌花退化雄蕊鳞片状，子房有短柄。浆果状核果，球形，密集成团，有特殊香气与苦味。花期 5 ～ 6 月，果期 9 ～ 10 月。（图 3–332–1 ～ 3–332–4，见 731 ～ 732 页）

生境与分布 生长于山地杂木林中或山谷溪流附近，分布于东北、华北。

药用部位 树皮。

采集加工 夏初的阴天，用刀在树段的上下两端分别围绕树干环割一圈，再纵割一刀，切割深度以不损伤形成层为度，然后将树皮剥下。剥下的皮，趁鲜刮掉粗皮，晒至半干，再叠成堆，用石板压平，再晒至全干。

化学成分 黄檗树皮含小檗碱、木兰花碱、药根碱、掌叶防已碱、白栝楼碱、蝙蝠葛任碱、胍、黄柏内酯、黄柏酮、γ – 谷甾醇、β – 谷甾醇、菜油甾醇、豆甾醇、7– 去氢豆甾醇、白鲜交酯、黄柏酮酸、青萤光酸。

药理作用 ①降压作用。②降糖作用。③抗菌。④解热。⑤可抑制小鼠免疫反应,减轻炎症损伤。⑥对人胃癌细胞具有光敏抑制效应。⑦对胃溃疡有抑制作用。⑧醇提取物有较好的抗氧化作用。⑨可降低血清尿酸水平，具有抗痛风作用。⑩热水提液可以延缓疱疹症状发作或扩散时间。

性味归经 苦，寒。归肾、膀胱经。

功能主治 清热燥湿，泻火除蒸，解毒疗疮。适用于湿热泻痢，黄疸，带下，热淋，脚气，痿躄，骨蒸劳热，盗汗，遗精，疮疡肿毒，湿疹瘙痒。

用药警戒 脾虚泄泻、胃弱食少者忌服。恶干漆。

三十七、无患子科 Sapindaceae

（一百四十）倒铃木属 *Cardiospermum* L.

药用记载 倒地铃 *Cardiospermum halicacabum* L. 的全草在《全国中草药汇编》中记载为倒铃木。

333. 倒地铃 *Cardiospermum halicacabum* L.

别名 假苦瓜、风船葛、带藤苦楝、灯笼草。

识别要点 草质攀援藤本，茎、枝绿色，棱上被皱曲柔毛。二回三出复叶，轮廓为三角形；薄纸质，顶生的斜披针形或近菱形，侧生的稍小，卵形或长椭圆形。圆锥花序少花，与叶近等长或稍长，萼片 4，被缘毛；花瓣乳白色，倒卵形；雄蕊与花瓣近等长或稍长，子房倒卵形或有时近球形。蒴果梨形、陀螺状倒三角形或有时近长球形。种子黑色，有光泽。花期夏秋，果期秋季至初冬。（图 3–333–1 ～ 3–333–4，见 732 页）

生境与分布 生长于田野、灌丛、路边和林缘。分布于我国西南、东南各省区。

药用部位 全草。

采集加工 夏秋采收，晒干。

性味归经　苦、微辛，寒。

功能主治　散瘀消肿，凉血解毒。用于跌打损伤，疮疖痈肿，湿疹，毒蛇咬伤。

用药警戒　孕妇忌服。

三十八、远志科 Polygalaceae

（一百四十一）远志属 *Polygala* L.

药用记载　远志 *Polygala tenuifolia* Willd.、西伯利亚远志 *P. sibirica* L. 的根在《中国药典》《中华本草》《中药大辞典》中记载为远志；全草在《中药大辞典》《中华本草》中记载为小草。

334. 远志 *Polygala tenuifolia* Willd.

别名　小草、细草、小鸡腿、细叶远志、线茶。

识别要点　多年生草本。根圆柱形，长而微弯。茎直立或斜生，多数，由基部丛生，细柱形，质坚硬。带绿色，上部多分枝。单叶互生；叶片线形，先端尖，基部渐狭，全缘，中脉在上面下陷，下面隆起，无毛或稍被柔毛。春季茎顶抽出总状花序，花小，稀疏；萼片 5，其中 2 枚呈花瓣状，绿白色；花瓣 3，淡紫色，其中 1 枚较大，呈龙骨瓣状，先端着生流苏状附属物；雄蕊 8，花丝基部合生；雌蕊 1，花柱弯曲。蒴果扁平。种子卵形。花期 5 ～ 7 月，果期 6 ～ 8 月。（图 3–334–1 ～ 3–334–4，见 733 页）

生境与分布　生长于向阳山坡或路旁。分布于东北、华北、西北及山东、安徽、江西、江苏等地。

药用部位　根、全草。

采集加工　根：春、秋二季采挖，除去须根及泥沙，晒干。全草：春、夏季采收，鲜用或晒干。

化学成分　根含远志皂苷元 A、B，细叶远志素，远志皂苷 A、B、C、D、E、F、G，远志糖苷 A、B、C、D，吡喃葡萄糖苷，远志寡精 A、B、C、D、E、F，多种呫吨酮，桂皮酸，远志醇，N– 乙酸基葡萄糖胺，细叶远志啶碱。地上部分含有多种氧基酮、α – 菠甾醇、α – 菠甾醇 –3–O–β –D– 葡萄糖苷、角鲨烯、远志糖醇。

药理作用　①远志的祛痰作用较桔梗为强，但用犬呼吸道分泌液测定法，其作用强度不及桔梗。②远志根皮、未去木心的远志全根和根部木心对巴比妥类药物均有协同作用。③根 50% 甲醇冷浸液浓缩后制成的混悬液有利尿作用。④根的热水提取物对 cAMP 磷酸二酯酶均有一定的抑制作用。⑤大鼠口服远志提取物具有促进动物体力和智力作用。⑥煎剂对肺炎双球菌有抑制作用。远志乙醇浸液在体外对革兰阳性菌及痢疾杆菌、伤寒杆菌和人型结核杆菌均有明显的抑制作用。⑦水溶性提取物对黄曲霉菌素诱发的回变菌落数也有显著的抑制效应。提取物有抑制小鼠淋巴细胞性白血病作用。⑧煎剂对离体豚鼠、家兔、猫、犬之未孕及已孕子宫均有兴奋作用，对孕狗在位子宫也有明显的兴奋作用。⑨有强的溶血作用。所含的山酮类化合物对醛酮还原酶有抑制作用。⑩远志和桔梗相似，含有皂苷，亦有溶解红细胞的作用。

性味归经 根：苦、辛，温。归心、肝、脾、肾、肺经。全草：辛、苦，平。归心、肾经。

功能主治 根：安神益智，祛痰，消肿。适用于心肾不交引起的失眠多梦，健忘惊悸，神志恍惚，咳痰不爽，疮疡肿毒，乳房肿痛。全草：祛痰，安神，消痈。适用于咽炎，扁桃体炎，口腔炎，咳嗽痰多，小儿肺炎，小儿疳积，梦遗失精，胸痹心痛，痈肿疮疡，外用治毒蛇咬伤，疔疮疖肿。

用药警戒 心肾有火，阴虚阳亢者忌服。畏蛴螬、珍珠、藜芦、蜚蠊、齐蛤。

335. 西伯利亚远志 *Polygala sibirica* L.

别名 卵叶远志、瓜子金、远志、阔叶远志、蓝花地丁、青玉丹草、女儿红、小叶远志、辰砂草、小丁香、万年青。

识别要点 多年生草本，微被柔毛。根圆锥状，木质。茎直立，丛生。单叶互生，披针形或卵圆形，先端渐尖，基部楔形，两面被柔毛，具短柄。总状花序腋外生或假顶生，通常高出茎顶；萼片 5，宿存，外轮 3 片小，内轮 2 片花瓣状；花瓣 3，蓝紫色，侧瓣倒卵形，基部与龙骨瓣合生，龙骨瓣具流苏状附属物；雄蕊 8，花丝下部合生成鞘；子房扁平，由 2 心皮组成。蒴果扁，倒心形，具窄翅及缘毛。花期 4 ～ 7 月，果期 5 ～ 8 月。（图 3–335–1 ～ 3–335–2，见 733 页）

生境与分布 生长于山坡草地，分布于我国大部分地区。

药用等各项与远志相同。

三十九、槭树科 Aceraceae

（一百四十二）槭属 *Acer* L.

药用记载 茶条槭 *Acer ginnala* Maxim. 的叶和芽在《全国中草药汇编》中记载为茶条槭。色木槭 *A. mono* Maxim. 的枝和叶在《中华本草》中记载为地锦槭。元宝槭 *A. truncatum* Bunge. 的根皮在《全国中草药汇编》和《中华本草》中记载为元宝槭。

336. 茶条槭 *Acer ginnala* Maxim.　　FOC 修订为 *Acer tataricum* L. subsp. *ginnala*（Maxim.）Wesmael

别名 茶条牙、茶条子、麻良子、茶条木、茶条树。

识别要点 落叶灌木或小乔木。树皮粗糙，灰色。小枝绿色或紫绿色，后呈褐色。单叶对生，叶片卵圆形，长尖头，常较深的 3 ～ 5 裂，基部圆形或心形，边缘有不规则重锯齿。伞房花序顶生，花多而密，杂性，雌雄同株，黄白色；萼片 5，卵形；花瓣 5，倒披针形，白色，较萼片长；雄蕊 8，较花瓣长；子房密被长柔毛，花柱无毛，柱头 2 裂。翅果深褐色，小坚果扁平，张开成锐角或近直角。花期 5 ～ 6 月，果期 10 月。（图 3–336–1 ～ 336–4，见 734 页）

生境与分布　生长于丛林中。分布于我国东北、华北、西北等地。

药用部位　叶、芽。

采集加工　春夏采集。

化学成分　叶中含有茶条槭甲素、没食子酸、没食子酸乙酯、橡醇、鞣花酸、槲皮素、β－谷甾醇、挥发油。籽中含有不饱和脂肪酸、亚油酸、γ－亚麻酸、α－亚麻酸等。

药理作用　①茶条槭叶煎剂具有很强的清除活性氧自由基的能力。②茶条槭干叶对酪氨酸酶有较强的抑制作用。③用茶条槭叶制成的药品——通脉酯，具有抗动脉粥样硬化、抗凝血以及增加微血管韧性、降低血压和防治高血压等作用。④茶条槭中的没食子酸和槲皮素对各种痢疾杆菌、金黄色葡萄球菌等多种致病菌有很强的抑制活性作用。⑤可抑制病原体及病毒、缓和胃肠道紧张状态而消炎止泻，增强与调节机体的非特异性免疫功能。⑥其他：抗紫外线照射作用，抗艾滋病病毒作用，抗衰老和抗痛风作用等。

性味归经　苦，寒。归肝经。

功能主治　清热明目，祛风除湿，活血化瘀。适用于肝热目赤，昏花。

337. 色木槭 *Acer mono* Maxim.　　FOC 修订为 *Acer pictum* Thunb. subsp. *mono*（Maxim.）Ohashi（五角枫）

别名　水色树、红枫叶、色木、五龙皮、五角枫、地锦槭、五角槭。

识别要点　落叶乔木；小枝细瘦，无毛，当年生嫩枝绿色或紫绿色，具圆形皮孔；冬芽近于球形，鳞片卵形。叶对生；细瘦，无毛；叶片纸质，近椭圆形，5 裂；裂片卵形或宽三角形。花多数，杂性，雄花与两性花同株，伞房花序顶生；萼片 5，长圆形，黄绿色；花瓣 5，椭圆形，淡白色；雄蕊 8，无毛，比花瓣短；子房无毛，在雄花中不发育，花柱无毛。翅果嫩时紫绿色，成熟时淡黄色，小坚果压扁状，翅长圆形。花期 5 月，果期 9 月。（图 3–337–1 ～ 3–337–2，见 734 页）

生境与分布　生长于山坡或山谷疏林中。分布于东北、华北、华中、华东、西南各地。

药用部位　枝、叶。

采集加工　夏季采收，鲜用或晒干。

化学成分　叶含矢车菊苷、卡宁、卡拉花青苷、石蒜花青苷、芍药花苷、矢车菊素、飞燕草素、芍药花素、锦葵花素。

性味归经　辛、苦，温。归心经。

功能主治　祛风除湿，活血止痛。适用于偏正头痛，风寒湿痹，跌打瘀痛，湿疹，疥癣。

338. 元宝槭 *Acer truncatum* Bunge.

别名　平截槭、五角枫、元宝树、五角树、槭。

识别要点　落叶乔木。树皮灰褐色或深褐色，深纵裂；小枝无毛，当年生枝绿色，多年生枝灰褐色；冬芽小，卵圆形，鳞片尖锐。叶对生纸质，常 5 裂，稀 7 裂，基部截形，稀近心形；裂片三角状，裂片间缺刻成锐角，边缘全缘，主脉 5 条，掌状。花黄绿色，杂性，雄花与两性花同株；萼片 5，黄绿色；花瓣 5，黄色或白色，长圆倒卵形；雄蕊 8，着生于花盘内缘，花药黄色，花丝无毛；花盘微裂；子房扁形。小坚果扁平，翅长圆形，常与果等长，张开成锐角或钝角。花期 4 月，果期 8 月。（图 3-338-1 ～ 3-338-3，见 735 页）

生境与分布 生长于疏林中。分布于华北及吉林、辽宁、陕西、甘肃、山东、江苏、河南等地。

药用部位 根皮。

采集加工 夏季采挖，洗净，切片，晒干。

化学成分 叶含没食子酸。

性味归经 辛、微苦，微温。归肺经。

功能主治 祛风除湿，舒筋活络。适用于腰背疼痛。

339. 花楷槭 *Acer ukurunduense* Trautv. et Mey.

别名 花杆子。

识别要点 落叶乔木。幼枝紫色，有黄色短柔毛，老枝褐色。叶对生，膜质或纸质，顶端锐尖，基部截形或近心形，边缘具粗锯齿，下面密生淡黄色绒毛，脉上更密。总状圆锥花序顶生，直立，有短柔毛；花黄绿色，雌雄异株；萼片 5，披针形，微有短柔毛；花瓣 5，倒披针形；雄蕊 8；子房密生绒毛。翅果幼时淡红色，成熟后黄褐色，张开成直角；小坚果微有毛。花期 5 月，果期 9 月。（图 3-339-1 ～ 3-339-3，见 735 页）

生境与分布 生长于山坡林内，分布于东北。

药用参考元宝槭。

340. 青楷槭 *Acer tegmentosum* Maxim.

别名 青楷子、辽东槭。

识别要点 落叶乔木。树皮灰色或深灰色，平滑，现裂纹。叶纸质，近于圆形或卵形，边缘有钝尖的重锯齿。基部圆形或近于心脏形，3 ～ 7 裂，通常 5 裂；裂片三角形或钝尖形，先端常具短锐尖头；裂片间的凹缺通常钝尖。总状花序，花黄绿色，杂性，雄花与两性花同株。翅果无毛，黄褐色；小坚果微扁平，张开成钝角或近于水平；果梗细瘦。花期 4 月，果期 9 月。（图 3-340-1 ～ 3-340-3，见 736 页）

生境与分布 生长于针阔混交林或杂木林内、林缘。

药用等参考茶条槭。

四十、凤仙花科 Balsaminaceae

（一百四十三）凤仙花属 *Impatiens* L.

药用记载 水金凤 *Impatiens noli-tangere* L. 花或全草在《全国中草药汇编》《中药大辞典》《中华

本草》中记载为水金凤；茎叶在《全国中草药汇编》中记载为水金凤茎叶。蒙药名为禾格仁好木存－宝都格。

341. 水金凤 *Impatiens noli-tangere* L.

别名　辉菜花、大凤仙、野凤仙、山季季草、亮杆芹、指路草。

识别要点　一年生草本，全体无毛。茎直立，光滑，柔软，多分枝。叶互生，有柄，长椭圆形或椭圆状披针形，边缘具粗锯齿，质薄而软。花两性，黄色，3～4朵生于花轴上；花梗细弱，从叶腋伸出，下垂，形成聚伞状花序；萼距膨大向后突出，先端弯向下方，左右各有1大型花瓣，中央花瓣圆形。雄蕊5枚，子房上位，5室。蒴果狭长，两端尖，光滑无毛。花期6～7月，果期8～9月。（图3-341-1～3-341-3，见736页）

生境与分布　生长于山沟溪流旁，林中、林缘湿地。分布于东北、华北及陕西、山东、安徽、浙江、江西、河南、湖南、云南等地。

药用部位　根、全草及花、种子。

采集加工　花或全草：夏、秋季采收，洗净，鲜用或晒干。

化学成分　全草含黄酮苷、蜡醇、豆甾醇、树脂、鞣质、苦味质、维生素C。花含多种类胡萝卜素、蒲公英黄素、毛茛黄素、蝴蝶梅黄素、菊花素、新黄素。种子含杷荏酸。

性味归经　花及带根全草：甘、温。归肺、肝经。茎叶：寒，麻辣，有毒。归肺经。

功能主治　花及带根全草：活血调经，祛风除湿。适用于月经不调，痛经，经闭，风湿痹痛。外用治跌打损伤，风湿疼痛，阴囊湿疹，脚气肿痛，癣疮。茎叶：祛瘀消肿，止痛渗湿。适用于风湿筋骨疼痛，跌打瘀肿，毒蛇咬伤，阴囊湿疹，疥癞疮癣。

用药警戒　内无淤积者及孕妇忌服。

四十一、卫矛科 Celastraceae

（一百四十四）卫矛属 *Euonymus* L.

药用记载　卫矛 *Euonymus alatus*（Thunb.）Sieb. 的带翅枝及叶在《全国中草药汇编》中记载为卫矛；具翅状物的枝条或翅状附属物在《中药大辞典》《中华本草》中记载为鬼箭羽。白杜 *E. meaackii* Rupr. 的根和树皮在《中药大辞典》《中华本草》中记载为丝棉木。

342. 卫矛 *Euonymus alatus*（Thunb.）Sieb.

别名　鬼箭羽、六月凌、四面锋、四棱树、四面戟、见肿消、麻药。

识别要点　落叶灌木，植株光滑无毛。多分枝。小枝通常四棱形，棱上常具木栓质扁条状翅。单叶对生；叶柄极短；叶片薄，稍膜质，边缘有细锯齿。聚伞花序腋生，花小，两性，淡黄绿色；萼4浅裂；花瓣4，近圆形，边缘有时呈微波状；雄蕊4，花盘与子房合生。蒴果椭圆形。种子椭圆形或卵形。花期5～6月，果期9～10月。（图3–342–1～3–342–3，见737页）

生境与分布 生长于山野。分布于东北、华北、西南、华东、湖北、湖南等地。

药用部位 根、带翅的枝及叶。

采集加工 根：全年均可采。带翅的枝及叶：夏秋采，割取枝条后，取其嫩枝，晒干，收集其翅状物，晒干。

化学成分 带翅枝条中含4–豆甾烯–3–酮、4–豆甾烯–3,6–二酮、β–谷甾醇、6–β–羟基–4–豆甾烯–3–酮、去氢双儿茶精A、香橙素、d–儿茶精、$\Delta4\beta$–谷甾烯酮、鬼箭羽碱、雷公藤碱、卫矛羰碱、新卫矛羰碱、卫矛碱、草酸乙酸钠。

药理作用 ①卫矛煎剂中提得的草酰乙酸钠有降低血糖、尿糖及增加体重之作用。②种子中含强心苷，作用类似毒毛旋花素，但还有中度的降低血压的作用。③能增加冠状动脉血流量，并能收缩豚鼠肠管。④提取物具有抗肿瘤活性。

性味归经 苦、辛，寒。归肝经。

功能主治 破血通经，解毒消肿，杀虫。适用于癥瘕结块，心腹疼痛，闭经，痛经，崩中漏下，产后瘀滞腹痛，恶露不下，疝气，历节痹痛，疮肿，跌打伤痛，虫积腹痛，烫火伤，毒蛇咬伤。

用药警戒 孕妇忌服。

343. 瘤枝卫矛 *Euonymus verrucosus* Scop.

别名 疣枝卫矛、狗檀子。

识别要点 落叶灌木，枝有多数小黑瘤，芽小，卵形，带紫红色，先端尖，无毛。叶对生，托叶线状；叶柄短，有密毛；叶片倒卵形或长圆形。基部广楔形或近圆形，先端锐尖或渐尖，边缘具钝锯齿。聚伞花序腋生1～3花；苞线形；花带紫绿色，膜质，萼4裂，裂片近圆形，花瓣4，近圆形，边缘灰白色；雄蕊4，无花丝，花药黄色；子房基部着生于肥厚的方形花盘里，花柱不明显。蒴果近倒卵形，黄红色。种子假种皮橘红色，先端裂开。花期6月，果期9月。（图3–343–1～3–343–2，见737页）

生境与分布 生长于山坡阔叶林或针阔叶混交林中。分布于我国东北。

药用部位 根皮。

化学成分 甲醇提取物含二氢沉香呋喃骨架化合物。

药用价值 对粘虫具有强烈的麻醉作用，具有一定开发意义。

344. 白杜 *Euonymus maackii* Rupr.

别名 桃叶卫矛、鸡血兰、白桃树、野杜仲、白樟树、南仲根、丝棉木、明开夜合、华北卫矛、陶日格–额莫根–查干（蒙名）。

识别要点 小乔木。叶卵状椭圆形、卵圆形或窄椭圆形，边缘具细锯齿，叶柄通常细长。聚伞花序3至多花，花序梗略扁，淡白绿色或黄绿色，雄蕊花药紫红色。蒴果倒圆心状，4浅裂，成熟后果皮粉红色；种皮棕黄色，假种皮橙红色，全包种子，成熟后顶端常有小口。花期 5 ～ 6 月，果期 9 月。（图 3–344–1 ～ 3–344–3，见 737 ～ 738 页）

生境与分布 生长于山坡林下等处。分布于除陕西、西南和广东、广西外的各省区。

药用部位 根、树皮。

采集加工 全年均可采，洗净，切片，晒干。

化学成分 茎木部含雷公藤内酯 A、B，没食子酸，齐墩果酸，模绕酮酸，丝木棉酸。

性味归经 苦、辛，凉。归肝、脾、肾经。

功能主治 祛风除湿，活血通络，解毒止血。适用于风湿性关节炎，腰痛，跌打伤肿，血栓闭塞性脉管炎，肺痈，衄血，疖疮肿毒。

用药警戒 内服宜慎，外敷时间不宜超过 30 分钟。孕妇慎服。

（一百四十五）南蛇藤属 *Celastrus* L.

药用记载 南蛇藤 *Celastrus orbiculatus* Thunb. 的藤茎在《中药大辞典》《中华本草》中记载为南蛇藤；根、藤、叶、果在《全国中草药汇编》中记载为南蛇藤。

345. 南蛇藤 *Celastrus orbiculatus* Thunb.

别名 蔓性落霜红、南蛇风、大南蛇、香龙草、果山藤。

识别要点 小枝光滑无毛，灰棕色或棕褐色，具稀而不明显的皮孔。叶通常阔倒卵形，近圆形或长方椭圆形，边缘具锯齿，两面光滑无毛或叶背脉上具稀疏短柔毛。聚伞花序腋生，间有顶生，小花 1 ～ 3 朵，偶仅 1 ～ 2 朵，小花梗关节在中部以下或近基部；雄花萼片钝三角形；花瓣倒卵椭圆形或长方形，花盘浅杯状，退化雌蕊不发达，雌花花冠较雄花窄小，花盘稍深厚，肉质，退化雄蕊极短小。蒴果近球状，赤褐色。花期 5 ～ 6 月，果期 7 ～ 10 月。（图 3–345–1 ～ 3–345–4，见 738 页）

生境与分布 生于山坡灌丛。分布于东北、内蒙古、河北、山东、山西、河南、陕西、甘肃、江苏、安徽、浙江、江西、湖北、四川。

药用部位 藤茎、根、果。

采集加工 藤茎：春、秋季采收，鲜用或切段晒干。根：全年采。叶，夏季采收，晒干或鲜用。果：秋季采收，切片，晒干或鲜用。

性味归经 藤茎：苦、辛，微温。归肝、膀胱经。根：辛，温。归肝经。果：甘、苦，平。归心经。叶：苦，平。归肺经。

功能主治 藤茎：祛风除湿，通经止痛，活血解毒。主风湿关节痛，四肢麻木，瘫痪，头痛，牙痛，疝气，痛经，闭经，小儿惊风，跌打扭伤，痢疾，痧症，带状疱疹。根：祛风活血，消肿止痛。适用于风湿关节炎，跌打损伤，腰腿痛，闭经。果：安神镇静。适用于神经衰弱，心悸，失眠，健忘。叶：解毒，散瘀。适用于跌打损伤，多发性疖肿，毒蛇咬伤。

用药警戒 孕妇忌服。

四十二、鼠李科 Rhamnaceae

（一百四十六）鼠李属 *Rhamnus* L.

药用记载 鼠李 *Rhamnus davurica* Pall. 的树皮和果实在《全国中草药汇编》中记载为鼠李；果实在《中药大辞典》中记载为鼠李，在《中华本草》中记载为臭李子；树皮在《中药大辞典》中记载为鼠李皮，在《中华本草》中记载为臭李皮；根在《中药大辞典》中记载为鼠李根。乌苏里鼠李 *Rh. uriensis* J. Vass. 的树皮在《中华本草》中记载为乌苏里鼠李树皮；树皮和果实在《全国中草药汇编》中记载为鼠李。

346. 鼠李 *Rhamnus davurica* Pall.　　FOC 修订为 *Rhamnus utilis* Decne.（冻绿）

别名 老鸹眼、老乌眼。

识别要点 灌木或小乔木。小枝粗壮，近对生，褐色或红褐色，顶端常有大的芽，而不形成刺，或于分叉处具短针刺。叶对生于长枝上，或丛生于短枝上；卵圆形或椭圆形，先端突尖或渐尖，边缘具细锯齿，齿端常有红色腺体。花单性，雌雄异株，黄绿色；雌花 1 ～ 3 个生于叶腋或数个至 20 个簇生于短枝端，有退化雄蕊；花萼 4 裂，裂片狭卵形，锐尖；雄花雄蕊 4，有不育的雌蕊。核果球形，熟时黑色，基部有宿存萼筒。种子卵圆形。花期 5 ～ 6 月，果期 7 ～ 10 月。（图 3-346-1 ～ 3-346-3，见 739 页）

生境与分布 生长于山坡林下、灌丛或林缘和沟边阴湿处。分布于东北及河北、山西。

药用部位 果实、树皮或根皮、根。

采集加工 果实：8 ～ 9 月果实成熟时采收，除去果柄，鲜用或微火烘干。根或根皮：秋、冬季挖根剥取。树皮：夏末采剥，鲜用或切片晒干。

化学成分 果实含大黄素、大黄酚、蒽酚、山柰酚。种子中有多种黄酮苷酶。树皮含大黄素、芦荟大黄素、大黄酚、脱氧鼠李素、鼠李素、异鼠李素、甲基异鼠李素。

药理作用 鼠李树皮水浸膏对小鼠有泻下作用。

性味归经 果实：苦、甘，凉，有小毒。归肝、肾经。树皮、根皮：苦、微寒，小毒。归肺经。根：有毒。归肺经。

功能主治 果实：清热解毒，泻下杀虫，止咳祛痰。适用于疮痈，瘰疬，疥癣，龋齿，口疮，牙痛，腹胀便秘，咳嗽痰喘，水肿胀满，支气管炎，肺气肿。树皮、根皮：清热解毒，泻下通便。适用于风湿热痹，热毒疮痈，大便秘结。根：煮浓汁含之治露齿。

用药警戒 忌铁。

347. 乌苏里鼠李 *Rhamnus ussuriensis* J. Vass.

别名 鼠李、老鸹眼。

识别要点 灌木。枝对生或近对生,具短枝;小枝褐色、灰褐色或微带紫色,先端成利刺而无顶芽。腋芽卵形,鳞片无毛或近无毛。叶对生或近对生,托叶狭披针形;叶片长椭圆形,狭长圆形或椭圆状披针形,稀倒披针形,短枝上叶簇生,长椭圆形或椭圆形。花单性,雌雄异株,4 数,腋生,在短枝上簇生,萼筒漏斗状;雌花花柱 2 裂,有退化雄蕊。核果近球形,熟时呈黑色。种子卵圆形,黑褐色。花期 4 ~ 5 月,果期 7 ~ 9 月。(图 3–347–1 ~ 3–347–3,见 739 页)

生境与分布 生长于河边、山地林中或山坡灌丛中。分布于东北、内蒙古、河北、山东。

药用部位 树皮、果实。

采集加工 春、夏季采收,晒干。

性味归经 苦,寒。归大肠经。

功能主治 清热通便。适用于大便热秘,肺热咳嗽,咳痰。

(一百四十七)枣属 *Ziziphus* Mill.

药用记载 酸枣 *Ziziphus jujuba* Mill. var. *spinosa*(Bunge)Hu ex H. F. Chow. 的干燥成熟种子在《中国药典》《中药大辞典》《中华本草》中记载为酸枣仁。

348. 酸枣 *Ziziphus jujuba* Mill. var. *spinosa*(Bunge)Hu ex H. F. Chow.

别名 棘、酸枣树、角针、硬枣、山枣树。

识别要点 落叶灌木,稀为小乔木。老枝灰褐色,幼枝绿色;于分枝基部处具刺 1 对,1 枚针形直立,另 1 枚向下弯曲。单叶互生;托叶针状;叶片长圆状卵形至卵状披针形,先端钝,基部圆形,稍偏斜,边缘具细锯齿。花小,簇生于叶腋;花萼 5 裂,裂片卵状三角形;花瓣 5,黄绿色,与萼片互生,雄蕊 5,与花瓣对生。核果肉质,近球形,成熟时暗红褐色,果皮薄,有酸味。花期 6 ~ 7 月,果期 9 ~ 10 月。(图 3–348–1 ~ 3–348–4,见 740 页)

生境与分布 生长于向阳、干燥山坡、丘陵、岗地或平原。分布于辽宁、内蒙古、河北、山东、山西、河南、陕西、甘肃、宁夏、新疆、江苏、安徽等地。

药用部位 种子。

采集加工 9 ~ 10 月果实呈红色时,摘下浸泡 1 夜,搓去果肉,捞出,碾破核壳,淘取酸枣仁,晒干。

化学成分 酸枣仁含欧鼠李叶碱,荷叶碱,原荷叶碱,去甲异紫堇定碱,右旋衡州乌药碱,N–甲基巴婆碱,酸李碱,5–羟基 –6– 甲氧基去甲阿朴啡,安木非宾碱 D,酸枣仁环肽,白桦脂酸,白桦脂醇,美洲茶酸,麦珠子酸,酸枣皂苷,胡萝卜苷,斯皮诺素,酸枣黄素,芥子酰斯皮诺素,当药素,阿魏酸,缬氨酸、蛋氨酸、亮氨酸、异亮氨酸、赖氨酸、苯丙氨酸等 17 种氨基酸,钾、钠、钙、锌、铁、铜、锰等多种金属元素。

药理作用 ①水提取物有镇静催眠作用。②酸枣仁液可使离体和在体蛙心的心率减慢,心收缩力加强，有强心作用。③酸枣仁液可使微血管管径扩张极为显著。④显著减少脑组织的氧耗量。⑤酸枣仁乙醇提取褐色浸膏物能增强小鼠的体液免疫和细胞免疫功能，并且对放射性损伤小鼠有一定保护作用。

性味归经 甘，平。归心、脾、肝、胆经。

功能主治 补肝，宁心，敛汗，生津。适用于虚烦不眠，惊悸多梦，体虚多汗，津伤口渴。

四十三、葡萄科 Vitaceae

（一百四十八）葡萄属 *Vitis* L.

药用记载 山葡萄 *Vitis amurensis* Rupr. 的果实、藤及茎叶在《吉林中草药》中记载为山葡萄。

349. 山葡萄 *Vitis amurensis* Rupr.

别名 野葡萄、阿穆尔葡萄。

识别要点 木质藤本。枝条粗壮，嫩枝具柔毛。叶互生，阔卵形，先端渐尖，基部心形，通常3浅裂，裂片三角状卵形，边缘有较大的圆锯齿，叶柄长，被柔毛。聚伞花序与叶对生，花序梗，被柔毛；花多数，细小，绿黄色；萼片5，花瓣5。长圆形，镊合状排列；雄蕊5；雌蕊1，子房2室。浆果近球形或肾形，由深绿色变蓝黑色。花期6～7月，果期9～10月。（图3-349-1～3-349-4，见740～741页）

生境与分布 生长于山坡、沟谷林中及灌丛中。分布于东北、内蒙古等地。

药用部位 果实、根、藤及茎叶。

采集加工 夏季采藤及茎叶，晒干。秋季采根，晒干；采果实，鲜用。

化学成分 羽扇豆醇、白桦酸、大黄素、槲皮素、白藜芦醇、蛇葡萄素A、肌醇、水杨酸、谷甾醇、胡萝卜苷。

药理作用 ①所含胡萝卜苷具有抗衰老和抗氧化的作用。②所含白藜芦醇具有抗动脉硬化和抗血栓的作用。③所含水杨酸有镇痛作用。

性味归经 酸、微甘、涩，平。归肺、肾、肝、脾经。

功能主治 强心利尿，壮筋骨，止渴。适用于烦热口渴、呕吐、腰腿疼、小便不通、筋骨湿痹。

（一百四十九）蛇葡萄属 *Ampelopsis* Michx

药用记载 白蔹 *Ampelopsis japonica*（Thunb.）Makino 的块根在《中国药典》《中药大辞典》《中华本草》中记载为白蔹。

350. 白蔹 *Ampelopsis japonica*(Thunb.) Makino

别名　山地瓜、野红薯、山葡萄秧、白根、五爪藤。

识别要点　落叶攀援木质藤本。块根粗壮，肉质，卵形、长圆形或长纺锤形，深棕褐色，数个相聚。茎多分枝，幼枝带淡紫色，光滑，有细条纹；卷须与叶对生。掌状复叶互生；叶柄微淡紫色，光滑或略具细毛；叶片羽状分裂或羽状缺刻，裂片卵形至椭圆状卵形或卵状披针形，边缘有深锯齿或缺刻。聚伞花序小，细长，常缠绕；花小，黄绿色；花萼 5 浅裂；花瓣、雄蕊各 5；花盘边缘稍分裂。浆果球形，熟时白色或蓝色，有针孔状凹点。花期 5 ～ 6 月，果期 9 ～ 10 月。(图 3-350-1 ～ 3-350-4，见 741 ～ 742 页)

生境与分布　生长于山地、荒坡及灌木林中。分布于华北、东北、华东、中南及陕西、宁夏、四川等地。

药用部位　块根。

采集加工　春、秋二季采挖，除去泥沙及细根，切成纵瓣或斜片，晒干。

化学成分　块根含黏质和淀粉、酒石酸、β - 谷甾醇、延胡索酸、胡萝卜苷。叶含没食子酸、多种葡萄糖苷、槲皮素鼠李糖苷。

药理作用　①对共心性毛癣菌、奥杜盎小孢子菌、腹股沟表皮癣菌等有抑制作用。根醇提物醋酸乙酸酯可溶部分，对四氯化碳致小鼠肝损伤具有保护作用，显著抑制谷丙转氨酶、谷草转氨酶活性的升高。②白蔹煎剂本身无镇痛作用，但可显著增强黑附片和炙川乌的镇痛作用，拮抗黑附片、炙川乌和炙草乌对离体蛙心的收缩作用。③体外试验对人子宫颈癌细胞培养系 JTC-26 有抑制作用，抑制率在 90% 以上。

性味归经　苦、辛，微寒。归心、肺、肝、脾经。

功能主治　清热解毒，散结止痛，生肌敛疮。适用于疮疡肿毒，瘰疬，烫伤，湿疮，温疟，惊痫，血痢，肠风，痔漏，白带异常，跌打损伤，外伤出血。

用药警戒　脾胃虚寒及无实火者，痈疽已溃者均不宜服。阴疽色淡不起、胃气弱者，也不宜服用。不宜与乌头类药材同用。

四十四、椴树科 Tiliaceae

(一百五十) 椴树属 *Tilia* L.

药用记载　椴树 *Tilia tuan* Szysz 的根在《中华本草》中记载为椴树根；在《全国中草药汇编》中记载为椴树。紫椴 *Tilia amurensis* Rupr. 的花在《中华本草》中记载为紫椴。

351. 辽椴 *Tilia mandschurica* Rupr. et Maxim.

别名　糠椴、大叶椴、菩提树。

识别要点 落叶乔木，树冠广卵形。树皮灰白，有浅纵裂，当年生枝黄绿色，密生灰白色星状毛。叶互生，近圆形或阔卵形，先端锐尖，叶基浅心形，叶缘粗锯齿，有长尖，叶背密生白色毛。聚伞花序下垂，花瓣黄色。果实球形，外被黄褐色绒毛。花期 6 ～ 9 月，果熟期 9 月。（图 3–351–1 ～ 3–351–2，见 742 页）

生境与分布 生长于山谷或山坡上阔叶杂木林中。分布于我国东北、华北及江苏、江西等省区。

药用部位 根。

采集加工 秋季挖根，洗净泥土，切片晒干。

性味归经 苦，温。归肺经。

功能主治 祛风除湿，活血止痛，止咳。适用于风湿痹痛，四肢麻木，跌打损伤，久咳。

352. 紫椴 *Tilia amurensis* Rupr.

别名 籽椴、小叶椴。

识别要点 落叶乔木。树皮暗灰色，纵裂，成片状剥落；小枝黄褐色或红褐色，呈“之”字形。叶阔卵形或近圆形，基部心形，先端尾状尖，边缘具整齐的粗尖锯齿；叶具柄，无毛。聚伞花序分枝，无毛，苞片倒披针形或匙形；萼片 5，两面被疏短毛，里面较密；花瓣 5，黄白色，无毛；雄蕊多数，无退化雄蕊；子房球形，被淡黄色短绒毛，柱头 5 裂。果球形或椭圆形。花期 6 ～ 7 月，果熟期 9 月。（图 3–352–1 ～ 3–352–3，见 742 页）

生境与分布 生长于山坡、针阔混交林及阔叶杂木林中。分布于东北。

药用部位 花。

采集加工 6 ～ 7 月开花时采下带苞片的整个花序，阴干备用。

化学成分 紫椴花及花蕾中含有较多的酚类、金合欢醇及糖和苷类，在花蕾中还含有少量鞣质。在花、叶片、枝皮中也检测到黄酮类化合物、蛋白质、香豆素及强心苷等。果实中含有酚类、糖和苷类，还含有少量黄酮类化合物、香豆素和鞣质。

药理作用 紫椴花具有较好的抗菌抗炎作用，对外周性疼痛有明显的抑制作用。

性味归经 辛，凉。归肺经。

功能主治 解表，清热。适用于感冒发热，口腔炎，喉炎，肾盂肾炎。

四十五、锦葵科 Malvaceae

（一百五十一）苘麻属 *Abutilon* Miller

药用记载 苘麻 *Abutilon theophrasti* Medicus 的全草或叶在《中药大辞典》《中华本草》中记载为苘麻；根在《中药大辞典》《中华本草》中记载为苘麻根；种子在《中国药典》《中华本草》中记载为

苘麻子，在《中药大辞典》中记载为苘麻实。

353. 苘麻 *Abutilon theophrasti* Medicus

别名 白麻、青麻、野苎麻、磨盘单、野火麻、孔麻。

识别要点 一年生草本。茎直立，具软毛。叶互生，圆心形，先端尖，基部心形，边缘具圆齿，两面密生柔毛。花单生于叶腋；花萼绿色，下部呈管状，上部5裂；花瓣5；黄色，较萼稍长，瓣上具明显脉纹。蒴果成熟后裂开；种子肾形、褐色，具微毛。花果期7～10月。（图3-353-1～3-353-4，见743页）

生境与分布 常见于路旁、田野、荒地、堤岸上。分布于除青藏高原外的全国各地。

药用部位 全草或叶、根、种子。

采集加工 全草或叶：夏季采收，鲜用或晒干。根：立冬后挖取，除去茎叶，洗净晒干。种子：秋季果实成熟时采收，晒干后，打下种子，筛去果皮及杂质，再晒干。

化学成分 叶含芸香苷。根含戊糖、戊聚糖、甲基戊聚精、糖醛酸、甲基戊糖、糖醛酸。种子含亚油酸。

性味归经 全草或叶：苦，平。归脾、胃经。根：苦，平。归肾、膀胱经。种子：苦，平。归大肠、小肠、膀胱经。

功能主治 全草或叶：清热利湿，解毒开窍。适用于痢疾，中耳炎，耳鸣，耳聋，睾丸炎，化脓性扁桃体炎，痈疽肿毒。根：利湿解毒。适用于小便淋沥，痢疾，急性中耳炎，睾丸炎。种子：清热利湿，解毒消痈，退翳明目。适用于赤白痢疾，小便淋痛，痈疽肿毒，乳腺炎，目翳。

（一百五十二）木槿属 *Hibiscus* L.

药用记载 野西瓜苗 *Hibiscus trionum* L. 的根或全草在《中药大辞典》《中华本草》中记载为野西瓜苗；种子在《中华本草》中记载为野西瓜苗子；全草、种子在《全国中草药汇编》中记载为野西瓜苗。

354. 野西瓜苗 *Hibiscus trionum* L.

别名 小秋葵、黑芝麻、火炮草、香铃草、灯笼花、野芝麻、打瓜花。

识别要点 一年生草本，全体被有疏密不等的细软毛。茎梢柔软，直立或稍卧生。基部叶近圆形，边缘具齿裂，中部和下部的叶掌状，3～5深裂，中间裂片较大，裂片倒卵状长圆形，先端钝，边缘具羽状缺刻或大锯齿。花单生于叶腋，小苞片多数，线形，具缘毛；花萼5裂，膜质，上具绿色纵脉；花瓣5，淡黄色，紫心；雄蕊多数，花丝相结合成圆筒，包裹花柱；子房5室，花柱顶端5裂，柱头头状。蒴果圆球形。种子成熟后黑褐色。花期7～9月。（图3-354-1～3-354-4，见743～744页）

生境与分布 生长于平原、山野、丘陵或田埂。分布于全国各地。

药用部位 根或全草、种子。

采集加工 根或全草：夏、秋季采收，去净泥土，晒干。种子：秋季果实成熟时采摘果实，晒干，打下种子筛净，再晒干。

药理作用 茎、叶的浸出液（除去黏液），对动物有利尿作用。

性味归经 根或全草：甘，寒。归肺、肝、肾经。种子：辛，平。归肺经。

功能主治 根或全草：清热解毒，利咽止咳。适用于咽喉肿痛，咳嗽，泻痢，疮毒，烫伤。种子：润肺止咳，补肾。适用于肺结核咳嗽，肾虚头晕，耳鸣耳聋。

（一百五十三）锦葵属 *Malva* L.

药用记载 锦葵 *Malva sinensis* Cavan. 的花、叶和茎在《全国中草药汇编》《中华本草》中记载为锦葵。

355. 锦葵 *Malva sinensis* Cavan.　　FOC 修订为 *Malva cathayensis* M. G. Gilbert. Y. Tang et Dorr.

别名 荆葵、小熟季花、小白淑气花、棋盘花、钱葵、旌节花、金钱紫花葵。

识别要点 二年生或多年生直立草本，分枝多，疏被粗毛。叶互生，心形或肾形，通常 5 浅裂，两面均无毛或仅脉上疏被短糙状毛；托叶披针形，具缘毛。花簇生于叶腋，小苞片 3，长圆形，先端圆；萼杯状，裂片 5，宽三角形，两面均被星状疏柔毛；花多为紫红色也有白色，具暗紫色条纹；花瓣 5，匙形，先端微缺，爪具髯毛。种子黑褐色。花期 5 ～ 10 月。（图 3–355–1 ～ 3–355–4，见 744 页）

生境与分布 我国南北各城市常见栽培，偶有逸生。

药用部位 地上部分或花。

采集加工 夏、秋季采收，晒干。

化学成分 全草含大花葵花色苷。花含黏液质、紫色花含锦葵花苷。

药理作用 对金黄色葡萄球菌有很强的抑制作用。大花葵花色苷可以降低受试动物血液中甘油三酯的含量。大花葵花色苷有明显调节血脂的作用。

性味归经 花：苦、辛，寒。归肺经。

功能主治 花：宣散风热，利尿通便，清热解毒。适用于大小便不畅，带下，淋巴结结核，咽喉肿痛。地上部分：利尿通便，清热解毒。适用于外感风热，咳嗽，咽喉肿痛，咽干。

356. 野葵 *Malva verticillata* L.

别名 旅葵、棋盘菜、土黄芪、蓍葵叶、芪菜、把把叶、棋盘叶、冬苋菜。

识别要点 二年生草本，茎干被星状长柔毛。叶肾形或圆形，通常为掌状 5 ～ 7 裂，裂片三角形，具钝尖头，边缘具钝齿，两面被极疏糙伏毛或近无毛；托叶卵状披针形，被星状柔毛。花簇生于叶腋，萼杯状，花冠长稍微超过萼片，淡白色至淡红色，花瓣 5。果扁球形，背面平滑，种子肾形紫褐色。花期 3 ～ 11 月。（图 3–356–1 ～ 3–356–2，见 745 页）

生境与分布 生长于山坡、田野、路旁。分布于全国各省区。

药用等参考锦葵。

（一百五十四）梵天花属 *Urena* Linn.

药用记载　地桃花 *Urena lobata* L. 的根或全草在《全国中草药汇编》《中药大辞典》《中华本草》中记载为地桃花。

357. 地桃花 *Urena lobata* L.

别名　肖梵天花、野棉花、田芙蓉、大叶马松子、粘油子、厚皮草、半边月、千下槌、红孩儿、石松毛、牛毛七、毛桐子。

识别要点　直立亚灌木状草本，小枝被星状绒毛。茎下部的叶近圆形，中部的叶卵形，上部的叶长圆形至披针形，叶上面被柔毛，下面被灰白色星状绒毛；花腋生，单生或稍丛生，淡红色，小苞片5，花萼杯状，裂片5，较小苞片略短，两者均被星状柔毛；花瓣5，倒卵形，外面被星状柔毛；雄蕊花柱枝10，微被长硬毛。果扁球形。花期7～10月。（图3–357–1～3–357–3，见745页）

生境与分布　生于干热的空旷地、草坡或疏林下。分布于长江以南各省区。

药用部位　根或全草。

化学成分　地上部分含芒果苷、槲皮素。

性味归经　甘、辛，凉。归肺、脾经。

功能主治　祛风利湿，活血消肿，消热解毒。适用于感冒，风湿痹痛，痢疾，泄泻，淋证，带下，月经不调，跌打肿痛，喉痹，乳痈，疮疖，毒蛇咬伤。

用药警戒　虚寒者忌服。

（一百五十五）秋葵属 *Abelmoschus* Medicus

药用记载　黄蜀葵 *Abelmoschus manihot*（L.）Medicus 的种子在《中药大辞典》《中华本草》中记载为黄蜀葵子；叶在《中药大辞典》《中华本草》中记载为黄蜀葵叶；根、叶、花及种子在《全国中草药汇编》中记载为黄蜀葵。

358. 黄蜀葵 *Abelmoschus manihot*（L.）Medicus

别名　秋葵、棉花葵、假阳桃、野芙蓉、黄芙蓉、黄花莲、鸡爪莲、疽疮药、追风药、豹子眼睛花、荞面花。

识别要点　一年生或多年生草本，疏被长硬毛。叶掌状5～9深裂，叶柄疏被长硬毛；托叶披针形。花单生于枝端叶腋；小苞片卵状披针形；萼佛焰苞状，近全缘，较长于小苞片；花大，淡黄色，内面基部紫色，雄蕊柱长，花药近无柄；柱头紫黑色，匙状盘形。蒴果卵状椭圆形；种子多数。花期6～10月。（图3–358–1～3–358–4，见746页）

生境与分布　生于山谷草丛、田边或沟旁灌丛间。分布于海南、河北、山东、河南、陕西、湖北、湖南、四川、贵州、云南、广西、广东和福建等省区。

药用部位 种子、根、叶、花。

采集加工 种子：果实成熟时采收，晒干脱粒，簸去杂质，再晒至全干。秋季挖根。夏秋季采收叶和花，鲜用或晒干。

性味归经 种子：甘，寒。归肾、膀胱、胃经。叶、花：甘，寒。归心、肾经。根：甘、凉。归肾、膀胱、胃经。

功能主治 种子：利水通经，消肿解毒。种子适用于淋证，水肿，便秘，乳汁不通，跌打损伤，痈肿。根、叶：清热解毒，接骨生肌。适用于热毒疮痈，尿路感染，骨折，烫火伤，外伤出血。外用治疗疮，腮腺炎，骨折，刀伤。花：浸菜油外用治烧烫伤。

用药警戒 孕妇忌服。

四十六、瑞香科 Thymelaeaceae

（一百五十六）狼毒属 *Stellera* L.

药用记载 狼毒（瑞香）*Stellera chamaejasme* L. 的干燥根在《中药大辞典》中记载为瑞香狼毒。

359. 狼毒（瑞香）*Stellera chamaejasme* L.

别名 断肠草、山萝卜、红狼毒、红火柴头花、瑞香狼毒、热甲巴（藏名）、达楞图茹（蒙名）。

识别要点 多年生草本。茎丛生，基部木质化；根粗壮，圆锥形，木质多纤维。叶互生，无柄，披针形至卵状披针形，全缘，无毛。花两性；头状花序，多数聚生枝顶，具总苞；萼常呈花冠状，背面红色，腹面白色或黄色，雄蕊 10，成 2 列着生于喉部；子房上位，上部密被细毛，花柱短，柱头头状。果实圆锥形，干燥，包藏于宿存萼筒基部。花期 5 ～ 6 月，果期 6 ～ 8 月。（图 3–359–1 ～ 3–359–5，见 746 ～ 747 页）

生境与分布 生长于向阳山坡、草丛中。分布于东北、华北、西北、西南及西藏等地。

药用部位 根。

采集加工 春、秋季采挖，除去杂质、晒干。

化学成分 根含格尼迪木任、河朔荛花素、瑞香狼毒、脱氧格尼迪木任、乙酰氧基赫雷毒素、赭雷毒素、狼毒素类、狼毒色酮、二氢山柰酚、鹅掌楸树脂酚、松脂酚、穗罗汉松脂酚、肉桂醇、茴芹香豆精、异香柑内酯、异茴芹香豆精、牛防风素、蔗糖。

药理作用 狼毒水提取物对小鼠肝癌、肺癌均有抑制作用。

性味归经 苦、辛，温，有毒。归肺经。

功能主治 泻水逐饮，破积杀虫。适用于水肿腹胀，痰食虫积，心腹疼痛，癥瘕积聚，结核，疥癣。

用药警戒 本品有毒，内服宜慎；体弱者及孕妇忌服。

（一百五十七）瑞香属 *Daphne* L.

药用记载　东北瑞香 *Daphne pseudomezereum* A. Gray 的根及茎在《中华本草》中记载为辣根草。

360. 东北瑞香 *Daphne pseudomezereum* A. Gray

别名　辣根草、祖师麻。

识别要点　落叶小灌木，根粗壮，少分枝，棕褐色；枝粗壮，分枝短，呈短枝状，光滑无毛，具不规则的棱，叶迹明显，较大，密集。叶互生，常簇生于当年生枝顶部，先端钝形，基部下延成楔形，边缘全缘，不反卷，上面绿色，下面淡绿色。花黄绿色，侧生于小枝顶端或侧生于当年生小枝下部，花盘环状。果实肉质，幼时绿色，成熟时红色。花期 2 ～ 4 月，果期 7 ～ 8 月。（图 3-360-1 ～ 3-360-2，见 747 页）

生境与分布　生长于针阔叶混交林下阴湿的藓褥上。分布于吉林、黑龙江。

药用部位　根、茎。

采集加工　秋季采挖，洗净，切段，晒干。

化学成分　含有瑞香苷、瑞香素 -8- 葡萄糖苷、伞形花内酯。

药理作用　①水煎剂对小鼠睡眠有明显协同作用，能显著减少小鼠自主活动。②能扩张冠状动脉，增加冠脉血流量，改善心肌代谢，减少耗氧量。③具有抗凝血、降血脂和兴奋垂体 – 肾上腺皮质系统等作用。

性味归经　苦、辛，温。归心、肝、肺经。

功能主治　温经通脉，活血化瘀，舒筋止痛。适用于冠心病，心绞痛，血管闭塞性脉管炎，关节酸痛，手足麻木，肢体瘫痪，痛经，胸痛，冻疮。

四十七、胡颓子科 Elaeagnaceae

（一百五十八）沙棘属 *Hippophae* L.

药用记载　沙棘 *Hippophae rhamnoides* L. 的果实在《中国药典》《中药大辞典》《中华本草》中记载为沙棘。

361. 沙棘 *Hippophae rhamnoides* L.

别名　达尔、沙枣、醋柳果、大尔卜兴、醋柳、酸刺子、酸柳柳、酸刺、黑刺、黄酸刺、酸刺刺、其察日嘎纳（蒙名）、达日布（藏名）。

识别要点　落叶灌木或乔木，具粗壮棘刺。枝幼时密被褐锈色鳞片。叶互生，线性或线状披针形，两端钝尖，下面密被淡白色鳞片；叶柄极短。花先叶开放，雌雄异株；短总状花序腋生于头年枝上；花小，淡黄色，雄花花被 2 裂，雄蕊 4；雌花花被筒囊状，顶端 2 裂。果为肉质花被筒包围，近球形，橙黄色。花期 3 ～ 4 月，果期 9 ～ 10 月。（图 3–361–1 ～ 3–361–3，见 748 页）

生境与分布 生长于河边、高山、草原。分布于华北、西北及四川、西藏。

药用部位 果实。

采集加工 9 ～ 10 月果实成熟时采收，鲜用或晒干。

化学成分 沙棘果实含异鼠李素、异鼠李素葡萄糖苷、异鼠李素芸香糖苷、芸香苷、紫云英苷、槲皮素、山柰酚、维生素、去氢抗坏血酸、叶酸、胡萝卜素、类胡萝卜素、儿茶精、花色素等。根瘤含氯化血红素。

性味归经 酸、涩，温。归肺、胃经。

功能主治 止咳化痰，健胃消食，活血散瘀。适用于咳嗽痰多，肺脓肿，消化不良，食积腹痛，胃痛，肠炎，闭经，跌打瘀肿。

四十八、杉叶藻科 Hippuridaceae

（一百五十九）杉叶藻属 *Hippuris* L.

药用记载 杉叶藻 *Hippuris vulgaris* L. 在《晶珠本草》中记载为丹布嘎拉；在《西藏常用中草药》《高原中草药治疗手册》中记载为当布噶日；在《认药白晶鉴》中记载为阿木塔图 – 哲格斯。

362. 杉叶藻 *Hippuris vulgaris* L.

别名 当布噶日、丹布嘎拉（藏名）、阿木塔图 – 哲格斯（蒙名）。

识别要点 杉叶藻。茎直立，粗壮，单一，圆柱形，上部挺出水面。根状茎细长，匍匐，生于泥中，于节处生多数细根。叶无柄，线形，略弯曲或伸长，质软，全缘，但生于水中者较长。花小，单生，通常两性，稀单性，生于叶腋；花萼绿色，大部分与子房合生，雄蕊 1 枚，位于雌蕊前方，花丝短，花药红色；雌蕊 1 枚，花柱与柱头呈丝状，直立或略弯曲，被疏毛，子房下位。核果，椭圆状。花期 4 ～ 9 月，果期 5 ～ 10 月。（图 3–362–1 ～ 3–362–2，见 748 页）

生境与分布 生长于浅水沼泽或河旁水草地上。分布于西南、西北、东北、华北。

采集加工 6 ～ 9 月采收，晒干或鲜用。

化学成分 茎叶含鞣质、无色花青苷、没食子酸、咖啡酸、阿魏酸、山柰酚。

性味归经 苦、微甘，凉。归肝、肾、胃经。

功能主治 清热凉血，生津养液。适用于肺外伤，也可治外伤出血。

四十九、堇菜科 Violaceae

（一百六十）堇菜属 *Viola* L.

药用记载 紫花地丁 *Viola philippica* Cav. 的干燥全草在《中国药典》《中华本草》中记载为紫花地丁，在《中药大辞典》中记载为地丁。裂叶堇菜 *V. dissecta* Ledeb. 的全草或根、根茎在《中药大辞典》《中华本草》中记载为疔毒草，在《全国中草药汇编》中记载为裂叶堇菜。鸡腿堇菜 *V. acuminata* Ledeb. 的全草在《中华本草》中记载为红铧头草；在《全国中草药汇编》中记载为鸡腿堇菜。东北堇菜 *V. mandshurica* W. Bckr 的全草在《中华本草》中记载为东北堇菜。斑叶堇菜 *V. variegata* Fisch ex Link 的全草在《中华本草》中记载为斑叶堇菜。球果堇菜 *V. collina* Bess. 的全草在《中药大辞典》《中华本草》中记载为地核桃。双花堇菜 *V. biflora* L. 的全草在《中华本草》中记载为双花堇菜。

363. 紫花地丁 *Viola philippica* Cav.

别名 铧头草、光瓣堇菜、辽堇菜、箭头草、地丁、野堇菜、独行虎、地丁草、宝剑草、犁头草、紫地丁、兔耳草、金前刀、小角子花。

识别要点 多年生草本，无地上茎。根茎短，有数条细根，白色至淡褐色。叶多数基生莲座状，叶片狭卵状披针形或长圆状卵形，不裂，边缘较整齐；托叶膜质。花紫堇色或淡紫色，稀呈白色；萼片 5，卵状披针形或披针形；花瓣 5，倒卵形或长圆状倒卵形；雄蕊 5，子房卵形。蒴果长圆形，无毛。种子淡黄色。花、果期 4 月中旬至 9 月。（图 3-363-1 ～ 3-363-3，见 749 页）

生境与分布 生长于田间、荒地、山坡草丛、林缘或灌丛中。分布于全国大部分地区。

药用部位 全草。

采集加工 春、秋二季采收，除去杂质，晒干。

化学成分 紫花地丁全草含苷类、黄酮、蜡。花含饱和酸、不饱和酸、醇类。

性味归经 苦、辛，寒。归心、肝经。

功能主治 清热解毒，凉血消肿。适用于疔疮肿毒，痈疽发背，丹毒，黄疸内热，痈疽恶疮，喉痹肿痛。外敷治跌打损伤，痈肿，毒蛇咬伤等。

364. 裂叶堇菜 *Viola dissecta* Ledeb.

别名 深裂叶堇菜、疔毒草、奥尼图 – 尼勒 – 其其图（蒙名）。

识别要点 多年生草本，无地上茎。根茎粗短，生数条黄白色较粗的须状根。叶簇生，具长柄；叶片圆肾形，表面无白斑，掌状 3 ～ 5 全裂，裂片再羽状深裂，终裂片线形。花淡紫堇色；萼片 5，宿存；花瓣 5，多不等大，最下者常大而有距。蒴果成熟后裂成 3 瓣。花期 6 ～ 8 月，果期 7 ～ 9 月。

（图 3–364–1 ～ 3–364–2，见 749 页）

生境与分布 生长于山地林缘、采伐迹地的草地、山间荒坡草地。分布于东北、华北及陕西、甘肃、山东、浙江、四川、西藏等地。

药用部位 全草或根、根茎。

采集加工 夏、秋季采挖，洗净，鲜用或晒干。

药理作用 ①煎剂在试管内有抑制结核杆菌生长的作用，对多种病原菌有不同程度的抑菌作用。②尚有清热、消肿、消炎等作用。

性味归经 苦，寒。归心、胆、脾、肝经。

功能主治 清热解毒，利湿消肿。适用于无名肿毒，麻疹热毒，疔疮，肺炎，胸膜炎，淋浊，白带异常，肾炎。

365. 总裂叶堇菜 *Viola fissifolia* Kitag.

别名 裂叶堇菜、羽裂叶堇菜、查楚格力格 – 尼勒 – 其其格（蒙名）。

识别要点 无地上茎，基生叶 4 ～ 8 枚；叶片卵形，果期增大，先端稍尖，基部宽楔形，边缘缺刻状浅裂至中裂，下部裂片通常具 2 ～ 3 个不整齐的钝齿，两面密被白色短柔毛。花紫堇色。蒴果。花期 6 ～ 8 月。果期 7 ～ 9 月。（图 3–365–1 ～ 3–365–2，见 749 ～ 750 页）

生境与分布 生长于山地林缘、采伐迹地的草地、山间荒坡草地。分布于东北、河北、北京。

药用等各项参考裂叶堇菜。

366. 鸡腿堇菜 *Viola acuminata* Ledeb.

别名 走边疆、红铧头草、胡森堇菜、鸡腿菜、鸡蹬腿、鹌鸽腿。

识别要点 多年生草本，通常无基生叶。根茎较粗短，密生黄白色或淡褐色根。茎直立，无毛或上部被白色柔毛。叶片心状卵形或卵形，叶先端渐尖，叶基部心形至深心形，叶缘具钝齿。托叶大，羽状深裂，基部与叶柄合生。花淡紫色或近白色，具长梗，花瓣有褐色腺点；花梗细，被细柔毛，中部以上或在花附近具 2 枚线形小苞片；蒴果椭圆形。花果期 5 ～ 9 月。（图 3–366–1 ～ 3–366–4，见 750 页）

生境与分布 生长于杂木林下或山坡草地，河谷湿地等处。分布于东北、华北及陕西、甘肃、河南、山东、江苏、安徽、浙江等地。

药用部位 叶或全草。

采集加工 夏秋采收，晒干或鲜用。

性味归经 淡，寒。归肺经。

功能主治 清热解毒，消肿止痛。适用于肺热咳嗽，跌打肿痛，疮疖肿痛，急性传染性肝炎。

367. 东北堇菜 *Viola mandshurica* W. Bckr.

别名 堇堇菜、紫花地丁、败酱、败酱草。

识别要点　多年生草本，无地上茎。根茎短，常自一处发出数条较粗壮的褐色长根。基生叶少数到多数、叶片卵状披针形，不裂，边缘较整齐；托叶膜质；花较大、紫堇色或淡紫色；萼片 5，花瓣 5，距粗管状向上弯或直。蒴果长圆形、无毛。种子卵球形、淡红棕色。花、果期 4 ～ 9 月。（图 3–367–1 ～ 3–367–3，见 750 ～ 751 页）

生境与分布　生长于草地、草坡、灌丛、林缘、疏林下、田野荒地及河岸沙地处。分布于东北、华北及陕西、甘肃、山东、台湾等地。

药用部位　全草。

采集加工　夏、秋季采收、洗净、鲜用或晒干。

性味归经　苦，寒。归肺经。

功能主治　清热解毒，消肿排脓。适用于痈疽疔毒，目赤肿痛，咽喉肿痛，乳痈，黄疸，各种脓肿，淋巴结核，泄泻，痢疾等。

368. 斑叶堇菜 *Viola variegata* Fisch ex Link

别名　天蹄。

识别要点　多年生草本。无地上茎，根茎通常短而细。叶基生，叶片圆形或广卵圆形；叶面延叶脉有明显的白色斑纹，下面带紫红色，两面有短毛。花暗紫色或红紫色，侧瓣内面基部常具白色须毛、倒卵形，下瓣中下部为白色并具堇色条纹、距筒状、细而长。蒴果椭圆形，无毛。种子淡褐色，附属物短。花期 4 ～ 8 月，果期 6 ～ 9 月。（图 3–368–1 ～ 3–368–2，见 751 页）

生境与分布　生长于山坡草地、林下、灌丛中或阴处岩石缝隙中。分布于东北、华北及陕西、甘肃、安徽等地。

采集加工　夏、秋季采收、洗净、鲜用或晒干。

性味归经　甘，凉。归心经。

功能主治　清热解毒，凉血止血。适用于痈疮肿毒，创伤出血。

369. 球果堇菜 *Viola collina* Bess.

别名　地核桃、毛果堇菜、圆叶毛堇菜、疔毒草、箭头草、匙头菜、银地匙、白毛叶地丁草、地丁子。

识别要点　多年生草本，无地上茎。根多条，淡褐色。根状茎肥厚，有结节，白色或黄褐色。叶基生，呈莲座状，边缘有钝齿，两面密生白色短柔毛；叶柄有狭翼。花淡紫色或近白色，花萼 5，花瓣 5，倒卵形，花距短；蒴果球形，密被毛，果梗向下弯曲几近地面。花、果期 5 ～ 8 月。（图 3–369–1 ～ 3–369–2，见 751 页）

生境与分布　生长于林下、山坡、溪谷等阴湿草丛。分布于东北、华北、华东、四川。

药用部位　全草。

性味归经　苦、辛，寒。归肺经。

功能主治　清热解毒，散瘀消肿。适用于疮疡肿毒，肺痈，跌打损伤疼痛，刀伤出血，外感咳嗽。

370. 早开堇菜 *Viola prionantha* Bunge

别名 光瓣堇菜。

识别要点 多年生草本，根粗而长。无地上茎，根状茎垂直，短而较粗壮。叶多数，均基生，叶片长圆状卵形或卵形，先端钝或稍尖，叶基部钝圆形，叶缘具钝锯齿。托叶基部叶柄合，叶柄上部具翅。花大，紫堇色或淡紫色，喉部色淡并有紫色条纹，无香味：花梗较粗壮，在花期超出叶；萼片披针形或卵状披针形，具白色狭膜质边缘；花瓣倒卵形，向上方反曲，侧方花瓣长圆状倒卵形。种子多数，卵球形。花果期 4 ～ 9 月。（图 3–370–1 ～ 3–370–2，见 752 页）

生境与分布 生长于路边、草地、荒地、林下、山沟、道旁。分布于华北、东北以及陕西、甘肃、湖北等地。

药用部位 全草。

采集加工 3 ～ 4 月挖出带根的全草，除去细根，晒干。

化学成分 含早开堇菜苷、七叶内酯、菊艺苷。

性味归经 苦、辛，寒。归心、肝经。

功能主治 清热解毒，凉血消肿。适用于黄疸，痢疾，乳腺炎，目赤肿痛，咽炎；外敷治跌打损伤，痈肿，毒蛇咬伤等。

371. 茜堇菜 *Viola phalacrocarpa* Maxim.

别名 白果堇菜、秃果堇菜。

识别要点 多年生草本。根状茎粗短，被白色鳞片；不定根较粗而长，黄褐色。叶基生，莲座状，叶片卵形、广卵形或卵状圆形；幼叶两面散生或密被白色短柔毛，背面有时稍带淡紫色；叶柄上部具翅；托叶苍白色至淡绿色，边缘具疏齿。萼片卵状披针形，有时带紫色；花大，花瓣紫红色，有深紫色条纹，距细管状；子房卵球形，花柱基部微膝曲，前方具短喙。蒴果椭圆形至长圆形。种子卵球形，红棕色。花果期 4 ～ 9 月。（图 3–371–1 ～ 3–371–2，见 752 页）

生境与分布 生长于向阳山坡、草地、灌丛及林间、林缘、采伐迹地等处。分布于东北、华北、西北等地。

药用等参考早开堇菜。

372. 兴安堇菜 *Viola gmeliniana* Roem. et Schult.

别名 兴安乃 – 尼勒 – 其其格。

识别要点 多年生草本，无地上茎。根状茎褐色，肥厚，垂直。根常稍呈黑色，平滑，稀分枝。叶多数，均基生，呈莲座状，花期有去年残叶；叶匙形或长圆形，近革质。花小型，紫堇色；花梗常超出叶，在中部有 2 枚线形小苞片；萼片卵状披针形或披针形；花瓣长圆状倒卵形，侧瓣有须毛，距向上弯；子房卵球形，花柱棍棒状，前方具短喙。蒴果长椭圆形，无毛，黄褐色。花果期 5 ～ 8 月。（图 3–372–1 ～ 3–372–2，见 752 ～ 753 页）

生境与分布 生长于林缘、向阳草地、山坡灌丛、河岸灌丛、沙地或沙丘草地。分布于黑龙江、内蒙古。

药用参考紫花地丁。

373. 辽宁堇菜 *Viola rossii* Hemsl. ex Forbes et Hemsl.

别名 萨氏堇菜、洛雪堇菜、洛氏堇菜、庐山堇菜。

识别要点 多年生草本，无地上茎。根状茎常粗壮且长并密集结节。托叶离生，仅基部附着于叶柄，淡绿色；叶柄细长，具狭翼；叶片近圆形或广卵形，表面绿色，通常沿主脉色淡，叶基部和边缘附近疏生白色短细毛，叶背面淡绿色、有时带紫色。花大，花瓣淡紫堇色或紫堇色，侧瓣里面微有须毛，下瓣通常白色、具紫条纹，距有时近白色、粗、囊状；子房无毛，花柱较长。蒴果无毛，幼果呈紫色。花果期 4 ～ 9 月。（图 3–373–1 ～ 3–373–2，见 753 页）

生境与分布 生长于向阳山坡草地。分布于东北、华北、陕西、江西、湖北、湖南等地。

药用参考紫花地丁。

374. 溪堇菜 *Viola epipsila* Ledeb.

别名 高如很 – 尼勒 – 其其格（蒙名）。

识别要点 多年生草本，无地上茎。根状茎细长而横走，白色，节处散生多条分枝细根。叶基生；叶片宽卵形、圆形或肾形，先端急尖或略钝；叶柄微具狭翼或近无翼，无毛；托叶卵状披针形。花梗粗，无毛，苞片生于花梗中上部，花淡紫色或紫色，中等大；萼片卵状披针形；花瓣圆状倒卵形，侧方花瓣里面疏生微毛，下方花瓣有紫色条纹；子房无毛，柱头两侧及后方稍增厚成薄而直展的缘边。蒴果椭圆形。花、果期 5 ～ 8 月。（图 3–374–1 ～ 3–374–2，见 753 页）

生境与分布 生长于针叶林下、林缘、灌丛、草地或溪谷湿地苔藓群落中。分布于黑龙江、吉林、新疆。

药用参考紫花地丁。

375. 双花堇菜 *Viola biflora* L.

别名 短距黄堇、孪生堇菜、短距黄花堇菜、好斯 – 其文图 – 尼勒 – 其其格（蒙名）、大莫（藏名）。

识别要点 多年生草本。根状茎细或稍粗壮，有多数细根。地上茎较细弱，直立或斜升。基生叶 2 至数枚，叶片肾形、宽卵形或近圆形，先端钝圆，基部深心形或心形，边缘具钝齿；茎生叶具短柄，叶片较小；托叶与叶柄离生。花黄色或淡黄色，在开花末期有时变淡白色；萼片线状披针形或披针形，基部附属物极短，具膜质缘；花瓣长圆状倒卵形。蒴果长圆状卵形。花果期 5 ～ 9 月。（图 3–375–1 ～ 3–375–4，见 754 页）

生境与分布 生于高山及亚高山地带草甸、灌丛或林缘、岩石缝隙间。分布于东北、内蒙古、河北、山西、陕西、甘肃、青海、新疆、山东、台湾、河南、四川、云南、西藏。

药用部位 全草。

采集加工 夏季采收全草，洗净，鲜用或晒干。

性味归经 辛、微酸，平。归肺、肝经。

功能主治 活血散瘀，止血。适用于跌打损伤，吐血，急性肺炎，肺出血。

376. 白花堇菜 *Viola lactiflora* Nakai.

别名 乳白花堇菜、宽叶白花堇菜。

识别要点 多年生草本，有短柔毛。根状茎粗短，地下茎粗。叶全部基生，长圆状三角形，叶基部浅心形或截形，叶缘有钝圆齿，叶两面无毛，下面叶脉隆起；托叶明显。萼片披针形；叶柄与花梗都带暗紫色；花白色，两侧对称，具长梗，侧瓣内侧有须毛，距粗筒状，末端圆。蒴果椭圆形，无毛。种子卵球形，呈淡褐色。花期 3 ～ 4 月。（图 3–376–1 ～ 3–376–2，见 754 页）

生境与分布 生长于山坡草地、田野、路旁、沟边。分布于东北、华北、江苏、浙江、江西、四川、云南等地。

药用等参考双花堇菜。

五十、柽柳科 Tamaricaceae

（一百六十一）柽柳属 *Tamarix* L.

药用记载 柽柳 *Tamarix chinensis* Lour. 的嫩枝叶在《中药大辞典》《中华本草》中记载为柽柳；花在《中药大辞典》中记载为柽柳花；树脂在《中药大辞典》中记载为柽柳乳。

377. 柽柳 *Tamarix chinensis* Lour.

别名 红柳、红筋条、红荆条、观音柳、三春柳、西湖杨、西河柳、山川柳。

识别要点 落叶灌木或小乔木，多分枝，老枝褐红色，开散，常下垂，新枝绿色，冬天脱落。叶小，无柄，像鳞片一样密生于枝上，灰绿色；花小而密，粉红色，花瓣 5。蒴果。花期 5 ～ 9 月。（图 3–377–1 ～ 3–377–2，见 755 页）

生境与分布 野生于辽宁、河北、山东、江苏、安徽、河南等地；我国各地有栽培。

药用部位 嫩枝叶、花、树脂。

采集加工 嫩枝叶：未开花时采下幼嫩枝梢，阴干。花：初开时采集，阴干。树脂：夏季采集，收于干净的瓶内。

化学成分 嫩枝叶含柽柳酚、柽柳酮、柽柳醇、β－甾醇、胡萝卜苷、槲皮素二甲醚、硬脂酸、槲皮素、槲皮素甲醚（即异鼠李素）、没食子酸。

药理作用 ①煎剂有明显的止咳作用，但无祛痰作用和无明显平喘作用。②煎剂对肺炎球菌等有抑制作用。③有一定的解热作用。④醇提取物对急性肝炎小鼠有保肝作用，减轻肝组织变性程度。

性味归经 嫩枝叶：甘、辛，平。归肺、胃、心经。

功能主治 嫩枝叶：疏风，解表，透疹，解毒。适用于风热感冒，麻疹初起，疹出不透，风湿痹痛，皮肤瘙痒。花：治中风，发麻疹。树脂：治金疮。

用药警戒 麻疹已透及体虚多汗者禁服。

五十一、葫芦科 Cucurbitaceae

（一百六十二）假贝母属 *Bolbostemma* Franquet

药用记载 刺儿瓜 *Bolbostemma biglandulosum*（Hemsl.）Franquet 的全草或种子在《全国中草药汇编》中记载为刺儿瓜。

378. 刺儿瓜 *Bolbostemma biglandulosum*（Hemsl.）Franquet

别名 波裂叶刺儿瓜。

识别要点 攀援性草本，枝细弱，初时稍被微柔毛，最后变无毛。叶柄细，叶片膜质，近圆形，两面光亮，基部弯缺宽心形，下部 2 裂片顶端各有 1 突出的腺体。卷须丝状，2 歧，被短柔毛或无毛。雌雄异株。雄花序圆锥状，花序轴及花梗丝状。雌花单生，花梗丝状。果实圆柱状，黄绿色；种子褐色。花期 9 月，果期 10 月。（图 3–378–1 ～ 3–378–2，见 755 页）

生境与分布 生长于林缘。分布于内蒙古阿尔山、云南。

药用部位 全草，果实。

采集加工 夏、秋两季采收全草，晒干。秋季采收成熟果实，晒干。

化学成分 全草含盒子草苷。

性味归经 甘、淡，平。归肾、膀胱经。

功能主治 化瘀散结。外用治瘰疬，外伤。

（一百六十三）赤瓟属 *Thladiantha* Bunge

药用记载 赤瓟 *Thladiantha dubia* Bunge 的果实在《中药大辞典》《中华本草》中记载为赤瓟；根在《中华本草》中记载为赤瓟根。果实在《内蒙古蒙药材标准》中记载为赤瓟子。

379. 赤瓟 *Thladiantha dubia* Bunge

别名 气包、赤包、山屎瓜、赤雹、屎包子、山土豆、赤包子、灰雹。

识别要点 多年生蔓性攀缘草本。根块状，茎稍粗壮，上有棱沟。茎被长毛，卷须单一。叶互生；

两面均被毛茸。花腋生，单一，雌雄异株，花冠黄色；雄花呈假总状花序，雄蕊 5 枚。雌花萼短钟形，筒极短，近辐状；花瓣狭卵形，外面被短柔毛，内面有短的疣状腺点。瓠果长卵形或广椭圆形，成熟时红色。花期 7 ～ 8 月，果期 8 ～ 9 月。（图 3–379–1 ～ 3–379–4，见 755 ～ 756 页）

生境与分布 生长于山坡或房屋附近。分布于东北、河北、山西、陕西、宁夏、甘肃、山东等地。

药用部位 果实和根。

采集加工 果实：成熟后连柄摘下，防止果实破裂，用线将果柄串起，挂于日光下或通风处晒干为止。保存时注意防止潮湿霉烂及虫蛀。根：秋后采收，鲜用或切片晒干。

化学成分 根含皂苷类成分及赤瓟苷。

性味归经 果实：酸、苦，平。根：苦、寒。归心经。

功能主治 果实：理气，活血，祛痰，利湿。适用于反胃吐酸，肺痨咯血，黄疸，痢疾，胸胁疼痛，跌打扭伤，筋骨疼痛，闭经。根：通乳，解毒，活血。适用于乳汁不下，乳痈，痈肿，黄疸，跌打损伤，痛经。

用药警戒 孕妇禁服。

五十二、西番莲科 Passifloraceae

（一百六十四）西番莲属 *Passiflora* L.

药用记载 龙珠果 *Passiflora foetida* L. 的全草、果在《全国中草药汇编》《中药大辞典》《中华本草》中记载为龙珠果。

380. 龙珠果 *Passiflora foetida* L.

别名 香花果、天仙果、野仙桃、肉果、龙珠草、龙须果、假苦果、龙眼果。

识别要点 草质藤本，有臭味；茎具条纹并被平展柔毛。叶膜质，宽卵形至长圆状卵形，先端 3 浅裂，基部心形，边缘呈不规则波状，叶脉羽状，密被平展柔毛和腺毛，不具腺体；托叶半抱茎。聚伞花序退化仅存 1 花，与卷须对生。花白色或淡紫色，具白斑；苞片 3 枚，裂片丝状，顶端具腺毛；萼片 5 枚；花瓣 5 枚，与萼片等长；外副花冠裂片 3 ～ 5 轮，丝状；具花盘，杯状；雄蕊 5 枚，花药长圆形，花柱 3（4）枚，柱头头状。浆果卵圆球形，种子多数，椭圆形。花期 4 ～ 5 月，果熟期翌年 4 ～ 5 月。（图 3–380–1 ～ 3–380–4，见 756 页）

生境与分布 逸生于草坡路边。分布于广西、广东、云南、台湾。

药用部位 全草或果。

采集加工 夏末秋初采收全株，洗净，鲜用或晒干。秋、冬季挖取根部，洗去泥沙，晒干。4 ～ 5 月采收果实。

化学成分 叶及树脂中含牡荆素、肥皂草苷、荭草素、芹菜素 –8–C– 双葡萄糖苷、藿香黄酮醇等。

种子油中富含亚麻酸和亚油酸。

性味归经 甘、酸，平。归肺经。

功能主治 清热解毒，清肺止咳。适用于肺热咳嗽，小便混浊，痈疮肿毒，外伤性眼角膜炎，淋巴结炎。

五十三、千屈菜科 Lythraceae

（一百六十五）千屈菜属 *Lythrum* L.

药用记载 千屈菜 *Lythrum salicaria* L. 的全草在《中药大辞典》《中华本草》中记载为千屈菜；在《全国中草药汇编》中记载为千屈草。

381. 千屈菜 *Lythrum salicaria* L.

别名 河柳、水枝柳、对牙草、铁菱角、马鞭草、败毒草、水槟榔、哮喘药。

识别要点 多年生宿根草本。叶对生或3片轮生，披针形或宽披针形，基部圆形或心形，有时稍抱茎，全缘。地上茎直立，4棱，多分枝。长穗状花序顶生，花两性，多而小的花朵密生于叶状苞腋中，花玫瑰红或蓝紫色，花萼筒状；花瓣6，紫红色，雄蕊12，花柱圆柱状。蒴果椭圆形，全包于萼内，成熟时2瓣裂。种子多数，细小，无翅。花果期6～10月。（图3–381–1～3–381–3，见757页）

生境与分布 生长于潮湿地、河岸、湖畔、溪沟边。分布于全国各地。

药用部位 全草。

采集加工 秋季采收全草，洗净，切碎，鲜用或晒干。

化学成分 全草含千屈菜苷、没食子酸鞣质、牡荆素、荭草素、异荭草素、绿原酸、鞣花酸、没食子酸、胆碱、色素。花含牡荆素、荭草素、锦葵花苷、矢车菊素半乳糖苷、没食子酸、并没食子酸、绿原酸。

药理作用 ①煎剂能抑制葡萄球菌及大肠–伤寒杆菌属的生长；痢疾杆菌尤为敏感。②有降压作用。③有抗炎作用。④其根煎剂用于泻下或慢性痢疾作为收敛或缓和剂。

性味归经 苦，寒。归大肠、肝经。

功能主治 清热解毒，收敛止血，凉血止泻，破经通瘀。适用于痢疾，便血，血崩，吐血，衄血，肠炎，疮疡溃烂，外伤出血。

用药警戒 孕妇忌服。

五十四、菱科 Trapaceae

（一百六十六）菱属 *Trapa* L.

药用记载 丘角菱（无冠菱）*Trapa japonica* Flerow. 及格菱 *T. pseudonicisa* Nakai 等的果肉在《全国中草药汇编》《中药大辞典》《中华本草》中记载为菱；果柄在《中药大辞典》《中华本草》中记载为菱蒂；果肉捣汁澄出的淀粉在《中药大辞典》《中华本草》中记载为菱粉；茎在《中药大辞典》《中华本草》中记载为菱茎；果皮在《中药大辞典》《中华本草》中记载为菱壳；叶在《中药大辞典》《中华本草》中记载为菱叶。丘角菱的果实在《蒙药正典》中记载为铁木尔－章古。

382. 丘角菱 *Trapa japonica* Flerow.　　FOC 修订为 *Trapa natans* L. 欧菱

别名 无冠菱、菱角、菱角秧子、乌贺－章古（蒙名）、奥存－章古（蒙名）。

识别要点 一年生水草。叶二型：沉水叶丝状；浮水叶集生成菱盘，主盘上的叶较大。叶柄中上部膨大成海绵质气囊，被淡褐色短毛；叶片广菱形或卵状菱形，表面绿色，无毛，背面有长毛，尤以脉上显著，边缘中上部有齿，一般主菱盘上叶的齿较浅，而侧菱盘上叶的齿较深。花梗短，有疏毛。果实稍扁平，三角形，先端有倒刺，腰角无，其位置上常成小丘状凸起，有时较大，呈半球形或近球形。花期 5～10 月，果期 7～11 月。（图 3-382-1～3-382-2，见 757 页）

生境与分布 生长于平原湖泊、池塘、沟渠。分布于东北、华北、华中、华东。

药用部位 果肉、果柄、果肉、茎、果皮、叶。

采集加工 果实：8～9 月果成熟时采收，晒干，打碎生用或煮熟用。果柄：采果时取其果柄，鲜用或晒干。菱粉：果实成熟后采收，去壳，取其果肉，捣汁澄出淀粉，晒干。茎：夏季开花时采收，鲜用或晒干。壳：8～9 月收集果皮，鲜用或晒干。叶：夏季采收，鲜用或晒干。

化学成分 果肉中含麦角甾四甾四烯酮。

药理作用 种子的醇浸水液有抗癌作用。

性味归经 果肉：甘，凉。果柄：微苦，平。菱粉：甘，凉。茎：甘，凉。壳：涩、平。叶：甘，凉。归脾、胃经。蒙药：甘，温。轻、稀、锐。

功能主治 果肉：健脾益胃，除烦止渴，解毒。适用于脾虚泄泻，暑热烦渴，饮酒过度，痢疾。果柄：解毒散溃疡。适用于胃溃疡，疣赘。菱粉：健脾养胃，清暑解毒。适用于脾虚乏力，暑热烦渴，消渴。茎：清热解毒。适用于胃溃疡，疣赘，疮毒。壳：涩肠止泻，止血，敛疮，解毒。适用于泄泻，痢疾，胃溃疡，便血，脱肛，痔疮，疔疮。叶：清热解毒。适用于小儿走马牙疳，疮肿。

蒙药：果肉可补肾，强壮。

用药警戒 果肉：疟疾、痢疾患者勿食。

383. 细果野菱 *Trapa maximowiezii* Korsh.　　FOC 修订为 *Trapa incisa* Siebold et Zucc.（四角刻叶菱）

别名　四角马氏菱、小果菱。

识别要点　一年生浮水水生草本。根二型：着泥根细铁丝状，生水底泥中；同化根，羽状细裂，裂片丝状，深灰绿色。茎细柔弱，分枝。叶二型：浮水叶互生，聚生于主枝或分枝茎顶端，形成莲座状的菱盘，叶片三角状菱圆形，边缘中上部有不整齐的浅圆齿或牙齿，边缘中下部全缘，基部广楔形；沉水叶小，早落。花小，单生于叶腋，花瓣 4，白色，花盘全缘。果三角形具 4 刺角，无果顶冠。花果期 6 ～ 9 月。（图 3–383–1 ～ 3–383–3，见 757 ～ 758 页）

生境与分布　生长于池塘、沟渠、湖泊。分布于东北、湖北、江西。

药用各项与丘角菱相同。

五十五、柳叶菜科 Onagraceae

（一百六十七）柳叶菜属 *Epilobium* L.

药用记载　柳兰 *Epilobium angustifolium* L. 的全草在《全国中草药汇编》《中药大辞典》《中华本草》中记载为红筷子。沼生柳叶菜 *E. palustre* L. 的全草在《中药大辞典》《中华本草》中记载为水湿柳叶菜。

384. 柳兰 *Epilobium angustifolium* L.　　FOC 修订为 *Chamerion angustifolium*（L.）Holub.

别名　山麻条、柳叶菜、遍山红、红筷子。

识别要点　多年生草本。根茎细长，圆柱状，节稍大、横走，外皮红褐色。茎直立，圆柱形，中空，通常不分枝，基部和上部带紫红色。叶互生，具短柄；叶片披针形，先端渐窄，基部楔形，边缘有细锯齿或近于全缘。总状花序顶生或单生于叶腋，花序轴紫红色；花大，两性，红紫色；萼基部稍连合；花瓣 4，倒卵形，基部具短爪；雄蕊 8；子房下位，花柱先端 4 裂。蒴果窄细圆柱形，紫红色。花期 6 ～ 9 月。（图 3–384–1 ～ 3–384–3，见 758 页）

生境与分布　生长于山坡、林缘、河岸或山谷沼泽地。分布于东北、华北、西北及西南等地。

药用部位　全草。

采集加工　夏、秋季采收。晒干或鲜用。

化学成分　全草含蜡醇、β – 谷甾醇、熊果酸、谷甾醇 –D– 葡萄糖苷、谷甾醇棕榈酸酯、多种谷甾醇酸酯。叶中含熊果酸、齐墩果酸、山楂酸、2α – 羟基熊果酸。花中含柳兰聚酚、柳兰酸。花粉中含亚油酸、棕榈酸、游离胱氨酸。

药理作用　①叶的提取物有抗炎作用。②煎剂对大鼠防御性条件反射、朝向反射和诱发性激怒有抑制作用，且与氯丙嗪作用相似。③柳兰聚酚能抑制小鼠移植瘤的生长。

性味归经 苦，平。归肝、大肠经。

功能主治 利水渗湿，理气消胀，活血调经。适用于水肿，泄泻，食积胀满，月经不调，乳汁不通，阴囊肿大，疮疹痒痛。

385. 沼生柳叶菜 *Epilobium palustre* L.

别名 水湿柳叶菜、沼泽柳叶菜、独木牛（藏名）。

识别要点 多年生草木。茎上部被曲柔毛。叶上部互生，下部对生；近无柄；叶条状披针形至近条形，通常全缘，无毛。花两性，单生于上部叶腋，粉红色，花萼裂片 4，外被短柔毛；花瓣 4，倒卵形，先端凹缺；雄蕊 8，4 长 4 短；子房下位，柱头短棍棒状。蒴果圆柱形。种子先端有一簇白色种缨。花期 7 ～ 8 月。（图 3–385–1 ～ 3–385–2，见 758 页）

生境与分布 生长于沼泽及山坡湿润处。分布于东北、华北、西北、西南、河南、湖北及西藏等地。

药用部位 全草。

采集加工 8 ～ 9 月采收，洗净，晒干。

性味归经 苦，凉。归肺经。

功能主治 疏风清热，解毒利咽，止咳利湿。适用于风热感冒，音哑，咽喉肿痛，肺热咳嗽，水肿，淋痛，湿热泻痢，风湿热痹，疮痈，毒虫咬伤。

（一百六十八）露珠草属 *Circaea* L.

药用记载 高山露珠草 *Circaea alpina* L. subsp. *micran–tha*（Skvortsov）Boufford 的全草在《中华本草》中记载为高山露珠草。水珠草 *C. lutetiana* L. 的全草在《中华本草》中记载为水珠草。露珠草 *C. cordata* Royle 的全草在《全国中草药汇编》《中药大辞典》《中华本草》中记载为牛泷草。

386. 露珠草 *Circaea cordata* Royle

别名 牛泷草、心叶露珠草、夜抹光、三角叶、都格里巴（苗名）。

识别要点 多年生草本，具地下匍匐枝，全株被毛。茎圆柱形，绿色。叶对生；叶柄密被短柔毛；叶片卵形或阔卵形，边缘疏生浅锯齿或近全缘。总状花序顶生或腋生，苞片小；花两性，白色，萼筒倒卵形，长卵形，花瓣 2，阔倒卵形，顶端 2 裂，白色，雄蕊 2；子房下位，花柱伸出。果实坚果状，有沟，外被浅棕色钩状毛。花期 7 ～ 9 月，果期 9 ～ 10 月。（图 3–386–1 ～ 3–386–2，见 758 ～ 759 页）

生境与分布 生长于山坡路边、林下阴湿处。分布于东北、华北、华东、西南及陕西等地。

药用部位 全草。

采集加工 秋季采收全草，鲜用或晒干。

性味归经 苦、辛，微寒。归心经。

功能主治　清热解毒，止血生肌。适用于疮痈肿毒，疥疮，外伤出血。

387. 深山露珠草 *Circaea alpina* L. subsp. *caulescens*（Komarov）Tatewaki

别名　就就草、蛆儿草。

识别要点　多年生草本。茎被毛。叶对生，不透明，卵形、阔卵形至近三角形，边缘疏生锯齿，上面疏被短柔毛，花梗无毛，开花时上升或与总状花序轴垂直，基部具小苞片；萼片狭卵形、阔卵形至矩圆状卵形，先端钝圆，稀微呈乳突状；花瓣白色或粉红色，倒卵形、中部下凹的倒卵形或倒三角形。果实坚果状。花期 6 ～ 9 月，果期 7 ～ 9 月。（图 3-387-1 ～ 3-387-2，见 759 页）

生境与分布　生长于针叶林或针阔叶混交林下阴湿地或苔藓上。分布于东北、华北及山东、安徽。

药用部位　全草。

采集加工　7 ～ 8 月采收全草，晒干。

性味归经　甘、苦，微寒。归心经。

功能主治　养心安神，消食，止咳，解毒，止痒。适用于心悸，失眠，多梦，疳积，咳嗽，疮疡脓肿，湿疣，癣痒。

388. 水珠草 *Circaea lutetiana* L.　　FOC 修订为 *Circaea canadensis*（L.）Hill. subsp. *quadrisulcata*（Maxim.）Boufford.

别名　散积血、露珠草。

识别要点　多年生草本。茎直立，光滑，节间略膨大。叶对生；叶片卵状披针形或卵形，先端短尖或渐尖，基部近圆形，边缘具疏齿，除边缘外近无毛。总状花序顶生或腋生，花序轴被短腺毛；花两性；萼筒卵状圆形，裂片 2，红紫色；花瓣 2，白色，倒卵形，先端 2 裂，较萼裂为短；雄蕊 2，外伸；子房下位，2 室，花柱细弱，外伸，柱头头状。果实坚果状，外被钩状毛。花期 6 ～ 7 月。（图 3-388-1 ～ 3-388-2，见 759 页）

生境与分布　生长于山坡灌木丛或林下。分布于东北、山东、江苏、安徽、浙江、河南、广西、四川、贵州等地。

药用部位　全草。

采集加工　夏、秋季采收全草。洗净，鲜用或晒干。

性味归经　辛、苦，平。归肺、心经。

功能主治　宣肺止咳，理气活血，利尿解毒。适用于外感咳嗽，脘腹胀痛，痛经，月经不调，经闭，泄泻，水肿，淋痛，疮肿，瘰疽，癣痒，湿疣。

（一百六十九）月见草属 *Oenothera* L.

药用记载 月见草 *Oenothera biennis* L. 的根在《中华本草》中记载为月见草；种子的脂肪油记载为月见草油；根在《中药大辞典》中记载为夜来香，在《全国中草药汇编》中记载为月见草。

389. 月见草 *Oenothera biennis* L.

别名 夜来香、山芝麻、野芝麻。

识别要点 二年生草本。根粗壮，圆柱形；第一年基生叶莲座状紧贴地面，有长柄，叶片倒披针形，密生白色伏毛。第二年抽出花茎，圆柱形，粗壮，单一或上部稍分枝，叶片披针形或倒披针形；苞片叶状；萼筒先端4裂，花期反折，顶端有长尖状附属物；花瓣4，黄色，倒卵状三角形，先端微凹；雄蕊8，不超出花冠；子房下位。蒴果锥状圆形，略呈四棱，成熟时4裂。种子有棱角。花期6～8月，果期8～9月。（图3-389-1～3-389-4，见759～760页）

生境与分布 生长于向阳山坡、荒草地、砂质地、开旷荒坡路旁及路旁河岸砂砾地等处。分布于东北、华北及贵州等地。

药用部位 根及种子的脂肪油。

采集加工 根：秋季将根挖出，除去泥土，晒干。脂肪油：7～8月果实成熟时，晒干，压碎并筛去果壳，收集种子，用CO_2超临界萃取等方法取得月见草油。

化学成分 种子含亚油酸、γ－亚麻酸、油酸、棕榈酸、硬脂酸等。

药理作用 ①月见草油可降低血清总胆固醇、低密度脂蛋白胆固醇和极低密度脂蛋白胆固醇；并能显著升高高密度脂蛋白胆固醇。②月见草油有减少体内脂肪蓄积的作用，抑制脂肪肝的发生。③月见草油对心律失常有显著的防治作用。④月见草油显著抑制炎症，稳定溶酶体膜。⑤月见草油能抗血小板聚集，防止血栓形成。⑥可使慢性肾功能衰竭大鼠的尿蛋白量减少，尿蛋白选择性改善，血肌酚水平上升减慢。

性味归经 根：甘、苦，温。脂肪油：苦、微辛、微甘，平。归脾、肝、心经。

功能主治 根：强筋壮骨，祛风除湿。适用于风寒湿痹，筋骨酸软，筋骨疼痛。

脂肪油：活血通络，息风平肝，消肿敛疮。适用于胸痹心痛，中风偏瘫，虚风内动，小儿多动，风湿麻痛，腹痛泄泻，痛经，疮疡，湿疹，降血脂，抗动脉粥样硬化，抗血栓，抑制血小板聚集，抗脂质过氧化，抗衰老，抑制消化性溃疡和胃出血，抗炎，抗心律失常，增强胰岛素作用。

用药警戒 月见草成分是不饱和油酸，不宜与其他药物配伍服用。

（一百七十）丁香蓼属 *Ludwigia* L.

药用记载 毛草龙 *Ludwigia octovalvis*（Jacq.）Raven 在《中华本草》中记载为毛草龙。

390. 毛草龙 *Ludwigia octovalvis*（Jacq.）Raven

别名 草里金钗、草龙、水丁香、针筒刺、水龙、水秧草、扫锅草、锁匙筒、水仙桃、水香蕉、扫锅草、假黄车、假蕉。

识别要点 多年生粗壮直立草本，有时基部木质化，甚至亚灌木状。叶披针形至线状披针形，长先端渐尖或长渐尖，基部渐狭；萼片4，卵形，两面被粗毛；花瓣黄色，倒卵状楔形，先端钝圆形或微凹，基部楔形，雄蕊8，花药宽长圆形，柱头近头状，子房圆柱状。蒴果圆柱状，绿色至紫红色。

种子每室多列，离生。花期 6 ～ 8 月，果期 8 ～ 11 月。（图 3-390-1 ～ 3-390-2，见 760 页）

生境与分布 生于田边、湖塘边、沟谷旁及开旷湿润处。分布于海南、江西、浙江、福建、台湾、广东、香港、广西、云南。

药用部位 全草。

采集加工 夏、秋季采收地上部分，洗净，鲜用或晒干。

性味归经 苦、微辛，寒。归肺、肝经。

功能主治 清热利湿，解毒消肿。适用于感冒发热，小儿疳热，咽喉肿痛，口舌生疮，高血压，水肿，湿热泻痢，淋痛，白浊，带下，乳痈，疔疮肿毒，痔疮，烫火伤，毒蛇咬伤。

五十六、山茱萸科 cornaceae

（一百七十一）梾木属 *Swida* Opiz

药用记载 红瑞木 *Swida alba* Opiz 的树皮、枝叶在《中华本草》中记载为红瑞木；果实记载为红瑞木果。

391. 红瑞木 *Swida alba* Opiz　　FOC 修订为 *Cornus alba* L.

别名 红梗木、凉子木、乌兰 – 塔日乃（蒙名）。

识别要点 落叶灌木。树皮紫红色；老枝血红色，直立丛生，无毛，常被白粉；叶片对生，纸质，卵形至椭圆形，先端尖，基部圆形或广楔形，全缘或波状反卷；聚伞花序顶生；花小，黄白色，萼坛状，萼齿三角形；花瓣 4，卵状椭圆形；雄蕊 4，花药淡黄色；子房近于倒卵形，柱头盘状，花柱宿存。核果斜卵圆形，乳白色或蓝白色。花期 6 ～ 7 月，果期 8 ～ 10 月。（图 3-391-1 ～ 3-391-3，见 760 ～ 761 页）

生境与分布 生长于杂木林或针、阔混交林中。分布于东北、华北、西北、华东等地。

药用部位 树皮、枝叶、果实。

采集加工 树皮、枝叶：全年可采，切段晒干。果实：秋季采收，晒干。

化学成分 红色茎皮中含有越橘花青苷、矢车菊素、阿拉伯糖苷、飞燕草素、单葡萄糖苷。

性味归经 树皮、枝叶：苦、微涩，寒。果实：酸、涩，平。归肾经。

功能主治 树皮、枝叶：清热解毒，止痢，止血。适用于湿热痢疾，肾炎，风湿关节痛，目赤肿痛，中耳炎，咯血，便血。果实：滋肾强壮。适用于肾虚腰痛，体弱羸瘦。

用药警戒 孕妇忌服。有郁火、湿热者慎服果实。

五十七、五加科 Araliaceae

（一百七十二）五加属 *Acanthopanax* Miq.

药用记载 无梗五加 *Acanthopanax sessiliflorus*（Rupr. et Maxim.）Seem. 的根皮在《中药大辞典》《中华本草》中记载为五加皮；叶在《中药大辞典》《中华本草》中记载为五加叶；果实在《中华本草》中记载为五加果。刺五加 *Acanthopanax senticosus*（Rupr. et Maxim.）Harms 的干燥根及根茎或茎在《中国药典》《中华本草》中记载为刺五加；根皮在《中药大辞典》中记载为五加皮，叶在《中药大辞典》中记载为五加叶，果实在《中药大辞典》中记载为五加果。

392. 无梗五加 *Acanthopanax sessiliflorus*（Rupr. et Maxim.）Seem.　FOC 修订为 *Eleutherococcus sessiliflorus*（Rupr. et Maxim.）S. Y. Hu

别名 乌鸦子、短梗五加、五加皮木。

识别要点 灌木或小乔木。树皮暗灰色或黑色，有纵裂纹，枝无刺或疏生粗壮刺，平直或弯曲。掌状复叶；无刺或有散生的小刺。小叶纸质，倒卵形或长圆状倒卵形至长圆状披针形，叶两面均无毛。圆锥花序，总花梗常密生短柔毛；萼绿色，密生白色绒毛，具 5 小齿；花瓣 5，卵形，浓紫色；雄蕊 5，长于花瓣；花柱全部合生成柱状，仅柱头裂片离生。核果倒卵状椭圆球形，成熟时黑色，具宿存花柱。花果期 6 ～ 9 月。（图 3-392-1 ～ 3-392-3，见 761 页）

生境与分布 生长于森林或灌丛中。分布于东北、华北、陕西等地。

药用部位 根皮。

采集加工 根皮：夏、秋两季采收，挖取根部，除掉须根，刮皮，抽去木心，晒干或烘干。叶：全年可采，晒干或鲜用。

化学成分 根皮含左旋芝麻素、左旋洒维宁、无梗五加苷、β－谷甾醇、胡萝卜苷、豆甾醇、碱性多糖、强心苷及微量挥发油。叶含强心苷、皂苷、多种刺木骨苷。

药理作用 ①根皮有抗炎作用，能降低家兔的血管通透性。②镇痛、解热作用。③对子宫有兴奋作用，使受孕子宫更敏感。④对正常家兔的脑电图有轻度的激活作用，增强大脑皮层的内抑制过程。⑤有抗氧化剂的作用，刺激免疫体的形成。

性味归经 根皮：辛、苦、微甘，温。归肝、肾经。叶：辛，平。果实：甘、微苦，温。归肝经。

功能主治 根皮：祛风湿，补肝肾，强筋骨，活血脉。适用于风寒湿痹，腰膝疼痛，筋骨痿软，体虚羸弱，跌打损伤，骨折，水肿，脚气，阴下湿痒。叶：散风除湿，活血止痛，清热解毒。适用于皮肤风湿，跌打肿痛，疝痛，丹毒。果实：补肝肾，强筋骨。适用于肝肾两虚，小儿行迟，筋骨痿软。

用药警戒 阴虚火旺者慎服。

393. 刺五加 *Acanthopanax senticosus*（Rupr. Maxim.）Harms　　FOC 修订为 *Eleutherococcus senticosus*（Rupr. et Maxim.）Maxim.

别名　刺拐棒、老虎镣子、刺木棒、坎拐棒子、一百针。

识别要点　落叶灌木。茎通常密生细长倒刺。掌状复叶，互生，被褐色毛；叶片椭圆状倒卵形至长圆形，先端渐尖或突尖，基部楔形，上面暗绿色、下面淡绿色，沿脉上密生淡褐色毛，边缘具重锯齿或锯齿。伞形花序顶生，单个或 2～4 个聚成稀疏的圆锥花序；萼筒绿色，与子房合生，萼齿 5；花瓣 5，卵形，黄色带紫；雄蕊 5；子房 5 室。花柱细柱状。核果浆果状，紫黑色，近球形，花柱宿存。种子扁平，新月形。花期 6～9 月。（图 3–393–1～3–393–4，见 761～762 页）

生境与分布　生长于落叶阔叶林、针阔混交林的林下或林缘。分布于东北及河北、山西等地。

药用部位　根及根茎或茎。

采集加工　春、秋二季采收，洗净、干燥。

化学成分　根含胡萝卜苷、丁香苷、五加苷、芥子醛葡萄糖苷、松柏醛葡萄糖苷、松柏苷、鹅掌楸苷、苦杏仁苷、齐墩果烷。

药理作用　①刺五加提取物对家兔脑电图有轻度激活作用。②根的提取物有抗疲劳作用。③刺五加对中枢神经的兴奋和抑制过程有强壮作用。

性味归经　辛、微苦，温。归脾、肾、心经。

功能主治　益气健脾，补肾安神，补肾强腰，益气安神，活血通络。适用于脾肾阳虚，肾虚体弱，体虚乏力，气虚浮肿，食欲不振，腰膝酸痛、酸软，小儿行迟，失眠多梦，健忘，胸痹疼痛，风寒湿痹，跌打肿痛。

用药警戒　阴虚火旺者慎服。

（一百七十三）楤木属 *Aralia* L.

药用记载　辽东楤木 *Aralia elata*（Miq.）Seem. 的根皮及树皮在《中华本草》中记载为刺龙牙，在《中药大辞典》中记载为刺老鸦，在《全国中草药汇编》中记载为龙牙楤木；果实在《中华本草》中记载为龙牙楤木果；叶及嫩芽在《中华本草》中记载为龙牙楤木叶。

394. 辽东楤木 *Aralia elata*（Miq.）Seem.

别名　刺老鸦、虎阳刺、鹊不踏、刺龙牙。

识别要点　灌木或小乔木。小枝疏生多数细刺，刺基部扩大，幼枝上常有细长直刺。叶为二至三回羽状复叶；托叶和叶柄基部合生，边缘有毛，小叶叶片卵形至卵状椭圆形，上面绿色、下面灰绿色。伞形花序，总花梗与花梗均密生短柔毛；花黄白色，萼无毛，花瓣与萼等长，卵状三角形，花时反曲；雄蕊 5，子房下位，离生或基部合生。核果浆果状，圆球形，黑色，有 5 棱。花期 6～8 月，果期 9～10 月。（图 3–394–1～3–394–4，见 762 页）

生境与分布　生长于山地森林中，分布于东北。

药用部位 根皮及树皮。

采集加工 根皮：春、秋季挖取根部，剥取根皮，除去泥土杂质，切段或片，鲜用或晒干。树皮：春夏秋均可剥取，晒干。9～10月果熟时采收，鲜用或晒干。

化学成分 根皮及根茎含齐墩果酸吡喃葡萄糖苷、蔗糖、胡萝卜苷、齐墩果酸、胡萝卜苷、棕榈酸酯、楤木皂苷、楤木皂苷甲酯、罗盘草苷、竹节人参皂苷、三七皂苷R、无梗五加苷、辽东楤木皂苷、多种龙牙楤木皂苷、豆甾醇、谷甾醇。干燥叶中含齐墩果酸–吡喃葡萄糖苷、多种常春藤糖苷等。

药理作用 ①总皂苷有保护心肌组织中超氧化物歧化酶活性的作用。②总皂苷可明显提高缺氧耐力，增加血液中氧的输送，改善组织对氧的利用。③辽东楤木对肠管有兴奋作用，使其收缩加强。④总三萜皂苷对大鼠具有明显降血糖、降血中 β–脂蛋白的作用。

性味归经 根皮及树皮：辛、微苦、甘，平。归肾经。果实：辛，平。归心经。叶：微苦、甘，凉。归大肠经。

功能主治 根皮及树皮：益气补肾，祛风利湿，活血止痛。适用于气虚乏力，肾虚阳痿，胃脘痛，消渴，失眠多梦，风湿骨痹，腰膝无力，跌打损伤，骨折，鼓胀，水肿，脱肛，疥癣。果实：通经下乳。适用于乳汁不足。叶：清热利湿。适用于湿热泄泻，痢疾，水肿。

五十八、伞形科 Umbelliferae

（一百七十四）羊角芹属 *Aegopodium* L.

药用记载 东北羊角芹 *Aegopodium alpestre* Ledeb. 的茎叶在《中华本草》中记载为东北羊角芹。

395. 东北羊角芹 *Aegopodium alpestre* Ledeb.

别名 小叶芹、山芹菜、一条腿芹。

识别要点 多年生草本。茎具条纹，中空，上部稍有分枝。基生叶叶鞘膜质；叶片通常三出二回羽状分裂；裂片边缘有不规则锯齿状或缺刻状分裂；最上部的茎生叶小，三出羽状分裂。复伞形花序顶生和侧生；无总苞片；小伞形花序花柄不等长；萼齿退化；花瓣倒卵形，白色，有内折的小舌片；花柱向外反折。果实长圆形或长圆状卵形，主棱明显，棱槽较阔，无油管。花果期6～8月。（图3–395–1～3–395–4，见763页）

生境与分布 生长于杂林下或山坡草地。分布于东北及新疆等地。

药用部位 茎叶。

采集加工 夏季采收，鲜用或晒干。

性味归经 苦、辛，平。归肺经。

功能主治 祛风止痛。适用于流感，风湿痹痛，眩晕。

（一百七十五）当归属 *Angelica* L.

药用记载 朝鲜当归 *Angelica gigas* Nakai. 的根在《中华本草》中记载为朝鲜当归。狭叶当归 *A. anomala* Ave-Lall 的根在《中华本草》中记载为狭叶当归。白芷 *A. dahurica*（Fisch. ex Hoffm.）Benth 的根在《中华本草》中记载为大活。

396. 朝鲜当归 *Angelica gigas* Nakai.

别名 土当归、大独活、野当归、大野芹、紫花芹。

识别要点 多年生高大草本。根圆锥形，根颈粗短。茎粗壮，中空，紫色，无毛，有纵深沟纹。茎中部叶的叶柄基部渐成抱茎的叶鞘；末回裂片长圆状披针形，边缘具不整齐的锐尖锯齿；上部叶简化成膨大的叶鞘，顶端有细裂叶片，外面紫色，无毛。复伞形花序近球形，花序梗膨大成囊状，深紫色，花蕾期包裹着花序，呈球形，小总苞片数个，紫色；小伞形花序密集成小球形；萼齿不明显；花瓣倒卵形，深紫色；雄蕊暗紫色；花柱短。果实卵圆形，背棱隆起。花期 7 ～ 9 月，果期 8 ～ 10 月。（图 3-396-1 ～ 3-396-3，见 763 页）

生境与分布 生长于高山山坡、沟旁、林缘、林下。分布于东北地区各地。

药用部位 根。

采集加工 未开花前及秋后枯萎时采挖，洗净，去杂质，晒干。

化学成分 地上部分含朝鲜当归醇。根含伞形花内酯、香柑内酯、欧前胡内酯、异欧前胡内酯、花椒毒素、蒿属香豆精、紫花前胡醇、东莨菪素等。根的挥发油主要含 α－蒎烯、月桂烯、对－聚伞花素、亚丁基苯酞、藁本内酯、正丁基苯酞、羧酸、阿魏酸、烟酸。

药理作用 有镇静作用，能抑制小鼠的自主活动，紫花前胡醇的抑制作用大于紫花前胡素。

性味归经 辛，温。归肺经。

功能主治 祛风通络，活血止痛。适用于风湿痹痛，跌打肿痛。

397. 狭叶当归 *Angelica anomala* Ave-Lall.

别名 水大活、白山独活、异形当归、库叶白芷、额水独活。

识别要点 多年生草本。根粗大，表面黄褐色至灰褐色。茎有细沟纹，带紫色，被短毛。基生叶开展，三回羽状全裂；茎生叶二至三回羽状全裂，基部膨大成长圆状叶鞘，抱茎，外面密被短毛；叶片基部一般不下延或稍下延成翅状，并有白色软骨质边；茎上部叶的叶柄全部成长圆筒状的鞘，不膨大，带紫色。复伞形花序，花序梗、伞辐和花柄均密被短糙毛；花瓣倒卵形，白色；萼齿不明显。果实长圆形，背棱隆起。花期 7 ～ 8 月，果期 8 ～ 9 月。（图 3-397-1 ～ 3-397-3，见 764 页）

生境与分布 生长于山坡、路旁、草地、林缘、水溪旁或阔叶林下。分布于东北及内蒙古等地。

药用部位 根。

采集加工 夏季采挖，去茎叶，洗净，晒干。

性味归经 辛，温。归肺经。

功能主治 祛风除湿，消肿止痛。适用于风寒感冒，头痛鼻塞，鼻渊，牙龈肿痛，疮肿，带下。

398. 白芷 *Angelica dahurica*（Fisch. ex Hoffm.）Benth

别名 大活、河北独活、独活、香大活、走马芹、走马芹筒子、兴安白芷、狼山芹。

识别要点 多年生高大草本。根圆柱形，有浓烈气味。茎基部通常带紫色，中空，有纵长沟纹。基生叶一回羽状分裂；叶柄下部有管状抱茎的叶鞘，茎上部叶二至三回羽状分裂，叶柄下部叶鞘常带紫色；末回裂片边缘有不规则的白色软骨质粗锯齿，具短尖头，序托叶简化成无叶的、显著膨大的囊状叶鞘，外面无毛。复伞形花序顶生或侧生；花白色；无萼齿；花瓣倒卵形，先端内凹；果实长圆形至卵圆形，黄棕色，有时带紫色，无毛，背棱扁，厚而钝圆，近海绵质，侧棱翅状，棱槽中有油管 1，合生面有油管 2。花期 7～8 月，果期 8～9 月。（图 3–398–1～3–398–4，见 764～765 页）

生境与分布 生长于林下、林缘、溪旁、灌丛及山谷草地。分布于东北及华北等地。

药用部位 根。

采集加工 秋季叶呈枯萎状态时采挖，抖去泥土，去掉残茎及须根，晒干。

化学成分 根含森白当归脑、7–去甲基软木花椒素、白当归脑、白当归素、欧前胡内酯、异欧前胡内酯、氧化前胡素、珊瑚菜素、印度榅桲素、花椒毒素、东莨菪素、脱水白当归素、新白当归脑、伞形花内酯、香柑内酯、蒿属香豆精、二氢山芹醇、当归酸酯、紫花前胡苷元、紫花前胡苷、花椒毒酚、紫花前胡醇、别欧前胡内酯、异氧化前胡素、水合白当归素等。

药理作用 镇静催眠，镇痛，降压，抗心律失常，抗凝血，抗血栓，抗血小板聚集，镇咳，抗溃疡，抗炎，抗细菌，抗肿瘤，致敏。

性味归经 辛、苦，温。归肾、膀胱经。

功能主治 祛风解表，除湿止痛。适用于感冒，头痛，牙痛，风湿痹痛。

用药警戒 阴虚火旺者慎服。多服则头昏、出汗、恶心、呕吐、腹泻。

399. 黑水当归 *Angelica amurensis* Schischk.

别名 土当归、朝鲜当归、叉子芹、碗儿芹。

识别要点 多年生高大草本。根圆锥形，灰褐色。茎粗壮，中空。基生叶及茎下部叶叶柄基部渐成抱茎的叶鞘；末回裂片长边缘不整齐的锐尖锯齿，上部叶简化成膨大的叶鞘。复伞形花序近球形；花序梗、伞辐和花柄均有短糙毛；小伞形花序密集成小球形；花白色；萼齿不明显；花瓣倒卵形；花柱短。果实长卵圆形至卵圆形，棱槽内有油管 1，少为 2，黑褐色，合生面有油管多为 4。花期 7～8 月，果期 8～9 月。（图 3–399–1～3–399–3，见 765 页）

生境与分布 生长于高山山坡、草地、杂木林下、沟旁、林缘、灌丛及河岸溪流旁。分布于东北、内蒙古。

药用部位 根。

采集加工 未开花前及秋后枯萎时采挖，洗净，去掉杂质，晒干。

性味归经 辛，温。归肺经。

功能主治　祛风通络，活血止痛。适用于风湿痹痛，跌打肿痛。

（一百七十六）峨参属 *Anthriscus*（Pers.）Hoffm.

药用记载　峨参 *Anthriscus sylvestris*（L.）Hoffm. 在《全国中草药汇编》《中药大辞典》《中华本草》中记载为峨参。

400. 峨参 *Anthriscus sylvestris*（L.）Hoffm.

别名　土田七、金山田七、山胡萝卜缨子。

识别要点　多年生草本。直根粗大。茎圆柱形，中空。叶互生，二回三出式羽状分裂或二回羽状分裂；裂片披针状卵形，边缘羽状缺裂或齿裂，下面疏生柔毛。复伞形花序，顶生或腋生；无总苞，小总苞片 5 ～ 8，卵形或披针形，全缘，有毛；花杂性，雄花较多；萼齿不显；花瓣 5，白色，先端钝或突尖。双悬果条状管形，先端渐狭，在中缝处收缩，内侧有显著的槽，顶端有 2 个宿存柱头。花期 4 ～ 5 月。（图 3–400–1 ～ 3–400–2，见 765 页）

生境与分布　生长于山坡林下或路旁，以及山谷溪边石缝中。分布于东北、内蒙古、河南、湖北、湖南、四川、云南等地。

药用部位　根。

采集加工　春、秋季挖取根，剪去须尾，刮去外皮，用沸水烫后，晒干，或微火炕干。

化学成分　根含峨参内酯、异峨参内酯、深黄水芹酮、肉桂醇及其还原糖、蔗糖、淀粉等。花含黄酮苷。

性味归经　甘、辛，微温。归脾、胃、肺经。

功能主治　益气健脾，活血止痛。适用于脾虚腹胀，乏力食少，肺虚咳嗽，体虚自汗，老人夜尿频数，气虚水肿，劳伤腰痛，头痛，痛经，跌打瘀肿。

用药警戒　凡邪实而正气未虚者忌用。

（一百七十七）柴胡属 *Bupleurum* L.

药用记载　北柴胡 *Bupleurum chinense* DC. 的根在《中国药典》《中药大辞典》《中华本草》中记载为柴胡。

401. 北柴胡 *Bupleurum chinense* DC.

别名　硬苗柴胡、竹叶柴胡、韭叶柴胡、黑柴胡、硬柴胡、地熏、茈胡、柴胡。

识别要点　多年生草本。根直生，分歧或不分歧。茎直立，丛生，上部多分枝，并略做“之”字形弯曲。叶互生；广线状披针形，先端渐尖，全缘。复伞形花序腋生兼顶生；总苞片缺；花小，黄色；萼齿不明显；花瓣 5，先端向内折曲成 2 齿状；雄蕊 5，花药卵形；雌蕊 1，子房下位，花柱 2，极短。双悬果长圆状椭圆形，左右扁平，分果有 5 条明显主棱。花期 8 ～ 9 月。果期 9 ～ 10 月。（图 3–401–1 ～ 3–401–2，见 766 页）

生境与分布 生长于干燥草原，向阳山坡及灌木林缘等处。分布于东北、华北及陕西、甘肃、山东、江苏、安徽、广西等地。

药用部位 根。

采集加工 春、秋挖取根部，去净茎苗、泥土，晒干。

化学成分 根含多种有机酸、多种内酯、苯酚、邻 – 甲氧基苯酚、丁香油酚、甲苯酚、己基苯酚、百里香酚、玛索依内酯、己酸香苯醛酯、2– 甲基环戊酮、柠檬烯、月桂烯、右旋香荆芥酮、反式香苇醇、胡薄荷酮、桃金娘醇、α – 松油醇、芳樟醇、牻牛儿醇、侧金盏花醇、α – 菠菜甾醇等。茎叶含山柰酚、山柰酚 –7– 鼠李糖苷、山柰苷。

药理作用 ①镇静。②镇痛。③抗炎。④使血压轻度下降。⑤有保护肝细胞和促进肝脏中脂质代谢的作用。⑥总皂苷能增加胃液的 pH 值，对胰蛋白酶有较强的抑制作用。⑦对流感病毒有强烈抑制作用，有抗结核菌作用。⑧可治疗单疱病毒角膜炎，有助于恢复视力。⑨能明显增加大鼠的蛋白质生物合成，也能使血中脂肪量降低。⑩有降低血浆胆固醇的作用。⑪ 能刺激肾上腺引起皮质酮的合成和分泌。⑫ 柴胡注射液具有抗脂质过氧化的作用。⑬ 柴胡皂苷 d 有抑制肿瘤生长作用，使某些癌细胞坏死、裂解。⑭ 柴胡多糖能提高小鼠体液和细胞免疫功能。⑮ 柴胡多糖还有抗辐射作用。

性味归经 苦、辛，微寒。归肝、胆经。

功能主治 解表退热，疏肝解郁，升举阳气。适用于外感发热，寒热往来，疟疾，肝郁胁痛乳胀，头痛头眩，月经不调，气虚下陷之脱肛、子宫脱垂、胃下垂。

用药警戒 真阴亏损、肝阳上升者忌服。

402. 红柴胡 *Bupeurum scorzonerifolium* Willd

别名 软柴胡、香柴胡、狭叶柴胡、细叶柴胡、地熏、茈胡、山菜、茹草、柴草。

识别要点 多年生草本。根深长，不分歧或略分歧，外皮红褐色。茎单一或数枝，上部多分枝，光滑无毛。叶互生，小叶狭细，根生叶及茎下部叶有长柄，茎生叶披针形或线状披针形，基部不抱茎。复伞形花序，腋生兼顶生，总苞片易脱落，花小，黄色；花瓣 5，先端内折，雄蕊 5，花柱基黄色或黄绿色，子房下位，光滑无毛。双悬果，长圆状椭圆形至椭圆形。花期 7 ～ 9 月，果期 8 ～ 10 月。（图 3–402–1 ～ 3–402–3，见 766 页）

生境与分布 生长于干燥草原，向阳山坡及灌木林缘等处。分布于东北、华北及陕西、甘肃、山东、安徽、广西等地。

药用等与北柴胡相同。

403. 长白柴胡 *Bupleurum komarovianum* Lincz.

别名 柞柴胡。

识别要点 主根不明显，黑褐色。茎单一。叶较宽，基生叶和茎下部的叶披针形或狭椭圆形，近革质，茎生叶中部以下渐收缩成长而宽扁平的叶柄，抱茎。伞形花序多数，顶生花序比侧生大，小总苞片较短小，披针形，与小伞略等长；花瓣鲜黄色，扁圆形，舌片顶端2浅裂。果实短椭圆形，上部平截。花期7～8月，果期8～9月。（图3-403-1～3-403-2，见766页）

生境与分布 生长于阔叶林、灌木丛边缘、疏散柞林山坡、草地或石砾质土壤中。分布于东北、河北、内蒙古等地。

化学成分 柴胡皂苷、黄酮及香豆素、槲皮素、异鼠李素、芸香苷、水仙苷等。

药用等各项参考北柴胡。

404. 兴安柴胡 *Bupleurum sibiricum* Vest

识别要点 多年生草本。茎直立，数个成丛生状。基生叶很多，狭长披针形，顶端短渐尖，有硬尖头，中部以下渐狭，成长而宽的叶柄，茎生叶下部最宽，基部圆而半抱茎，无叶耳。复伞形花序少数，粗壮，略呈弧形弯曲，总苞片常早落，小总苞片较短小但比花长，小伞形花序有花10～22，花瓣鲜黄色，小舌片大，近长方形，花柱基褐黄色。果实成熟时暗褐色，微有白霜，广卵状椭圆形。果棱狭翼状。花期7～8月，果期8～9月。（图3-404-1～3-404-3，见767页）

生境与分布 生长于山坡、林缘灌丛中。分布于黑龙江、辽宁和内蒙古。

药用等各项参考北柴胡。

405. 线叶柴胡 *Bupleurum angustissimum*（Franch.）Kitagawa

识别要点 多年生草本，根细圆锥形，表面红棕色，根颈部有残留的毛刷状丛生叶鞘。单茎或2至数茎丛生有纵槽纹，二歧式分枝，小枝向外开展，光滑。茎下部叶通常无柄，线形，基部与顶端均狭窄，尖锐，质地较硬，乳绿色，叶脉3～5，边缘卷曲；茎上部叶较短。伞形花序多数；总苞通常缺乏或仅1片，钻形；小伞形花序；小总苞片5，线状披针形，顶端尖锐，3脉，比果柄长；花瓣黄色。果椭圆形，果棱显著，线形。花果期7～9月。（图3-405-1～3-405-2，见767页）

生境与分布 生长于干旱草原。分布于内蒙古、山西、陕西、甘肃、青海等地。

药用等各项参考北柴胡。

（一百七十八）毒芹属 *Cicuta* L.

药用记载 毒芹 *Cicuta virosa* L. 的根在《中药大辞典》《中华本草》中记载为毒芹根；在《全国中草药汇编》中记载为毒芹。

406. 毒芹 *Cicuta virosa* L.

别名 走马芹。

识别要点 多年生草本。茎粗，中空。叶互生，叶片广卵形，2～3回羽状分裂；裂片广披针形，先端渐尖，基部楔形，边缘具深浅不等的粗锯齿；叶柄基部宽展呈长圆形的叶鞘。复伞形花序顶生或腋生，总苞缺乏；小总苞具数个长披针形小苞片，伞辐 14 ～ 18 枚，不等长，光滑；每一小伞形花序具花 28 ～ 31 朵；花白色，萼齿大而明显；花瓣 5 片，卵圆形，先端内卷；雄蕊 5，与花瓣互生；子房下位，花柱短，基部扁平。双悬果圆卵形，光滑。花期 10 ～ 11 月，果期 12 月。（图 3–406–1 ～ 3–406–2，见 767 ～ 768 页）

生境与分布 生长于杂木林下、沟边、沼泽地、湿地。分布于东北、华北及陕西、甘肃、四川、新疆等地。

药用部位 根和根茎。

采集加工 春、夏、秋季采挖。除去地上部分，洗净，鲜用或晒干。

化学成分 全草含毒芹素、毒芹醇。果实含对–聚伞花素、γ–松油烯、β–蒎烯、月桂烯、α–蒎烯、枯醛、柠檬烯、莰烯、α–松油烯、β–水芹烯。

药理作用 ①能抑制中枢神经系统，有镇静作用，血压略降低，尿量稍增加；量大则导致痉挛、血压升高、呼吸加快，最后呼吸停止。②对巴比妥中毒有某种程度的催醒作用，而不拮抗其致死作用，二者之拮抗并非选择性。③毒芹素食入数分钟即中毒，有头晕、呕吐、痉挛、皮肤发红、面色发青，最后出现麻痹现象，死于呼吸衰竭。

性味归经 辛、微甘，温。有大毒。归肾经。

功能主治 拔毒，祛瘀，止痛。适用于急、慢性骨髓炎，痛风，风湿痛。

用药警戒 本品有剧毒，禁止内服。

（一百七十九）蛇床属 *Cnidium* Cusson

药用记载 蛇床 *Cnidium monnieri*（L.）Cuss. 的果实在《中国药典》《中药大辞典》《中华本草》中记载为蛇床子。

407. 蛇床 *Cnidium monnieri*（L.）Cuss.

别名 野茴香、野胡萝卜子、蛇米、蛇珠、蛇粟、气果、双肾子、癞头花子。

识别要点 一年生草本。茎直立，圆柱形，有纵棱，疏生细柔毛。根生叶有柄，基部有短而阔的叶鞘；叶片卵形，2 ～ 3 回羽状分裂；茎上部的叶和根生叶相似。复伞形花序顶生或侧生，基部总苞片线形，具缘毛；小总苞片线形；萼齿不明显，花瓣 5，白色，倒卵形，先端凹，而具狭窄内折的小舌；雄蕊 5，与花瓣互生，花丝细长，花药椭圆形；子房下位，花柱基部圆锥形。双悬果椭圆形，果棱成翅状，无毛。花期 4 ～ 7 月，果期 6 ～ 8 月。（图 3–407–1 ～ 3–407–3，见 768 页）

生境与分布 生长于低山坡、田野、路旁、沟边、河边湿地。分布于全国各地。

药用部位 果实。

采集加工 夏、秋二季果实成熟时采收，除去杂质，晒干。

化学成分 全草含蒎烯、莰烯、异戊酸龙脑酯、异龙脑、甲氧基欧芹酚、蛇床明素、佛手柑内酯、二氢山芹醇、当归酸酯、乙酸酯、蛇床啶、异丁酰氧基二氢山芹醇乙酸酯、异虎耳草素、别欧芹素乙、花椒毒酚。果实含 1– 蒎烯、1– 莰烯、异缬草酸龙脑酯、7– 甲氧基欧芹酚、棕榈酸、β – 谷甾醇、香柑内酯、异虎耳草素、花椒毒酚等。种子含香柑内酯、欧山芹素、食用白芷素。

药理作用　①乙醇提取物有雄性激素样作用。②所含总香豆素具有平喘作用，还具有一定的祛痰作用。③总香豆素对豚鼠因吸入致痉剂所致实验性哮喘有明显保护作用,具有较强的支气管扩张作用。④有显著的抗霉菌作用。⑤水提物对心律失常有预防作用。⑥水提液有麻醉作用。⑦蛇床子素能抑制皮肤过敏反应。⑧蛇床子水提物有较强的抗诱变作用。⑨将蛇床子投入污水中即可杀灭孑孓。

性味归经　辛、苦，温。归脾、肾经。

功能主治　温肾壮阳,燥湿杀虫,祛风止痒。适用于男子阳痿,阴囊湿痒,女子宫寒不孕,寒湿带下,阴痒肿痛，风湿痹痛，湿疮疥癣。

用药警戒　下焦有湿热，或肾阴不足，相火易动以及精关不固者忌服。

（一百八十）高山芹属 *Coelopleurum* Ledeb.

药用记载　高山芹 *Coelopleurum saxatile*（Turcz.）Drde 的根在《中华本草》中记载为高山芹根。

408. 高山芹 *Coelopleurum saxatile*（Turcz.）Drde

别名　长白高山芹。

识别要点　二年生草本。根圆柱形，褐色，上部有横皱纹。茎疏被短毛，常带紫色。基生叶及茎下部叶具宽阔叶鞘，边缘薄膜质；叶为二至三回三出式分裂，末回裂片菱状卵形或斜卵形，先端渐尖，基部楔形或近圆形，边缘密生单齿重锯齿，上部叶简化为阔鞘。复伞形花序通常无总苞片；小总苞片 7 ～ 8，长锥形，通常比花柄长，边缘有短毛；萼齿不明显；花瓣白色；花柱基扁平。分生果椭圆形，有较厚的三角形翅状果棱，棱槽内有油管 1，合生面有油管 2。花期 7 ～ 8 月，果期 8 ～ 9 月。（图 3–408–1 ～ 3–408–2，见 768 页）

生境与分布　生长于针叶林下或山坡地湿润处。分布于吉林省长白山地区。

药用部位　根。

采集加工　夏、秋季间采挖，去茎叶，洗净，晒干。

性味归经　苦，温。归胃经。

功能主治　理气健胃。适用于腹胀食少，消化不良。

（一百八十一）阿魏属 *Ferula* L.

药用记载　硬阿魏 *Ferula bungeana* Kitagawa 的带根全草在《中华本草》中记载为砂茴香。

409. 硬阿魏 *Ferula bungeana* Kitagawa

别名　砂茴香、野茴香、沙椒、花条、刚前胡、牛叫磨、沙前胡、赛防风、假防风。

识别要点 多年生草本。植株密被短柔毛。根圆柱形。茎单一，有分枝。基生叶莲座形，柄基部扩展成鞘；叶片二至三回羽状全裂；茎生叶少，一至二回羽状全裂。复伞形花序生于茎、枝和小枝顶端；总苞片锥形；萼齿卵形；花瓣黄色，广椭圆形，先端内弯；花柱基扁圆锥形，花柱延长，柱头增粗。分生果广椭圆形，果棱凸起，每棱槽中有油管 1，合生面油管 2。花期 5 ～ 6 月，果期 6 ～ 7 月。（图 3–409–1 ～ 3–409–3，见 769 页）

生境与分布 生长于固定沙丘、沙地、戈壁滩冲沟、旱田、路边及砾石质山坡上。分布于东北、华北及陕西、甘肃、宁夏、河南等地。

药用部位 带根全草。

采集加工 夏、秋季采挖，晒干。

性味归经 甘、微苦，凉。归肺经。

功能主治 清热宣肺，祛痰散结，消肿止痛。适用于发热，咽喉肿痛，咳喘，骨痨，瘰疬，疮疡，腰扭伤。

（一百八十二）独活属 *Heracleum* L.

药用记载 兴安独活（老山芹）*Heracleum dissectum* Ledeb. 的根在《中华本草》中记载为兴安独活。短毛独活（东北牛防风）*H. moellendorffii* Hance 在《中华本草》中记载为牛尾独活；在《蒙药正典》中记载为巴勒其日 – 干那。

410. 兴安独活 *Heracleum dissectum* Ledeb.

别名 老山芹、牛防风、兴安牛防风、兴安独活、多裂老山芹、髯毛独活。

识别要点 多年生草本。根纺锤形，分歧，棕黄色。茎有粗毛，具棱槽。基生叶基部成鞘状；叶片三出羽状分裂，小叶广卵形，通常顶生小叶较宽，近圆形，小裂片常呈羽状缺刻，边缘锯齿；茎上部叶渐简化，叶柄成宽鞘状。复伞形花序顶生和侧生；无总苞；萼齿三角形；花瓣白色，二型。果实椭圆形或倒卵形，背部每棱槽中有油管 1，其长度为分生果的 2/3，合生面有油管 2。花期 7 ～ 8 月，果期 8 ～ 9 月。（图 3–410–1 ～ 3–410–3，见 769 页）

生境与分布 生长于湿草地、草甸、山坡林下及林缘。分布于黑龙江、吉林、新疆等地。

药用部位 根。

采集加工 春末秋初采挖，去茎叶，洗净晒干。

性味归经 辛、苦，温。归肺、肾经。

功能主治 祛风除湿，止痛。适用于风寒湿痹，腰膝酸痛，头痛。

411. 短毛独活 *Heracleum moellendorffii* Hance

别名 大叶芹、老山芹、大活、臭独活、毛羌、水独活、独活、小法罗海、短毛白芷、布如嘎拉（蒙名）、巴勒其日 – 干那（蒙名）。

识别要点 多年生草本。全株被短硬毛。根圆锥形，粗大，有分枝。茎直立，粗壮，中空，上部分枝。基生叶与下部叶具长柄，三出式分裂，裂片边缘具粗大尖锐锯齿；茎上部叶形与基生叶相同，有显著扩展的叶鞘。复伞形花序，花瓣白色。分生果长圆状倒卵形，先端凹陷，背部扁平。花期 7 月，果期 8 ～ 10 月。（图 3–411–1 ～ 3–411–3，见 770 页）

生境与分布 生长于阴湿山坡、林下、沟旁、林缘或草甸子。分布于东北及内蒙古、河北、陕西、山东、江苏、安徽、浙江、江西、湖南、湖北、四川、云南等地。

药用部位 根。

采集加工 春、秋季采挖，除去茎叶及须根，洗净泥土，晒干，切片。

化学成分 全草和果实含香豆素。根含白芷素、佛手柑内酯、异香柠檬内酯、茴芹素、异茴芹素、花椒毒素、β – 蒎烯、D– 柠檬烯、β – 顺式 – 罗勒烯、α – 荜茄醇、α – 松油醇、β – 月桂烯、β – 反式 – 罗勒烯、γ – 萜品烯。

药理作用 给小鼠或大鼠腹腔注射呋喃香豆素化合物，可增强苯巴比妥和磷 – 甲苯尿素的抗惊厥作用。呋喃香豆素化合物并具有降低大鼠体温的作用，具有抗风湿性关节炎的作用。

性味归经 中药：辛、苦，微温。归肺、肝经。蒙药：苦、辛，温。

功能主治 中药：发表，祛风除湿。适用于风寒感冒，头痛，风湿痹痛，腰腿酸痛。

蒙药：杀“粘虫”，止血，燥“希日乌素”。适用于“发症”，结喉，瘟疫，各种出血。

用药警戒 阴虚火旺者慎服。

412. 狭叶短毛独活 *Heracleum moellendorffii* Hance var. *subbipinnatum*（Franch.）Kitagawa

别名 水独活、独活、小法罗海、短毛白芷、布如嘎拉（蒙名）、巴勒其日 – 干那（蒙名）。

识别要点 本变种与短毛独活的区别是，本变种叶二回羽状全裂，末回裂片狭卵状披针形。（图 3–412–1 ～ 3–412–2，见 770 页）

生境与分布 生于山坡阴湿的灌丛林下。分布于东北、四川、湖北等地。

药用等参考短毛独活。

（一百八十三）藁本属 *Ligusticum* L.

药用记载 细叶藁本 *Ligusticum tenuissimum*（Nakai）Kitagawa 的根和根茎在《中华本草》中记载为细叶藁本。岩茴香 *L. tachiroei*（Franch. et Sav.）Hiroe et Constance 的根在《中华本草》中记载为岩茴香。

413. 细叶藁本 *Ligusticum tenuissimum*（Nakai）Kitagawa

别名 藁本、岩茴香。

识别要点 多年生草本。根分叉，深褐色，有深烈香气。茎圆柱形，中空，具纵条纹，带紫色，上部分枝呈“之”字形弯曲。基生叶具长柄，早枯；茎下部叶柄基部稍扩大呈鞘状，上部叶柄渐短以至全部成鞘；总苞片 1 ～ 2，线形，边缘膜质白色，常早落；伞辐略不等长，内侧粗糙；花柄不等长；萼齿不明显；花瓣白色，倒卵形，先端微凹；花柱后期向下反曲。分生果椭圆形，背棱凸起，侧棱扩大成翅；棱槽内有油管 1，合生面油管 2。花期 8 ～ 9 月，果期 9 ～ 10 月。（图 3-413-1 ～ 3-413-2，见 770 页）

生境与分布 生长于多石质山坡、高山林下。分布于东北、河南、安徽、浙江。

药用部位 根和根茎。

采集加工 秋季采挖，除去茎叶，洗净，晒干。

性味归经 辛、苦，温。归肺经。

功能主治 疏风除湿，散寒止痛。适用于风寒感冒，感冒夹湿，头痛，风寒湿痹，寒疝痛。

414. 岩茴香 *Ligusticum tachiroei*（Franch. et Sav.）Hiroe et Constance

别名 细叶藁本、桂花三七、柏子三七。

识别要点 多年生草本。根颈粗短，根圆锥形，常分叉。茎较细弱，上部分枝，基部被有残留叶鞘纤维。基生叶叶柄基部略膨大成鞘；叶片轮廓卵形，三回羽状全裂，末回裂片线形；茎上部叶与基生叶同形，无柄，裂片数减少，顶部叶常简化成叶鞘。复伞形花序顶生或侧生，花瓣白色，花柱基圆锥形，花柱向下反曲。分生果卵状长圆形，每棱槽内有油管 1，合生面有油管 2，胚乳腹面平直。花期 7 ～ 8 月，果期 8 ～ 9 月。（图 3-414-1 ～ 3-414-3，见 771 页）

生境与分布 生长于河岸湿地、石砾荒原及岩石缝内。分布于华北及吉林、辽宁、安徽、浙江、河南等地。

药用部位 根。

采集加工 秋季采挖，除去茎叶，洗净，切片晒干。

性味归经 辛，微温。归心、肺经。

功能主治 疏风发表，行气止痛，活血调经。适用于伤风感冒，头痛，胸痛，脘腹胀痛，风湿痹痛，月经不调，崩漏，跌打伤肿。

（一百八十四）香根芹属 *Osmorhiza* Rafin.

药用记载 香根芹 *Osmorhiza aristata*（Thunb.）Makino et Yabe Bot. 的全草在《全国中草药汇编》中记载为香根芹；根在《中药大辞典》中记载为香根芹，在《中华本草》中记载为香根芹根。

415. 香根芹 *Osmorhiza aristata*（Thunb.）Makino et Yabe Bot.

别名 东北香根芹、野胡萝卜。

识别要点 多年生草本。根粗硬，有香气。茎直立，上部稍分枝，有白色柔毛或无毛。叶为二回三出式复叶，末回羽叶卵形或长椭圆形，边缘有粗锯齿或浅裂，两面有柔毛。伞形花序顶生，花白色。果实线状倒披针形，有伏生向上的白色刚毛，顶端有 2 宿存花柱。花期 6 ～ 8 月，果期 7 ～ 9 月。（图

3-415-1 ～ 3-415-2，见 771 页）

生境与分布 生长于灌木林及草丛中。分布于东北、华东、华中及西南各地。

药用部位 全草、根。

采集加工 全草：夏季采集，洗净、切段，晒干。根：夏秋季采挖，去其茎叶，洗净，晒干。

化学成分 根茎含紫茎芹醚、烯丙基、甲氧基苯、茴香醚、甲基胡椒酚、茴香醛、苯甲醛、甾醇。

性味归经 辛，温。归肝、肺经。

功能主治 全草：散寒发表，止痛。适用于风寒感冒，头顶痛，周身疼痛等症。根：健脾消食，养肝明目。适用于消化不良，夜盲症。

（一百八十五）山芹属 *Ostericum* Hoffm.

药用记载 山芹 *Ostericum sieboldii*（Miq.）Nakai 的全草在《中华本草》中记载为山芹；根在《中华本草》中记载为山芹根。

416. 山芹 *Ostericum sieboldii*（Miq.）Nakai

别名 山芹独活、小芹当归、青翅当归、秦陇当归、米格当归、望天芹、山芹当归、山芹菜、大叶芹、短果回芹。

识别要点 多年生草本。主根粗短，有分枝，黄褐色至棕褐色。茎中空，有较深的沟纹，光滑或基部有短柔毛，上部分枝。基生叶基部膨大成抱茎的鞘；基生叶及茎生叶均为二至三回三出式羽状分裂；叶片边缘有内曲的圆钝齿或缺刻状齿；茎顶部的叶简化为无叶的叶鞘。复伞形花序顶生或侧生，萼齿卵状三角形；花瓣白色，长圆形。双悬果长圆形至卵形。花期 8 ～ 9 月，果期 9 ～ 10 月。（图 3-416-1 ～ 3-416-2，见 771 ～ 772 页）

生境与分布 生长于山坡、草地、山谷、林缘和林下。分布于东北、内蒙古、山东、江苏、安徽、浙江、江西、福建、湖南等地。

药用部位 全草、根。

采集加工 全草：夏、秋季采收，鲜用或晒干。根：春秋季采挖，去其茎叶，洗净，晒干。

性味归经 辛、苦，平。归心经。

功能主治 全草：解毒消肿。适用于乳痈，疮肿。根：发表散风，祛湿止痛。适用于感冒头痛，风湿痹痛，腰膝酸痛。

（一百八十六）棱子芹属 *Pleurospermum* Hoffm.

药用记载 棱子芹 *Pleurospermum camtschaticum* Hoffm. 的茎叶在《中华本草》中记载为棱子芹；根在《中华本草》中记载为棱子芹根；全草入蒙药和藏药，在《晶珠本草》中记载为责。

417. 棱子芹 *Pleurospermum camtschaticum* Hoffm.　　FOC修订为 *Pleurospermum uralense* Hoffmann（乌拉尔棱子芹）

别名　责（藏名）。

识别要点　多年生草本。根粗壮。茎中空，表面有细纵棱。基生叶或茎下部的叶有较长的柄；叶片宽卵状三角形，边缘有缺刻状牙齿；茎上部的叶有短柄。顶生复伞形花序大；总苞片多数，线状或披针形，羽状分裂或全裂，外折，脱落；伞辐不等长，侧生复伞形花序较小；小总苞片 6 ～ 9，全缘或分裂；花柄有糙毛；花白色；花药黄色。果实卵形，果棱狭翅状，表面密生水沟状微凸起，每棱槽有油管 1，合生面油管 2。花期 7 月，果期 8 月。（图 3–417–1 ～ 3–417–2，见 772 页）

生境与分布　生长于山坡草地及林缘。分布于东北、华北等地。

药用部位　茎叶、根入中药；全草入蒙药。

采集加工　茎叶：夏季采收，晒干。根：夏季采挖，去其茎叶，洗净，晒干。全草：夏季采收，除去杂质，洗净泥土，晒干，切段备用。

性味归经　茎叶：苦，寒。根：辛、苦，温。归肺经。全草：苦、寒、钝、轻、糙（蒙）；苦、凉（藏）。

功能主治　茎叶：清热解毒。适用于外感发热，梅毒，药物和食物中毒。根：燥湿止带。适用于带下清稀，蛇咬伤。全草：清热解毒。适用于药物或食物中毒，发烧，梅毒。

（一百八十七）前胡属 *Peucedanum* L.

药用记载　石防风 *Peucedanum terebinthaceum*（Fisch.）Fisch. ex Turcz. 的根在《中药大辞典》《中华本草》中记载为石防风。

418. 石防风 *Peucedanum terebinthaceum*（Fisch.）Fisch. ex Turcz.

别名　小芹菜、山香菜、珊瑚菜、山葵、前胡、哈丹 – 疏古日根（蒙名）。

识别要点　多年生草本，根颈稍粗。根长圆锥形，直生。通常为单茎，直立，圆柱形，具纵条纹。基生叶有长柄，叶片轮廓为椭圆形至三角状卵形，茎生叶与基生叶同形，但较小，无叶柄，仅有宽阔叶鞘抱茎，边缘膜质。复伞形花序多分枝，总苞片无或有 1 ～ 2；花瓣白色，具淡黄色中脉，倒心形；萼齿细长锥形，很显著；花柱基圆锥形。分生果背棱和中棱线形凸起，侧棱翅状，厚实；每棱槽内有油管 1，合生面油管 2。花果期 7 ～ 10 月。（图 3–418–1 ～ 3–418–3，见 772 页）

生境与分布　生长于山坡草地、林下及林缘。分布于东北、内蒙古、河北等地。

药用部位　根。

采集加工　秋季采挖根，洗净晒干。

化学成分　根中含异环氧布特雷辛。果实中含 β – 谷甾醇、豆甾醇、紫花前胡素、伞形花内酯、德尔妥因。

性味归经　苦、辛，凉。归肺、肝经。

功能主治　散风清热，降气祛痰。适用于感冒，咳嗽，痰喘，头风眩痛。

419. 兴安前胡 *Peucedanum baicalense*（Redow.）Koch

别名　兴安石防风。

识别要点　多年生草本。根颈较长且粗壮，褐色。茎单一，圆柱形，光滑无毛。基生叶多数，叶柄基部具狭窄短小叶鞘；叶片轮廓长圆形，羽片无柄，长卵形，全裂，灰绿色，边缘反曲，有叶鞘抱茎。复伞形花序略呈伞房状排列，花瓣倒心形，白色；萼齿细小尖锐；花柱叉开，花柱基扁圆锥形。分生果椭圆形，背棱及中棱线形凸起，侧棱狭翅状；每棱槽内有油管 1，合生面油管 2。花期 7 ～ 8 月，果期 8 ～ 9 月。（图 3–419–1 ～ 3–419–2，见 773 页）

生境与分布　生长于砂质山坡、石砾或樟子松林下砂质土坡。分布于黑龙江、内蒙古。

药用部位　根。

采集加工　秋、冬季挖取根部，除去地上茎及泥土，晒干。

化学成分　根含前胡素、前胡香豆精、补骨脂素、5– 甲氧基补骨脂素、8– 甲氧基补骨脂素、左旋白花前胡醇、印度榅桲苷、茴芋苷、靶香呋喃香豆醇葡萄糖苷、异芸香呋喃香豆醇葡萄糖苷、东莨菪苷、白花前胡苷、D– 甘露醇、β – 谷甾醇、半乳糖醇、胡萝卜苷。

药理作用　①钙拮抗剂作用：乙醇提取物对抗由乙酰胆碱和组胺引起的离体豚鼠回肠收缩。②对原发性血小板凝集有促进作用。③有祛痰作用，且作用时间较长。④能增加心冠脉血流量，但不影响心主率和心收缩力，对小鼠具有耐缺氧作用，对离体豚鼠心脏有浓度依赖性抑制左心房收缩力的作用。

性味归经　苦、辛，微寒。归肺、脾、肝经。

功能主治　疏散风热，降气化痰。适用于外感风热，肺热痰郁，咳喘痰多，痰黄稠黏，呃逆食少，胸膈满闷。

用药警戒　气虚血少者慎用。

（一百八十八）变豆菜属 *Sanicula* L.

药用记载　红花变豆菜 *Sanicula rubriflora* Fr. Schmidt 的根在《中华本草》中记载为鸡爪芹。

420. 红花变豆菜 *Sanicula rubriflora* Fr. Schmidt

别名　紫花变豆菜、鸡爪芹。

识别要点　多年生草本。根茎短，有许多细长须根。茎直立，单一，花莛状，下部不分枝。基生叶多数；叶片圆心形或肾圆形，掌状 3 全裂，侧裂片宽倒卵形，边缘有尖齿或芒状齿。总苞片叶状，边缘有锯齿。伞形花序三出；小伞形花序多花；花瓣淡红色至紫红色。果实卵形或卵圆形，基部有瘤状凸起，上部有淡黄色或金黄色的钩状皮刺，分生果横剖面卵形，有油管 5。花、果期 6 ～ 9 月。（图 3–420–1 ～ 3–420–4，见 773 页）

生境与分布　生长于山地、林缘、山坡、草地、山涧溪流旁及阔叶林、杂木林林下。分布于东北及内蒙古等地。

药用部位　根。

采集加工 夏季采挖，洗净，晒干。

性味归经 淡，平。归肾经。

功能主治 利尿。适用于小便不利。

（一百八十九）防风属 *Saposhnikovia* Schischk.

药用记载 防风 *Saposhnikovia divaricate*（Turcz.）Schischk. 的根在《中国药典》《中药大辞典》《中华本草》中记载为防风；花在《中药大词典》《中华本草》中记载为防风花；叶在《中药大词典》《中华本草》中记载为防风叶。

421. 防风 *Saposhnikovia divaricate*（Turcz.）Schischk.

别名 北防风、官防风、旁风、茴芸、茴草、百枝、闾根、百蜚、屏风、风肉铜芸、哲里根呢（蒙名）。

识别要点 多年生草本、体无毛。茎粗壮、基部密生褐色纤维状的叶柄残基。叶丛生，有扁长的叶柄，基部有宽叶鞘，稍抱茎，叶片卵形或长圆形，二至三回羽状分裂，有宽叶鞘。伞形花序多数，生于茎和分枝顶端，花瓣 5，倒卵形，白色，无毛，先端微凹、具内折小舌片，子房下位，2 室，花柱 2。双悬果狭圆形或椭圆形、幼时有疣状凸起，双分果悬挂在二果柄的顶端，有棱，每棱槽内有油管 1，合生面有油管 2。花期 8 ～ 9 月，果期 9 ～ 10 月。（图 3–421–1 ～ 3–421–4，见 774 页）

生境与分布 野生于丘陵地带山坡草丛中或田边、路旁及高山中、下部。分布于东北、华北及陕西、甘肃、宁夏、山东等地。

药用部位 根、花、叶。

采集加工 根：春、秋二季采挖未抽花茎植株的根，除去须根及泥沙，晒干。除去杂质，洗净，润透，切厚片，干燥。花：8 ～ 9 月花开时采收，阴干。叶：夏季采收，晒干。

化学成分 根含防风色酮醇、升麻素、升麻素苷、香柑内酯、补骨脂素、欧前胡内酯、珊瑚菜素、德尔妥因、花椒毒素、川白芷内酯、东莨菪素、印度榅桲素、人参炔醇、镰叶芹二醇、防风酸性多糖、β–甜没药烯、β–桉叶醇、β–谷甾醇、甘露醇、香草酸等。

药理作用 ①水煎剂具有镇痛作用。②水煎剂可使小鼠自发活动明显减少。③水煎剂对用巴豆油合剂涂右耳致炎的小鼠有抗炎作用。④对某些病原菌有抑菌作用。⑤防风有抑制迟发型超敏反应的作用。⑥防风水煎液在 1 ～ 2h 内解热作用明显。

性味归经 根：辛、甘，温。归膀胱、肝、脾经。花：辛，微温。归脾、胃、肝经。

功能主治 根：解表祛风，胜湿，止痒，止痉，止痛。适用于感冒头痛，目眩项强，风湿痹痛，风疹瘙痒，骨节酸痛，四肢挛急，腹痛泄泻，肠风下血，破伤风。花：理气通络止痛。适用于脘腹痛，四肢拘急，行履不得，经脉虚羸，骨节间疼痛。叶：中风热汗出。

用药警戒 血虚痉急或头痛不因风邪者忌服。

（一百九十）泽芹属 *Sium* L.

药用记载 泽芹 *Sium suave* Walt. 的地上部分在《中华本草》中记载为苏土藁本；全草在《全国中草药汇编》中记载为泽芹。

422. 泽芹 *Sium suave* Walt.

别名 狭叶泽芹、山藁本、甜根。

识别要点 多年生草本，全体无毛，具成束的纺锤形的根和须根。茎直立，粗大有条纹，光滑，呈圆柱形，节明显。叶矩圆形至卵形，一回羽状复叶，小叶片无柄，远离，条状披针形至线形，边缘有细或粗锯齿，上部茎生叶较小，手搓叶片，有清香气。复伞形花序顶生和侧生，总花梗粗壮，总苞片披针形或线形，尖锐，全缘或有锯齿，反折，花白色，萼齿细小，花柱基短圆锥形，双悬果卵形，果棱显著。花期 8 ～ 9 月，果期 9 ～ 10 月。（图 3–422–1 ～ 3–422–4，见 774 页）

生境与分布 生长于沼泽、湿草甸子、溪边、水边较潮湿处。分布于东北、华北、华东。

药用部位 地上部分或全草。

采集加工 夏秋采收，鲜用或晒干。

性味归经 甘、平。归肺、肝经。

功能主治 散风寒，止头痛，降血压。适用于治感冒头痛，高血压，头痛，眩晕，普通感冒。

（一百九十一）迷果芹属 *Sphallerocarpus* Bess.

药用记载 迷果芹 *Sphallerocarpus gracilis*（Bess.）Kpol 的根及根茎在《晶珠本草》中记载为加果。

423. 迷果芹 *Sphallerocarpus gracilis*（Bess.）Kpol

别名 黄葯、小叶山红萝卜、黄参、达扭、东北迷果芹、加果（西藏）。

识别要点 多年生草本。根块状或圆锥形。茎圆形，多分枝，有细条纹。基生叶早落或凋存；茎生叶 2 ～ 3 回羽状分裂，通常表面绿色，背面淡绿色，无毛或疏生柔毛；叶柄基部有阔叶鞘，鞘棕褐色，边缘膜质。复伞形花序顶生和侧生；花白色；花瓣倒卵形，花丝与花瓣同长或稍超出。果实椭圆状长圆形，背部有 5 条凸起的棱。花果期 6 ～ 10 月。（图 3–423–1 ～ 3–423–2，见 775 页）

生境与分布 生长于山坡路旁、村庄附近、菜园以及荒草地上。分布于东北、内蒙古、河北、山西、青海、甘肃以及新疆等地。

药用部位 根及根茎。

采集加工 秋季挖取根部，洗净泥土，晒干备用。

性味归经 辛、苦、甘，温。归肾经。

功能主治 祛肾寒，敛黄水，祛风除湿。适用于痹证，肾寒病，黄水病，风湿性关节炎。

（一百九十二）窃衣属 *Torilis* Adans.

药用记载 小窃衣 *Torilis japonica*（Houtt.）DC. 的果实或全草在《全国中草药汇编》中记载为窃衣。

424. 小窃衣 *Torilis japonica*（Houtt.）DC.

别名 华南鹤虱、水防风、大叶山胡萝卜、破子草。

识别要点 一年生或多年生草本。全株有贴生短硬毛。茎单生，有分枝，有细直纹和刺毛。叶卵形，一至二回羽状分裂。复伞形花序顶生和腋生；总苞片通常无；小总苞片 5 ～ 8，钻形或线形；小伞形花序有花 4 ～ 12；花瓣白色，倒圆卵形，先端内折。果实长圆形，有内弯或呈钩状的皮刺，粗糙，每棱槽下方有 1 油管。花、果期 4 ～ 10 月。（图 3–424–1 ～ 3–424–4，见 775 ～ 776 页）

生境与分布 生长于杂木林下、林缘、路旁、沟边及溪边草丛中。分布于全国各地。

药用部位 果实或全草。

采集加工 夏末秋初采收，晒干或鲜用。

化学成分 含 α – 侧柏烯、α – 蒎烯、β – 蒎烯、樟烯、3– 蒈烯、α – 水芹烯、柠檬烯、β – 水芹烯、γ – 松油烯、对 – 聚伞花素、β – 丁香烯、乙酸龙脑酯、乙酸牻牛儿酯、窃衣素、葎草烯、左旋大牻牛儿烯、氧化窃衣内酯、窃衣醇酮等。

性味归经 苦、辛，平。归脾、大肠经。

功能主治 杀虫止泻，收湿止痒。适用于虫积腹痛，泻痢，疮疡溃烂，阴痒带下，风湿疹。

五十九、鹿蹄草科 Pyrolaceae

（一百九十三）鹿蹄草属 *Pyrola* L.

药用记载 红花鹿蹄草 *Pyrola incarnata* Fisch.ex Dc. 的全草在《中国药典》《中华本草》中记载为鹿衔草。兴安鹿蹄草 *P. dahurica*（H. Andr.）Kom. 在《中药大辞典》中记为鹿衔草。日本鹿蹄草 *Pyrola japonica* Klenze ex Alef. 在《中华本草》中记载为鹿衔草。

425. 红花鹿蹄草 *Pyrola incarnata* Fisch. ex Dc.　　FOC 修订为 *Pyrola asarifolia* Michx. subsp.*incarnata*（DC.）E. Haber et H. Takahashi

别名 红肺筋草、鹿寿茶、鹿安茶、鹿含草、破血丹。

识别要点 植株较大。叶片较大，近圆形、圆卵形至卵状椭圆形，两面有时带紫色。花莛上的鳞片状叶狭长圆形或长圆状卵形；萼片三角状宽披针形，花冠紫色；花柱伸出花冠。蒴果带紫红色。花期 6 ～ 7 月，果期 8 ～ 9 月。（图 3–425–1 ～ 3–425–4，见 777 页）

生境与分布　生长于针叶林、针阔叶混交林或阔叶林下。分布于华北及吉林、辽宁、新疆、河南。

药用部位　全草。

采集加工　全年可采。将全草连根挖出，洗净泥土，晒至叶片较软略抽缩时，堆压发热，使叶片两面变成紫红色或紫褐色，再晒干。

化学成分　含高熊果酚苷、异高熊果酚苷、6–O– 没食子酰高熊果酚苷、右旋儿茶精、左旋表儿茶精没食子酸酯、原矢车菊素、没食子酸酯、金丝桃苷等。

药理作用　①鹿蹄草素、槲皮素和金丝桃苷抗菌谱广，对鼠疫杆菌、真菌有抑制作用。抑制病毒蛋白和 RNA 合成。有甾体抗炎药作用。②水提液具有明显的扩张血管作用，可增加离体四肢、耳、冠状动脉与脑部血流量，还能增加心肌营养性血流量，降低脑血管阻力。所含金丝桃苷具有较强的止咳和祛痰作用。③所含齐墩果酸有保护肝作用。熊果酸能降低血清转氨酶。另外，齐墩果酸和鹿蹄草苷亦具有利尿作用。④能增加胸腺、脾脏质量和促进淋巴细胞转化，表明对免疫功能有促进作用。⑤雌性小鼠每日服鹿衔草煎剂共 10 天，第 5 天起与雄鼠合笼共 1 月，抑制生育达 100%。服药 10 ～ 30 天，可抑制发情期，引起子宫与卵巢萎缩。

性味归经　甘、苦，温。归肝、肾经。

功能主治　祛风湿，强筋骨，止血。适用于风湿痹痛，腰膝无力，月经过多，久咳劳嗽。

用药警戒　阴虚火旺有热者忌用、孕妇忌服。

426. 兴安鹿蹄草 *Pyrola dahurica*（H. Andr.）Kom.

别名　冬绿、鹿蹄草。

识别要点　多年生常绿草本。地下茎细长，匍匐或直伸，有不明显的节，每节具鳞片 1 枚，鳞腋生出分枝纤细的不定根。叶于基部丛生；叶片圆形至卵圆形，全缘或具细疏圆齿，边缘向后反卷，侧脉近羽状，明显；下面常呈灰蓝绿色。总状花序，花小，萼片为狭披针形，花瓣 5 片，椭圆形，白色或稍带粉红色；雄蕊 10；雌蕊 1，子房扁球形，花柱肉质，弯曲，柱头 5 裂先端有明显的环状凸起。蒴果扁球形，具 5 棱，成熟时开裂，花萼宿存。花期 5 ～ 6 月，果期 9 ～ 10 月。（图 3–426–1 ～ 3–426–2，见 777 页）

生境与分布　生长于山林中树下或阴湿处。分布于东北、内蒙古等地。

药用部位　全草。

采集加工　全年可采。将全草连根挖出，洗净泥土，晒至叶片较软略抽缩时，堆压发热，使叶片两面变成紫红色或紫褐色，再晒干。

化学成分　全草含熊果酚苷、鞣质、肾叶鹿蹄草苷、蔗糖酶、苦杏仁酶等。干叶含高熊果酚苷、异高熊果酚苷。

药理作用　①有强心作用。②有降压作用。

性味归经　辛、苦，温。归肝、肾经。

功能主治　补虚益肾，祛风除湿，活血调经。适用于虚弱咳嗽，劳伤吐血，风湿关节痛，崩漏，白带异常，外伤出血。

427. 日本鹿蹄草 *Pyrola japonica* Klenze ex Alef.

别名 鹿衔草。

识别要点 常绿草本状小半灌木；根茎细长。叶基生，近革质，椭圆形或卵状椭圆形，稀广椭圆形，先端圆钝，基部近圆形或圆楔形，边缘近全缘或有不明显的疏锯齿，上面深绿色；叶柄有狭翼。总状花序，花倾斜，半下垂，花冠碗形，白色；萼片披针状三角形，花瓣倒卵状椭圆形或卵状椭圆形，雄蕊 10，花柱伸出花冠。蒴果扁球形。花期 6 ～ 7 月；果期 8 ～ 9 月。（图 3–427–1 ～ 3–427–3，见 777 ～ 778 页）

生境与分布 生于针阔叶混交林或阔叶林内。分布于东北、内蒙古、河北、河南。

药用部位 全草。

采集加工 9 ～ 10 月采收全草。除去杂草，晒至发软，堆积发汗，盖麻袋等物，使叶片变紫红或紫褐色后，晒或炕干。

化学成分 含鹿蹄草苷、高熊果酚苷、熊果酚苷、甲基熊果酚苷、槲皮素、十一烷、β－谷甾醇、齐墩果酸、熊果酸。

药理作用 ①鹿蹄草浸剂对衰弱的蛙心有增加心肌收缩力、抗心律不齐的作用，但对正常离体蛙心作用不显著。它还可使犬、兔心肌收缩力增强，血管显著扩张，血压下降，叶的作用比根、茎强。有改善心肌营养性血流的作用。另外，鹿蹄草水煎液也能明显增加小鼠心肌营养性血流量和组织（肝、肾、脾、脑）血流量，并能明显升高血浆 cAMP 含量。②鹿蹄草水煎剂对金黄色葡萄球菌、溶血性链球菌、肺炎球菌、脑膜炎球菌、福氏痢疾杆菌、伤寒杆菌及绿脓杆菌等有抑制作用，鹿蹄草素对金黄色葡萄球菌、伤寒杆菌、绿脓杆菌、变形杆菌、宋内氏痢疾杆菌及大肠杆菌也均有抑制作用。③鹿衔草煎剂抑制生育，抑制发情期，引起子宫与卵巢萎缩。④鹿蹄草水煎液能提高活性 E—玫瑰花结形成；还能促进淋巴细胞转化。⑤所含熊果苷口服后在体内迅速水解产生氢酮，与葡萄糖醛酸结合，在碱性尿中可游离出氢醌而有杀菌作用。但治疗尿路感染效力不强。

性味归经 甘、苦，温。归肝、肾经。

功能主治 补肾强骨，祛风除湿，止咳，止血。适用于肾虚腰痛，风湿痹痛，筋骨痿软，新久咳嗽，吐血，衄血，崩漏，外伤出血。

（一百九十四）水晶兰属 *Monotropa* L.

药用记载 松下兰 *Monotropa hypopitys* L. var. *hypopitys* 的全草在《中华本草》中记载为松下兰。

428. 松下兰 *Monotropa hypopitys* L. var. *hypopitys*

别名 地花、土花。

识别要点 多年生草本，腐生，全株无叶绿素，白色或淡黄色，肉质，干后变黑褐色。根细而分枝密。叶鳞片状，直立，互生，上部较稀疏，下部较紧密，卵状长圆形或卵状披针形，先端钝头，边缘近全缘，上部常有不整齐的锯齿。总状花序有 3 ～ 8 花；花初下垂，后渐直立，花冠筒状钟形，萼片长圆状卵形，花瓣长圆形或倒卵状长圆形，先端钝，上部有不整齐的锯齿，早落；雄蕊短于花冠，子房无毛，柱头膨大成漏斗状。花期 6 ～ 7（8）月；果期 7 ～ 9 月。（图 3–428–1 ～ 3–428–3，见 778 页）

生境与分布　生于海拔山地阔叶林或针阔叶混交林下。分布于吉林、辽宁、山西、陕西、青海、甘肃、新疆、湖北、四川。

药用部位　全草、根。

采集加工　7 ～ 8 月采集全草，整理干净，晒干。

性味归经　苦，平。归肺、脾经。

功能主治　全草：镇咳，补虚。适用于痉挛性咳嗽，气管炎及虚弱证。根：利尿。适用于小便不利。

六十、杜鹃花科 Ericaceae

（一百九十五）杜鹃花属 *Rhododendron* L.

药用记载　兴安杜鹃 *Rhododendron dauricum* L. 的叶在《中国药典》《中药大辞典》《中华本草》中记载为满山红；根在《中药大辞典》中记载为满山红根；干燥叶经水蒸气蒸馏得到的挥发油在《中国药典》中记载为满山红油。照山白 *Rhododendron micranthum* Turcz. 在《全国中草药汇编》《中药大辞典》《中华本草》中记载为照山白。

429. 兴安杜鹃 *Rhododendron dauricum* L.

别名　东北满山红、迎山红、靠山红、山崩子、映山红、达子香、金达莱。

识别要点　半常绿灌木，树皮淡灰色。多分枝，小枝细而弯曲，暗灰色，有鳞片和柔毛。芽卵形，鳞片广卵形。叶互生；有微毛；叶片近革质，集生于小枝上部，椭圆形或卵状长圆形，基部楔形，全缘，上面深绿色，散生白色腺鳞，下面淡绿色，密生腺鳞，冬季卷成筒状，揉后有香气。花生于枝顶，先叶开放，粉红色或紫红色；萼片短小，分裂，外面密生鳞片；花冠漏斗状，5 裂，外生柔毛；雄蕊 10，伸出花冠；子房 1，花柱比花瓣长，宿存。蒴果长圆形，先端开裂。花期 5 ～ 6 月，果期 7 ～ 8 月。（图 3–429–1 ～ 3–429–3，见 778 ～ 779 页）

生境与分布　生长于山脊、山坡及林内酸性土壤上。分布于东北、吉林及内蒙古等地。

药用部位　叶、根。

采集加工　叶：夏、秋二季采收，阴干。根：随时可采，鲜用或切片晒干。

化学成分　叶含金丝桃苷、异金丝桃苷、杜鹃素、愈创木薁、8– 去甲杜鹃素、萹蓄苷、山柰酚、槲皮素、杨梅树皮素、杜鹃黄素、二氢槲皮素、棉花皮素、东莨菪素、伞形花内酯、香草酸、香荚兰酸、对 – 羟基苯甲酸、没食子酸、原儿茶酸、丁香酸、杜鹃醇、大牻牛儿酮和桧脑等。嫩枝中还含熊果酸等三萜类成分。

药理作用　①所含杜鹃素有祛痰、止咳、平喘的作用。②所含愈创木薁有抗炎和兴奋子宫作用。③有降压作用。④有一定的镇痛作用。⑤丁香酸有镇静和局部麻醉作用，其作用有剂量依赖关系。⑥杜鹃素在体外能抑制大鼠气管－肺组织呼吸。

性味归经　辛、苦，温。归肺、脾经。

功能主治　叶及油：止咳，祛痰。适用于急、慢性支气管炎，咳嗽肠炎痢疾。根：止痢。

430. 迎红杜鹃 *Rhododendron mucronulatum* Turcz.

别名　金达莱、达子香、满山红。

识别要点　落叶灌木，分枝多。幼枝细长，疏生鳞片。叶片质薄，椭圆形或椭圆状披针形。花序腋生枝顶或假顶生，先叶开放，伞形着生，花芽鳞宿存。花冠宽漏斗状，淡红紫色，外面被短柔毛，无鳞片；雄蕊稍短于花冠，花柱光滑，长于花冠。蒴果长圆形。花期 4 ～ 6 月，果期 5 ～ 7 月。（图 3–430–1 ～ 3–430–4，见 779 页）

生境与分布　生长于山地灌丛。分布于内蒙古、辽宁、河北、山东、江苏北部。

药用等参考兴安杜鹃。

431. 高山杜鹃 *Rhododendron lapponicum*（L.）Wahl.

别名　小叶杜鹃。

识别要点　茎直立，多分枝，幼枝淡绿色，密生鳞片，老枝深褐色，皮剥落。叶小，互生，近革质，叶片长椭圆形，先端圆钝，具短尖头，基部楔形，下延至叶柄，两面密被鳞片。顶生伞形花序，排成头状，花梗极短，花萼 5 深裂，花冠钟状，蓝紫色，上部 5 裂，裂片圆形，开展；雄蕊 10，伸出花冠外，子房 1，密被鳞片，花柱细长，柱头头状。蒴果卵形，花萼宿存。花期 6 ～ 7 月，果期 8 ～ 9 月。（图 3–431–1 ～ 3–431–2，见 779 页）

生境与分布　生长于高山草原、灌丛林或杂木林中。分布于吉林、内蒙古。

药用部位　叶及嫩枝。

采集加工　夏季采收，阴干。

性味归经　辛，温。归肺经。

功能主治　祛痰止咳，暖胃止痛。适用于咳喘多痰，胃寒腹痛。

432. 照山白 *Rhododendron micranthum* Turcz.

别名　万经棵、铁石茶、白镜子。

识别要点　常绿灌木，茎灰棕褐色；枝条细瘦。幼枝被鳞片及细柔毛。叶近革质，倒披针形、长圆状椭圆形至披针形，顶端钝，急尖或圆，具小突尖，基部狭楔形；花冠钟状，外面被鳞片，内面无毛，花裂片 5，较花管稍长；雄蕊 10，子房长 5 ～ 6 室。蒴果长圆形。花期 5 ～ 6 月，果期 8 ～ 11 月。（图 3–432–1 ～ 3–432–4，见 780 页）

生境与分布　生于山坡灌丛、山谷、峭壁及石岩上。分布于东北、华北、西北地区及山东、河南、湖北、湖南、四川等省。

药用部位　枝叶。

采集加工　夏、秋季采收，鲜用或晒干。

化学成分　叶中含对－羟基苯甲酸、原儿茶酸、香草酸和丁香酸、槲皮素、棉花皮素、山柰酚、梫木毒素、金丝桃苷和紫云英苷。

药理作用　①所含总黄酮对小鼠氨雾法致咳有明显镇咳作用。②对小鼠酚红排泌法表明有祛痰作用。③所含莨菪亭体外试验，明显对抗组胺、乙酰胆碱引起的豚鼠离体气管平滑肌有收缩作用。

性味归经　苦、辛，温；有毒。归心、肺、大肠经。

功能主治　止咳化痰，祛风通络，调经止痛。适用于咳喘痰多，风湿痹痛，腰痛，月经不调，痛经，骨折。

用药警戒　据报道其枝叶具有毒性，用时要特别注意。

（一百九十六）越橘属 *Vaccinium* L.

药用记载　笃斯越橘 *Vaccinium uliginosum* L. 在近代的研究中证明，其功能性成分含量均高于越橘，故与越桔等同入药。果实在《中药大辞典》《中华本草》中记载为越橘果，叶在《全国中草药汇编》中记载为越橘。

433. 笃斯越橘 *Vaccinium uliginosum* L.

别名　笃斯、黑豆树、甸果、地果、龙果、蛤塘果、蓝莓、讷日苏（蒙名）、吉厄特、吾格特（鄂伦春语）。

识别要点　灌木，多分枝，幼枝有微柔毛，老枝无毛。单叶互生，叶片纸质，倒卵形，花常 1 ～ 3 朵集生于去年生枝梢或叶腋处。花小，钟状，呈绿白色；浆果椭圆形或扁球形，蓝紫色，有白霜。花期 6 月，果期 7 ～ 8 月。（图 3–433–1 ～ 3–433–2，见 780 页）

生境与分布　生长于山坡落叶松林下、林缘、高山草原、沼泽湿地。分布于东北、西北。

药用部位　果实。

采集加工　7 ～ 8 月果实成熟时采集，速冻备用。

化学成分　花色苷，果胶，单宁，熊果苷，熊果酸，维生素 C 和 B 族维生素等多种成分，SOD，柠檬酸，琥珀酸，富马酸，色素类，萜衍生物，矿物元素 D、P、Fe、Zn、K、Ca、Se、Ge、Cu。

药理作用　①拥有抗氧化的功能，可以减低癌症发生的概率。②所含花青素能够延缓记忆力衰退和预防心脏病的发生，花青素能通过血脑屏障，直接保护大脑和神经系统。有抗氧化、抗肿瘤、利尿、消炎、解毒之功效，还有抗衰老保健作用等。笃斯越橘花青素提取物能有效抑制 3T3–L1 前脂肪细胞生长的作用，具有开发为天然抗肥胖功能因子的潜在可能。

性味归经　苦，平，无毒。归肾经。

功能主治　叶：消炎利水。适用于尿道炎。果：收敛祛瘀。适用于眼疲劳、慢性乙肝，预防癌变。

六十一、报春花科 Primulaceae

（一百九十七）点地梅属 *Androsace* L.

药用记载 点地梅 *Androsace umbellate*（Lour.）Merr. 的全草在《中药大辞典》《中华本草》中记载为喉咙草；在《全国中草药汇编》中记载为点地梅。东北点地梅 *A. filiformis* Retz. 的全草在《全国中草药汇编》《中华本草》中记载为丝点地梅。北点地梅 *A. septentrionalis* L. 的带根全草在《中华本草》中记载为北方点地梅，在《四部医典》记载为达邻 – 套布其。

434. 点地梅 *Androsace umbellate*（Lour.）Merr.

别名 喉咙草、白花珍珠草、天星草、噶蒂慕布（藏名）。

识别要点 多年生矮小草本，全株被白色细柔毛。根细长，具少数分枝。叶簇生于基部；叶片椭圆形或倒披针形，先端钝尖或钝圆，基部渐狭，全缘，上面绿色，下面粉绿。伞形花序生于花茎顶端；花茎自基部抽出，细长，绿色或带紫红色；花小，粉红色。花期 2 ～ 4 月，果期 5 ～ 6 月。（图 3–434–1 ～ 3–434–3，见 781 页）

生境与分布 生长于向阳地、疏林下及林缘、草地等处。分布于东北、华北和秦岭以南各地。

药用部位 全草或果实。

采集加工 清明前后开花时采收全草，晒干。

化学成分 全草含皂苷、鞣质酚类物质和糖类，并有生物碱沉淀反应。

药理作用 ①有明显的强心作用。②对离体肠管和大鼠子宫呈现兴奋作用；对家兔及豚鼠去纤维血均表现较强的溶血现象。

性味归经 苦、辛，微寒。归肺、肝、脾经。

功能主治 清热解毒，消肿止痛。适用于咽喉肿痛，口疮，牙痛，头痛，赤眼，风湿痹痛，哮喘，淋浊，疔疮肿毒，烫火伤，蛇咬伤，跌打损伤。

435. 东北点地梅 *Androsace filiformis* Retz.

别名 报春花、点地梅、喉咙草。

识别要点 全草皱缩，叶莲座状丛生，多皱缩，完整叶片展平后呈长圆形至卵状长圆形，先端钝或稍锐尖，基部渐狭，边缘具稀疏小牙齿，无毛，淡黄色；叶柄纤细，等长于或稍长于叶片。花莛纤细，黄色至红色，上部被短腺毛；伞形花序多花；小花淡黄色。气微，味淡。花期 5 月，果期 6 月。（图 3–435–1 ～ 3–435–2，见 781 页）

生境与分布 生长于草甸草原、山地草甸、林缘及沟谷。分布于东北、内蒙古和新疆等地。

药用部位 全草。

采集加工 5～6月采收，洗净，晒干。

性味归经 苦、辛，寒。归心经。

功能主治 清热解毒，消肿止痛。适用于咽喉肿痛，口疮，牙痛，火眼，偏正头痛，跌打肿痛。

436. 北点地梅 *Androsace septentrionalis* L.

别名 雪山点地梅、喉咙草、鸦日木汤、达邻－套布其（蒙名）。

识别要点 叶基生，近全缘。花莛直立，一至多数，黄绿色，被短腺毛。伞形花序，花冠白色。蒴果倒卵形球状。种子多面体形，棕褐色，具蜂窝状凹眼。花期5～6月，果期6～7月。（图3–436–1～3–436–2，见781～782页）

生境与分布 生长于草甸草原、山地草甸、林缘及沟谷。分布于东北、西北、内蒙古、西藏。

药用部位 带根全草。

采集加工 夏、秋季连根拔起，洗净，晒干。

化学成分 全草含多种点地梅苷。地上部分含有槲皮素、山柰酚、芸香苷、咖啡酸。

性味归经 中药：苦、辛，寒。归心经。蒙药：苦，寒。

功能主治 中药：清热解毒，消肿止痛。适用于咽喉肿痛，口舌生疮，牙龈肿痛，偏正头痛，跌仆损伤。

蒙药：清热，燥“希日乌素”，治伤，消肿，生津。适用于骨蒸劳热，关节疼痛，病后体虚。

437. 长叶点地梅 *Androsace longifolia* Turcz.

别名 矮葶点地梅。

识别要点 多年生草本。主根直长，具少数支根。当年生莲座状叶丛叠生于老叶丛上，无节间；叶同型，线形或线状披针形，灰绿色，下部带黄褐色，先端锐尖并延伸成小尖头，边缘软骨质，两面无毛，仅边缘微具短毛。伞形花序4～7（10）花；苞片线形，花萼狭钟形，分裂达中部，裂片阔披针形或三角状披针形，先端锐尖，被稀疏的短柔毛和缘毛；花冠白色或带粉红色，筒部短于花萼，近全缘或先端微凹。蒴果近球形。花期5月。（图3–437–1～3–437–4，见782页）

生境与分布 生长于多石砾的山坡、岗顶和砾石质草原。分布于黑龙江、宁夏、山西、内蒙古。

药用参考东北点地梅。

（一百九十八）珍珠菜属 *Lysimachia* L.

药用记载 虎尾草（狼尾花）*Lysimachia barystachys* Bunge. 的全草或根茎在《中药大辞典》《中华本草》中记载为狼尾巴花，在《全国中草药汇编》中记载为血经草。黄连花 *Ly. davurica* Ledeb. 的带根全草在《中华本草》中记载为黄连花，在《全国中草药汇编》《中药大辞典》中记载为黄莲花。

438. 虎尾草（狼尾花）*Lysimachia barystachys* Bunge.

别名 血经草、重穗排草、狼尾珍珠菜、狼巴草、红丝毛、酸溜子、狼尾花、活血莲。

识别要点 多年生草本，全株密被柔毛。有根状地下茎，地上茎直立，绿色，有时带红色。叶互生或近对生，线状长圆形至披针形。总状花序顶生；苞片线状钻形；萼片5裂；花冠白色，5裂；雄蕊5，基部连合成筒；雌蕊1。蒴果球形，包于宿存花萼内。花期5～8月，果期8～10月。（图3–438–1～3–438–4，见782～783页）

生境与分布 生长于山坡、草地、路旁灌丛、河滩沙地、田埂。分布于东北、华东、华中、西南及河北、陕西、甘肃等地。

药用部位 全草或根茎。

采集加工 花期采挖，阴干或鲜用。

化学成分 含有山柰酚、槲皮素及生物碱。

性味归经 酸涩、苦，平。归肺、肝、肾经。

功能主治 活血利水，解毒消肿。适用于月经不调，风湿痹痛，水肿，小便不利，咽喉肿痛，乳痈，无名肿毒，跌打损伤。

用药警戒 孕妇忌服。

439. 黄连花 *Lysimachia davurica* Ledeb.

别名 黄莲花。

识别要点 多年生草本。根茎匍匐；茎直立，上部有细腺毛。叶对生，偶3～4片轮生，披针形至狭卵形，散布黑点，基部有细腺毛；无柄。圆锥状或复伞房状圆锥花序，顶生，有细腺毛；花甚多，花萼裂片5，狭三角形，先端锐尖，边缘内方有黑色条状腺体；花冠裂片5，狭卵形，其内面及花丝均有淡黄色粒状细凸起；雄蕊5，花丝基部结合成短筒。蒴果球形，萼宿存。花期6～8月，果期8～9月。（图3–439–1～3–439–4，见783页）

生境与分布 生长于山野湿地或林缘。分布于东北、华北及山东、江苏、浙江、湖北、四川、云南等地。

药用部位 带根全草。

采集加工 盛花期采收，切段，晒干。

性味归经 酸、涩，微寒。归心经。

功能主治 镇静、降压。适用于高血压，头痛，失眠。

（一百九十九）报春花属 *Primula* L.

药用记载 樱草 *Primula sieboldii* E. Morren 的根及根茎在《中华本草》《中药大辞典》中记载为樱草根。胭脂花 *Primula maximowiczii* Regel 的全草在《中华本草》中记载为胭脂花。

440. 樱草 *Primula sieboldii* E. Morren

别名 翠南报春、翠兰花、野白菜。

识别要点 多年生草本，全株有毡毛。叶基生，边缘有不规则波状浅裂。伞形花序着生于花茎顶端，花 5 ~ 9 朵，花冠紫红色至淡红色。蒴果卵形。花期 5 ~ 6 月，果期 6 月。（图 3-440-1 ~ 3-440-4，见 784 页）

生境与分布 生长于山野或疏灌木丛潮湿处。分布于东北、内蒙古、河北、宁夏等地。

药用部位 根及根茎。

采集加工 8 ~ 9 月采挖，洗净，晒干。

化学成分 根含翠蓝草皂苷。

性味归经 甘，平。归肺经。

功能主治 止咳化痰。适用于上呼吸道感染，痰喘咳嗽。

441. 胭脂花 *Primula maximowiczii* Regel

别名 段报春、套日格 – 哈布日西乐 – 其其格（蒙名）。

识别要点 叶基生，莲座形；叶形长圆状倒披针形或倒卵状，基部渐狭下延成柄。花莛粗壮，直立，有 1 ~ 3 轮伞形花序，每轮有花 4 ~ 16 朵。花冠暗红色，裂片长圆形，全缘，通常反折。花期 5 ~ 6 月，果期 7 月。（图 3-441-1 ~ 3-441-4，见 784 ~ 785 页）

生境与分布 生长于亚高山草甸上或山地林下、林缘及潮湿腐殖质丰富的地方。分布于东北、内蒙古、河北、山西、陕西、甘肃、青海等地。

药用部位 全草。

采集加工 5 ~ 6 月采收，晒干。

性味归经 辛、苦，微温。归肝、肾经。

功能主治 祛风定痫，止痛。适用于风湿痹痛，关节疼痛，筋骨疼痛，癫痫，头痛。

六十二、白花丹科 Plumbaginaceae

（二百）白花丹属 *Plumbago* L.

药用记载 白花丹 *Plumbago zeylanica* L. 的全草在《全国中草药汇编》《中药大辞典》《中华本草》中记载为白花丹。

442. 白花丹 *Plumbago zeylanica* L.

别名 白花藤、乌面马、白花谢三娘、天山娘、一见不消、照药、耳丁藤、猛老虎、白花金丝岩陀、白花九股牛、白皂药。

识别要点　常绿半灌木，直立，多分枝；枝条开散或上端蔓状，常被明显钙质颗粒。叶薄，通常长卵形。穗状花序，花轴长，与总花梗皆有头状或具柄的腺；苞片狭长卵状三角形至披针形，先端渐尖或有尾尖；花萼沿绿色部分着生具柄的腺；花冠白色或微带蓝白色，雄蕊约与花冠筒等长，花药蓝色，花柱无毛。蒴果长椭圆形，淡黄褐色；种子红褐色。花期 10 月～翌年 3 月，果期 12 月～翌年 4 月。（图 3–442–1 ～ 3–442–4，见 785 页）

生境与分布　生于污秽阴湿处或半遮荫的地方。分布于海南、台湾、福建、广东、广西、贵州、云南和四川。

药用部位　全草或根。

采集加工　秋季采集，根晒干后入药，鲜叶仅供外用。

化学成分　根中含有白花丹素、3– 氯白花丹素、3,3– 双白花丹素、茅膏醌、毛鱼藤酮、异白花丹酮、白花丹酮、3,6’ – 双白花丹素、马替柿醌、白花丹醌、异柿萘醇酮和谷甾醇。地上部分含有 3,6’ – 双白花丹素、羽扇豆醇、α – 香树脂醇、β – 香树脂醇、蒲公英甾醇及 ψ – 蒲公英甾醇。全草含有白花丹素、β – 谷甾醇、香草酸及白花丹酸。

药理作用　①矶松素小量对蛙、小鼠、兔的中枢神经系统有兴奋作用，大量则由兴奋转入麻痹；其最小致死量，蛙为 0.5mg/g，小鼠为 0.1mg/g，兔为 10mg/kg。对家兔的呼吸、血压有轻度抑制。②降压乃由于末梢血管扩张及直接抑制心脏所致，与迷走神经无关。③对离体蛙心有直接麻痹作用，心跳停于扩张期。④对离体小肠及子宫，小量兴奋，中量先兴奋后麻痹，大量则一开始即呈麻痹作用；妊娠子宫特别敏感，对妊娠大鼠腹腔注射适当剂量可致胎仔死亡及续发性卵巢功能紊乱。⑤矶松素有难闻的、腐蚀性的辛苦味，可用于发泡或治疗某些皮肤寄生虫病。此外，尚有某些抗菌作用。⑥根的氯仿提取物对金黄色葡萄球菌有明显的抗菌作用。

性味归经　辛、苦、涩，湿。有毒。归心、胃经。

功能主治　祛风除湿，行气活血，解毒消肿。适用于风湿痹痛，心胃气痛，肝脾肿大，血瘀经闭，跌打扭伤，痈肿瘰疬，疥癣瘙痒，毒蛇咬伤。

用药警戒　孕妇禁服。有毒慎服。

（二百零一）补血草属 *Limonium* Mill.

药用记载　二色补血草的带根全草 *Limonium bicolor*（Bunge）Ktunze 在《中药大辞典》《中华本草》中记载为二色补血草。

443. 二色补血草 *Limonium bicolor*（Bunge）Kuntze

别名　苍蝇花、矶松、二色矶松、二色匙叶草、补血草、秃子花、蝎子花菜、蛇蚕花。

识别要点　多年生草本。全株光滑无毛。根圆柱状，棕褐色。茎丛生，直立或倾斜。叶多基生，莲座状，叶片匙形或长倒卵形。花序圆锥状；花莛丛生，有时具沟槽；花着生枝端，密集，略偏于一侧近头状的聚伞花序；萼片干膜质，初时淡紫红或粉红色，而后变为白色，花后宿存；花瓣 5，黄色；雄蕊 5；子房长圆形，花柱 5。蒴果具 5 棱。花期 6 ～ 7 月，果期 7 ～ 9 月。（图 3-443-1 ～ 3-443-4，见 786 页）

生境与分布 生长于平原地区、盐碱地、山坡下部、丘陵和海滨沙地。分布于东北、陕西、甘肃、山东、山西、河南、河北、江苏、内蒙古等地。

药用部位 带根全草。

采集加工 春季萌芽时或秋、冬采收。

化学成分 含有没食子酸，北美圣草素，木犀草素，槲皮素，杨梅素 3-O-β-D- 半乳糖苷，Zn、Mn、Fe 等含量较高。

药理作用 ①有明显的止血功效。②有显著抑菌作用。③用于治疗宫颈癌已有较长历史，最新研究发现，对淋巴瘤、多发性骨髓瘤等也有一定疗效。

性味归经 甘、微苦，微温。归脾、肝、膀胱经。

功能主治 补益气血，散瘀止血。适用于病后体弱，胃脘痛，消化不良，妇女月经不调，崩漏，带下，尿血，痔血。

六十三、木犀科 Oleaceae

（二百零二）丁香属 *Syringa* L.

药用记载 暴马丁香 *Syringa reticulate*（Bl.）Hara var.*amurensis*（Rupr.）Pringle 的树皮在《全国中草药汇编》《中药大词典》《中华本草》中记载为暴马子。紫丁香 *S. oblata* Lindl. 的叶及树皮在《中华本草》中记载为紫丁香。

444. 暴马丁香 *Syringa reticulate*（Bl.）Hara var. *amurensis*（Rupr.）Pringle FOC 修订为 *Syringa reticulata* subsp. *amurensis*（Ruprecht）P. S. Green & M. C. Chang

别名 白丁香、棒棒木、荷花丁香、暴马子。

识别要点 落叶小乔木。树皮紫灰褐色，具细裂纹。单叶对生；无毛；叶片厚纸质，宽卵形、卵形至椭圆状卵形，或为长圆状披针形。圆锥花序；花序轴具皮孔；花萼齿钝、凸尖或截平；花冠白色，呈辐状；花丝细长，雄蕊几乎为花冠裂片 2 倍长，花药黄色。蒴果长椭圆形。花期 6 ～ 7 月，果期 8 ～ 10 月。（图 3-444-1 ～ 3-444-4，见 786 ～ 787 页）

生境与分布 生长于林缘、山坡灌丛、河岸及混交林下。分布于东北、内蒙古、河北、陕西、宁夏、甘肃等地。

药用部位 树皮。

采集加工 全年均可采，鲜用或晒干。

化学成分 树皮含挥发油、甾醇、三萜成分及酚性成分、蒿属香豆精、暴马子醛酸甲酯。

药理作用 ①有显著的祛痰作用。②水煎液有非常明显的平喘作用。③全皮及内皮水煎液对肺炎双球菌和流感杆菌有中度抑菌作用。

性味归经 苦、辛，微温。归肺经。

功能主治 清肺祛痰，止咳平喘。适用于咳嗽，支气管炎，支气管哮喘，心源性浮肿，消炎，镇咳，利水。

445. 紫丁香 *Syringa oblate* Lindl.

别名 华北紫丁香、紫丁白。

识别要点 灌木或小乔木，树皮灰褐色或灰色。小枝较粗，疏生皮孔。叶片革质或厚纸质，卵圆形至肾形，上面深绿色，下面淡绿色；萌枝上叶片常呈长卵形。圆锥花序直立，由侧芽抽生，花冠紫色，花冠管圆柱形，裂片呈直角开展，先端内弯略呈兜状或不内弯；花药黄色。蒴果倒卵状椭圆形、卵形至长椭圆形。花期 4 ～ 5 月，果期 6 ～ 10 月。（图 3–445–1 ～ 3–445–2，见 787 页）

生境与分布 生长于山坡丛林、山沟溪边、山谷路旁及滩地水边。分布于东北、华北、西北（除新疆）。

药用部位 叶及树皮。

采集加工 夏、秋季采收，晒干或鲜用。

化学成分 叶含 D– 甘露醇、酪醇、反式 – 对 – 羟基肉桂酸、3,4– 二羟基苯乙醇、3,4– 二羟基苯甲酸、丁香苦苷。

性味归经 苦，寒。归胃、肝、胆经。

功能主治 清热，解毒，利湿，退黄。适用于急性泻痢，黄疸型肝炎，火眼，疮疡。外用于抗菌、暴发性火眼及多种疮疡肿痛。

446. 辽东丁香 *Syringa wolfii* Schneid.

别名 野丁香。

识别要点 直立灌木，枝粗壮，灰色，无毛，疏生白色皮孔。叶片椭圆状长圆形、椭圆状披针形、椭圆形或倒卵状长圆形。圆锥花序直立，由顶芽抽生，花芳香，花萼截形或萼齿锐尖至钝，花冠紫色、淡紫色、紫红色或深红色，漏斗状，裂片不反折，花药黄色。蒴果长圆形。花果期 6 ～ 8 月。（图 3–446–1 ～ 3–446–3，见 787 ～ 788 页）

生境与分布 生长于山坡杂木林中、灌丛中、林缘或河边，或针、阔叶混交林中。分布于东北。

药用等参考紫丁香。

（二百零三）梣属 *Fraxinus* L.

药用记载 水曲柳 *Fraxinus mandshurica* Rupr. 的树皮在《中华本草》中记载为水曲柳。花曲柳（大叶梣）*F. rhynchophylla* Hance 在《中国药典》《中药大辞典》《中华本草》中记载为秦皮。

447. 水曲柳 *Fraxinus mandshurica* Rupr.

别名 东北梣。

识别要点 落叶大乔木。树皮多为灰白色。新生的小枝略呈心棱形，无毛，生有皮孔，冬芽为褐色或黑色。小枝粗壮，黄褐色至灰褐色，四棱形，节膨大，光滑无毛，散生圆形明显凸起的小皮孔；叶痕节状隆起，半圆形。叶轴上有槽沟，还具有极窄的翅。花单性，雄雌异株，花先叶开放；雄花具有 2 枚雄蕊，雌花具有 2 枚不发育的雌蕊。翅果，稍有些扭曲，顶端为钝圆形或稍微有些凹陷。花期 4 ～ 5 月，果期 7 ～ 9 月。（图 3–447–1 ～ 3–447–3，见 788 页）

生境与分布 生长于山坡疏林或河谷平缓处。分布于东北、华北及陕西、甘肃、湖北。

药用部位 树皮。

采集加工 秋季整枝时，剥取树皮，切片，晒干。

化学成分 皮含尖槐藤种苷、异秦皮啶、秦皮苷、秦皮酚、生物碱。

性味归经 苦，寒。归肝、肺、大肠经。

功能主治 清热燥湿，清肝明目。适用于湿热泻痢，带下，肝热目赤，目生翳膜，牛皮癣，月经不调，白带异常，慢性支气管炎，急性结膜炎，疟疾。外用于牛皮癣。蜡：有止血生肌，续筋接骨的功效。

448. 花曲柳 *Fraxinus rhynchophylla* Hance FOC 修订为 *Fraxinus chinensis* Roxb. E. Murray subsp. *rhynchophylla*（Hance）E. Murray

别名 岑皮、梣皮、樊槻皮、秦白皮、木皮、蜡树皮、苦枥白蜡树。

识别要点 落叶大乔木。树皮灰褐色，光滑，老时浅裂。当年生枝淡黄色，通直，无毛，皮孔散生。叶轴上面具浅沟，小叶着生处具关节，节上有时簇生棕色曲柔毛；小叶革质，阔卵形、倒卵形或卵状披针形，营养枝的小叶较宽大，顶生小叶显著大于侧生小叶，叶缘呈不规则粗锯齿。圆锥花序顶生，苞片长披针形，早落；雄花与两性花异株；花萼浅杯状；无花冠；两性花具雄蕊 2；雌蕊具短花柱。翅果线形；具宿存萼。花期 4 ～ 5 月，果期 9 ～ 10 月。（图 3–448–1 ～ 3–448–2，见 788 页）

生境与分布 生长于山坡、河岸、路旁。分布于东北、华北及黄河流域、长江流域、浙江、福建、广东、广西、贵州、云南等地。

药用部位 树皮。

采集加工 春秋两季剥取树皮，切成短节，晒干。

化学成分 树皮含马栗树皮苷、马栗树皮素。

药理作用 ①大剂量对关节炎有抑制作用。能显著抑制组织胺引起的毛细血管通透性。②可增进尿酸的排泄。③有轻度升压作用。④煎剂有某些抗菌作用及治疗慢性气管炎的作用。⑤能吸收紫外线，故能保护皮肤。

性味归经 苦、涩，寒。归肝、胆、大肠经。

功能主治 清热燥湿，清肝明目，止咳平喘。适用于湿热泻痢，带下，目赤肿痛，睛生疮翳，肺热气喘咳嗽。

用药警戒 脾胃虚寒者忌服。胃虚少食者禁用。

六十四、龙胆科 Gentianaceae

（二百零四）龙胆属 *Gentiana*（Tourn.）L.

药用记载 龙胆 *Gentiana scabra* Bunge、条叶龙胆 *G. manshurica* Kitag.、三花龙胆 *G. triflora* Pall. 的根及根茎在《中药大辞典》《中华本草》中记载为龙胆，在《全国中草药汇编》中记载为龙胆草。秦艽 *G. macrophylla* Pall. 的根在《中国药典》《中药大辞典》《中华本草》中记载为秦艽。鳞叶龙胆 *G. squarrosa* Ledeb. 的全草在《中华本草》中记载为石龙胆；在《全国中草药汇编》中记载为龙胆地丁。高山龙胆 *G. algida* Pall. 带根全草在《中华本草》中记载为高山龙胆。

449. 龙胆 *Gentiana scabra* Bunge

别名 粗糙龙胆、陵游、草龙胆、胆草、山龙胆、四叶胆、水龙胆。

识别要点 多年生草本。根茎短，其上丛生多数细长的根；花茎单生，不分枝。叶对生，下部叶成鳞片状，叶片线形或卵状披针形，边缘外卷，粗糙；叶脉 3 ～ 5 条。花多数，簇生枝顶和叶腋；花萼钟形，先端 5 裂，常外反或开展；花冠筒状钟形，蓝紫色，有时喉部具多数黄绿色斑点，花冠先端 5 裂，裂片尖；雄蕊 5，花药不卷曲；子房狭椭圆形或披针形，基部有蜜腺，花柱短，柱头 2 裂；蒴果。种子浅黄褐色。花期 8 ～ 9 月，果期 9 ～ 10 月。（图 3-449-1 ～ 3-449-4，见 789 页）

生境与分布 生长于山坡草地、路边、河滩灌丛中以及林下草甸。分布于东北及内蒙古、河北、陕西、新疆、江苏、安徽、浙江、江西、福建、湖北、湖南、广东、广西等地。

药用部位 根。

采集加工 春、秋季采挖，以秋季 10 月中、下旬采挖质量较好，选大的除去茎叶，洗净，干燥。

化学成分 根含龙胆苦苷、当药苦苷、当药苷、苦龙胆酯苷、痕量苦当药酯苷、龙胆碱、龙胆黄碱。

药理作用 ①龙胆苦苷能促进胃液和胃酸分泌。②对急性损伤有保护作用，能减轻肝坏死和肝细胞病变程度，可明显降低血清胆红素含量。③注射液有明显的利尿作用。④水浸剂在试管内对皮肤真菌有不同程度的抑制作用，对绿脓杆菌等有不同程度的抑制作用。⑤龙胆碱对小鼠中枢神经系统呈兴奋作用，但较大剂量时则出现麻醉作用。⑥大量服用时，可妨碍消化，时有头痛，颜面潮红，陷于昏眩。⑦龙胆酊大剂量对麻醉动物有降压作用，并能抑制心脏，使心率减慢。

性味归经 苦，寒。归肝、胆经。

功能主治 清热燥湿，泻肝定惊。适用于湿热黄疸，小便淋痛，阴肿阴痒，湿热带下，肝胆实火之头胀头痛，目赤肿痛，耳聋耳肿，胁痛口苦，热病惊风抽搐。

用药警戒 脾胃虚弱作泄及无湿热实火者忌服，勿空腹服用。

450. 条叶龙胆 *Gentiana manshurica* Kitag.

别名 大叶龙胆、秦艽、东北龙胆、山龙胆、水龙胆。

识别要点 多年生草本植物。根数条绳索状。茎直立，不分枝，具棱。叶对生，近革质，无柄；中部叶较大、披针形或条状披针形，上部叶条形。花 1 ～ 2 朵顶生，蓝紫色、花萼裂片线状披针形，长于或等长于萼筒；花冠裂片先端渐尖。蒴果。种子条形，种子黄褐色。花果期 8 ～ 10 月。（图 3–450–1 ～ 3–450–3，见 789 页）

生境与分布 生长于山坡草地或潮湿地区。分布于东北及河北、山西、陕西、山东、江苏、安徽、浙江、湖北、湖南、广东、广西等地。

药用部位 根和根茎。

采集加工 春秋两季均可采挖，去茎叶，洗泥土后阴干。

化学成分 根含龙胆苦苷、当药苦苷、当药苷、苦龙胆酯苷。

其余各项与龙胆相同。

451. 朝鲜龙胆 *Gentiana uchiyamai* Nakai

别名 金刚龙胆。

识别要点 多年生草本。根茎平卧或直立，具多数粗壮、略肉质的须根。花枝单生，直立，黄绿色，中空，近圆形，具条棱，光滑。茎下部叶膜质，淡紫红色，鳞片形；茎中、上部叶草质，无柄，披针形。花多数，簇生枝顶及叶腋；花冠蓝紫色，漏斗形或筒状钟形，雄蕊着生于冠筒中部，整齐，花丝钻形，子房线状椭圆形。蒴果内藏，种子褐色。花果期 8 ～ 9 月。（图 3–451–1 ～ 3–451–2，见 790 页）

生境与分布 生长于林间湿草地，草原。分布于东北。

药用参考龙胆。

452. 三花龙胆 *Gentiana triflora* Pall.

别名 龙胆草、苦龙胆草、地胆草。

识别要点 多年生草本，全株光滑。根状茎短，黄白色，生有数条绳索状长根。叶对生，茎下部的叶鳞片状，基部合生成短鞘，中部和上部的叶披针形，锐尖，边缘不反卷。花无梗，1 ～ 3 朵，罕 5 朵，成束着生于茎顶及上部叶腋，蓝紫色；花萼筒状钟形，萼裂片狭三角形，短于萼筒；花冠裂片先端钝圆。蒴果矩圆形，具柄；种子条形，边缘有翅，翅宽于种子。花期 8 ～ 9 月，果期 9 ～ 10 月。

（图 3-452-1 ～ 3-452-4，见 790 页）

生境与分布 生长于灌木丛中、林间空地或草甸子中。分布于东北、内蒙古。

药用部位 根。

采集加工 春、秋采收。采挖后，除去茎叶，洗净，晒干。

化学成分 根含龙胆苦苷、当药苦苷、当药苷、三花龙胆苷。

其余各项与龙胆相同。

453. 秦艽 *Gentiana macrophylla* Pall.

别名 麻花艽、小秦艽、大艽、西大艽、左扭、左拧、西秦艽、左秦艽、萝卜艽、辫子艽。

识别要点 多年生草本。根强直。茎直立或斜上，圆柱形，光滑无毛，基部有许多纤维状残叶。叶披针形或长圆状披针形，在茎基部者较大，先端尖，全缘；茎生叶稍小，对生，基部连合。花生于上部叶腋，成轮状丛生，萼膜质；花冠筒状，深蓝紫色，先端 5 裂，裂片卵圆形，裂片间有 5 褶状副冠片；雄蕊 5，着生于花冠管中部；子房无柄，花柱甚短，柱头 2 裂。蒴果长圆形。种子椭圆形，褐色，有光泽。花期 7 ～ 8 月。果期 9 ～ 10 月。（图 3-453-1 ～ 3-453-4，见 791 页）

生境与分布 生长于草地及湿坡上。分布于东北、内蒙古、河北、山西、陕西、河南、宁夏、甘肃、青海、新疆、四川等地。

药用部位 根。

采集加工 春、秋季采挖，挖取后，除去茎叶、须根及泥土，晒干，或堆晒至颜色成红黄色或灰黄色时，再摊开晒干。

化学成分 根含龙胆碱、龙胆次碱、秦艽碱丙、龙胆苦苷、当药苦苷、褐煤酸、褐煤酸甲酯、栎瘿酸、α - 香树脂醇、β - 谷甾醇。

药理作用 ①抗炎。②秦艽碱甲小剂量有镇静作用，较大剂量时则有中枢兴奋作用，最后导致麻痹而死亡。③秦艽碱甲能降低豚鼠血压。④对秦艽碱甲有升高血糖的作用。⑤秦艽碱甲能明显抑制哮喘及抽搐，还能明显降低大鼠的毛细血管通透性。⑥秦艽碱甲能拮抗组胺和乙酰胆碱引起的肠管收缩。⑦龙胆苦苷对疟原虫有抑杀作用。

性味归经 辛、苦，平。归胃、肝、胆经。

功能主治 祛风湿，舒筋络，清虚热，利湿退黄。适用于风湿痹痛，筋骨拘挛，手足不遂，骨蒸潮热，小儿疳热，湿热黄疸。

用药警戒 久痛虚羸，溲多、便滑者忌服。

454. 达乌里秦艽 *Gentiana dahurica* Fisch.

别名 达乌里龙胆、达弗里亚龙胆、小叶秦艽、小秦艽、蓟芥。

识别要点 多年生草本，全株光滑无毛，基部被枯存的纤维状叶鞘包裹。须根多条，向左扭结成一个圆锥形的根。枝多数丛生，斜升，黄绿色或紫红色，近圆形，光滑。莲座丛叶线形或线状椭圆形。聚伞花序顶生及腋生，排列成疏松的花序；花萼筒膜质，黄绿色或带紫红色；花冠深蓝色，有时喉部具多数黄色斑点，雄蕊着生于冠筒中下部，花柱线形。蒴果狭椭圆形，种子淡褐色。花果期 7 ～ 9 月。（图 3–454–1 ～ 3–454–4，见 791 ～ 792 页）

生境与分布　生长于田边、路旁、河滩、湖边沙地、水沟边、向阳山坡及干草原等地。分布于东北、华北、西北、四川。

药用等参考秦艽。

455. 鳞叶龙胆 *Gentiana squarrosa* Ledeb.

别名　龙胆地丁、小龙胆、石龙胆、蓝花草、紫花地丁、鬼点灯、绿花草、细蛇药、兰桃花、千线花。

识别要点　一年生小草本。茎黄绿色或紫红色，分枝多，铺散，斜升，全株被腺毛。基生叶呈莲座状，宿存，叶片倒卵形，两面均被白色细柔毛。花多数单生于分枝的顶端；花萼钟形，裂齿间收缩；花冠钟形，淡蓝色或白色；雄蕊着生于花冠筒中部；子房花柱短，柱头 2 裂，外反，半圆形或宽矩圆形。蒴果倒卵形。种子黑褐色，表面具白色光亮的细网纹。花期 4 ～ 7 月，果期 8 ～ 9 月。（图 3–455–1 ～ 3–455–3，见 792 页）

生境与分布　生长于向阳山坡干草原、河滩、路边灌丛及高山草甸。分布于东北、华北、西北、华东、西南（除西藏外）等地。

药用部位　全草。

性味归经　苦、辛，寒。归肺、肝、心经。

功能主治　清热利湿，解毒消痈。适用于咽喉肿痛，阑尾炎，白带异常，尿血；外用治疮疡肿毒，淋巴结核。

用药警戒　痈疽已溃及虚寒者忌用。

456. 长白山龙胆 *Gentiana jamesii* Hemsl.

别名　白山龙胆。

识别要点　多年生草本，无毛。茎直立，单一或稍分枝，基部具匍匐枝。叶长圆形或广披针形，基部抱茎，先端钝，茎下部叶较密集。花顶生，无梗；萼筒状，绿色，质较厚，萼齿 5，卵形，花冠筒状钟形，蓝紫色，裂片 5，卵形，先端钝或具小齿；褶展开时广菱形，长不及裂片的一半，流苏状，雄蕊 5，花药箭头状；子房具长柄，1 室，花柱短，柱头 2 裂。蒴果伸出花冠外。种子纺锤形，平滑。花期 7 ～ 8 月。果期 8 ～ 9 月。（图 3–456–1 ～ 3–456–2，见 792 ～ 793 页）

生境与分布　生长于高山冻原、山坡林下、路旁、岩石上。分布于吉林、辽宁。

药用部位　全草。

采集加工　夏季开花时采集全草，晒干。

性味归经　苦，寒。归肝、胆经。

功能主治　清热燥湿，泻胆定惊。适用于湿热黄疸，小便淋痛，阴肿阴痒，湿热带下，肝胆实火之头胀头痛，目赤肿痛，耳聋耳肿，胁痛口苦，热病惊风抽搐。

用药警戒　脾胃虚弱作泄及无湿热实火者忌服，勿空腹服用。

457. 高山龙胆 *Gentiana algida* Pall.

别名 苦龙胆、白花龙胆、无茎龙胆、麻龙胆。

识别要点 多年生草本，基部被黑褐色枯老膜质叶鞘包围。根茎短缩，具多数略肉质的须根。花枝直立，黄绿色。叶大部分基生，常对折，线状椭圆形和线状披针形，茎生叶叶片狭椭圆形或椭圆状披针形。花常顶生；花萼钟形或倒锥形，花冠黄白色，具多数深蓝色斑点，雄蕊着生于冠筒中下部，花柱细。蒴果椭圆状披针形；种子黄褐色，花果期 7 ～ 9 月。（图 3–457–1 ～ 3–457–3，见 793 页）

生境与分布 生长于山坡草地、河滩草地、灌丛中、林下、高山冻原。分布于吉林、新疆。

药用部位 带根全草。

采集加工 8 ～ 9 月采收，洗净，切段，晒干。

化学成分 全草含龙胆碱、异荭草素、异雏菊叶龙胆酮。

性味归经 苦，寒。归肺经。

功能主治 泻火解毒，镇咳，利湿。适用于感冒发热，肺热咳嗽，咽痛，目赤，小便淋痛，阴囊湿疹。

（二百零五）肋柱花属 *Lomatogonium* A. Br.

药用记载 辐状肋柱花 *Lomatogonium rotatum*（L.）Fries ex Nym. 的全草在《中华本草》中记载为肋柱花。

458. 辐状肋柱花 *Lomatogonium rotatum*（L.）Fries ex Nym.

别名 辐花侧蕊、哈比日干 – 其其格 – 地格达（蒙名）。

识别要点 一年生草本。根呈细圆柱形，有多数须根，黄色，断面黄白色；茎直立，四棱形，有分枝，节明显，表面黄绿色或紫褐色，质脆，易折断。叶条形多破碎，完整者展平后呈条形或条状披针形，先端尖，基部略抱茎，全缘，下面有一凸起的脉纹，绿色。聚伞花序，花序顶生或腋生，花冠淡蓝紫色，花瓣具 7 条深色脉纹，萼片 5，花冠蓝紫色，裂片 5，长圆状椭圆形。蒴果条形。种子近椭圆形，光滑具光泽。花果期 8 ～ 9 月。（图 3–458–1 ～ 3–458–2，见 793 ～ 794 页）

生境与分布 生长于林缘草甸、沟谷溪边、低湿草甸。分布于我国东北、华北、西北，日本、朝鲜、蒙古、俄罗斯以及欧洲和北美等地。

药用部位 全草。

采集加工 夏、秋季开花期采收，晒干。

化学成分 全草含木犀草素 –7–O– 吡喃葡萄糖苷、荭草素等黄酮类化合物。幼枝含木犀草素、木犀草素 –6–C–β–D– 吡喃葡萄糖苷、獐牙菜苦苷、齐墩果酸。

药理作用 ①水及醇提取物有强心、利胆、利尿、保肝等作用，对中枢神经有兴奋作用。②木犀草素可清除自由基，抑制胶原蛋白基因表达，具有较好的促凝血作用。③具有消肿抗炎作用。④对子宫平滑肌有明显的解痉作用，同时还有镇静作用。⑤对急性肝损伤具有保护作用，促进肝细胞再生，防止肝硬化。

性味归经　苦，寒。归肝、胆经。

功能主治　清热利湿，解毒。适用于黄疸型肝炎，头痛发热等症。蒙药：抑协日，清热，疗伤，健胃。

（二百零六）花锚属 *Halenia* Borckh.

药用记载　花锚 *Halenia corniculata*（L.）Cornaz 的全草在《中药大辞典》《中华本草》中记载为花锚。

459. 花锚 *Halenia corniculata*（L.）Cornaz

别名　金锚、希赫日－地格达（蒙名）。

识别要点　一年生草本。茎直立，自基部分枝，节间较叶长。叶对生，椭圆状披针形，先端尖，基部楔形；有短柄。聚伞花序腋生或顶生；花萼4裂，裂片披针形；花冠钟状，淡黄色，4深裂达中部以下，裂片基部有窝孔，延伸成一长距，形似船锚；雄蕊4，着生于花冠的近基部，花药丁字着生；子房1室，花柱短。蒴果卵形或长圆形。花、果期7～9月。（图3–459–1～3–459–3，见794页）

生境与分布　生长于林下林缘、山沟水边湿草地。分布于东北、华北及陕西等地。

药用部位　全草。

采集加工　夏、秋季采收，晾干。

化学成分　全草含多种呫吨酮、当药苦苷、当药苷、断马钱子苷半缩醛内酯、表断马钱子苷半缩醛内酯、7–O–樱草糖基木犀草素、7–O–葡萄糖基木犀草素、芹菜素、木犀草素。

性味归经　苦，寒。归心、肝经。

功能主治　清热解毒，凉血止血。适用于肝炎，脉管炎，胃肠炎，外伤感染发热，外伤出血。

（二百零七）獐牙菜属 *Swertia* L.

药用记载　瘤毛獐牙菜 *Swertia pseudochinensis* Hara 的全草在《中华本草》中记载为瘤毛獐牙菜。北方獐牙菜 *Swertia diluta*（Turcz.）Benth.et Hook. 的全草在《中华本草》中记载为淡花当药。

460. 瘤毛獐牙菜 *Swertia pseudochinensis* Hara

别名　獐牙菜、当药、紫花当药、水红菜、翳子草、黑药黄、走胆草、蒂达（藏名）。

识别要点　一年生草本。茎单一或分枝，四棱形，带紫色。叶对生，无柄，线状披针形，先端渐尖，基部狭，全缘。圆锥状聚伞花序顶生或腋生；萼片5，线状披针形；花冠蓝紫色，5深裂，开展，裂片狭卵形，内侧基部有2腺窝，腺窝边缘的毛具瘤状凸起；雄蕊5，花药暗紫色。蒴果椭圆形。花期8～9月。（图3–460–1～3–460–2，见794页）

生境与分布 生长于山坡、草地、林边。分布于东北、华北、河南、山东等地。

药用部位 全草。

采集加工 夏、秋季采收，切段，阴干。

化学成分 全草含龙胆碱、当药素、异牡荆素、异荭草素、当药呫吨酮、甲基当药呫吨酮、去甲基当药呫吨酮、对叶当药呫吨酮、雏菊叶龙胆酮、甲基雏菊叶龙胆酮、去甲基雏菊叶龙胆酮、当药苦苷、龙胆苦苷、当药苷、苦当药酯苷、苦龙苷、齐墩果酸、药苦苷、当药素、黄色龙胆根素、葡萄糖苷、芒果苷。

药理作用 ①可扩张毛细血管，促进皮肤细胞的酶系统，提高皮肤组织的生化功能。②可治疗脱毛症。

性味归经 苦，寒。归肝、胃、大肠经。

功能主治 泻火解毒，利湿，健脾。适用于湿热黄疸，痢疾，胃炎，消化不良，火眼，牙痛，口疮，疮毒肿痛。

461. 北方獐牙菜 *Swertia diluta*（Turcz.）Benth. et Hook.

别名 淡花獐牙菜、加达、当药、水黄连。

识别要点 一年生草本。茎直立，四棱形，棱上有窄翅。叶对生；无柄；叶片线状披针形至线形，两端渐狭，全缘；下面中脉明显凸起。聚伞花序集成圆锥状，顶生和腋生；花萼绿色，萼片 5；花冠浅蓝色，有紫色条纹，5 裂，裂片椭圆状披针形，基部有 2 个腺窝，腺窝窄长圆形，沟状，边缘具长柔毛状流苏；雄蕊 5，花丝线形；子房无柄，椭圆状卵形至卵状披针形，花柱粗短。蒴果狭卵形。种子深褐色。花果期 8 ～ 10 月。（图 3–461–1 ～ 3–461–3，见 795 页）

生境与分布 生长于阴湿山坡、林下、田边或谷地。分布于东北、华北及陕西、青海、甘肃、山东、江苏、河南、四川等地。

药用部位 全草。

采集加工 7 ～ 10 月采收全草，洗净，晒干或鲜用。

性味归经 苦，寒。归肝、胃、大肠经。

功能主治 清热解毒，利湿健胃。适用于骨髓炎，咽喉炎，扁桃体炎，结膜炎，肝炎，消化不良，痢疾，疮痈疥癣，毒蛇咬伤。

（二百零八）莕菜属 *Nymphoides* Seguier

药用记载 莕菜 *Nymphoides peltatum*（Gmel.）O. Kuntze 的全草在《全国中草药汇编》《中药大词典》《中华本草》中记载为莕菜。

462. 莕菜 *Nymphoides peltatum*（Gmel.）O. Kuntze

别名 荇菜、水荷叶、大紫背浮萍、水镜草、水葵、金莲儿、金莲子、莲花菜、马脚草、水镜草。

识别要点 多年水生草本。浅水性植物。茎细长柔软而多分枝，匍匐生长，节上生根，漂浮于水面或生于泥土中。叶互生，卵圆形，基部开裂呈心形，上面绿色具光泽，背面紫色，漂浮于水面。伞房花序生于叶腋，花冠漏斗状，花鲜黄色，开于水面。花期 7 ～ 8 月，果期 8 ～ 9 月。（图 3–462–1 ～ 3–462–4，见 795 页）

生境与分布 生长于池塘中和水不甚流动的河溪中。分布于南北各地。

药用部位 全草。

采集加工 夏季采集、晒干。

化学成分 叶含芸香苷、槲皮素 –35– 巢菜糖苷、熊果酸、β – 谷甾醇、β – 香树脂醇、槲皮素、白桦脂酸、齐墩果酸。

性味归经 辛、甘，寒，无毒。归膀胱经。

功能主治 发汗透疹，利尿通淋，清热解毒。适用于感冒发热无汗，麻疹透发不畅，水肿，小便不利，热淋，诸疮肿毒，毒蛇咬伤。

六十五、萝藦科 Asclepiadaceae

（二百零九）鹅绒藤属 *Cynanchum* L.

药用记载 合掌消 *Cynanchum amplexicaule*（Sieb. et Zucc.）Hemsl. 和紫花合掌消 *C. amplexicaule*（Sieb. et Zucc）Hemsl. var. *castaneum* Makin. 的根在《中药大辞典》《中华本草》中记载为合掌消。白薇 *C. atratum* Bunge 的根及根茎在《中国药典》《中药大辞典》《中华本草》中记载为白薇。徐长卿 *C. paniculatum*（Bunge.）Kitagawa 的根及根茎在《中国药典》《中药大辞典》中记载为徐长卿，根及根茎或带根全草在《中华本草》中记载为徐长卿。鹅绒藤 *C. chinense* R. Br. 茎中的白色乳汁及根在《全国中草药汇编》《中药大辞典》《中华本草》中记载为鹅绒藤。地梢瓜 *C.*（*Freyn*）K. Schum. 的全草在《全国中草药汇编》《中药大辞典》《中华本草》中记载为地梢瓜。杠柳 *Periploca sepium* Bunge 的干燥根皮在《中国药典》《中药大辞典》《中华本草》中记载为香加皮。

463. 合掌消 *Cynanchum amplexicaule*（Sieb.et Zucc.）Hemsl.

别名 土胆草、合掌草、硬皮草、合同硝、抱茎白前、野豆蕉。

识别要点 多年生直立草本，光滑无毛，茎、叶呈绿白色。叶对生，无柄；倒卵状长圆形，先端短尖，基部稍狭，两侧略下延，呈短耳状而抱茎；背面脉纹明显。聚伞花序，腋生；花小，黄绿色；花萼 5 裂；花冠辐状，5 裂，内面有毛；副冠 5，具肉质小片，短于花药；雄蕊 5，着生于花冠基部，花丝相连呈筒状；雌蕊由 2 心皮组成。蓇葖果圆柱状狭披针形，基部狭而上部渐尖。花期 8 ～ 9 月。（图 3–463–1 ～ 3–463–4，见 797 页）

生境与分布 生长于山坡或荒地。分布于东北。

药用部位 根或全草。

采集加工 夏、秋季采收，洗净，晒干或鲜用。

化学成分 根中含白前苷元、白前苷元 B。

性味归经 味、辛，平。归肺、脾经。

功能主治 清热解毒，祛风湿，活血消肿。适用于风湿痹痛，偏头痛，腰痛，月经不调，乳痈，痈肿疔毒。

464. 紫花合掌消 *Cynanchum amplexicaule*（Sieb. et Zucc）Hemsl. var. *castaneum* Makin. FOC 修订为 *Cynanchum amplexicaule*（Siebold et Zucc.）Hemsl.（合掌消）

别名 土胆草、合掌草、神仙对坐草、硬皮草、合同硝。

识别要点 多年生直立草本。全株含白色乳液，除花萼、花冠被有微毛外，余皆无毛。根须状，形似白薇而较疏。叶对生，无柄，叶片薄纸质，倒卵状椭圆形，先端急尖，基部下延近抱茎。多歧聚伞花序顶生及腋生，花冠紫色，副花冠 5 裂，扁平。蓇葖果单生。花期 5 ～ 7 月，果期 7 ～ 10 月。（图 3–464–1 ～ 3–464–3，见 797 ～ 798 页）

生境与分布 生长于干草甸子、山坡草地、田边、湿草地或沙滩草丛中。分布于东北及内蒙古、河北、陕西、山东、江苏、江西、河南、湖北、湖南、广西。

药用等其余各项与合掌消相同。

465. 白薇 *Cynanchum atratum* Bunge

别名 白龙须、薇草、知微老、老虎瓢根、山烟根子、白前、拉瓜瓢、白马薇、巴子根、老君须。

识别要点 多年生草本。植物体具白色乳汁。根茎短，簇生多数细长的条状根，外皮土黄色。茎直立，绿色，圆柱形，通常不分枝，密被灰白色短柔毛。叶对生，具短柄，叶片卵形，全缘，两面均被白色绒毛。花多数，在茎梢叶腋密集成伞形聚伞花序，花萼绿色，花冠辐状，深紫红色。蓇葖果单生，中间膨大。种子多数，卵圆形，有狭翼。花果期 5 ～ 10 月。（图 3–465–1 ～ 3–465–4，见 798 页）

生境与分布 生长于山坡或树林边缘。分布于东北、中南、西南及河北、山西、陕西、山东、江苏、安徽、江西、福建、湖北等地。

药用部位 根及根茎。

采集加工 在早春、晚秋，挖取根部，洗净，晒干。

化学成分 白薇根中含多种直立白薇苷、白前苷、白前苷元、直立白薇新苷。

药理作用 白薇油能直接加强心肌收缩，同时有解毒、利尿作用。白薇苷能使心肌收缩作用增强，心率变慢，可用于治疗充血性心力衰竭；对肺炎球菌有抑制作用。

性味归经 苦、咸，寒。归胃、肝、肺经。

功能主治 清热益阴，利尿通淋，解毒疗疮。适用于温热，身热斑疹，潮热骨蒸，肺热咳嗽，产后虚烦，热淋，血淋，咽喉肿痛，疮痈肿毒，毒蛇咬伤。

466. 潮风草 *Cynanchum ascyrifolium*（Franch. et Sav.）Matsum.

别名　尖叶白前、白薇。

识别要点　直立草本，根须状；除嫩叶、花序具柔毛外，余皆无毛。叶对生或四叶轮生，薄膜质，椭圆形或宽椭圆形。伞形聚伞花序顶生及腋生，花萼外面被柔毛，内面基部具小腺体 5 个；花冠白色；副花冠杯状，子房无毛，柱头扁平。蓇葖果单生，披针形，长渐尖。种子长圆形。花期 6 ～ 7 月，果期 6 ～ 9 月。（图 3–466–1 ～ 3–466–3，见 799 页）

生境与分布　生长于疏林下向阳处或山坡草地上或沟边。分布于东北、山东、河北。

药用等参考白薇。

467. 徐长卿 *Cynanchum paniculatum*（Bunge）Kitagawa

别名　寮刁竹、逍遥竹、遥竹逍、瑶山竹、了刁竹、对节莲、竹叶细辛、铜锣草、一枝香、英雄草。

识别要点　多年生草本，根须状，具香气。茎细，节间长。叶对生，披针形至线形，先端尖，全缘，边缘稍外卷，有缘毛。圆锥状聚伞花顶生或生于叶脉腋内，花多数，黄绿色。蓇葖果单生，披针形，种子顶生多数银白色绒毛。花期 5 ～ 8 月，果期 9 ～ 12 月。（图 3–467–1 ～ 3–467–4，见 799 ～ 800 页）

生境与分布　生长于草原草甸、向阳山坡或草丛中。分布于东北、华东、中南、西南及内蒙古、河北、陕西、甘肃。

药用部位　干燥根及根茎。

采集加工　夏、秋季采收。根茎及根，洗净晒干；全草晒至半干，扎把阴干。

化学成分　全草含牡丹酚、肉珊瑚苷元、去酚牛皮消苷元、茸毛牛奶藤苷元、醋酸、桂皮酸等。根含黄酮苷、肉珊瑚苷元、去乙酰萝藦苷元、加拿大麻糖、洋地黄毒糖、夹竹桃糖、沙门糖、牡丹酚、异丹皮酚等。

药理作用　①对小鼠有镇痛作用。②所含牡丹酚有镇静作用。③煎剂能增加冠状动脉血流量，改善心肌代谢，从而缓解心肌缺血。④制剂具有降低动物血压作用。⑤有降血脂作用。⑥金黄色葡萄球菌对徐长卿呈中度敏感，大肠杆菌、宋内氏痢疾杆菌、绿脓杆菌、伤寒杆菌不敏感，徐长卿对甲型链球菌也有抑制作用。

性味归经　辛，温。归肝、胃经。

功能主治　祛风止痛，祛风止痒，活血解毒，祛痛止痒，消肿。适用于胃病，牙痛，风湿痹痛，腰痛，脘腹疼痛，小便水利，泄泻，痢疾，湿疹，荨麻疹，毒蛇咬伤。

468. 鹅绒藤 *Cynanchum chinense* R.Br.

别名　羊奶角角、牛皮消、软毛牛皮消、祖马花、老牛肿。

识别要点　多年生缠绕草本，全株有乳汁。主根圆柱形，干后灰黄色。茎密生短柔毛。叶对生，宽三角状心形，先端狭突尖，基部心形，全缘。聚伞花序腋生，花萼外面被柔毛，花冠白色，裂片 5，副花冠杯状，顶端裂成 10 个丝状体。蓇葖果长角状。种子矩圆形，顶端有白绢质种毛。花期 6 ～ 8 月，

果期 8 ～ 10 月。（图 3–468–1 ～ 3–468–4，见 800 页）

生境与分布 生长于山坡向阳灌木丛中或田边、地埂及村庄附近。分布于东北、华东及内蒙古、河北、山西、陕西、宁夏、甘肃、河南等地。

药用部位 茎中的白色乳汁及根。

采集加工 乳汁：夏、秋间随用随采。春秋挖根。

性味归经 甘，凉。归肝经。

功能主治 化瘀解毒。适用于寻常性疣赘（刺瘊）。

469. 地梢瓜 *Cynanchum thesioides*（Freyn）K. Schum.

别名 地梢花、羊不奶棵、小丝瓜、浮瓢棵、女青、细叶牛皮消、地瓜瓢。

识别要点 多年生草本。地下茎单轴横生。茎直立或斜升，多分枝，密被柔毛，有白色乳汁。单叶对生或近对生，叶片线形下面中脉隆起。伞形聚伞花序腋生，花萼外面被柔毛，花冠绿白色，副花冠杯状，裂片三角状披针形，高过药隔的膜片。蓇葖果纺锤形，先端渐尖，中部膨大。种子扁平，暗褐色。花期 5 ～ 8 月，果期 8 ～ 10 月。（图 3–469–1 ～ 3–469–3，见 801 页）

生境与分布 生长于山坡、沙丘或干旱山谷、荒地、田边等处。分布于东北、华北及河南、河北、陕西、山西、山东、安徽、甘肃、新疆、江苏等地。

药用部位 全草。

采集加工 夏、秋季采收，洗净，晒干。

化学成分 全草含 β – 谷甾醇、胡萝卜苷、阿魏酸、琥珀酸、蔗糖、槲皮素、1,3–O– 二甲基肌醇、β – 香树脂醇乙酸酯、羽扇豆醇乙酸酯、α – 香树脂醇正辛烷酸酯、1,3– 二棕榈酰 –2– 山梨酰 – 甘油、柽柳素、柽柳素 –3–O–β –D– 半乳糖苷、地梢瓜苷。

药理作用 其水提取物在体内、体外都有抗病毒作用。

性味归经 甘，凉。归肺经。

功能主治 补肺气，清热降火，生津止渴，消炎止痛。适用于虚火上炎，咽喉疼痛，气阴不足，神疲健忘，虚烦口渴，头昏失眠，产后体虚，乳汁不足。

（二百一十）杠柳属 *Periploca* L.

药用记载 杠柳 *Periploca sepium* Bunge 的干燥根皮在《中国药典》《中药大辞典》《中华本草》中记载为香加皮。

470. 杠柳 *Periploca sepium* Bunge

别名 北五加皮、羊奶藤、羊桃梢、羊奶子、杠柳皮、臭五加、山五加皮、香加皮。

识别要点 落叶蔓性灌木。主根圆柱状，外皮灰棕色，内皮浅黄色。具乳汁，除花外，全株无毛；茎皮灰褐色。叶卵状长圆形，顶端渐尖，基部楔形。聚伞花序腋生，着花数朵；花序梗和花梗柔弱；

花萼裂片卵圆形；花冠紫红色，辐状，花冠筒短，裂片长圆状披针形，顶端向内弯；雄蕊着生在副花冠内面，并与其合生，花药彼此粘连并包围着柱头，柱头盘状凸起。蓇葖果圆柱状，具有纵条纹，种子长圆形，黑褐色，顶端具白色绢质种毛。花期5～6月，果期7～8月。（图3–470–1～3–470–4，见801～802页）

生境与分布　分布于吉林、辽宁、内蒙古、河北、山西、河南、陕西、甘肃、宁夏、四川、山东、江苏等地。

药用部位　根皮。

采集加工　春、秋二季采挖，剥取根皮，晒干。

化学成分　茎皮和根皮含甾类糖苷：杠柳毒苷，杠柳苷A、B、C，杠柳加拿大麻糖苷。游离孕烯醇类化合物：二醇–3–单乙酸酯，甲基孕甾二烯，甲基–5–孕甾烯A，北五加皮寡糖C_1、C_2、F_1、F_2，4–甲氧基–水杨醛，β–谷甾醇，强心苷杠柳毒苷，皂苷杠柳苷K、H1、E。还含有α–香树脂醇，β–香树脂醇，α–香树脂醇乙酸酯，β–香树脂醇乙酸酯，β–谷甾醇及其葡萄糖苷等。

药理作用　①杠柳皮制剂可使在位蛙心停止于收缩期，在位猫心血压上升，心脏收缩力增强。②杠柳皮提取物对小白鼠无镇静作用；杠柳酊、杠柳溶液均表现中枢兴奋作用，此作用可能由其挥发性成分而引起。③萝藦苷在一定条件下，能增加肺循环。在临床上，强心同时尚有利尿作用。此外，杠柳皮尚有杀虫作用。

性味归经　辛、苦，温；有毒。归肝、肾、心经。

功能主治　祛风湿，强筋骨。适用于风寒湿痹，腰膝酸软，心悸气短，下肢浮肿。

用药警戒　本品有毒，服用不宜过量。血热、肝阳上亢者忌用。

（二百一十一）萝藦属 *Metaplexis* R. Br.

药用记载　萝藦 *Metaplexis japonica*（Thunb.）Makino 在《全国中草药汇编》《中药大辞典》《中华本草》中记载为萝藦，果实在《中药大辞典》《中华本草》中记载为萝藦子。

471. *萝藦 Metaplexis japonica*（Thunb.）Makino

别名　芄兰、斫合子、白环藤、奶浆藤、天浆壳、婆婆针线包、羊角、哈喇瓢、鹤光飘、老鸹瓢、野蕻菜、赖瓜瓢、青小布、天浆果、千层须。

识别要点　多年生缠绕草本，有乳汁。叶对生，卵状心形，顶端渐尖，背面粉绿色、无毛。总状聚伞花序腋生，有长的总花梗；花萼有柔毛；花冠白色，近辐状，内面有柔毛；副花冠杯状，5浅裂；花柱延伸成线状，长于花冠。柱头2裂。蓇葖果单生，长角状纺锤形，平滑。花期7～8月，果期9～10月。（图3–471–1～3–471–3，见802页）

生境与分布　生长于山坡、田野或路旁。分布于东北、华北、华东和甘肃、陕西、贵州、河南和湖北等地。

药用部位　全草或根、果实。

采集加工 全草：7～8月采收，鲜用或晒干。块根：夏、秋季采挖，洗净，晒干。果实：秋季果实成熟时采收，晒干。

化学成分 根含苯甲酰热马酮、萝藦苷元、异热马酮、肉珊瑚苷元、萝藦米宁、二苯甲酰萝藦醇、去酰萝藦苷元、去酰牛皮消苷元、夜来香素、去羟基肉珊瑚苷元等。茎、叶含加拿大麻糖、洋地黄毒糖、肉珊瑚苷元、萝藦苷元、苯甲酰热马酮、夜来香素、去羟基肉珊瑚苷元等。其乳汁含蛋白酶。果实含D–加拿大麻糖、D–沙门糖、L–夹竹桃糖、D–洋地黄毒糖、热马酮、去酰牛皮消苷元、萝藦苷元、肉珊瑚苷元、乙酸、桂皮酸等。

性味归经 全草或根：甘、辛，平。果实：甘、微辛，温。归心、肺、肾经。

功能主治 全草或根：补精益气，通乳，解毒。适用于劳伤，阳痿，遗精白带，乳汁不足，丹毒，瘰疬，疔疮，毒蛇咬伤。果实：补益精气，生肌止血。适用于虚劳，阳痿，遗精，金疮出血。

（二百一十二）牛角瓜属 *Calotropis* R. Br.

药用记载 牛角瓜 *Calotropis gigantea*（L.）Dryand. ex Ait. f. 的叶在《全国中草药汇编》《中华本草》中记载为牛角瓜。

472. 牛角瓜 *Calotropis gigantea*（L.）Dryand. ex Ait. f.

别名 羊浸树、断肠草、五狗卧花心、野攀枝花、大麻风药。

识别要点 直立灌木，全株具乳汁；茎黄白色，枝粗壮。叶倒卵状长圆形或椭圆状长圆形，顶端急尖，基部心形；聚伞花序伞形，腋生和顶生；花序梗和花梗被灰白色绒毛；花萼裂片卵圆形；花冠紫蓝色，辐状，裂片卵圆形，急尖；副花冠裂片比合蕊柱短，顶端内向，基部有距。蓇葖果单生，膨胀，端部外弯，种子广卵形。花果期几乎全年。（图 3–472–1～3–472–2，见 802 页）

生境与分布 生长于低海拔向阳山坡、旷野地及海边。分布于海南、云南、四川、广西和广东等省区。

药用部位 叶。

采集加工 夏、秋季采摘，晒干。

化学成分 根含乌斯卡定、乌他苷元、牛角瓜苷、异牛角瓜苷、α–香树脂醇、β–香树脂醇、蒲公英甾醇、ϕ–蒲公英甾醇、羽扇豆醇、24–亚甲基环木菠萝烷醇。

性味归经 微苦、涩，平；有毒。归肺经。

功能主治 祛痰定喘咳。适用于咳嗽痰多，百日咳。

用药警戒 孕妇忌服。有大毒，不可内服。

六十六、茜草科 Rubiaceae

（二百一十三）拉拉藤属 *Galium* L.

药用记载 蓬子菜 *Galium verum* L. 的全草在《全国中草药汇编》《中药大辞典》《中华本草》中记载为蓬子菜。猪殃殃（拉拉藤）*Galium aparine* L.var.*tenerum*（Gren. et Godr.）Reichb. 的全草在《全国中草药汇编》中记载为猪殃殃。北方拉拉藤 *Galium boreale* L. 的全草在《中华本草》中记载为砧草，在《藏药志》中记载为桑子嗄保。

473. 蓬子菜 *Galium verum* L.

别名 松叶草、蛇望草、铁尺草、老鼠针、黄米花、柳绒篙、疗毒篙、鸡肠草、刘芙蓉草、乌如木杜乐（蒙名）、桑子嗄保（藏名）。

识别要点 多年生草本植物。根茎粗短，根粗长而弯曲，带木质。茎近直立，四棱形，嫩时有柔毛。叶 6 ～ 10 片轮生，狭条状，无柄，两侧密被柔毛，边缘反卷。聚伞圆锥花序，稍紧密；花小，淡黄色。果小，果瓣双生，近球状。花期 7 月，果期 8 ～ 9 月。（图 3–473–1 ～ 3–473–4，见 803 页）

生境与分布 生长于山坡、荒土、草甸草原、杂类草甸、山地林缘及灌丛中。分布于我国东北、华北、西北及山东、江苏、安徽、浙江、河南、湖北、四川、西藏。

药用部位 全草及根。

采集加工 全草夏、秋季采收，秋季挖根。洗净切碎，鲜用或晒干。

化学成分 根含多种葡萄糖苷、根皮酸、2– 哌啶酸、绿原酸、芸香苷、喇叭茶苷等。地上部分含车叶草苷、水晶兰苷、鸡矢藤次苷、去乙酚基车叶草苷酸、都桷子苷酸、车叶草苷酸、交让木苷、10– 去乙酰基 –10– 对羟基苯丙酰基车叶草苷、3,4– 二氢车叶草苷、甲基香草醛、向日葵素等。

药理作用 ①全草有利胆作用。②新鲜植物之液汁或煎剂，外用可治皮疹。③全草所含车叶草苷具有缓泻及降压作用。④蓬子菜水提取物具有抑菌作用。

性味归经 苦、微辛，微寒。归心、肝经。

功能主治 清热解毒，活血通经，祛风止痒。适用于疮痈肿毒，咽喉肿痛，跌打损伤，经闭带下，肝炎，腹水，风疹瘙痒，毒蛇咬伤，荨麻疹，稻田皮炎。

474. 北方拉拉藤 *Galium boreale* L.

别名 砧草、丝拉尕保（藏名）。

识别要点 多年生直立草本；茎有 4 棱角。叶纸质或薄革质，4 片轮生，狭披针形或线状披针形，边缘常稍反卷。聚伞花序顶生和生于上部叶腋，常在枝顶结成圆锥花序，密花，花小，花冠白色或淡黄色。果小，密被白色稍弯的糙硬毛。花期 5～8 月，果期 6～10 月。（图 3–474–1～3–474–2，见 803 页）

生境与分布 生长于山坡、沟旁、草地的草丛、灌丛或林下。分布于东北、内蒙古、河北、山西、甘肃、青海、新疆、山东、四川、西藏等地。

药用部位 全草。

采集加工 秋季采收，切段晒干。

化学成分 含精油、香豆精类、黄酮类以及蒽醌类化合物。

性味归经 苦，寒。归肺经。

功能主治 止咳祛痰，祛湿止痛。适用于肺炎咳嗽，肾炎水肿，腰腿疼痛，妇女经闭，痛经，带下，疮癣。外用适量，捣敷或煎水洗。

475. 猪殃殃 *Galium aparine* L. var. *tenerum*（Gren. et Godr.）Reichb.

别名 拉拉藤、爬拉殃、八仙草、细叶茜草、锯子草、小锯子草、活血草、小禾镰草、锯耳草。

识别要点 一年生草本。茎稍蔓生或攀援，细弱，具 4 棱，沿棱有倒生小刺。叶 6～8 枚轮生，近无柄，线状披针形或倒披针形，基部渐狭，先端凸尖，具 1 脉，边缘及背面具倒生小刺。聚伞花序顶生或腋生，有花 3～10 朵，花小；花冠白色，4 裂，裂片长圆形；雄蕊 4；花柱 2 裂。花期 3～7 月，果期 4～11 月。（图 3–475–1～3–475–2，见 804 页）

生境与分布 生长于耕地、路旁或草地。分布于我国东北、华北、华南、西南。

药用部位 全草。

采集加工 夏季采收，鲜用或晒干。

性味归经 辛、苦，凉。归肾经。

功能主治 清热解毒，利尿消肿。适用于感冒，牙龈出血，急、慢性阑尾炎，泌尿系统感染，水肿，痛经，崩漏，白带异常，癌症，白血病。外用治乳腺炎初起，痈疖肿毒，跌打损伤。

（二百一十四）茜草属 *Rubia* L.

药用记载 茜草 *Rubia cordifolia* L. 的根及根茎在《中国药典》《中药大词典》《中华本草》中记载为茜草；根在《中药大词典》中记载为茜草根；茎叶在《中药大词典》中记载为茜草茎；地上部分在《中华本草》中记载为茜草藤。林生茜草 *Rubia sylvatica*（Maxim.）Nakai 始载于《中药鉴别手册》。

476. 茜草 *Rubia cordifolia* L.

别名 锯锯藤、拉拉秧、活血草、红茜草、四轮车、挂拉豆、红线草、小血藤、血见愁。

识别要点 多年生草质攀援藤木。根细长，圆柱形，多数丛生，外皮红褐色。茎 4 棱，棱上生倒刺。叶轮生；叶薄革质，卵状披针形、长卵形或卵形，先端渐尖，基部心形，上面脉上疏生刺毛、下面脉上疏生倒钩刺，绿色。聚伞花序腋生或顶生，花小，淡黄白色；花萼平截；花冠 5 裂；雄蕊 5；子房

下位；浆果肉质，熟时红色转黑。花果期 7 ～ 10 月。（图 3–476–1 ～ 3–476–4，见 804 页）

生境与分布 生长于杂木林间、林缘、草甸及草地。分布于我国东北、华北、西北及四川的北部和东部，俄罗斯远东地区。

药用部位 根及根茎、茎叶、地上部分。

采集加工 根及根茎：春、秋季采挖，洗净，切片，晒干。茎叶：夏、秋季采收，晒干。地上部分：夏、秋季采集，切段，鲜用或晒干。

化学成分 茜草根含茜草素、羟基茜草素、异茜草素、去甲虎刺醛、大黄素甲醚、乌楠醌、多种蒽醌类物质、甲基蒽醌葡萄糖苷、大叶茜草素、萘醌、茜草内酯、黑果茜草萜、茜草阿波醇、齐墩果酸乙酸酯、齐墩果醛乙酸酯、东莨菪素、脂肪酸、β – 谷甾醇、胡萝卜苷、环己肽类。

药理作用 ①浸液有明显的促进血液凝固作用，可止血。②对血小板聚集有很强的抑制作用。③有升高白细胞作用。④茜草根煎剂有明显的镇咳和祛痰作用。⑤水提取液对某些致病菌和部分皮肤真菌有抑制作用。⑥抗癌作用。⑦根提取液能明显提高尿液稳定性，降低尿石形成的危险性，有一定的降尿钙作用。⑧可明显地增加心肌和脑组织中 ATP 的含量，能增加冠状动脉血流量。⑨根煎剂能对抗肠痉挛，有解痉作用。

性味归经 根：苦，寒。归肝经。茎叶：苦，寒，无毒。归肝经。地上部分：苦，凉，无毒。归心、肝、肾、大肠、小肠、心包经。

功能主治 根：凉血止血，活血化瘀。适用于血热咯血，吐血，衄血，尿血，便血，崩漏，经闭，产后瘀阻腹痛，跌打损伤，风湿痹痛，黄疸，疮痈，痔肿。茎叶及地上部分：止血，行瘀。适用于吐血，血崩，跌打损伤，风痹，腰痛，痈毒，疔肿。

477. 林生茜草 *Rubia sylvatica*（Maxim.）Nakai

别名 活血草、红茜草、四轮车、挂拉豆、红线草、小血藤、血见愁。

识别要点 多年生草质攀援藤本，叶 4 ～ 6 枚轮生，卵状心形或心形，质薄。聚伞花序腋生或顶生，花和茜草相似，果球形，浆果成熟时黑色。花期 7 月，果期 9 ～ 10 月。（图 3–477–1 ～ 3–477–4，见 805 页）

生境与分布 生长于阔叶林下或灌丛中。分布于东北。

药用部位 全草。

采集加工 夏、秋季采集，切段，鲜用或晒干。

化学成分 大叶茜草素、甲基蒽醌、β – 谷甾醇、胡萝卜苷、新橙皮糖苷、萘酸双糖苷、多种葡萄糖苷。

性味归经 苦，寒。归肝经。

功能主治 凉血止血，祛瘀通经。适用于血热妄行的多种出血证，外伤出血，血滞经闭，产后瘀阻，跌打损伤及风湿痹痛。

六十七、花荵科 Polemoniaceae

（二百一十五）花荵属 *Polemonium* L.

药用记载 花荵 *Polemonium coeruleum* L. 与小花荵 *P. liniflorum* V. Vassil. 的根与根茎在《中药大辞典》《中华本草》中记载为花荵；小花荵在《全国中草药汇编》中记载为电灯花。

478. 花荵 *Polemonium coeruleum* L.

别名 鱼翅菜、手参、穴菜、电灯花、灯音花儿（蒙名）。

识别要点 多年生草本。茎直立。基生叶有长柄；茎生叶互生，单数羽状复叶，卵状披针形，全缘。圆锥花序顶生；花梗及萼片上有腺毛；萼钟状，5 裂，约与花冠筒等长；花冠 5 裂，蓝紫色；雄蕊 5；雌蕊柱头 3 裂。蒴果圆形。花期 6 ～ 7 月，果期 7 ～ 8 月。（图 3-478-1 ～ 3-478-3，见 805 ～ 806 页）

生境与分布 生长于山坡草丛、山谷疏林下、路边灌丛及溪流湿地。分布于东北、华北及新疆、云南等地。

药用部位 根及根茎。

采集加工 秋季采收，洗净泥土，晒干。

化学成分 根含乙酸、当归酸、环氧 - 齐墩果烷、22β - 内酯、β - 谷甾醇葡萄糖苷、刺槐素、花荵熊果皂苷元等。

药理作用 ①总皂苷对动脉粥样硬化有显著抑制作用，且有治疗作用。②从花荵根中分离出的总皂苷具有抗真菌作用。

性味归经 苦，平。归肺、心、肝、脾、胃经。

功能主治 化痰，安神，止血。适用于咳嗽痰多，癫痫，失眠，咯血，衄血，吐血，便血，月经过多。

479. 小花荵 *Polemonium liniflorum* V. Vassil.　FOC 修订为 *Polemonium chinense*（Brand）Brand（中华花荵）

别名 电灯花。

识别要点 多年生草本。茎直立，不分枝，细长，无毛。奇数羽状复叶，互生；小叶狭披针形至卵状披针形，两面无毛；茎上部的小叶较小，线状披针形或线形。聚伞圆锥花序顶生，被短柔腺毛，多花，花梗纤细而短；花较小，花萼钟状，裂片三角形；花冠蓝紫色，钟状，裂片倒卵形，先端尖，边缘具缘毛。蒴果卵圆形，突出于宿存花萼。种子褐色，纺锤形。花期 6 ～ 7 月，果期 7 ～ 8 月。（图 3-479-1 ～ 3-479-5，见 806 页）

生境与分布 生长于向阳草坡、湿草甸。分布于黑龙江、内蒙古等地。

药用等与花荵相同。

六十八、旋花科 Convolvulaceae

（二百一十六）打碗花属 *Calystegia* R. Br.

药用记载 打碗花 *Calystegia hederacea* Wall. 的全草在《中华本草》《中药大辞典》中记载为面根藤；根状茎及花在《全国中草药汇编》中记载为打碗花。旋花 *C. sepium*（L.）R. Br. 的根在《全国中草药汇编》中记载为篱天剑。肾叶打碗花 *C.soldanella*（L.）R. Brown 的根在《中华本草》《中药大辞典》中记载为孝扇草根；全草及根状茎在《全国中草药汇编》中记载为滨旋花。

480. 打碗花 *Calystegia hederacea* Wall.

别名 燕覆子、浦地参、面根藤、小旋花、盘肠参、铺地参、狗儿秧、兔儿苗、富秧、走七牡丹、扶秧、旋花苦蔓、老母猪草、阿牙根 – 其其格（蒙名）。

识别要点 一年生草本，植株通常矮小，蔓性，光滑。茎自基部分枝，平卧，有细棱。单叶互生；先端圆，基部戟形，上部叶片 3 裂。花单一腋生；花梗长于叶柄；苞片宽卵形；萼片 5，长圆形；花冠淡紫色或淡红色，钟状，冠檐近截形，中微裂；雄蕊 5；子房卵球形。蒴果卵球形，外包宿存萼片。种子黑褐色。花期 5 ～ 8 月，果期 8 ～ 10 月。（图 3–480–1 ～ 3–480–4，见 807 页）

生境与分布 生长于农田、荒地、路旁。分布于全国大部分地区。

药用部位 全草或根、花。

采集加工 全草或根：秋季采挖，洗净晒干或鲜用。花：夏秋采集，鲜用。

化学成分 块根含防己内酯、掌叶防己碱。根含莨菪亭。叶、花含山柰酚 –3– 半乳苷。

性味归经 甘、微苦，平。归肝、肾经。

功能主治 全草或根：健脾益气，利尿，调经止带。适用于淋病，月经不调，白带异常，乳汁稀少，小儿疳积，还可促进骨折和创伤的愈合。花：止痛。外用治牙痛。

用药警戒 该物种为中国植物图谱数据库收录的有毒植物，其根茎有毒，毒性成分为其生物碱。

481. 旋花 *Calystegia sepium*（L.）R. Br.

别名 篱天剑、打碗花、面根藤。

识别要点 多年生草本，全体无毛。根直下，略粗壮。茎缠绕或匍匐，有棱角，多分枝。单叶互生；叶片长三角状卵形，先端急尖，基部箭形或戟形，有浅裂片或基部无裂片而呈短耳形。花单生于叶腋，苞片广卵形，基部近心形；萼片卵圆状披针形，先端尖；花冠漏斗状，淡红色，具不明显 5 裂片；雄蕊 5 个；子房 2 室；柱头 2 裂。蒴果球形，光滑。种子黑褐色。花期 5 ～ 6 月。（图 3–481–1 ～ 3–481–3，见 807 页）

生境与分布 生长于山坡或田间地边。分布于全国各地。

药用部位 花、根、茎叶。

采集加工 春季采茎叶、夏季采花、秋季采根，晒干备用。

化学成分 根状茎含非洲防已素和掌叶防己碱。

性味归经 甘，寒。归脾经。

功能主治 根及茎叶清热利湿，理气健脾，益精气，续筋骨。适用于急性结膜炎，咽喉炎，白带异常，疝气。花：清热止痛。花外用治牙痛，祛面部黑色。

482. 藤长苗 *Calystegia pellita*（Ledeb.）Don

别名 狗儿苗、毛胡弯、狗藤花、兔耳苗、野兔子苗、野山药、夫子苗、缠绕天剑、脱毛天剑、乌苏图 – 阿牙根 – 其其格（蒙名）。

识别要点 多年生草本。茎缠绕，密被柔毛或最后近无毛。叶片长圆形或披针状长圆形，全缘或具不明显小耳，两面被毛。花单生叶腋，小苞片卵圆形，有毛；萼片长圆状卵形；花冠漏斗形，粉红色，有不明显 5 浅裂；雄蕊长为花冠的一半；子房 2 室，柱头 2 裂。蒴果球形；种子圆形或近圆形，黑褐色。花期 6 ～ 8 月，果期 8 ～ 9 月。（图 3–482–1 ～ 3–482–3，见 808 页）

生境与分布 生长于平原路边、田边杂草或山坡草丛中。分布于东北、华北、中南、华东及陕西、宁夏、甘肃、四川等地。

药用部位 全草或根茎入药。

采集加工 6 ～ 7 月开花时采收，晾干。

性味归经 甘、淡，小毒。归肾经。

功能主治 滋阴活血，益气利尿，健胃消食，利尿降压。适用于月经不调，淋浊白带，小儿疳积，脾胃虚弱，肾虚耳聋等。

用药警戒 该物种为中国植物图谱数据库收录的有毒植物，其毒性为全草有小毒。

（二百一十七）旋花属 *Convolvulus* L.

药用记载 银灰旋花 *Convolvulus ammannii* Desr. 的全草在《中华本草》中记载为小旋花；在《全国中草药汇编》中记载为银灰旋花。田旋花 *Convolvulus arvensis* L. 的全草及花在《中华本草》《全国中草药汇编》《中药大辞典》中记载为田旋花。

483. 银灰旋花 *Convolvulus ammannii* Desr.

别名 小旋花、亚氏旋花、沙地小旋花、彩木（蒙名）、宝日 – 额力根讷（蒙名）。

识别要点 多年生草本，根状茎短，木质化，茎少数或多数，枝和叶密被贴生银灰色绢毛。叶互生，线形或狭披针形，无柄。花单生枝端，外萼片长圆形或长圆状椭圆形，内萼片较宽，椭圆形，密被贴生银色毛；花冠小，漏斗状，淡玫瑰色或白色带紫色条纹，有毛，5 浅裂；雄蕊 5；雌蕊无毛，较雄蕊稍长。蒴果球形，淡褐红色。花期 6 ～ 8 月，果期 7 ～ 9 月。（图 3–483–1 ～ 3–483–3，见 808 页）

生境与分布　生长于旱山坡草地、干草原、干沙子地或路旁。分布于东北、华北、西北及河南、西藏。

药用部位　全草。

采集加工　夏、秋季采收，切段，晒干。

性味归经　辛，温。归肺经。

功能主治　解表，止咳。适用于风寒感冒，恶寒发热，头痛，鼻塞，咳嗽。

484. 田旋花 *Convolvulus arvensis* L.

别名　中国旋花、箭叶旋花、扶秧苗、野牵牛、拉拉菀、田福花、白花藤、扶田秧、面根藤、小旋花、三齿草藤、塔拉音 – 色得日根讷（蒙古名）。

识别要点　多年生缠绕草本。叶互生，卵状长圆形或三角状卵形，长不到宽的 2 倍，先端微圆，基部近戟形或箭形，全缘或微波状。花 1 ～ 2 朵生于叶腋，花梗细长；苞片 2，线形；花冠淡红色，漏斗状，有不明显的裂片 5。蒴果球形。花期 5 ～ 8 月，果期 7 ～ 9 月。（图 3–484–1 ～ 3–484–3，见 808 ～ 809 页）

生境与分布　生长于荒地及荒坡上。分布于我国东北、华北、西北及山东、河南、江苏、四川、西藏等地。

药用部位　全草及花。

采集加工　全草：夏、秋季采收，洗净，鲜用或切段晒干。花：开花时摘取，鲜用或晾干。

化学成分　全草含 β – 甲基马栗树皮革素。地上部分含黄酮苷、槲皮素、山柰酚、正烷烃、正烷醇、α – 香树脂醇、菜油甾醇、豆甾醇、β – 谷甾醇。地下部分含咖啡酸、红古豆碱。

药理作用　①醇浸膏能使血压下降。②所含成分能对抗大白鼠的电惊厥，但不能对抗五甲烯四氮唑及士的宁引起的惊厥。

性味归经　辛、温，有毒。归肾经。

功能主治　祛风，止痒，止痛。适用于风湿痹痛，牙痛，神经性皮炎。

用药警戒　①非风热者不宜用。②过食，令人腹痛泄泻，急磨木香酒解之。

（二百一十八）鱼黄草属 *Merremia* Dennst.

药用记载　北鱼黄草 *Merremia sibirica*（L.）Hall. f. 的全草在《中华本草》中记载为北鱼黄草，种子在《全国中草药汇编》《中药大辞典》《中华本草》中记载为铃当子。山土瓜 *Merremia hungaiensis*（Lingelsh. et Borza）R. C. Fang var. *hungaiensis* 的块根在《中药大辞典》《中华本草中》记载为土瓜；在《全国中草药汇编》中记载为山土瓜。

485. 北鱼黄草 *Merremia sibirica*（L.）Hall. f.

别名　北茉栾藤、西伯利亚鱼黄草、西伯利亚牵牛、钻之灵、小瓠花。

识别要点 缠绕草本。全株近于无毛。茎圆柱形，具细棱。单叶互生，基部具小耳状假托叶；叶片卵状心形，全缘或稍波状。聚伞花序腋生，有花 3 ～ 7 朵，花序梗明显具棱或狭翅；苞片小，线形；萼片椭圆形；花冠淡红色，钟状，冠檐具三角形裂片。蒴果近球形，4 瓣裂。花期 7 ～ 8 月，果期 8 ～ 9 月。（图 3–485–1 ～ 3–485–2，见 809 页）

生境与分布 生长于路边、田边、山地草丛或山坡灌丛。分布于东北及河北、山东、江苏、浙江、安徽、山西、陕西、甘肃、湖南、广西、四川、云南、贵州。

药用部位 全草、种子。

采集加工 全草：夏季采收，洗净，鲜用或晒干。种子：秋季采收果实，晒干，打下种子，拣去杂质。

化学成分 种子含葡萄糖、甘露糖、半乳糖、二烯酸、三烯酸。

性味归经 全草：辛、苦，微寒。归脾、肾经。种子：甘、寒，归脾经。

功能主治 全草：活血解毒。适用于劳伤疼痛，下肢肿痛及疔疮。种子（铃当子）：逐水消肿，泻下祛积。适用于大便秘结，食积腹胀。

486. 山土瓜 *Merremia hungaiensis*（Lingelsh. et Borza）R. C. Fang var. *hungaiensis*

别名 土蛋、滇土瓜、山土瓜、红土瓜、山红苕、野红苕、山萝卜。

识别要点 多年生缠绕草本，地下具块根，球形或卵状，有时 2 ～ 3 个串生，表皮红褐色、暗褐色或肉白色，含淀粉并有乳状黏液。茎细长，圆柱形，有细棱，大多旋扭，无毛。叶椭圆形、卵形或长圆形，顶端钝，微凹，渐尖或锐尖，具小短尖头，基部钝圆或楔形或微呈心形，边缘微啮蚀状或近全缘，两面无毛。聚伞花序腋生，苞片小，鳞片状，萼片等长；花冠黄色，漏斗状；雄蕊稍不等长，花丝基部扩大，被毛；花盘环状；子房圆锥状。蒴果长圆形，4 瓣裂。种子密被黑褐色茸毛。花果期 3 ～ 9 月。（图 3–486–1 ～ 3–486–4，见 809 ～ 810 页）

生境与分布 生于草坡、山坡灌丛或松林下。分布于海南、四川、贵州、云南。

药用部位 块根。

采集加工 秋季采挖块根，除去泥土，洗净，切片，鲜用或晒干。

性味归经 甘淡，平。红土瓜入脾、胃经。白土瓜入肺经。

功能主治 清热，除湿，止咳，健脾。适用于黄疸，慢性肝炎，肺热咳嗽，下血，乳少，带下，小儿疳积，水火烫伤。

附注：《滇南本草》记载块根有红白两种。红者治妇人赤白带下，通经解热；治咳嗽，肺经结热成痈，妇人乳结不通，阴阳不分，子宫虚冷，男子精寒；又健脾胃而生津液，生食止呕疗饥，补脾，解胃热，宽中，利小便，止大肠下血。白者治肺热，消渴，利小便；治肺痈咳嗽，通乳汁。

（二百一十九）菟丝子属 *Cuscuta* L.

药用记载 菟丝子 *Cuscuta chinensis* Lam. 或金灯藤 *Cuscuta japonica* Choisy 的全草在《中药大辞典》《中华本草》中记载为菟丝；带花果的全草在《全国中草药汇编》中记载为菟丝草；种子在《中

国药典》《中药大辞典》《中华本草》中记载为菟丝子。

487. 菟丝子 *Cuscuta chinensis* Lam.

别名　豆寄生、无根草、黄丝、黄藤子、金黄丝子、马冷丝、巴钱天、黄鳝藤、菟儿丝、禅真、朱匣琼瓦（藏名）、希日－奥日义羊古（蒙名）。

识别要点　一年生寄生草本。茎细柔呈线状，黄色，多分枝。三角状卵形的鳞片叶。花白色，簇生；花萼杯状，裂片卵形或椭圆形；花冠短钟形，雄蕊 5，花药长卵圆形；雌蕊花柱 2，离生，柱头短。蒴果扁球形，褐色；种子卵圆形或扁球形，黄褐色。花果期 7 ～ 10 月。（图 3–487–1 ～ 3–487–3，见 810 页）

生境与分布　寄生于田边、路边、荒地及灌丛中、山坡向阳处的豆科、菊科、藜科等草本植物上。分布于全国各地。

药用部位　全草、种子。

采集加工　全草：秋季采集，晒干或鲜用。种子：9 ～ 10 月采收成熟果实，晒干，打出种子，簸去果壳、杂质。

化学成分　全草含菟丝子多糖、卵磷脂、脑磷脂。茎含 β－胡萝卜素、γ－胡萝卜素、叶黄素、蒲公英黄质。种子含槲皮素、金丝桃苷、槲皮素 –3–O–β –D– 半乳糖 –7–O–β – 葡萄糖苷。

药理作用　①新鲜的水－醇提取物能产生明显的强心作用。②水煎剂有显著的保护肝损伤活性。③水煎剂对阳虚症状有一定的恢复作用。④水煎剂能增强耐缺氧能力，提高非特异性抵抗力。⑤有抗肿瘤、抗病毒、抗炎、抗不育、致泻及抑制中枢神经系统的作用。⑥乙醇提取物能增强心脏的收缩力，降低麻醉狗的血压。⑦煎剂对金黄色葡萄球菌、福氏痢疾杆菌、伤寒杆菌有抑制作用。⑧浸剂有抗利尿、恢复肾功能及消除蛋白尿作用。⑨有镇咳祛痰、降血中胆固醇的作用。⑩所含维生素 A 类物质可促进生长和生殖，维持上皮组织的完整性。

性味归经　全草：甘、苦，平。归肝、肾、膀胱经。种子：辛、甘，平。归肝、肾、脾经。

功能主治　全草：清热解毒，凉血止血，健脾利湿。适用于吐血，衄血，便血，血崩，淋浊，带下，痢疾，黄疸，便溏，目赤肿痛，咽喉肿痛，痈疽肿毒，痱子。种子：补肾益精，养肝明目，固胎止泻。适用于腰膝酸痛，遗精，阳痿，早泄，不育，消渴，淋浊，遗尿，目昏耳鸣，胎动不安，流产，泄泻。

用药警戒　全草：阴虚火旺、大便秘结、小便短赤者，不宜服。

种子：肾火旺，强阳不痿者忌之；大便燥结者亦忌之。孕妇、血崩、阳强、便结、肾脏有火、阴虚火动者禁用。

488. 金灯藤 *Cuscuta japonica* Choisy

别名　日本菟丝子、大菟丝子、菟丝子、无娘藤、金灯笼、无根藤、山老虎、黄丝藤、飞来花、红雾水藤、天蓬草、比拉出特－希日－奥日义羊古（蒙名）。

识别要点　与菟丝子的主要区别是：茎较粗壮，肉质，黄色或红色的茎上常带紫红色瘤状斑点。花序穗状，基部常多分枝；花萼碗状肉质，背面常有紫红色瘤状凸起；花柱单一，柱头 2 裂。蒴果卵圆形，种皮黄至黄棕色。花期 8 ～ 10 月，果期 9 ～ 11 月。（图 3–488–1 ～ 3–488–2，见 810 ～ 811 页）

生境与分布 生长于田边、荒地、灌丛中，寄生于草本植物上。分布于我国南北各省区。

化学成分 全草含廿五烷、β－谷甾醇、硬脂酸、花生酸、胡萝卜苷。

药用等其余各项与菟丝子相同。

（二百二十）番薯属 *Ipomoea* L.

药用记载 蕹菜 *Ipomoea aquatica* Forsk. 的茎、叶在《全国中草药汇编》《中药大辞典》《中华本草》中记载为蕹菜；根在《中药大辞典》《中华本草》中记载为蕹菜根。五爪金龙 *Ipomoea cairica*（L.）Sweet 在《全国中草药汇编》《中华本草》中记载为五叶藤。厚藤 *Ipomoea pas-caprae*（L.）Sweet 的全草在《全国中草药汇编》《中药大辞典》《中华本草》中记载为马鞍藤。

489. 蕹菜 *Ipomoea aquatica* Forsk.

别名 空心菜、通菜蓊、蓊菜、藤藤菜、通菜蕹、空筒菜、无心菜、水蕹菜。

识别要点 一年生草本，蔓生或漂浮于水面上。茎圆柱形，有节，节间中空，节上生根，无毛。叶片形状、大小有变化，卵形、长卵形、长卵状披针形或披针形。聚伞花序腋生，花序梗长；苞片小鳞片状；萼片近于等长，卵形；花冠白色、淡红色或紫红色，漏斗状；雄蕊不等长，花丝基部被毛；子房圆锥状，无毛。蒴果卵球形至球形。种子密被短柔毛或有时无毛。花果期 3 ～ 12 月。（图 3-489-1 ～ 3-489-4，见 811 页）

生境与分布 生长于气候温暖湿润，土壤肥沃多湿的地方。分布于海南等南方各省区。

药用部位 茎叶，根。

采集加工 茎叶：夏、秋采收，多鲜用。根：秋季采收，洗净，鲜用或晒干。

性味归经 茎叶：甘，寒。归肠、胃经。根：淡，平。归肾、肺、脾经。

功能主治 茎叶：凉血止血，清热利湿。适用于鼻衄，便秘，淋浊，便血，尿血，痔疮，痈肿，折伤，蛇虫咬伤。根：健脾利湿。适用于妇女白带，虚淋。

490. 五爪金龙 *Ipomoea cairica*（L.）Sweet

别名 五爪龙、上竹龙、牵牛藤、黑牵牛、假土瓜藤、五叶藤、五叶茄、黑牵牛。

识别要点 多年生缠绕草本，全体无毛，老时根上具块根。茎细长，有细棱，有时有小疣状突起。叶掌状 5 深裂或全裂，裂片卵状披针形、卵形或椭圆形，叶柄基部具小的掌状 5 裂的假托叶。聚伞花序腋生，苞片及小苞片均小，萼片稍不等长；花冠紫红色、紫色或淡红色，偶有白色，漏斗状，雄蕊不等长，子房无毛，花柱纤细，长于雄蕊，柱头 2 球形。蒴果近球形，4 瓣裂。种子黑色。花果期 2 ～ 12 月。（图 3-490-1 ～ 3-490-4，见 811 ～ 812 页）

生境与分布 生长于向阳处的平地或山地路边灌丛。分布于海南、台湾、福建、广东及其沿海岛屿，广西、云南。

药用部位 茎叶或根。

采集加工　全年或秋季采收，洗净，切段或片，鲜用或晒干。

化学成分　含牛蒡苷元、络石苷元。种子含糙茎牵牛素 A、B。

药理作用　①从五爪龙所含牛蒡苷元（A）和络石苷元（T）对体外人免疫缺陷病毒Ⅰ型（HIV-1；HTLV-ⅢB 株）的复制有强大的抑制作用。②种子所含糙茎牵牛素 A 有致泻作用。③糙茎牵牛素 A 给狗静脉注射可作为麻醉剂，小剂量对呼吸、血压及肠运动无明显影响。④有抗菌作用。

性味归经　甘，寒。

功能主治　清热解毒，利水通淋。适用于肺热咳嗽，小便不利，淋病，水肿，痈肿疗毒。

用药警戒　虚寒者忌用。

491. 厚藤 *Ipomoea pas-caprae*（L.）Sweet

别名　马鞍藤、沙灯心、马蹄草、鲎藤、海薯、走马风、马六藤、白花藤、沙藤。

识别要点　多年生草本，全株无毛；茎平卧，有时缠绕。叶肉质，干后厚纸质，卵形、椭圆形、圆形、肾形或长圆形，顶端微缺或 2 裂，裂片圆，裂缺浅或深，有时具小凸尖，基部阔楔形、截平至浅心形。多歧聚伞花序，腋生，有时仅 1 朵发育；花序梗粗壮，苞片小，萼片厚纸质，卵形，顶端圆形，具小凸尖，花冠紫色或深红色，漏斗状，雄蕊和花柱内藏。蒴果球形，果皮革质，4 瓣裂。种子三棱状圆形。花果期全年。（图 3-491-1 ～ 3-491-4，见 812 页）

生境与分布　生长在沙滩上及路边向阳处。分布于海南、浙江、福建、台湾、广东、广西。

药用部位　全草。

采集加工　全年或夏、秋季节性采收，除去杂质，切段或片，晒干。

化学成分　全草含马鞍藤脂酸苷 A、B、E。叶中挥发油含丁香油酚，左旋峰蜜曲菌素，4- 乙烯基 - 愈创木酚，β - 突厥蔷薇酮。种子含赤霉素 A_1、A_3、A_5、A_{19}、A_{20}、A_{23}。

药理作用　①干燥叶中含一种挥发性酯类，对海蜇刺伤所引起的风疹、瘙痒有良好的解毒作用。②外用其叶，有止痛、防止褥疮之效。

性味归经　辛、苦，微寒。归肝、脾经。

功能主治　祛风除湿，消痈散结。适用于风湿痹痛，痈肿，疔毒，乳痈，痔漏。

六十九、紫草科 Boraginaceae

（二百二十一）斑种草属 *Bothriospermum* Bge.

药用记载　斑种草 *Bothriospermum chinense* Bge. 的全草在《全国中草药汇编》中记载为蛤蟆草。柔弱斑种 *B. tenellum*（Hornem）Fisc. et Mey. 的全草在《中药大辞典》《中华本草》中记载为鬼点灯。

492. 斑种草 *Bothriospermum chinense* Bge.

别名 蛤蟆草、细叠子草。

识别要点 越年生或一年生草本。茎自基部分枝，斜升或近直立。叶片匙形或倒披针形，边缘呈皱波状，两面有短糙毛。花序苞片叶状，卵形或狭卵形；花腋外生，花梗较短；花萼裂片5，狭披针形，有毛；花冠淡蓝色。小坚果4，肾形，有网状皱褶，腹面中部有横凹陷。花期4～6月。（图3-492-1～3-492-2，见813页）

生境与分布 生长于荒野路边、山坡草丛及竹林下。分布于我国辽宁、河北、山西、河南、山东等地。

药用部位 全草。

采集加工 夏季采集，去净泥土，晒干。

性味归经 微苦，凉。归胃、大肠经。

功能主治 解毒消肿，除湿。适用于痔疮，肛门肿痛，湿疹。

493. 柔弱斑种草 *Bothriospermum tenellum*（Hornem）Fisc. et Mey. FOC 修订为 *Bothriospermum zeylanicum*（J. Jacq）Druce

别名 小马耳朵、鬼点灯、细茎斑种草、雀灵草、细累子草、细叠子草。

识别要点 一年生或二年生草本，全株具刚毛。茎通常丛生，或从基部分枝，基部平卧，上部斜升。单叶互生；卵状披针形，或椭圆形，先端圆钝，具小凸头，基部窄截形。花小，单生于叶腋，通常下垂；萼5深裂；花冠白色，裂片5，冠筒喉部具5鳞片；雄蕊5，藏于花冠筒内；子房4裂，花柱短，柱头头状。小坚果4，椭圆形，有瘤状凸起。花期5～7月。（图3-493-1～3-493-2，见813页）

生境与分布 生长于山坡路边、田间荒地及溪边阴湿处。分布于东北、华东、华南、西南及陕西、台湾、河南等地。

药用部位 全草。

采集加工 夏、秋季采收，拣净，晒干。

性味归经 苦、涩，平，小毒。归肺经。

功能主治 止咳，止血。适用于咳嗽，吐血。

用药警戒 有小毒，慎用。

494. 狭苞斑种草 *Bothriospermum kusnezowii* Bge.

别名 斑种草。

识别要点 一年生草本。茎数条丛生，直立或平卧，被开展的硬毛及短伏毛，由下部多分枝。基生叶莲座状，倒披针形或匙形，茎生叶无柄，长圆形或线状倒披针形。总状花序具线形或线状披针形的苞片。花萼外面密生开展的硬毛及短硬毛，花冠淡蓝色、蓝色或紫色，钟状，裂片圆形，有明显的网脉，喉部有5个梯形附属物，花柱短。小坚果椭圆形。花果期5～7月。（图3-494-1～3-494-2，见813页）

生境与分布 生长于干旱农田、河滩、荒地、路边、山谷、林缘、山坡、山坡草甸等地。分布于黑龙江、吉林、河北、山西、内蒙古、宁夏、甘肃、陕西、青海。

药用等参考柔弱斑种草。

（二百二十二）砂引草属 *Messerschmidia* L.

药用记载　砂引草 *Messerschmidia sibirica* L. 的全草在《土库曼斯坦药用植物》中有记载。

495. 砂引草 *Messerschmidia sibirica* L.　　FOC 修订为 *Tournefortia sibirica* L.

别名　紫丹草、西伯利亚紫丹、挠挠糖、好吉格日 – 额布斯（蒙名）。

识别要点　多年生草本，有细长的根状茎。茎单一或数条丛生，通常分枝，密生糙伏毛。叶披针形、倒披针形或长圆形，密生糙伏毛或长柔毛，中脉明显，上面凹陷，下面凸起。花序顶生，萼片披针形，密生向上的糙伏毛；花冠黄白色，钟状，裂片 5，卵形或长圆形，外弯，花冠筒较裂片长，外面密生向上的糙伏毛；雄蕊 5，内藏；花丝极短着生于花筒中部；子房无毛，花柱下部环状膨大。核果有 4 钝棱。花期 5 ～ 6 月，果期 6 ～ 7 月。（图 3–495–1 ～ 3–495–3，见 814 页）

生境与分布　生长于海滨砂地、干旱荒漠及山坡道旁。分布于东北及河北、河南、山东、陕西、甘肃、宁夏等地。

药用部位　根茎、全草和花。

采集加工　7 ～ 8 月开花时采集全草，晒干。

化学成分　含粗脂肪、粗灰分、粗蛋白质、黏胶质、8 种必需氨基酸、图内福尔素、生物碱、石松胺、鞣质、香豆素、藏红花醛、芥菜精、卡罗托林、香精油。

功能主治　清热解毒。适用于关节痛、麻疹、肾病、呼吸病。外用消肿。

（二百二十三）鹤虱属 *Lappula* V. Wolf

药用记载　鹤虱 *Lappula myosotis* V. Wolf 的果实在《中华本草》中记载为赖毛子，以果实入药。蒙药名为囊给 – 章古那。

496. 鹤虱 *Lappula myosotis* V. Wolf.

别名　小粘染子、赖鸡毛子、然然刺、粘珠子、蓝花蒿、囊给 – 章古那（蒙名）。

识别要点　一年生或二年生草本。茎直立，中部以上多分枝，密被白色短糙毛。基生叶长圆状匙形，全缘，先端钝，两面密被有白色基盘的长糙毛；茎生叶较短而狭，披针形或线形，无叶柄。花序在花期短，果期则伸长；花萼 5 深裂，裂片线形，急尖，有毛；花冠淡蓝色，漏斗状至钟状，喉部附属物梯形。小坚果卵状。花期 4 ～ 6 月，果期 7 ～ 9 月。（图 3–496–1 ～ 3–496–3，见 814 页）

生境与分布　生长于草地、干山坡、沙丘、砂质地等处。分布于华北、西北、新疆、内蒙古西部等地。

药用部位 果实。

采集加工 秋季果实成熟时采摘，晒干，除去皮屑、杂质。

化学成分 果实中含棕榈酸、琥珀酸、绿花倒提壶酸、尿囊素、1- 对 - 香豆酰 -α-L- 吡喃鼠李糖、腺嘌呤、腺苷。鹤虱还含有紫草素、乙酰紫草素。

性味归经 苦、辛，平，小毒。归胃经。

功能主治 消炎杀虫。适用于蛔虫病，绦虫病，蛲虫病。

用药警戒 孕妇禁用。

（二百二十四）紫草属 *Lithospermum* L.

药用记载 紫草 *Lithospermum erythrorhizon* Sie. et Zucc. 的根在《中国药典》《中华本草》和《中药大辞典》中记载为紫草。

497. 紫草 *Lithospermum erythrorhizon* Sie. et Zucc.

别名 紫丹、地血、硬紫草、大紫草、红条紫草、伯日漠格（蒙名）、巴力木格（蒙名）。

识别要点 多年生草本。根直立，圆柱形，略弯曲，常分歧，外皮暗红紫色。茎直立，单一或上部分歧，全株被粗硬毛。叶互生，无柄；叶片长圆状披针形。聚伞花序总状，顶生；花两性；苞片叶状，两面具粗毛；花萼短筒状，5 深裂；花冠白色，花冠管短，先端 5 裂，喉部具有 5 个鳞片状附枝，基部具有毛状物；雄蕊 5；子房上位，柱头球状。小坚果直立，卵圆形，淡褐色。种子 4 枚，卵圆形。花期 5 ～ 6 月，果期 7 ～ 8 月。（图 3-497-1 ～ 3-497-4，见 815 页）

生境与分布 生长于山坡草地、向阳山坡或草丛中，也见于路边散生。分布于东北、河北、河南、安徽、广西、贵州、江苏等地。

药用部位 根。

采集加工 春秋季挖根，除去残茎及泥土（勿用水洗），晒干或微火烘干，生用。

化学成分 根含紫草素（紫草醌）、乙酰紫草醌、异丁酰紫草醌、紫草烷、去氧紫草素、β,β- 二甲基丙烯紫草醌、β- 羟基异戊酰紫草醌、3,4- 二甲基戊烯 -3- 酰基紫草醌等。花含色素。

药理作用 ①乙醇提取液或粉末均可抑制大鼠动情期，能降低小白鼠的生育率。②对病毒及某些致病菌有抑制作用。③根对绒毛膜上皮癌等有一定疗效。④煎液能增强小肠内紧张性或使其收缩。⑤煎剂对心脏小量兴奋，大量则抑制，最后停止于舒张期。全身麻醉下，静脉注射或肌内注射紫草煎液，能使兔、猫、犬等实验动物半数出现血压急剧下降，甚至死亡，但对未麻醉的动物注射或口服则无明显作用。

性味归经 苦，寒。归心、肝经。

功能主治 清热，凉血，透疹，化斑，解毒。适用于发斑发疹，肝炎，痈肿，烫火伤，湿疹，冻疮，大便燥结。蒙药名：巴力木，能清热、止血、透疹。适用于麻疹，肾炎，急性膀胱炎，尿道炎，肺热咳嗽，肺脓，各种出血，血尿，淋病，麻疹。

用药警戒 胃肠虚弱、大便滑泻者慎服。

（二百二十五）软紫草属 *Arnebia* Forss.

药用记载 软紫草 *Arnebia euchroma*（Royle）Johnst. 在《中药鉴别手册》中记载。

498. 疏花软紫草 *Arnebia szechenyi* Kanitz

识别要点 多年生草本。梢含紫色物质。茎有疏分枝，密生灰白色短柔毛。叶无叶柄，狭卵形至线状长圆形，有短伏毛和具基盘的短硬毛，边缘具钝锯齿，齿端有硬毛。镰状聚伞花序，花排列较疏；苞片与叶同型。花萼裂片线形，花冠黄色，筒状钟形，常有紫色斑点。小坚果三角状卵形。花果期 6 ～ 9 月。（图 3–498–1 ～ 3–498–2，见 815 页）

生境与分布 生长于向阳山坡。分布于内蒙古、宁夏、甘肃、青海。

药用等各项参考紫草。

（二百二十六）附地菜属 *Trigonotis* Stev.

药用记载 附地菜 *Trigonotis peduncularis* Trev. Bent. ex Baker et Moore 的全草在《中华本草》《中药大辞典》《全国中草药汇编》中记载为附地菜。

499. 附地菜 *Trigonotis peduncularis* Trev. Bent. ex Baker et Moore

别名 鸡肠、鸡肠草、地胡椒、搓不死、豆瓣子棵、伏地菜、伏地草、山苦菜、地瓜香、特木根－好古来（蒙名）。

识别要点 一年生草本。茎通常自基部分枝，纤细直立，或丛生，具平伏细毛。叶互生，匙形、椭圆形或披针形，两面均具平伏粗毛；下部叶具短柄，上部叶无柄。总状花序顶生，细长，不具苞片；花通常生于花序的一侧；花萼 5 裂，裂片长圆形；花冠蓝色，5 裂，裂片卵圆形；雄蕊 5；子房深 4 裂，花柱线形，柱头头状。小坚果三角状四边形，有小柄。花期 5 ～ 6 月，果期 7 ～ 9 月。（图 3–499–1 ～ 3–499–3，见 816 页）

生境与分布 生长于丘陵草地、平原、田间、林缘或荒地。分布于西藏、云南、广西北部、江西、福建、新疆、甘肃、内蒙古、东北等省区。

药用部位 全草。

采集加工 初夏采收，鲜用或晒干。

化学成分 附地菜的花含有飞燕草素 –3,5– 二葡萄糖苷。地上部分含牻牛儿醇、α – 松油醇萜类化合物等。

性味归经 辛、苦，平。归心、肝、脾、肾经。

功能主治 温中健胃，清热消炎，止痛止痢。适用于热毒疮疡，赤白痢疾，胃痛，吐酸，吐血；

外用治跌打损伤，骨折，手脚麻木，胸肋骨痛等症。

500. 朝鲜附地菜 *Trigonotis coreana* Nakai　　FOC 修订为 *Trigonotis radicans*（Turcz.）Steven subsp *sericea*（Maxim.）Riedl（绢毛北附地菜）

别名　森林附地菜。

识别要点　多年生草本。根状茎短粗，深褐色。茎数条丛生，疏生贴伏的短糙毛或近无毛。基生叶和茎下部叶卵形或椭圆状卵形，先端具短尖头，基部圆形或楔形，茎上不生叶似基生叶但叶片较小，叶柄较短。花序顶生，有叶状苞片；花单生腋外，花梗细，斜伸，花萼裂片长圆状披针形，花冠淡蓝色，喉部附属物 5。小坚果 4。花期 5 ～ 7 月。（图 3–500–1 ～ 3–500–3，见 816 页）

生境与分布　生长于山地林缘或灌丛、山谷及溪旁湿润处。分布于东北及山东。

药用参考附地菜。

七十、唇形科 Labiatae

（二百二十七）藿香属 *Agastache* Clayt in Gronov

药用记载　藿香 *Agastache rugosa*（Fisch. et Mey.）O. Ktze. 的地上部分在《中华本草》《中药大辞典》中记载为藿香；根在《中药大辞典》中记载为藿香根；茎叶蒸馏所得的芳香水在《中药大辞典》中记载为藿香露。

501. 藿香 *Agastache rugosa*（Fisch. et Mey.）O. Ktze.

别名　合香、苍告、山茴香、仁丹草、兜娄婆香、香荆芥花、土藿香、拉拉香、川藿香、苏藿香、巴蒿、乌努日根讷（蒙名）。

识别要点　一年生或多年生草本。茎直立，四棱形，略带红色。叶对生；叶片椭圆状卵形或卵形，边缘具不整齐的钝锯齿。顶生总状花序；苞片大；萼 5 裂；花冠唇形，紫色或白色，上唇四方形或卵形先端微凹，下唇 3 裂，两侧裂片短，中间裂片扇形，边缘有波状细齿，花冠外被细柔毛；二强雄蕊；子房 4 深裂，花柱伸出花外。小坚果倒卵状三棱形。花期 6 ～ 7 月，果期 10 ～ 11 月。（图 3–501–1 ～ 3–501–4，见 817 页）

生境与分布　生长于山坡、溪旁、路边及林荫下。分布于东北、华东、西南及河北、陕西、河南、湖北、湖南、广东等地。

药用部位　全草、根、茎叶。

采集加工　花序抽出时采收，除去杂物、泥土，晒干。

化学成分　全草含甲基胡椒酚、茴香脑、茴香醛、柠檬烯、对甲氧基桂皮醛、蒎烯、辛酮、芳樟醇、丁香烯、榄香烯、葎草烯、衣兰烯、金合欢烯－荜澄茄烯、菖蒲烯、刺槐素、椴树素、蒙花苷、藿香苷、异藿香苷、藿香精。根含山楂酸、齐墩果酸、β－谷甾醇、去氢藿香酚等。

药理作用 ①煎剂对许兰氏毛癣菌等多种致病性真菌有抑制作用；藿香乙醚浸出液及醇浸出液亦能抑制多种致病性真菌。②藿香水煎剂对钩端螺旋体有抑制作用。③藿香中的黄酮类物质具有抗病毒作用。

性味归经 辛，微温。归肺、脾、胃经。藿香露：辛，微温，无毒。归肺经。

功能主治 全草：祛暑解表，化湿和胃。适用于夏令感冒，寒热头痛，胸脘痞闷，呕吐泄泻，妊娠呕吐，鼻渊，手足癣等。根：芳香化浊，和中止呕。适用于霍乱吐泻，血气痛，发表。藿香露：芳香宣浊。适用于暑湿气滞，胸闷呕恶。

用药警戒 阴虚无湿、胃虚作呕者禁用。

（二百二十八）筋骨草属 *Ajuga* L.

药用记载 多花筋骨草 *Ajuga multiflora* Bunge 的全草在《中华本草》中记载为多花筋骨草。

502. 多花筋骨草 *Ajuga multiflora* Bunge

别名 奥兰其－吉杜格（蒙名）。

识别要点 多年生草本，全株密被灰白色绵毛状长柔毛。茎直立，不分枝，四棱形。叶对生；基生叶具柄，茎上部叶无柄；叶片椭圆状长圆形或椭圆状卵圆形，抱茎。轮伞花序自茎中部向上渐靠近，至顶端呈密集的穗状聚伞花序；花片叶状，向上小；花萼宽钟形；花冠蓝紫色或蓝色，冠檐二唇形，上唇短，下唇伸长宽大，3 裂；雄蕊 4，二强；花柱超出雄蕊；花盘环状。小坚果倒卵状三棱形。花期 4 ～ 5 月。果期 5 ～ 6 月。（图 3–502–1 ～ 3–502–4，见 817 ～ 818 页）

生境与分布 生长于山坡、林缘、阔叶林下、疏草丛、河边草地、灌丛或路旁等处。分布于黑龙江、辽宁、河北、内蒙古、江苏、安徽等地。

药用部位 全草。

采集加工 春、夏、秋季均可采集，洗净，晒干或鲜用。

性味归经 苦，寒。归肺、大肠、胃、肝经。

功能主治 清热解毒，凉血止血，泄热消肿，续筋接骨。适用于肺热咳嗽，咯血，疮痈肿毒，便血，尿血，皮肤瘀血斑，毒蛇及狂犬咬伤后发热、红肿等。外用治跌打损伤，骨折等症。

（二百二十九）水棘针属 *Amethystea* L.

药用记载 水棘针 *Amethystea caerulea* L. 的全草在《中华本草》中记载为水棘针。

503. 水棘针 *Amethystea caerulea* L.

别名 山油子、土荆芥、细叶山紫苏。

识别要点 一年生草本，金字塔形分枝。茎四棱，紫色或紫灰色。叶对生；紫色或紫绿色，具狭翅；叶片纸质或近膜质，三角形或近卵形，边缘具粗齿。圆锥花序由聚伞花序所组成；苞叶与茎叶同形；花萼钟形，萼齿边缘具缘毛，果时花萼增大；花冠蓝色或紫蓝色，冠檐二唇形，外面被腺毛；雄蕊 4；花盘环状。小坚果呈倒卵状三棱形。花期 8 ～ 9 月，果期 9 ～ 10 月。（图 3-503-1 ～ 3-503-3，见 818 页）

生境与分布 生长于田边旷野、沙地河滩、路边及溪旁。分布于东北、华北及陕西、甘肃、新疆、山东、安徽、河南、湖北、四川、云南等地。

药用部位 全草。

采集加工 夏季采收，切段，晒干。

化学成分 叶含 6- 羟基木犀草素、8- 羟基木犀草素、木犀草素。种子含亚麻油酸、亚油酸、油酸、棕榈酸、硬脂酸、艾里莫酚烯、γ - 榄香烯、β - 古芸烯、芳香烃邻苯二甲酸二丁酯、二十碳二烯酸。

药理作用 ①所含亚油酸具有降压、降血脂和抗动脉粥样硬化等作用，同时多价不饱和脂肪酸也是合成前列腺素的基础物质，并具有多种药理活性。②芳香油中存在的二十碳二烯酸是抗肿瘤的活性成分。

性味归经 辛，平。归肺经。

功能主治 疏风解表，宣肺平喘。适用于感冒，咳嗽气喘。

（二百三十）风轮菜属 *Clinopodium* L.

药用记载 风轮菜 *Clinopodium chinense*（Benth.）O. Ktze. 的全草在《全国中草药汇编》《中药大辞典》《中华本草》中记载为风轮菜。

504. 风轮菜 *Clinopodium chinense*（Benth.）O. Ktze.

别名 九层塔、山薄荷、野薄荷、蜂窝草、节节草、落地梅花、断血流、红九塔花、熊胆草、野凉粉藤、苦刀草。

识别要点 多年生草本。茎基部匍匐生根，上部上升，多分枝，四棱形，密被短柔毛及腺毛。叶对生；叶片卵圆形，上面密被短硬毛，下面被疏柔毛。轮伞花序多花密集，常偏向一侧，呈半球形；苞片针状；花萼狭管状，紫红色；花冠紫红色，内面喉部具毛茸，上唇先端微缺，下唇 3 裂，中裂片稍大；雄蕊 4，前对较长；子房 4 裂。小坚果 4。花期 6 ～ 8 月，果期 7 ～ 9 月。（图 3-504-1 ～ 3-504-3，见 818 ～ 819 页）

生境与分布 生长于山坡、草丛、路边、灌丛或森林下。分布于华北及黑龙江、湖北、湖南、广东、广西、云南等地。

药用部位 全草。

采集加工 夏、秋季采收，洗净，切段，晒干或鲜用。

化学成分 全草含风轮菜皂苷、香蜂草苷、橙皮苷、异樱花素、芹菜素、熊果酸。

药理作用 ①有止血作用。②有明显收缩血管作用。③对大白鼠离体子宫有明显的收缩作用。④水提液对金黄色葡萄球菌、绿脓杆菌和痢疾杆菌有抑制作用。

性味归经 辛、苦，凉。归心经。

功能主治 疏风清热，解毒消肿，止血。适用于感冒发热，中暑，咽喉肿痛，白喉，急性胆囊炎，肝炎，肠炎，痢疾，乳腺炎，疔疮肿毒，过敏性皮炎，急性结膜炎，尿血，崩漏，牙龈出血，外伤出血。

505. 风车草 *Clinopodium urticifolium*（Hance）C. Y. Wu et Hsuan

别名 紫苏、四方草、四叶七、蛇舌癀、麻叶风轮菜。

识别要点 多年生直立草本，根茎木质。茎钝四棱形，具细条纹，坚硬，基部半木质，常带紫红色。叶卵圆形、卵状长圆形至卵状披针形，边缘锯齿状，坚纸质。轮伞花序多花密集，苞片线形，常染紫红色，明显具肋。花萼狭管状，上部染紫红色，上唇 3 齿，齿近外反，下唇 2 齿，齿直伸，稍长，先端芒尖。花冠紫红色，雄蕊 4，花柱微露出。小坚果倒卵形，褐色，无毛。花期 6 ～ 8 月，果期 8 ～ 10 月。（图 3–505–1 ～ 3–505–3，见 819 页）

生境与分布 生长于山坡、草地、路旁、林下。分布于东北、河北、河南、山西、陕西、四川、山东、江苏。

药用部位 全草。

采集加工 夏、秋季采收，洗净，切段，晒干或鲜用。

性味归经 苦，寒。归肝经。

功能主治 凉血，止血，祛瘀。适用于吐血、衄血、崩漏、外伤出血，经闭瘀阻，关节痹痛，跌仆肿痛。

用药警戒 脾胃虚寒及无瘀滞者慎服。

（二百三十一）青兰属 *Dracocephalum* L.

药用记载 香青兰 *Dracocephalum moldavica* L. 的全草在《中华本草》《中药大辞典》中记载为山薄荷，在《全国中草药汇编》中记载为香青兰。青兰 *D. ruyschiana* L. 的全草在《中华本草》中记载为青兰。毛建草 *D. rupestre* Hance 的全草在《中华本草》《中药大辞典》《全国中草药汇编》中记载为岩青兰。

506. 香青兰 *Dracocephalum moldavica* L.

别名 摩眼子、山薄荷、兰秋花、玉米草、臭仙欢、小兰花、香花花、臭兰香、枙子花。

识别要点 一年生草本，全株密被短毛，香气较浓。茎四棱形。叶对生；有短柄；叶片长圆状卵形或卵状披针形，下面有腺点。花生于茎上部叶腋内，轮伞花序，每 6 朵成一轮，茎顶部轮较密，呈穗状；苞叶边缘具长芒状刺毛；萼唇形，上唇 3 裂，下唇 2 裂；花冠淡蓝紫色，唇形；雄蕊 4，2 强；柱头 2 裂。花期 6 ～ 8 月，果期 8 ～ 9 月。（图 3–506–1 ～ 3–506–2，见 819 ～ 820 页）

生境与分布 生长于干燥山坡、河滩石处、草地或草原。分布于东北、内蒙古、河北、山西、陕西、宁夏、甘肃、青海、新疆、河南等地。

药用部位 全草。

采集加工 夏、秋季采收，鲜用或晒干。

化学成分 全草含柠檬醛、香茅醇、百里香酚、柠檬烯、牻牛儿醇、橙花醇、牻牛儿醛、牻牛儿醇乙酸酯、橙花醇乙酸酯、香青蓝黄酮苷、γ－亚麻酸及其异构体等。

药理作用 ①水提取物能显著延长小鼠常压缺氧状态下的存活时间，提高其耐缺氧能力。②水煎剂，能降低血浆中脂质过氧化物，血栓素明显降低，超氧化物歧化酶升高。

性味归经 辛、苦，凉。归心、肺经。

功能主治 疏风清热，利咽止咳，凉肝止血。适用于感冒发热，头痛，咽喉肿痛，咳嗽气喘，黄疸，吐血，衄血，风疹，皮肤瘙痒。

507. 青兰 *Dracocephalum ruyschiana* L.

别名 智洋顾（藏名）。

识别要点 多年生草本。茎数个自根茎生出，四棱形，被倒向柔毛；短枝自叶腋生出，具有小型叶。叶对生，叶片线形或披针状线形，两面中脉疏被柔毛或后变无毛。轮生花序生于茎上部；苞片卵状椭圆形，长为萼之一半或更短；花萼唇状，上唇3裂，下唇2裂，齿披针形，被睫毛，常带紫色；花冠蓝紫色，外面被短柔毛；雄蕊4，花药叉状分开，被短柔毛；花柱细长，柱头2裂。小坚果长圆形，光滑。花期7月，果期8～9月。（图3-507-1～3-507-3，见820页）

生境与分布 生长于山地草甸或草原多石处。分布于黑龙江、内蒙古、新疆等地。

药用部位 全草。

采集加工 夏、秋季采收，切段晒干。

化学成分 全草含齐墩果酸、熊果酸、胡萝卜苷、茵芋苷、大波斯菊苷、脂麻素、脂麻苷等。

性味归经 辛、苦，凉。归肺、心经。

功能主治 疏风清热，凉血解毒。适用于感冒头痛，咽喉肿痛，咳嗽，黄疸，痢疾。

508. 毛建草 *Dracocephalum rupestre* Hance

别名 岩青兰、毛尖、毛尖茶、哈敦－毕日阳古（蒙名）、那乌黄乃（藏名）。

识别要点 多年生草本。茎斜生，四棱，有细毛。基生叶柄细长，叶片阔卵圆形或心状长椭圆形，先端圆钝，边缘有规则的圆齿，两面有毛，上面绿色，下面白色，叶下面网状脉明显；茎生叶对生，具短柄。总状花序，数朵生于茎顶；花萼近唇形，5齿，具短尖，其中上唇一片最大；花冠2唇形，蓝紫色；苞片具大齿牙。花期7～9月。（图3-508-1～3-508-4，见820～821页）

生境与分布 生长于石质山坡或山坡路旁，河谷湿润处。分布于西北及东北等地。

药用部位 全草。

采集加工 7～8月采收，切段晒干。

性味归经 辛、苦，凉。归肝经。

功能主治 疏风清热，凉肝止血。适用于风热感冒，头痛，咽喉肿痛，咳嗽，黄疸，痢疾，吐血，衄血。

（二百三十二）香薷属 *Elsholtzia* Willd.

药用记载 香薷 *Elsholtzia ciliate*（Thunb.）Hyland. 的全草在《中华本草》《全国中草药汇编》中记载为土香薷。海州香薷 *E. splendens* Nakai 的带花全草在《中药大辞典》中记载为香薷。

509. 香薷 *Elsholtzia ciliata*（Thunb.）Hyland.

别名 土香薷、山苏子、小叶苏子、臭荆芥、野香薷、香薷草、鱼香草、水芳药、边枝花、酒饼叶、排香草、蜜蜂草、野芝麻、蚂蝗痧、荆芥、拉拉香、昂给鲁木－其其格（蒙名）。

识别要点 一年生草本。茎直立，四棱形，紫褐色，多分枝，被疏柔毛。叶对生；边缘具狭翅，披毛。叶片卵形或椭圆状披针形，散布腺点。轮伞花序多花密集成假穗状花序；苞片宽卵圆形或扁圆形；花萼钟形，萼齿 5，前 2 齿较长，先端具针芒状；花冠淡紫色，外面被毛；雄蕊 4，伸出；雌蕊子房 4 裂。小坚果棕黄色。花期 7 ～ 10 月，果期 8 ～ 10 月。（图 3–509–1 ～ 3–509–3，见 821 页）

生境与分布 生长于山地、林内、河岸和路旁。分布于除青海、新疆外的全国各地。

药用部位 全草。

采集加工 夏、秋季抽穗开花时采割，去净杂质，晒干或鲜用。

化学成分 全草含 β－谷甾醇、胡萝卜苷、熊果酸、委陵菜酸、2–α－羟基熊果酸、棕榈酸、亚油酸、亚麻酸、咖啡酸、阿魏酸正十八酯、β－胡萝卜苷、熊竹素、儿茶素。

药理作用 ①酊剂具有明显的利尿作用，可使尿量及尿中氯化物排泄增加。②浸剂可用于肠弛缓，能促进食欲，改善消化。尚有祛痰作用。③试管试验具有抗真菌作用。

性味归经 辛，微温。归肺、胃经。

功能主治 发汗解暑，化湿利尿。适用于夏季感冒，发热无汗，中暑，急性胃肠炎，胸闷，口臭，小便不利，水肿，湿疹，痈疮等。

510. 密花香薷 *Elsholtzia densa* Benth.

别名 咳嗽草、野紫苏、臭香茹、媳蟋巴。

识别要点 草本，密生须根。茎直立，自基部多分枝，茎、枝四棱形。叶长圆状披针形至椭圆形，边缘在基部以上具锯齿。穗状花序长圆形或近圆形，密被紫色串珠状长柔毛，由密集的轮伞花序组成。花萼钟状，萼齿 5；花冠小，淡紫色，冠筒向上渐宽大，冠檐二唇形，上唇直立，先端微缺，下唇稍开展，3 裂，中裂片较侧裂片短；雄蕊 4，花柱微伸出。小坚果卵珠形。花、果期 7 ～ 10 月。（图 3–510–1 ～ 3–510–2，见 821 ～ 822 页）

生境与分布 生长于林缘、高山草甸、林下、河边及山坡荒地。分布于河北、山西、陕西、甘肃、青海、四川、云南、西藏及新疆。

药用等各项同香薷。

511. 海州香薷 *Elsholtzia splendens* Nakai

别名 香茹、香柔、高娃－昂给鲁木－其其格（蒙名）、希日－吉如格（蒙名）。

识别要点 一年生草本。茎直立，基部以上多分枝，被短柔毛。单叶对生，卵状三角形、矩圆状披针形或披针形，边缘具稀疏的钝锯齿，两面均被凹陷腺点；轮伞花序，花多数，组成顶生的穗状花序，偏向一侧；花萼钟形，萼齿具缘毛；花冠玫瑰紫色，上唇先端微缺，下唇 3 裂，中裂片圆形，侧裂片截形或近圆形；二强雄蕊，伸出花冠；子房上位，花柱超出雄蕊。小坚果矩圆形，黑棕色。花、果期 9 ～ 11 月。（图 3-511-1 ～ 3-511-2，见 822 页）

生境与分布 生长于山坡路旁或草丛中。分布于辽宁、河北、山东、河南、安徽、江苏、浙江、江西、湖北、四川、贵州、云南、陕西、甘肃等地。

药用部位 地上部分。

采集加工 夏、秋季采收，当果实成熟时割取地上部分，晒干或阴干。

化学成分 全草含香荆芥酚、百里香酚、对聚伞花素、γ－松油烯、蛇麻烯、α－水芹烯、β－甜没药烯、α－反式－香柠檬烯。

性味归经 中药：辛，微温。归肺、肾经。蒙药：苦、辛、涩，燥、温、轻、糙。

功能主治 中药：发汗解表，祛暑化湿，利水。适用于夏季感冒，发热无汗，头痛，胸闷，腹痛吐泻，水肿，小便不利。

蒙药：杀虫，祛腐，愈伤，祛“巴达干”。适用于阴道滴虫病，梅毒，肠寄生虫病，“巴达干”病，创伤，跌打肿痛。

用药警戒 表虚多汗者忌用。

（二百三十三）鼬瓣花属 *Galeopsis* L.

药用记载 鼬瓣花 *Galeopsis bifida* Boenn. 的全草在《中华本草》中记载为鼬瓣花；根在《中华本草》中记载为鼬瓣花根。

512. 鼬瓣花 *Galeopsis bifida* Boenn.

别名 壶瓶花、引子香、十二槐花、金槐、野苏子、野芝麻。

识别要点 一年生草本。茎直立，四棱形。叶对生；被短柔毛；叶片卵状披针形或披针形，边缘具圆齿。花序多花密集，腋生；小苞片边缘具刚毛；花萼钟形，萼齿 5，先端长刺状；花冠白、黄或粉紫红色，上唇卵圆形，先端钝，具数个齿，外被刚毛，下唇 3 裂，中裂片略大，先端微凹；雄蕊 4，均伸至上唇片下；子房 4 裂，柱头 2 裂；花盘前方呈指头状增大。花期 7 ～ 9 月，果期 8 ～ 10 月。（图 3-512-1 ～ 3-512-3，见 822 页）

生境与分布 生长于林缘、路旁、田边、灌木丛或草地。分布于黑龙江、吉林、内蒙古、山西、陕西、甘肃、青海、湖北、四川、贵州、云南、西藏等地。

药用部位 全草、根。

采集加工 全草：8 ～ 9 月采收全草，洗净，切段，晒干。根：茎叶枯萎时挖根，洗净，晒干。

化学成分 叶含鼬瓣花苷、哈帕苷、鼬瓣花次苷、脱氧哈帕苷、羟基 – 乙酰鼬瓣花次苷。

性味归经 全草：甘、微苦，微寒。根：甘、微辛，温。归肝、肺经。

功能主治 全草：清热解毒，明目退翳。适用于目赤肿痛，翳障，梅毒，疮疡。

根：补虚，止咳，调经。适用于体虚羸弱，肺虚久咳，月经不调。

（二百三十四）活血丹属 *Glechoma* L.

药用记载 活血丹 *Glechoma longituba*（Nakai）Kupr 的全草在《中华本草》中记载为活血丹。

513. 活血丹 *Glechoma longituba*（Nakai）Kupr

别名 连钱草、遍地香、地钱儿、钹儿草、佛耳草、铜钱草、遍地金钱、透骨消、透骨风、十八缺草、一串钱、四方雷公根、马蹄筋骨草、钻地风、接骨消等。

识别要点 多年生草本，幼嫩部分被疏长柔毛。匍匐茎着地生根，茎上升，四棱形。叶对生；叶片心形或近肾形，边缘具圆齿，两面被柔毛或硬毛。轮伞花序通常 2 ～ 3 花；花萼筒状，萼齿具缘毛；花冠蓝色或紫色，下唇具深色斑点，花冠筒有长和短两型；雄蕊 4，后对较长；子房 4 裂，花柱略伸出，柱头 2 裂。小坚果长圆状卵形，深褐色。花果期 4 ～ 6 月。（图 3–513–1 ～ 3–513–3，见 823 页）

生境与分布 生长于林缘、疏林下、草地上或溪边等阴湿处。分布于除甘肃、青海、新疆及西藏外的全国各地。

药用部位 全草或茎叶。

采集加工 4 ～ 5 月采收全草，晒干或鲜用。

化学成分 茎叶含左旋松樟酮、左旋薄荷酮、胡薄荷酮、α – 蒎烯、β – 蒎烯、柠檬烯、对 – 聚伞花素、异薄荷酮、异松樟酮、芳樟醇、薄荷醇、α – 松油醇、欧亚活血丹内酯、熊果酸、β – 谷甾醇等。地上部分乙醇提取物中含木栓酮、β – 谷甾醇、大黄素甲醚、大黄酚、齐墩果酸、熊果酸、刺槐素、胡萝卜苷、蒙花苷、海常素、芹菜素、木犀草素、多种葡萄糖苷、芦丁、白桦脂醇、白桦脂酸等。

药理作用 ①煎剂能促进肝细胞的胆汁分泌。②煎剂有显著利尿作用，连续应用则利尿作用逐渐降低。③能使小便变为酸性，而使存在于碱性条件下的结石溶解。④对金黄色葡萄球菌极度敏感，宋内痢疾杆菌中度敏感，大肠杆菌、绿脓杆菌、伤寒杆菌均不敏感。⑤保护胰岛 B 细胞，降低血糖。⑥水提物有抗炎作用。

性味归经 苦、辛，凉。归肝、胆、膀胱经。

功能主治 利湿通淋，清热解毒，散瘀消肿。适用于膀胱结石或尿路结石，热淋石淋，湿热黄疸，疮痈肿痛，风湿性关节炎，跌仆损伤，骨折，风寒咳嗽，崩漏，白带过多等症。叶汁治小儿惊痫，慢性肺炎。

用药警戒　阴疽、血虚及孕妇慎服。

（二百三十五）夏至草属 *Lagopsis* Bunge ex Benth.

药用记载　夏至草 *Lagopsis supina*（Steph.）Ik–Gal ex knorr 的全草在《中华本草》《中药大辞典》《全国中草药汇编》中记载为夏至草。

514. 夏至草 *Lagopsis supina*（Steph.）Ik–Gal ex knorr

别名　小益母草、白花夏枯、灯笼棵、夏枯草、白花益母、风轮草、假茺蔚、假益母草、套来音－奥如乐（蒙名）。

识别要点　多年生草本。茎直立，方柱形，分枝，被倒生细毛。叶对生；有长柄，被细毛；叶片轮廓近圆形，掌状 3 深裂，裂片再 2 深裂或有钝裂齿，两面均密生细毛，下面叶脉凸起。花轮有花 6–10 朵，腋生；苞片与萼筒等长；花萼钟形；花冠白色，钟状，外面被有短柔毛，冠筒内面无毛环，上唇较下唇长，直立，长圆形，内面有长柔毛，下唇平展，有 3 裂片；雄蕊不伸出；花柱圆形。小坚果褐色。花期 3 ～ 4 月，果期 5 ～ 6 月。（图 3–514–1 ～ 3–514–4，见 823 ～ 824 页）

生境与分布　生长于路旁旷地上或灌丛中。分布于东北、西北、西南、内蒙古、湖北、山西、山东、江苏、安徽、浙江、河南、湖北等地。

药用部位　全草。

采集加工　夏至前采收，晒干或鲜用。

化学成分　全草含棕榈酸、β－谷甾醇、齐墩果酸、胡萝卜苷、半乳糖－芹菜素苷、益母草碱、水苏碱。

药理作用　①乙醇提取物对菜籽油等食用油脂有一定的抗氧化作用。②醇提物可减少重要器官肝、肾、心、肺的微血栓形成，减少出血，明显改善血液和淋巴微循环障碍。

性味归经　微苦，平，有小毒。归肝经。

功能主治　养血活血，清热利湿。适用于月经不调，产后瘀滞腹痛，血虚头昏，半身不遂，跌打损伤，水肿，小便不利，目赤肿痛，疮痈，冻疮，牙痛，皮疹瘙痒。

用药警戒　孕妇慎用。

（二百三十六）野芝麻属 *Lamium* L.

药用记载　宝盖草 *Lamium amplexicaule* L. 的全草在《中华本草》《中药大辞典》和《全国中草药汇编》中记载为宝盖草。野芝麻 *L barbatum* Sieb. et Zucc. 的全草在《中华本草》《中药大辞典》《全国中草药汇编》中记载为野芝麻。

515. 宝盖草 *Lamium amplexicaule* L.

别名　接骨草、莲台夏枯、毛叶夏枯、灯龙草、珍珠莲、佛座、风盏、连钱草、大铜钱七、蜡烛扦草。

识别要点　一年生或二年生草本。茎丛生，细弱，四棱形，常带紫色。叶对生；有短柄，抱茎；叶片肾形或近圆形，两面均被细毛。轮伞花序 6 ～ 10 花，其余叶腋部均有花，花外被长毛；花萼管状，裂齿 5；花冠紫红色或粉红色；雄蕊 4，与花柱近等长。小坚果长圆形，褐黑色。花期 3 ～ 5 月，果期 7 ～ 8 月。（图 3–515–1 ～ 3–515–3，见 824 页）

生境与分布　生长于路边、草丛、庭园等处。分布于东北、西北、华东、华中和西南等地。

药用部位　全草。

采集加工　夏季采收全草，洗净，晒干或鲜用。

化学成分　含野芝麻苷、7– 去乙酰野芝麻苷、野芝麻酯苷、野芝麻新苷、7– 去甲 –6– 羟基山栀苷甲酯、山栀苷甲酯、假杜鹃素、7– 乙酰基野芝麻新苷、5– 脱氧野芝麻苷、6– 脱氧野芝麻苷。

性味归经　辛、苦，微温。归心、肺经。

功能主治　活血通络，解毒消肿。适用于跌打损伤，筋骨疼痛，四肢麻木，半身不遂，黄疸，鼻渊，瘰疬，肿毒，黄水疮。

516. 野芝麻 *Lamium barbatum* Sieb. et Zucc.

别名　野油麻、山苏子、野藿香、山芝麻、白花益母草、吸吸草、包团草、泡花草。

识别要点　多年生草本。茎直立，单一，具 4 棱，被粗毛。叶对生，心脏卵形，先端长尾尖，基部心形，有时近截形，边缘具粗牙齿。轮伞花序生于上部叶腋间；苞片线形；花萼 5 裂；花冠白色或淡黄色，上唇呈兜状向下弯曲，下唇 3 裂，下垂；雄蕊 2 强；子房 4 深裂，柱头 2 裂。小坚果三角状，暗褐色。花期 4 ～ 6 月，果期 7 ～ 8 月。（图 3–516–1 ～ 3–516–4，见 824 ～ 825 页）

生境与分布　生长于林下、林缘、路边、溪旁、田埂及荒坡上。分布于东北、华北、华东。

药用部位　全草、根、花。

采集加工　全草：夏、秋季采集，晒干或鲜用。根：秋季采集，晒干或鲜用。花：5 ～ 6 月开花时采收，阴干。

化学成分　叶含黏液质、鞣质、挥发油、抗坏血酸、胡萝卜素、皂苷。花含黄酮等成分，其中有异槲皮苷、山柰酚 –3– 葡萄糖苷、槲皮黄苷、野芝麻苷、芸香苷、胆碱、黏液质、抗坏血酸、组胺、酪胺、焦性儿茶酚、鞣质等。全株含水苏碱。地下部分含水苏糖及葡萄糖苷。

药理作用　野芝麻提取物可使动脉及子宫收缩，可用于子宫出血。该植物含强溶血作用的皂苷，但不在花中。小鼠口服从野芝麻中分离出来的黄酮，能抑制可卡因产生的兴奋作用。

性味归经　全草、花：甘、辛，平。归肾经。根：微甘，平。归肝经。

功能主治　全草：散瘀，消积，调经，利湿。适用于跌打损伤，小儿疳积，白带异常，痛经，月经不调，肾炎，膀胱炎。

根：清肝利湿，活血消肿。适用于眩晕，肝炎，咳嗽咯血，水肿，白带异常，疳积，痔疮，肿毒。

花：活血调经，清热利湿。适用于月经不调，痛经，白带异常，子宫颈炎，肺热咯血，小便不利。

（二百三十七）益母草属 *Leonurus* L.

药用记载 益母草 *Leonurus artemisia*（Laur.）S. Y. Hu 的全草在《中国药典》《中华本草》《中药大辞典》中记载为益母草；花在《中华本草》《中药大辞典》中记载为益母草花，成熟果实在《中国药典》《中华本草》《中药大辞典》中记载为茺蔚子。细叶益母草 *L. sibiricus* L. 在《中华本草》和《中药大辞典》中亦作益母草用。錾菜 *L. pseudomacranthus* Kitag 的全草在《全国中草药汇编》《中药大辞典》《中华本草》中记载为錾菜。

517. 益母草 *Leonurus artemisia*（Laur.）S. Y. Hu

别名 益母蒿、益母艾、红花艾、坤草、茺蔚、三角胡麻、四楞子棵、异叶益母草、都日伯乐吉－额布斯（蒙名）。

识别要点 叶掌状分裂，花序上部叶全缘。花冠上唇与下唇近相等，花较小，花冠紫红色至淡紫红色。花期 6 ～ 9 月，果期 7 ～ 10 月。（图 3–517–1 ～ 3–517–4，见 825 页）

生境与分布 生长于田埂、路旁、溪边或山坡草地。分布于全国各地。

药用部位 全草、花、成熟果实。

采集加工 全草：每株开花 2/3 时收获，选取晴天齐地割下，应即摊放，晒干后打成捆。花：夏季花初开时采收，去净杂质，晒干。成熟果实：夏、秋季在全株花谢、果实成熟时割取全株，晒干，打下果实，除去叶片、杂质。

化学成分 全草含益母草碱、水苏碱、前西班牙夏罗草酮、西班牙夏罗草酮、鼬瓣花二萜、前益母草二萜、益母草二萜、薰衣草叶苷、芦丁、苯甲酸、邻羟基苯甲酸、丁香酸、腺苷、豆甾醇、槲皮素－洋槐双糖苷、异槲皮苷、金丝桃苷、槲皮素、芹菜素、芫花素、苯甲酸、4－甲基－1－戊醇、1－辛烯－3－醇、桉油精、丁香醛、汉黄芩素、大豆素等。

药理作用 ①煎剂、酒精浸膏对多种动物的子宫有兴奋作用。②注射液显著抑制血小板聚集。③益母草制剂静脉注射可明显增加冠脉血流量，降低冠脉阻力，减慢心律及减少心输出量和右室做功的作用。④制剂对心肌超微结构，特别是线粒体有保护作用。⑤益母草可使呼吸兴奋，但在大剂量时，呼吸则由兴奋转入抑制，且变为微弱而不规则。⑥有中枢抑制作用。⑦益母草碱在较高浓度时能使兔血悬液发生溶血作用。⑧对多种致病菌有抑制作用。⑨有轻微降压作用。

性味归经 全草：苦、辛，微寒。归肝、肾、心包经。花：甘、微苦，凉。归心经。成熟果实：甘、辛，微寒，有毒。归肝经。

功能主治 全草：活血调经，利尿消肿，清热解毒。适用于月经不调，经闭，胎漏难产，胞衣不下，产后血晕，瘀血腹痛，跌打损伤，小便不利，水肿。

花：养血，活血，利水。适用于贫血，疮疡肿毒，血滞经闭，痛经，产后瘀滞腹痛，恶露不下。

成熟果实：活血调经，清肝明目。适用于月经不调，痛经，闭经，产后瘀滞腹痛，肝热头痛，头晕，目赤肿痛，目生翳障。

用药警戒 全草、花：孕妇禁用。阴虚血少者忌服。成熟果实：肝血不足，瞳子散大及孕妇忌服。

518. 细叶益母草 *Leonurus sibiricus* L.

别名 益母草、益母蒿、四美草、风葫芦草、龙串彩、龙昌菜、红龙串彩、石麻、风车草、那林－都日伯乐吉－额布斯（蒙名）。

识别要点 花序上部叶掌状分裂，叶裂片细。花小，花冠上唇比下唇短，花萼长，花冠粉红色。花期 6 ～ 9 月，果期 7 ～ 10 月。（图 3–518–1 ～ 3–518–3，见 826 页）

生境与分布 生长于石质山坡、砂质草地或松林中。分布于东北、华北、内蒙古、甘肃。

化学成分 全草含益母草碱、水苏碱、益母草定、益母草宁、苯甲酸、多量氯化钾、月桂酸、亚麻酸、油酸、甾醇、维生素 A、芸香苷、精氨酸、4– 胍基 –1– 丁醇、4– 胍基 – 丁酸、水苏糖、细叶益母草萜、异细叶益母草萜、细叶益母草萜内酯。

其余各项与益母草相同。

519. 錾菜 *Leonurus pseudomacranthus* Kitag

别名 楼台草、玉蓉草、白花益母草、对月草、白花茺蔚、玉山米草。

识别要点 一年生草本。茎直立，方形，具 4 棱，有节，密被倒生的粗毛。叶厚，带革质，对生，两面均有灰白色毛；下部的叶有长柄，卵圆形或羽状 3 深裂。花多数，腋生成轮状，无柄；苞片线形至披针形，或呈刺状，有毛；萼钟状，先端刺尖；花冠白色，常带紫纹；雄蕊 4，均延伸至上唇片之下，前对较长；花柱丝状，柱头 2 裂。小坚果黑色。花期 7 ～ 9 月，果期 10 ～ 11 月。（图 –519–1 ～ 3–519–2，见 826 页）

生境与分布 生长于山坡、路边、荒地上。分布于东北、华北、华中、华东及西南等地。

药用部位 全草。

采集加工 夏、秋季采收。

性味归经 辛，平。归心经。

功能主治 活血调经，解毒消肿。适用于月经不调，闭经，痛经，产后瘀血腹痛，崩漏，跌打伤痛，疮痈。

用药警戒 孕妇慎服。

（二百三十八）地笋属 *Lycopus* L.

药用记载 地笋 *Lycopus lucidus* Turcz. 的根茎在《中药大辞典》《中华本草》中记载为地笋。

520. 地笋 *Lycopus lucidus* Turcz.

别名 地瓜儿苗、泽兰、提娄、地参、给拉嘎日－额布斯（蒙名）。

识别要点 多年生草本，具横走的根茎。茎直立，节上常带红紫色。叶对生，长圆状披针形或披针形，质厚，基部呈翼状，边缘具深锯齿。轮伞花序，无柄。萼齿先端为刺尖状，花冠白色，比萼稍长。小坚果比萼短。花期 6 ～ 9 月，果期 8 ～ 10 月。（图 3–520–1 ～ 3–520–3，见 826 ～ 827 页）

生境与分布 生长于林下、草甸子、沼泽地、山野低洼地、水边、沟边等潮湿处。分布于东北、华北、西南及陕西、甘肃等地。

药用部位 全草、根茎。

采集加工 全草：夏、秋季茎叶茂盛时采割，晒干。根茎：秋季采挖，除去地上部分，洗净，晒干。

化学成分 全草含葡萄糖苷、鞣质、树脂、黄酮苷、酚类、氨基酸、皂苷、葡萄糖、半乳糖、泽兰糖、蔗糖、棉子糖、水苏糖、果糖、白桦脂酸、熊果酸、乙酰熊果酸、β－谷甾醇、桦木酸、胆甾酸、齐墩果酸、2α－熊果酸、胡萝卜苷、原儿茶醛、原儿茶酸、咖啡酸、迷迭香酸等。

药理作用 ①全草的水浸膏可明显改善微循环障碍。②水煎剂有抗凝血作用。③水煎剂可以抑制血小板聚集，抑制血栓形成。④有扩张小血管的作用。⑤降血脂。⑥对抗肝损伤、肝纤维化、肝硬化，纠正肝损伤过程中肝脏出现的多种异常病变和肝功能异常。⑦镇痛。⑧有增强离体子宫平滑肌活动力的作用。⑨有显著的利胆作用，有利于防治胆结石。

性味归经 全草：苦、辛，微温。归肝、脾经。根茎：甘、辛，平。归肝经。

功能主治 活血化瘀，行水消肿，解毒消痈。适用于月经不调，经闭，痛经，产后瘀滞腹痛，癥瘕浮肿，跌打损伤，痈肿疮毒。根茎：化瘀止血，益气利水。适用于衄血，吐血，产后腹痛，黄疸，带下，气虚乏力。

用药警戒 无瘀血者慎服。

（二百三十九）薄荷属 *Mentha* L.

药用记载 薄荷 *Mentha haplocalyx* Briq. 的全草或叶在《中国药典》《中华本草》《全国中草药汇编》中记载为薄荷；薄荷鲜茎叶的蒸馏液在《中药大辞典》《中华本草》中记载为薄荷露；薄荷全草中提炼出的结晶在《中药大辞典》《中华本草》中记载为薄荷脑。东北薄荷 *M. sachalinensis*（Briq.）Kudo 的全草在《全国中草药汇编》中记载为兴安薄荷。

521. 薄荷 *Mentha haplocalyx* Briq.　　FOC 修订为 *Mentha canadensis* L.

别名 蕃荷菜、菝蔺、吴菝蔺、南薄荷、猫儿薄荷、升阳菜、野薄荷、见肿消、夜息香。

识别要点 多年生芳香草本，茎直立。具匍匐的根茎，质脆，容易折断。茎锐四棱形。单叶对生；叶两面具柔毛及黄色腺鳞。轮伞花序腋生，于茎顶处密集成球形；花萼管状钟形，萼齿 5，广三角形，先端钝，几乎无毛；花冠淡紫色至白色；雄蕊 4；花柱略超出雄蕊。小坚果卵形，黄褐色，具小腺窝。花期 7 ～ 9 月，果期 10 ～ 11 月。（图 3–521–1 ～ 3–521–2，见 827 页）

生境与分布 生长于沟旁，路边及山野湿地。分布于华北、华东、华中、华南及西南各地。

药用部位 全草或叶、茎叶。

采集加工 全草或叶：夏、秋两季茎叶茂盛或花开至 3 轮时选晴天分次采割，摊晒 2 天，稍干后扎成小把，再晒干或阴干。薄荷茎叶晒至半干，即可蒸馏，得薄荷油。

化学成分 薄荷鲜叶含左旋薄荷醇、左旋薄荷酮、异薄荷酮、胡薄荷酮、乙酸癸酯、乙酸薄荷酯、苯甲酸甲酯、α－及 β－蒎烯、β－侧柏烯、3－戊醇、2－己醇、3－辛醇、右旋月桂烯、柠檬烯、桉叶素、α－松油醇、异瑞福灵、木犀草素－7－葡萄糖苷、薄荷异黄酮苷、迷迭香酸、咖啡酸等。

药理作用 ①薄荷水煎剂对病毒有抑制作用。②薄荷脑主要作外用止痒、微弱的局麻及对抗刺激剂，涂于局部由于刺激神经而引起凉感，并抑制痛觉神经。③有祛痰作用。④薄荷脑有很强的杀菌作用。⑤薄荷油对小白鼠具有一定的抗着床与抗早孕作用。⑥有利胆作用。

性味归经 全草或叶：辛、凉，归肺、肝经。薄荷露：辛，凉。归肺经。薄荷脑：辛，凉。归肺经。

功能主治 散风热，清头目，利咽喉，透疹，解郁。适用于风热表证，头痛目赤，咽喉肿痛，麻疹不透，隐疹瘙痒，肝郁胁痛。

薄荷露：散风热，清头目。适用于风热感冒、头痛，目赤，发热，咽痛，牙痛。

薄荷脑：疏风，清热。适用于风热感冒，头痛，目赤，咽喉肿痛，齿痛，皮肤瘙痒。

用药警戒 阴虚血燥，肝阳偏亢，表虚汗多者忌服。薄荷露：体虚及素有鼻衄者不宜。

522. 东北薄荷 *Mentha sachalinensis*（Briq.）Kudo

别名 野薄荷、兴安－巴得日阿西（蒙名）。

识别要点 多年生草本植物，有清凉香味。根状茎细长，白色或白绿色。地上茎基部稍斜向上直立，四棱形，散生腺鳞。叶对生，长圆状披针形，先端锐尖，基部楔形，边缘锯齿状。花小、成腋生轮伞花序；苞片较花梗及萼片稍长，条状披针形，花萼钟状。花冠2唇形，淡红紫色，上唇2浅裂，下唇3裂，长圆形；雄蕊4，近等长，与雌蕊的花柱均伸出花冠之外；小坚果长圆形，藏于宿萼内。花期7～9月，果期8～10月。（图3–522–1～3–522–3，见827页）

生境与分布 生长于山地森林、草原、河滩湿地及草甸上。分布于东北、内蒙古。

药用部位 全草入药。

采集加工 7月、9月各收割一次，阴干、备用。

化学成分 含薄荷油、乙酸薄荷酯及其萜烯类化合物。

性味归经 辛，凉。归肺经。

功能主治 疏风解热。适用于外感风热，头痛，咽喉肿痛，牙痛。

（二百四十）紫苏属 *Perilla* L.

药用记载 紫苏 *Perilla frutescens*（L.）Britt. 的宿萼在《中药大辞典》《中华本草》中记载为紫苏苞；紫苏或野紫苏的茎在《中国药典》《中药大辞典》《中华本草》中记载为紫苏梗；紫苏和野紫苏的叶或带叶小软枝在《中国药典》《中药大辞典》《中华本草》中记载为紫苏叶，带枝嫩叶在《全国中草药汇编》中记载为紫苏；紫苏和野紫苏的成熟果实在《中国药典》《中药大辞典》《中华本草》中记载为紫苏子。

523. 紫苏 *Perilla frutescens*（L.）Britt.

别名 白苏、赤苏、红苏、香苏、黑苏、白紫苏、青苏、野苏、苏麻、苏草、唐紫苏、桂荏、皱叶苏。

识别要点 一年生草本植物，有特异芳香。茎四棱形，紫色、绿紫色或绿色，有长柔毛，以茎节部较密。单叶对生；叶片宽卵形或圆卵形，基部圆形或广楔形，边缘具粗锯齿，两面紫色。轮伞花序2花，组成顶生和腋生的假总状花序；花萼钟状，2唇形，具5裂，下部被长柔毛，果时膨大和加长，内面喉部具疏柔毛；花冠紫红色或粉红色至白色，唇形，子房4裂，柱头2裂。小坚果近球形，棕褐色或灰白色。花期8～11月，果期8～12月。（图3-523-1～3-523-2，见828页）

生境与分布 生长于山地、路旁、村边或荒地，亦有栽培。分布于华北、华中、华南、西南及台湾。

药用部位 宿萼、茎、叶或带叶小软枝、果实。

采集加工 宿萼：秋季将成熟果实打下，留取宿存的果萼，晒干。茎、叶或带叶小软枝：夏季枝叶茂盛时采收，除去杂质，晒干。果实：秋季果实成熟时采收，除去杂质，晒干。

化学成分 紫苏地上部分含紫苏酮、异白苏烯酮、白苏烯酮、紫苏烯、亚麻酸乙酯、亚麻酸、β-谷甾醇。紫苏叶含紫苏醛、柠檬烯、β-丁香烯、α-香柑油烯、芳樟醇、多种糖苷。种子含不饱和脂肪酸、亚麻酸、亚油酸、维生素B_1。

药理作用 ①安胎，能促进子宫内膜腺体的增长。②有干扰素诱导作用。③有微弱的解热作用。④在试管内能抑制葡萄球菌生长。⑤紫苏油可使血糖上升。⑥对内源性凝血系统有促进作用，而对外源性凝血系统的影响并不明显。⑦紫苏酮对肠括约肌有刺激作用。⑧从紫苏叶中分离出的紫苏醛有镇静作用。⑨从紫苏果实提取的紫苏油对大鼠的乳腺癌、结肠癌和肾母细胞瘤有抗癌作用。

性味归经 宿萼：微辛，平。归肺经。茎：辛，温。归肺、胃、脾经。叶：辛，温。归肺、脾经。果实：辛，温。归肺、大肠经。

功能主治 宿萼：散寒解表，理气宽中。适用于血虚感冒。

茎：理气宽中，止痛，安胎。适用于胸膈痞闷，胃脘疼痛，嗳气呕吐，胎动不安。

叶：解表散寒，行气和胃。适用于风寒感冒，咳嗽呕恶，妊娠呕吐，鱼蟹中毒。

果实：降气，消痰，平喘，润肠。适用于痰壅气逆，咳嗽气喘，肠燥便秘。

用药警戒 叶：温病及气弱表虚者忌服。果实：气虚久嗽、阴虚喘逆、脾虚便滑者皆不可用。

（二百四十一）糙苏属 *Phlomis* L.

药用记载 块根糙苏 *Phlomis tuberosa* L. 的根或全草在《中华本草》和《中药大辞典》中记载为块茎糙苏。糙苏 *Ph. umbrosa* Turcz. 根及全草在《中华本草》《中药大辞典》《全国中草药汇编》中记载为糙苏。

524. 块根糙苏 *Phlomis tuberosa* L.

别名 野山药、土木斯得-奥古乐今-土古日爱（蒙名）。

识别要点 多年生草本。根粗大成纺锤状。茎直立或斜生，具分枝，四棱形。基生叶叶片三角形或卵状三角形，先端钝或急，边缘粗圆齿状。茎生叶对生，卵形；叶缘齿状；叶脉网状。轮伞花序腋生，多数；苞片线状钻形；花萼管状，萼齿 5，先端具刺尖；花冠紫红色，唇瓣外面被星状绒毛，筒部无毛，上唇边缘为不整齐的牙齿状，下唇 3 圆裂；雄蕊 4；雌蕊子房 2，合生；花柱单一，柱头 2 裂。小坚果卵状三棱形，先端被毛。花期 6 ～ 8 月，果期 7 ～ 9 月。（图 3–524–1 ～ 3–524–4，见 828 页）

生境与分布　生长于湿草原或山沟中。分布于黑龙江、内蒙古及新疆等地。

药用部位　根或全草。

采集加工　夏季采收，洗净，晒干。

化学成分　根含耐阴香茶菜素苷。茎中含黄酮类成分、环烯醚萜类、羟基桂皮酸类。地上部分含咖啡酸、4–O– 咖啡酰 –D– 奎宁酸。

性味归经　微苦，平，有小毒。归肝、脾经。

功能主治　解毒消肿，活血调经。适用于梅毒，疮肿，月经不调。

用药警戒　孕妇忌用。

（二百四十二）香茶菜属 *Rabdosia*（Bl.）Hassk.

药用记载　蓝萼香茶菜 *Rabdosia japonica*（Burm. F.）Hara var. *glaucocalyx*（Maxim.）Hara 的全草或叶在《中华本草》中记载为倒根野苏；在《全国中草药汇编》中记载为蓝萼香茶菜。尾叶香茶菜 *R. excisa*（Maxim.）Hara 的药用在现代研究中有丰富的资料，如“中药尾叶香茶菜研究现状及药用前景展望”（《人参研究》，2006 年 1 期）。

525. 蓝萼香茶菜 *Rabdosia japonica*（Burm. F.）Hara var. *glaucocalyx*（Maxim.）Hara FOC 修订为 *Isodon japonicus* var. *glaucocalyx*（Maximowicz）H. W. Li

别名　香茶菜、山苏子、回菜花、倒根野苏、野苏子、呼和 – 刀格替 – 其其格（蒙名）。

识别要点　多年生草本。茎下部被疏柔毛，上部近无毛。叶对生；叶片卵形或宽卵形，两面沿脉略被疏柔毛。聚伞花序具梗，组成疏松、顶生圆锥花序；苞片及小苞片卵形，被微柔毛；花萼筒状钟形，常带蓝色，外被短柔毛及腺点，萼齿 5，果时增大；花冠白色，花冠筒近基部上面浅囊状，上唇 4 等裂，下唇舟形；雄蕊及花柱直伸花冠外。小坚果宽倒卵形，先端无毛。花期 7 ～ 8 月，果期 9 ～ 10 月。（图 3–525–1 ～ 3–525–3，见 829 页）

生境与分布　生长于山坡、路旁、灌丛、林缘、林下及草丛中。分布于东北、华北、宁夏、山东、江苏、安徽、河南等地。

药用部位　全草或叶。

采集加工　夏、秋季采收，洗净，切段，晒干。

化学成分　地上部分含 β – 谷甾醇、木栓酮、海棠果醛、熊果酸、齐墩果酸、蓝萼乙素、蓝萼甲素、蓝萼丙素、蓝萼丁素、蓝萼戊素、乙酰熊果酸、木犀草素、芹菜素、胡萝卜苷、芦丁、槲皮素、异槲皮苷、果糖、藿香苷、金合欢素、豆甾醇等。

药理作用 ①蓝萼甲素可抑制血栓素生成，并同时升高前列腺素。②乙醇提取液能减轻心肌缺血，保护心肌。③有抑菌作用。

性味归经 苦、甘，凉。归胃、肝经。

功能主治 健胃消食，清热解毒，活血化瘀。适用于脘腹胀痛，食滞纳呆，感冒发热，咽喉肿痛，扁桃体炎，乳痈，闭经，乳腺炎，肝炎，癌症初起，跌打损伤，关节痛，蛇虫咬伤。

526. 尾叶香茶菜 *Rabdosia excisa*（Maxim.）Hara　　FOC 修订为 *Isodon excisus*（Maxim.）Kudo

别名 龟叶草、狗日草、高丽花、野苏子。

识别要点 多年生草本。根茎粗大，疙瘩状，横走，其下密生纤维状须根。茎直立，多数，四棱形，具槽。茎叶对生，圆形或圆状卵圆形，先端具深凹，凹缺中有一尾状长尖的顶齿，基部渐狭至中肋。圆锥花序顶生或于上部腋生；花萼钟形，萼齿 5，果时花萼稍增大。花冠淡紫、紫或蓝色，外被短柔毛及腺点，雄蕊 4，内藏。花柱丝状，内藏或微伸出。花盘环状。小坚果倒卵形。花期 7 ～ 8 月，果期 8 ～ 9 月。（图 3-526-1 ～ 3-526-4，见 829 ～ 830 页）

生境与分布 生长于林缘、林荫下、路边、草地上。分布于东北、内蒙古。

药用部位 全草。

采集加工 夏、秋二季采割全草，阴干或晒干。

化学成分 地上部分含齐墩果酸、熊果酸、β – 谷甾醇、乌索酸、胡萝卜苷、甘草苷。

药理作用 ①对人体鼻咽癌等癌细胞有明显的抑制作用。②对小鼠离体脏器组织中的过氧化物生成有非常显著的抑制作用。③醇提水溶物对细胞免疫有显著的抑制作用。④醇提水溶物有较好的体外抑菌作用，尤其是对金黄色葡萄球菌的抑菌作用要较相同浓度的黄连素强。⑤对 HSV–1 病毒所产生的神经毒害有一定的直接抑制作用。⑥尾叶香茶菜具有明显增加心脏血流量的作用。

性味归经 甘，凉。归肝、胃经。

功能主治 健胃消食，清热解毒，活血化瘀。适用于胃炎，脘腹胀满，肝炎初起，感冒发热，闭经，乳腺炎，癌症初起，关节炎，跌打损伤，蛇虫咬伤等症。

（二百四十三）夏枯草属 *Prunella* L.

药用记载 夏枯草 *Prunella vulgaris* L. 的果穗在《中国药典》《中药大辞典》《中华本草》中记载为夏枯草。

527. 夏枯草 *Prunella vulgaris* L.

别名 麦穗夏枯草、夕句、乃东、毛虫药、土枇杷、棒槌草、铁色草、大头花、夏枯头。

识别要点 多年生草本。茎方形，全株密生细毛。叶对生，叶片椭圆状披针形。轮伞花序顶生，呈穗状；苞片肾形，基部截形或略呈心脏形；花萼唇形，前方有粗毛，后方光滑，上唇长椭圆形，3

裂，两侧扩展成半披针形，下唇 2 裂，裂片三角形，先端渐尖；花冠紫色或白色，唇形，雄蕊 4，2 强，花丝顶端分叉；子房 4 裂，花柱丝状。小坚果褐色，长椭圆形，具 3 棱。花期 5 ～ 6 月，果期 6 ～ 7 月。（图 3–527–1 ～ 3–527–3，见 830 页）

生境与分布　生长于荒地、路旁及山坡草丛中。分布于东北及山西、山东、浙江、安徽、江西等地。

药用部位　果穗。

采集加工　每年 5 ～ 6 月，当花穗变成棕褐色时，选晴天，割起全草，捆成小把，或剪下花穗，晒干或鲜用。

化学成分　果穗含熊果酸、齐墩果酸、胡萝卜苷、β – 香树脂醇。全草含夏枯草多糖、齐墩果酸、熊果酸、齐墩果酸为苷元的皂苷、芸香苷、金丝桃苷、咖啡酸、维生素 C、维生素 D、胡萝卜素等。花序含飞燕草素、矢车菊素、报春花素 –3,5– 二葡萄糖苷、槲皮素、山柰酚、右旋樟脑、右旋小茴香酮。叶含油酸、亚麻酸、肉豆蔻酸、棕榈酸、硬脂酸、月桂酸。

药理作用　①有降压作用，但易产生快速耐受现象。②可明显抑制血糖升高。③对多种致病菌有抑制作用。④体外有抗 I 型单纯疱疹病毒的作用。

性味归经　辛、苦，寒。归肝、胆经。

功能主治　清肝明目，散结解毒。适用于目赤肿痛，目珠夜痛，头痛眩晕，瘰疬，瘿瘤，乳痈肿痛，甲状腺肿大，淋巴结结核，乳腺增生，高血压。

用药警戒　脾胃虚弱者慎服。

（二百四十四）裂叶荆芥属 *Schizonepeta* Briq.

药用记载　裂叶荆芥 *Schizonepeta tenuifolia*（Benth.）Briq. 在《中国药典》《中药大辞典》《中华本草》中记载为荆芥。多裂叶荆芥 *S. multifida*（L.）Briq. 的茎叶和花穗在《中华本草》中记载为荆芥。

528. 裂叶荆芥 *Schizonepeta tenuifolia*（Benth.）Briq.　FOC 修订为 *Nepeta tenuifolia* Benth.

别名　荆芥、小茴香、四棱杆蒿、假苏、鼠蓂、姜芥。

识别要点　一年生草本。具强烈香气。茎直立，四棱形，上部多分枝，基部棕紫色。全株被灰白色短柔毛。叶对生，羽状深裂，裂片 5，裂片披针形，全缘。轮伞花序，多轮密集于枝端，形成穗状；苞片叶状，较小；花小，花萼漏斗状倒圆锥形，先端 5 齿裂，裂片卵状三角形；花冠浅红紫色，二唇形；雄蕊 4，2 强；子房 4 纵裂，花柱基生，柱头 2 裂。小坚果 4，棕褐色。花期 7 ～ 9 月，果期 9 ～ 11 月。（图 3–528–1 ～ 3–528–2，见 830 页）

生境与分布　生长于山坡路旁或山谷。分布于东北及山西、陕西、甘肃、青海、河南、河南、四川、贵州等地，江苏、浙江、福建、云南等地有栽培。

药用部位　茎叶和花穗。

采集加工　夏、秋二季花开到顶穗绿时采割，除去杂质，晒干。

化学成分 含胡薄荷酮、薄荷酮、异薄荷酮、异胡薄荷酮、乙基戊基醚、3–甲基环戊酮、苯甲醛、聚伞花素、柠檬烯、新薄荷醇、薄荷醇、辣薄荷酮、辣薄荷烯酮、葎草烯、丁香烯、β–蒎烯等。穗状花序含多种荆芥苷、荆芥醇、荆芥二醇、香叶木素、橙皮素–7–O–芸香糖苷、木犀草素、葡萄糖苷、咖啡酸、迷迭香酸、迷迭香酸单甲酯、荆芥素。

药理作用 ①荆芥煎剂有解热镇痛作用。②荆芥煎剂有较强的抗菌作用。③荆芥经炒炭后有止血作用。④荆芥体外试验有弱的抑制癌细胞作用。⑤荆芥煎剂有明显抑制小鼠耳部肿胀作用，对醋酸引起的炎症亦有明显抗炎作用。

性味归经 辛，微温。归肺、肝经。

功能主治 解表散风，透疹。适用于感冒，头痛，麻疹，风疹，疮疡初起。炒炭治便血，崩漏，产后血晕。

用药警戒 表虚自汗、阴虚头痛者忌服。忌食驴肉、鱼。

（二百四十五）黄芩属 *Scutellaria* L.

药用记载 黄芩 *Scutellaria baicalensis* Georgi 的根或果实在《中国药典》《中华本草》《中药大辞典》中记载为黄芩或黄芩子。黑龙江京黄芩 *S. pekinensis* var. *ussuriensis*（Regel）Hand.–Mazz. 的根在《中华本草》中记载为乌苏里黄芩。并头黄芩 *S. scordifolia* Fisch. ex Schrank 的全草在《中华本草》《全国中草药汇编》中记载为头巾草。

529. 黄芩 *Scutellaria baicalensis* Georgi

别名 山茶根、黄芩茶、土金茶根、元芩、香水水草、腐肠、黄文、妒妇、虹胜、经芩、印头、内虚、空肠、子芩、宿芩、条芩、黄金条根、混芩（蒙名）。

识别要点 多年生草本。根粗大肥厚。茎钝四棱形，具细条纹，绿色或常带紫色。叶交互对生；叶片披针形至线状披针形，全缘。总状花序顶生或腋生，偏向一侧；苞片叶状；花萼二唇形，紫绿色；花冠二唇形，蓝紫色或紫红色，上唇盔状，先端微缺，下唇宽，花冠管细，基部骤曲；雄蕊 4，稍露出；子房褐色，花柱细长先端微裂。小坚果黑褐色，有瘤。花期 6 ～ 9 月，果期 8 ～ 10 月。（图 3–529–1 ～ 3–529–4，见 831 页）

生境与分布 生长于草甸草原、砂质草地、丘陵坡地、向阳山坡、山麓、荒地上。分布于东北及内蒙古、河北、山西、陕西、甘肃、山东、河南、四川等地。

药用部位 根、果实。

采集加工 根：秋后茎叶枯黄时采挖，除去须根及泥沙，晒后撞去粗皮，晒干。

化学成分 根含黄芩素、黄芩黄酮、黄芩苷、汉黄芩素、汉黄芩苷、木蝴蝶素、7–甲氧基黄芩素、二氢木蝴蝶素、白杨素、多种黄酮、多种黄芩素类糖苷、粘毛黄芩素、左旋圣草素、半枝莲素、苯甲酸、β–谷甾醇、菜油甾醇、豆甾醇。茎叶中含黄芩素苷。

药理作用 ①黄芩煎剂对痢疾杆菌等有抑制作用。②黄芩煎液对多种癣菌有不同程度抑菌作用。

③对乙型肝炎病毒 DNA 复制有抑制作用。④对气管过敏性收缩及整体动物过敏性气喘，均有缓解作用。⑤黄芩煎剂可加强皮层抑制过程。⑥可使麻醉犬血压下降。⑦对血小板聚集有抑制作用。⑧可降低血清游离脂肪酸、甘油三酯及肝甘油三酯的含量。⑨对肝损害有抑制作用，可抑制血清胆红素的增加。⑩对白血病有细胞毒作用。有利尿作用。

性味归经　苦，寒。归肺、胆、脾、大肠、小肠经。

功能主治　清热燥湿，泻火解毒，止血，安胎。适用于温病发热，肺热咳嗽，肺炎，咯血，黄疸，肝炎，痢疾，目赤，胎动不安，燥湿，止血，高血压，痈肿疖疮等症。

用药警戒　脾肺虚热者忌之。

530. 并头黄芩 *Scutellaria scordifolia* Fisch. ex Schrank

别名　头巾草、山麻子、半枝莲、吉布泽、好斯 – 其其格特 – 混芩（蒙名）。

识别要点　多年生草本。根茎较细，节上生须根，并常有分枝。茎直立，多自下部分枝，具四棱，在棱上疏被上曲的微柔毛。叶对生，被小柔毛，叶片三角状狭卵形、三角状卵形或披针形。花单生于茎上部的叶腋内，偏向一侧；花萼有柔毛，花冠蓝紫色，冠檐二唇形，上唇盔瓣状，下唇中裂圆状卵形，雄蕊通常内藏，子房 4 裂，花柱先端锐尖，微裂。小坚果黑色，椭圆形，具瘤，腹髯近基部具果脐。花期 6 ～ 8 月，果期 8 ～ 9 月。（图 3–530–1 ～ 3–530–3，见 831 ～ 832 页）

生境与分布　生长于向阳草地、草坡、湿草甸、河岸湿草地等。分布于内蒙古、黑龙江、河北、山西、青海等地。

药用部位　全草。

采集加工　秋季采挖，鲜用或晒干。

化学成分　地上部分含白杨素、白杨素 –7–O–β –D– 葡萄糖醛酸苷。

性味归经　微苦，凉。归肺、膀胱经。

功能主治　清热解毒，利尿。适用于肝炎，肝硬化腹水，阑尾炎，乳腺炎，跌打损伤，蛇咬伤等症。

531. 黑龙江京黄芩 *Scutellaria pekinensis* var. *ussuriensis*（Regel）Hand.–Mazz.

别名　黑龙江京黄芩、乌苏里黄芩、胡草芩、黄底芩、筋骨草、小黄芩、乌苏日 – 混芩（蒙名）。

识别要点　一年生直立草本。茎几无毛或被极疏的小柔毛，基部常带紫色。叶片膜质，卵形或三角状卵形，上面无毛或生于基部者被糙伏毛，下面仅沿脉上被极疏的柔毛。花对生，排列成顶生和总状花序；苞片除最下一对叶状较大外均细小，狭披针形；花萼仅脉上被疏柔毛；花冠蓝紫色，筒前方基部略呈膝曲状，下唇中裂片宽卵圆形，雄蕊 4，2 强；花盘肥厚，前方隆起。小坚果卵形，腹面中下部具 1 果脐。花期 6 ～ 8 月，果期 7 ～ 10 月。（图 3–531–1 ～ 3–531–2，见 832 页）

生境与分布　生长于山地林下或林间草甸湿地。分布于黑龙江、吉林、辽宁及内蒙古。

药用部位　根。

采集加工　秋季采收，挖出根部，洗净，晒干。

性味归经　苦，寒。归肺经。

功能主治 清热，解毒，止血，安胎。适用于高热烦渴，肺热咳嗽，热毒泻痢，血热吐衄，胎动不安，疮痈肿毒，跌打损伤等症。

（二百四十六）水苏属 *Stachys* L.

药用记载 水苏 *Stachys japonica* Miq.、华水苏 *S. chinensis* Bunge ex Benth. 或毛水苏 *S. baicalensis* Fisch. ex Benth 的全草或根在《中药大辞典》《中华本草》中记载为水苏。毛水苏的全草在《全国中草药汇编》中记载为毛水苏。

532. 水苏 *Stachys japonica* Miq.

别名 芥葙、鸡苏、望江青、还精草、血见愁、白马蓝、泥灯心、香苏、龙脑薄荷、芥苴、劳葙。

识别要点 多年生草本。具横走根茎。茎节上具小刚毛。叶对生；叶片长圆状宽披针形，边缘具圆齿状锯齿，两面无毛。轮伞花序，下部者远离，上部稍密集排列成假穗状花序；小苞片刺状，微小；花萼钟状外被具腺微柔毛，三角状披针形，具刺尖头；花冠粉红色或淡红紫色，筒内具毛环，檐部二唇形，上唇直立，下唇 3 裂，中裂片近圆形；雄蕊 4，均延伸至上唇片之下；花柱丝状，子房无毛。小坚果卵球形，无毛。花期 7 ～ 9 月。（图 3–532–1 ～ 3–532–2，见 832 页）

生境与分布 生长于水沟边或河岸湿地。分布于东北及内蒙古、河北、山东、江苏、安徽、浙江、江西、福建等地。

药用部位 全草或根。

采集加工 7 ～ 8 月采收，鲜用或晒干。

性味归经 辛，凉。归肺、胃经。

功能主治 清热解毒，止咳利咽，止血消肿。适用于感冒，痧证，肺痿，肺痈，头风目眩，咽痛，吐血，咯血，衄血，崩漏，痢疾，淋证，跌打肿痛。

用药警戒 走散真气、虚者宜慎。

533. 华水苏 *Stachys chinensis* Bunge ex Benth.

别名 水苏、毛水苏、乌斯图 – 阿日归（蒙名）。

识别要点 多年生直立草本。茎四棱形，在棱及节上疏生倒向柔毛状刚毛，其余部分无毛。叶对生；叶柄极短；叶片长圆状披针形，先端钝，基部近圆形，两面几无毛。轮伞花序通常 6 花，远离而排列成长假穗状花序；苞片披针形，边缘具刚毛，小苞片微小；花萼钟状；花冠紫色，花冠筒内具不明显的毛环，檐部二唇形，上唇直立，下唇 3 裂，中裂片近圆形。小坚果卵圆状三棱形，无毛。花期 6 ～ 7 月，果期 7 ～ 8 月。（图 3–533–1 ～ 3–533–3，见 832 ～ 833 页）

生境与分布 生长于湿草地、河边、水甸子边、水沟旁及沙地上。分布于东北、内蒙古、河北、山西、陕西、甘肃。

药用部位 全草或根入药。

采集加工 7～8月采收，鲜用或晒干。

化学成分 含木聚糖及3–辛烯–1–醇的糖苷成分。

性味归经 甘、辛，微温。归肺、胃经。

功能主治 祛风解毒，止血消肿。适用于感冒咽喉痛，头风目眩，肺痈，痢疾，带下，吐血，血崩，血淋，产后中风，恶心不止，跌打肿痛。

用药警戒 体虚者慎用。

534. 毛水苏 *Stachys baicalensis* Fisch. ex Benth

别名 水苏草、野紫苏、山升麻、好姆亨（蒙名）。

识别要点 多年生直立草本。茎单一或在上部具分枝，细棱形，在棱及节上密被倒向至平伸的刚毛。叶对生；叶片长圆状条形，两面疏生刚毛。轮伞花序通常6花，多数于茎上部排列成假穗状花序；小苞片条形，刺尖，具刚毛；花萼钟状，外面沿肋上及齿缘密被柔毛状具节刚毛，具刺尖；花冠淡紫色至紫色，花冠筒内具毛环，檐部二唇形，上唇直立，下唇3裂，中裂近圆形。小坚果卵球形。花期7～8月，果期8～9月。（图3–534–1～3–534–4，见833页）

生境与分布 生长于湿草地、路旁、河岸、林缘及林下。分布于东北及内蒙古、河北、山西、陕西、山东等地。

药用部位 全草或根。

采集加工 夏、秋季采收，晒干。

化学成分 小坚果含棕榈酸、油酸、亚油酸、亚麻酸。

性味归经 甘、辛，微温。归肺、胃经。

功能主治 祛风解毒，止血消肿。适用于感冒，咽喉肿痛，吐血，衄血，崩漏带下，胃酸过多，跌打肿痛，外用治疮疖肿毒。

用药警戒 体虚者慎用。

（二百四十七）百里香属 *Thymus* L.

药用记载 百里香 *Thymus mongolicus* Ronn.、展毛地椒 *T. quinquecostatus* Celak. var. *Przewalskii*（Kom.）Ronn. 的全草在《中华本草》《中药大辞典》中记载为地椒。

535. 百里香 *Thymus mongolicus* Ronn.

别名 地姜、千里香、地椒叶、地角花。

识别要点 矮小灌木。茎多数，匍匐或上升。叶为卵圆形，先端钝或稍锐尖，基部楔形或渐狭，全缘或稀有1～2对小锯齿，两面无毛，在下面微凸起，腺点多少有些明显，叶柄明显。花序头状，多花或少花，花具短梗。花萼管状钟形或狭钟形，内面在喉部有白色毛环。花冠紫红、紫或淡紫、粉红色，冠筒伸长。小坚果近圆形压扁状，光滑。花期7～8月。（图3–535–1～3–535–3，见833～834页）

生境与分布 生长于多石山地、斜坡、山谷、山沟、路旁及杂草丛中。分布于甘肃、陕西、青海、山西、河北、内蒙古。

药用部位 全草。

采集加工 夏季枝叶茂盛时采收，拔起全株，洗净，剪去根部（可供栽培繁殖），切段，鲜用或晒干。

性味归经 辛，微温。归肺、胃经。

功能主治 祛风解表，行气止痛，止咳，降压。适用于感冒，咳嗽，头痛，牙痛，消化不良，急性胃肠炎。

用药警戒 勿长期使用，勿高浓度使用，皮肤敏感、高血压者及孕妇勿用。

536. 显脉百里香 *Thymus nervulosus* Klok.

别名 地椒、麝香草。

识别要点 半灌木。茎纤细，多数丛生，上升；不育枝从茎的末端或基部生出，纤细，向上开展或稀有匍匐，被有向下弯曲的疏柔毛；花枝少数，从茎或直接从根茎生出，纤细。叶具短柄，椭圆形，长圆状卵圆形或长圆形，在下部的叶常为宽椭圆形或卵圆形，边缘全缘或具 1 ～ 2 对小锯齿，侧脉 2 ～ 3 对，在下面凸起，在上面明显或不明显。花序头状，有时具有不发育远离的轮伞花序。花萼管状钟形，具有明显的脉，上唇齿披针形，渐尖，边缘具缘毛。花冠冠筒较长，伸出花萼。花期 7 月。（图 3–536–1 ～ 3–536–2，见 834 页）

生境与分布 生于草原或山坡上。分布于黑龙江。

药用部位 全草。

采集加工 夏季枝叶茂盛时采收，拔起全株，洗净，剪去根部（可供栽培繁殖），切段，鲜用或晒干。

性味归经 辛，微温。归肺经。

功能主治 祛风解表，行气止痛，止咳，降压。适用于感冒，咳嗽，头痛，牙痛，消化不良，急性胃肠炎，高血压。

537. 展毛地椒 *Thymus quinquecostatus* Celak. var. *przewalskii*（Kom.）Ronn.

别名 兴凯百里香、地椒、麝香草。

识别要点 半灌木。茎丛生，不育枝有下弯的疏柔毛，花枝较多，毛较短。叶片宽卵状披针形，先端钝或锐尖，基部渐狭，全缘，腺点细密；苞片圆形，边缘下部被长缘毛。花序头状；花梗被短柔毛，花序密被平展的毛；花萼管状钟形，下面具平展柔毛，上唇齿披针形，被缘毛或无毛，下唇稍短；花冠管比萼短。花期 8 月。（图 3–537–1 ～ 3–537–2，见 834 页）

生境与分布 生长于向阳山坡、林区阳坡灌木丛、河岸、沙地、沙滩上。分布于黑龙江、内蒙古、辽宁、河北、河南、山西、陕西、甘肃、山东、河南等地。

药用部位 全草。

采集加工 夏、秋两季花盛开时采收，除去杂质，阴干或晒干。

性味归经 辛，微温，有小毒。归胃、肺经。

功能主治 温中散寒，祛风止痛。适用于胃寒腹痛，呕吐泄泻，消化不良，感冒，咳嗽，头痛，身痛，肌肤瘙痒，疮痈肿痛等症。

七十一、茄科 Solanaceae

（二百四十八）曼陀罗属 *Datura* L.

药用记载 毛曼陀罗 *Datura innoxia* Mill. 的根在《中药大辞典》《中华本草》中记载为曼陀罗根；叶在《中药大辞典》《中华本草》中记载为曼陀罗叶；果实或种子在《中药大辞典》《中华本草》中记载为曼陀罗子；花在《中药大辞典》《中华本草》中记载为洋金花。

538. 毛曼陀罗 *Datura innoxia* Mill.

别名 醉心花、狗核桃。

识别要点 一年生草本。有恶臭，全株被白色细腺毛及短柔毛。茎粗壮，直立，圆柱形。叶互生或近对生；叶片广卵形，先端急尖，基部斜心形，全缘或呈微波状，背面叶脉隆起。花大，直立或斜升，花冠白色或淡紫色，具棱；花萼筒部有5棱角，宿存部分随果实而增大并向外反折。蒴果生于下垂的果梗上，近圆形，密生柔韧针状刺并密被短柔毛，熟时先端不规则裂开。种子肾形。花期5～9月，果期6～10月。（图3–538–1～3–538–3，见835页）

生境与分布 生长于山坡、草地或住宅附近。分布于东北、河北、江苏、浙江、河南。

药用部位 根、叶、果实或种子、花。

采集加工 根：夏、秋季挖取，洗净，鲜用或晒干。叶：7～8月间采收，鲜用，亦可晒干或烘干。果实或种子：夏、秋季果实成熟时采收，亦可晒干后捣出种子。花：在7月下旬至8月下旬盛花期，于下午4～5时采摘，晒干。

化学成分 根含天仙子胺、天仙子碱、左旋 $3\alpha,6\beta$ – 二巴豆酰氧基莨菪烷、陀曼碱、7– 羟基 –3,6– 双马豆酰所基莨菪烷、假托品碱、托品碱。叶含东莨菪碱、莨菪碱、陀曼碱、槲皮素 –7– 葡萄糖 –3– 槐糖苷、酪胺、去水阿托品、阿朴东莨菪碱。果实或种子含 α 和 β 东莨菪宁碱、莨菪碱、东莨菪碱、陀曼碱、曼陀罗萜二醇、曼陀罗萜醇酮、阿托品、植物凝集素、亚油酸和油酸。花含东莨菪碱、阿托品、酪胺、阿相东莨菪碱。

药理作用 ①东莨菪碱对中枢神经系统的作用是双向性的。②有一定的镇痛作用。③使脑组织中乙酰胆碱含量下降。④东莨菪碱能解除迷走神经对心脏的抑制，使交感神经作用占优势，故心率加快。⑤能改善失血性犬的微循环。⑥能降低胃肠道的蠕动及张力，能阻断胆碱能神经的功能，使膀胱逼尿肌松弛，尿道括约肌收缩，引起尿潴留。⑦曼陀罗子浸液有散瞳麻痹作用。

性味归经 根：辛、苦，温，有毒。归肺、脾经。叶：苦、辛，温，有毒。归肺、肝经。果实或种子：

辛、苦，温，有毒。归肝、脾经。花：辛，温，有毒。归肺、肝经。

功能主治 根：镇咳，止痛，拔脓。适用于喘咳，风湿痹痛，疖癣，恶疮，狂犬咬伤。

叶：镇咳平喘，止痛拔脓。适用于喘咳，痹痛，脚气，脱肛，痈疽疮疖。

果实或种子：平喘，祛风，止痛。适用于喘咳，惊痫，风寒湿痹，脱肛，跌打损伤，疮疖。

花：平顺止咳，麻醉止痛，解痉止搐。适用于哮喘咳嗽，脘腹冷痛，风湿痹痛，癫痫，惊风；也可用于外科麻醉。

用药警戒 内服宜慎。体弱者禁用。无淤积、体虚者忌用。

（二百四十九）天仙子属 *Hyoscyamus* L.

药用记载 天仙子 *Hyoscyamus niger* L. 的根在《中药大辞典》《中华本草》中记载为莨菪根；叶记载为莨菪叶；种子在《中国药典》《中药大辞典》《中华本草》中记载为天仙子。

539. 小天仙子 *Hyoscyamus bohemicus* F. W. Schmidt.

别名 横唐、行葱、山大烟、铃铛草、牙痛草、马铃草、苯格哈兰特（维名）、克来名多那（哈萨克名）、特讷格－额布斯（蒙名）。

识别要点 一年生草本，全体生腺毛。根细瘦，木质。茎常不分枝。叶全部茎生，卵形或椭圆形，叶有极浅的浅裂或不分裂，基部半抱茎或宽楔形，茎下部的叶有柄。花单生于叶腋，在茎上端则单生于苞状叶腋内而聚集成顶生蝎尾式总状花序；花萼被腺毛和长柔毛，果时成坛状；花冠钟状，黄而脉纹紫堇色，有时白色而仅喉部黄色。蒴果卵圆状。种子黄棕色。花期 5 月，果期 6 月。（图 3–539–1 ～ 3–539–3，见 835 页）

生境与分布 生长于村边宅旁多腐殖质的肥沃土壤上。分布于我国东北、河北。

药用部位 种子、叶、根。

采集加工 种子：夏、秋季间果皮变黄色时，采摘果实。曝晒，打下种子，晒干。叶：植株有花蕾后就可选晴天陆续采收下部老叶片，最后在采收种子前 5 ～ 6 天将全部叶片采下，晒干。根：秋季拔去全株，切下根部。洗净晒干或鲜用。

化学成分 种子含天仙子胺、东莨菪碱、阿托品、肉豆蔻酸、油酸、亚油酸。叶含天仙子胺、东莨菪碱、阿托品、天仙子苦苷。根含天仙子胺、东莨菪碱、去水阿托品碱、四甲基二氨基丁烷。

药理作用 ①可使心率加快。②可以拮抗肾上腺素引起的收缩作用，能对抗乙酰胆碱所致的血压下降，改善微循环。③对中枢神经系统的作用是双向性的。④小剂量安静，大剂量狂躁。⑤有镇痛和加强杜冷丁镇痛的作用。⑥对腺体分泌有抑制作用，对活动过强或痉挛状态下的平滑肌有明显的弛缓作用。⑦阿托品具有散瞳、升高眼压及调节麻痹的作用。⑧其他：有保护胃黏膜作用，对肾功能衰竭有保护作用，对脊髓损伤也有治疗作用。

性味归经 种子：苦、辛，温，有大毒。归心、胃、肝经。叶：苦，寒，大毒。归胃经。根：苦、辛，寒，有毒。归肝经。

功能主治　种子：解痉止痛，安心定痫。适用于脘腹疼痛，风湿痹痛，风虫牙痛，跌打损伤，咳嗽不止，泻痢脱肛，癫狂，惊痫，痈肿疮毒。

叶：镇痛，解痉。适用于脘腹疼痛，牙痛，咳嗽气喘。

根：截疟，攻毒，杀虫。适用于疟疾，疥癣。

用药警戒　本品有剧毒，内服宜慎，不可过量及连续服用。心脏病、心动过速、青光眼患者及孕妇禁服。

（二百五十）酸浆属 *Physalis* L.

药用记载　挂金灯 *Physalis alkekengi* L. var. *francheti*（Mast.）Makino 的干燥宿萼或带果实的宿萼在《中国药典》中记载为锦灯笼；全草在《中华本草》《中药大辞典》中记载为酸浆；根在《中华本草》《中药大辞典》中记载为酸浆根；带宿萼的果实在《中华本草》《中药大辞典》中记载为挂金灯。毛酸浆 *P. pubescens* L. 的全草在《中华本草》《中药大辞典》《全国中草药汇编》中记载为苦蘵；根在《中华本草》《中药大辞典》中记载为苦蘵根；果实在《中华本草》《中药大辞典》中记载为苦蘵果实。

540. 挂金灯 *Physalis alkekengi* L. var. *francheti*（Mast.）Makino

别名　挂金灯酸浆、红姑娘、锦灯笼、天泡、泡泡草、斗－姑娘（蒙名）。

识别要点　多年生草本，基部常匍匐生根。茎较粗壮，直立基部略带木质，茎节膨大，常被有柔毛，尤其以幼嫩部分较密。叶片长卵形至阔卵形，全缘而波状或者有粗牙齿，仅叶缘有短毛。花单生于叶腋，花萼阔钟状，密生柔毛，5 裂，萼齿三角形，花后萼筒膨大，橙红或深红色，呈灯笼状包被浆果；花冠辐状，白色，5 裂，裂片开展；雄蕊花药淡黄绿色；子房上位。浆果球状，橙红色，包于膨胀的宿存萼内，柔软多汁。种子多数，肾形，淡黄色。花期 5 ～ 9 月，果期 6 ～ 10 月。（图 3-540-1 ～ 3-540-4，见 836 页）

生境与分布　生长于林缘、山坡草地、田野、沟边、宅旁或路旁水边。分布于除西藏外的各省区。

药用部位　带宿萼的果实、全草、根。

采集加工　全草：夏、秋季采收，鲜用或晒干。带宿萼的果实：秋季果实成熟、宿萼呈红色或红黄色时摘下，鲜用或晒干。根：夏、秋季采挖，洗净，鲜用或晒干。

化学成分　全草含酸浆苦素、木犀草素、酸浆环氧内酯。带根全草含酸浆双古豆碱。带宿萼的果实含酸浆果红素。果实含枸橼酸。种子含酸浆甾醇、β－谷甾醇、胆甾醇、豆甾醇、亚甲基胆甾醇、胆甾烷醇、羊毛甾醇等。根含 3α－巴豆酰氧托烷、酸浆双古豆碱。

药理作用　①果实鲜汁对金黄色葡萄球菌等有抑制作用。②酸浆果实水提物对小鼠 Ehrlich 腹水癌有抑制活性作用。③全草煎剂对宋氏杆菌等有抑制作用。④兴奋子宫，具催产作用。⑤酸浆根素注射于动物，表现为大脑抑制，若用大量，可使呼吸麻痹而死。

性味归经　带宿萼的果实：酸、苦，寒。归肺、肾经。全草：酸、苦，寒。归肺、脾经。根：苦，寒。归肺、脾经。

功能主治 带宿萼的果实：清肺利咽，化痢利水。适用于肺热痰咳，咽喉肿痛，骨蒸劳热，小便淋涩，天疱湿疮，急性扁桃体炎。

全草：清热毒，利咽通便。适用于咽喉肿痛，肺热咳嗽，黄疸，痢疾，水肿，小便淋涩，大便不通，黄水疮，湿疹，丹毒。

根：清热，利湿。适用于黄疸，疟疾，疝气。

用药警戒 有堕胎之弊，凡脾虚泄泻及痰湿者忌用。

541. 苦蘵 *Physalis angulata* L. var. *angulata*

别名 灯笼泡、灯笼草。

识别要点 一年生草本，被疏短柔毛或近无毛；茎多分枝，分枝纤细。叶片卵形至卵状椭圆形，顶端渐尖或急尖，基部阔楔形或楔形，全缘或有不等大的牙齿，两面近无毛。花梗纤细和花萼一样生短柔毛，花萼绿色有明显的紫色条纹；花冠淡黄色，喉部常有紫色斑纹；花药蓝紫色或有时黄色。果萼卵球状，薄纸质，浆果。种子圆盘状。花果期 3 ～ 12 月。（图 3–541–1 ～ 3–541–4，见 836 ～ 837 页）

生境与分布 生于山谷林下及村边路旁。分布于我国华东、华中、华南及西南。

药用部位 全草、根、果实。

采集加工 全草：夏、秋季采集，以全草幼嫩、色黄绿、带宿萼多者为佳，鲜用或晒干。根：夏、秋季采挖，洗净，鲜用或晒干。果实：秋季果实成熟时采收，鲜用或晒干。

化学成分 全草含魏察苦蘵素、酸浆双古豆碱等。茎、叶含多种酸浆苦味素、胡萝卜苷、毛酸浆苷等。叶含粘果酸浆内酯、炮仔草内酯。根中含酸浆双古豆碱。果实含乙酰胆碱。

药理作用 全草：①有抗癌活性。②对血压的影响与乙酰胆碱相似。③有利尿作用起效快，但持续时间短的特点。④对肾盂肾炎具有较好的抗炎作用。果实：其水提物可使离体蟾蜍腹直肌等张收缩、大鼠空肠等张收缩，对离体蟾蜍心脏有负性变力、变时作用。对猫血压的影响与乙酰胆碱相似。

性味归经 全草：苦、酸，寒。归肺、肾经。根：苦，寒。归肺、肾经。果实：酸，平。归肺、肾经。

功能主治 全草：清热解毒，消肿利尿。适用于感冒，肺热咳嗽，咽喉肿痛，牙龈肿痛，湿热黄疸，痢疾，水肿，热淋，天疱疮，疔疮。

根：利水通淋。适用于水肿腹胀，黄疸，热淋。

果实：解毒，利湿。适用于牙痛，天疱疮，疔疮。

542. 毛酸浆 *Physalis pubescens* L.

别名 苦蘵、洋姑娘、黄姑娘、姑茑、地樱桃、乌苏图 – 斗 – 姑娘（蒙名）。

识别要点 一年生草本，被疏短柔毛或近无毛。茎多分枝，分枝纤细。单叶互生；叶片卵形至卵状椭圆形，先端渐尖，基部楔形，全缘或有不等大牙齿，两面近无毛。花单生于叶腋，花梗纤细；花萼钟状，绿色，无条纹。花冠淡黄色，5 浅裂，喉部常有紫斑；雄蕊 5，花药蓝紫色或有时黄色。浆果球形，包藏于宿萼之内。宿萼膀胱状，成熟时黄绿色或黄色，网脉明显。种子圆盘状。花、果期 6 ～ 10 月。（图 3–542–1 ～ 3–542–4，见 837 页）

生境与分布　生长于阳光充足的草地或田边路旁。分布于我国东北、华东、华中、华南、西南及内蒙古等地。

药用等各项参考苦蘵。《中华本草》中记载的苦蘵，原植物拉丁名就是毛酸浆的拉丁名。

（二百五十一）茄属 *Solanum* L.

药用记载　龙葵 *Solanum nigrum* L. 的全草在《全国中草药汇编》《中药大辞典》《中华本草》中记载为龙葵；根在《中药大辞典》《中华本草》中记载为龙葵根；种子在《中药大辞典》《中华本草》中记载为龙葵子。青杞 *S. septemlobum* Bunge 的全草或果实在《全国中草药汇编》《中华本草》中记载为蜀羊泉；在《中药大辞典》中记载为红葵。

543. *龙葵 Solanum nigrum* L.

别名　天茄子、黑天天、野海角、灯笼草、黑茄子、野葡萄、天沦草、野海椒、山辣椒、地泡子、闹害音－乌吉马（蒙名）。

识别要点　一年生草本。茎直立或下部偃卧，有棱角，沿棱角稀被细毛。叶互生；卵形，叶缘具波状疏锯齿。聚伞花序侧生，花柄下垂；花萼圆筒形，外疏被细毛，裂片 5，卵状三角形；花冠无毛，白色。裂片轮状伸展，5 片，呈长方卵形；雄蕊 5，着生花冠筒口，花丝分离；雌蕊 1，花柱下半部密生长柔毛，柱头圆形。浆果球状，有光泽，成熟时红色或黑色。种子扁圆形。花期 6～7 月，果期 8～10 月。（图 3–543–1～3–543–5，见 838 页）

生境与分布　生长于路旁、田边或宅旁，分布于全国各地。

药用部位　全草、根、种子。

采集加工　全草：夏秋季采收，鲜用或晒干。根：夏、秋季采挖，鲜用或晒干。种子：秋季果实成熟时采收，鲜用或晒干。

化学成分　全草含龙葵碱、澳洲茄胺、龙葵定碱、皂苷、维生素 C、树脂。地上部分含澳洲茄碱、澳洲茄边碱、β－澳洲茄边碱。橙色果实中含 α－胡萝卜素等。果实中含有植物凝集素、澳洲茄胺、*N*–甲基澳洲茄胺、12β－羟基澳洲茄胺、西红柿烯胺、毛叶冬珊瑚碱、澳洲茄醇胺等。

药理作用　①有抗炎作用，并能促进抗体的形成。②澳洲茄碱能抑制外周葡萄糖的利用，使血糖升高。③澳洲茄碱小量能增强中枢神经系统的兴奋过程，大量则增强抑制过程。④龙葵煎剂可使麻醉犬血压下降，心率变慢。⑤龙葵煎剂可提高小鼠体内自然杀伤细胞的活性。⑥龙葵果有镇咳、祛痰作用。⑦有一定的抑菌作用。

性味归经　全草：苦，寒，有小毒。根：苦，寒。种子：苦，寒。均归肺、肾经。

功能主治　全草：清热解毒，利尿消肿，活血止血，止咳。适用于疮痈肿毒，皮肤湿疹，小便不利，老年慢性气管炎，白带过多，前列腺炎，痢疾，慢性气管炎，肾炎水肿。外用治痈疖疔疮，天疱疮，蛇咬伤。

根：清热利湿，活血解毒。适用于痢疾，淋浊，尿路结石，白带异常，风火牙痛，跌打损伤，痈疽肿毒。

种子：清热解毒，化痰止咳。适用于咽喉肿痛，疔疮，咳嗽痰喘。

用药警戒 脾胃虚弱者勿服。

544. 单叶青杞 *Solanum septemlobum* Bunge. var. *subintegrifolium* C. Y. Wu et S. C. Huang FOC 修注为 *Solanum septemlobum* Bunge（青杞）

别名 野茄子、蜀羊泉、药鸡豆、野狗杞、野构、野辣椒、红葵、羊泉、羊饴、漆姑。

识别要点 多年生直立草本。茎具棱角，多分枝。叶互生，叶片卵形，全缘。二歧聚伞花序，花梗基部具关节；萼小，杯状，5裂，萼齿三角形；花冠青紫色，先端深5裂，裂片长圆形；雄蕊5；子房卵形，2室，柱头头状。浆果近球形，熟时红色；种子扁圆形。花果期6～11月。（图3–544–1～3–544–3，见838～839页）

生境与分布 生长于山坡向阳处、路旁。分布于河北、河南、山西、陕西、甘肃等省区。

药用部位 全草或果实。

采集加工 夏、秋季割取全草，洗净，切段，鲜用或晒干。

性味归经 苦，寒，小毒。归肝经。

功能主治 清热解毒。适用于咽喉肿痛，目昏赤，乳腺炎，疥癣瘙痒。

（二百五十二）枸杞属 *Lycium* L.

药用记载 枸杞 *Lycium chinense* Mill. 的成熟果实在《中国药典》《中药大辞典》《中华本草》中记载为枸杞子。

545. 枸杞 *Lycium chinense* Mill.

别名 枸杞、枸杞菜、红珠仔刺、牛吉力、狗牙子、狗牙根、狗奶子。

识别要点 多分枝灌木，枝条细弱，生叶和花的棘刺较长，小枝顶端锐尖成棘刺状。叶纸质，单叶互生或2～4枚簇生，卵形、卵状菱形等。花在长枝上单生或双生于叶腋，在短枝上则同叶簇生；花萼通常3中裂或4～5齿裂；花冠漏斗状，淡紫色，筒部向上骤然扩大；裂片卵形，顶端圆钝，平展或稍向外反曲，边缘有缘毛，基部耳显著；雄蕊较花冠稍短，柱稍伸出雄蕊，上端弓弯，柱头绿色。浆果红色。花果期6～11月。（图3–545–1～3–545–5，见839页）

生境与分布 生长于山坡、荒地、丘陵地、盐碱地、路旁及村边宅旁。分布于我国东北、西南、华中、华南、华东及河北、山西、陕西、甘肃南部。

药用部位 干燥成熟果实。

采集加工 夏、秋二季果实呈红色时采收，热风烘干，除去果梗。或晾至皮皱后，晒干，除去果梗。

化学成分 成熟果实含甜菜碱、阿托品、天仙子胺、玉蜀黍黄质、酸浆果红素、隐黄质、东莨菪素、胡萝卜素、硫胺素、核黄素、烟酸、维生素、多种氨基酸、多种无机元素。成熟果实含甜菜碱、酸浆果红素、多种氨基酸、藏红花醛、β – 紫罗兰酮、马铃薯螺二烯酮、胡萝卜素、硫胺素、核黄素、烟酸、维生素。种子含胆甾醇、7– 胆甾烯醇、菜油甾醇、异岩藻甾醇、豆甾醇、环木菠萝烯醇、羊毛甾醇、β – 香树脂醇、羽扇豆醇。

药理作用 ①提高免疫功能。②枸杞子多糖有一定的抗肿瘤作用。③枸杞子多糖对巨噬细胞在非特异性抗肿瘤或特异性抗肿瘤过程中均具有激活作用。④枸杞子多糖适宜剂量对老年小鼠抑制性 T 细胞（Ts）有明显调节作用，增强 Ts 细胞的活性。⑤枸杞子浸膏有降血糖的作用。⑥有抗脂肪肝作用。⑦有轻微降压作用。⑧枸杞子煎剂有抗疲劳作用。

性味归经 甘，平。归肝、肾、肺经。

功能主治 养肝，滋肾，润肺。适用于肝肾亏虚，头晕目眩，腰膝酸软，阳痿遗精，虚劳咳嗽，消渴引饮。

用药警戒 外邪实热，脾虚有湿及泄泻者忌服。

七十二、玄参科 Scrophulariaceae

（二百五十三）柳穿鱼属 *Linaria* Mill.

药用记载 柳穿鱼 *Linaria vulgaris* Mill . 的全草在《中华本草》《中药大辞典》《全国中草药汇编》中记载为柳穿鱼。

546. 柳穿鱼 *Linaria vulgaris* Mill.

别名 铃乃利、好宁 – 扎吉鲁希（蒙名）。

识别要点 多年生草本。主根细长，黄白色，茎直立，单一或分枝。叶多互生，无柄或近无柄；叶片线状披针形或线形，先端尖，全缘，无毛。总状花序顶生，花较密；苞片披针形；花萼 5 裂，披针形，花冠 2 唇形，花筒长，基部有距，喉部闭合，淡黄色，在下唇的凸起处有橙黄色斑点；雄蕊 4，2 枚较长；雌蕊子房上位，2 室。蒴果近球形。花期 6 ～ 9 月，果期 8 ～ 10 月。（图 3–546–1 ～ 3–546–4，见 841 页）

生境与分布 生长于固定或半固定沙丘、砂质地、草原、山坡草地及路旁。分布于东北及内蒙古、河北、山东、河南、江苏、陕西、甘肃等地。

药用部位 全草。

采集加工 夏季花盛开时采收，阴干。

化学成分 全草含乙酰柳穿鱼苷、γ – 羟基谷氨酸、柳穿鱼苷元、柳穿鱼苷、粗毛豚草素、刺槐素、乙酰蒙花苷、β – 谷甾醇、胡萝卜苷、胡萝卜苷棕榈酸酯、苯甲醇樱草糖苷、葡萄糖丁香酸、丁香苷、白杨素、甘露醇、半乳糖醇、乌索酸、马斯里酸等。地上部分含生物碱鸭嘴花碱。叶含龙头花苷。花含黄酮类蒙花苷、柳穿鱼苷、新蒙花苷。

药理作用 ①全草浸剂能延长睡眠时间。②能显著降低血压，兴奋呼吸，使心跳变慢。③对离体兔耳，有收缩血管的作用；对离体兔、猫小肠则可降低张力。

性味归经 甘、微苦，寒。归肺、脾、大肠经。

功能主治 清热解毒，散瘀消肿。适用于感冒，头痛头晕，黄疸，痔疮便秘，皮肤病，烫火伤。

（二百五十四）芯芭属 *Cymbaria* L.

药用记载 达乌里芯芭 *Cymbaria dahurica* L. 在《全国中草药汇编》《中华本草》中记载为大黄花。

547. 达乌里芯芭 *Cymbaria dahurica* L.

别名 大黄花、白蒿茶、兴安芯芭、芯玛芭、兴安奈 – 哈吞 – 额布斯（蒙名）。

识别要点 多年生草本，较矮小，全株密被白色绢毛。茎多条，成丛，基部被紧密的鳞片所覆盖。叶对生；无柄；叶片线形或条状披针形，两面被白色丝状柔毛。总状花序顶生，花少数，单生于苞腋；花萼下部筒状，外密被丝状柔毛；花冠黄色，二唇形，外被白色柔毛，内有腺点，下唇 3 裂，在其两裂口后面有两条褶襞，上唇 2 裂；雄蕊 4，二强；子房长圆形，花柱细长。蒴果长卵状。种子扁平，周围具一环狭翅。花期 6 ～ 8 月，果期 7 ～ 9 月。（图 3–547–1 ～ 3–547–4，见 841 ～ 842 页）

生境与分布 生长于干山坡、砂砾、草原上。分布于我国黑龙江、内蒙古、河北等省区。

药用部位 全草。

采集加工 夏、秋季采收，切段，晒干。

化学成分 全草含黄酮、环烯醚萜、碳水化合物、桂皮酸、咖啡酸、小麦黄素 –7–O– 葡萄糖苷、金圣草素 –7–O– 葡萄糖醛酸苷、芹菜素 –7–O– 葡萄糖醛酸苷。

性味归经 微苦，凉。归肾经。

功能主治 祛风除湿，利尿止血。适用于风湿痹痛，月经过多，吐血，衄血，便血，外伤出血，肾炎水肿，黄水疮等症。

（二百五十五）泡桐属 *Paulownia* Sieb. et Zucc.

药用记载 泡桐（白花泡桐）*Paulownia fortunei*（Seem.）Hemsl. 的花在《中药大辞典》《中华本草》中记载为泡桐花；果记载为泡桐果。花、根、果在《全国中草药汇编》中记载为泡桐。

548. 白花泡桐 *Paulownia fortunei*（Seem.）Hemsl.

别名 白花桐、泡桐、大果泡桐、华桐、火筒木、沙桐彭、笛螺木、饭桐子、通心条。

识别要点 乔木，树冠圆锥形，主干直。叶片长卵状心脏形，有时为卵状心脏形。花序枝几无或仅有短侧枝，故花序狭长几成圆柱形，小聚伞花序，萼倒圆锥形，花冠管状漏斗形，白色仅背面稍带紫色或浅紫色，雄蕊有疏腺；子房有腺，有时具星毛。蒴果长圆形或长圆状椭圆形。花期 3 ～ 4 月，

果期 7 ～ 8 月。（图 3–548–1 ～ 3–548–2，见 842 页）

生境与分布　生于低海拔的山坡、林中、山谷及荒地。分布于安徽、浙江、福建、台湾、江西、湖北、湖南、四川、云南、贵州、广东、广西。

药用部位　花、根、果。

采集加工　花：春季花开时采收，晒干或鲜用。根：秋季采挖。果：夏季采收。

药理作用　①抗菌抗癌。②具镇咳，祛痰，平喘，抗炎作用。③所含熊果酸有明显的安定和降温作用。对高血压患者的降压作用明显。所含丁香苷有明显止血作用。

性味归经　花、根、果：苦，寒。归心、肺、肝经。

功能主治　花：清肺利咽，解毒消肿。适用于肺热咳嗽，急性扁桃体炎，菌痢，急性肠火，急性结膜火，腮腺火，疖肿，疮癣。根：祛风，解毒，消肿，止痛。适用于筋骨疼痛，疮疡肿毒，红崩白带。果：化痰止咳。适用于气管炎。

（二百五十六）通泉草属 *Mazus* Lour.

药用记载　通泉草 *Mazus japonicus*（Thunb.）O. Kuntze 的全草在《中华本草》和《中药大辞典》中记载为绿兰花；在《全国中草药汇编》中记载为同全草。弹刀子菜 *M. stachydifolius*（Turcz.）Maxim. 全草在《中华本草》《中药大辞典》《全国中草药汇编》中记载为弹刀子菜。

549. 通泉草 *Mazus japonicus*（Thunb.）O. Kuntze　　FOC 修订为 *Mazus miquelii* Makino（匍茎通泉草）

别名　脓泡药、汤湿草、猪胡椒、野田菜、鹅肠草、绿蓝花、五瓣梅、猫脚迹、尖板猫儿。

识别要点　一年生草本。叶大都基生，倒卵状矩圆形，先端钝，基部狭，下延，边缘波状或有锯齿。花茎单生或数个聚生，直立，通常无叶；花散生、互生；苞片披针形；萼绿色，分裂至中部以下为 5 枚矩圆形的裂片；花冠浅蓝色，上唇卵形，渐尖，下唇喉部有黄色斑块，侧面裂片较中央为宽；雄蕊 4；花柱 2 裂。蒴果。种子小而多数，黄色。花、果期 4 ～ 10 月。（图 3–549–1 ～ 3–549–3，见 842 ～ 843 页）

生境与分布　生长于湿润的草坡、沟边、路旁及林缘。分布于除内蒙古、宁夏、新疆外的全国各地。

药用部位　全草。

采集加工　春、夏、秋三季均可采收，洗净，鲜用或晒干。

性味归经　苦、微甘，凉。归肝、肾经。

功能主治　清热解毒，利湿通淋，健脾消积。适用于热毒痈肿，脓疱疮，疔疮，烧烫伤，尿路感染，腹水，黄疸型肝炎，消化不良，小儿疳积。

550. 弹刀子菜 *Mazus stachydifolius*（Turcz.）Maxim.

别名　水苏叶通泉草、四叶细辛、地菊花、山刀草、大叶山油麻、毛曲菜、麻主斯 – 额布斯（蒙名）。

识别要点 多年生草本。茎直立，全体被有细长软毛。叶片线状长圆形或长圆形，边缘具不规则锯齿。总状花序顶生，萼钟状，裂片 5；花冠唇形，淡紫色，长为花萼的一倍，上唇短，2 浅裂，白色，下唇较大而长，淡紫色，3 裂，中间的裂片较两侧裂片约短 1/2，喉部具凸起，上有白色软毛及黄色斑点。蒴果球形，包于萼筒内；种子细小。花期 5 ～ 7 月，果期 7 ～ 9 月。（图 3–550–1 ～ 3–550–3，见 843 页）

生境与分布 生长于路旁、田野、草地、山坡等处。分布于东北、河北、山东、湖北、江苏、浙江、江西、四川等地。

药用部位 全草。

采集加工 花果期采收全草，鲜用或晒干。

化学成分 地上部分含鸭嘴花碱。花含黄酮类蒙花苷、柳穿鱼苷、新蒙花苷。

性味归经 微辛，凉。归心、肝经。

功能主治 清热解毒，凉血散瘀。适用于便秘下血，疮疖肿毒，毒蛇咬伤，跌打损伤。

（二百五十七）山罗花属 *Melampyrum* L.

药用记载 山罗花 *Melampyrum roseum* Maxim. 的全草在《全国中草药汇编》《中华本草》中记载为山萝花。

551. 山罗花 *Melampyrum roseum* Maxim.

别名 球锈草、山萝花。

识别要点 一年生直立草本。全株疏被鳞片状短毛。茎多分枝，四棱形，有时茎上有柔毛。叶对生，叶片披针形至卵状披针形，先端渐尖，基部圆钝或楔形。总状花序顶生；苞片绿色，仅基部具尖齿至整个边缘具刺毛状长齿，先端急尖至长渐尖；花萼钟状，常被糙毛，萼齿三角形至钻状三角形，具短睫毛；花冠红色或紫红色，筒部长为檐部的 2 倍，上唇风帽状，2 齿裂，裂片翻卷，边缘密生须毛，下唇 3 齿裂；药室长而尾尖。蒴果。种子黑色。花期 6 ～ 10 月。（图 3–551–1 ～ 3–551–4，见 843 ～ 844 页）

生境与分布 生长于山坡、疏林、灌丛和高草丛中。分布于东北、华东及河北、山西、陕西、甘肃、河南、湖北、湖南等地。

药用部位 全草。

采集加工 7 ～ 8 月采收，鲜用或晾干。

化学成分 全草含玉叶金花苷酸甲酯。

性味归经 苦，凉。归肺、大肠经。

功能主治 清热解毒。适用于痈疮肿毒，肺痈，肠痈。

（二百五十八）马先蒿属 *Pedicularis* L.

药用记载 红纹马先蒿 *Pedicularis striata* Pall. 的全草在《中华本草 · 蒙药卷》中记载为鲁格

如色日布。沼生马先蒿 *P. palustris* L. 在《全国中草药汇编》中记载为沼地马先蒿。轮叶马先蒿 *P. uerticillata* L. 的根在《中华本草》中记载为轮叶马先蒿。返顾马先蒿 *P. resupinata* L. 的根在《中华本草》和《中药大辞典》中记载为马先蒿，在《全国中草药汇编》中记载为返顾马先蒿。

552. 红纹马先蒿 *Pedicularis striata* Pall.

别名 细叶马先蒿、黄花马先蒿、鲁格如色日布（蒙名）、协日 – 浩宁 – 额布尔 – 其其格（蒙名）。

识别要点 多年生草本。根粗壮，多分枝。茎直立，单出或数枝，密被短卷毛。叶互生，披针形，羽状全裂或深裂，边缘具胼胝质浅齿。花序穗状，轴密被短毛；苞片披针形；花萼钟状，萼齿 5，不等大，缘具卷毛；花冠黄色，具绛红色脉纹，盔镰状弯曲，下唇 3 浅裂，稍短于盔，花丝 1 对被毛。蒴果卵圆形。种子矩圆形，具网状孔纹。花期 6 ～ 7 月，果期 7 ～ 8 月。（图 3–552–1 ～ 3–552–4，见 844 页）

生境与分布 生长于山地、草原、林缘草甸或疏林中。分布于我国东北、华北、西北、内蒙古。

药用部位 全草。

采集加工 6 ～ 7 月间采集带花全草，阴干。

化学成分 全草含苯丙素苷、红纹马先蒿苷 A、红纹马先蒿苷 B、葡萄糖吡喃苷、蜕皮甾酮、半乳糖吡喃苷。

性味归经 苦，凉。归肝、肾经。蒙药：苦，凉。效钝、轻、柔。

功能主治 利水，涩精。适用于水肿，遗精，耳鸣，口干舌燥，痈肿，关节筋骨疼痛等。

蒙药收扩散之毒，清热，固精。适用于毒性扩散，中毒性遗精，关节筋骨疼痛。

553. 沼生马先蒿 *Pedicularis palustris* L.

别名 卡氏沼生马先蒿、沼地马先蒿、小花沼生马先蒿。

识别要点 一年生草本。茎直立。叶互生，羽状全裂，裂片线形或斜三角状披针形，边缘有小裂片或锯齿，齿有胼胝，常因反卷而转至背面。总状花序生于茎顶，花小，花冠紫红色；雄蕊花丝两对均无毛；柱头常不自盔端伸出。蒴果卵形，稍扁平。花期 8 月，果期 9 月。（图 3–553–1 ～ 3–553–2，见 845 页）

生境与分布 生长于山脚潮湿处。分布于黑龙江、内蒙古。

药用部位 地上部分。

采集加工 7 ～ 8 月开花时采割地上部分，切段、晒干。

性味归经 辛、苦，寒。归肝、脾、膀胱、肾经。

功能主治 利尿通淋，祛风除湿，利湿止带。适用于石淋，膀胱结气，排尿困难，风湿痹证偏于热者，妇女带下证。

554. 旌节马先蒿 *Pedicularis sceptrum–carolinum* L.

识别要点 多年生直立草本，基部常有宿存的老叶柄。根粗线状，长而细，丛生。茎单一或偶有 2 条，仅下部有叶，上部长而裸露，作花葶状。叶基生者宿存而成丛，具有长柄，柄两边常有狭翅；

叶片倒披针形至线状长圆形，下半部多羽状全裂，裂片小而疏距，上半部多羽状深裂，裂片连续而轴有翅。花序生于茎的顶部，花冠黄色，在上下唇的尖端有时有紫红色晕；雄蕊花丝两对均在近基处有微毛；子房无毛，花柱不伸出。蒴果大，略侧扁，种子为三角状的不整齐肾形。花果期 8 ～ 9 月。（图 3–554–1 ～ 3–554–4，见 845 页）

生境与分布　多生河岸低湿地。分布于东北。

药用等参考沼生马先蒿。

555. 野苏子（马先蒿）*Pedicularis grandiflora* Fisch.

别名　大野苏子马先蒿。

识别要点　高大草本可达 1m 以上，常多分枝。根成丛，多少肉质。茎粗壮，中空，有条纹及棱角。叶互生，基生者在花期多已枯萎，茎生者极大，叶片轮廓为卵状长圆形，两回羽状全裂，裂片多少披针形，羽状深裂至全裂，最终的裂片长短不等，具生有白色胼胝的粗齿。花序长总状，向心开放；花稀疏，下部者有短梗；萼钟形，花冠盔端尖锐而无齿，下唇不很开展，多少依伏于盔而较短，裂片圆卵形，略等大，互相盖迭；雄蕊药室有长刺尖，花丝无毛。果卵圆形。花果期 8 ～ 9 月。（图 3–555–1 ～ 3–555–3，见 846 页）

生境与分布　生长于水泽和草甸中。分布于东北的中东部。

药用等各项参考沼生马先蒿。

556. 轮叶马先蒿 *Pedicularis verticillata* L.

别名　马先蒿。

识别要点　多年生草本。主根稍纺锤形，肉质。茎常成丛。基生叶密被白色长毛；叶片长圆形至线状披针形，羽状深裂至全裂；茎生叶一般 4 枚轮生。花序总状，常稠密；苞片叶状，具白色长毛；萼球状卵圆形，膜质；花冠紫红色，上唇由顶端微凹缺，比下唇短约 1/2，下唇约与盔等长或稍长，裂片上有极明显的红脉；雄蕊花丝有毛；花柱稍伸出。蒴果卵圆形。种子黑色。花期 7 ～ 8 月。（图 3–556–1 ～ 3–556–2，见 846 页）

生境与分布　生长于湿润处。分布于东北、内蒙古、河北、四川等地。

药用部位　根。

采集加工　秋季采收，洗净，晒干。

性味归经　甘、微苦，温。归心经。

功能主治　益气生津，养心安神。适用于气血不足，体虚多汗，心悸怔忡。

用药警戒　反藜芦。

557. 返顾马先蒿 *Pedicularis resupinata* L.

别名　马先蒿、芝麻七、马屎蒿、马新蒿、烂石草、练石草、虎麻、马尿泡、马尿烧、阿兰内（蒙名）、好宁 – 额伯日 – 其其格（蒙名）。

识别要点　多年生直立草本。根多数丛生，细长纤维状。茎粗壮中空，方形有棱。叶互生或有时对生，卵形至长圆状披针形，边缘有钝圆的重齿，两面无毛或有疏毛；叶柄短。花单生于茎枝上部的叶腋；萼长卵圆形，前方深裂，齿 2 枚；花冠淡红色，冠管向右扭旋，上唇盔状、扭向后方，下唇大，有缘毛，3 裂，中裂较小；雄蕊花丝前面 1 对有毛；柱头伸出喙端。蒴果斜长圆状披针形。花期 6 ～ 8 月，果期 7 ～ 9 月。（图 3–557–1 ～ 3–557–4，见 846 ～ 847 页）

生境与分布　生长于山地林下、林缘草甸、沟谷草甸及杂木林。分布于我国东北、华北、山东、安徽、陕西、甘肃、四川、贵州等地。

药用部位　根。

采集加工　秋季采挖，去净茎叶及泥土，晒干。

性味归经　苦，平。归肾经。

功能主治　清热，解毒，祛风湿，利尿。适用于肉食中毒，急性胃肠炎，风湿关节疼痛，尿路结石，小便不利，白带异常，疥疮。

558. 穗花马先蒿 *Pedicularis spicata* Pall.

别名　马先蒿。

识别要点　一年生草本。基生叶花时已枯，茎生叶 4 枚轮生。叶片长圆状披针形或线状披针形，羽状浅裂至中裂，缘有刺尖及锯齿。穗状花序生于茎顶或下部间断生于叶腋成花轮，花冠紫红色。蒴果，狭卵形。花期 7 ～ 8 月，果期 8 ～ 9 月。（图 3–558–1 ～ 3–558–3，见 847 页）

生境与分布　生长于山坡草地、林缘草甸。分布于东北、内蒙古、华北、陕西、湖北、四川、甘肃等。

药用等参考红纹马先蒿。

附注　另外据记载其乙醇提取液对小菜蛾和蚜虫有触杀作用。

559. 埃氏马先蒿 *Pedicularis artselaeri* Maxim.

别名　短茎马先蒿、蚂蚁窝、铃铃叶、土人参、无茎马先蒿、响铃叶。

识别要点　多年生草本。根多数，多少纺锤形，肉质。叶有长柄，软弱而铺散地面，密被短柔毛；叶片长圆状披针形，羽状全裂，裂片卵形，有缺刻状重锯齿，齿端有尖刺状胼胝。花腋生，具有长梗，花大，浅紫红色；萼圆筒形，前方不裂，被长柔毛，花冠管伸直，下部圆筒状，近端处稍扩大，花柱稍伸出盔端以下的前缘。蒴果卵圆形。花期 5 ～ 7 月。（图 3–559–1 ～ 3–559–4，见 847 ～ 848 页）

生境与分布　生长于石坡草丛中和林下较干处。分布于河北、山西、陕西、湖北与四川东北部。

药用等参考红纹马先蒿。

（二百五十九）松蒿属 *Phtheirospermum* Bunge

药用记载　松蒿 *Phtheirospermum japonicum*（Thunb.）Kanitz 的全草在《中华本草》《中药大辞典》《全国中草药汇编》中记载为松蒿。

560. 松蒿 *Phtheirospermum japonicum*（Thunb.）Kanitz

别名 小盐灶菜、小盐灶草、糯蒿、土茵陈、细绒蒿、大叶蓬蒿、红壶瓶、草茵陈、铃茵陈、鸡冠草、扎拉哈格图－额布斯（蒙名）。

识别要点 一年生草本。全体具腺毛，有黏性。茎直立，上部多分枝。叶对生，羽状分裂，两侧裂片长圆形，顶端裂片较大，卵圆形，边缘具细锯齿。花单生于叶腋，具短柄；萼钟状，5裂，裂片叶状，长椭圆形，边缘有细锯齿；花冠筒状，2唇形，淡红色，喉部有2条黄色条纹，边缘具纤毛。蒴果卵状长扁圆形，具细短毛。种子椭圆形，具网纹。花期7～8月，果期8～10月。（图3–560–1～3–560–4，见848页）

生境与分布 生长于山坡、砂质地、草地。分布于除新疆、青海以外的全国各地。

药用部位 全草。

采集加工 夏、秋季采收，鲜用或晒干。

化学成分 松蒿地上部分含松蒿苷、洋丁香酚苷、天人草苷A、角胡麻苷、桃叶珊瑚苷、都桷子苷酸、车前醚苷、连翘脂苷B。

性味归经 微辛，凉。归肺、脾、胃经。

功能主治 清热，利湿，解毒。适用于黄疸，水肿，风热感冒，口疮，鼻炎，疮疖肿毒。

（二百六十）阴行草属 *Siphonostegia* Benth.

药用记载 阴行草 *Siphonostegia chinensis* Benth. 的全草在《中华本草》中记载为金钟茵陈；在《中药大辞典》中记载为铃茵陈。

561. 阴行草 *Siphonostegia chinensis* Benth.

别名 金钟茵陈、刘寄奴、北刘寄奴、铃茵陈、土茵陈、希日－乌如乐－其其格（蒙名）。

识别要点 一年生草本。全株密被锈色短毛。根有分枝。茎单一，直立，上部多分枝，茎上部带淡红色。叶对生，叶片二回羽状全裂，条形或条状披针形。花对生于茎枝上部，成疏总状花序；1对线形小苞片；萼筒有10条显著的主脉，萼齿5；花冠上唇红紫色，下唇黄色，先端3裂，筒部伸直，上唇镰状弯曲，额稍圆；雄蕊4，二强；花柱长，先端稍粗而弯曲。蒴果宽卵圆形，包于宿存萼内。种子黑色。花期6～8月，果期8～10月。（图3–561–1～3–561–4，见849页）

生境与分布 生长于低山山坡、草地或丘陵草原。分布于东北、华北、华中、华南、西南、内蒙古等地。

药用部位 全草。

采集加工 8～9月割取全草，鲜用或晒干。

化学成分 全草含芹菜素、木犀草素、β－谷甾醇、三十四烷、三十五烷。地上部分含阴行草醇、异茶茱萸碱、黑麦草内酯。精油中成分有α－柠檬烯、1,8–桉叶素、3–甲基－二环辛酮、1–己醇、3–辛醇、癸醛、1–辛烯–3–醇、薄荷酮、异薄荷酮、苯甲醛、芳樟醇、戊基环丙烷、反－丁香烯、左旋薄荷醇、胡薄荷酮等。

药理作用 ①有明显的利胆作用。②有明显的降低正常小鼠血清胆固醇的作用。③有抗菌作用。

性味归经 苦，凉。归脾、胃、肝、胆经。

功能主治 清热利湿，凉血止血，祛瘀止痛。适用于黄疸型肝炎，胆囊炎，蚕豆病，泌尿系统结石，小便不利，痈疽丹毒，尿血，便血，外伤出血，痛经，瘀血经闭，跌打损伤，关节炎等症。

（二百六十一）婆婆纳属 *Veronica* L.

药用记载 细叶婆婆纳 *Veronica linariifolia* Pall. ex Link、轮叶婆婆纳 *V. spuria* L. 在《中药大辞典》中记载为斩龙剑。白婆婆纳 *V. incana* L. 的全草在《中华本草》《全国中草药汇编》中记载为白婆婆纳。兔儿尾苗 *V. longifolia* L. 在《中国中药资源志要》中记载为长尾婆婆纳。水苦荬 *V. undulata* Wall. 的带虫瘿全草在《中华本草》《中药大辞典》《全国中草药汇编》中记载为水苦荬；根在《中药大辞典》中记载为水苦荬根；果实在《中药大辞典》中记载为水苦荬果实。

562. 细叶婆婆纳 *Veronica linariifolia* Pall. ex Link　FOC 修订为 *Pseudolysimachion linariifolium*（Pall. ex Link）T. Yamaz.（细叶穗花）

别名 追风草、那林－侵达干（蒙名）。

识别要点 多年生草本。茎直立，端部分枝，叶及苞片上被有白色细短柔毛。单叶对生；叶片倒卵状披针形至条状披针形，先端尖，基部窄狭成柄，边缘疏具锯齿。总状花序排成穗状，着生于每枝端；花蓝紫色；苞片窄条状披针形至条形；花萼 4 裂，裂片卵圆形或楔形，稍有毛，边缘的毛较长；花冠 4 裂；雄蕊 2，突出；子房上位，2 室。蒴果扁圆，先端微凹，果端通常具宿存花柱。花期 7 ～ 8 月，果期 8 ～ 10 月。（图 3-562-1 ～ 3-562-3，见 849 页）

生境与分布 生长于山间草地、草原、沙岗、灌丛、疏林下及路边阳光充分的地方。分布于东北和内蒙古等地。

药用部位 全草。

采集加工 茎、叶繁茂时割取全草，切段晒干或鲜用。

性味归经 苦，寒。归心经。

功能主治 祛风湿，解毒止痛。适用于风湿性关节炎。

563. 轮叶穗花 *Veronica spuria* L.　FOC 修订为 *Pseudolysimachion spurium*（L.）Rauschert

别名 轮叶婆婆纳。

识别要点 多年生草本。茎直立，上部分枝，密被短曲毛。叶轮生或对生，叶片长椭圆形至披针形，边缘具狭三角状尖齿，有时为重齿，顶端的叶常近于全缘，两面被短毛。总状花序长穗状，复出，集成圆锥状，各部分被短腺毛；花冠紫色或蓝色，雄蕊稍伸出，子房无毛。蒴果。花期 7 ～ 8 月，果期 8 ～ 10 月。（图 3-563-1 ～ 3-563-4，见 850 页）

生境与分布 生长于山间草地、草原、沙岗、灌丛、疏林下及路边阳光充分的地方。分布于东北和内蒙古等地。

药用等与细叶婆婆纳相同。

564. 白婆婆纳 *Veronica incana* L. FOC 修订为 *Pseudolysimachion incanum*（L.）Holub（白兔儿尾苗）

别名 查干－钦达干（蒙名）。

识别要点 多年生草本。全株密被白色绵毛，星白色，仅叶上面较稀而呈灰绿色。茎数枝丛生，直立或上升，不分枝。叶对生，上部的有时互生，常为宽条形，先端钝至急尖，基部楔形渐狭，全缘或具圆钝齿；下部的叶片为长圆形至椭圆形。总状花序单一、细长；花萼裂片披针形，花冠蓝色、蓝紫色少白色，裂片常反折，圆形、卵圆形至卵形；雄蕊 2，略伸出；子房及花柱下部被多细胞腺毛。蒴果具宿萼。种子棕褐色。花期 7 ～ 8 月，果期 9 月。（图 3–564–1 ～ 3–564–2，见 850 页）

生境与分布 生长于草原及沙丘上。分布于黑龙江、内蒙古。

药用部位 全草。

采集加工 夏季采收，鲜用或晒干。

性味归经 苦，凉。归心、肝经。

功能主治 清热解毒，凉血止血。适用于痈疖红肿，血热出血。

565. 大婆婆纳 *Veronica dahurica* Stev.

别名 斩龙剑、狼尾巴花、九轮草、草龙胆、山红花、二郎箭。

识别要点 多年生草本。茎单生或数枝丛生，直立。叶对生，在茎节上有一个环连接叶柄基部，叶片卵形、卵状披针形或披针形；基部常心形，顶端常钝，边缘具深刻的粗钝齿，常夹有重锯齿，基部羽状深裂过半，裂片外缘有粗齿，叶腋有不发育的分枝。总状花序长穗状；花冠白色或粉色。蒴果与萼近等长。花期 7 ～ 8 月。（图 3–565–1 ～ 3–565–4，见 851 页）

生境与分布 生长于草地、沙丘及疏林下。分布于东北、内蒙古、河北、河南。

药用等参考白婆婆纳。

566. 兔儿尾苗 *Veronica longifolia* L. FOC 修订为 *Pseudolysimachion longifolium*（L.）Opiz

别名 长尾婆婆纳、长叶婆婆纳、长叶水苦荬、乌日图－侵达干（蒙名）、哇夏嘎（藏名）。

识别要点 多年生草本。根状茎长而斜长，具多数须根。茎直立，被柔毛或光滑，常不分枝。叶对生，披针形，边缘具细尖锯齿，有时呈大牙齿状，齿端常呈弯钩状，两面被短毛或近无毛。总状花序顶生，细长，单生或复出；花冠蓝色或蓝紫色，稍带白色。蒴果卵球形，稍扁，顶端凹，宿存花柱和花萼。种子卵形，暗褐色。（图 3–566–1 ～ 3–566–4，见 851 ～ 852 页）

生境与分布 生长于草甸、山坡草地、林缘草地、桦木林下。分布于新疆和黑龙江、吉林。

药用部位 全草。

采集加工 夏季采集带花全草，洗净泥土，晒干，切段备用。

性味归经 中药：苦、涩，寒。归肺、肝经。蒙药：苦，凉。

功能主治 中药：清热解毒，祛风利湿。适用于外感发热，肝炎，胆囊炎，风湿热痹，荨麻疹。

蒙药：清热，解毒，止痛。适用于血热，肝胆火旺，包如病，痧证。

藏药：治血热病，赤巴病及其引起的热性病，陈旧热证，高血压，肝炎，胆囊炎，全身疼痛，瘫痪；外敷治跌打损伤，疮疖痈肿。

（二百六十二）腹水草属 *Veronicastrum* Heist. ex Farbic.

药用记载 草本威灵仙 *Veronicastrum sibiricum*（L.）Pennell 的根及全草在《中华本草》中记载为草本威灵仙。

567. 草本威灵仙 *Veronicastrum sibiricum*（L.）Pennell

别名 轮叶婆婆纳、斩龙剑、狼尾巴花、九节草、山鞭草、轮叶腹水草。

识别要点 多年生草本。根状茎横走，节间短，多须根。茎直立，圆柱形，不分枝，无毛或略被柔毛。叶 4 ～ 6 枚轮生；无柄；叶片长圆形至宽条形，先端渐尖，边缘有三角状锯齿，两面无毛或疏被柔毛。花序顶生，长尾状，各部分无毛；花梗短；花萼 5 深裂，裂片不等长，前面最长者约为花冠的一半，钻形；花红紫色、紫色或淡紫色，4 裂，裂片宽度不等，花冠筒内面被毛；雄蕊 2。蒴果卵形，两面有沟。种子椭圆形。花期 7 ～ 9 月。（图 3–567–1 ～ 3–567–4，见 852 页）

生境与分布 生长于路边、山坡草地及山坡灌丛内。分布于东北、华北、陕西省北部、甘肃东部、山东半岛。

药用部位 根及全草。

采集加工 夏、秋季采收，去净泥土、杂质，根切片，全草切碎，晒干。

化学成分 全草含异阿魏酸、桂皮酸、甘露醇、胡萝卜苷、β－谷甾醇、轮叶婆婆纳对醌、轮叶婆婆纳对醌 B、弥罗松酚、丹参酮、二氢丹参酮、隐丹参酮。根含梓醇、藜芦基梓醇酯、桃叶珊瑚苷、去氧 –8– 异阿魏酸哈帕苷、β－谷甾醇－葡萄糖苷等。

药理作用 ①有显著的抗炎镇痛作用。②对肿瘤细胞有较强抑制作用，其中二氢丹参酮 I 和隐丹参酮体外抗癌活性最强。

性味归经 辛、微苦，寒。归肺、肝经。

功能主治 祛风除湿，清热解毒。适用于感冒风热，咽喉肿痛，腮腺炎，风湿痹痛，虫蛇所伤。

568. 管花腹水草 *Veronicastrum tubiflorum*（Fisch. et Mey.）Hara

别名 柳叶婆婆纳。

识别要点 直立草本。无根状茎。根无毛。茎不分枝，上部被倒生细柔毛。叶互生，无柄，条形，单条叶脉，边缘疏生细尖锯齿，上面被短刚毛，下面密生细柔毛，老时两面秃净，厚纸质。花序顶生，单枝，花序轴及花梗多少被细柔毛；花萼裂片披针形，具短睫毛；花冠蓝色或淡红色。蒴果卵形。花期 6 ～ 8 月。（图 3–568–1 ～ 3–568–2，见 853 页）

生境与分布 生长于湿草地和灌丛中。分布于黑龙江和吉林。

药用等参考草本威灵仙。

（二百六十三）地黄属 *Rehmannia* Libosch ex Fisch. et Mey.

药用记载 地黄 *Rehmannia glutinosa*（Gaert.）Libosch. ex Fisch. et Mey. 的新鲜或干燥块根，在《中国药典》中记载为地黄；其根经加工蒸晒在《中国药典》《中药大辞典》《中华本草》中记载为熟地黄。

569. 地黄 *Rehmannia glutinosa*（Gaert.）Libosch. ex Fisch. et Mey.

别名 野地黄、酒壶花、山烟根。

识别要点 多年生草本，全株被灰白色长柔毛及腺毛。根肥厚，肉质，呈块状，圆柱形或纺锤形。茎直立，单一或基部分生数枝。基生叶成丛，叶片倒卵状披针形，叶面多皱，边缘有不整齐锯齿；茎生叶较小。花茎直立，被毛，于茎上部呈总状花序；花萼钟状；花冠宽筒状，稍弯曲，外面暗紫色，里面杂以黄色，有明显紫纹，先端 5 浅裂，略呈二唇形。蒴果。花期 4 ～ 5 月，果期 5 ～ 6 月。（图 3–569–1 ～ 3–569–5，见 853 页）

生境与分布 生长于砂质壤土、荒山坡、山脚、墙边、路旁等处。分布于辽宁、河北、河南、山东、山西、陕西、甘肃、内蒙古、江苏、湖北等省区。

药用部位 根。

采集加工 秋季采挖，除去芦头、须根及泥沙，鲜用称“鲜地黄”；将根缓缓烘焙至约八成干称“生地黄”。净生地黄，按照蒸法蒸至黑润，取出，晒至约八成干时，切厚片或块，干燥，称熟地黄。

化学成分 熟地黄含益母草苷，桃叶珊瑚苷，梓醇，地黄苷 A、B、C、D，美利妥双苷，地黄素 A、D，地黄氯化臭蚁醛苷，焦地黄素 A、B、C，焦地黄内酯，焦地黄呋喃 A、B、C，地黄苦苷元，三羟基 –β– 紫罗兰酮，5– 羟基野菰酸，琥珀酸，5– 氧脯氨酸，尿嘧啶，尿核苷，棕榈酸，硬脂酸，花生酸，山萮酸，十五酸，棕榈油酸，肉豆蔻酸。

药理作用 ①延缓衰老。②有滋补肾阴的作用与改善体内醛固酮水平的作用。并能对异常的甲状腺素状态起调节作用。③具有补血作用，促进造血干细胞产生血细胞。

性味归经 鲜地黄：甘、苦，寒。归肝、肾经。生地黄：甘，寒。归心、肝、肾经。熟地黄：甘，微温。归肝、肾经。

功能主治 鲜地黄：清热生津，凉血，止血。适用于热病伤阴，舌绛烦渴，发斑发疹，吐血，衄血，咽喉肿痛。

生地黄：清热凉血，养阴，生津。适用于热病舌绛烦渴，阴虚内热，骨蒸劳热，内热消渴，吐血，衄血，发斑发疹。

熟地黄：滋阴补血，益精填髓。适用于肝肾阴虚，腰膝酸软，骨蒸潮热，盗汗遗精，内热消渴，血虚萎黄，心悸怔忡，月经不调，崩漏下血，眩晕，耳鸣，须发早白。

用药警戒 脾胃虚弱、气滞痰多、腹满便溏者忌服。

七十三、马鞭草科 Verbenaceae

（二百六十四）假马鞭属 *Stachytarpheta* Vahl

药用记载 假马鞭 *Stachytarpheta jamaicensis*（L.）Vahl 在《全国中草药汇编》《中药大辞典》《中华本草》中记载为玉龙鞭。

570. 假马鞭 *Stachytarpheta jamaicensis*（L.）Vahl

别名 假败酱、倒团蛇、玉龙鞭、大种马鞭草、大蓝草。

识别要点 多年生粗壮草本或亚灌木，幼枝近四方形，疏生短毛。叶片厚纸质，椭圆形至卵状椭圆形。穗状花序顶生，花单生于苞腋内，一半嵌生于花序轴的凹穴中，螺旋状着生；苞片边缘膜质；花萼管状；花冠深蓝紫色，顶端 5 裂，裂片平展；雄蕊 2，花丝短，花药 2 裂；花柱伸出，柱头头状。果内藏于膜质的花萼内，成熟后 2 瓣裂，每瓣有 1 种子。花期 8 月，果期 9 ～ 12 月。（图 3-570-1 ～ 3-570-2，见 855 页）

生境与分布 生于山谷阴湿处草丛中。分布于海南、福建、广东、广西和云南南部。

药用部位 全草及根。

采集加工 全年均可采，鲜用，或全草切段，根切片晒干。

化学成分 全草含正 - 二十九烷、正 - 三十烷、正 - 三十一烷、正 - 三十二烷、正 - 三十三烷、正 - 三十四烷、正 - 三十五烷、α - 菠菜甾醇、饱和脂肪酮、饱和脂肪羧酸、不饱和羟基羧酸。叶含胆碱、环烯醚萜、酚酸、绿原酸、儿茶鞣质及 6- 羟基木犀草醇 -7- 葡萄糖醛酸苷。

药理作用 ①茎叶煎剂对离体豚鼠回肠有显著的兴奋作用，水提取物（加乙醇除去沉淀）作用稍弱，两种制剂对离体兔十二指肠、大鼠子宫均无明显作用。②水提取物对离体兔心有较弱的兴奋作用，对大鼠后肢灌流有显著的血管扩张作用。③麻醉狗静脉注射茎叶煎剂及水提取物各 0.1g（生药）/kg，对血压无明显影响。小鼠腹腔注射上述两种制剂 0.1g（生药）/ 只，24h 内死亡。

性味归经 甘、微苦，寒。归心、肝、肾经。

功能主治 清热利湿，解毒消肿。适用于热淋，石淋，白浊，白带，风湿骨痛，急性结膜炎，咽喉炎，牙龈炎，胆囊炎，痈疖，痔疮，跌打肿痛。

七十四、紫葳科 Bignoniaceae

（二百六十五）角蒿属 *Incarvillea* Juss.

药用记载 角蒿 *Incarvillea sinensis* Lam. 的全草在《中药大辞典》《中华本草》中记载为角蒿，在《全国中草药汇编》中记载为透骨草。

571. 角蒿 *Incarvillea sinensis* Lam.

别名 羊角草、羊角蒿、羊羝角棵、落豆秧、羊角透骨草。

识别要点 一年生直立草本，微被柔毛。茎圆柱形，有条纹。叶在基部对生，分枝上的互生，2～3回羽状复叶；羽片4～7对，下部羽片再分裂成2～3裂片，条形或披针形。花序总状，有花4～18朵；花萼钟状，萼齿钻形，基部膨胀；花冠红色或淡紫色，花冠筒内基部有腺毛，裂片圆或凹入。蒴果圆柱形，开裂；种子卵形，平凸缘有翅透明。花期6～7月，果期8～9月。（图3-571-1～3-571-4，见855页）

生境与分布 生长于山坡、田野、路旁、荒草甸。分布于东北、内蒙古、河北、山西、陕西、宁夏、甘肃、青海、山东、河南、四川、云南、西藏。

药用部位 全草。

采集加工 7～8月间，割取茎叶，切段，晒干。

化学成分 角蒿酯碱A、B、C，角蒿原碱，角蒿特灵酯碱。

药理作用 角蒿酯碱具有镇痛作用。

性味归经 辛、苦，寒，小毒。归肝、脾、肾经。

功能主治 祛风湿，解毒，杀虫。适用于风湿痹痛，跌打损伤，口疮，齿龈溃烂，耳疮，湿疹，疥癣，阴道滴虫病。

七十五、爵床科 Acanthaceae

（二百六十六）十万错属 *Asystasia* Bl.

药用记载 十万错 *Asystasia chelonoides* Nees 的茎、叶在《中华本草》中记载为跌打草。

572. 十万错 *Asystasia chelonoides* Nees

别名　细穗爵床、盗偷草。

识别要点　多年生草本，茎两歧分枝，几被微柔毛；叶狭卵形或卵状披针形，顶端渐尖或长渐尖，基部急尖，具浅波状圆齿。花序总状，顶生和侧生，花单生或 3 出而偏向一侧，花萼裂片 5，披针形；花冠 2 唇形，白带红色或紫色，冠管钟形，外有短柔毛和腺毛，冠檐裂片 5，略不等；雄蕊 2 强，子房和花柱下部有短柔毛。蒴果。花果期 12 月～翌年 3 月。（图 3–572–1 ～ 3–572–3，见 856 页）

生境与分布　生于林下、路旁、沟边、灌木丛等阴湿处。分布于海南、云南、广东、广西。

药用部位　茎与叶。

采集加工　全年均可采，多为鲜用。

化学成分　花瓣中含异杞柳苷、木犀草素 7– 葡萄糖苷。

性味归经　辛，平。归心经。

功能主治　散瘀消肿，接骨止血。适用于跌打肿痛，骨折，外伤出血。

573. 宽叶十万错 *Asystasia gangetica*（L.）T. Anders.

别名　十万错。

识别要点　多年生草本，外倾，叶具叶柄，椭圆形，基部急尖，钝圆或近心形，几全缘，两面稀疏被短毛，上面钟乳体点状，总状花序顶生，花偏向一侧。苞片对生，三角形，花萼仅基部结合。花冠短，略两唇形，外面被疏柔毛；花冠管基部圆柱状，上唇 2 裂，下唇 3 裂，中裂片两侧自喉部向下有 2 条褶襞直至花冠筒下部，褶襞密被白色柔毛，并有紫红色斑点；雄蕊 4，花药紫色；花柱基部被长柔毛，子房具杯状花盘。蒴果。花果期 12 月～翌年 3 月。（图 3–573–1 ～ 3–573–4，见 856 ～ 857 页）

生境与分布　生于林下、路旁等处。分布于海南、云南、广东、广西等省区。

药用等各项与十万错相同。

七十六、列当科 Orobanchaceae

（二百六十七）列当属 *Orobanche* L.

药用记载　列当 *Orobanche coerulescens* Steph. 和黄花列当 *O. pycnostachya* Hance. 的全草在《全国中草药汇编》《中药大辞典》《中华本草》中记载为列当。

574. 列当 *Orobanche coerulescens* Steph.

别名　草苁蓉、独根草、兔子拐棒、栗当、花苁蓉、兔子拐杖、独根草、兔子腿、降魔杆、蒿枝七星。

识别要点 二年生或多年生寄生草本。全株密被蛛丝状长绵毛。茎直立，不分枝，基部常膨大。叶干后黄褐色，生于茎下部的较密集，上部的渐变稀疏；卵状披针形。花多数，排列成穗状花序；苞片 2，卵状披针形，先端尖锐；花萼 5 深裂，萼片披针形或卵状披针形；花冠蓝紫色，具 2 唇，上唇宽，先端常凹成 2 裂，下唇 3 裂，裂片卵圆形；雄蕊 4，二强；雌蕊 1；子房上位，柱头膨大，黄色。蒴果 2 裂，卵状椭圆形，具多数种子。花期 4 ～ 7 月，果期 7 ～ 9 月。（图 3–574–1 ～ 3–574–2，见 857 页）

生境与分布 生长于沙丘、山坡及沟边草地上，常寄生于菊科蒿属植物的根上。分布于东北、华北、西北地区以及山东、湖北、四川、云南、西藏等地。

药用部位 全草。

采集加工 春、夏季采收，洗去泥沙、杂质，晒成七八成干，扎成小把，再晒至全干。

化学成分 甘露醇、β – 谷甾醇、琥珀酸、咖啡酸、β – 胡萝卜苷、麦角甾苷、花生酸甘油酯、D– 松醇。

药理作用 ①列当的水溶性成分对小鼠的体液及细胞免疫均有增强作用。②能有效地对抗阿托品的抑制排便作用，能增强肠蠕动，促进排便，改善肠肌运动功能。

性味归经 甘，温。归肾、肝、大肠经。

功能主治 补肾壮阳，强筋骨，润肠。适用于肾虚阳痿，遗精，宫冷不孕，小儿佝偻病，腰膝冷痛，盘骨软弱，肠燥便秘，外用治小儿肠炎。

用药警戒 阳虚火旺者慎服。

575. 黄花列当 *Orobanche pycnostachya* Hance.

别名 栗当、花苁蓉、兔子拐杖、独根草、兔子腿、降魔杆、希日 – 特木根 – 苏乐（蒙名）。

识别要点 寄生草本，全株被褐色短茸毛。叶鳞片状，卵形。密穗状花序；苞片卵形，苞片与花近等长；花冠黄色或白色，裂片边缘有腺毛，花药有毛，花丝基部疏被短腺毛，花柱比花冠稍长。蒴果卵状椭圆形。花期 5 月。（图 3–575–1 ～ 3–575–3，见 857 ～ 858 页）

生境与分布 生长于沙丘山坡及草原上，寄生于蒿属植物的根上。分布于东北、华北及陕西、山东、安徽、河南等地。

药用部位 全草。

采集加工 春、夏季采收，洗去泥沙、杂质，晒成七八成干，扎成小把，再晒至全干。

化学成分 全草含正二十九烷酸、正二十六醇、β – 谷甾醇、β – 胡萝卜苷、麦角甾苷、D– 阿洛糖醇 – α –D– 半乳吡喃糖四甲醚、黑风藤苷。

性味归经 甘，温。归肾、肝、大肠经。

功能主治 补肾壮阳，强筋骨，润肠。适用于肾虚阳痿，遗精，宫冷不孕，小儿佝偻病，腰膝冷痛，盘骨软弱，肠燥便秘；外用治小儿肠炎。

用药警戒 阳虚火旺者慎服。

（二百六十八）草苁蓉属 *Boschniakia* C. A. Mey.

药用记载　草苁蓉 *Boschniakia rossica*（Cham. et Schlecht.）Fedtsch. 的全草在《全国中草药汇编》《中药大辞典》《中华本草》中记载为草苁蓉。

576. 草苁蓉 *Boschniakia rossica*（Cham. et Schlecht.）Fedtsch.

别名　金笋、地精、肉松蓉、苁蓉、不老草。

识别要点　一年生寄生草本。全株近无毛。根状茎横走，圆柱状，通常有直立的茎，茎不分枝，粗壮，基部增粗。叶密集生于茎下部，向上渐稀疏，三角形或宽卵状三角形。穗状花序，圆柱形；苞片 1 枚；花萼杯状，先端 3 ～ 5 齿裂；花冠宽钟状，暗紫色或暗紫红色，筒膨大成囊状，上唇直立，近盔状，下唇极短，3 裂；雄蕊 4，稍伸出于花冠之外，花药卵形；心皮 2；子房近球形，花柱柱头 2 浅裂。蒴果近球形。种子小，椭圆形。花期 5 ～ 7 月，果期 7 ～ 9 月。（图 3–576–1 ～ 3–576–2，见 858 页）

生境与分布　生长于山坡、林下低温处及河边，常寄生于桤木属植物的根上。分布于东北、内蒙古等地。

药用部位　全草。

采集加工　5 ～ 8 月采收，晒干或晾干后切段。

化学成分　全草含 8– 表脱氧马钱子苷酸、草苁蓉苯丙烯醇苷、草苁蓉苯丙烯醇苷 A、草苁蓉苷、草苁蓉醛苷、松脂酚 –β –D– 吡喃葡萄糖苷、对 – 香豆酸、对 – 香豆酸甲酯、β – 谷甾醇、齐墩果酸、3– 表齐墩果酸。地上部分含草苁蓉醛碱和草苁蓉内酯。根茎含甘露醇、生物碱。

性味归经　甘、咸，温。归肾、大肠经。

功能主治　补肾壮阳，润肠通便，止血。适用于肾虚阳痿，遗精，腰膝冷痛，小便遗沥，尿血，宫冷不孕，带下，崩漏，肠燥便秘，膀胱炎。

七十七、透骨草科 Phrymaceae

（二百六十九）透骨草属 *Phryma* L.

药用记载　透骨草 *Phryma leptostachya* L. subsp. *asiatica*（Hara）Kitamura 在《江苏药材志》中记载为珍珠透骨草，在《安徽中药志》中记载为凤仙透骨草，在《东北中药志》中记载为羊角透骨草；始载于《灵秘丹药笺》。因为中药材叫作透骨草的有豆科的、大戟科的、凤仙花科的等等较为多种，本记录是《中国植物志》透骨草科透骨草为准，注意鉴别。

577. 透骨草 *Phryma leptostachya* L. subsp. *asiatica*（Hara）Kitamura

别名 药曲草、蝇毒草、珍珠透骨草、羊角透骨草、凤仙透骨草、铁线透骨草、接生草、剪草、山剪草。

识别要点 多年生草本，根须状。茎直立，四棱形，被倒生短毛，单一。单叶，对生；叶片卵形或三角状阔卵形，两面均被短白毛，边缘有钝圆锯齿，先端渐尖或短尖，基部楔形或截形，并下延成翼柄。总状花序穗状，顶生或腋生，花疏生，有短梗；花序轴被短白毛；萼有5棱，5齿裂，背面3齿成芒状钩，前面的2齿较短；花冠唇形，上唇2裂，下唇3裂，淡紫色或白色，2强雄蕊；花柱1，柱头2浅裂。瘦果包于萼内，下垂，棒状。花期6～8月，果期7～9月。（图3-577-1～3-577-4，见858页）

生境与分布 生长于山坡、林缘、路旁。分布于全国各地。

药用部位 全草及根。

采集加工 夏秋季采全草或根，晒干备用。

化学成分 根含透骨草素、透骨草醇乙酸酯。

药理作用 水煎剂的镇痛抗风湿作用与水杨酸类药物相似。水煎剂外用有抗炎、杀菌、收敛创面作用。

性味归经 甘、辛，温。归肺、肝经。

功能主治 活血化瘀，利尿解毒，通经透骨。适用于骨折，湿疹，跌打损伤、疮癣肿毒。彝族用于治疗疥疮。另记载有催产及解毒杀虫的功效。

用药警戒 孕妇忌服。

七十八、车前科 Plantaginaceae

（二百七十）车前属 *Plantago* L.

药用记载 车前 *Plantago asiatica* L.、平车前 *P. depressa* Willd. 的全草在《中国药典》《中华本草》中记载为车前草。车前、平车前的全草在《中药大辞典》中记载为车前。大车前 *P. major* L. 的全草在《中华本草》中记载为车前草。车前、平车前的成熟种子在《中国药典》《中药大辞典》中记载为车前子。车前、大车前、平车前的成熟种子在《中华本草》中记载为车前子。

578. 车前 *Plantago asiatica* L.

别名 当道菜、车轱辘菜、牛舌草、医马草、车轮菜、牛耳朵棵、牛甜菜。

识别要点 多年生草本，根丛生，须状。叶基生，具长柄，基部扩大，叶片卵形或椭圆形，表面灰绿色或污绿色，具明显弧形脉5～7条，全缘或具不规则波状浅齿。穗状花序；花具短梗，花萼先端钝圆或钝尖，花冠白色，无毛，冠筒与萼片约等长，裂片狭三角形，先端渐尖或急尖，具明显的中脉，于花后反折，雄蕊着生于冠筒内面近基部，与花柱明显外伸。蒴果椭圆形，周裂。花期 6 ～ 9 月，果期 10 月。（图 3-578-1 ～ 3-578-4，见 859 页）

生境与分布　生长于山野、路旁、花圃或菜园、河边湿地。分布于全国各地。

药用部位　全草、种子。

采集加工　全草：秋季采收，挖起全株，洗净泥沙，晒干或鲜用。种子：夏、秋二季种子成熟时采收果穗，晒干，搓出种子，除去杂质。

化学成分　全草含熊果酸、β - 谷甾醇、豆甾醇、β - 谷醇棕榈酸酯、豆甾醇棕榈酸酯、桃叶珊瑚苷、车前草苷、异洋丁香酚苷、洋丁香酚苷等。叶含桃叶珊瑚苷、车前黄酮苷、高车前苷。根中含桃叶珊瑚苷、车前黄酮苷等。种子含桃叶珊瑚苷、车前黏多糖 A、消旋 - 车前子苷、都桷子苷酸、车前子酸、琥珀酸、腺嘌呤、胆碱、脂肪油、β - 谷甾醇。

药理作用　①车前草有一定利尿作用。②车前草煎剂可显著对抗组胺、乙酰胆碱所致豚鼠离体气管的收缩，使气管平滑肌松弛，具有平喘作用，并有一定镇咳作用。③车前草水浸剂对金黄色葡萄球菌等病原体有一定的抑制作用。④对胃液分泌有双向调节作用，对工作状态的胃有抑制作用，对安静状态的胃却无作用。⑤车前草果胶对炎性水肿有明显的抑制作用。⑥车前黄酮苷小剂量能使家兔心跳变慢，振幅加大，血压升高，大剂量可引起心脏停搏，血压降低。

性味归经　全草：甘，寒。归肝、肾、肺、膀胱经。种子：甘，微寒。归肝、肾、肺、小肠经。

功能主治　全草：清热利尿，凉血，解毒。适用于热结膀胱，小便不利，淋浊带下，暑湿泻痢，衄血，尿血，肝热目赤，咽喉肿痛，痈肿疮毒。

种子：清热利尿，渗湿通淋，明目，祛痰。适用于水肿胀满，热淋涩痛，暑湿泄泻，目赤肿痛，痰热咳嗽。

用药警戒　阳气下陷、肾虚精滑及内无湿热者慎服。

579. 平车前 *Plantago depressa* Willd.

别名　车轱辘菜。

识别要点　主根圆锥状，直而长。叶片较狭，长椭圆形或椭圆状披针形，边缘有小齿，基部狭窄，两面被柔毛或无毛，弧形脉 5 ～ 7 条。萼裂片与苞片约等长。穗状花序，中上部花较密生，下部花较疏；苞片三角状卵形；萼 4 裂，白色，膜质；花冠淡绿色，顶部 4 裂；雄蕊 4，超出花冠。蒴果圆锥状，成熟时盖裂，含种子 4 ～ 5 枚，矩圆形，黑棕色。（图 3-579-1 ～ 3-579-5，见 859 ～ 860 页）

生境与分布　生长于山坡、田埂和河边。分布几遍全国，但以北方为多。

药用等同车前。

580. 大车前 *Plantago major* L.

别名　大车轱辘菜。

识别要点　与车前的不同点在于：本品叶片卵形或宽卵形，长 6 ～ 10cm，宽 3 ～ 6cm，先端圆钝，基部圆形宽楔形；叶柄基部常扩大或鞘状。穗状花序长 3 ～ 10cm，花排列紧密。种子 7 ～ 15 颗，黑色。（图 3–580–1 ～ 3–580–4，见 860 页）

生境与分布　生长于路边、沟旁、田边潮湿处。分布于全国各地。

化学成分　全草含齐墩果酸、β – 谷甾醇、菜油甾醇、豆甾醇、木犀草素、6– 羟基木犀草素、洋丁香酚苷、山萝花苷、大车前草苷等。叶含延胡索酸、苯甲酸、桂皮酸、丁香酸、香草酸、对 – 香豆酸、龙胆酸、黑麦草内酯、黄芩苷元、高山黄芩素、木犀草素、黄芩苷、绿原酸等。种子含桃叶珊瑚苷、异槲皮苷、琥珀酸、维生素。

药用等与车前相同。

581. 北车前 *Plantago media* L.

别名　车前子、车轱辘菜。

识别要点　多年生草本。叶有柄，长椭圆形或椭圆状披针形，全缘，两面密被短柔毛。须根。花穗较密集，小花白色。花果期 6 ～ 10 月。（图 3–581–1 ～ 3–581–4，见 861 页）

生境与分布　生长于河滩、湿地、沟谷、草甸。分布于黑龙江、内蒙古。

药用同车前。

582. 长叶车前 *Plantago lanceolata* L.

别名　窄叶车前、欧车前、披针叶车前、车前子、车辙子、老牛舌。

识别要点　多年生草本。直根粗长。根茎粗短，不分枝或分枝。叶基生呈莲座状，无毛或散生柔毛；叶片纸质，线状披针形、披针形或椭圆状披针形。穗状花序幼时通常呈圆锥状卵形，成长后变短圆柱状或头状。花冠白色，无毛。蒴果狭卵球形。花期 5 ～ 6 月，果期 6 ～ 7 月。（图 3–582–1 ～ 3–582–2，见 861 页）

生境与分布　生长于海滩、河滩、草原湿地、山坡多石处或砂质地、路边、荒地。分布于辽宁、甘肃、新疆、山东、江苏、浙江、江西、云南、河北、北京等地。

药用部位　全草。

采集加工　全草：春冬季均可采，洗净，鲜用或晒干备用。种子：夏季割下果穗，晒干，搓下种子，除去杂质，晒干备用。

性味归经　全草及种子：甘，寒。归肝、肾经。

功能主治　全草：清热，利尿，祛痰，凉血，解毒。适用于水肿尿少，热淋涩痛，痰热咳嗽，衄血，鼻炎，痈肿疮毒。

种子：清热，利尿，明目。适用于尿路感染，肾炎水肿，痢疾，眼结膜炎。

七十九、忍冬科 Caprifoliaceae

（二百七十一）六道木属 *Abelia* R. Br.

药用记载　六道木 *Abelia biflora* Turcz. 的果实在《中华本草》中记载为交翅木；在《全国中草药汇编》中记载为六道木。

583. 六道木 *Abelia biflora* Turcz.

别名　六条木、交翅木、二花六道木。

识别要点　薄叶灌木。幼枝被倒生硬毛，老枝无毛。叶对生；叶片长圆形至长圆状披针形。花单生于小枝的叶腋；被硬毛；花冠白色、淡黄色或带浅红色，狭漏斗形或高脚碟形，外被短柔毛，4 裂，裂片圆形；瘦果状核果，弯曲。种子圆柱形。早春开花，果期 8 ～ 9 月。（图 3-583-1 ～ 3-583-5，见 863 页）

生境与分布　生长于山坡灌丛、林下及沟边。分布于辽宁、内蒙古、山西、河北、浙江。

药用部位　果实。

采集加工　秋季采收，鲜用或晒干。

性味归经　微苦、涩，平。归肝、肾、心经。

功能主治　祛风除湿，解毒消肿。适用于风湿筋骨疼痛，痈毒红肿。

（二百七十二）忍冬属 *Lonicera* L.

药用记载　忍冬 *Lonicera japonica* Thunb. 在《中国药典》《中药大辞典》《中华本草》中记载为忍冬藤；花蕾在《中国药典》《中药大辞典》《中华本草》中记载为金银花；花蕾的蒸馏液在《中药大辞典》《中华本草》中记载为金银花露；果实在《中华本草》中记载为金银花子。蓝靛果 *L. caerulea* L. var. *edulis* Turcz et Herd. 的果实在《中华本草》中记载为蓝锭果。金银忍冬 *L. maackii*（kupr）Maxim 的茎叶及花在《中华本草》中记载为金银忍冬。

584. 忍冬 *Lonicera japonica* Thunb.

别名　金银花、银花藤、金银藤、鸳鸯藤、老翁须、二宝藤、子风藤。

识别要点　多年生半常绿缠绕灌木。茎中空，幼枝密生短柔毛。叶对生；叶片卵圆形或长卵形，全缘，两面和边缘均被短柔毛。花成对腋生；花梗密被短柔毛；苞片 2 枚，叶状；花萼短小；合瓣花冠左右对称，唇形，上唇 4 浅裂，花冠筒细长，约与唇部等长，外面被短柔毛，花初开时为白色，2 ～ 3

日后变金黄色；雄蕊 5，着生在花冠管口附近；子房下位，花柱细长，和雄蕊皆伸出花冠外。浆果球形，熟时黑色。花期 5 ～ 7 月，果期 7 ～ 10 月。（图 3–584–1 ～ 3–584–2，见 863 页）

生境与分布 生长于山坡疏林、灌木丛、村寨、路边等处。分布于华东、中南、西南及辽宁、河北、山西、陕西、甘肃及等地。

药用部位 茎藤及叶、花蕾、果实、茎叶。

采集加工 茎藤及叶：秋、冬季采割，扎成小捆，晒干。花：当花蕾上部膨大尚未开放、呈青白色时采收最适宜，金银花采后应立即晾干或烘干。果实：秋末冬初采收，晒干。

化学成分 藤含绿原酸、异绿原酸。地上部分含马钱子苷、断马钱子苷二甲基缩醛、断马钱子苷半缩醛内酯、表断马钱子苷半缩醛内酯等。幼枝含断氧化马钱子苷。叶含木犀草素、忍冬素、异绿原酸、咖啡酸、香草酸、喜树次碱等。叶含六羟基穗花杉双黄酮、柚皮素、穗花杉双黄酮等。花含绿原酸、异绿原酸、白果醇、β – 谷甾醇、豆甾醇、α – 松油醇、牻牛儿醇、苯甲酸苄酯、丁香油酚、香荆芥酚等。

药理作用 ①花和藤对多种致病菌有一定抑制作用，叶煎剂比花煎剂作用强。②消肿抗炎。③金银花煎剂能促进白细胞的吞噬功能。④对动脉粥样硬化有降低血胆甾醇的作用。⑤能减少肠内胆固醇吸收，降低血浆中胆固醇含量。⑥对肉瘤等有明显的细胞毒作用。⑦对离体子宫有兴奋作用。

性味归经 茎藤及叶：甘，寒。归心、肺经。花：甘，寒。归肺、胃经。花蕾的蒸馏液：甘，寒。归心、脾、胃经。果实：苦、涩、微甘，凉。归心、肺经。

功能主治 茎藤及叶：清热解毒，通络。适用于温病发热，疮痈肿毒，热毒血痢，风湿热痹。

花：清热解毒。适用于温病发热，热毒血痢，痈肿疔疮，喉痹及多种感染性疾病。

花蕾的蒸馏液：清热，清暑，解毒。适用于暑热烦渴，恶心呕吐，热毒疮疖，痱子。

果实：清肠化湿。适用于肠风泄泻，赤痢。

用药警戒 茎藤及叶：脾胃虚寒、泄泻不止者禁用。

花：脾胃虚寒及气虚疮疡脓清者忌服。

果实：形寒痢下腹痛者忌用。

585. 蓝靛果 *Lonicera caerulea* L. var. *edulis* Turcz et Herd.

别名 蓝靛果、羊奶子、黑瞎子果、山茄子果、蓝果，黑瞎子食、狗奶子。

识别要点 落叶灌木。幼枝被毛，老枝红棕色，壮枝节部常有大形盘状的托叶。叶对生；叶柄极短；叶厚纸质，叶片长圆形、卵状长圆形、卵状椭圆形，稀卵形，先端尖或稍钝，基部圆形，叶缘近全缘，具纤毛，两面疏被生短毛，下面中脉毛较密，有时几无毛。花冠黄白色，筒状漏斗形外被柔毛，基部具浅囊，裂片 5；雄蕊 5，稍伸出花冠之外；花柱无毛，伸出花冠外。浆果蓝黑色，椭圆形，稍被白粉。花期 5 ～ 6 月，果期 7 ～ 8 月。（图 3–585–1 ～ 3–585–4，见 864 页）

生境与分布 生长于灌丛或落叶林下。分布于东北及内蒙古、河北、山西、宁夏、甘肃、青海、四川、云南。

药用部位 果实。

采集加工　7～8月果实成熟后采集，晒干。

化学成分　果实富含葡萄糖、山梨糖醇、柠檬酸、苹果酸酯、芸香苷、花青苷、桃叶珊瑚苷、多种黄酮、无色花青素苷、儿茶酸、烟酸、花青素、花色苷、鞣花酸等。

药理作用　①降血压，起效快，作用温和而持久，无不良反应。②对心脑血管疾病有一定疗效，防止血管破裂，对冠心病有一定疗效。③促进线粒体恢复和再生，对肝脏损伤具有一定的保护作用。④蓝靛果可明显提高小鼠耐高温、抗疲劳、耐缺氧能力。

性味归经　苦，凉。归心、肺经。

功能主治　清热解毒，散痈消肿。适用于疔疮，乳痈，肠痈，丹毒，湿热痢疾。

586. 紫花忍冬 *Lonicera maximowiczii*（Rupr.）Regel

别名　黑花秸子。

识别要点　落叶灌木，幼枝带紫褐色，有疏柔毛，后变无毛。叶纸质，卵形至卵状矩圆形或卵状披针形，稀椭圆形，边缘有睫毛。总花梗无毛或有疏毛；相邻两萼筒连合至半，果时全部连合；花冠紫红色，唇形，雄蕊略长于唇瓣，花柱全被毛。果实红色，卵圆形，顶锐尖；种子淡黄褐色，花期6～7月，果期8～9月。（图3–586–1～3–586–4，见864～865页）

生境与分布　生长于林中或林缘。分布于黑龙江、吉林、辽东半岛及山东半岛北端。

药用参考金银忍冬。

587. 长白忍冬 *Lonicera ruprechtiana* Regel

别名　扁旦胡子、王八骨头。

识别要点　小枝空心，花总梗比叶柄长，冬芽小，先端钝，鳞片无毛，子房无毛。（图3–587–1～3–587–4，见865页）

生境与分布　生长于阔叶林下或林缘。分布于东北、内蒙古、河北、山东、陕西、甘肃。

药用部位　花。

采集加工　春夏季晴天清晨露水刚干时摘取花蕾，鲜用，晾晒干或阴干。

化学成分　含胡萝卜苷、甲基莫罗忍冬苷、新橙皮糖苷。

注　东北地区作金银花入药。

588. 金银忍冬 *Lonicera maackii*（kupr）Maxim.

别名　金银木、王八骨头、木银花、金银藤、千层皮、鸡骨头、北金银花。

识别要点　落叶灌木；小枝开展，幼枝有柔毛，髓心中空。叶圆形或椭圆状卵形，两面疏生柔毛。花总梗较叶柄短，有腺毛；花腋生；萼筒钟状，中部以上齿裂；萼齿紫红色；花冠白色带紫红色，后变黄色，芳香，雄蕊与花冠裂片等长，花丝着生于花冠喉部；子房离生或基部稍合生。果实暗红色，球形。花期4～5月，果期9～10月。（图3–588–1～3–588–4，见866页）

生境与分布　生长于山坡、路旁。分布于东北、华北、华东、华中及陕西、甘肃、四川、云南北部。

药用部位 茎叶及花。

采集加工 5～6月采花，夏、秋季采茎叶，鲜用或切段晒干。

化学成分 含绿原酸、异绿原酸、黄酮类。

药理作用 ①叶对变形杆菌有明显的抗菌作用。花对绿脓杆菌等抑制作用与正品金银花相似。②能显著提高血清抗体积数水平，其治疗感染性疾病也与其调节机体免疫功能有关。③有不同程度的解热作用。④煎剂对体温升高及咽喉肿痛疗效尤为显著。

性味归经 甘、淡，寒。归肝经。

功能主治 祛风，清热，解毒。适用于感冒，咳嗽，咽喉肿痛，目赤肿痛，肺痈，乳痈，湿疮。

589. 金花忍冬 *Lonicera chrysantha* Turcz. subsp. *chrysantha*

别名 黄花忍冬。

识别要点 落叶灌木。冬芽卵状披针形。叶纸质，菱状卵形、菱状披针形、倒卵形或卵状披针形；总花梗长而直立，苞片常高出萼筒；相邻两萼筒分离；花冠先白色后变黄色，长外面疏生短糙毛，唇形，唇瓣长2～3倍于筒，筒内有短柔毛，基部有1深囊或有时囊不明显；雄蕊和花柱短于花冠，花丝中部以下有密毛，药隔上半部有短柔伏毛；花柱全被短柔毛。果实红色，圆形。花期5～6月，果熟期7～9月。（图3-589-1～3-589-2，见866页）

生境与分布 生于沟谷、林下或林缘灌丛中。分布于东北、内蒙古、河北、山西、陕西、宁夏、甘肃、青海、山东、江西、河南、湖北、四川。

药用等各项参考金银忍冬。

590. 郁香忍冬 *Lonicera fragrantissima* Lindl. et Paxt. subsp. *fragrantissima*

别名 四月红。

识别要点 半常绿或有时落叶灌木；幼枝无毛或疏被倒刚毛，毛脱落后留有小瘤状突起，老枝灰褐色。叶厚纸质或带革质，形态变异很大，顶端短尖或具凸尖，基部圆形或阔楔形。花先于叶或与叶同时开放，芳香，生于幼枝基部苞腋；苞片披针形至近条形；相邻两萼筒约连合至中部，萼檐近截形或微5裂；花冠白色或淡红色，唇形；雄蕊内藏，花丝长短不一；花柱无毛。果实鲜红色，矩圆形；种子褐色，稍扁，矩圆形。花期2月中旬～4月，果熟期4月下旬～5月。（图3-590-1～3-590-4，见867页）

生境与分布 生山坡灌丛中。

化学成分 近代研究表明，花蕾的乙醇提取物含绿原酸、咖啡酸、马钱子苷、蔗糖、肌醇、芦丁、金圣草素-7-O-β-D-葡萄糖苷。叶亦含有绿原酸。

药用等各项参考金银忍冬。

（二百七十三）接骨木属 *Sambucus* L.

药用记载 接骨木 *Sambucus williamsii* Hance、毛接骨木 *S. williamsii* Hance var. *miquelii*（Nakai）Y. C. Tang 的茎枝在《全国中草药汇编》《中药大辞典》《中华本草》中记载为接骨木；根或根皮记载为接骨木根；花记载为接骨木花；叶记载为接骨木叶。毛接骨木在《中药大辞典》中记载为马尿烧。

591. 接骨木 *Sambucus williamsii* Hance

别名 木蒴藋、续骨木、九节风、公道老、扦扦活、马尿烧、大接骨丹。

识别要点 落叶灌木或乔木。茎无棱，多分枝；枝灰褐色，无毛。单数羽状复叶对生；小叶长卵圆形或椭圆形至卵状披针形，先端渐尖，基部偏斜阔楔形，边缘具锯齿，两面无毛。顶生卵圆形至长椭圆状卵形的圆锥花序；花白色至淡黄色；花萼钟形，裂片 5，舌形；花冠合瓣，裂片 5，倒卵形；雄蕊 5，着生于花冠上，与裂片互生，短于花冠。浆果状核果近球形，黑紫色或红色。花期 4 ～ 5 月，果期 7 ～ 9 月。（图 3–591–1 ～ 3–591–4，见 867 ～ 868 页）

生境与分布 生长于林下、灌丛或平原路旁。分布于东北、华北、华中、华东，甘肃、四川、云南等地。

药用部位 茎枝、根或根皮、花、叶。

采集加工 茎枝：全年可采，鲜用或切段晒干。根或根皮：9 ～ 10 月采挖，洗净切片，鲜用或晒干。花：4 ～ 5 月采收整个花序，加热后花即脱落，除去杂质，晒干。叶：春、夏季采收，鲜用或晒干。

药理作用 接骨木煎剂灌胃对小鼠有镇痛作用，作用强度次于吗啡，优于安乃近，服药后的小鼠呈安静状态。

性味归经 茎枝：甘、苦，平。归肝经。根或根皮：苦、甘，平。花：辛，温。归肾经。叶：辛、苦，平。归肝、肾经。

功能主治 茎枝：祛风利湿，活血，止血。适用于风湿痹痛，痛风，大骨节病，急、慢性肾炎，风疹，跌打损伤，骨折肿痛，外伤出血。

根或根皮：祛风除湿，活血舒筋，利尿消肿。适用于风湿疼痛，痰饮，黄疸，跌打瘀痛，骨折肿痛，急、慢性肾炎，烫伤。

花：发汗利尿。适用于感冒，小便不利。

叶：活血，舒筋，止痛，利湿。适用于跌打骨折，筋骨疼痛，风湿疼痛，痛风，脚气，烫火伤。

用药警戒 孕妇忌服。多服令人呕吐。

（二百七十四）荚蒾属 *Viburnum* L.

药用记载 鸡树条 *Viburnum opulus* L. var. *calvescens*（Rehd.）Hara 的枝、叶在《全国中草药汇编》《中药大辞典》《中华本草》中记载为鸡树条；果实在《中药大辞典》《中华本草》中记载为鸡树条果。朝鲜荚蒾 *V. koreanum* Nakai 的嫩枝叶及果实在《中国中药资源志要》中有记载。

592. 鸡树条 *Viburnum opulus* L. var. *alvescens*（Rehd.）Hara　FOC 修订为 *Viburnum opulus* L. var. *sargentii*（Koehne）Takeda

别名　天目琼花、鸡树条子、山竹子、鸡树条荚蒾。

识别要点　落叶灌木。当年小枝有棱；树皮厚而多少呈木栓质。叶对生；叶柄粗壮，近端处有腺点，基部有 2 钻形托叶；叶圆卵形至广卵形，基部圆形、截形或浅心形，裂片先端渐尖，边缘具不整齐粗齐牙齿，中裂片伸长，侧裂片略向外开展，叶下面脉腋集聚簇生毛。复伞形聚伞花序顶生，大多周围有大型不孕的花；总花梗粗壮，无毛；能育花在中央，花萼筒倒圆锥形，萼檐 5 齿裂；花冠白色；雄蕊超出花冠，花药紫红色。核果。花期 6～7 月，果期 7～9 月。（图 3–592–1～3–592–4，见 868 页）

生境与分布　生长于溪谷边、疏林下或灌丛中。分布于东北、华北及陕西、甘肃、山东、安徽、浙江、江西、河南、湖北、四川等地。

药用部位　枝或叶、果实。

采集加工　枝或叶：夏、秋季采收嫩枝叶，鲜用或切段晒干。果实：秋季采摘；鲜用或晒干。

化学成分　茎叶含绿原酸、新绿原酸、咖啡酸、熊果酚苷、东莨菪素、折伤木二醛、D– 半乳糖醛酸、丙氨酸等 15 种氨基酸。果实含抗坏血酸、花色苷类、白花色苷类、儿茶精类、黄酮醇类、绿原酸、原果胶、β – 谷甾醇、熊果酸、新绿原酸、亚油酸、油酸、D– 木糖、L– 鼠李糖、D– 半乳糖、D– 半乳糖醛酸。

药理作用　①乙醇提取物能增强犬的血液凝固作用，并能使实验大鼠减少失血。②能使动物的心率减慢、血压下降和心肌收缩力减弱。③所含的多缩合鞣质类具有血管保护作用。④对大鼠子宫兴奋有明显解痉作用，使单侧子宫角收缩幅度下降。在整体动物，对催产素或麦角新碱所致子宫收缩有相似的抑制作用。

性味归经　枝或叶：甘、苦，平。果实：甘、苦，平。归肺经。

功能主治　枝或叶：通经活络，解毒止痒。适用于腰腿疼痛，闪腰岔气，疮疖，疥癣，皮肤瘙痒。果实：止咳。适用于咳嗽。

八十、败酱科 Valerianaceae

（二百七十五）败酱属 *Patrinia* Juss.

药用记载　败酱 *Patrinia scabiosaefolia* Fisch. ex Trev.、白花败酱 *P. uillosa*（Thunb.）Juss. 的全草在《中药大辞典》《中华本草》中记载为败酱；在《全国中草药汇编》中记载为败酱草。岩败酱 *P. rupestris*（Pall.）Juss. 的全草在《全国中草药汇编》《中药大辞典》《中华本草》中记载为岩败酱。糙叶败酱 *P. scabra* Juss. subsp. *scabra*（Bunge）H. J. Wang、墓头回 *P. heterophylla* Bunge 的根在《全国中草药汇编》《中药大辞典》《中华本草》中记载为墓头回。

593. 败酱 *Patrinia scabiosaefolia* Fisch. ex Trev.

别名 黄花龙牙、苦菜、野黄花、麻鸡婆、将军草、黄花草、鸡肠子草。

识别要点 多年生草本。地下根茎细长，横卧生，有特殖臭气。基生叶丛生，有长柄，花时叶枯落；茎生叶对生；叶片 2 ～ 3 对羽状深裂，叶缘有粗锯齿，两面疏被粗毛或无毛。聚伞状圆锥花序集成疏而大的伞房状花序，腋生或顶生；总花梗常相对两侧或仅一侧被粗毛，花萼短，萼齿 5，不明显；花冠黄色，上部 5 裂，冠筒短，内侧具白色长毛；雄蕊 4。瘦果椭圆形。花期 7 ～ 9 月，果期 9 ～ 10 月。（图 3–593–1 ～ 3–593–3，见 869 页）

生境与分布 生长于山坡沟谷灌丛边、林缘草地或湿草地。分布于东北、华北、华东、华南以及四川、贵州。

药用部位 全草。

采集加工 夏、秋季采挖，洗净，晒干。

化学成分 根、根茎含败酱皂苷、多种糖苷、齐墩果酸、常春藤皂苷元、东莨菪素、马栗树皮素。种子含硫酸败酱皂苷、齐墩果酸 – 吡喃鼠李糖基 – 吡喃阿拉伯糖苷、熊果酸 – 吡喃葡萄糖基 – 吡喃阿拉伯糖苷、齐墩果酸 – 吡喃葡萄糖基 – 吡喃阿拉伯糖基。

药理作用 ①有明显镇静作用，且能增强戊巴比妥钠的催眠作用。②有促进肝细胞再生、防止肝细胞变性的作用。③对人子宫颈癌细胞的抑制率为 100%，对正常细胞则反有促进增殖的作用。④败酱根的热水提取物腹腔注射给荷瘤小鼠，抑制癌细胞生长率为 57.4%。

性味归经 辛、苦，微寒。归胃、大肠、肝经。

功能主治 清热解毒，活血排脓。适用于肠痈，肺痈，痈肿，痢疾，产后瘀滞腹痛。

用药警戒 久病胃虚脾弱，泄泻不食之症，一切虚寒下脱之疾，咸忌之。

594. 岩败酱 *Patrinia rupestris*（Pall.）Juss.

别名 败酱草。

识别要点 多年生草本。根状茎稍斜升，顶端不分枝，有浓烈臭酱气味。茎多数丛生，连同花序梗被短糙毛。基生叶有柄；茎生叶对生；叶长圆形或椭圆形，羽状深裂至全裂。密花聚伞花序顶生，轴、梗均被粗白毛和腺毛；花萼小，萼齿 5；花冠黄色，漏斗状，雄蕊 4，长于花冠；子房下位，圆柱状。瘦果小，倒卵圆柱状，背部贴生椭圆形的大膜质苞片。花期 7 ～ 9 月，果期 8 ～ 9 月。（图 3–594–1 ～ 3–594–4，见 869 ～ 870 页）

生境与分布 生长于干燥山坡。分布于东北及内蒙古、河北、山西等地。

药用部位 全草。

采集加工 夏季采收，切段，晒干。

化学成分 全草含咖啡酸、绿原酸、山柰酚、槲皮素、芸香苷。

药理作用 岩败酱煎剂在试管内对金黄色葡萄球菌和白色葡萄球菌有不同程度的抑制作用，而对大肠杆菌、绿脓杆菌和痢疾杆菌无抗菌作用。

性味归经 辛、苦，寒。归肝经。

功能主治 清热解毒，活血，排脓。适用于痢疾，泄泻，黄疸，肠痈。

595. 糙叶败酱 *Patrinia scabra* Juss. subsp. *scabra*（Bunge）H. J. Wang

别名 鸡粪草、箭头风、臭罐子、脚汗草。

识别要点 多年生草本。根茎粗短；根粗壮圆柱形。具特异臭气。数茎丛生，茎被细短毛。基生叶倒披针形，2～4 羽状浅裂，开花时枯萎；茎生叶对生；叶片厚革质，狭卵形至披针形，羽状深裂至全裂，全缘或偶有齿，两面被毛，上面常粗糙。圆锥聚伞花序；花萼 5，不明显；花冠筒状；雄蕊 4；子房下位。瘦果长圆柱形，苞片常带紫色。花期 7～9 月，果期 8～9 月。（图 3–594–5～3–595–3，见 870 页）

生境与分布 生长于向阳山坡。分布于东北、华北等地。

药用部位 根。

采集加工 秋季采挖，除去茎叶、杂质，洗净，鲜用或晒干。

化学成分 根及根茎含 β－丁香烯、α－葎草烯、ζ－荜澄茄醇、β－芹子烯、α－古芸烯、β－古芸烯、正十六烷、石竹烯。

药理作用 ①对癌细胞有破坏和抑制作用。②可显著延长小鼠戊巴比妥钠的睡眠时间，也增加阈下剂量戊巴比妥钠的小鼠入睡率。

性味归经 苦、微酸、涩，凉。归心、肝经。

功能主治 燥湿止带，收敛止血，清热解毒。适用于赤白带下，崩漏，泄泻痢疾，黄疸，疟疾，肠痈，疮疡肿毒，跌打损伤，子宫颈癌，胃癌。

596. 墓头回 *Patrinia heterophylla* Bunge

别名 异叶败酱、追风箭、脚汗草、铜班道、虎牙草、摆子草。

识别要点 多年生草本，根状茎横走，黄白色，无粗根，有少数须根，具特异臭气。基生叶丛生，叶片卵形或 3 裂，有长柄；茎生叶多变，由 3 全裂至羽状全裂，先端裂片最大。花黄色，组成顶生伞房状聚伞花序，被短糙毛或微糙毛；萼齿 5，花冠钟形，冠筒基部一侧具浅囊肿，裂片 5，卵形或卵状椭圆形，雄蕊 4 伸出，花药长圆形，子房倒卵形或长圆形，花柱柱头盾状或截头状。瘦果长圆形或倒卵形。花期 7～9 月，果期 8～10 月。（图 3–596–1～3–596–5，见 870～871 页）

生境与分布 生长于较干燥的山坡上。分布于除西藏、青海、新疆外的各省区。

药用部位 根。

采集加工 秋季采挖，除去茎叶、杂质，洗净，鲜用或晒干。

化学成分 根含异戊酸、倍半萜烯类、倍半萜醇类、单萜烯类、α－和 β－蒎烯、柠檬烯、γ－和 ξ－榄香烯、龙脑、β－橄榄烯、β－愈创木烯、ξ－荜澄茄烯。

药理作用 ①抗肿瘤。②镇静，可显著延长小鼠戊巴比妥钠的睡眠时间。

性味归经 苦、微酸、涩，凉。归心、肝经。

功能主治 燥湿止带，收敛止血，清热解毒，败毒抗癌。适用于赤白带下，崩漏，泄泻痢疾，黄疸，疟疾，肠痈，疮疡肿毒，跌打损伤，子宫颈癌，胃癌。

（二百七十六）缬草属 *Valeriana* L.

药用记载　缬草 *Valeriana officinalis* L.、黑水缬草 *Valeriana amurensis* Smir. ex Kom.、宽叶缬草 *Valeriana officinalis* L. var. *latifolia* Miq. 的根、根茎在《全国中草药汇编》《中药大辞典》《中华本草》中记载为缬草。

597. 缬草 *Valeriana officinalis* L.

别名　欧缬草、拔地麻、媳妇菜、香草、满山香、珍珠香、满坡香、小救驾、鹿子草、臭草、珠勒根－呼吉（蒙名）。

识别要点　多年生高大草本。根茎粗短呈头状，须根簇生，有香气。茎中空，有粗纵棱，被长粗毛。匍枝叶、基出叶和基部叶在花期常凋萎。茎生叶对生，卵形至宽卵形，羽状深裂；中央裂片与两侧裂片同形同大，全缘或有疏锯齿。花序顶生；苞片羽裂；小苞片条形；花萼内卷；花冠淡紫红色或白色，上部稍宽；雄蕊 3，伸出花冠外；子房下位。瘦果长卵形，基部近平截，顶端有宿萼多条，羽毛状。花期 5 ～ 7 月，果期 6 ～ 10 月。（图 3-597-1 ～ 3-597-4，见 871 ～ 872 页）

生境与分布　生长于山坡草地、林下、沟边。分布于全国各地。

药用部位　根及根茎。

采集加工　9 ～ 10 月间采挖，去掉茎叶及泥土，晒干。

化学成分　根含 α－蒎烯、β－蒎烯、乙醇龙脑酯、异戊酸龙脑酯、丁香烯、隐日缬草酮醇、橄榄醇、1－桃金娘醇、异戊酸 1－桃金娘酯、缬草萜酮、β－谷甾醇、松油醇、乙酸阔叶缬草醇酯、阔叶缬草甘醇、α－小茴香烯、月桂烯、水芹烯、γ－松油烯、异松油烯、佛术烯、别香橙烯、荜澄茄烯、缬草萘烯醇、缬草萜烯醇酸、橙皮酸、山萮酸、姜黄烯、喇叭醇、芹子烯、紫罗兰酮、广藿香醇、缬草苦苷、缬草碱、缬草根碱、猕猴桃碱等。

药理作用　①有镇静作用，能加强大脑皮层的抑制过程。②能升高体温，能增强安替匹林的解热作用。③有降低血压的作用。④总生物碱有抗菌作用，特别是对革兰阳性菌效力较好。⑤有某些抗利尿作用。

性味归经　辛、苦，温。归心、肝经。

功能主治　宁心安神。适用于心神不安，心悸失眠，癫狂，脏躁，风湿痹痛，痛经，经闭，跌打损伤。

用药警戒　体弱阴虚者慎用。

598. 宽叶缬草 *Valeriana officinalis* L. var. *latifolia* Miq.

别名　拔地麻。

识别要点　缬草的变种，其区别在于叶裂片较宽，中裂片较大，裂片为具锯齿的宽卵形，裂片数较缬草为少，通常 5 ～ 7 枚。花期 5 ～ 7 月，果期 6 ～ 10 月。（图 3–598–1 ～ 3–598–2，见 872 页）

生境与分布 生长于林下或沟边。分布于我国东北至西南等省区。

药用等项与缬草相同。

599. 黑水缬草 *Valeriana amurensis* Smir. ex Kom.

别名 满山香、五里香。

识别要点 多年生草本。根状茎细长有毛气，不规则块状。茎上部具有柄的腺毛。叶对生，奇数羽状分裂；茎出叶具糙毛；中央裂片最大，宽卵形，常与上部第 1 对小叶合生或密接，先端圆钝，基部楔形或广楔形；边缘粗大牙齿状。多歧聚伞花序顶生；花梗被腺毛和粗毛；小苞片羽状全裂至条状，均具腺毛；花萼内卷；花冠淡红色，漏斗状，5 裂；雄蕊 3；子房下位。瘦果窄三角卵形，先端有毛状宿萼。花期 6 ～ 7，果期 7 ～ 8 月。（图 3–599–1 ～ 3–599–4，见 872 ～ 873 页）

生境与分布 生长于山坡草甸或落叶松和桦木林下。分布于东北。

药用等各项与缬草相同。

八十一、川续断科 Dipsacaceae

（二百七十七）蓝盆花属 Scabiosa L.

药用记载 华北蓝盆花 *Scabiosa tschiliensis* Grun. 的花序在《全国中草药汇编》中记载为山萝卜；在《中药大辞典》《中华本草》中记载为蒙古山萝卜；在《中华本草·蒙药卷》中记载为陶森 – 陶日莫。

600. 华北蓝盆花 *Scabiosa tschiliensis* Grun.

别名 山萝卜、蒙古山萝卜、陶森 – 陶日莫（蒙名）。

识别要点 多年生草本，茎自基部分枝，具白色卷伏毛。根粗壮，木质。基生叶簇生，叶片卵状披针形或窄卵形至椭圆形，先端急尖或钝，有疏钝锯齿或浅裂片，偶成深裂；茎生叶对生，羽状深裂至全裂，侧裂片披针形，近上部叶羽状全裂，裂片条状披针形。头状花序在茎上部成三出聚伞状，花时扁球形；边花花冠二唇形，蓝紫色；中央花筒状，筒部长约 2mm，裂片 5，近等长；雄蕊 4，花开时伸出花冠筒外；花药长圆形，紫色；花柱细长，伸出花外。瘦果椭圆形。花期 7 ～ 8 月，果熟期 8 ～ 9 月。（图 3–600–1 ～ 3–600–2，见 873 页）

生境与分布 生长于山坡草地或荒坡上。分布于东北、内蒙古、河北、山西、陕西、甘肃东部、宁夏南部。

药用部位 花序。

采集加工 7 ～ 8 月采收，摘取刚开放的花朵，阴干。

化学成分　花含熊果酸、芹菜素、大波斯菊苷、野漆树苷、木犀草素 –7–O– 葡萄糖苷、葡萄糖。地上部分含伞形花内酯金合欢醚、香柑内酯、黄酮化合物。

药理作用　①本品所含总黄酮对家兔有显著解热作用。②有镇静作用。③有一定的抗炎作用。④所含芹菜素对 ADP 诱导的血小板聚集有显著抑制作用。

性味归经　甘、微苦，凉。归肺、肝经。

功能主治　清热，清“协日”。适用于肺热，咽喉肿痛，肝火头痛，目赤，湿热黄疸。

601. 窄叶蓝盆花 *Scabiosa comosa* Fisch. ex Roem. et Schult.

别名　乌赫日音 – 叔鲁苏 – 乌布斯（蒙名）。

识别要点　多年生草本。茎自基部分枝，具白色卷伏毛。基生叶簇生，有疏钝锯齿；茎生叶对生，羽状深裂至全裂。头状花序，具长柄。边花二唇形，蓝紫色；中央花筒状，裂片 5，近等长。瘦果椭圆形。花期 7 ～ 9 月，果期 9 ～ 10 月。（图 3–601–1 ～ 3–601–3，见 873 页）

生境与分布　生长于砂质草原、山坡、林缘、灌木丛中。分布于东北、河北、山西、陕西、甘肃、宁夏等地。

药用部位　花序。

采集加工　6 ～ 8 月采收头状花序，阴干。

化学成分　花含熊果酸、芹菜素、大波斯菊苷、野漆树苷、木犀草素 –7–O– 葡萄糖苷、葡萄糖。地上部分含伞形花内酯金合欢醚、香柑内酯。

药理作用　①有显著解热作用。②总黄酮能显著加强阈下剂量的戊巴妥钠和水合氯醛对小鼠的催眠作用。③有抗炎作用。④对血小板聚集有显著抑制作用。⑤能激活小鼠腹腔巨噬细胞的酸性磷酸酶活性，有稳定溶酶体的作用。

性味归经　中药：甘、涩，凉。归肺、肝经。蒙药：效钝、燥、腻、重。

功能主治　清热，解毒。适用于肺热，肝热，咽喉肿痛。

八十二、桔梗科 Campanulaceae

（二百七十八）沙参属 *Adenophora* Fisch.

药用记载　轮叶沙参 *Adenophora tetraphylla*（Thunb.）Fisch. 的根在《中国药典》《中药大辞典》中记载为南沙参；在《全国中草药汇编》《中华本草》中记载为沙参。长柱沙参 *A. stenanthina*（Ledeb.）Kitagawa 在《全国中草药汇编》中记载为沙参。荠苨 *A. trachelioides* Maxim.、薄叶荠苨 *A. remotiflora*（Sieb. et Zucc.）Miq. 的根在《中药大辞典》《中华本草》中记载为荠苨；其苗叶在《中药大辞典》中记载为荠苨苗。

602. 轮叶沙参 *Adenophora tetraphylla*（Thunb.）Fisch.

别名 四叶沙参、南沙参、泡参、泡沙参、羊婆奶、铃儿参、沙獭子。

识别要点 多年生草本。主根粗肥，长圆锥形或圆柱状，黄褐色，粗糙，具横纹，顶端有芦头。茎常单生，少有丛生，除花序外不分枝，无毛。基生叶成丛，卵形、长椭圆形或近圆形；茎生叶常4片轮生，偶有5～6片轮生，外形变化很大，由卵形、披针形至条形，边缘有粗锯齿、细锯齿至全缘，叶越宽齿越粗。夏季开花，花序圆锥状，下部花枝轮生，顶部花枝有时互生；花萼光滑而小，杯状，先端5裂，裂片条状；花冠蓝色，窄钟形，先端5浅裂；雄蕊5；雌蕊1，下部具肉质花盘，花柱细长，突出花冠外，柱头2裂。蒴果球形而稍扁。花期7～9月。（图3-602-1～3-602-4，见875页）

生境与分布 生长于草地或灌木丛中。分布于东北、华北、华东、西南及华南。

药用部位 根。

采集加工 秋季刨采，除去地上部分及须根，刮去粗皮，即时晒干。

化学成分 根含 β－谷甾醇、β－谷甾醇－β－D－吡喃葡萄糖苷、蒲公英赛酮、二十八碳酸。

药理作用 ①煎液可提高机体细胞免疫和非特异性免疫，抑制体液免疫。具有调节免疫平衡的功能，也可提高淋巴细胞转换率。②煎剂具有一定的祛痰作用。③在试管内对皮肤真菌有不同程度的抑制作用。④浸剂对离体蟾蜍心脏具有明显强心作用，离体心脏振幅增大。

性味归经 甘、微苦，微寒。归肺、胃经。

功能主治 养阴清热，润肺化痰，益胃生津。适用于阴虚久咳，痨嗽痰血，燥咳痰少，虚热喉痹，津伤口渴。

用药警戒 风寒咳嗽者禁服。恶防己，反藜芦。

603. 长柱沙参 *Adenophora stenanthina*（Ledeb.）Kitagawa

别名 沙参。

识别要点 多年生草本，有白色乳汁，常密生短毛。根近圆柱形。茎叶互生，无柄，条形，全缘或有疏齿，有时狭椭圆形，缘有不整齐的牙齿，两面有短毛。圆锥花序顶生，花下垂，花萼无毛，裂片5，花冠蓝紫色，钟状，无毛，5浅裂，雄蕊5，花盘圆筒状，花柱伸出。蒴果。花期7～8月。（图3-603-1～3-603-3，见875～876页）

生境与分布 生长于山地草坡或灌木丛中。分布于东北、内蒙古、河北、山西、陕西、甘肃、青海等省区。

药用等各项与轮叶沙参相同。

604. 长白沙参 *Adenophora pereskiifolia*（Fisch. ex Roem. et Schult.）G. Don

别名 山胡萝卜。

识别要点 多年生草本。根胡萝卜状。茎单生，不分枝，无毛；基生叶早枯萎，大部分叶几乎互生；叶片多为椭圆形；花序狭金字塔状，其分枝（聚伞花序）互生；花萼外面有或无乳头状凸起；裂片披针形至条状披针形；花冠漏斗状钟形，蓝紫色或蓝色；裂片宽三角形；花盘环状至短筒状；花柱多少伸出花冠。蒴果卵状椭圆形。种子棕色，稍扁。花期 7 ～ 8 月。（图 3–604–1 ～ 3–604–2，见 876 页）

生境与分布 生长在林下草地、林缘及草甸中。分布于东北、内蒙古。

药用等各项参考轮叶沙参。

605. 狭叶沙参 *Adenophora gmelinii*（Spreng.）Fisch.

别名 厚叶沙参、柳叶沙参、那日干 – 哄呼 – 其其格（蒙名）、那日汗 – 洪呼 – 其其格（蒙名）。

识别要点 多年生草本。茎生叶互生，完全无柄，多为条形，全缘或疏具齿。花序常为狭圆锥状；花冠蓝紫色或淡紫色，漏斗状钟形；花萼裂片较大，无毛，全缘，直立不反折；花柱稍短于花冠。蒴果椭圆状。种子椭圆状，黄棕色。花期 7 ～ 9 月，果期 8 ～ 10 月。（图 3–605–1 ～ 3–605–3，见 876 ～ 877 页）

生境与分布 生长于草甸草原、山坡草地或林缘。分布于东北、内蒙古、山西、河北。

药用等各项参考轮叶沙参。

606. 展枝沙参 *Adenophora divaricata* Franch. et Sav.

别名 四叶菜、沙参。

识别要点 多年生草本。具白色乳汁，根胡萝卜状。茎直立，无毛或具疏柔毛；茎生叶 3 ～ 4 片轮生，叶边缘具锐锯齿，基生叶早枯。圆锥花序塔形，分枝、花下垂；花冠蓝紫色，钟状；花柱与花冠近等长。蒴果。花期 7 ～ 8 月，果期 9 ～ 10 月。（图 3–606–1 ～ 3–606–4，见 877 页）

生境与分布 生长于山地草甸及林缘。分布于东北、华北。

药用等各项参考轮叶沙参。

607. 扫帚沙参 *Adenophora stenophylla* Hemsl.

别名 细叶沙参、蒙古沙参。

识别要点 茎生叶完全互生，叶片狭线形至长椭圆线形。花萼裂片窄，条状披针形或狭钻形，彼此不重叠，边缘多少有齿；花冠钟形，花柱稍短于花冠，花盘短筒状。蒴果椭圆状至长椭圆状。种子椭圆状，棕黄色。花期 7 ～ 9 月，果期 9 月。（图 3–607–1 ～ 3–607–4，见 877 ～ 878 页）

生境与分布 生长于山坡草地、较干旱草甸草原。分布于东北、内蒙古。

药用等各项参考轮叶沙参。

608. 荠苨 *Adenophora trachelioides* Maxim.

别名 星叶沙参、杏叶菜、老母鸡肉、蔗苨、甜桔梗、空沙参、梅参、长叶沙参。

识别要点 多年生草本。全株无毛。茎单生，具白色乳汁。基生叶心脏肾形、茎生叶完全互生，全部具柄，叶片基部心形，边缘单锯齿或重锯齿。花序分枝长而几乎平展，大圆锥花序或狭圆锥花序，花小；花萼筒部倒三角状锥形，5 裂，裂片全缘；花冠钟状，蓝色、蓝紫色或白色，5 裂，裂片宽三角状半圆形；花盘筒状，上下等粗或向上渐细；花柱与花冠近等长。蒴果卵状圆锥形。花期 7 ～ 9 月。

（图 3–608–1 ～ 3–608–3，见 878 页）

生境与分布 生长于山坡草地或林缘。分布于东北、河北、山东、江苏、安徽、浙江。

药用部位 根、苗叶。

采集加工 根：春季采挖，除去茎叶，洗净，晒干。苗叶：春季采集，晒干。

性味归经 根：甘，寒。归肺、脾经。苗叶：甘，苦，寒，无毒。归肺经。

功能主治 根：润燥化痰，清热解毒。适用于肺燥咳嗽，咽喉肿痛，消渴，疔痈疮毒，药物中毒。苗叶：润肺。适用于腹脏风壅，咳嗽上气。

609. 薄叶荠苨 *Adenophora remotiflora*（Sieb. et Zucc.）Miq.

别名 苨、菧苨、甜桔梗、土桔梗、空沙参、梅参、长叶沙参。

识别要点 多年生草本，全株近平滑。根肉质粗壮，多为长圆柱形。茎直立，稀稍呈“之”字形弯曲。叶互生，叶片质薄，茎生叶基部截形，叶缘具锐锯齿或牙齿状的重锯齿。花序顶生，总状或狭圆锥状；花疏生，苞小形；萼筒倒卵状圆锥形至广倒卵形，裂片 5，全缘，花期不反折；花冠广钟形，淡蓝紫色，无毛，五浅裂；雄蕊 5；花柱常短于花冠或稍稍超出；花盘筒状。蒴果。花期 7 ～ 8 月，果期 9 ～ 10 月。（图 3–609–1 ～ 3–609–2，见 878 ～ 879 页）

生境与分布 生长于林缘、林下或草地。分布于东北。

药用等与荠苨相同。

610. 松叶沙参 *Adenophora pinifolia* Kitagawa

别名 苨、菧苨、甜桔梗、土桔梗、空沙参、梅参、长叶沙参。

识别要点 多年生草本，全株近平滑。根肉质粗壮，多为长圆柱形。茎生叶无柄而呈松叶状。圆锥花序。花萼无毛，筒部倒圆锥状，花冠钟状，花盘无毛。蒴果。花期 7 ～ 8 月，果期 9 ～ 10 月。（图 3–610–1 ～ 3–610–4，见 879 页）

生境与分布 生长于干旱草地。分布于黑龙江。

药用等参考轮叶沙参。

（二百七十九）风铃草属 *Campanula* L.

药用记载 聚花风铃草 *Campanula glomerata* L. 的全草在《全国中草药汇编》《中华本草》中记载为聚花风铃草。紫斑风铃草 *C. puncatata* Lam. 在《东北药用植物》中记载为独叶灵。

611. 聚花风铃草 *Campanula glomerata* L.

别名 灯笼花。

识别要点 多年生草生。茎直立。下部的茎生叶具长柄，上部的无柄，椭圆形、长卵形至卵状披针形，全部叶的边缘均有尖锯齿，茎叶几乎无毛或疏生白色硬毛或密被白绒毛。花数朵集成头状花序，无花梗或近无梗，每朵花下有 1 枚大小不等的苞片，在头状花序中间的花先开；花萼裂片钻形；花冠紫色、蓝紫色或蓝色，管状钟形，5 裂至中部。蒴果倒卵状锥形。种子长圆状。花期 7 ～ 9 月。（图 3-611-1 ～ 3-611-3，见 879 ～ 880 页）

生境与分布 生长于草地及灌丛中。分布于东北及内蒙古东北部。

药用部位 全草。

采集加工 7 ～ 9 月采收，洗净，晒干。

性味归经 苦，凉。归肺经。

功能主治 清热解毒。适用于咽喉肿痛，头痛。

附注 黑龙江东部产的植株密被白毛的为白毛风铃草（毛聚花风铃草）*Campanula glomerata* L. var. *salviifolia* Wallr，药用价值与聚花风铃草相同。

612. 紫斑风铃草 *Campanula puncatata* Lam.

别名 灯笼花、吊钟花、独叶灵。

识别要点 多年生草本，全体被刚毛，具细长而横走的根状茎，茎直立，粗壮，通常在上部分枝。基生叶具长柄，叶片心状卵形；茎生叶下部有带翅的长柄，上部的无柄，三角状卵形至披针形，边缘有不整齐钝齿。花顶生，下垂，花冠筒状钟形，多白色，带紫斑，稀有淡紫色。蒴果半球状倒锥形，脉明显。花期 6 ～ 9 月。（图 3-612-1 ～ 3-612-4，见 880 页）

生境与分布 生长于山地林中、灌丛及草地。分布于东北、华北、陕西、甘肃、河南、湖北、四川。

药用等各项参考聚花风铃草。

（二百八十）党参属 *Codonopsis* Wall.

药用记载 党参 *Codonopsis pilosula*（Franch.）Nannf. 在《中国药典》《中药大辞典》《中华本草》中记载为党参。轮叶党参 *C. lanceolata*（Sieb. et. Zucc.）Tratn. 在《中药大辞典》《中华本草》中记载为山海螺，在《全国中草药汇编》《中药大辞典》中记载为四叶参。

613. 党参 *Codonopsis pilosula*（Franch.）Nannf.

别名 三叶菜、上党人参、防风党参、黄参、防党参、上党参、狮头参、中灵草。

识别要点 多年生草本。根长圆柱形，有一膨大的根头，具多数瘤状的茎痕，外皮乳黄色至淡灰棕色，有纵横皱纹。茎缠绕，长而多分枝。叶对生、互生或假轮生，叶片卵形至广卵形，全缘或微波状，上面绿色，被粗伏毛，下面粉绿色，被疏柔毛。花单生，花梗细；花萼绿色，裂片 5；花冠阔钟形，淡黄绿，有淡紫堇色斑点，先端 5 裂，直立；雄蕊 5；子房下位，花柱短。蒴果圆锥形，有宿存萼。种子小，卵形。花期 8 ～ 9 月，果期 9 ～ 10 月。（图 3-613-1 ～ 3-613-4，见 880 ～ 881 页）

生境与分布 生长于山地灌木丛中及林缘。分布于东北、华北及陕西、宁夏、甘肃、青海、河南、四川、云南、西藏等地。

药用部位 根。

采集加工 秋季采挖，除去地上部分，洗净泥土，晒至半干，用手或木板搓揉，使皮部与木质部贴紧，饱满柔软，然后再晒再搓，反复3～4次，最后晒干即成。

化学成分 根含多糖、丁香苷、正己基-β-D-吡喃葡萄糖苷、乙基-α-D-呋喃果糖苷、党参苷Ⅰ、胆碱、黑麦草碱、脲基甲酸正丁酯、烟酸、多种氨基酸、蒲公英赛醇、乙酸蒲公英甾醇酯、无羁萜、α-菠菜甾醇-β-D-葡萄糖苷、豆甾烯醇、豆甾醇、豆甾醇葡萄糖苷、α-菠菜甾酮、龙脑、ξ-愈创木烯、α-姜黄烯、棕榈酸及铁、铜、钴、锰、锌、镍、锶、铝、钒、氟等无机元素。

药理作用 ①党参煎剂对学习记忆有改善作用。②党参对小鼠自发活动有抑制作用。③对小鼠有协同小剂量氯丙嗪的镇静作用，但拮抗大剂量氯丙嗪的中枢抑制作用。④有明显抑制血栓形成作用。⑤党参不仅可降低机体的氧耗量，还可增加供氧。⑥对垂体所致的急性心肌缺血有一定的保护作用。⑦可使微循环障碍的家兔恢复正常。⑧对应激型胃溃疡有非常明显的抑制作用，可明显降低无水乙醇对胃黏膜的损伤。⑨党参及其多糖可使巨噬细胞的数量增加，细胞体积增大，吞噬能力增强。⑩党参能使红细胞及血色素增加对垂体-肾上腺皮质系统有兴奋和调节作用。

性味归经 甘，平。归脾、肺经。

功能主治 健脾补肺，益气生津。适用于脾胃虚弱，食少便溏，四肢乏力，肺虚喘咳，气短自汗，气微两亏诸证。

用药警戒 实证、热证者禁服，正虚邪实证者不宜单独应用。

614. 羊乳 *Codonopsis lanceolata*（Sieb. et. Zucc.）Tratn.

别名 山胡萝卜、羊奶参、四叶参、白蟒肉、山海螺、土党参。

识别要点 多年生蔓生草本，全株无毛，富含白色乳汁，具特殊腥臭味。根粗壮，倒卵状纺锤形。茎攀缘细长，无毛，带紫色。叶在茎上的互生，在枝上的通常2～4片簇生，近于轮生状，长圆状披针形、披针形至椭圆形，全缘或稍有疏生的微波状齿，两面无毛。花单生或成对生于枝顶，萼筒5裂，花冠外面乳白色、内面深紫色，钟形，浅5裂，雄蕊5，子房半下位，花柱短，柱头3裂。蒴果圆锥形，有宿萼。花期8～10月。（图3-614-1～3-614-3，见881页）

生境与分布 生长于山地林缘、林下、灌木丛及溪谷。分布于东北、华北、华东和中南。

药用部位 根。

采集加工 秋季霜后或春季萌芽前采挖，洗净，刮皮，鲜用或切片晒干。

化学成分 根含羊乳皂苷A、B、C。

药理作用 ①有抗疲劳作用，且作用比党参强。②有抑制机体衰老作用。③对红细胞及血红蛋白有明显的增加作用，对白细胞则有明显的降低作用。但剂量增大反而没有作用。④可使血压下降，呼吸兴奋，并能消除肾上腺素的升压作用。⑤有明显升高血糖的作用。⑥有止咳作用，但无祛痰及平喘作用。在试管内对肺炎球菌等有一定的抑制作用。

性味归经 甘、辛，平。归脾、肺经。

功能主治 益气养阴，解毒消肿，排脓，通乳。适用于神疲乏力，头晕头痛，肺痈，乳痈，疮疖肿毒，喉蛾，瘰疬，产后乳少，白带异常，毒蛇咬伤。

用药警戒 外感初起无汗者慎用。反藜芦。

（二百八十一）半边莲属 *Lobelia* L.

药用记载 山梗菜 *Lobelia sessilifolia* Lamb. 的根或带根全草在《全国中草药汇编》《中药大辞典》《中华本草》中记载为山梗菜。

615. 山梗菜 *Lobelia sessilifolia* Lamb.

别名 半边莲、水苋菜、苦菜、节节花、大种半边莲、水折菜、天竹七、对节白、水杨柳。

识别要点 多年生草本。根状茎直立，生多数须根。茎圆柱状，通常不分枝，无毛。叶螺旋状排列，在茎的中上部，较密集，无柄，叶片厚纸质，两面无毛，边缘有细锯齿。总状花序顶生，无毛；苞片叶状，窄披针形，比花短；花萼筒杯状钟形；花冠蓝紫色，近二唇形，外面无毛，内面具长柔毛，上唇 2 裂长匙形，下唇 3 裂片椭圆形，裂片边缘密被睫毛；雄蕊在基部以上连合成筒。蒴果倒卵形。种子近半圆形，棕红色。花、果期 7 ～ 9 月。（图 3–615–1 ～ 3–615–2，见 882 页）

生境与分布 生长于平原或山坡湿草地。分布于东北及河北、山东、浙江、台湾、广西、云南等地。

药用部位 根或带根全草。

采集加工 夏、秋季采收，洗净，鲜用或晒干。

化学成分 全草含山梗菜碱、山梗菜聚糖、熊果酸、二十九烷、三十烷酸。

药理作用 ①能兴奋颈动脉体化学感受器，反射性地使呼吸加深加快，剂量较大，则直接兴奋呼吸中枢。②能兴奋延脑的迷走中枢（引起心慢）、呕吐中枢，对神经节先兴奋后麻痹，对横纹肌有箭毒样作用，可使肾上腺分泌肾上腺素。③小量有祛痰作用。

性味归经 辛，平，小毒。归肺、肾经。

功能主治 祛痰止咳，利尿消肿，清热解毒。适用于感冒发热，咳嗽痰喘，肝硬腹水，痈疽疔毒，蛇咬伤。

（二百八十二）桔梗属 *Platycodon* A. DC.

药用记载 桔梗 *Platycodon grandiflorus*（Jacq.）A. DC. 的根在《中国药典》《中华本草》《中药大辞典》中记载为桔梗。

616. 桔梗 *Platycodon grandiflorus*（Jacq.）A. DC.

别名 包袱花、铃当花、道拉基。

识别要点 多年生草本，全株有白色乳汁。主根长纺锤形，少分枝。茎无毛，通常不分枝或上部稍分枝。叶 3 ～ 4 片轮生、对生或互生，无柄或有极短的柄；叶片卵形至披针形，先端尖，基部楔形，边缘有尖锯齿，下面被白粉。花 1 朵至数朵单生茎顶或集成疏总状花序；花萼钟状，裂片 5；花冠阔钟状，蓝色或蓝紫色，裂片 5，三角形；雄蕊 5，花丝基部变宽，花柱 5 裂。蒴果倒卵圆形，顶部 5 瓣裂。种子多数，褐色。花期 7 ～ 9 月，果期 8 ～ 10 月。（图 3–616–1 ～ 3–616–4，见 882 页）

生境与分布 生长于山地草坡、林缘。分布于全国各地区。

药用部位 根。

采集加工 秋季采挖，割去茎叶，挖出全根，洗净泥土，趁鲜刮去外皮，放清水中浸 2 ～ 3 小时，捞起，晒干；或去芦切片，晒干。

化学成分 根含桔梗皂苷、去芹菜糖基桔梗皂苷、桔梗皂苷元、远志酸、桔梗酸、白桦脂醇、α－菠菜甾醇、α－菠菜甾醇－β－D－葡萄糖苷等。

药理作用 ①有镇咳作用。②可使血糖下降。③有抑制大鼠胃液分泌和抗消化性溃疡作用。④有抗炎效果。水提取物可增强巨噬细胞吞噬功能，增强中性白细胞的杀菌力。提高溶菌酶的活性。⑤粗制桔梗皂苷静脉注射，可见暂时性血压下降、心率减慢和呼吸抑制。⑥可增加胆固醇和胆酸的排泄，还有抗乙酰胆碱和抗组胺作用，能抑制乙酰胆碱与组胺引起的离体豚鼠回肠收缩。⑦所含桦木醇对大鼠有抗肿瘤活性。

性味归经 苦、辛，平。归肺、胃经。

功能主治 宣肺，利咽，祛痰，排脓。适用于咳嗽痰多，胸闷不畅，咽喉肿痛，音哑，肺痈吐脓，疮疡脓成不溃，痢疾腹痛，小便不利。

用药警戒 阴虚久嗽、气逆及咯血者忌服。

八十三、菊科 Compositae

（二百八十三）泽兰属 *Eupatorium* L.

药用记载 林泽兰 *Eupatorium lindleyanum* DC. 的全草在《中华本草》中记载为野马追。轮叶泽兰 *E. lindleyanum* DC. var. *trifoliatum* Makino 的全草在《中药大辞典》《全国中草药汇编》中记载为野马追。飞机草 *Eupatorium odoratum* L. 的全草在《全国中草药汇编》《中药大辞典》《中华本草》中记载为飞机草。

617. 林泽兰 *Eupatorium lindleyanum* DC.

别名 尖佩兰、白鼓钉、化食草、毛泽兰、轮叶泽兰、野马追。

识别要点 多年生草本。地下具短根茎，四周丛生须状根。茎直立，上部分枝，淡褐色或带紫色，散生紫色斑点，嫩茎及叶都被细柔毛，成长后渐脱落。叶对生，叶片条状披针形，不裂或基部 3 裂，边缘有疏锯齿，无柄。头状花序，含5个筒状两性花；总苞钟状，总苞片淡绿色或带紫红色，先端急尖。瘦果有腺点，无毛。花果期5～12月。（图3-617-1～3-617-3，见883页）

生境与分布　生长于湿润山坡、草地或溪旁。分布于除新疆外全国的各地。

药用部位　全草。

采集加工　秋季当花初开放时割取，晒干。

化学成分　含挥发油、黄酮类、生物碱、香豆精、金丝桃苷、倍半萜内酯、尖佩兰内酯。

药理作用　①总黄酮有镇咳作用。②生物碱对豚鼠离体回肠有明显松弛作用。③乙醇与乙醚提取部分对离体回肠有显著的抗组胺作用。临床治疗慢性气管炎应用中发现黄酮类化合物能增高白细胞数。④生物碱具降压功效，并有抑制腺体而致口干等现象。⑤有抗菌作用。

性味归经　苦，平。归肺经。

功能主治　润肺止咳，化痰平喘，降血压。适用于支气管炎，咳嗽痰多，高血压病。

618.飞机草 *Eupatorium odoratum* L.　　FOC修订为 *Chromolaena odoratum*（L.）R. King et H. Rob.

别名　香泽兰、民国草。

识别要点　多年生草本，根茎粗壮，横走。茎直立，苍白色，有细条纹；分枝粗壮，常对生，水平射出，与主茎成直角，少有分披互生而与主茎成锐角的；全部茎枝被稠密黄色茸毛或短柔毛。叶对生，卵形、三角形或卵状三角形，质地稍厚，有叶柄，边缘或无齿而三裂状。花序下部的叶小，常全缘。头状花序多数或少数在茎顶或枝端排成伞房状或复伞房状花序，花序梗粗壮，密被稠密的短柔毛。花白色或粉红色。瘦果黑褐色，沿棱有稀疏的白色贴紧的顺向短柔毛。花果期全年。（图3-618-1～3-618-3，见883页）

生境与分布　生于干燥地、森林破坏迹地、垦荒地、路旁、住宅及田间。分布于海南、广东、广西、云南。

药用部位　全草。

采集加工　夏、秋季采收，洗净，鲜用。

化学成分　鲜枝叶含香豆素、乙酸龙脑酯、芳樟醇、泽兰醇、左旋泽兰烯。地上部分含异樱花素、机草素、刺槐素、樱花素、山柰素、树柳素、三裂鼠尾草素、查耳酮、羽房豆醇、β-香树脂醇、环氧羽房豆醇、茴香酸、蜡醇以及α-谷甾醇、β-谷甾醇、γ-谷甾醇。

药理作用　①全草煎剂对离体豚鼠回肠有兴奋作用，水提取物作用较弱，煎剂对离体兔十二指肠有抑制作用。②对离体兔子宫均无明显作用。给小鼠腹腔注射时，二者毒性均很小。

性味归经　微辛、温，小毒。

功能主治　散瘀消肿，解毒，止血。适用于跌打肿痛，疮疡肿毒，稻田性皮炎，外伤出血，旱蚂蝗咬后流血不止（用鲜叶揉烂涂伤口）。

附注　外用：适量，鲜品捣敷或揉碎涂擦。

（二百八十四）紫菀属 *Aster* L.

药用记载 紫菀 *Aster tataricus* L. 的根和根茎在《中国药典》《中药大辞典》《中华本草》中记载为紫菀。高山紫菀 *A. alpinus* L. 的全草在《中华本草》中记载为高山紫菀。三脉紫菀 *A. ageratoides* Turcz. 的全草在《全国中草药汇编》中记载为红管药。

619. 紫菀 *Aster tataricus* L.

别名 青牛舌头花、山白菜、驴夹板菜、青菀、紫蒨、返魂草、驴耳朵菜、紫菀茸、关公须。

识别要点 多年生草本。茎直立，通常不分，粗壮，有疏糙毛。根茎短，有多数须根。基生叶花期枯萎、脱落，茎生叶互生、无柄，叶片长椭圆形或披针形。头花序多数，排列成复伞房状，花序边缘为舌状花，蓝紫色，舌片先端 3 齿裂；花柱柱头 2 分叉；中央有多数筒状花，两性，黄色，先端 5 齿裂；雄蕊 5；柱头 2 分叉。瘦果倒卵状长圆形，扁平，紫褐色，冠毛污白色或带红色。花期 7 ～ 9 月，果期 9 ～ 10 月。（图 3–619–1 ～ 3–619–6，见 883 ～ 884 页）

生境与分布 生长于低山阴坡湿地、山顶和低山草地及沼泽地。分布于东北、华北、陕西、甘肃、安徽北部、河南西部。

药用部位 根及根茎。

采集加工 春、秋二季采挖，除去有节的根茎（习称“母根”）和泥沙，晒干。

化学成分 根含无羁萜醇、无羁萜、紫菀酮、紫菀皂苷、槲皮素、毛叶醇、乙酸毛叶酯、茴香醚、烃、脂肪酸、芳香族酸等。

药理作用 ①煎剂有显著祛痰作用。②对大肠杆菌等有一定的抑制作用。③从紫菀中分离出的无羁萜醇对艾氏腹水癌有一定抗癌作用。

性味归经 苦、辛，温。归肺经。

功能主治 润肺下气，化痰止咳。适用于咳嗽，肺虚劳嗽，肺痿肺痈，咳吐脓血，小便不利。

用药警戒 有实热者忌服。

620. 高山紫菀 *Aster alpinus* L.

别名 高岭紫菀。

识别要点 多年生草本，根状茎粗壮。有丛生的茎和莲座状叶丛。茎直立，不分枝。头状花序单生于茎顶，舌状花的舌片紫色、蓝色或浅红色，管状花花冠黄色。瘦果密被绢毛。花期 6 ～ 8 月，果期 7 ～ 9 月。（图 3–620–1 ～ 3–620–3，见 884 ～ 885 页）

生境与分布 生长于山地草原和草甸中。分布于东北、西北、华北、华中。

药用部位 全草。

采集加工 7 ～ 8 月采收全草，切段，晒干。

化学成分 根含脂肪酸、毛叶酯。地上部分含 6α – 当归酰氧基 –1– 氧代 –2,3– 二氢西洋红素、6β – 羟基 –7,8– 去氢三楔旱地菊素 A。

性味归经　微苦，寒。归肺经。

功能主治　清热解毒。适用于风热头痛，结膜炎。

621. 三脉紫菀 *Aster ageratoides* Turcz

别名　马兰、白升麻、山白菊、野白菊花、三脉叶马兰、鸡儿肠。

识别要点　多年生草本。茎直立，有上升或开展的分枝。下部叶在花期枯落；中部叶椭圆形或长圆状披针形；上部叶渐小，三出脉，网脉常明显。头状花序，排列成伞房状或圆锥伞房状。舌状花，浅红色或白色；管状花黄色。瘦果倒卵状长圆形，灰褐色。花果期 7 ～ 12 月。（图 3-621-1 ～ 3-621-2，见 885 页）

生境与分布　生长于林下、林缘、灌丛及山谷湿地。分布于东北、西南及西藏。

药用部位　全草。

采集加工　夏秋季采收，除去杂质，晒干。

性味归经　苦、辛，凉。归肺、肝经。

功能主治　清热解毒，利尿，止血。适用于上呼吸道感染，支气管炎，扁桃体炎，腮腺炎，乳腺炎，肝炎，泌尿系感染；外用治痈疖肿毒，外伤出血。

622. 西伯利亚紫菀 *Aster sibiricus* L.

别名　鲜卑紫菀。

识别要点　多年生草本，根状茎平卧。茎从弯曲的基部斜升，被密柔毛，不分枝或上部分枝，全部有密生的叶。下部叶长圆状匙形，基部渐狭成宽翅，在花期枯萎；中部叶长圆披针形，全部叶薄纸质。头状花序在枝端单生或 2 ～ 5 个或较多数排列成密伞房状。总苞半球状，紫红色。舌状花淡紫色，管状花裂片紫红色。花期 7 ～ 8 月。（图 3-622-1 ～ 3-622-2，见 885 页）

生境与分布　生长于低山草地。分布于黑龙江。

药用等各项参考紫菀。

（二百八十五）白酒草属 *Conyza* less

药用记载　小蓬草（小白酒草）*Conyza canadensis*（L.）Cronq. 的全草在《全国中草药汇编》《中华本草》中记载为小飞蓬。

623. 小蓬草 *Conyza canadensis*（L.）Cronq.

别名　祁州一枝蒿、蛇舌草、竹叶艾、苦蒿、破布艾、小山艾、小飞蓬、小白酒草。

识别要点　一年生草本。具锥形直根。茎直立，有细条纹及粗糙毛，上部多分枝，呈圆锥状，小枝柔弱。单叶互生，基部叶近匙形，全缘或具微锯齿；上部叶条形或条状披针形。头状花序多数，密集成圆锥状或伞房圆锥状；舌状花直立，白色微紫，管状花两性，5 齿裂。瘦果矩圆形，冠毛污白色。

花期 5 ～ 9 月。（图 3–623–1 ～ 3–623–3，见 885 页）

生境与分布 生长于山坡、草地或田野、路旁。分布于东北、内蒙古、山西、陕西、山东、浙江、江西、福建、台湾、河南、湖北、广西、四川及云南等地。

药用部位 全草。

采集加工 春、夏季采收，鲜用或切段晒干。

化学成分 全草含柠檬烯、芳樟醇、乙酸亚油醇酯、母菊酯、去氢母菊酯、矢车菊属烃。地上部分含 β – 檀香萜烯、花侧柏烯、β – 雪松烯、α – 姜黄烯、γ – 荜澄茄烯、松油醇、二戊烯、枯牧烯、邻苄基苯甲酸、高山黄芩苷、γ – 内酯类、苦味质、树脂、胆碱、维生素 C 等。

药理作用 ①有抗炎作用。②抗菌，可用于治疗细菌性痢疾。③水提物有轻微而短暂的降压作用，可抑制心脏，增加呼吸幅度，但对平滑肌和骨骼肌无作用。

性味归经 微苦、辛，凉。归肝经。

功能主治 清热利湿，散瘀消肿。适用于痢疾，肠炎，肝炎，胆囊炎，跌打损伤，风湿骨痛，疮疖肿痛，外伤出血，牛皮癣。

（二百八十六）东风菜属 *Doellingeria* Nees

药用记载 东风菜 *Doellingeria scaber*（Thunb.）Nees 的根茎及全草在《全国中草药汇编》《中药大辞典》《中华本草》中记载为东风菜。

624. 东风菜 *Doellingeria scaber*（Thunb.）Nees

别名 山哈芦、钻山狗、疙瘩药、草三七、冬风草、仙白草、山白菜、小叶青、山蛤芦、土苍术、白云草。

识别要点 多年生草本。茎直立，粗壮，具纵条棱，带紫褐色，无毛，上部有分枝，基生叶与茎下部叶心形，先端锐尖，基部心形，边缘有牙齿或重牙齿，两面有粗毛；中部以上的叶具带翅的叶柄。头状花序多数，在茎顶呈圆锥伞房状排列，总苞半球形，总苞片 2 ～ 3 层；边缘舌状花雌性，白色；中央两性花，黄色。瘦果圆柱形或椭圆形，具 5 条厚肋，冠毛污黄白色。花期 6 ～ 10 月，果期 8 ～ 10 月。（图 3–624–1 ～ 3–624–3，见 886 页）

生境与分布 生长于山地林缘及溪谷的草丛中。分布于东北、华北、华东及东南。

药用部位 全草及根。

采集加工 秋季采挖根茎，夏、秋季采收全草，洗净，鲜用或晒干。

性味归经 辛、甘，寒。归肺、肝、肾经。

功能主治 清热解毒，明目，利咽。适用于风热感冒，头痛目眩，目赤肿痛，咽喉红肿，急性肾火，肺病吐血，跌打损伤，痈肿疔疮，蛇咬伤。

用药警戒 东风菜凉拌不可食之过量，以免导致泄泻；脾胃虚寒者慎食。

（二百八十七）飞蓬属 *Erigeron* L.

药用记载　一年蓬 *Erigeron annuus*（L.）Pers. 的全草在《全国中草药汇编》《中药大辞典》《中华本草》中记载为一年蓬。长茎飞蓬 *Erigeron elongatus* Ledeb. 的根或全草在《全国中草药汇编》《中药大辞典》《中华本草》中记载为红蓝地花。

625. 一年蓬 *Erigeron annuus*（L.）Pers.

别名　千层塔、治疟草、野蒿、牙肿消、牙根消、千张草、墙头草、长毛草、地白菜、油麻草、白马兰、瞌睡草、白旋覆花。

识别要点　一年生或两年生草本。茎直立，上部有分枝，全株被上曲的短硬毛。基生叶长圆形或宽卵形，边缘有粗齿，基部渐狭成具翅的叶柄；中部和上部叶较小，边缘有不规则的齿裂；最上部的叶通常条形，全缘，具睫毛。头状花序排成伞房状或圆锥状；总苞半球形，总苞片 3 层，革质，密被长的直节毛；舌状花 2 层，白色或淡蓝色，舌片条状；两性花筒状，黄色。瘦果披针形，压扁；冠毛异型。花期 6 ～ 9 月。（图 3–625–1 ～ 3–625–2，见 886 页）

生境与分布　生长于山坡、田野、路旁。分布于东北、河北、山东、江苏、安徽、浙江、江西、福建、河南、湖北、湖南、四川及西藏等地。

药用部位　全草。

采集加工　夏、秋季采收，洗净，鲜用或晒干。

化学成分　全草含焦迈康酸；花含槲皮素、芹菜素 –7– 葡萄糖醛酸苷、芹菜素。

药理作用　①总黄酮水溶性成分可显著抑制离体猪冠状动脉收缩状态。②茎、叶的水提物有降血糖作用。③煎剂对金黄色葡萄球菌、志贺痢疾杆菌有抑制作用。

性味归经　甘、苦，凉。归胃、大肠经。

功能主治　消食止泻，清热解毒，截疟。适用于消化不良，胃肠炎，齿龈炎，疟疾。

（二百八十八）狗娃花属 *Heteropappus* Less.

药用记载　狗娃花 *Heteropappus hispidus*（Thunb.）Less. 的根在《中华本草》中记载为狗娃花；在《全国中草药汇编》中记载为狗哇花。阿尔泰狗娃花 *H. altaicus*（Willd.）Novopokr. 的根、花或全草在《中药大辞典》《中华本草》中记载为阿尔泰紫菀。

626. 狗娃花 *Heteropappus hispidus*（Thunb.）Less.

别名　狗哇花、斩龙戟。

识别要点　一年生或二年生草本。主根纺锤形。茎单生或数个丛生。叶互生；下部叶有长柄，倒卵形，全缘或有疏齿，质薄；中部叶长圆状披针形或条形，较小，常全缘；上部叶小，条形。头状花序，单生于枝端而排成伞房状；总苞半球形，2 层，近等长；舌状花浅红色或白色，条状长圆形，管状花其中 1 裂片较长。瘦果倒卵形。冠毛在舌状花极短，白色，膜片状或糙毛状；在管状花糙毛状，初白色，后带红色。花期 7 ～ 9 月，果期 8 ～ 9 月。（图 3-626-1 ～ 3-626-3，见 886 页）

生境与分布 生长于荒地、路旁、林缘及草地。分布于东北、华北及西北等地。

药用部位 根。

采集加工 夏、秋季采挖，洗净，鲜用或晒干。

性味归经 苦，凉。归肝经。

功能主治 清热解毒，消肿。适用于疮肿，蛇咬伤。

627. 阿尔泰狗娃花 *Heteropappus altaicus*（Willd.）Novopokr.

别名 阿尔泰紫菀、燥原蒿、铁杆蒿、巴嘎 – 浩宁 – 尼敦 – 其其格（蒙名）、鲁格冲、阿拉泰音 – 保绒黑（蒙名）、阿拉泰音 – 敖敦 – 其其格（蒙名）。

识别要点 多年生草本，全体被短毛。叶互生，排列稠密，线状倒披针形或线形，全缘，无柄。头状花序单生于枝顶，边缘舌状花淡紫色，中央管状花黄色。瘦果扁平，倒卵形。花、果期 5 ～ 9 月。（图 3-627-1 ～ 3-627-2，见 887 页）

生境与分布 生长于草原、荒漠地、沙地及干旱山地。分布于东北、华北、内蒙古、陕西、甘肃、青海、新疆、湖北和四川等地。

药用部位 根、花或全草。

采集加工 根：春、秋季采挖，去地上部分，洗净晒干，切段。花或全草：夏、秋季开花时采收，阴干或鲜用。

化学成分 地上部分含大牻牛儿烯 D、丁香烯环氧化物、金合欢醇、5-O- 去甲基川陈皮素、左旋哈氏豆属酸、车桑子酸、12α –（2- 甲基丁酰氧基）哈氏豆属酸甲酯、12α – 二羟基车桑子酸 -19- 内酯、12α –（2- 甲基丁酰氧基）颈直假莲酸甲酯、异鼠李素 -3-O- 芸香糖苷、芸香苷、烟花苷、狗娃花皂苷。

性味归经 微苦，凉。归肺、肝经。蒙药：甘、苦。效原、淡、糙、轻。

功能主治 清热降火，排脓止咳。适用于热病，肝胆火旺，肺脓疡，咳吐脓血，膀胱炎，疱疹疮疖。

蒙药：杀黏，清热，解毒。适用于血热，包加热，天花，麻疹。

628. 鞑靼狗娃花 *Heteropappus tataricus*（Lindl.）Tamamsch.

别名 细枝狗娃花、狗哇花、细枝狗哇花、鞑靼狗哇花（蒙名）、塔塔日 – 布荣黑（蒙名）。

识别要点 二年生草本，茎直立，下部常带紫红色，被白色向上或稍开展的疏柔毛。下部叶花期枯萎，全部叶条形或矩圆状条形。头状花序单生枝端，数个排成伞房状；总苞半球形；总苞片绿色，舌状花淡紫色或淡蓝紫色，管状花黄色，冠毛淡红褐色。花期 5 ～ 9 月。（图 3-628-1 ～ 3-628-2，见 887 页）

生境与分布 生长于林下沙丘或河岸沙地。分布于东北。

药用等参考阿尔泰狗娃花。

（二百八十九）马兰属 *Kalimeris* Cass.

药用记载　马兰 *Kalimeris indica*（L.）Sch.–Bep. 的全草或根在《全国中草药汇编》《中药大辞典》《中华本草》中记载为马兰。全叶马兰 *K. integrifolia* Turcz. ex DC. 的全草在《中华本草》中记载为全叶马兰。山马兰 *K. lautureana*（Debx.）Kitam. 的全草在《中华本草》中记载为山马兰。

629. 马兰 *Kalimeris indica*（L.）Sch.–Bep.

别名　马兰头、泥鳅串、鸡儿肠、田边菊、路边菊、蓑衣莲、鱼鳅串、脾草。

识别要点　多年生草本。地下有细长根状茎，匍伏平卧，白色有节。初春仅有基生叶，茎不明显，初夏地上茎增高，基部绿带紫红色，光滑无毛。单叶互生近无柄，叶片倒卵形；椭圆形至披针形，边缘羽状浅裂或有极疏粗齿，近顶端叶渐小且全缘。头状花序，着生于上部分枝顶端；总包半球形，略带紫色；边花舌状，一层，淡蓝紫色；中部花管状黄色，被密毛。瘦果扁平倒卵状。花期 5 ～ 9 月，果期 8 ～ 10 月。（图 3–629–1 ～ 3–629–3，见 887 ～ 888 页）

生境与分布　生长于路边、田野、山坡上。分布于全国各地。

药用部位　全草或根。

采集加工　夏、秋季采收，鲜用或晒干。

药理作用　马兰乙醇提取液注射于动物有镇咳作用；并有抗惊厥及加强戊巴比妥钠的催眠作用。对小鼠有弱的镇痛作用。

性味归经　辛，凉。归肺、肝、胃、大肠经。

功能主治　凉血止血，清热利湿，解毒消肿。适用于吐血，衄血，血痢，崩漏，创伤出血，黄疸，水肿，淋浊，感冒，咳嗽，咽痛喉痹，痔疮，痈肿，丹毒，小儿疳积。

用药警戒　孕妇慎服。

630. 全叶马兰 *Kalimeris integrifolia* Turcz. ex DC.

别名　全叶鸡儿肠、全缘叶马兰、黄花三草、野白菊、扫帚花、全叶紫菀、扫帚鸡肠、路边菊。

识别要点　多年生草本。茎直立，中部以上有近直立的帚状分枝，被细硬毛。叶互生；叶片条状披针形；倒披针形或长圆形，先端钝或渐尖，常有小尖头，基部渐狭，边缘稍反卷，下面灰绿，两面密被粉状短绒毛，中脉在下面凸起。头状花序单生枝端并排成疏伞房状；舌状花 1 层，舌片淡紫色，管状花有毛。瘦果倒卵形，浅褐色，扁平，有浅色边肋，或一面有肋而果呈三棱形，上部有短毛及腺；冠毛带褐色。花期 6 ～ 10 月，果期 7 ～ 11 月。（图 3–630–1 ～ 3–630–3，见 888 页）

生境与分布　生长于山坡、林缘、路旁的灌丛中。分布于东北、华北、华东、西北。

药用部位　全草。

采集加工　8 ～ 9 月采收，洗净，晒干。

药理作用 ①止咳作用非常明显。②有明显的抗惊厥作用，并能加强戊巴比妥钠的催眠作用。

性味归经 苦，寒。归肺经。

功能主治 清热解毒，止咳。适用于感冒发热，咳嗽，咽炎。

631. 山马兰 *Kalimeris lautureana*（Debx.）Kitam.

别名 山鸡儿肠。

识别要点 多年生草本。茎直立，单生或 2～3 个簇生，被白色向上的糙毛，上部分枝。叶互生，无柄，叶片厚或近革质。下部叶花期枯萎；中部叶披针形或长圆状披针形，分枝上的叶条状披针形，全缘。头状花序单生于分枝顶端且排成伞房状；总苞半球形，总苞片 3 层，外层较短，长椭圆形，内层倒披针状长椭圆形，边缘膜质，有睫毛；舌状花淡蓝色。瘦果倒卵形，淡褐色，疏被短柔毛，有浅色边肋或偶呈三棱形；冠毛淡红色。花期 6～10 月，果期 7～11 月。（图 3-631-1～3-631-3，见 888 页）

生境与分布 生长于山坡、草原或灌丛中。分布于东北、华北、陕西、山东、江苏、河南。

药用部位 全草。

采集加工 8～9 月采收，洗净，鲜用或晒干。

性味归经 苦，寒。归肝、大肠经。

功能主治 清热解毒，止血。适用于感冒发热，咳嗽，急性咽炎，扁桃体炎，传染性肝炎，胃、十二指肠溃疡，疮疖肿毒，乳腺炎，外伤出血。

（二百九十）一枝黄花属 *Solidago* L.

药用记载 钝苞一枝黄花 *Solidago pacifica* Juz. 的全草在《中华本草》中记载为朝鲜一枝黄花。一枝黄花 *S. decurrens* Lour. 的全草在《中华本草》中记载为一枝黄花。寡毛毛果一枝黄花（兴安一支黄花）*S. virgaurea* L. var. *dahurica* Kitag 在东北地区习用代替一枝黄花。

632. 钝苞一枝黄花 *Solidago pacifica* Juz.

别名 朝鲜一枝蒿、一枝黄花。

识别要点 多年生草本。根茎粗厚。茎直立，不分枝或上部有花序分枝。叶互生；下部茎叶卵形、近圆形或长椭圆形，边缘有粗或浅锯齿；中部茎叶椭圆形；长椭圆形或披针形，自中部向上茎叶渐变小；叶两面无毛或沿中脉有稀疏短柔毛，下沿渐狭，沿中柄下延成翅。头状花序排列成伞房状花序；总苞片 4～6 层，边缘膜质；外围有一层舌状花，舌片黄色，中央有多数管状花，黄色。瘦果无毛，冠毛白色。花果期 6～9 月。（图 3-632-1～3-632-2，见 889 页）

生境与分布 生长于林下、林缘、灌丛、草原或林中空地。分布于东北、新疆。

药用部位 全草。

采集加工 夏、秋季采收，鲜用或切段晒干。

化学成分 全草或地上部分含一枝黄花酚苷、毛果一枝黄花皂苷、毛果一枝黄花酚苷、山柰酚、槲皮素、异鼠李素、多种糖苷、α－蒎烯、β－月桂烯、柠檬烯、β－榄香烯、ζ－榄香烯、β－荜澄茄油宁烯、β－丁香烯等。花及开花的顶部含槲皮素、山柰酚、异鼠李素、苯酚二葡萄糖苷、一枝黄花酚苷、五桠果素糖苷。

药理作用 ①抗炎。②水提取物可使泌钾减少，而尿钠含量升高，并且尿钙含量也增加，表现出利尿活性。

性味归经 苦、微辛，凉。归肝、肾经。

功能主治 疏风清热，解毒消肿。适用于风热感冒，咽喉肿痛，肾炎，膀胱炎，痈肿疔毒，跌打损伤。

用药警戒 脾胃虚寒、大便溏薄者慎用。

633. 一枝黄花 *Solidago decurrens* Lour.

别名 百根草、百条根、朝天一炷香、大叶七星剑、钓鱼竿柴胡、黄花草。

识别要点 多年生草本，茎直立，通常细弱。中部茎叶椭圆形、长椭圆形、卵形或宽披针形，下部楔形渐窄，有具翅的柄，仅中部以上边缘有细齿或全缘；全部叶质地较厚。头状花序较小，多数在茎上部排列成总状花序或伞房圆锥花序，少有排列成复头状花序的。总苞片披针形或狭披针形，舌状花舌片椭圆形。瘦果。花果期 4 ～ 11 月。（图 3–633–1 ～ 3–633–2，见 889 页）

生境与分布 生长于阔叶林缘、林下、灌丛中及山坡草地上。分布于东北、江苏、浙江、安徽、江西、四川、贵州、湖南、湖北、广东、广西、云南。

药用部位 全草或根。

采集加工 夏秋季采收。洗净，切碎晒干用。

化学成分 地上部分含一枝黄花苷、2,6– 二甲氧基苯甲酸、2– 羟基 –6– 甲氧基苯甲酸苄酯。根含当归酸桂皮酯、谷甾醇。

药理作用 ①在试管内对金黄色葡萄球菌、肺炎球菌、绿脓杆菌及舒氏、宋内氏痢疾杆菌有不同程度的抑菌作用。②对气管炎有治疗作用。③利尿作用。④对急性（出血性）肾炎有止血作用。⑤外用可治创伤。

性味归经 辛、苦，凉。归肝、胆、肾经。

功能主治 疏风泄热，解毒消肿。适用于风热感冒，头痛，咽喉肿痛，肺热咳嗽，黄疸，泄泻，热淋，痈肿疮疖，毒蛇咬伤。

用药警戒 脾胃虚寒，大便溏薄者慎用。

634. 寡毛毛果一枝黄花 *Solidago virgaurea* L. var. *dahurica* Kitag

别名 兴安一枝黄花、兴安一枝蒿、一枝黄花。

识别要点 多年生草本。根状茎平卧或斜生，须根多数。茎直立，不分枝。茎下部叶有长柄；基部楔形，下延至柄成翼；茎上部叶向上渐尖，卵形。头状花序多数，排列成圆锥花序；花序梗短；总苞片 3 层，覆瓦状排列；边花 1 层，雌性，花冠舌状，黄色；中央花两性，花冠管状，先端 5 齿裂，花柱分枝披针形。瘦果有纵棱；冠毛 1 层，白色，羽毛状。花期 8 ～ 9 月，果期 9 ～ 10 月。（图 3–634–1，见 889 页）

生境与分布 生长于林缘、路旁。分布于东北、河北、山西及新疆等省区。

药用部位 全草。

采集加工 秋季开花期将地上部分割下晒干，鲜用随时可采。

化学成分 全草含芦丁、异槲皮苷、山柰酚 – 葡萄糖苷、一枝黄花酚苷、毛果一枝黄花皂苷元、苯甲酸苄酯、乙酰氧基肉桂酯、当归酸 –3– 甲氧基 –4– 乙酰氧基肉桂酯、母菊酯、谷甾醇、绿原酸、δ – 杜松萜烯及 Ca^{2+}、Mg^{2+} 等多种微量元素。

药理作用 ①抗炎抗菌。②平喘祛痰。③降压作用。④对胃黏膜有保护作用。⑤能明显增强动物平滑肌的运动。⑥促进白细胞吞噬功能。⑦对急性肾炎有止血作用。

性味归经 辛、苦，凉。归肝、肺经。

功能主治 疏风清热，解毒消肿。适用于感冒头痛，咽喉炎，扁桃体炎，跌打损伤，毒蛇咬伤，痈疖肿毒，鹅掌风，肺热咳嗽，黄疸，泄泻，热淋。

用药警戒 脾胃虚寒、大便溏薄者慎用。

（二百九十一）女菀属 *Turczaninowia* DC.

药用记载 女菀 *Turczaninowia fastigiata*（Fisch.）DC. 的根或全草在《中药大辞典》《中华本草》中记载为女菀。

635. 女菀 *Turczaninowia fastigiata*（Fisch.）DC.

别名 白菀、织女菀、女宛、女肠、羊须草、茆。

识别要点 多年生草本。茎直立。叶互生，基部叶线状披针形，花后凋落；茎上部叶无柄，线状披针形至线形，上面光滑，绿色，下面有细软毛，边缘稍反卷。头状花序多数，密集成复伞房状；总苞片草质，边缘膜质，先端钝；外围有 1 层雌花，雌花舌状，舌片白色，椭圆形，中央多数两性花，花冠筒状，黄色，花药基部钝而全缘；柱头 2 裂，先端钝。瘦果，长圆形，全体有毛，边缘有细肋；冠毛灰白色或稍红色。花果期 8 ～ 10 月。（图 3–635–1 ～ 3–635–3，见 889 ～ 890 页）

生境与分布 生长于荒地、山坡湿润处。分布于东北、内蒙古、河北、山西、陕西、江苏、安徽、浙江、江西、河南、湖北、湖南等地。

药用部位 根或全草。

采集加工 春、夏季采收全草。秋季采根，切段晒干。

化学成分 全草含槲皮素。根含挥发油。

性味归经 辛，温。归肺、脾经。

功能主治 温肺化痰，健脾利湿。适用于咳嗽气喘，泻痢，小便短涩。

（二百九十二）和尚菜属 *Adenocaulon* Hook.

药用记载 和尚菜 *Adenocaulon himalaicum* Edgew. 的根及根茎在《中华本草》中记载为水葫芦根；在《全国中草药汇编》中记载为葫芦叶。

636. 和尚菜 *Adenocaulon himalaicum* Edgew.

别名 腺梗菜、水葫芦、水马蹄草、土冬花、葫芦叶。

识别要点 多年生草本。茎直立，被蛛丝状绒毛。根生叶花期凋落，茎生下部茎叶肾形或圆肾形，边缘有不等形的波状大牙齿，密被蛛丝状毛；基出三脉，最上部披针形或线状披针形，无柄，全缘。头状花序排成狭或宽大的圆锥状花序，花梗短，被白色绒毛，花后花梗伸长，密被稠密头状具柄腺毛。总苞半球形，雌花白色，两性花淡白色。瘦果棍棒状。花期 7 ～ 8 月，果期 9 ～ 10 月。（图 3–636–1 ～ 3–636–3，见 890 页）

生境与分布 生长于林缘路边、林下、灌丛中、林下溪流旁、河谷湿地。分布于东北、华北、西南。

药用部位 根及根茎。

采集加工 秋季采挖，除去残茎，洗净，晒干。

性味归经 苦、辛，温。归肺、肝、肾经。

功能主治 宣肺平喘，利水消肿，散瘀止痛。适用于咳嗽气喘，水肿，小便不利，产后瘀滞腹痛，跌打损伤。

（二百九十三）野茼蒿属 *Crassocephalum* Moench.

药用记载 野茼蒿 *Crassocephalum crepidioides*（Benth.）S. Moore 的全草在《中药大辞典》中记载为假茼蒿，在《中华本草》中记载为野木耳菜。

637. 野茼蒿 *Crassocephalum crepidioides*（Benth.）S. Moore

别名 假茼蒿、革命菜、冬风菜、飞机菜、满天飞、安南草、野木耳菜、金黄花草、皇爷膏、假苦荠、观皮芥、解放草、飞花菜、土三七。

识别要点 直立草本，茎有纵条棱，无毛叶膜质，椭圆形或长圆状椭圆形，顶端渐尖，基部楔形，边缘有不规则锯齿或重锯齿。头状花序数个在茎端排成伞房状；总苞片线状披针形，顶端有簇状毛，小花全部管状，两性，花冠红褐色或橙红色，檐部 5 齿裂，花柱基部呈小球状，分枝，顶端尖，被乳头状毛。瘦果狭圆柱形，赤红色，有肋。花期 7 ～ 12 月。（图 3–637–1 ～ 3–637–4，见 890 ～ 891 页）

生境与分布 生于山坡路旁、水边、灌丛中。分布于江西、福建、湖南、湖北、广东、广西、贵州、云南、四川、西藏。

药用部位 全草。

采集加工 夏季采收，鲜用或晒干。

性味归经 微苦、辛；平。归胃、大肠经。

功能主治 清热解毒，调和脾胃。适用于感冒，肠炎，痢疾，口腔炎，乳腺炎，消化不良。

（二百九十四）旋覆花属 *Inula* L.

药用记载 旋覆花 *Inula japonica* Thunb. 或欧亚旋覆花 *I. britannica* L. 的花序在《中国药典》《中药大辞典》《中华本草》中记载为旋覆花，在《中药大辞典》中还记载为旋复花；根在《中华本草》中记载为旋覆花根，在《中药大辞典》中记载为旋覆花根。旋覆花、欧亚旋覆花和线叶旋覆花 *I. linarrfolia* Turcz. 的地上部分在《中国药典》《中药大辞典》《中华本草》中记载为金沸草。土木香 *I. helenium* L. 的根在《中国药典》《全国中草药汇编》《中药大辞典》《中华本草》中记载为土木香。

638. 旋覆花 *Inula japonica* Thunb.

别名 金佛草、金佛花、小黄花子、六月菊、鼓子花、滴滴金、小黄花子、金钱花、驴儿菜。

识别要点 多年生直立草本，不分枝，有平伏毛。基生叶及下部叶较小，中部叶披针形、长椭圆状披针形或长圆形，先端锐尖，基部急狭，无柄或半抱茎，全缘，两面有疏毛。多个头状花排成伞房花序，总苞半球形，绿黄色；舌状花黄色，管状花多数，密集。花果期 6 ～ 11 月。（图 3–638–1 ～ 3–638–4，见 891 页）

生境与分布 生长于山坡、沟边、路旁湿地。分布于东北、华北、华东、华中及广西。

药用部位 花、根、地上部分。

采集加工 花：7 ～ 10 月采摘即将开放的花序，拣净杂质，除去梗叶，筛去泥土，晒干。根：秋季采挖，洗净，晒干。地上部分：9 ～ 10 月采割，洗净，切段，晒干。

化学成分 旋覆花根含槲皮素、异槲皮素、咖啡酸、绿原酸、菊糖及蒲公英甾醇等多种甾醇。花含蒲公英甾醇。地上部分含旋覆花次内酯、蒲公英甾醇、旋覆花内酯、欧亚旋覆花内酯、银胶菊素、4– 表异黏性旋覆花内酯、豚草素、天人菊内酯等。

药理作用 ①对离体气管痉挛有对抗作用，但较氨茶碱的作用慢而弱。②花煎剂对金黄色葡萄球菌等有明显的抑制作用。③有强大的杀虫作用。④地上部分煎剂对单纯疱疹病毒（Ⅰ型）及金黄色葡萄球菌等有抑制作用。

性味归经 花：苦、辛、咸，微温。归肺、胃、大肠经。根：咸，温。归肺、大肠经。地上部分：咸，温。归脾、大肠经。

功能主治 花：消痰行水，降气止呕。适用于咳喘痰黏，胸痞胁痛。

根：祛风湿，平喘咳，解毒生肌。适用于风湿痹痛，喘咳，疔疮。

地上部分：散风寒，化痰饮，消肿毒，祛风湿。适用于风寒咳嗽，伏饮痰喘，胁下胀痛，疮痈肿毒，风湿疼痛。

用药警戒 阴虚劳嗽、风热燥咳者禁服。

639. 线叶旋覆花 *Inula linariaefolia* Turcz.

别名 窄叶旋覆花、条叶旋覆花、小朵旋覆花。

识别要点 与前两种的区别是叶线状披针形，边缘反卷，基部渐狭，无小耳。头状花序小，总苞片外面有腺，被柔毛。花期 7 ～ 8 月，果期 8 ～ 9 月。（图 3–639–1 ～ 3–639–2，见 891 ～ 892 页）

生境与分布 生长于山坡、荒地、路旁、河岸。分布于我国北部及中部。

用药警戒 服后有恶心、呕吐等反应者慎用。

药用部位等与旋覆花相同。

640. 柳叶旋覆花 *Inula salicina* L.

别名 歌仙草。

识别要点 多年生草本。茎从膝曲的基部直立，全部有较密的叶。下部叶在花期常凋落，长圆状匙形，中部叶较大，稍直立，椭圆或长圆状披针形，边缘有小尖头状或明显的细齿，稍革质，两面无毛或仅下面中脉有短硬毛，边缘有密糙毛。头状花序单生于茎或枝端，总苞半球形，边花雌性，花冠黄色，中央花管状，两性，先端 5 裂。瘦果有细沟及棱，无毛。花期 7 ～ 9 月，果期 9 ～ 10 月。（图 3–640–1 ～ 3–640–3，见 892 页）

生境与分布 生长于山坡草地。分布于东北、内蒙古、山东及河南。

附注 亦作旋覆花用，但应与正品相区别。

641. 土木香 *Inula helenium* L.

别名 青木香、祁木香、藏木香。

识别要点 多年生草本，根状茎块状，有分枝。茎直立，粗壮。叶片椭圆状披针形，边缘有不规则的齿或重齿，顶端尖，上面被基部疣状的糙毛，下面被黄绿色密茸毛。头状花序少数，排列成伞房状花序；总苞外层草质，宽卵圆形，顶端钝常，反折，被茸毛。舌状花黄色，舌片线形，管状花有披针形裂片。冠毛污白色。瘦果有棱和细沟。花期 6 ～ 9 月。（图 3–641–1 ～ 3–641–4，见 892 ～ 893 页）

生境与分布 生长于河边、田边等潮湿处。分布于东北、华北及西北，在河北、山西、浙江、河南、湖北、四川、新疆等地有栽培。

药用部位 根。

采集加工 霜降后叶枯时采挖，除去茎叶、须根及泥土，截段，较粗的纵切成瓣，晒干。

化学成分 根含菊糖、土木香内酯、异土木香内酯、二氢异土木香内酯、土木香酸、土木香醇、达玛二烯醇乙酸酯、大牻牛儿烯 D 内酯、表狭叶依瓦菊素。

药理作用 ①所含土木香内酯及其衍生物驱虫作用较山道年效果好而毒性较低。②在体外土木香内酯和异土木香内酯对痢疾阿米巴原虫和阴道毛滴虫均有强力杀灭作用。③土木香内酯能抑制结核杆菌的生长；对金黄色葡萄球菌、痢疾杆菌与绿脓杆菌也有抑制作用；对皮肤真菌也有抑制作用。④土木香内酯低浓度兴奋，较高浓度则抑制离体蛙心使心脏停止于舒张期。⑤土木香内酯给家兔口服或皮下注射，大量可升高血糖，中等剂量可降低血糖，且抑制食物性高血糖。⑥体外培养试验表明，土木香内酯为一变应原，对白细胞有毒性。

性味归经 辛、苦，温。归胃、肝、脾经。

功能主治 健脾和胃，调气解郁，止痛安胎。适用于胸胁、脘腹胀痛，呕吐泻痢，胸胁挫伤，岔气作痛，胎动不安。

用药警戒 内热口干，喉干舌绛者忌用。

（二百九十五）火绒草属 *Leontopodium* R. Br. ex Cass.

药用记载 火绒草 *Leontopodium leontopodioides*（Willd.）Beauv. 的地上部分在《中华本草》《全国中草药汇编》中记载为火绒草。团球火绒草 *L. conglobatum*（Turcz.）Hand. –Mazz. 在《内蒙古植物药志》中记载为团球火绒草。

642. 火绒草 *Leontopodium leontopodioides*（Willd.）Beauv.

别名 小矛香艾、老头草、老头艾、薄雪草、小头矛香、火绒蒿、大头毛香。

识别要点 多年生草本，有多数簇生的花茎和与花茎同形的根，无莲座状叶丛。全株密被白毛。茎通常从基部丛生，直立或斜上，不分枝。叶互生，无柄，披针形或条形，上面灰绿色，被柔毛，下面被白色或灰白色密绵毛或有时被绢毛。头状花序簇生于茎顶，总苞半球形，被白色绵毛，小花雌雄异株，冠毛白色。瘦果长圆形，有短毛，黄褐色。花果期 7 ～ 10 月。（图 3–642–1 ～ 3–642–2，见 893 页）

生境与分布 生长于干旱草原、黄土坡地、石砾地、山区草地，稀生于湿润地。分布于东北、华北、西北及山东等地。

药用部位 地上部分。

采集加工 夏、秋季间采收，洗净，晾干。

化学成分 全草含 3,4– 二羟基桂皮酸和香草酸。

药理作用 ①消肿抗炎。②有增加冠脉血流量的作用。

性味归经 微苦，寒。归肺、肾、膀胱经。

功能主治 疏风清热，利尿止血。适用于流行性感冒，急、慢性肾炎，尿路感染，尿血，创伤出血。

643. 团球火绒草 *Leontopodium conglobatum*（Turcz.）Hand. –Mazz.

别名 剪花火绒草。

识别要点 多年生草本。根状茎分枝短，有簇生的花茎和不育茎，无莲座状叶丛。被蛛丝状密毛或灰白色绵毛。叶宽或狭条形，基部心形或箭形，抱茎，上面被灰色绵状或绢状毛，下面被白色茸毛。苞叶多数，披针形或条形，两面被白色或灰白色密茸毛，开展星状苞叶群或有总花梗而成数个分苞叶群。头状花序；总苞被白色长柔毛状密茸毛；冠毛基部稍黄色。瘦果有乳头状凸起或短粗毛。花果期 7 ～ 10 月。（图 3–643–1 ～ 3–643–4，见 893 页）

生境与分布　生长于沙地、干燥草原、稀灌丛、向阳坡地、石砾地及林中草地。分布于黑龙江、内蒙古等地。

药用部位　地上部分。

采集加工　夏季开花时采割，晒干。

性味归经　微苦，寒。归肾、肝经。

功能主治　清热利尿。适用于流行性感冒，急、慢性肾炎，尿路感染，尿血，创伤出血。

（二百九十六）鬼针草属 *Bidens* L.

药用记载　鬼针草 *Bidens pilosa* L. 的全草在《中草药大辞典》《中华本草》中记载为鬼针草。小花鬼针草 *B. parviflora* Willd. 的全草在《全国中草药汇编》《中药大辞典》《中华本草》中记载为鹿角草。柳叶鬼针草 *B. cernua* L. 的全草在《中华本草》中记载为柳叶鬼针草。羽叶鬼针草 *B. maximowicziana* Oett. 始载于《东北植物检索表》。狼杷草 *B. tripartita* L. 的全草在《中药大辞典》《全国中草药汇编》中记载为狼杷草；根在《中药大辞典》中记载为狼杷草根。

644. 鬼针草 *Bidens pilosa* L.

别名　三叶鬼针草、虾钳草、蟹钳草、对叉草、一包针、引线包、婆婆针、鬼骨针、盲肠草、眺虱草、豆渣菜、叉婆子、鬼蒺藜。

识别要点　一年生草本，茎中部叶和下部叶对生，叶片二回羽状深裂，裂片再次羽状分裂，小裂片三角状或鞭状披针形，先端尖或渐尖，边缘具不规则细齿或钝齿，两面略有短毛；上部叶互生，羽状分裂。头状花序；总苞片条状椭圆形，先端尖或钝，被细短毛；舌状花黄色，通常有 1～3 朵不发育；管状花黄色。瘦果具 3～4 棱。花期 8～9 月，果期 9～11 月。（图 3-644-1～3-644-5，见 894 页）

生境与分布　生长于路边、荒野或住宅附近。分布于全国各地。

药用部位　全草。

采集加工　在夏、秋季开花盛期，收割地上部分，拣去杂草，鲜用或晒干。

化学成分　全草含金丝桃苷、异奥卡宁 -7-O- 葡萄糖苷、奥卡宁、海生菊苷、水杨酸、原儿茶酸、没食子酸、多种氨基酸、香豆精、蒽醌苷、胡萝卜素、维生素类等。根含聚乙炔类化合物Ⅰ、Ⅱ、Ⅲ、Ⅳ。茎叶含挥发油、鞣质、苦味质、胆碱等。

药理作用　①水煎剂或酒精浸剂对甲醛性及蛋清性关节炎均有明显的消炎作用，可代替豨莶草作消炎药应用。②鬼针草的乙醇浸液在体外对革兰阳性细菌有抑菌作用，花、茎对金黄色葡萄球菌也有抑菌作用。

性味归经　苦，微寒。归肝经。

功能主治　清热解毒，祛风除湿，活血消肿。适用于咽喉，肿痛，泄泻，痢疾，黄疸，肠痈，疔疮肿毒，蛇虫咬伤，风湿痹痛，跌打损伤。

645. 小花鬼针草 *Bidens parviflora* Willd.

识别要点 一年生草本。茎直立，四棱形，暗褐色，有毛。基生叶密集，具长柄；茎生叶对生或互生，2～3回羽状深裂，裂片线形，全缘，叶柄较短。头状花序顶生；总苞苞片线状披针形，先端尖；管状花黄色，先端5裂。瘦果线形，棕黑色，有四棱，顶端有针刺2枚。花期8～9月，果期9～10月。（图3-645-1～3-645-3，见894～895页）

生境与分布 生长于山坡湿地、多石质山坡、沟旁、耕地旁、荒地及盐碱地。分布于东北、内蒙古、河北、河南、山西、山东、江苏、福建等地。

药用部位 全草。

采集加工 在夏、秋季开花盛期采收，鲜用或晒干。

化学成分 含木犀草素-7-O-β-D-吡喃葡萄糖苷、木犀草素。

性味归经 微苦、微辛，凉。归心、肺经。

功能主治 清热利湿，解毒消肿，活血止血。适用于痢疾，泄泻浮肿，咳嗽，哮喘，扁桃体炎，咯血，尿血，痈疖肿毒，带状疱疹，跌打肿痛，外伤出血。

646. 柳叶鬼针草 *Bidens cernua* L.

识别要点 一年生草本。叶对生，无叶柄，披针形，无裂片，顶端渐尖，基部稍抱茎，边缘有小锐齿。头状花序长成后下垂；总苞片2层，外层6～7枚，披针形，叶质，内层椭圆形，膜质，具暗紫色细脉；舌状花黄色，筒状花黄色，两性，顶端5裂。瘦果扁平，楔形，具4棱，顶端具芒状冠毛4枚。花期8～9月，果期9～10月。（图3-646-1～3-646-3，见895页）

生境与分布 生长于水边。分布于东北、华北、甘肃、四川、云南、西藏。

药用部位 全草。

采集加工 夏、秋季采收，鲜用或晒干。

化学成分 全草中含鞣质、抗坏血酸、胡萝卜素、紫黄素－葡萄糖苷、异奥卡－葡萄糖、槲皮苷、硫黄菊苷、海生菊苷。

药理作用 抗氧化，对肝脏具有保护作用。

性味归经 苦，凉。归心、肺、大肠经。

功能主治 清热解毒，活血止痛，利尿通淋。适用于腹泻，痢疾，咽喉肿痛，跌打损伤，风湿痹痛，痈肿疮毒，小便淋痛。

647. 羽叶鬼针草 *Bidens maximowicziana* Oett.

识别要点 一年生草本。茎直立，略具4棱或近圆柱形。茎中部叶具柄，三出复叶状分裂或羽状分裂，边缘具稀疏内弯的粗锯齿。头状花序单生茎端及枝端，舌状花缺，盘花两性。花药基部2裂，略钝，顶端有椭圆形附器。瘦果扁，具瘤状小凸起或有时呈啮齿状，具倒刺毛，顶端芒刺2枚。花期8～9月，果期9～11月。（图3-647-1～3-647-3，见895～896页）

生境与分布 生长于路旁及河边湿地。分布于东北、内蒙古东部。

药用部位　全草。

采集加工　夏、秋季采收，鲜用或晒干。

性味归经　辛、苦，寒。归肺、大肠经。

功能主治　解表退热，清热解毒。适用于外感风热发热、恶风、咳嗽、吐痰诸症，用治腹泻痢疾。

648. 狼杷草 *Bidens tripartita* L.

别名　鬼针、郎耶草、小鬼叉、豆渣草、针包草、狼耻草、叉子草、老蟹叉、田边菊。

识别要点　一年生草本。茎圆柱或具钝棱而稍呈四方形，上部分枝。叶对生，通常于花期枯萎；中部叶具柄，有狭翅；叶片长椭圆状披针形，顶生裂片较大，两端渐狭，具锯齿；上部叶较小，披针形三裂或不裂。头状花序单生；总苞盘状，外层有苞片；托片线状披针形，背面有褐色条纹，边缘透明；筒状花两性，冠檐 4 裂；先端有椭圆形附属器，花丝上部增宽。瘦果扁，楔形或倒卵状楔形。花、果期 8 ～ 10 月。（图 3–648–1 ～ 3–648–4，见 896 页）

生境与分布　生长于路边荒野及水边湿地。分布于东北、华北、华东、华中、西南及陕西、甘肃、新疆等省区。

药用部位　全草、根。

采集加工　全草：8 ～ 9 月割取地上部分，晒干或鲜用。根：夏、秋季采收，晒干。

化学成分　全草含挥发油、鞣质、木犀草素、木犀草素 –7– 葡萄糖苷等黄酮类。叶含维生素 C。

药理作用　①全草浸剂给动物注射，有镇静、降压及轻度增大心跳振幅的作用，内服可利尿、发汗。②根煎剂可增进消化功能。

性味归经　甘、微苦，凉。归肺、肝经。

功能主治　清热解毒，利湿，通经。适用于肺热咳嗽，咯血，咽喉肿痛，赤白痢疾，黄疸，月经不调，闭经，小儿疳积，瘰疬结核，湿疹癣疮，毒蛇咬伤。

根：治痢疾，盗汗，丹毒。

（二百九十七）菊蒿属 *Tanacetum* L.

药用记载　菊蒿 *Tanacetum vulgare* L. 的全草及花在《中药材》2004 年第 6 期中记载为民间和少数民族用药。另见《甘肃中草药手册》。

649. 菊蒿 *Tanacetum vulgare* L.

别名　艾菊。

识别要点　多年生草本。茎直立，单生或少数茎成簇生，仅上部有分枝。茎叶多数，椭圆形或椭圆状卵形，二回羽状分裂，二回裂片卵形、线状披针形、斜三角形或长椭圆形，边缘全缘或有浅齿。下部茎叶有长柄，中上部茎叶无柄。叶全部绿色或淡绿色。头状花序多数在茎枝顶端排成稠密的伞房或复伞房花序。总苞片 3 层，草质。全部苞片边缘白色或浅褐色狭膜质，顶端膜质扩大。全部小花管

状，黄色，边缘雌花比两性花小。瘦果。花果期 6 ～ 8 月。（图 3–649–1 ～ 3–649–2，见 897 页）

生境与分布 生长于山坡、河滩、草地、丘陵地及桦木林下。分布于黑龙江、新疆。

药用部位 全草、花。

采集加工 6 ～ 7 月采收全草，8 ～ 9 月采集花序，阴干或晒干。

化学成分 全草含菊蒿素、菊蒿醇 A、菊蒿醇 B、侧柏酮。叶含荚蒾醇。花含顺式长蒎烷 –2,7–二酮。

药理作用 所含荚蒾醇等具有杀虫作用。

性味归经 辛、苦，平。归肺经。

功能主治 清热，止咳。适用于肺热咳嗽。

用药警戒 菊蒿是中国植物图谱数据库收录的有毒植物，全草有毒。误食过量的菊蒿油和用叶子当茶饮用可引起人中毒，中毒症状为震颤、口吐白沫、强烈痉挛、扩瞳、脉搏频数而微弱、呼吸困难，最后心脏停搏而死亡。

（二百九十八）牛膝菊属 *Galinsoga* Cav.

药用记载 牛膝菊 *Galinsoga parviflora* Cav. 的全草在《全国中草药汇编》《中药大辞典》《中华本草》中记载为辣子草；花在《中药大辞典》《中华本草》中记载为向阳花。

650. 牛膝菊 *Galinsoga parviflora* Cav.

别名 兔儿草、辣子草、向阳花、珍珠草、铜锤草。

识别要点 一年生直立草本。茎分枝，略被毛或无毛。叶对生，卵圆形至披针形，边缘有浅圆齿或近全缘，稍被毛。头状花序小，有细长的梗；总苞半球形，近膜质；花异形，全部结实；舌状花 4 ～ 5 个，白色，一层，雌性；筒状花黄色，两性，顶端 5 齿裂；花托凸起，有披针形托片。瘦果有棱角，顶端具睫毛状鳞片。花、果期 7 ～ 10 月。（图 3–650–1 ～ 3–650–2，见 897 页）

生境与分布 生长于田边、路旁、庭园空地或荒坡。分布于云南、贵州、四川、西藏、浙江、江西。

药用部位 全草、花。

采集加工 全草：夏、秋季采收，洗净，鲜用或晒干。花：秋季采摘，晒干。

化学成分 全草含木犀草素 – 吡喃葡萄糖苷、芹菜素 – 吡喃葡萄糖苷、抗坏血酸、去氢抗坏血酸、维生素 C 等。

药理作用 ①全草流浸膏能使离体蛙心的房室节律发生显著紊乱。如注入蛙腹淋巴腔也可产生房室传导部分阻断，心室率明显变慢；同样剂量予皮下注射，可使豚鼠于 24 小时内死亡。②乙醇制成的提取液以不同剂量注射，对犬具有升高血压和降低血压的不同效果，两种剂量皆增加呼吸速率，因此使用剂量一定要注意。

性味归经 全草：淡，平。花：微苦、涩，平。均归肝、肺经。

功能主治 全草：清热解毒，止咳平喘，止血。适用于扁桃体炎，咽喉炎，黄疸型肝炎，咳喘，肺结核，新星疮，外伤出血。

花：清肝明目。适用于夜盲症，视力模糊。

（二百九十九）向日葵属 *Helianthus* L.

药用记载 菊芋 *Helianthus tuberosus* L. 的块茎或茎叶在《中华本草》《全国中草药汇编》中记载为菊芋。

651. 菊芋 *Helianthus tuberosus* L.

别名 洋羌、番羌、鬼子姜、五星草、菊薯。

识别要点 多年生草本。具块状地下茎。茎直立，上部分枝，被短糙毛或刚毛。基部叶对生，上部叶互生；叶片卵形至卵状椭圆形，边缘有锯齿，上面粗糙，下面被柔毛，具 3 脉。头状花序数个，生于枝端；总苞片披针形或线状披针形，开展；舌状花中性，淡黄色，特别显著；管状花两性，花冠黄色；棕色或紫色，裂片 5。瘦果楔形；冠毛上端常有 2 ～ 4 个具毛的扁芒。花期 8 ～ 10 月。（图 3–651–1 ～ 3–651–2，见 897 页）

生境与分布 生长于向阳山坡，原为栽培品，现多逸为野生。

药用部位 块根或茎叶。

采集加工 秋季采挖块根；夏、秋季采收茎叶，鲜用或晒干。

化学成分 块根含菊糖、蔗糖、果糖转移酶、核酮糖 – 二磷酸羧化酶、多酚氧化酶、旋覆花酶、果糖低聚糖。叶含向日葵精、肿柄菊内酯、密花绵毛叶菊素、勒普妥卡品、巴德来因及其酯等。地上部分的挥发油含向日葵醇 A、β – 甜没药烯。

性味归经 甘、微苦，凉。归肝、大肠经。

功能主治 清热凉血，消肿。适用于热病，肠热出血，跌打损伤，骨折肿痛。

（三百）豨莶属 *Siegesbeckia* L.

药用记载 腺梗豨莶 *Siegesbeckia pubescens* Makino 的地上部分在《中国药典》《中药大辞典》中记载为豨莶草，在《中药大辞典》《中华本草》中记载为豨莶；根在《中药大辞典》《中华本草》中记载为豨莶根；果实在《中药大辞典》《中华本草》中记载为豨莶果。

652. 腺梗豨莶 *Siegesbeckia pubescens* Makino

别名 火莶、猪膏莓、粘金强子、粘为扎、珠草、棉苍狼。

识别要点 一年生草本，枝上部尤其是花序分枝被紫褐色头状有柄长腺毛及白色长柔毛。叶对生，叶片质薄，两面被短毛，沿叶脉有白色长柔毛，中部以上的叶卵圆形或卵形，边缘有尖头齿；分枝非二歧状。头状花序排成伞房状，花梗和分枝的上部被紫褐色的密腺毛和长柔毛；总苞背面密被紫褐柄腺；花黄色，舌状花的花冠有时5齿裂。瘦果4棱，先端有灰褐色球状凸起。花期5～8月，果期6～10月。（图3-652-1～3-652-2，见898页）

生境与分布　生长于山坡、灌丛、林中或路旁。分布于东北、西南、河北、山西、陕西、甘肃、江苏、安徽、浙江、江西、湖南、湖北等地。

药用部位　地上部分、根、果实。

采集加工　地上部分：夏季开花前或花期均可采收。割取地上部分，晒干。根：秋、冬季采挖，洗净，切段，鲜用。果实：夏、秋季采摘，晒干。

化学成分　全草含腺梗豨莶苷、腺梗豨莶醇、腺梗豨莶酸、对映-16β,17,18-贝壳杉三醇、对映-16β，17-羟基-19-贝壳松酸、大花沼兰酸、奇任醇、谷甾醇、胡萝卜苷等。

药理作用　①有抗炎作用。②煎剂有降压作用。③水煎液对细胞免疫和体液免疫都有抑制作用。④制剂对血栓形成有抑制作用。⑤注射液对小鼠肠系膜微循环障碍后血流恢复，有显著促进使用。⑥注射液对金黄色葡萄球菌等有抑制作用。

性味归经　地上部分：辛、苦，寒。归肝、肾经。

功能主治　地上部分：祛风湿，通经络，清热解毒。适用于风湿痹痛，筋骨不利，腰膝无力，半身不遂，高血压病，疟疾，黄疸，痈肿，疮毒，风疹湿疮，虫兽咬伤。

根：祛风，除湿，生肌。适用于风湿顽痹，头风，带下，烧烫伤。

果实：驱蛔虫。适用于蛔虫病。

用药警戒　阴血不足者忌服。忌铁。

（三百零一）苍耳属 *Xanthium* L.

药用记载　苍耳 *Xanthium sibiricum* Patrin ex Widder、蒙古苍耳 *X. mongolicum* kitag. 的干燥成熟带总苞的果实在《中国药典》《中药大辞典》《中华本草》中记载为苍耳子；全草在《中药大辞典》《中华本草》中记载为苍耳；根在《中药大辞典》《中华本草》中记载为苍耳根；花或花蕾在《中华本草》中记载为苍耳花。

653. 苍耳 *Xanthium sibiricum* Patrin ex Widder

别名　卷耳、葈耳、粘头婆、虱马头、刺八颗、苍浪子、疔疮草、野落苏、老苍子、痴头猛、羊带归、痴头婆。

识别要点　一年生草本。茎直立不分枝或少有分枝，被灰白色糙伏毛。叶互生，有长柄，叶片三角状卵形或心形，被粗糙或短白伏毛。头状花序近于无柄，聚生，单性同株；雄花序球形，小花管状；雌花序卵形，外面有倒刺毛，小花2朵，无花冠。成熟具瘦果的总苞变坚硬外面具较疏的总苞刺，刺直立，向上部渐狭，基部不增粗。瘦果。花期7～8月，果期9～10月。（图3-653-1～3-653-2，见898页）

生境与分布　生长于平原、丘陵、低山、荒野、路边、沟旁、田边、草地、村旁等处，分布于全国各地。

药用部位　带总苞的果实、全草、根、花。

采集加工　带总苞的果实：秋季果实成熟时采收，干燥，除去梗、叶等杂质，晒干。全草：夏季割取，阴干。

化学成分　果实含棕榈酸等多种有机酸、谷甾醇、卵磷脂、脑磷脂、苍耳子苷、酒石酸、多种氨基酸、维生素 C 和色素。种仁含棕榈酸、氨醌、苍术苷、羟基苍术苷。全草含苍耳苷、黄质宁、苍耳明、咖啡酸、查耳酮衍生物等。

药理作用　①可使血糖下降。②有镇咳作用。③有短暂降压作用。④对金黄色葡萄球菌有某些抑菌作用，对红色毛癣菌也有抑菌作用。⑤能抑制蛙心的兴奋传导，导致心脏阻滞；在离体兔耳上，可使血管扩张；在蛙后肢灌流中，引起血管的先扩张后收缩。

性味归经　果实：辛、苦，温，有毒。归肺经。全草：苦、辛，微寒，小毒。归肺、脾、肝经。根：微苦，平，小毒。归肺、肾经。

功能主治　果实：散风除湿，通鼻窍。适用于风寒头痛，鼻渊流涕，风疹瘙痒，湿痹拘挛。

全草：祛风，散热，除湿，解毒。适用于感冒，头风，头晕，鼻渊，目赤，目翳，风湿痹痛，拘挛麻木，风癞，疔疮，疥癣，皮肤瘙痒，痔疮，痢疾。

花或花蕾：祛风，除湿，止痒。适用于白癞顽痒，白痢。

用药警戒　①不可与猪肉共食。②忌米泔。③散气耗血，虚人勿服。④血虚之头痛、痹痛忌服。⑤苍耳的茎叶中皆有对神经及肌肉有毒的物质。中毒后全身无力、头晕、恶心、呕吐、腹痛、便闭、呼吸困难、烦躁不安、手脚发凉、脉搏慢。严重者出现黄疸、鼻衄，甚至昏迷、体温下降、血压忽高忽低，或者有广泛性出血，最后因呼吸、循环衰竭而死亡。

654. 蒙古苍耳 *Xanthium mongolicum* Kitag.

别名　好宁您－章（蒙名）。

识别要点　与苍耳的区别是：本品成熟的具瘦果的总苞椭圆形，外面具较疏的总苞刺，总苞刺坚硬，刺基部增粗。（图 3-654-1 ～ 3-654-2，见 898 页）

生境与分布　生长于山坡、旷野、路旁。分布于黑龙江、辽宁、内蒙古、河北。

药用等其余各项与苍耳相同。

（三百零二）蓍属 *Achillea* L.

药用记载　高山蓍 *Achillea alpina* L. 的全草在《全国中草药汇编》《中华本草》中记载为蓍草；果实在《中药大辞典》《中华本草》中记载为蓍实。蓍 *A. millefolium* L. 的全草在《中药大辞典》《中华本草》中记载为洋蓍草；在《全国中草药汇编》中记载为一枝蒿。

655. 高山蓍 *Achillea alpina* L.

别名　蓍、蜈蚣草、飞天蜈蚣、乱头发、土一枝蒿、羽衣草、千条蜈蚣、锯草、一枝蒿。

识别要点 多年生草本，根状茎短。茎直立，有棱条，上部有分枝。叶互生，无柄；中部叶线状披针形，篦齿状羽状浅裂至深裂，两面生长柔毛；基部叶裂片抱茎，裂片边缘有不等大的锯齿或浅裂。头状花序多数，密集成伞房状；总苞钟状，总苞片3层，绿色，草质，有中肋，宽披针形。边缘舌状花白色，舌片卵圆形，中心管状花白色，花药黄色，伸出花冠外面。瘦果扁平，宽倒披针形，有淡色边肋。花期7～9月，果期9～10月。（图3-655-1～3-655-4，见899页）

生境与分布 生长于山坡、沟旁或林缘。分布于东北、华北、宁夏、甘肃东部等省区。

药用部位 全草、果实。

采集加工 全草：夏、秋季采收，洗净，鲜用或晒干。果实：秋季果实成熟时采收，晒干。

化学成分 全草含琥珀酸、延胡索酸、α-呋喃甲酸、乌头酸。

药理作用 ①抗炎作用。②解热镇痛，也有协同阈下剂量戊巴比妥钠致小鼠睡眠作用。③抗菌作用。

性味归经 全草：辛、苦，温，有毒。归脾、肺经。果实：酸、苦，平。归肺、肝经。

功能主治 全草：祛风止痛，活血，解毒。适用于感冒发热，头风痛，牙痛，风湿痹痛，血瘀经闭，腹部痞块，跌打损伤，毒蛇咬伤，痈肿疮毒。

果实：益气，明目。适用于气虚体弱，视物昏花。

用药警戒 孕妇慎服。

656. 蓍 *Achillea millefolium* L.

别名 锯草、欧蓍、千叶蓍、乱头发、一枝蒿、飞天蜈蚣、千条蜈蚣、蚰蜒草、锯齿草。

识别要点 多年生草本。茎直立，有棱条，通常生白色柔毛，中部以上叶腋常有缩短的不育枝。叶互生，长线状披针形，无柄；二至三回羽状全裂，裂片多数，细小，无端尖。头状花序密集成复伞房花序；总苞钟状，总苞片卵形、卵状披针形或长方形，覆瓦状排列；周边舌状花，雌性，白色，花冠矩圆状，先端3浅裂；中心管状花，两性，白色，花药黄色，伸出花冠外面。瘦果扁平，长圆形，有翼，无冠毛。花期7～9月，果期9～10月。（图3-656-1～3-656-5，见899～900页）

生境与分布 生长于湿草地、荒地及铁路沿线一带。分布于东北、内蒙古、新疆等地。

药用部位 全草。

采集加工 夏、秋季间开花时采收，晒干。

化学成分 全草含异凹陷蓍萜、8-乙酰氧基洋艾内酯、蒿属种萜、墨西哥蒿素、巴尔喀蒿烯内酯、千叶蓍内酯、去乙酰基母菊内酯酮、β-谷甾醇、胆甾醇、蒲公英甾醇、伪蒲公英甾醇、芹菜素、木犀草素、大波斯菊苷、芸香苷、驱蛔素、松油烯、樟脑、蓍酸。

药理作用 ①止血作用。②抗炎作用。③健胃作用。④有降低血压作用，并有微弱的退热作用。

性味归经 辛、苦，微温，有毒。归心、肝、肺经。

功能主治 活血，祛风，止痛，解毒。适用于跌打损伤，风湿疼痛，痞块，痈肿。

用药警戒 孕妇忌服。

657. 短瓣蓍 *Achillea ptarmicoides* Maxim.

识别要点 多年生草本植物。茎直立，疏被柔毛，上部有分枝。叶绿色，羽状深裂或羽状全裂，两面疏生毛，有蜂窝状小腺点。头状花序多数，舌状花白色，管状花有腺点。瘦果矩圆形或倒披针形。花果期 7 ～ 9 月。（图 3–657–1 ～ 3–657–2，见 900 页）

生境与分布 生长于山地草甸和灌丛间。分布于东北、内蒙古。

药用部位等各项可参考高山蓍。

（三百零三）母菊属 *Matricaria* L.

药用记载 母菊 *Matricaria recutita* L. 的花或全草在《中药大辞典》《中华本草》中记载为母菊。

658. 母菊 *Matricaria recutita* L.

别名 欧药菊、洋甘菊。

识别要点 一年生草本。茎直立多分枝，光滑无毛。绿色。叶互生，2 ～ 3 回羽状分裂，裂片短，窄线形。头状花序排列成伞房状，着生于枝梢或叶腋，具花梗；总苞半球形；苞片 4 层，边缘膜质；舌状花 1 层，生于花序外围，雌性，白色，先端平截或微凹；其内为管状花，多数，两性，黄色，花冠先端 4 ～ 5 齿裂；花药基部圆钝；花托圆锥形，无托片。瘦果椭圆形，有 3 ～ 5 条细棱，无冠毛。花期 5 ～ 7 月。（图 3–658–1 ～ 3–658–2，见 900 页）

生境与分布 生长于河谷旷野、田边。分布于东北、新疆。

药用部位 花、全草。

采集加工 5 ～ 7 月采收花朵与全草，晒干。

化学成分 全草和花含金合欢烯、α – 甜没药萜醇、甜没药萜醇氧化物、母菊内酯、母菊内酯酮、芹菜素、芸香苷、金丝桃苷、大牻牛儿烯、金合欢醇、樟烯、顺式 – 烯炔双环醚、脱肠草素、伞形花内酯、豆甾醇、万寿菊苷、槲皮黄苷、半乳糖醛酸、半乳糖、木糖、阿拉伯糖、葡萄糖、鼠李糖、多种氨基酸。

药理作用 ①消炎。②解痉。③有短暂的升压作用，有降温作用，可促进小鼠皮肤溃疡愈合，增进家兔网状内皮系统功能。

性味归经 辛、凉，微苦。归肺、肝经。

功能主治 清热解毒，止咳平喘，祛风湿。适用于感冒发热，咽喉肿痛，肺热咳喘，热痹肿痛，疮肿。

659. 同花母菊 *Matricaria matricarioides*（Less.）Porter ex Britto

识别要点 一年生草本，全株无毛或近无毛。茎直立或斜升，单一或基部多分枝，无毛。基生叶花期枯萎；茎生叶无柄，长圆形或倒披针形，基部半抱茎，2 ～ 3 回羽状全裂，裂片线形，先端锐尖。头状花序卵形，多数，形成聚伞状圆锥花序；总苞片 3 ～ 4 层，无毛，外层草质，较短，中内层边缘白色膜质，先端钝；花同型，花冠管状，黄绿色，先端4裂；花托卵状圆锥形，裸露。瘦果长圆形或长倒卵形，先端斜截形。花期7～8月，果期9月。（图3-659-1～3-659-3，见900～901页）

生境与分布 生长于林缘、耕地及住宅附近。分布于东北。

药用参考母菊。

（三百零四）蟛蜞菊属 *Wedelia* Jacq.

药用记载 蟛蜞菊 *Wedelia chinensis*（Osbeck.）Merr. 的全草在《全国中草药汇编》《中药大辞典》《中华本草》中记载为蟛蜞菊。

660. 蟛蜞菊 *Wedelia chinensis*（Osbeck.）Merr.

别名 路边菊、马兰草、蟛蜞花、水兰、卤地菊、黄花龙舌草、黄花曲草、鹿舌草、黄花墨菜、龙舌草。

识别要点 多年生草本。茎匍匐，上部近直立，基部各节生出不定根，分枝，有阔沟纹，疏被贴生的短糙毛或下部脱毛。叶无柄，椭圆形、长圆形或线形。头状花序少数，单生于枝顶或叶腋内，总苞钟形。舌状花1层，黄色，舌片卵状长圆形，顶端2～3深裂，管部细短。管状花较多，黄色，花冠近钟形，向上渐扩大，檐部5裂。瘦果倒卵形，无冠毛。花期3～9月。（图3-660-1～3-660-4，见901页）

生境与分布 生于路旁、田边、沟边或湿润草地上。分布于辽宁、福建、台湾、广东、海南、广西、贵州等地。

药用部位 全草。

采集加工 夏秋采收，洗净，鲜用或晒干。

化学成分 全草含三十烷酸、二十四烷酸、豆甾醇、豆甾醇葡萄糖苷、左旋-贝壳杉烯酸。

药理作用 全草的水提取物腹腔注射对小鼠艾氏腹水癌有一定的抑制作用。煎剂1∶128对白喉杆菌，1∶30对金黄色葡萄球菌，1∶81对乙型链球菌均有抑制作用。

性味归经 微苦、甘，凉。

功能主治 清热解毒，凉血散瘀。适用于感冒发热，咽喉炎，扁桃体炎，白喉，百日咳，气管炎，肺炎，肺结核咯血，鼻衄，尿血，传染性肝炎，痢疾，痔疮。外用治疔疮疖肿。

（三百零五）菊属 *Dendranthema*（DC.）Des Moul.

药用记载 野菊 *Dendranthema indicum*（L.）Des Moul. 和甘菊 *D. lauandrlifolium*（Fisch. ex Trauty）Ling et Shih. 的根或全草在《中药大辞典》《中华本草》中记载为野菊；野菊的干燥头状花序在《中国药典》中记载为野菊花；野菊和甘菊的头状花序在《中药大辞典》《中华本草》中记载为野菊花。

661. 野菊 *Dendranthema indicum*(L.)Des Moul.

别名 山菊花、千层菊、黄菊花、菊花脑、疟疾草、苦薏。

识别要点 多年生草本。顶部的枝通常被白色柔毛，有香气。叶互生，卵圆形至长圆状卵形，有羽状深裂片，下面被白色短柔毛及腺体，沿脉毛较密，具叶柄。头状花序顶生，数个排列成伞房花序状；外围为舌状花，淡黄色，无雄蕊；中央为管状花，深黄色，先端 5 齿裂；雄蕊 5，聚药，花丝分离；雌蕊 1；花柱细长,柱头 2 裂。瘦果基部窄狭。花期 9 ～ 10 月。(图 3–661–1 ～ 3–661–3，见 902 页)

生境与分布 生长于路边、丘陵、荒地及林缘。全国大部分地区均有分布。

药用部位 根或全草、花序。

采集加工 根或全草：夏、秋间采收，鲜用或晒干。花序：秋、冬二季花初开放时采摘，晒干，或蒸后晒干。

化学成分 野菊全草含蒙花苷、矢车菊苷、菊黄质、多糖、香豆精类、野菊花内酯、莰烯、樟脑、葛缕酮等。花含野菊花内酯、野菊花醇、野菊花三醇、野菊花酮、菊油环酮、矢车菊苷、苦味素、α – 侧柏酮、当归酰豚草素 B、当归酰亚菊素、苏格兰蒿素、刺槐苷、木犀草素、菊黄质、胡萝卜苷、豚草素 S、棕榈酸、熊果酸、亚油酸、β – 谷甾醇、羽扇豆醇。

药理作用 ①可使冠脉血流量明显增加，心肌收缩振幅明显降低，对毛细血管有明显扩张作用。对心肌缺血有明显保护作用。②可抑制血小板聚集。③降压。④抗病原微生物。⑤野菊花在试管内对钩端螺旋体也有抑制作用。⑥促进白细胞吞噬功能。

性味归经 根和全草：苦、辛，寒。归肝、心经。头状花序：苦、辛，平。归肺、肝经。

功能主治 根或全草：清热解毒。适用于感冒，气管炎，肝炎，高血压，痢疾，痈肿，疔疮，目赤肿痛，瘰疬，湿疹。花序：清热解毒，疏风平肝。适用于疔疮痈肿，目赤肿痛，头痛眩晕，湿疹，皮炎，风热感冒，咽喉肿痛，高血压。

用药警戒 脾胃虚寒者，孕妇慎用。

662. 小红菊 *Dendranthema chanetii*(Lévl.)Shih

别名 野菊花。

识别要点 多年生草本。茎直立或基部弯曲，通常仅在茎顶有伞房状花序分枝。全部茎枝有稀疏的毛。中部茎叶肾形、半圆形、近圆形或宽卵形，通常 3 ～ 5 掌状或掌式羽状浅裂或半裂，少有深裂的；侧裂片椭圆形，顶裂片较大，其他部位叶片较小。头状花序在茎枝顶端排成疏松伞房花序，少有头状花序单生茎端的。总苞苞片边缘白色或褐色膜质。舌状花白色、粉红色或紫色，顶端 2 ～ 3 齿裂。瘦果顶端斜截，下部收窄，有脉棱。花果期 7 ～ 10 月。(图 3–662–1 ～ 3–662–3，见 902 页)

生境与分布 生长于草原、山坡林缘、灌丛及河滩与沟边。分布于东北、河北、山东、山西、内蒙古、陕西、甘肃、青海。

药用等参考野菊。

663. 紫花野菊 *Dendranthema zawadskii*(Herb.)Tzvcl.

别名 山菊。

识别要点 二年生或多年生草本，匍匐枝纤细分枝，全株被柔毛。茎单生或少数簇生，不分枝或分枝。基生及茎下部叶二回羽状全裂或深裂，卵形、近圆形或矩圆形，长宽变异极大；羽状裂片1～3对，顶裂片披针形；中部及上部叶变小，矩圆形或条形，羽状分裂或不裂。头状花序单生或2～5个在茎枝顶端排成伞房状；总苞片边缘膜质，褐色或光亮；舌状花白色、粉红色或红紫色。瘦果无齿冠，有5～8个不明显的纵肋。花果期7～9月。(图3-663-1～3-663-4，见903页)

生境与分布 生长于山坡针阔林下。分布于东北、浙江、安徽、河北、内蒙古、山西、陕西。

药用等参考野菊。

664. 小山菊 *Dendranthema oreastrum*(Hance)Ling

别名 山菊花。

识别要点 多年生草本。茎直立，单生。基生及中部茎叶菱形、扇形或近肾形，上部叶与茎中部叶同形，但较小，全部叶有柄。头状花序单生茎顶，极少茎生2～3个头状花序的。总苞浅碟状，总苞片4层。舌状花白色、粉红色。舌片顶端3齿或微凹。瘦果。花果期6～8月。(图3-664-1～3-664-4，见903～904页)

生境与分布 生长于山地、草甸。分布于东北、河北、山西。

药用等参考野菊。

665. 细叶菊 *Dendranthema maximowiczii*(Komar.)Tzve.

别名 山白菊。

识别要点 二年生草本。茎单生，直立，中上部有少数分枝。中下部茎叶全形卵形、宽卵形，二回裂片线形、狭线形，上部及接花序下部的叶羽状分裂。头状花序2～4个在茎枝顶端排成疏松伞房花序，极少单生。总苞浅碟形，全部苞片边缘浅褐色。舌状花白色、粉红色。花期7～9月。(图3-665-1～3-665-2，见904页)

生境与分布 生长于山坡、湖边和沙丘。分布于东北及内蒙古。

药用等参考野菊。

(三百零六)线叶菊属 *Filifolium* Kitam.

药用记载 线叶菊 *Filifolium sibiricum*(L.)Kitam.的全草在《全国中草药汇编》《中华本草》中记载为兔毛蒿；在《中药大辞典》中记载为兔子毛。

666. 线叶菊 *Filifolium sibiricum*(L.)Kitam.

别名 兔毛蒿、西伯利亚艾菊、兔子毛、疔毒草、惊草、荆草。

识别要点　多年生草本。根茎粗壮，斜升。茎基部被密厚的纤维鞘，不分枝或呈伞房状分枝。叶具长柄；基生叶倒卵形或长圆状椭圆形；茎生叶较短小，全部叶为二至三回羽状分裂，裂片线形至丝状，无毛。头状花序异型，在枝端或茎顶排成复伞房状；总苞球形或半球形；外围一层雌花，花冠筒状，先端 2 裂；中央有多数不育的两性花，黄色，先端 4 齿裂。瘦果压扁；无冠毛。花果期 6 ～ 9 月。（图 3–666–1 ～ 3–666–3，见 904 页）

生境与分布　生长于山坡、草地。分布于东北、内蒙古、河北、山西等地。

药用部位　全草。

采集加工　夏、秋季采收，阴干。

化学成分　全草含圣草素、兔毛蒿素、三萜皂苷酸性成分、糖类。

药理作用　①抑菌。②镇静。③有降血压和减慢心率作用。④明显镇咳作用。

性味归经　苦，寒。归心、肝经。

功能主治　清热解毒，抗菌消炎，安神镇惊，调经止血。适用于高热，心悸，失眠，月经不调，痈肿疮疡。

用药警戒　外敷时可出现疼痛，故与止痛剂合用为宜。

（三百零七）蒿属 *Artemisia* L.

药用记载　大籽蒿 *Artemisia sieversiana* Ehrhart ex Willd. 的全草在《中药大辞典》《中华本草》中记载为白蒿；花蕾在《中华本草》中记载为白蒿花，在《全国中草药汇编》中记载为大籽蒿。蒌蒿 *A. selengensis* Turcz. ex Bess. var. *selengensis* 的全草在《中药大辞典》《中华本草》中记载为蒌蒿。冷蒿 *A. frigida* Willd. 的带花全草在《全国中草药汇编》中记载为小白蒿；在《无误蒙药鉴》中记载为阿给。莳萝蒿 *A. anethoides* Mattf 始载于《中国高等植物图鉴》。黄花蒿 *A. annua* L. 的全草在《中国药典》《中药大辞典》《中华本草》中记载为青蒿；根在《中药大辞典》《中华本草》中记载为青蒿根；果实在《中药大辞典》《中华本草》中记载为青蒿子；《中药大辞典》还将其全草记载为黄花蒿，果实记载为黄花蒿子。青蒿 *A. carvifolia* Buch.–Ham. var. *carvifolia* 的全草在《中药大辞典》中记载为青蒿，果实在《中药大辞典》中记载为青蒿子。牡蒿 *A. japonica* Thunb. 的全草在《全国中草药汇编》《中药大辞典》《中华本草》中记载为牡蒿。艾 *A. argyi* Levl .et Vant. 的叶在《全国中草药汇编》《中药大辞典》《中华本草》中记载为艾叶；果实在《中药大辞典》《中华本草》中记载为艾实。茵陈蒿 *A. capillaris* Thunb. 与滨蒿（猪毛蒿）*A. scoparia* Waldst. et Kit 的幼苗或地上部分在《中国药典》《中药大辞典》中记载为茵陈，在《中药大辞典》《中华本草》中记载为茵陈蒿。蒙古蒿 *A. mongolica*（Fisch. et Bess.）Nakai 在《内蒙古中草药》中记载为蒙古蒿。柳叶蒿 *A. integrifolia* L. 的全草在《全国中草药汇编》《中华本草》中记载为柳叶蒿。毛莲蒿 *A. vestita* Wall. ex Bess. 的茎、叶在《中华本草》《中药大辞典》中记载为结血蒿；在《全国中草药汇编》中记载为毛莲蒿。菴闾 *A. keiskeana* Miq. 的全草在《中药大辞典》《中华本草》中记载为菴闾，果实记载为菴闾子。白莲蒿 *A. sacrorum* Ledeb. 的全草在《全国中草药汇编》中记载为万年蒿。圆头蒿 *A. sphaerocephala* Krasch. 的种子在《全国中草药汇编》《中华本草》中记载为白砂蒿。

667. 大籽蒿 *Artemisia sieversiana* Ehrhart ex Willd.

别名 大白蒿、白蒿、臭蒿子、山艾、大头蒿、苦蒿（维名）、额尔木（蒙名）、埃勒姆－查乌尔（蒙名）、肯甲（藏名）。

识别要点 一年生或二年生草本。主根较粗。茎直立，较粗，具纵沟棱，被白色短柔毛。基生叶早枯。茎中；下部叶具柄，叶片宽卵形或宽三角形，二至三回羽状深裂，侧裂片条形或条状披针形，先端渐尖或钝，两面被伏柔毛和腺点。上部叶渐变小，羽状全裂。最顶端的叶不裂而为条形或条状披针形。头状花序排列成中度扩展的圆锥形，有梗，下垂，总苞片被白色伏柔毛或无毛，花托凸起，密被毛，边缘小花雌性，中央小花为两性。瘦果卵形或椭圆形，褐色。花果期 7 ～ 10 月。（图 3–667–1 ～ 3–667–4，见 905 页）

生境与分布 生长于田间、道旁。分布于除华南以外的全国各地。

药用部位 全草、花蕾。

采集加工 全草：夏、秋季开花时采收，鲜用或扎把晾干。

化学成分 地上部分含倍半萜内酯、白蒿素、洋艾内酯、洋艾素、白蒿宁、异戊酸、橙花醇酯、大牻牛儿烯、右旋姜黄烯、异戊酸橙花醇酯、亚菊素、安洋艾素、球花母菊素、兰香油薁、兰香油精、蒿萜内酯、芝麻素、阿斯汉亭、蒿脂麻木质体、艾黄素、猫眼草黄素、芸香苷、异槲皮苷、马栗树皮素、咖啡酸。

药理作用 倍半萜内酯对金黄色葡萄球菌、大肠杆菌等在体外有抑制作用。

性味归经 全草：苦、微甘，凉。花蕾：苦，凉。归肺、肝经。

功能主治 全草：清热利湿，凉血止血。适用于肺热咳嗽，咽喉肿痛，湿热黄疸，热痢，淋病，风湿痹痛，吐血，咯血，外伤出血，疥癞恶疮。

花蕾：清热解毒，收湿敛疮。适用于痈肿疔毒，湿疮，湿疹。

668. 蒌蒿 *Artemisia selengensis* Turcz. ex Bess. var. *selengensis*

别名 三叉叶蒿、高茎蒿、水蒿、水艾、小蒿子、奥存－沙里尔日（蒙名）。

识别要点 多年生草本。植株具清香气味。茎下部通常半木质化，上部有着生头状花序的分枝。叶纸质或薄纸质，茎下部叶宽卵形或卵形，5 或 3 全裂或深裂，稀间有 7 裂或不分裂的叶，分裂叶的裂片线形或线状披针形，叶基部渐狭成柄，上部叶与苞片叶指状 3 深裂，边缘具疏锯齿。头状花序多数，在分枝上排成密穗状花序，并在茎上组成狭而伸长的圆锥花序；雌花花冠狭管状，两性花花冠管状，花药线形。瘦果卵形，略扁，上端偶有不对称的花冠着生面。花果期 7 ～ 10 月。（图 3–668–1 ～ 3–668–4，见 905 ～ 906 页）

生境与分布 生长于河湖岸边、沼泽地带、湿润的疏林中、山坡、路旁、荒地等。分布于东北、华北、陕西、甘肃、山东、江苏、安徽、江西、河南、湖北、湖南、广东、四川、云南及贵州等省区。

药用部位 全草。

采集加工 春季采收嫩根苗，鲜用。

性味归经 苦、辛，温。归胃经。

功能主治 利膈开胃。适用于食欲不振。

669. 冷蒿 *Artemisia frigida* Willd.

别名 小白蒿、串地蒿、阿给（蒙名）、坎巴嘎保（藏名）。

识别要点 小半灌木，全株密被灰白色或淡黄色绢毛。茎丛生，基部木质。叶 2 ～ 3 回羽状全裂，小裂片又常 3 ～ 5 裂，片近条形。头状花序排列成狭长的总状花序或复总状花序，下垂，总苞球形，花黄色；花序托有毛；边花雌性。瘦果长圆形。花期 7 ～ 9 月。（图 3–669–1，见 906 页）

生境与分布 生长于草原、山坡、路旁、砾质沙石地、高山草甸。分布于我国东北、华北、内蒙古、宁夏、青海、新疆等地。

药用部位 带花全草。

采集加工 7 ～ 8 月花蕾时采收，晒干。

性味归经 辛，温。归肺、肾经。

功能主治 止血利肾，燥湿杀虫。适用于痈疖，肺病，肾病胆囊炎，驱蛔虫、蛲虫。

670. 莳萝蒿 *Artemisia anethoides* Mattf

别名 肇东蒿、小碱蒿、伪茵陈、博知莫格（蒙名）、霍宁 – 沙里尔日（蒙名）、宝吉木格 – 协日乐吉（蒙名）。

识别要点 一年生或二年生草本，有直根，从基部分枝，被短茸毛。叶 2 ～ 3 回羽状全裂，基部的裂片抱茎；上部叶羽状分裂；三裂或不裂。头状花序极多数，排列成多少密集的复总状花序，常多少下垂；总苞片 3 层，被白色微毛，边缘膜质，内层卵形，边缘宽膜质；花序托有白色密毛；花筒状，外层雌性，内层两性。瘦果斜卵形。花果期 7 ～ 10 月。（图 3–670–1 ～ 3–670–2，见 906 页）

生境与分布 生长于干山坡、河湖边沙地、盐碱荒地、路旁等。分布于东北、内蒙古、西北各省。

药用部位 幼苗。

采集加工 春季基生叶茂盛时采收，洗净，晒干。

性味归经 苦，寒。归肝、胆经。

功能主治 清热利湿。适用于黄疸型肝炎、胆囊炎。

671. 黄花蒿 *Artemisia annua* L.

别名 草蒿、青蒿、臭蒿、犱蒿、黄蒿、臭黄蒿、野苦草、假香菜、香丝草、酒饼草、沙拉翁、莫林 – 沙里尔日（蒙名）、好尼 – 沙里勒吉（蒙名）、康帕（维名）、克朗（藏名）。

识别要点 一年生草本，无毛或有疏伏毛，全株具较强挥发油气味。茎通常单一，直立，分枝，有棱槽，光滑无毛，褐色或紫褐色。基生叶平铺地面，开花时凋谢；茎生叶互生，幼时绿色，老时变为黄褐色；叶片通常为三回羽状全裂，裂片短细；叶轴两侧具窄翅；茎上部的叶向下渐细小呈条形。头状花序细小，排列成金字塔形的复圆锥花序；花黄色，全为管状花，外围为雌花，中央为两性花。瘦果椭圆形。花期 8 ～ 10 月，果期 10 ～ 11 月。（图 3–671–1 ～ 3–671–3，见 906 页）

生境与分布 生长于山坡、林缘、荒地、田边、河岸等处。分布于我国南北各地。

药用部位 全草、根、果实、茎叶、茎节中昆虫的幼虫。

采集加工 全草：花苗期采收，切碎，晒干。根：秋、冬季采挖，洗净，切段，晒干。果实：秋季果实成熟时，采割果枝，打下果实晒干。茎叶：夏季花蕾时割取地上部分，去除杂质，洗净，蒸煮取蒸馏液。青蒿蠹虫：夏季，寻觅青蒿茎上有蛀孔者，即内有蠹虫，用刀剖取，入朱砂、轻粉研合为丸，干燥贮存。

化学成分 地上部分含青蒿素、青蒿烯、青蒿酸、去氢青蒿酸、环氧青蒿酸、黄花蒿内酯、无羁萜、猫眼草酚、蒿黄素、猫草黄素、紫花牡荆素、中国蓟醇、黄酮类、槲皮素、木犀草素、万寿菊素、东莨菪素、香豆精、香苇醇、小茴香酮、蒿属酮、芳樟醇、异龙脑、龙脑、樟烯、月桂烯、柠檬烯、棕榈酸、豆甾醇、β－谷甾醇、黄花蒿双五氧化物等。

药理作用 ①抗疟。②青蒿水煎液对结核杆菌等有一定的抑制作用。挥发油对所有皮肤癣有抑菌作用，青蒿素有抗流感病毒的作用。谷甾醇和豆甾醇亦有抗病毒作用。③有抗血吸虫及钩端螺旋体作用。④有明显的解热作用。⑤对体液免疫有明显的抑制作用，对细胞免疫有促进作用，有免疫调节作用。⑥可减慢心率，抑制心肌收缩力，降低冠脉血流量。有降血压作用。⑦青蒿琥酯能显著缩短小鼠戊巴比妥睡眠时间。青蒿素对实验性矽肺有明显疗效。蒿甲醚对小鼠有辐射防护作用。

性味归经 全草与根：苦、微辛，寒。归肝、胆经。果实：甘，凉。归肝经。

功能主治 全草：清热解暑，除蒸截疟。适用于暑热，暑湿，湿温，阴虚发热，疟疾，黄疸。

根：清热止血。适用于劳热骨蒸，关节酸疼，大便下血。

果实：清热明目，杀虫。适用于劳热骨蒸，痢疾，恶疮，疥癣，风疹。

青蒿露（茎叶蒸馏液）：退热，清暑，辟秽。适用于劳热骨蒸，虚热，虚烦，盗汗，久疟，久痢，蓐劳。

青蒿囊虫：适用于急慢惊风，流行性乙型脑炎，脑膜炎痉挛抽搐。有镇静镇痉之效，适用于成人痉挛性疾患。

用药警戒 产后血虚、内寒作泻及饮食停滞泄泻者勿用。

672. 青蒿 *Artemisia carvifolia* Buch.–Ham. var. *carvifolia*

别名 草蒿、廪蒿、茵陈蒿、邪蒿、香蒿、苹蒿、黑蒿、白染艮、苦蒿。

识别要点 一年生草本；植株有香气。主根单一，垂直，侧根少。茎单生，上部多分枝。叶两面青绿色或淡绿色，无毛；基生叶与茎下部叶三回栉齿状羽状分裂，有长叶柄，中轴与裂片羽轴常有小锯齿，基部有小型半抱茎的假托叶。头状花序半球形或近半球形，具短梗，下垂，基部有线形的小苞叶，在分枝上排成穗状花序式的总状花序，花序托球形；花淡黄色。瘦果长圆形至椭圆形。花果期6～9月。（图3–672–1～3–672–2，见907页）

生境与分布 生长于河岸边、沙地、林缘、路旁、山谷等处。分布于东北、华北、陕西、江苏、安徽、浙江、江西、福建、湖北、湖南、广东、广西、四川、贵州、云南。

药用部位 全草、果实、根。

采集加工 全草：开花前，选茎叶色青者，割取地上部分，阴干。果实：秋季果实成熟时，割取果枝，打下果实晒干。

化学成分 全草含蛔蒿酮、樟脑、桉叶素、乙酸蛔蒿醇酯、蒎烯、莰烯、杜松油烯、石竹烯、倍半萜醇、苯酚、乙酸苄酯、甲基丁酸苄酯、东莨菪素、东莨菪苷、艾蒿碱、苦味素等。

性味归经 辛、苦，凉，无毒。归胃经。

功能主治 全草：清热解暑。果实：治劳，下气，开胃，止盗汗。根：适用于劳热骨蒸，关节酸疼，大便下血。

673. 牡蒿 *Artemisia japonica* Thunb.

别名 蔚、齐头蒿、野塘蒿、土柴胡、脚板蒿、花等草、流水蒿、香蒿、布菜、铁菜子、鸡肉菜、胃痛灵。

识别要点 多年生草本。根状茎粗壮。茎直立，常丛生，上部有开展和直立的分枝。下部叶倒卵形或宽匙形，花期萎谢；中部叶匙形，有 3 ～ 5 枚浅裂片或深裂片；上部叶近条形。头状花序多数，卵球形或近球形，于分枝端排成复总状，有短梗及条形苞叶；雌花 3 ～ 8 朵，能孕；内层为两性花 5 ～ 10 条，不孕育。瘦果小，倒卵形，无毛。花、果期 7 ～ 10 月。（图 3–673–1 ～ 3–673–2，见 907 页）

生境与分布 生长于林缘、林下、旷野、山坡、丘陵及灌丛下。分布于我国南北各地。

药用部位 全草。

采集加工 开花前割取全草，晒干或鲜用。

化学成分 地上部分含月桂烯、柠檬烯、紫苏烯、α – 蒎烯、β – 蒎烯、α – 松油醇、乙酸龙脑酯、樟烯、菖蒲烯、甲基丁香油酚、萘、β – 行树脂醇、三十烷酸、香豆精、蒿属香豆精、茵陈色原酮、黄酮、桂皮酸、苯甲酸、阿魏酸、脱肠草素、东莨菪素、茵陈二炔酮、茵陈素、芹菜素 – 葡萄糖苷、木犀草素 – 葡萄糖苷。

药理作用 全草的乙醇或丙酮提取物在体外有抗红色毛癣菌的作用。

性味归经 苦、微甘，凉。归肺、肝经。

功能主治 清热，凉血，解毒。适用于夏季感冒，肺结核潮热，咯血，小儿疳热，衄血，便血，崩漏，带下，黄疸型肝炎，丹毒，毒蛇咬伤。

用药警戒 体弱虚寒者慎用、孕妇慎用。

674. 艾 *Artemisia argyi* Levl. et Vant.

别名 艾蒿、冰台、灸草、海艾、大叶艾、祁艾、艾蓬、五月艾、黄草、野艾、白陈艾、家陈艾、恰尔古斯 – 苏伊加（蒙名）、荽哈（蒙名）、黑阴威（瑶族名）。

识别要点 多年生草本。全株密被白色茸毛，有开展及斜升的花序枝。叶互生，下部叶在花期枯萎；中部叶卵状三角形或椭圆形；叶片羽状或浅裂，侧裂片约 2 对，裂片边缘有齿，上面被蛛丝状毛，有白色密或疏腺点；上部叶渐小，三裂或不分裂，无柄。头状花序多数，排列成复总状，花后下倾；总苞背面被绵毛；花带红色，多数，外层雌性，内层两性。瘦果无毛。花期 7 ～ 10 月。（图 3–674–1 ～

3-674-3，见 907 ～ 908 页）

生境与分布 生长于荒地林缘。分布于全国大部分地区。

药用部位 叶、果实。

采集加工 叶：夏季花未开时采摘，除去杂质，晒干。果实：9 ～ 10 月果实成熟后采收。

化学成分 艾叶含樟烯、香桧烯、蒎烯、聚伞花素、桉叶素、γ－松油烯、蒿属醇、松油烯、苏合香烯、樟脑、龙脑、异龙脑、松油烯醇、松油醇、薄荷醇、桃金娘醇、葛缕酮、香苇烯酮、紫苏醛、乙酸龙脑酯、紫苏醇、香荆芥酚、丁香油酚、芹子烯、喇叭醇、棕榈酸等。

药理作用 ①有抗菌作用。②对堇色毛癣菌等皮肤真菌均有不同程度的抑制作用。③对支气管有舒张作用。④艾叶油对小鼠有明显的利胆作用，使其胆汁流量增加。⑤对血小板聚集有极显著的抑制作用。⑥可明显缩短凝血及出血时间。⑦煎剂可兴奋家兔离体子宫，产生强直性收缩。⑧对过敏性休克有对抗作用，可降低死亡率。

性味归经 叶：辛、苦，温，有小毒。归肝、脾、肾经。果实：苦、辛，温。归肾经。

功能主治 叶：温经止血，散寒止痛，祛湿止痒。适用于吐血，衄血，便血，崩漏，妊娠下血，月经不调，痛经，胎动不安，心腹冷痛，泄泻久痢，霍乱转筋，带下，湿疹，疥癣，痔疮，痈疡。

果实：温肾壮阳。适用于肾虚腰酸，阳虚内寒。

用药警戒 阴虚血热者慎用。

675. 朝鲜艾 *Artemisia argyi* Lévl. et Van. var. *gracilis* Pamp.

别名 野艾、深裂叶艾蒿。

识别要点 本变种与艾的区别是茎中部叶为羽状深裂。（图 3-675-1 ～ 3-675-2，见 908 页）

生境与分布 生长于荒地、路旁河边、山坡、森林草原、草地。除极干旱与高寒地区外，几遍布全国。

药用等与艾相同。

676. 野艾蒿 *Artemisia lavandulaefolia* DC. FOC 修订为 *Artemisia lancea* Vaniot（矮蒿）

别名 荫地蒿、野艾、小叶艾、狭叶艾、苦艾、陈艾、色古得尔音－沙里尔日（蒙名）、哲尔日格－荽哈（蒙名）、普尔芒那保（藏名）。

识别要点 多年生草本，有时为半灌木状，植株有香气。茎直立，下部叶有长柄，中部叶长达 8cm。头状花序多数，总苞矩圆形。花序托小，凸起；雌花 4 ～ 9 朵，花冠狭管状，檐部具 2 裂齿，紫红色，两性花 10 ～ 20 朵，花冠管状，檐部紫红色；瘦果无毛。花果期 8 ～ 10 月。（图 3-676-1 ～ 3-676-2，见 908 页）

生境与分布 生长于路旁、林缘、山坡、草地、山谷、灌丛及河湖滨草地等。分布于东北、华北、西北、华中、华南等省区。

药用等与艾相同。

677. 南艾蒿 *Artemisia verlotorum* Lamotte

别名　白蒿、大青蒿、苦蒿、紫蒿、红陈艾、刘寄奴。

识别要点　多年生草本，植株有香气。主根稍明显，侧根多；根状茎短。茎单生或少数，具纵棱。叶纸质，上面浓绿色，近无毛，被白色腺点及小凹点，干后常成黑色；基生叶卵形或宽卵形，全裂或深裂。头状花序椭圆形或长圆形，在分枝上排成密或疏松的穗状花序；雌花花冠狭管状，檐部具 2 裂齿，紫色，花柱长，伸出花冠外，先端 2 叉，叉端尖；两性花花冠管状，檐部紫红色。瘦果小，稍压扁。花果期 7 ～ 10 月。（图 3–677–1 ～ 3–677–2，见 908 页）

生境与分布　生长于山坡、路旁、田边等地。分布于东北、华北、西北、山东、江苏、浙江、安徽、江西、福建、台湾、河南、湖北、湖南、广东、广西。

药用等与艾相同。

678. 五月艾 *Artemisia indica* Willd.

识别要点　多年生草本，有时成半灌木状，全株有香气。茎具棱，多分枝；茎枝、叶上面及总苞片初时被短柔毛，后脱落无毛，叶背面被蛛丝状毛。茎中部叶卵形或椭圆形，裂片椭圆状披针形、披针形或线形，叶柄几无；茎上部叶与苞片叶羽状分裂或不分裂。秋末冬初开花。头状花序卵形或长卵形，具短梗及小苞叶，在茎上排成开展圆锥花序状；边缘雌花，中央两性花。瘦果小，长圆形或倒卵形。花果期 8 ～ 10 月。（图 3–678–1 ～ 3–678–2，见 909 页）

生境与分布　生长于路旁、林缘、坡地。分布于全国大部分省区，仅西部和西北部高寒地区未见。

药用等与艾相同。

679. 蒙古蒿 *Artemisia mongolica*（Fisch. et Bess.）Nakai

别名　蒙蒿、狭叶蒿、狼尾蒿、水红蒿、蒙古 – 沙里尔日（蒙名）、白毛蒿、白叶蒿。

识别要点　多年生直立型草本。茎单一，具纵棱，常带紫褐色，被蛛丝状毛。茎生叶在花期枯萎；中部叶具短柄，基部抱茎；羽状深裂叶具 3 ～ 5 深裂的小裂片，边缘有少数锯齿或全缘，顶裂片又常 3 裂，裂片披针形至条形；叶上面绿色，近无毛，下面密被短茸毛。花序枝斜向上升，头状花序矩圆状钟形，具短梗或无梗，边缘小花雌性，中央小花两性；花冠伏钟形，紫红色。瘦果矩圆形，深褐色，无毛。花期 7 ～ 8 月，果期 9 月。（图 3–679–1 ～ 3–679–3，见 909 页）

生境与分布　生长于河岸沙地、草甸、河谷、撂荒地。分布于东北、华北和西北各省区。

药用部位　嫩茎叶。

采集加工　6 ～ 7 月采摘，晒干。

化学成分　鲜叶和嫩枝含挥发油，成分有 2– 甲基丁烯、甲叉环戊烷、α – 侧柏烯、α – 蒎烯、莰烯等。

性味归经　辛、苦，温。归肺、心、肝经。

功能主治　祛风散寒，散瘀消肿，理气安胎。适用于感冒咳嗽，皮肤湿疮，疥癣，痛经，胎动不安，功能性子宫出血，风寒外袭，表气郁闭，全身悉痛，发热恶寒，咳嗽咳痰，痰白清稀，苔薄白，脉浮紧，湿疮瘙痒，流产。

680. 红足蒿 *Artemisia rubripes* Nakai

别名 大狭叶蒿、小香艾、红茎蒿、乌兰－沙里尔日（蒙名）。

识别要点 多年生草本，植株常带紫红色。根状茎长，匍匐，有多数纤维根。茎直立有条棱。基生叶及茎生叶基部突然扩大，具托叶状裂片；叶片广卵状三角形，2回羽状分裂，裂片线状披针形或长圆状披针形，背面密被蛛丝状白绒毛，侧脉稍明显。头状花序多数，直立，较密集，形成狭圆锥花序，边花雌性，花冠管状线形，中央花两性，花冠管状钟形，花全部结实；花托裸露；瘦果，淡褐色，无毛。花期8月，果期9～10月。（图3–680–1～3–680–2，见909页）

生境与分布 生长于林缘、灌丛及撂荒地。分布于我国东北、华北。

附注 药用等作"艾"的代用品，有温经、散寒、止血作用。

681. 茵陈蒿 *Artemisia capillaris* Thunb.

别名 因尘、马先、茵陈、因陈蒿、绵茵陈、绒蒿、细叶青蒿、臭蒿、安吕草、婆婆蒿、野兰蒿。

识别要点 多年生草本。茎直立，木质化，表面有纵条纹，紫色，多分枝，老枝光滑，幼嫩枝被有灰白色细柔毛。营养枝上的叶片2～3回羽状裂或掌状裂，小裂片线形或卵形，密被白色绢毛；花枝上的叶无柄，羽状全裂，裂片呈线形或毛管状，基部抱茎，绿色，无毛。头状花序多数，密集成圆锥状；花杂性，淡紫色，均为管状花；雌花柱头2裂，叉状；两性花先端膨大，5裂，裂片三角形。瘦果长圆形，无毛。花期9～10月，果期11～12月。（图3–681–1～3–681–2，见910页）

生境与分布 生长于山坡、旷野、路旁、林缘。分布于东北、华北、华东、中南及台湾、四川等地。

药用部位 幼苗、地上部分。春采的去根幼苗称绵茵陈，夏割的地上部分称茵陈蒿。

采集加工 幼苗：春季幼苗时采收，除去杂质，去净泥土，晒干。地上部分：秋季花蕾长成时采割，除去杂质及老茎，晒干。

化学成分 地上部分含蒎烯、柠檬烯、松油烯、月桂烯、葎草烯、茵陈烯酮、丁香油酚、棕榈酸、硬脂酸、亚油酸、油酸、肉豆蔻酸、月桂酸、茵陈素、中国蓟醇、滨蓟黄素、异茵陈蒿黄酮等。花及花序含东莨菪素、异东莨菪素、茵陈色原酮、茵陈素、滨蓟黄素、茵陈色原酮、茵陈蒿黄酮、中国蓟醇、滨蓟黄素、泽兰苷元、异鼠李素、槲皮素、鼠李柠檬素、金丝桃苷等。幼苗含咖啡酸。

药理作用 ①有促进胆汁分泌和利胆作用，参与胆汁酸、胆红素、类脂和某些毒物的代谢。②茵陈素有较好的退热作用。③降血脂，有抗凝及促进纤维蛋白溶解作用。④降血压。⑤煎剂对金黄色葡萄球菌等有不同程度的抑制作用。⑥对离体兔肠略有兴奋作用。⑦水煎剂对致癌剂黄曲霉毒素的致突变作用有显著抑制效果。⑧有参与机体的免疫调节和诱生干扰素等作用，从多方面提高机体的免疫功能。

性味归经 苦、辛，微寒。归脾、胃、肝、胆经。

功能主治 清热利湿，退黄。适用于湿热黄疸，小便不利，风痒疮疥。

用药警戒 非因湿热引起的发黄者忌服。

682. 柳叶蒿 *Artemisia integrifolia* L.

别名　柳蒿、九牛草、乌达力格 – 沙里尔日（蒙名）。

识别要点　多年生草本。主根明显，侧根多数。茎直立，单立，紫褐色，有纵棱，中上部有斜展分枝，被蛛丝状毛。下部、中部叶花期枯萎，中部叶长椭圆形，先端锐尖，基部楔形，边缘深或浅裂齿或锯齿，上部叶狭披针形，有齿或全缘。头状花序极多数，总状排列于腋生直立的短枝上，并密集成狭长的复总状花序，有披针形至条形的苞叶；外层雌花 10 ～ 15 朵，黄色。瘦果倒卵形或长圆形。花、果期 8 ～ 10 月。（图 3–682–1 ～ 3–682–3，见 910 页）

生境与分布　生长于林缘、路旁、河边、草地、草甸及灌丛及沼泽地的边缘。分布于东北、内蒙古、河北、山西等地。

药用部位　全草。

采集加工　8 ～ 9 月采收全草，切段，晒干。

性味归经　苦，寒。归肺、肝经。

功能主治　清热解毒。适用于肺炎，扁桃体炎，丹毒，痈肿疔疖。

683. 毛莲蒿 *Artemisia vestita* Wall. ex Bess.

别名　老羊蒿、结血蒿、山蒿、白蒿、普尔那（藏名）。

识别要点　半灌木状草本或为小灌木状。植株有浓烈的香气，根木质，常有营养枝。茎直立，多数，丛生，茎、枝紫红色或红褐色，被蛛丝状微柔毛。叶面绿色或灰绿色，有小凹穴，两面被灰白色密绒毛，茎下部与中部叶卵形、椭圆状卵形或近圆形，羽状分裂，小裂片小，边缘常具数枚栉齿状的深裂齿，裂齿细小。头状花序多数，球形或半球形，下垂，花序托小，凸起；雌花花冠狭管状，两性花花冠管状，花药线形，花柱与花冠管近等长，先端 2 叉，叉端截形。瘦果长圆形或倒卵状椭圆形。花果期 8 ～ 11 月。（图 3–683–1 ～ 3–683–2，见 910 ～ 911 页）

生境与分布　生长于山坡、草地、灌丛、林缘等处。分布于东北、华北、西南及新疆、西藏等地。

药用部位　茎、叶。

采集加工　7 ～ 9 月割取地上部分，切段，阴干。

性味归经　苦，寒。归肝经。

功能主治　清热，解毒，除蒸。适用于瘟疫发热，劳热骨蒸。

684. 菴闾 *Artemisia keiskeana* Miq.

别名　庵芦、庵闾草、庵闾蒿、淹苘、覆闾、臭蒿。

识别要点　多年生草本。主根明显，侧根多数；根状茎短，有少数营养枝。茎直立，常丛生。下部叶在花期枯萎，中部叶倒卵形至卵状匙形，先端钝尖，基部渐狭，楔形，中部向上边缘有疏锯齿或浅裂齿；上部叶长圆形，有微齿或全缘。头状花序多数，于茎顶和分枝上排列成疏散的复总状花序；总苞球形；总苞片背面绿色，内层边缘宽膜质，无毛；边花雌性；中间花两性，均为管状，淡黄色。瘦果。花、果期 8 ～ 11 月。（图 3–684–1 ～ 3–684–2，见 911 页）

生境与分布 生长于山坡、路旁、草地、灌丛及疏林下。分布于东北、河北、山东、广东、江苏、浙江、安徽等地。

药用部位 全草、果实。

采集加工 全草：8～9月割取全草，晒干或鲜用。果实：成熟时采收，除去杂质，晒干。

性味归经 辛、苦，温。归肝经。

功能主治 全草：行瘀通经，祛湿。适用于妇女血瘀经闭，跌打瘀肿，风湿痹痛。

果实：活血散瘀，祛风除湿。适用于妇女血瘀经闭，产后瘀滞腹痛，跌打损伤，风湿痹痛。

用药警戒 无瘀滞湿热者慎服。孕妇忌服。

685. 白莲蒿 *Artemisia sacrorum* Ledeb.

别名 万年蒿、铁杆蒿、茵陈、哈日－沙巴嘎（蒙名）。

识别要点 多年生草本。半灌木状。茎直立，基部木质化，多分枝，暗紫红色，无毛或上部被短柔毛。茎下部叶在开花期枯萎，中部叶具柄，基部具假托叶，叶长卵形或长椭圆状卵形，2～3回栉齿状羽状分裂，小裂片披针形或条状披针形，全缘或有锯齿，叶幼时两面被丝状短柔毛，有腺点。头状花序多数，近球形或半球形，下垂，排列成复总状花序，缘花雌性，盘花两性；花托凸起，裸露。瘦果卵状椭圆形。花果期8～10月。（图3–685–1～3–685–3，见911页）

生境与分布 生长于路边湿地或草坡。分布于全国各地。

药用部位 全草。

采集加工 夏秋季采收，阴干。

化学成分 葛缕酮、二氢葛缕酮、侧柏醇、樟脑、樟烯、桉油精、石竹萜烯、月桂烯、异松苷醇、胡椒酮、香桧烯、侧柏酮、蒎烯、松油醇、榄香烯、蒿酮、万年蒿氯内酯、绿原酸、香豆素、东莨菪素、芹黄素、芫花黄素、水杨酸、藜芦酸、原儿茶醛、琥珀酸、橡醇、胡萝卜素、多种糖苷类及Na、Zn等无机元素和多种维生素。

药理作用 ①水煎液具有明显的保肝利胆作用。②水煎液对金黄色葡萄球菌等有很强的抑制作用。③抗氧化。④抗肿瘤。

性味归经 苦、辛，平。归肝、肾经。

功能主治 清热解毒，凉血止痛。适用于肝炎，阑尾炎，小儿惊风，阴虚潮热，咯血，鼻衄，便血，创伤出血。

686. 圆头蒿 *Artemisia sphaerocephala* Krasch.

别名 籽蒿、白砂蒿、白杆子砂蒿、黄蒿、黄毛菜籽、米蒿、油砂蒿、香蒿沙拉－沙巴嘎（蒙名）、查干－西巴嘎（蒙名）、阿根（蒙名）、扑勒蒙（蒙名）。

识别要点 小灌木，主根粗长，木质，根茎粗大，木质，有营养枝。茎丛生，稀单一，灰黄色或灰白色，光滑，纵棱稍明显，上部多分枝，灰黄色或淡紫红色。叶互生；基部常有线形的假托叶；叶片半肉质；短枝上叶常密集着生成簇生状；茎下部、中部叶宽卵形或卵形，小裂片线形或稍弧曲，近镰形，边缘明显反卷。头状花序，具短梗，下垂，花冠狭管状，结实后头状花序及花易脱落。瘦果小。花、果期 7 ～ 10 月。（图 3–686–1 ～ 3–686–2，见 912 页）

生境与分布 生长于荒漠地区或沙丘上以及干旱的荒坡地上。分布于西北及内蒙古、山西等地。

药用部位 种子。

采集加工 秋季果实成熟时采收，打下种子，除去杂物，晒干。

化学成分 种子含 D– 葡萄糖、D– 甘露糖、D– 半乳糖、L– 阿拉伯糖、木糖、亚油酸乙酯、樱花素、异彩樱花素、刺槐素、木波菜萝双氢黄酮、桉叶素、α – 及 β – 蒎烯、α – 及 γ – 松油烯。

性味归经 辛，温。归肝、大肠经。

功能主治 理气，通便，解毒。适用于大便不通，腹胀腹痛，扁桃体炎，痈肿疮疖。

687. 裂叶蒿 *Artemisia tanacetifolia* L.

别名 条蒿、深山菊蒿、萨拉巴日海 – 沙里尔日（蒙名）。

识别要点 多年生草本。茎直立，单生或数个丛生。下部叶具长柄，叶片矩圆形，二回羽状深裂，两面疏被短伏毛并有腺点，上部叶小，二回或一回羽状分裂。头状花序，极多数，具短梗，下垂，排列成较狭的圆锥花序；总苞半球形，外层的宽卵形，有毛，边缘膜质，内层的边缘宽膜质，缘花雌性，盘花两性。瘦果矩圆状卵形，暗褐色。花、果期 6 ～ 10 月。（图 3–687–1 ～ 3–687–3，见 912 页）

生境与分布 生长于中、低海拔地区的森林草原、草甸、林缘或疏林中，以及盐土性草原、草坡及灌丛等处。分布于我国东北、华北、西北。

药用等参考冷蒿（见 453 页）。

（三百零八）蟹甲草属 *Parasenecio* W. W. Smith et Small

药用记载 山尖子 *Parasenecio hastata* L. 的全草在《中华本草》中记载为山尖菜。

688. 山尖子 *Parasenecio hastata* L.

别名 戟叶兔儿伞、山尖菜、铧尖子菜、山菠菜、伊古斯纳（蒙名）。

识别要点 多年生草本。茎粗壮。下部叶花期枯萎；中部叶三角状戟形，基部截形或微心形，楔状下延或上部有狭翅的叶柄；上部叶渐小，三角形或长圆形。头状花序多数，下垂，密集成塔形的圆锥花序，花序梗密生腺状短毛；总苞筒状，总苞片狭长圆形或披针形，密生腺状短毛。瘦果淡黄褐色，冠毛白色。花期 7 ～ 8 月，果期 9 月。（图 3–688–1 ～ 3–688–3，见 913 页）

生境与分布 生长于林缘、灌丛或草地。分布于东北、华北等地。

药用部位 全草。

采集加工 夏、秋间采收，鲜用或切段，阴干。

化学成分 干全草含山尖菜碱、1– 吡咯双烷羟酸、山尖菜内酯。新鲜茎、叶含维生素 C 和胡萝卜素。根和茎含菊糖、酒石酸钾。

性味归经 苦、凉。归肾、膀胱经。

功能主治 利水通淋。适用于伤口化脓，小便不利，淋证，消渴。

（三百零九）橐吾属 *Ligularia* Cass.

药用记载 蹄叶橐吾 *Ligularia fischeri*（Ledeb.）Turcz. 的根及根茎在《全国中草药汇编》《中华本草》中记载为山紫菀；在《中药大辞典》中记载为葫芦七。狭苞橐吾 *L. intermedia* Nakai 在《中华本草》中记载于山紫菀条目下。橐吾 *L. sibirica*（L.）Cass. 的幼苗在《中华本草·蒙药卷》中记载为日依少；叶在《中国民族药志要·朝药志》中记载为马蹄叶；根及根状茎在《中国中药资源志要》中记载为橐吾。

689. 蹄叶橐吾 *Ligularia fischeri*（Ledeb.）Turcz.

别名 马蹄叶、肾叶橐吾、山紫菀、葫芦七、马蹄当归、大救驾、荷叶七、马蹄紫菀、土紫菀、硬紫菀、蹄叶紫菀。

识别要点 多年生草本。根肉质，黑褐色，多数。茎高大，直立。丛生叶与茎下部叶具柄，叶片肾形，边缘有整齐的锯齿，叶脉掌状，主脉 5 ～ 7 条，明显凸起；茎中上部叶具短柄，鞘膨大，叶片肾形。总状花序，苞片卵状披针形。舌状花黄色，舌片长圆形；管状花多数，冠毛红褐色短于管部。瘦果圆柱形，光滑。花果期 7 ～ 10 月。（图 3-689-1 ～ 3-689-2，见 913 页）

生境与分布 生长于水边、草甸、山坡、灌丛、林缘林下。分布于东北、华北及陕西、甘肃、安徽、浙江、河南、湖北、湖南、四川等地。

药用部位 根及根状茎。

采集加工 夏、秋季采挖，除去茎叶，洗净，晾干。

化学成分 根含异戊烯酸、呋喃橐吾酮。地上部分含橐吾（烯）酮、橐吾环氧素、橐吾环氧醇、橐吾环氧醇乙酸酯。

药理作用 祛痰镇咳：蹄叶橐吾浓缩水煎剂灌胃，有明显的祛痰作用。

性味归经 甘、辛，温。归肺经。

功能主治 理气活血，止痛，止咳祛痰。适用于跌打损伤，劳伤，腰腿痛，咳嗽痰喘，顿咳，肺痨咯血。

用药警戒 阴虚肺热干咳者慎服。

690. 狭苞橐吾 *Ligularia intermedia* Nakai

别名 山紫菀。

识别要点 多年生草本。根肉质，多数。茎直立。总状花序；苞片线形或线状披针形，舌状花黄色，舌片长圆形；管状花伸出总苞，冠毛紫褐色，有时白色，比花冠管部短。瘦果圆柱形。花果期 7 ～ 10 月。（图 3-690-1 ～ 3-690-2，见 913 页）

生境与分布 生长于水边、山坡、林缘、林下及高山草原。

化学成分 无羁萜、泽兰素、羽扇醇、β－谷甾醇、胡萝卜苷、蜂斗菜素、异蜂斗菜素、苯骈呋喃、呋喃佛术烷、羽扇豆醇、羽扇豆醇棕榈酸酯。

药用等与蹄叶橐吾相同。

691. 橐吾 *Ligularia sibirica*（L.）Cass.

别名 西伯利亚橐吾、北橐吾、大马蹄、葫芦七、马蹄叶、山紫菀。

识别要点 多年生草本。根肉质，细而多。茎直立，最上部及花序被白色蛛丝状毛和黄褐色有节短柔毛，下部光滑，被枯叶柄纤维包围。丛生叶和茎下部叶叶片卵状心形、三角状心形、肾状心形或宽心形。总状花序，总苞宽钟形或钟状陀螺形。舌状花黄色，舌片倒披针形或长圆形，管状花多数，冠毛白色与花冠等长。瘦果长圆形，光滑。花果期 7 ～ 10 月。（图 3–691–1 ～ 3–691–2，见 914 页）

生境与分布 生长于沼泽地、湿草地、河边、山坡及林缘。分布于东北、华北、云南、四川、贵州、湖南、安徽、甘肃、陕西。

药用部位 幼苗、叶、根及根状茎。

采集加工 幼苗：春末开花时，采收幼苗，洗净泥沙，晒干。叶：花期采割，切段，晒干。根及根状茎：夏秋季采挖，洗净，晾干。

性味归经 幼苗：甘、苦，凉。根及根状茎：甘、辛，温。均归肺经。

功能主治 蒙药：幼苗：祛巴达干、协日，催吐，收敛，燥协日乌素，解毒。协日病，不消化症，食欲不振，肺脓肿，中毒症。

叶、根及根状茎：润肺化痰，止咳定喘，止血止痛。适用于急性支气管炎，肺结核咳嗽，气逆，咳痰不畅，咳嗽咯血。

692. 全缘橐吾 *Ligularia mongolica*（Turcz.）DC.

别名 蒙古橐吾、大舌花。

识别要点 多年生草本，根状茎短，具多数绳索状不定根，根状茎上部密生残叶纤维。茎直立，通常单一，有时自基部有 2 ～ 3 分枝。基生叶莲座状，有长柄，基部扩展抱茎；叶肉质，苍白绿色，长圆状卵形、卵形或长圆形，边缘全缘成为波状缘，两面无毛。头状花序密集于茎顶，苞叶小，披针形；总苞狭钟形或圆筒形。边花舌状，黄色，中央花管状，先端 5 裂；花柱分枝长，反卷。瘦果近纺锤形，灰褐色。花期 6 ～ 7 月，果期 8 ～ 9 月。（图 3–692–1 ～ 3–692–4，见 914 页）

生境与分布 生长于干旱山坡、草场、河谷、水边、芦苇沼泽、阴坡草地及林缘。分布于东北、河北、内蒙古等省区。

药用部位 根及根状茎。

采集加工 夏、秋季采挖，除去茎叶，洗净，晾干。

化学成分 全草含十八烷烯醛、α－法呢烯、α－金合欢烯、石竹烯、1,1,4,7- 四甲基 -1H- 十氢环丙薁 -4- 醇、α－杜松醇。

其余与蹄叶橐吾相同。

（三百一十）蜂斗菜属 *Petasites* Mill.

药用记载 蜂斗菜 *Petasites japonicus*（Sieb. et Zucc.）F. Schmidt 的根茎及全草在《全国中草药汇编》《中药大辞典》《中华本草》中记载为蜂斗菜。近年来对掌叶蜂斗菜的研究（《掌叶蜂斗菜的化学成分与品质评价》）证明掌叶蜂斗菜亦可作蜂斗菜药用。

693. 掌叶蜂斗菜 *Petasites tatewakianus* Kitam.

别名 掌叶菜、山菈菜、老山芹、大叶子、黑瞎子、款冬、金石草、水斗菜。

识别要点 多年生草本，根状茎长，匍匐状，全株被蛛丝状微卷毛。叶全部基生，具长叶柄，初时被卷长柔毛，后变无毛；叶片肾形或圆肾形。雄性头状花序伞房状或圆锥状排列；雌性头状花序同形或异形，边缘小花雌性，中央小花两性，淡紫色或白色。瘦果，圆柱形。花期 6～7 月。（图 3–693–1～3–693–4，见 915 页）

生境与分布 生长于向阳山坡林下、溪谷旁、潮湿草丛中。分布于东北。

药用部位 根茎及全草。

采集加工 夏、秋季采挖，洗净，鲜用或晒干。

化学成分 茎叶含掌叶蜂斗菜内酯、蜂斗菜苦内酯、蜂斗菜内酯 L、倍半萜类、β–谷甾醇、胡萝卜苷、3–甲氧基–4–羟基苯甲酸、对羟基苯甲酸。

药理作用 ①对枯草杆菌等有抑制作用。②抗炎。③抗细胞恶化。

性味归经 苦、辛，凉。归肝经。

功能主治 清热解毒，散瘀消肿。适用于咽喉肿痛，痈肿疔毒，毒蛇咬伤，跌打损伤，扁桃体炎。

（三百一十一）狗舌草属 *Tephroseris*（Reichenb.）Reichenb.

药用记载 狗舌草 *Tephroseris kirilowii*（Turcz. ex DC.）Holub 的全草在《全国中草药汇编》《中药大辞典》《中华本草》中记载为狗舌草；根在《中药大辞典》中记载为狗舌草根。红轮狗舌草 *T. flammeus* Turcz. ex DC. 的全草在《全国中草药汇编》《中华本草》中记载为红轮千里光。

694. 狗舌草 *Tephroseris kirilowii*（Turcz. ex DC.）Holub

别名 丘狗舌草、白火丹草、铜交杯、糯米青、铜盘一枝香、九叶草。

识别要点 多年生草本。根多数，细索状。茎直立，单一，有疏密不等的白色绒毛。基生叶稍呈莲座丛状；叶片椭圆形或近似匙形，边缘有浅齿或近乎全缘，两面均有白色绒毛；茎生叶无柄，卵状椭圆形，基部半抱茎；上部叶片披针形或条状披针形，基部抱茎，叶形似狗舌。头状花序，数个在茎顶端排列成伞房状，花黄色；总苞筒状；舌状花 1 层，长圆形；筒状花多数。瘦果，圆柱形，冠毛白色。花期 5～8 月。（图 3–694–1～3–694–2，见 915 页）

生境与分布 生长于山坡、林下及塘边湿地。分布于东北、华北、西北、华东及西南。

药用部位 全草、根。

采集加工 春、夏季采收，洗净，鲜用或晒干。

化学成分 白杨素、芹菜素、山柰酚、金合欢素、咖啡酸乙酯。

药理作用 ①狗舌草生药对白血病细胞有抑制作用。②含有吡咯里西啶类生物碱，对肝脏有毒，有抗肿瘤作用。③能增强小剂量硫酸镁之中枢抑制作用，并能降压。

性味归经 苦，寒，有小毒。归肺、肾经。

功能主治 清热解毒，利水消肿，杀虫。适用于肺脓疡，疖肿，尿路感染，肾炎水肿，口腔炎，跌打损伤，湿疹，疥疮，白血病，阴道滴虫。

695. 红轮狗舌草 *Tephroseris flammea* Turcz. ex DC.

别名 红轮千里光、甲客儿（藏名）。

识别要点 多年生草本。茎直立，被白色蛛丝状密毛。下部叶长圆形或倒披针形，下部渐狭成具翅而半抱茎的长柄，边缘有具小尖头的齿，下面或两面被蛛丝状密毛；中部以上叶长圆形，基部抱茎，无柄；上部叶小，条形。头状花序排列成假伞房状；总苞杯状，总苞片 1 层，紫黑色，条形；筒状花多数，橘黄色。瘦果，近圆柱形，冠毛污白色。花期 7 ～ 9 月。（图 3–695–1 ～ 3–695–2，见 916 页）

生境与分布 生长于山坡草地、林缘。分布于东北、西北。

药用部位 全草、花。

采集加工 夏、秋季间采收，洗净，鲜用或切段，晒干。

化学成分 含矢车菊素葡萄糖苷。

性味归经 苦，寒。归肝、肺经。

功能主治 全草：热解毒，清肝明目。适用于痈肿疔毒，咽喉肿痛，蛇咬伤，蝎、蜂蜇伤，目赤肿痛，湿疹，皮炎。

花：活血调经。适用于痛经。

（三百一十二）千里光属 *Senecio* L.

药用记载 麻叶千里光 *Senecio cannabifolius* Less. 的带根全草在《中华本草》中记载为宽叶返魂草。额河千里光 *S. argunensis* Turcz. 的根及全草在《全国中草药汇编》《中药大辞典》《中华本草》中记载为斩龙草。林荫千里光 *S. nemoresis* L. 的全草在《中药大辞典》《中华本草》中记载为黄菀；在《全国中草药汇编》中记载为林荫千里光。欧洲千里光 *S. vulgaris* L. 始载于《中国高等植物图鉴》。

696. 麻叶千里光 *Senecio cannabifolius* Less.

别名 宽叶返魂草。

识别要点 多年生草本。有歪斜根状茎。茎直立，无毛，上部常多分枝。基生叶，下部茎叶在花期凋萎；中部茎叶具柄，长圆状披针形，边缘具内弯的尖锯齿，顶端渐尖；上部叶沿茎上渐小，3裂或不分裂，叶柄短，基具2耳，叶耳小，圆形或半圆形。头状花序多数，在茎和枝端排列成复伞房状；舌状花8～10个，黄色，舌片长圆状条形；筒状花多数。瘦果，圆柱形，有纵沟。花期7～8月，果期9～10月。（图3–696–1～3–696–4，见916页）

生境与分布 生长于山沟林缘及湿草甸上。分布于东北、河北。

药用部位 带根全草。

采集加工 7～8月采收，洗净，切段，鲜用。

化学成分 含氢醌、对–羟基苯乙酸、熊果酚苷。

性味归经 苦，凉。归肝、心经。

功能主治 散瘀，止血，止痛。适用于跌打损伤，瘀血肿痛，外伤出血。

697. 额河千里光 *Senecio argunensis* Turcz.

别名 羽叶千里光、大蓬蒿、斩龙草、阿贡千里光。

识别要点 多年生草本。根多数呈细索状。茎直立，单生或丛生，有纵细纹，上部多分枝。叶上面深绿色，下面色较淡；基部叶有柄，卵状椭圆形，边缘具圆钝或尖锐锯齿；中部叶无柄，椭圆形，羽状深裂，裂片边缘缺刻状或齿裂；上部叶椭圆状披针形至线形，边缘作不规则的羽裂或不裂。头状花序多数，较小，排列成伞房状，总苞半球形，基尖且常有蛛丝状毛；舌状花冠黄色，管状花先端5裂。瘦果椭圆形，平滑；无毛。花期8～10月。（图3–697–1～3–697–2，见916～917页）

生境与分布 生长于草地、山坡、林缘、溪岸等阴湿地。分布于东北、内蒙古、河北、青海、山西、陕西、甘肃、湖北、四川。

药用部位 全草。

采集加工 夏秋季采收，洗净，鲜用或晒干。

化学成分 全草含千里光宁碱、全缘千里光碱、千里光菲灵碱、奥氏千里光碱、芝麻菜千里光碱、21–羟基全缘千里光碱、千里光宁碱N–氧化物、千里光菲灵碱N–氧化物、β–荜澄茄烯、芹子烯内酯、棕榈酸、槲皮素等。

药理作用 ①抗氧化，清除自由基。②对肺炎克雷伯氏菌有抑制作用，叶的乙酸乙酯提取物对细菌和酵母菌均有不同程度的抑制作用。

性味归经 微苦，寒，有小毒。归心经。

功能主治 清热解毒。适用于蛇咬伤，蝎、蜂蜇伤，急性结膜炎，疮疖痈肿，骨髓造血功能障碍，湿疹，皮炎，脑炎，咽炎，贫血。

698. 林荫千里光 *Senecio nemorensis* L.

别名 黄菀、森林千里光、大风艾、红柴胡、桃叶菊、敖衣音–给其根那（蒙名）。

识别要点 多年生直立草本。单叶互生；叶片广披针形至卵状长椭圆形，边缘具锯齿状牙齿，基部楔形，两面无毛。头状花序排列成伞房状，小，多数，梗短；总苞1列，苞片革质线形；边缘舌状花 5 ～ 9 个，舌片长，黄色，中央全为管状花。瘦果，有纵肋，无毛，冠毛白色。花期 6 ～ 8 月。（图 3–698–1 ～ 3–698–4，见 917 页）

生境与分布 生长于河谷草甸子、林缘、林下阴湿地。分布于东北、华北、西北、华东及台湾等地。

药用部位 全草。

采集加工 8 ～ 9 月采收，洗净，鲜用或晒干。

化学成分 全草含大叶千里光碱、瓶草千里光碱、洋蓟素、绿原酸、石蜡、金合欢烯、甜没药烯、β – 谷甾醇、呋喃囊吾烯酮、类胡萝卜素。根皮和叶含芸香苷、槲皮素、延胡索酸、没食子酚、焦性儿茶酚、卫矛醇、马栗树皮素、烟酰胺、香草醛、丁香酸、丁香醛等。

性味归经 苦、辛，寒。归肝、脾经。

功能主治 清热解毒。适用于痢疾，肠炎，肝炎，结膜炎，中耳炎，痈疔毒。

699. 欧洲千里光 *Senecio vulgaris* L.

识别要点 一年生草本。茎叶近无毛或被蛛丝状毛。茎单生，直立，自基部或中部分枝。叶互生，无柄，倒披针状匙形或长圆形，先端钝，羽状浅裂至深裂，中部叶基部半抱茎，上部叶较小。头状花序无舌状花，排成顶生伞房花序，花序梗长线形，顶端具黑色长尖；管状花冠黄色，檐部漏斗状，5 裂。瘦果圆柱形，沿肋有微毛。花果期 4 ～ 10 月。（图 3–699–1 ～ 3–699–2，见 917 ～ 918 页）

生境与分布 生长于山坡、草地及路旁。分布于东北、华北、西南、湖北、上海、西藏、新疆、香港、台湾。

药用部位 全草。

采集加工 8 ～ 9 月采收，洗净，鲜用或晒干。

性味归经 甘，平。归心、脾经。

功能主治 清热解毒。适用于小儿口疮，疔疮。

700. 琥珀千里光 *Senecio ambraceus* Turcz. ex DC.

别名 大花千里光、千里光、东北千里光。

识别要点 多年生草本。茎直立，上部有分枝，被珠丝状毛或无毛。基部叶花时枯萎；下部叶倒卵状长圆形，羽状深裂，有柄，裂片开展，羽状撕裂或有齿，先端钝，两面近无毛；中部叶常 2 回羽状分裂，上部叶渐小，羽状深裂或有齿或条形。头状花序多数，复伞房状；花序梗长，有条形苞叶；舌状花黄色；管状花多数。瘦果圆柱形。花期 8 ～ 9 月，果期 9 ～ 10 月。（图 3–700–1 ～ 3–700–2，见 918 页）

生境与分布 生长于田边、路旁、林缘及村舍附近。分布于我国的东北、西北及内蒙古。

附注 民间习用作林荫千里光入药。

（三百一十三）兔儿伞属 *Syneilesis* Maxim.

药用记载 兔儿伞 *Syneilesis acoitifolia*（Bge）Maxim. 的根及全草在《全国中草药汇编》《中药大辞典》《中华本草》中记载为兔儿伞。

701. 兔儿伞 *Syneilesis acoitifolia*（Bge）Maxim.

别名 七里麻、一把伞、伞把草、南天扇、雨伞菜、帽头菜、兔打伞、雪里伞、龙头七、贴骨伞、伸草、破阳伞、铁凉伞、雨伞草。

识别要点 多年生草本。茎直立，单一，无毛，略带棕褐色。根生叶 1 枚，幼时伞形，下垂；茎生叶互生，圆盾形，掌状分裂，直达中心，裂片复作羽状分裂，边缘具不规则的牙齿，上面绿色，下面灰白色。头状花序多数，密集成复伞房状；苞片 1 层，5 枚，无毛，长椭圆形，顶端钝，边缘膜质。花两性，花冠管状，先端 5 裂。雄蕊 5，着生花冠管上；子房下位，1 室；花柱纤细，柱头 2 裂。瘦果长椭圆形。花期 7 ～ 8 月，果期 9 ～ 10 月。（图 3–701–1 ～ 3–701–5，见 918 ～ 919 页）

生境与分布 生长于山坡荒地、林缘、路旁。分布于全国各地。

药用部位 根及全草。

采集加工 夏、秋季采收，鲜用或切段晒干。

化学成分 松油醇、当归酸酯、芳樟醇、葡萄糖苷 –3，4– 二当归酸酯、大牻牛儿烯 D。

性味归经 辛、苦，微温，有毒。归肝、心经。

功能主治 祛风除湿，解毒活血，消肿止痛。适用于风湿麻木，肢体疼痛，跌打损伤，月经不调，痛经，痈疽肿毒，瘰疬，痔疮。

用药警戒 孕妇忌服。反生姜。

（三百一十四）蓝刺头属 *Echinops* L.

药用记载 驴欺口 *Echinops latifolius* Tausch. 在《中国药典》中记载为禹州漏芦。

702. 驴欺口 *Echinops latifolius* Tausch.

别名 蓝刺头、宽叶蓝刺头、禹州漏芦、扎日 – 乌拉（蒙名）、乌尔格斯图 – 呼和（蒙名）。

识别要点 多年生草本。根圆柱形，外皮褐色。茎直立，不分枝或少具分枝，上部密被白色绵毛，下部疏被蛛丝状毛及少量皱曲柔毛。叶互生，基生叶宽卵状披针形，茎生叶椭圆形或卵形，二回羽状深裂。复头状花序生枝顶端，蓝色，外围具多数不等长的基毛；小头状花序具一花，花冠管状，5 深裂。瘦果圆柱形，密被黄褐色柔毛。花果期 6 ～ 8 月。（图 3–702–1 ～ 3–702–4，见 919 页）

生境与分布 生长于山坡草地及山坡疏林下。分布于东北、华北、山东、河南、陕西、甘肃。

药用部位 根入中药。头状花序入蒙药。

采集加工 根：春秋二季采挖，除去残茎及须根，洗净泥土，晒干，切片备用。花序：夏、秋季采收花序，阴干备用。

化学成分　蒲公英萜醇乙酸酯、谷甾醇、熊果酸、对羟基苯醋酸乙酯、香草醛、胡萝卜苷、卡多帕亭、羽扇烯酮、羽扇豆醇乙酸酯、乙酰基联噻吩、牛蒡子醛、木蜡酸、羽扇豆醇、β－谷甾醇等。

药理作用　①蓝刺头碱的中枢作用类似士的宁，小剂量对疼痛反应增强，大剂量可引起强直性痉挛的发作，甚至出现抽搐、呼吸表浅、对疼痛反应减弱，进而出现阵挛性惊厥或死亡。②大剂量蓝刺头碱有降压作用，并引起短暂心律不齐。

性味归经　根：苦，寒。归胃经。花序：苦，凉；稀、轻、柔、钝。

功能主治　根：清热解毒，排脓止血，消痈下乳。用于诸疮痈肿，乳痈肿痛，乳腺炎，乳汁不通，瘰疬疮毒，腮腺炎，痔疮。

花序：强筋接骨，愈伤，清热止痛。适用于筋骨折伤，骨伤，金创，刺痛症。

用药警戒　孕妇慎用。

（三百一十五）牛蒡属 *Arctium* L.

药用记载　牛蒡 *Arctium lappa* L. 的根在《全国中草药汇编》《中药大辞典》《中华本草》中记载为牛蒡、牛蒡根；茎叶在《中药大辞典》《中华本草》中记载为牛蒡茎叶；果实在《中国药典》《中药大辞典》《中华本草》中记载为牛蒡子。

703. 牛蒡 *Arctium lappa* L.

别名　恶实、鼠粘、牛鞭菜、老母猪耳朵、大力子。

识别要点　二年生草本。根粗壮，肉质，圆锥形。茎直立，上部多分枝，带紫褐色，有纵条棱。基生叶大形，丛生，有长柄；茎生叶互生；叶片长卵形或广卵形，先端钝，具刺尖，基部常为心形，全缘或具不整齐波状微齿。头状花序簇生于茎顶或成伞房状；总苞球形，苞片多数，覆瓦状排列；花均为管状，两性，小，红紫色，花冠先端 5 浅裂。瘦果长圆形或长圆状倒卵形，灰褐色，具纵棱。花期 6 ～ 8 月，果期 8 ～ 10 月。（图 3–703–1 ～ 3–703–3，见 920 页）

生境与分布　生长于山野路旁、沟边、荒地、山坡向阳草地、林边和村镇附近。分布于东北、西北、中南、西南及河北、山西、山东、江苏、安徽、浙江、江西、广西等地。

药用部位　根、茎叶、果实。

采集加工　根：春、夏、秋三季均可采挖 2 年以上的根，洗净，晒干。茎叶：6 ～ 9 月采收，晒干或鲜用。果实：8 ～ 9 月果实成熟时，分批采集果序，晒干，打出果实，除去杂质，再晒至全干，生用或炒黄用。

化学成分　根含牛蒡种噻吩、牛蒡酮、去氢木香内酯、苯乙醛、苯甲醛、丁香烯、香树脂醇、羽扇豆醇、蒲公英甾醇、豆甾醇、谷甾醇。果实含牛蒡苷、罗汉松脂酚、络石苷元。种子含牛蒡苷、多种牛蒡酚、花生酸、硬脂酸、棕榈酸、亚油酸。

药理作用　①对金黄色葡萄球菌和表皮癣菌等均有抑制作用。②牛蒡子提取物具抗艾滋病病毒

（HIV）活性。③抑制尿蛋白排泄增加，并能改善血清生化指标，显示抗肾病变作用。④能显著而持久地降低大鼠血糖。⑤增强新陈代谢，促进血液循环，利大便，通经。⑥有显著消炎、镇痛效果。⑦有抗癌活性。

性味归经 根及茎叶：苦、微甘，凉。归肺、心经。果实：辛、苦，寒。归肺、胃经。

功能主治 根：散风热，消毒肿。适用于风热感冒，头痛，咳嗽，热毒而肿，咽喉肿痛，风湿痹痛，癥瘕积块，痈疖恶疮，痔疮脱肛。

茎叶：清热除烦，消肿止痛。适用于风热头痛，心烦口干，咽喉肿痛，小便涩少，痈肿疮疖，皮肤瘙痒，白癜风。

果实：疏散风热，宣肺透疹，利咽散结，解毒消肿。适用于风热感冒，咳嗽痰多，麻疹，风疹，咽喉肿痛，痄腮丹毒，痈肿疮毒。

用药警戒 气虚便溏者忌用。

（三百一十六）山牛蒡属 *Synurus* Iljin

药用记载 山牛蒡 *Synurus deltoides*（Ait.）Nadai 的全草或根在《中华本草》中记载为臭山牛蒡。

704. 山牛蒡 *Synurus deltoides*（Ait.）Nakai

别名 白地瓜、白荷叶、草果、大果草、大苋、汗达盖－乌拉（蒙名）。

识别要点 多年生草本。根状茎粗。茎直立，单生，上部稍分枝。基生叶花期枯萎，下部叶有长柄，具狭翼；叶片心形、卵形或卵状矩圆形，先端尖，基部稍呈戟形，边缘呈不规则缺刻状齿，上面有短毛，下面密生白色毡毛。头状花序大，下垂，单生于茎顶；花冠筒状，紫红色，全部小花为两性。瘦果长椭圆形。花果期 6 ～ 10 月。（图 3–704–1 ～ 3–704–3，见 920 页）

生境与分布 生长于山坡林缘、林下或草甸。分布于东北、华北、陕西、山东、江苏、安徽、浙江、江西、四川、云南等地。

药用部位 全草或根。

采集加工 夏、秋季采收，全草切段晒干，花阴干，种子晒干。

药理作用 ①其乙酸乙酯提取物具有抗肿瘤活性。②水提物、乙醇提取物对沙门氏菌有明显的抑制作用。

性味归经 辛、苦，凉，小毒。归肝、肾经。

功能主治 清热解毒，消肿散结。适用于感冒，咳嗽，瘰疬，妇女炎症腹痛，带下。

（三百一十七）苍术属 *Atractylodes* DC.

药用记载 苍术 *Atractylodes lancea*（Thunb.）DC. 在《中国药典》《中药大辞典》《中华本草》中记载为苍术。关苍术 *A. japonica* Koidz. ex Kitam. 的根茎在《中药大辞典》中记载为关苍术；在《中华本草》中记载为苍术。朝鲜苍术 *A. coreana*（Nakai）Kitam. 在《中药大辞典》中记载为苍术。

705. 苍术 *Atractylodes lancea*（Thunb.）DC.

别名　茅苍术、枪头菜、山刺菜、山精、赤术、马蓟、青术、仙术。

识别要点　多年生草本。根状茎横走，节状。茎多纵棱。叶互生，革质；叶片卵状披针形至椭圆形，中央裂片较大，卵形，边缘有刺状锯齿或重刺齿，无柄，不裂，两侧的较小，基部楔形。头状花序生于茎枝先端，叶状苞片羽状深裂，刺状。花多数，两性花或单性花多异株；花冠筒状，白色或稍带红色，两性花有羽状分裂的冠毛；单性雌花，具 5 枚线状退化雄蕊，先端略卷曲。瘦果倒卵圆形。花期 8 ～ 10 月，果期 9 ～ 12 月。（图 3–705–1 ～ 3–705–4，见 921 页）

生境与分布　生长于山坡、草地、林下、林缘中。分布于东北、华北、山东、江苏、安徽、浙江、江西、河南、湖北、四川等地。

药用部位　根茎。

采集加工　春秋两季均可挖掘根茎，除掉残茎，抖掉泥土，晒干，去除根须或晒至九成干后用火燎掉须根，再晒至全干。

化学成分　根茎含橄榄烯、花柏烯、丁香烯、榄香烯、葎草烯、芹子烯、广藿香烯、愈创薁醇、榄香醇、苍术酮、芹子二烯酮、苍术呋喃烃、茅术醇、β – 桉叶醇、糠醛、乙酰氧基苍术酮、3β – 羟基苍术酮、白术内酯、色氨酸等。

药理作用　①所含 β – 桉叶醇能明显抗缺氧，提高存活时间。②所含挥发油有祛风健胃作用，以及促进食欲的作用。③对心脏有轻度抑制作用，对后肢血管有轻微扩张作用。其浸膏小剂量可使血压轻度上升，大剂量则使血压下降。④有镇静作用，同时使脊髓反射亢进；较大量可导致呼吸麻痹而死。⑤能明显促进肝蛋白的合成。⑥有降血糖作用，同时降低肌糖原和肝糖原，抑制糖原生成，使氧耗量降低，血乳酸含量增加。⑦增加钠和钾的排泄。

性味归经　辛、苦，温。归脾、胃、肝经。

功能主治　燥湿健脾，祛风散寒，明目。适用于脘腹胀满，泄泻，水肿，脚气痿躄，风湿痹痛，风寒感冒，夜盲。

用药警戒　阴虚内热、气虚多汗者忌服。

706. 关苍术 *Atractylodes japonica* Koidz. ex Kitam.

别名　苍术、东苍术。

识别要点　多年生草本。叶纸质，茎下部叶片 3 ～ 5 羽裂，侧裂片长圆形；倒卵形或椭圆形，边缘刺齿平伏或内弯，顶裂片较大；茎上部叶 3 裂至不分裂。头状花序顶生，下有羽裂的叶状总苞一轮，总苞片 6 ～ 8 层；花多数，两性花与单性花多异株；两性花有羽状长冠毛，花冠白色，细长管状；雄蕊 5；子房下位，密被白色柔毛。瘦果被白色。花期 8 ～ 9 月，果期 9 ～ 10 月。（图 3–706–1 ～ 3–706–4，见 921 ～ 922 页）

药用部位　根茎。

采集加工 春、秋季采挖，除去泥沙，晒干，撞去须根。

生境与分布 生长于山坡、柞林下、灌丛间。分布于东北。

化学成分 含芹烷二烯酮、二乙酰苍术二醇、苍术酮、苍术烯内酯Ⅰ。

其余各项与苍术相同。

707. 朝鲜苍术 *Atractylodes coreana*（Nakai）Kitam.

别名 枪头菜。

识别要点 多年生草本。茎直立，单生或少数茎成簇生，全部茎枝光滑无毛。最下部或基部茎叶花期枯萎，脱落；中下部茎叶椭圆形或长椭圆形、披针形或卵状披针形，最宽处在叶片中部或中部以下，基部圆形，大部茎叶无柄，半抱茎或贴茎。头状花序单生茎端或植株有少数单生茎枝顶端。小花白色。瘦果倒卵圆形。冠毛褐色。花果期 7 ～ 9 月。（图 3-707-1 ～ 3-707-3，见 922 页）

生境与分布 生长于山坡灌丛中、林下灌丛中、干燥山坡。分布于辽宁、山东。

药用部位 根茎。

采集加工 春、秋季采挖根茎后，除去残茎、须根及泥土，晒干。

其余各项参考苍术，为正品苍术的次品。

（三百一十八）飞廉属 *Carduus* L.

药用记载 丝毛飞廉 *Carduus crispus* L. 的全草或根在《全国中草药汇编》《中药大辞典》《中华本草》中记载为飞廉。节毛飞廉 *C. acanthoids* L. 的全草或根在《全国中草药汇编》《中华本草》中记载为飞廉。

708. 丝毛飞廉 *Carduus crispus* L.

别名 飞廉、飞轻、飞廉蒿、飞雉、老牛锉、天荠、飞帘、枫头棵、刺打草、鲜飞廉、雷公菜、木禾、伏猪。

识别要点 二年生草本。主根肥厚，伸直或偏斜。茎直立，有条棱。下部茎生叶椭圆形；边缘有大小不等的三角形刺齿，齿顶及齿缘有浅褐色或淡黄色的针刺。全部茎生叶两面异色，上面绿色，下面灰绿色或浅灰白色，被薄蛛丝状绵毛，有茎翼，茎翼边缘齿裂，齿顶及齿缘有针刺。头状花序通常集生于分枝顶端或茎端，花序小，总苞卵形或卵球形。花红色或紫色，花冠 5 深裂，裂片线形。瘦果稍压扁。花果期 4 ～ 10 月。（图 3-708-1 ～ 3-708-2，见 922 页）

生境与分布 生长于路旁草地、田边、山脚下及河岸。分布于东北、华北等全国大部分地区。

药用部位 全草或根。

采集加工 全草：春、夏季采收，鲜用或切段晒干。花：夏季采收，阴干。根：秋季挖根，洗净，切段晒干。

性味归经 微苦，凉。归心、肝、肾经。

功能主治 祛风，清热，利湿，凉血止血，活血消肿。适用于感冒咳嗽，头痛眩晕，泌尿系感染，乳糜尿，白带异常，黄疸，风湿痹痛，吐血，衄血，尿血，月经过多，功能性子宫出血，跌打损伤，疔疮疖肿，痔疮肿痛，烧伤。

用药警戒 血虚及脾胃功能弱者慎服。得乌头良。恶麻黄。

709. 节毛飞廉 *Carduus acanthoides* L.

别名 老牛锉、飞廉。

识别要点 二年生或多年生植物。茎单生，有条棱。基部及下部叶长椭圆形或长倒披针形。全部叶两面均绿色，沿脉有稀疏的多细胞长节毛，基部渐狭，两侧沿茎下延成茎翼。茎翼齿裂，齿顶及齿缘有长达 3mm 的针刺。头状花序几无花序梗，3 ～ 5 个集生或疏松排列于茎顶或枝端。总苞卵形或卵圆形。全部苞片无毛或被稀疏蛛丝毛。小花红紫色，裂片线形。瘦果长椭圆形，但中部收窄，浅褐色。花果期 5 ～ 10 月。（图 3–709–1 ～ 3–709–2，见 923 页）

生境与分布 生长于山谷、灌丛中、水边、林缘、山坡草地、沟及田间。分布几遍全国。

药用等项与丝毛飞廉相同。

（三百一十九）蓟属 *Cirsium* Mill.

药用记载 刺儿菜 *Cirsium setosum*（Willd.）MB. 的全草或根在《中国药典》《全国中草药汇编》《中药大辞典》《中华本草》中记载为小蓟。蓟 *C. japonicum* Fisch. ex DC. 的地上部分或根在《中国药典》《全国中草药汇编》《中药大辞典》《中华本草》中记载为大蓟。烟管蓟 *C. pendulum* Fisch. ex DC. 的根或全草在《中华本草》中记载为烟管蓟。绒背蓟 *C. vlassovianum* Fisch. ex DC. 的块根在《全国中草药汇编》中记载为绒背蓟；在《中药大辞典》《中华本草》中记载为猫腿姑。野蓟 *C. maackii* Maxim. 的全草在《中华本草》中记载为牛戳口。莲座蓟 *C. esculentum*（Sievers）C. A. Mey. 的全草在《全国中草药汇编》《中药大辞典》《中华本草》中记载为莲座蓟。

710. 刺儿菜 *Cirsium setosum*（Willd.）MB.

别名 大蓟、小蓟、大小蓟、野红花、大刺儿菜。

识别要点 多年生草本。根状茎长。茎直立，无毛或被蛛丝状毛。基生叶花期枯萎；下部叶和中部叶椭圆形或椭圆状披针形，基部楔形，通常无叶柄，上部茎叶渐小，叶缘有细密的针刺或刺齿。头状花序单生于茎端，雌雄异株；总苞片 6 层，内层披针形，先端长尖，具刺；雄花花药紫红色，雌花花冠紫红色。瘦果椭圆形或长卵形，略扁平；冠毛羽状。花果期 5 ～ 7 月。（图 3–710–1 ～ 3–710–2，见 923 页）

生境与分布 生长于山坡、河旁或荒地、田间。分布于除广东、广西、云南、西藏外的全国各地。

药用部位 全草、地上部分。

采集加工 夏、秋二季花开时采割，除去杂质，晒干。

化学成分 带花全草含芸香苷、原儿茶酸、绿原酸、咖啡酸、氯化钾、刺槐苷、刺槐素、蒲公英甾醇、ϕ – 蒲公英甾醇乙酸酯、三十烷醇、β – 谷甾醇、豆甾醇。

药理作用 ①水煎剂、醇提取物有良好的升压作用，并有强心及缩血管作用。②使局部血管收缩，抑制纤溶而产生止血效应。③有一定抗突变力。④煎剂在试管内对溶血性链球菌等有一定的抑制作用。⑤煎剂或酊剂对小鼠子宫都有兴奋作用，但对猫的在位子宫、大鼠离体子宫和兔离体小肠则有抑制作用。

性味归经 甘、微苦，凉。归肝、脾、心经。

功能主治 凉血止血，清热消肿。适用于咯血，吐血，衄血，尿血，血淋，便血，血痢，崩中漏下，外伤出血，痈疽肿毒。

用药警戒 脾胃虚寒而无瘀滞者忌服。

711. 蓟 *Cirsium japonicum* Fisch. ex DC.

别名 山萝卜、大蓟、地萝卜、大刺儿菜、将军草、牛口刺、马刺草、大刺盖、老虎脷、刺萝卜、牛喳口、鸡母刺、大恶鸡婆、山老鼠簕。

识别要点 多年生草本。块根纺锤状或萝卜状。茎直立，茎枝有条棱。基生叶有柄，叶片倒披针形或倒卵状椭圆形，羽状深裂或几全裂，齿端具刺；茎生叶自基部向上的叶渐小，基部扩大半抱茎；全部茎叶绿色，沿脉有疏毛。头状花序，单一或数个生于枝端集成圆锥状；花两性，全部管状，花冠紫色或紫红色，5 裂，裂片较下面膨大部分短；雄蕊 5，花药先端有附片。瘦果长椭圆形，冠毛羽状。花期 5 ～ 8 月，果期 6 ～ 8 月。（图 3–711–1 ～ 3–711–2，见 923 页）

生境与分布 生长于山坡、草地、路旁。分布于河北、陕西、山东、江苏、浙江、江西、福建、台湾、湖北、湖南、广东、广西、四川、贵州、云南等地。

药用部位 地上部分或根。

采集加工 地上部分：夏、秋季盛花时割取地上部分，鲜用或晒干。根：秋季挖掘根部，除去泥土、残茎，洗净，晒干。

化学成分 新鲜叶含柳穿鱼苷。地上部分含 ϕ – 蒲公英甾醇乙酸酯、β – 香树脂醇乙酸酯、三十二烷醇、豆甾醇、β – 谷甾醇、柳穿鱼素。根含单紫杉烯、二氢单紫杉烯、四氢单紫杉烯、六氢单紫杉烯、1– 十五碳烯、香附子烯、丁香烯、罗汉柏烯、α – 雪松烯等。

药理作用 ①水浸剂、乙醇浸出液均有降压作用。②根煎剂能抑制人型有毒结核菌的生长。③可全部杀死腹水癌细胞，并对精巢细胞有同样作用，但对唾液腺细胞无损害。

性味归经 甘、苦，凉。归心、肝经。

功能主治 凉血止血，祛瘀消肿。适用于衄血，吐血，尿血，便血，崩漏下血，外伤出血，痈肿疮毒。

用药警戒 脾胃虚寒而无瘀滞者忌服。

712. 烟管蓟 *Cirsium pendulum* Fisch. ex DC.

别名　大蓟。

识别要点　多年生草本。茎直立，上部分枝，被蛛丝状毛。基生叶和茎下部叶花期时凋萎，叶片宽椭圆形，羽状深裂，裂片上侧边缘具长尖齿，边缘有刺，茎中部叶狭椭圆形，无柄，稍抱茎或不抱茎，茎上部叶渐小。头状花序单生于枝端，有时双生，有长或短梗，下垂；总苞卵形；总苞片约 8 层，外层短，先端刺尖，外反，背部中肋带紫色；全为管状花，花冠紫色，筒部丝状，比檐部长。瘦果长圆形，稍扁；冠毛灰白色，羽状。花果期 6 ～ 9 月。（图 3–712–1 ～ 3–712–2，见 924 页）

生境与分布　生长于河岸、草地、山坡林缘。分布于东北地区及内蒙古、河北、山西、陕西及甘肃等地。

药用部位　根或全草。

采集加工　春、夏季采收地上部分，秋后采根，鲜用或切段晒干。

化学成分　含滨蓟黄苷。

性味归经　甘、苦，凉。归肝经。

功能主治　解毒，止血，补虚。适用于疮肿，疟疾，外伤出血，体虚。

713. 绒背蓟 *Cirsium vlassovianum* Fisch. ex DC.

别名　猫腿姑、仙人蓟。

识别要点　多年生草本。块根肥大，呈脚趾状互相重叠，鲜时灰白色，多汁，干时黑棕色或黄棕色。茎直立，上部分枝，表面暗紫色或绿色，有棱。叶无柄；叶片长卵状披针形至卵圆状披针形，先端狭尖，基部圆形，边缘密生细刺，全缘，上面绿色，疏生毛，下面灰绿色，密被灰白色毡毛。头状花序顶生，苞片多层；花全为管状，紫红色至蓝紫色，筒部比檐部短。瘦果有羽状冠毛。花果期 5 ～ 9 月。（图 3–713–1 ～ 3–713–2，见 924 页）

生境与分布　生长于山坡林中、林缘、河边或潮湿地。分布于东北、华北。

药用部位　块根。

采集加工　春秋季采挖，洗净，鲜用或切片晒干。

性味归经　微辛，温。归肾经。

功能主治　祛风，除湿，止痛。用于风湿性关节炎，四肢麻木。

714. 野蓟 *Cirsium maackii* Maxim.

别名　牛戳口、老牛锉、千针草、大蓟、垂头蓟。

识别要点　多年生草本植物，块根近于萝卜状。茎直立，分枝或不分枝，连接花序部位灰白色，有稠密的绒毛。茎生叶花期存在，叶片长椭圆形、披针形或披针状椭圆形，羽状浅裂，裂片边缘具大小不等的三角形刺齿及缘毛状针刺，全部叶上面绿色，下面灰白色或浅灰色，被密绒毛。头状花序单生枝端或排成伞房状；花管状，紫红色，两性。瘦果淡黄色。花果期 6 ～ 9 月。（图 3–714–1 ～ 3–714–2，见 924 页）

生境与分布 生长于山坡草地、林缘及草甸。分布于东北、内蒙古、河北、山东、江苏、安徽、浙江、四川等地。

药用部位 全草。

采集加工 夏、秋季采挖，鲜用或切段晒干。

性味归经 甘，凉。归肝、肺、肾经。

功能主治 凉血止血，行瘀消肿。适用于血热妄行，出血症，鼻衄，呕吐，咯血，便血，尿血，疮毒。

715. 莲座蓟 *Cirsium esculentum*（Sievers）C. A. Mey.

别名 无茎蓟、食用蓟、食用莲、呼呼其根讷（蒙名）、呼呼斯根讷（蒙名）。

识别要点 多年生草本。根茎短，有多数须根。无茎或有仅高 10cm 左右的短茎。基生叶长圆状倒披针形，先端钝，有刺，基部渐狭成有翅的柄，羽状深裂，裂片卵状三角形，钝头，边缘具钝齿和针刺，两面有弯曲的毛，下面沿脉较密。头状花序无梗或有短梗，数个密生于莲座状的叶间或茎端；总苞无毛，总苞片 6 层，全为管状花，花冠红紫色。瘦果长圆形。花果期 6 ～ 9 月。（图 3–715–1 ～ 3–715–2，见 925 页）

生境与分布 生长于河岸湿润草地及沼泽草甸。分布于东北、内蒙古、新疆等地。

药用部位 全草。

采集加工 夏、秋季花盛开时或结果时采收，切段晒干。

性味归经 甘，凉。归肺、肾经。

功能主治 散瘀消肿，排脓，托毒，止血。适用于肺脓肿，支气管炎，疮痈肿毒，吐血，咯血，尿血，崩漏。

716. 林蓟 *Cirsium schantarense* Trautv. et Mey.

识别要点 多年生草本，茎直立。中下部茎叶全形椭圆形、长卵形或卵形或三角状披针形，羽状浅裂、半裂、深裂或几全裂，边缘有针刺状缘毛或边缘有少数锯齿；向上的叶渐小，羽状浅裂，基部扩大抱茎，无叶柄；上部及最上部的叶通常不裂，线形或披针形，基部耳状扩大半抱茎。全部茎叶质地薄，两面同色。头状花序下垂，生茎枝顶端，花序梗长，裸露，无叶。总苞宽钟状，全部苞片外面无黏腺或有黏腺。小花紫红色。瘦果淡黄色。冠毛淡褐色。花果期 6 ～ 9 月。（图 3–716–1 ～ 3–716–2，见 925 页）

生境与分布 生长于林缘潮湿处、河边或草甸。分布于东北。

药用等参考绒背蓟。

（三百二十）藿香蓟属 *Ageratum* L.

药用记载 藿香蓟 *Ageratum conyzoides* L. 的全草在《全国中草药汇编》《中药大辞典》《中华本草》中记载为胜红蓟。

717. 藿香蓟 *Ageratum conyzoides* L.

别名　胜红蓟、咸虾花、白花草、白毛苦、白花臭、重阳草、脓泡草、绿升麻、臭炉草、水丁药。

识别要点　一年生草本。无明显主根。茎粗壮。全部茎枝淡红色，或上部绿色，被白色尘状短柔毛或上部被稠密开展的长绒毛。叶对生，有时上部互生，常有腋生的不发育的叶芽。全部叶基部钝或宽楔形，基出三脉或不明显五出脉，顶端急尖，边缘圆锯齿。头状花序 4 ～ 18 个在茎顶排成通常紧密的伞房状花序。总苞片 2 层，长圆形或披针状长圆形。花冠淡紫色。瘦果黑褐色。花果期全年。（图 3–717–1 ～ 3–717–4，见 925 ～ 926 页）

生境与分布　生于山谷、山坡林下或林缘、河边或山坡草地、田边或荒地上。分布于海南、广东、广西、云南、贵州、四川、江西、福建等地。

药用部位　全草。

采集加工　夏、秋季采收，除去根部，鲜用或切段晒干。

化学成分　全草含胜红蓟黄酮 A、B、C，川陈皮素，甜橙素，钓樟黄酮 B，5– 甲氧基川陈皮素等多种黄酮类物质，槲皮素，山柰酚 –3– 芸香糖苷，山柰酚 –3，7– 双葡萄糖苷，石松胺，刺凌备草碱，无羁萜，豆甾醇，胜红蓟色烯，香豆精，β – 丁香烯，二甲基色烯，去甲氧基胜红蓟色烯，旋芝麻素，丁香烯氧化物，7– 豆甾烯 –3– 醇，延胡索酸，咖啡酸。

药理作用　胜红蓟中得到的精油在本碟法试验中表现出抗菌活性。

性味归经　辛、微苦，凉。归肺、心包经。

功能主治　清热解毒，止血，止痛。适用于感冒发热，咽喉肿痛，口舌生疮，咯血，衄血，崩漏，脘腹疼痛，跌打损伤，外伤出血，痈肿疮毒，湿疹瘙痒。

（三百二十一）蝟菊属 *Olgaea* Iljin

药用记载　蝟菊 *Gaea lomonosowii*（Trautv.）Iljin in Not. 的全草在《中华本草》中记载为猬菊。

718. 蝟菊 *Olgaea lomonosowii*（Trautv.）Iljin in Not.

别名　猬菊、菊蓟、鳍蓟菊、扎日阿嘎垃吉（蒙名）。

识别要点　多年生草本。茎直立，密被灰白色绵毛，分枝或不分枝。基生叶长圆状披针形，先端钝尖，基部渐狭成柄，羽状分裂，边缘有小刺尖；茎生叶长圆形，有小刺尖。基部沿茎下延成窄翅。头状花序，单生枝端；被蛛丝状毛；总苞片多层，线状披针形，具硬锐尖头，暗紫色；花冠暗紫色，全为管状花。瘦果长圆形，冠毛污黄色。花、果期 8 ～ 9 月。（图 3–718–1 ～ 3–718–2，见 926 页）

生境与分布　生长于山坡阳处。分布于东北、华北、西北等地。

药用部位　全草。

采集加工　夏季采收，鲜用或晒干。

性味归经　苦，凉。归肝经。

功能主治　清热解毒，凉血止血。适用于疮痈肿毒，瘰疬，吐血，衄血，子宫功能性出血，外伤出血。

（三百二十二）泥胡菜属 *Hemistepta* Bunge

药用记载 泥胡菜 *Hemistepta lyrata*（Bunge）Bunge 的全草及根在《中药大辞典》《全国中草药汇编》《中华本草》中记载为泥胡菜。

719. 泥胡菜 *Hemistepta lyrata*（Bunge）Bunge

别名 剪刀草、石灰菜、绒球、花苦荬菜、苦榔头、糯米草。

识别要点 二年生草本，具肉质圆锥形的根。茎直立，具纵纹，光滑或有白色丝状毛。基生叶具柄，倒披针状椭圆形，羽状分裂，先端裂片较大，有白色丝状毛；中部叶椭圆形，先端渐尖，羽状分裂，无柄；上部叶线状披针形至线形。头状花序多数，总苞球形，各层苞片背面尖端下具紫红色鸡冠状小片 1 枚。管状花紫红色。瘦果椭圆形。花期 5 ～ 6 月。（图 3–719–1 ～ 3–719–3，见 926 ～ 927 页）

生境与分布 生长于路旁、荒草丛中或水沟边。分布于除西藏、新疆外的全国各地。

药用部位 全草及根。

采集加工 夏、秋季采集，洗净，鲜用或晒干。

性味归经 辛、苦，寒。归肝经。

功能主治 清热解毒，散结消肿。适用于痔漏，痈肿疔疮，乳痈，淋巴结炎，风疹，外伤出血，骨折。

（三百二十三）麻花头属 Serratula L.

药用记载 华麻花头 *Serratula chinensis* S. Moore 的根在《中药大辞典》《中华本草》中记载为广东升麻。

720. 伪泥胡菜 *Serratula coronata* L.

别名 假升麻、黄麻、黄升麻、升麻、副冠麻花头、冠麻花、胡菜、黄草、假泥胡菜、神麻、田草、田村草、地特木图 – 洪古日 – 扎拉（蒙名）。

识别要点 多年生草本。根状茎块状，黑褐色，须根细长。茎直立，上部分枝。叶具柄，椭圆形或卵形，羽状全裂，边缘具疏齿和短刚毛，上部叶渐小。头状花序生于茎端，总苞钟形，总苞片紫褐色，被褐色绒毛，管状花紫红色，缘花雌性，盘花两性。瘦果矩圆形，淡褐色；冠毛淡褐色。花果期 8 ～ 10 月。（图 3–720–1 ～ 3–720–3，见 927 页）

生境与分布 分布于东北、河北、内蒙古、陕西、甘肃、新疆、山东、江苏、江西，河南、湖北、贵州。

药用部位 根。

采集加工 夏、秋季挖取根部，去净茎叶、须根，洗净，晒干。

性味归经 辛，凉。归肺经。

功能主治 解毒透疹。适用于麻疹初期透发不畅，风疹瘙痒。

721. *麻花头 Serratula centauroides* L.

别名　菠叶麻花头、草地麻花头、菠菜帘子。

识别要点　多年生草本。茎直立。具纵沟棱，上部少分枝，基部带紫红色，有褐色枯叶柄纤维，被皱曲长柔毛。基生叶与茎下部叶椭圆形，羽状深裂，裂片矩圆形或披针形，先端渐尖或锐尖，边缘具不规则缺刻状疏齿或尖裂片，两面被皱曲短柔毛，具长柄。头状花序数个，单生枝顶，花梗较长，管状花紫红色。瘦果倒圆锥形，淡褐色，冠毛淡黄色。花期 6 ～ 7 月，果期 8 ～ 9 月。（图 3–721–1 ～ 3–721–3，见 927 页）

生境与分布　生于山坡林缘、草原、草甸、路旁或田间。分布于我国东北、河北、内蒙古、山东、山西、陕西、甘肃。

药用部位　根。

采集加工　夏、秋季采收 2 ～ 3 年生者，挖取根部，去净茎叶、须根，洗净，晒干或焙干。

化学成分　根含植物蜕皮甾酮类化合物、山柰酚 –3– 甲醚、石竹烯、大根香叶烯、亚油酸甲酯、棕榈酸甲酯、亚麻酸甲酯、多炔类化合物、乙酸酯、羟基蜕皮酮、红甾酮等。

性味归经　辛、苦，微寒。归肝、肺经。

功能主治　散风透疹，清热解毒，升阳举陷。适用于风热头痛，麻疹透发不畅，斑疹，肺热咳喘，咽喉肿痛，胃火牙痛，久泻脱肛，子宫脱垂。

722. *多花麻花头 Serratula polycephala* Iljin

别名　多头麻花头。

识别要点　多年生草本。茎直立，圆柱形，有条棱，上部分枝。叶纸质，具长柄或几无柄；基生叶长椭圆形，缺刻状羽裂或全缘，边缘齿端具刺尖，花期常凋萎；茎生叶羽状全裂或深裂，最上部叶全缘或稍具齿。头状花序直立，生于分枝顶端；总苞狭筒状钟形或狭筒形，上部稍缢缩，基部稍膨大，总苞片先端具刺尖，内层线形，先端为具白色膜质附属物；花冠紫色，两性，管状。瘦果苍白黄色；冠毛糙毛状，多层，带褐色。花果期 7 ～ 9 月。（图 3–722–1 ～ 3–722–3，见 927 ～ 928 页）

生境与分布　生长于山坡路旁、干草地、耕地及荒地。分布于东北、河北、山西、内蒙古。

药用等参考麻花头。

（三百二十四）漏芦属 *Stemmacantha* Cass.

药用记载　漏芦 *Stemmacantha uniflorum*（L.）Dittrich. 的根在《中国药典》《中药大辞典》《中华本草》中记载为漏芦。

723. *漏芦 Stemmacantha uniflorum*（L.）Dittrich.

别名　祁州漏芦、大脑袋花、打铜锤、图烟叶、老虎爪、和尚头、大头翁、独花山牛蒡、牛馒头、龙葱根、毛头。

识别要点 多年生草本。根状茎粗厚，主根圆柱形。茎直立，不分枝，簇生或单生，有条纹，具白色绵毛或短毛。基生叶有长柄，被厚绵毛；基生叶及下部茎叶全为椭圆形，羽状全裂呈琴形，两面均被蛛丝状毛或粗糙毛茸；中部及上部叶较小。头状花序单生于茎顶，总苞宽钟状，基部凹；总苞片多层，花冠淡紫色，下部条形，上部稍扩张成圆筒形；雄蕊 5，花药聚合；子房下位，花柱伸出，紫色。瘦果棕褐色。花期 5 ～ 7 月，果期 6 ～ 8 月。（图 3–723–1 ～ 3–723–6，见 928 页）

生境与分布 生长于向阳山坡、林缘林下、草甸草地。

药用部位 根。

采集加工 秋后采收，除去泥土，鲜用或晒干。

药理作用 ①抑制红细胞膜的脂质过氧化，使动脉粥样硬化病变减少减轻。②对抗过氧化氢引起的溶血。能显著抑制过氧化脂质的生成而抗氧化。③可使细胞中脂滴缩小，溶酶体数量增多。④调节中央衰老钟的运行，延缓衰老。⑤增强免疫：祁州漏芦蜕皮甾酮可使淋巴细胞的比值和绝对数均有显著提高。

性味归经 苦，寒。归胃、大肠、肝经。

功能主治 清热解毒，消痈，下乳，舒筋通脉。适用于疮疖肿毒，乳痈，乳腺炎，痔瘘，疥癣痒疹，目赤肿痛，痢疾，蛔虫腹痛，风湿痹痛，闪腰岔气，跌打损伤，产后乳汁不下。

用药警戒 气虚、疮疡平塌不起及孕妇忌服。

（三百二十五）风毛菊属 *Saussurea* DC.

药用记载 风毛菊 *Saussurea japonica*（Thunb.）DC. 的全草在《全国中草药汇编》中记载为风毛菊。美花风毛菊 *S. pulchella*（Fisch.）Fisch. 的全草在《中华本草》中记载为美花风毛菊。草地风毛菊 *S. amara*（L.）DC. 的全草在《中华本草》中记载为驴耳风毛菊。龙江风毛菊 *S. amurensis* Turcz. 的根和花序在《中华本草》中记载为龙江风毛菊。

724. 风毛菊 *Saussurea japonica*（Thunb.）DC.

别名 八棱麻、八楞麻、三棱草、八面风、哈拉特日干那（蒙名）、莪吉秀（藏名）。

识别要点 二年生草本。根纺锤状，黑褐色。茎直立，粗壮，上部分枝，被短柔毛和腺体。基生叶与下部叶具长柄，矩圆形或椭圆形，顶裂片披针形，全缘。茎中部叶向上渐小，上部叶条形；羽状分裂或全缘，无柄。头状花序多数成密集的伞房状。总苞筒状钟形，常紫红色，花冠紫色。瘦果暗褐色。冠毛淡褐色。花果期 6 ～ 11 月。（图 3–724–1 ～ 3–724–3，见 929 页）

生境与分布 生长于砂质地、灌丛、山坡。

药用部位 全草。

采集加工 夏秋季采收，鲜用或晒干。

性味归经 苦、辛，温。归肝、肾经。

功能主治 祛风活络，散瘀止痛。适用于风湿关节痛，腰腿痛，跌打损伤。

用药警戒 孕妇忌服。

725. 美花风毛菊 *Saussurea pulchella*(Fisch.)Fisch.

别名 美丽风毛菊。

识别要点 多年生草本。根状茎纺锤形。茎直立，上部分枝，被短毛和腺点或近无毛。基生叶和下部叶有长柄；上部叶披针形或条形，羽状浅裂或全缘，两面有短粗毛和腺点；叶片长圆形或椭圆形，羽状深裂或全裂。头状花序多数在茎枝顶端排列成伞房状或圆锥状，有长梗；总苞球形或球状钟形，花粉紫色。花期 7～8 月，果期 8～9 月。(图 3–725–1～3–725–2，见 929 页)

生境与分布 生长于灌丛、草甸子及河岸。分布于东北、华北等地。

药用部位 全草。

采集加工 夏、秋季采收，晒干。

化学成分 全草含美花风毛菊内酯、芸香苷、槲皮苷、芹菜素 –7–O–β –D– 葡萄鼠李糖。

性味归经 辛、苦，寒。归肝、肾经。

功能主治 清热止痛，祛风除湿。适用于感冒发热，风湿性关节炎，湿热泄泻。

726. 龙江风毛菊 *Saussurea amurensis* Turcz.

别名 东北燕尾风毛菊、齿叶风毛菊。

识别要点 多年生草本。根状茎细短；地上茎具蛛丝状卷毛或近无毛。叶互生；基部叶长大，宽披针形或卵形，先端尖，基部楔形，边缘有锯齿，具长叶柄；中部叶披针形或条状披针形，有锯齿，具短柄；上部叶条状披针形，全缘，无柄；全部叶沿茎下延成明显的翅。头状花序，多数，排成伞房状；总苞片 4～5 层，暗紫色，被长柔毛；小花粉紫色。瘦果。花果期 8～9 月。(图 3–726–1～3–726–2，见 929 页)

生境与分布 生长于沼泽草地和草甸。分布于黑龙江、吉林。

药用部位 全草。

采集加工 夏、秋季采集，洗净，鲜用或晒干。

化学成分 地上部分含阿古林 A、B，洋蓟苦素，盐地毛菊内酯。

性味归经 苦，寒。归肺、肾、大肠经。

功能主治 清热燥湿，泻火解毒。适用于湿热带下，口舌生疮，牙龈肿痛。

727. 草地风毛菊 *Saussurea amara*(L.)DC.

别名 驴耳风毛菊、羊耳朵、狗舌头。

识别要点 多年生草本。根细长，褐色。茎直立，在上部分枝，有棱槽，通常粗糙。叶绿色，下面稍淡，粗糙，被白色绒毛和多数黄色近尖的瘤状凸起；叶片卵状长圆形、长圆状披针形，有时具叶耳，稀稍下延。头状花序通常多数，生于茎枝顶端，排列成比较紧密的伞房圆锥花序；总苞钟状，顶端具窄的附属物或无附属物；小花红色或淡紫红色，稀白色，檐部先端 5 裂，裂片线形。瘦果圆柱形，褐色。花果期 7～9 月。(图 3–727–1～3–727–2，见 930 页)

生境与分布 生长于河湖岸边的盐碱地、河滩草地、荒地、路边。分布于东北、华北、西北等省区。

药用部位 全草。

采集加工 夏、秋季采收，除去杂质，洗净泥土，鲜用或晒干，切段备用。

性味归经 中药：苦，寒。归肝经。蒙药：苦，凉。糙，稀，钝，柔。

功能主治 中药：清热解毒，消肿。适用于瘰疬，痄腮，疖肿。

蒙药：清热解毒，止痛，杀"粘"，消肿。适用于流感，瘟疫，麻疹，猩红热，"发症"，结喉，痢疾，心热，搏热，实热，久热，伤热，"协日"热，血热，阵刺痛。

728. 羽叶风毛菊 *Saussurea maximowiczii* Herd.

识别要点 多年生草本。根状茎粗厚，密生须根。茎直立，单生，上部伞房花序状分枝，全部茎枝无毛。基生叶与下部茎叶有长叶柄，叶片全形长圆形，羽状全裂或深裂；全部叶质地厚，两面绿色，无毛。头状花序多数，在茎枝顶端排成伞房状花序。总苞圆柱状，全部总苞片上部外面及顶端被白色微柔毛。小花紫色。瘦果长倒圆锥状，有钝肋。花果期 8 ～ 10 月。（图 3–728–1 ～ 3–728–3，见 930 页）

生境与分布 生长于林缘草地。分布于东北。

药用参考风毛菊。

729. 柳叶风毛菊 *Saussurea salicifolia*（L.）DC.

别名 柳叶凤毛菊、乌达力格 – 哈拉特日干那（蒙名）、乌达力格 – 哈特日干那（蒙名）、乌力达力格 – 哈日特日干那（蒙名）。

识别要点 多年生草本，根粗壮，纤维状撕裂。茎直立，有棱，被蛛丝毛或短柔毛，上部伞房花序状分枝或分枝自基部。叶线形或线状披针形，全缘，稀基部边缘有锯齿，常反卷。头状花序多数或少数，在茎枝顶端排成狭窄的帚状伞房花序。总苞圆柱状，紫红色，外面被疏蛛丝毛。小花粉红色。花果期 8 ～ 9 月。（图 3–729–1 ～ 3–729–2，见 930 ～ 931 页）

生境与分布 生长于高山灌丛、草甸、山沟阴湿处。分布于东北、河北、内蒙古、甘肃、新疆、四川。

药用参考风毛菊。

（三百二十六）大丁草属 *Gebera* Cass.

药用记载 大丁草 *Gerbera anandria*（L.）Sch. 的全草在《全国中草药汇编》《中药大辞典》《中华本草》中记载为大丁草。

730. 大丁草 *Gerbera anandria*（L.）Sch.

别名 烧金草、豹子药、苦马菜、米汤菜、鸡毛蒿、白小米菜、踏地香、龙根草、翻白叶、小火草、臁草。

识别要点 多年生草本。植株有二型：春型株矮小，叶广卵形或椭圆状广卵形，先端钝，基部心形或有时羽裂；头状花序白色带紫红色，有舌状花与管状花。秋型植株高大，叶片倒披针状长椭圆形或椭圆状广卵形，通常提琴状羽裂，先端裂片卵形，边缘有不规则圆齿，基部常狭窄下延成柄；头状花序紫红色，全为管状花。瘦果。春花期 4 ～ 5 月，秋花期 8 ～ 11 月。（图 3–730–1 ～ 3–730–2，见 931 页）

生境与分布　生长于山坡路旁、林边、草地、沟边等阴湿处。分布于我国南北各地。

药用部位　全草。

采集加工　夏、秋季采收，洗净，鲜用或晒干。

化学成分　地上部分含苯并吡喃类化合物、野樱苷、5– 甲基香豆粗 – 吡喃葡萄糖苷、大丁苷、大丁苷元、大丁双香豆粗、琥珀酸、木犀草素葡萄糖苷、大丁纤维二糖苷、大丁龙胆二糖苷、蒲公英赛醇、β – 谷甾醇、香豆精等。

药理作用　①水煎剂有抗菌活性。②能增加家兔及小鼠网状内皮系统的吞噬功能。

性味归经　苦，寒。归肺、肝经。

功能主治　清热利湿，解毒消肿。适用于肺热咳嗽，湿热泻痢，热淋，风湿关节痛，痈疖肿毒，臁疮，虫蛇咬伤，烧烫伤，外伤出血。

（三百二十七）猫儿菊属 *Achyrophorus* Guett.

药用记载　猫儿菊大黄菊 *Achyrophorus ciliatus*（L.）Scop. 的根在《全国中草药汇编》《中华本草》中记载为猫儿黄金菊。

731. 猫儿菊大黄菊 *Achyrophorus ciliatus*（L.）Scop.

别名　高粱菊、黄金菊、小蒲公英、车格车里（蒙名）。

识别要点　多年生草本。茎直立，不分枝，上部生稍密的硬刺毛。基生叶簇生，长椭圆形或长匙形，边缘有不规则的锯齿；茎生叶长椭圆形，抱茎，中上部叶基部耳状抱茎，上部叶渐小，卵形或长卵形，全部叶缘有尖齿。头状花序单生于茎顶，大型，金黄色；总苞半球形；全部为舌状花，橘黄色，舌状片线形，先端 5 齿裂，花筒细长；花药黄色；花柱丝状；柱头 2 裂。瘦果圆柱状线形。花期 7 月，果期 7 ～ 8 月。（图 3–731–1 ～ 3–731–3，见 931 页）

生境与分布　生长于山坡草地、林下及草原等处。分布于东北、华北等地。

药用部位　根。

采集加工　秋季采收，切片晒干。

性味归经　淡，平。归肝、脾、肾经。

功能主治　利水消肿。适用于水肿，腹水。

（三百二十八）山柳菊属 *Hieracium* L.

药用记载　山柳菊 *Hieracium umbellatum* L. 的根或全草在《全国中草药汇编》《中药大辞典》《中

华本草》中记载为山柳菊。

732. 山柳菊 *Hieracium umbellatum* L.

别名 伞花山柳菊、九里明、黄花母、柳叶蒲公英、柳菊蒲公英。

识别要点 多年生草本，被细毛。基生叶在花期枯萎；茎生叶互生，无柄，长圆状披针形或披针形，先端急尖至渐尖，基部楔形至圆形，具疏大齿，稀全缘，边缘和下面沿脉具短毛。头状花序多数，排成伞房状，梗密被细毛；总苞片 3 ～ 4 层；舌状花黄色，下部具白色软毛，舌片先端 5 齿裂。瘦果圆筒形，紫褐色。花、果期 8 ～ 9 月。（图 3–732–1 ～ 3–732–3，见 932 页）

生境与分布 生长于山地。分布于东北、华北、西北、华中和西南。

药用部位 根或全草。

采集加工 夏、秋季采收，去除泥土，洗净，多鲜用，或晒干。

化学成分 地上部分含芹菜素、槲皮素、山柰酚、木犀草素、木犀草素 7–β–D– 吡喃葡萄糖苷、金丝桃苷、蒙花苷。

性味归经 苦，凉。归肝、肾经。

功能主治 清热解毒，利湿消积。适用于疮痈疖肿，尿路感染，痢疾，腹痛积块。

（三百二十九）苦荬菜属 *Ixeris* Cass.

药用记载 剪刀股 *Ixeris japonica*（Burm. F.）Nakai 的全草在《全国中草药汇编》《中药大辞典》《中华本草》中记载为剪刀股。

733. 剪刀股 *Ixeris japonica*（Burm. F.）Nakai

别名 假蒲公英、蒲公英、鸭舌草、鹅公英、沙滩苦荬菜。

识别要点 多年生草本。全株无毛，具匍茎。基生叶莲座状，叶基部下延成叶柄，叶片匙状倒披针形至倒卵形，先端钝，基部下延，全缘或具疏锯齿或下部羽状分裂；花茎上的叶仅 1 ～ 2 枚，全缘，无叶柄。头状花序有梗；总苞片卵形；舌状花黄色。瘦果成熟后红棕色。花期 4 ～ 5 月。（图 3–733–1 ～ 3–733–2，见 932 页）

生境与分布 生长于路边潮湿地及田边。分布于东北、华东、中南。

药用部位 全草。

采集加工 春季采收，洗净，鲜用或晒干。

性味归经 苦，寒。归胃、肺、肾经。

功能主治 清热解毒，利尿消肿。适用于肺脓疡，咽痛，目赤，乳腺炎，痈疽疮疡，水肿，小便不利。

(三百三十)小苦荬属 *Ixeridium*(A. Gray)Tzvel.

药用记载 抱茎小苦荬 *Ixeridium sonchifolia*(Maxim.)Shih 的全草在《全国中草药汇编》中记载为苦碟子。中华小苦荬 *I. chinense*(Thunb.)Tzvel. 的全草或根在《中药大辞典》《中华本草》中记载为山苦荬；在《全国中草药汇编》中记载为苦菜。

734. 抱茎小苦荬 *Ixeridium sonchifolia*(Maxim.)Shih

别名 苦碟子、抱茎苦荬菜、苦荬菜、秋苦荬菜、盘尔草、鸭子食、满天星。

识别要点 多年生草本，无毛。茎直立，上部有分枝。基生叶多数，边缘具锯齿或不整齐的羽状深裂，茎生叶较小，卵状矩圆形或卵状披针形，叶基部为全叶片的最宽部分，常成耳形或戟状抱茎。头状花序密集成伞房状，有细梗，只含舌状花，黄色，先端截形，具5齿。瘦果纺锤形，黑色。花果期4～7月。(图3-734-1～3-734-2，见932～933页)

生境与分布 生长于荒野、山坡、路旁、疏林下。分布于东北、华北和华东。

药用部位 全草。

采集加工 5～7月间开花时采收，洗净，晒干或鲜用。

化学成分 全草含黄酮类、酚性化合物、有机酸、香豆素内酯类、氨基酸、植物甾醇及腺嘌呤核苷。

药理作用 ①可使冠脉流量增加，并降低心肌耗氧量，能显著抑制心肌细胞的氧代谢，使心肌的乳酸含量显著降低。②能扩张心肌血管，增加侧支循环，改善心肌缺氧，使心肌供血有明显改善。③增加脑血流量，改善微循环。④苦碟子注射液有镇痛作用，并降低小鼠自主活动。

性味归经 苦、辛，平。归肝、胃经。

功能主治 止痛消肿，清热解毒。适用于头痛，牙痛，胃痛，手术后疼痛，跌打伤痛，阑尾炎，肠炎，肺脓肿，咽喉肿痛，痈肿疮疖。

735. 中华小苦荬 *Ixeridium chinense*(Thunb.)Tzvel.

别名 小苦苣、黄鼠草、山苦荬、苦菜、凉麻、八月老、苦菜、节托莲、小苦麦菜。

识别要点 多年生草本，全部茎枝无毛。根垂直直伸，通常不分枝。基生叶莲座状，长椭圆形、倒披针形、线形或舌形，全缘，通常不分裂亦无锯齿，偶见羽状浅裂或半裂，茎生叶2～4枚，基部扩大耳状抱茎。头状花序排成聚伞花序，较大；舌状花黄色，干时带红色或白色，先端5齿裂。瘦果狭披针形，稍扁平，冠毛白色。花果期1～10月。(图3-735-1～3-735-3，见933页)

生境与分布 生长于山坡路旁、田野、河边灌丛或岩石缝隙中。我国大部分地区均有分布。

药用部位 全草或根。

采集加工 春季开花时采收，洗净，鲜用或晒干。

化学成分 全草含 β－香树脂素、3β－羟基－20(30)－蒲公英甾烯、熊果烯醇、羽扇豆醇、艾里莫芬内酯、乌苏酸等。

药理作用 ①煎剂对在体兔心有抑制作用，使心收缩力减弱，频率减少。②能使麻醉兔和犬的血压下降。

性味归经 苦，寒。归肝、肺、大肠经。

功能主治 清热解毒，消肿排脓，凉血止血。适用于肠痈，肺脓疡，肺热咳嗽，肠炎，痢疾，胆囊炎，盆腔炎，疮疖肿毒，阴囊湿疹，吐血，衄血，血崩，跌打损伤。

736. 光滑小苦荬 *Ixeridium strigosum*（Lévl. et Vaniot）Tzvel.

识别要点 多年生草本，全部茎枝无毛。基生叶长倒披针形或长椭圆状披针形，边缘全缘或有锯齿或羽状浅裂或深裂，侧裂片 3 ～ 5 对，镰刀形、披针形、狭披针形或三角形。茎生叶 1 ～ 2 枚，披针形，顶端急尖，基部稍抱茎。头状花序排成伞房状花序。舌状小花黄色或白色等多色。瘦果稍压扁，褐色，冠毛白色。花果期 4 ～ 7 月。（图 3-736-1 ～ 3-736-2，见 933 页）

生境与分布 生长于山坡草地、田野。分布于东北、内蒙古、河北、江苏、浙江、安徽、四川。

药用等参考中华小苦荬。

（三百三十一）黄瓜菜属 *Paraixeris* Nakai

药用记载 黄瓜菜 *Paraixeris denticulata*（Houtt.）Nakai、尖裂黄瓜菜 *P. serotina*（Maxim.）Tzvel. 在《中草药》杂志发表的"尖裂黄瓜菜化学成分的研究"中有报道。

737. 黄瓜菜 *Paraixeris denticulata*（Houtt.）Nakai　FOC 修订为黄瓜假还阳参 *Crepidiastrum denticulata*

别名 秋苦荬菜、盘儿草、大苦荬菜、苦菜、苦荬菜、满天星、山白菜、鸭子食。

识别要点 一年生或二年生草本。根垂直直伸，生多数须根。茎单生，直立，全部茎枝无毛。基生叶及下部茎叶花期枯萎脱落；中下部茎叶卵形，长椭圆形或披针形，不分裂，顶端急尖或钝，有宽翼柄，基部圆形，耳部圆耳状扩大抱茎，茎叶受伤处有乳白状液体流出。头状花序多数，在茎枝顶端排成伞房状或伞房圆锥状，舌状小花黄色。瘦果长椭圆形，上部沿脉有小刺毛，向上渐尖成粗喙。冠毛白色。花果期 5 ～ 11 月。（图 3-737-1 ～ 3-737-3，见 934 页）

生境与分布 生长于山坡林缘、林下、田边、岩石上或岩石缝隙中。分布于东北、河北、河南、山西、甘肃、江苏、安徽、浙江、江西、湖北、广东、四川、贵州。

药用部位 全草。

采集加工 6 ～ 7 月开花时采收，洗净，鲜用或晒干。

性味归经 甘、微苦，微寒，无毒。归大肠经。

功能主治 通结气，利肠胃。适用于清热、解毒、降压。

（三百三十二）苦苣菜属 *Sonchus* L.

药用记载 长裂苦苣菜 *Sonchus brachyotus* DC. 在《全国中草药汇编》《中药大辞典》《中华本草》中记载为苣荬菜。苦苣菜 *S. oleraceus* L. 的全草在《中药大辞典》《中华本草》中记载为苦菜，在《全国中草药汇编》中记载为滇苦菜；根在《中药大辞典》中记载为苦菜根；花及种子在《中药大辞典》中记载为苦菜花子。苣荬菜 *S. arvensis* L. 的全草在《全国中草药汇编》《中药大辞典》中记载为苣荬菜。

738. 长裂苦苣菜 *Sonchus brachyotus* DC.

别名 苣荬菜、匍茎苦菜、苦麻子、苦马菜、曲荬菜、野苦荬。

识别要点 多年生草本，全株有乳汁。茎直立，有纵条纹，全部茎枝光滑无毛。叶互生，披针形或长圆状披针形，羽状深裂、半裂或浅裂，极少不裂，向下渐狭，基部圆耳状扩大；基生叶具短柄，茎生叶无柄。头状花序顶生，单一或呈伞房状。总苞钟状，外面光滑无毛。花全为舌状花，黄色，雄蕊 5，雌蕊 1，子房下位，花柱纤细，柱头 2 裂。瘦果长椭圆形，具 5 条纵肋，冠毛细软。花果期 6 ～ 9 月。（图 3–738–1 ～ 3–738–2，见 934 页）

生境与分布 生长于路边、田野。分布于东北、内蒙古、河北、山西、陕西、山东及全国大部分地区。

药用部位 全草。

采集加工 春季开花前连根拔起，洗净，晒干。

化学成分 β－谷甾醇、木犀草素、芹菜素、槲皮素、脱镁叶绿酸甲酯、10–羟基脱镁叶绿酸甲酯等。

药理作用 抗肿瘤：苣荬菜水煎浓缩酒精提取液对急性淋巴细胞型白血病、急性及慢性粒细胞型白血病患者血细胞脱氢酶都有明显抑制作用。

性味归经 苦，寒。归肝、肺经。

功能主治 清热解毒，利湿排脓，凉血止血。适用于咽喉肿痛，疮疖肿毒，痔疮，急性菌痢，肠炎，肺脓疡，急性阑尾炎，吐血，衄血，咯血，尿血，便血，崩漏。

739. 短裂苦苣菜 *Sonchus uliginosus* M. B.

别名 苦菜、苦苣菜。

识别要点 多年生草本，根垂直直伸。茎直立，全部茎枝光滑无毛。基生叶多数，长椭圆形、长倒披针形、长披针形、线状长椭圆形，羽状分裂；侧裂片 2 ～ 4 对，偏斜卵形、卵形、宽三角形或半圆形；顶裂片长三角形、长椭圆形或长披针形，全部叶裂片边缘有锯齿，顶端急尖、渐尖、钝或圆形，全部叶两面光滑无毛。头状花序。总苞钟状。舌状小花黄色。瘦果椭圆形。冠毛白色。花果期 6 ～ 10 月。（图 3–739–1 ～ 3–739–3，见 934 ～ 935 页）

生境与分布 生长于荒草地、山坡、农田。分布于东北、西北、内蒙古、河北、山西、河南、江苏、浙江、四川、云南、西藏。

药用等参考长裂苦苣菜。

740. 全叶苦苣菜 *Sonchus transcaspicus* Nevski

别名 苦菜、曲麻菜。

识别要点 多年生草本，有匍匐茎。茎直立，有细条纹。基生叶与茎生叶同形，中下部茎叶灰绿色或青绿色，长椭圆形、披针形或倒披针形或线状长椭圆形，无柄，边缘全缘或有刺尖或凹齿或浅齿，两面光滑无毛。头状花序少数或多数在茎枝顶端排成伞房花序。总苞钟状，外面光滑无毛。全部舌状小花多数，黄色或淡黄色。瘦果椭圆形，暗褐色，有纵肋，中间的 1 条增粗，肋间有横皱纹。冠毛白色。花果期 5 ～ 9 月。（图 3–740–1 ～ 3–740–2，见 935 页）

生境与分布 生长于山坡草地、水边湿地或田边。分布于东北、华北、西北、内蒙古、河南、湖南、四川、云南、西藏。

药用等参考长裂苦苣菜。

741. 苦苣菜 *Sonchus oleraceus* L.

别名 苦菜、滇苦菜、田苦卖菜、尖叶苦菜、嘎希棍 – 诺高（蒙名）。

识别要点 一年生或二年生草本，根纺锤状。茎直立，中空，具乳汁。叶互生；下部叶叶柄有翅，基部扩大抱茎；中上部无柄，基部宽大戟耳形，叶柔软无毛，大头状羽状全裂或羽状半裂，边缘有刺状尖齿。头状花序，顶生，数枚，排列成伞房状；梗或总苞下部初期有蛛丝状毛；总苞钟状，暗绿色。舌状花黄色，两性结实；雄蕊 5。瘦果，长椭圆状倒卵形，压扁，亮褐色、褐色或肉色，边缘有微齿，两面各有 3 条高起的纵肋，肋间有细皱纹；成熟后红褐色，冠毛白色，毛状。花期 4 ～ 6 月。（图 3–741–1 ～ 3–741–2，见 935 页）

生境与分布 生长于山坡、路边、荒野等处。全国大部分地区有分布。

药用部位 全草、根、花。

采集加工 春、夏、秋季均可采收，鲜用或晒干。

化学成分 全草含木犀草素、槲皮素、槲皮苷、加拿大麻糖苷、异加拿大麻糖苷。

药理作用 在小鼠大腿肌肉接种肉瘤后给予皮下注射苦苣菜的酸性提取物的实验观察，可见到肉瘤受到明显的伤害（出血、坏死等）。

性味归经 苦，寒。归心、脾、胃、大肠经。

功能主治 中药：清热解毒，凉血止血。适用于肠炎，痢疾，黄疸，淋证，咽喉肿痛，痈疮肿毒，乳腺炎，痔瘘，吐血，衄血，咯血，尿血，便血，崩漏，毒蛇咬伤。

根：治血淋，利小便。

花及种子：祛中热，安心神。

蒙药：治“协日”热，口苦，口渴，发烧，不思饮食，泛酸，胃痛，嗳气，“巴达干宝日”病。

用药警戒 脾胃虚寒者忌之。不可共蜜食。

742. 苣荬菜 *Sonchus arvensis* L.

别名 南苦荬菜、曲荬菜、野苦菜、野苦荬、苦葛麻。

识别要点　多年生草本。根垂直直伸，多少有根状茎。茎直立，上部或顶部有伞房状花序分枝，花序分枝与花序梗被稠密的头状具柄的腺毛。基生叶多数，与中下部茎叶全形倒披针形或长椭圆形，羽状或倒向羽状深裂、半裂或浅裂，全部叶基部渐窄成长或短翼柄，但中部以上茎叶无柄，基部圆耳状扩大半抱茎。头状花序在茎枝顶端排成伞房状花序。总苞钟状，舌状小花多数，黄色。瘦果稍压扁，冠毛白色。花果期 1 ～ 9 月。（图 3–742–1 ～ 3–742–4，见 935 ～ 936 页）

生境与分布　生长于山坡草地、林间草地、潮湿地或近水旁、村边或河边砾石滩。分布于全国各地。

药用部位　全草。

采集加工　夏秋季采割全草，洗净，鲜用或晒干备用。

药理作用　苣荬菜水煎浓缩酒精提取液对急性淋巴细胞型白血病、急性及慢性粒细胞型白血病患者血细胞脱氢酶都有明显抑制作用。

性味归经　苦、寒。归肝、肺、大肠经。

功能主治　清热解毒，利湿排脓，凉血止血。适用于咽喉肿痛，疮疖肿毒，痔疮，急性菌痢，肠炎，肺脓疡，急性阑尾炎，吐血，咯血，尿血，便血，崩漏。

（三百三十三）山莴苣属 *Lagedium* SojAk

药用记载　山莴苣 *Lactuca indica* L.［正名为 *Lagedium sibiricum*（L.）Sojak］的全草或根在《全国中草药汇编》《中药大辞典》《中华本草》中记载为山莴苣；根在《中药大辞典》中记载为白龙头。

743. 山莴苣 *Lagedium sibiricum*（L.）Sojak

别名　北山莴苣、西伯利亚山莴苣、绿苦奶、山苦菜、西伯日－伊达日阿（蒙名）。

识别要点　多年生草本，根垂直直伸。茎直立，单一，带红紫色，无毛，上部有分枝。叶披针形、长椭圆状披针形或条状披针形，先端锐尖或渐尖，基部楔形、心形或扩大成耳状而抱茎，无柄，上面绿色，下面灰绿色，无毛。头状花序少数或多数，在茎顶或枝端排列成疏伞房状或伞房圆锥状，梗细，无毛。总苞片 3 ～ 4 层，紫红色，边缘膜质。小花舌状，花冠蓝紫色，舌片截形，有 5 齿，具 5 条纵肋，冠毛污白色。花果期 7 ～ 9 月。（图 3–743–1 ～ 3–743–3，见 936 页）

生境与分布　生长于草甸、林缘、林下、河岸及湖边水湿地。分布于东北、华北、西北。

药用部位　全草、根。

采集加工　夏秋季开花时采全草，秋后至春夏开花前挖根，除杂质，晒干。

化学成分　全草含 α－香树脂醇、β－香树脂醇、羽扇豆醇、伪蒲公英甾醇、蒲公英甾醇、计曼尼醇、β－谷甾醇、菜油甾醇、豆甾醇。

药理作用　豆甾醇可明显降低小鸡血中胆固醇，而对心和肺无明显影响。

性味归经　全草：苦，寒。根：苦，寒，有小毒。归肺、肝经。

功能主治　清热解毒，补虚止咳。适用于治菌痢，喉炎，虚弱咳嗽，内痔脱出，白带异常。

（三百三十四）乳苣属 *Mulgedium*（L.）DC.

药用记载 乳苣 *Mulgedium tataricum*（L.）DC. 的全草在《中华本草》中记载为苦芙。

744. 乳苣 *Mulgedium tataricum*（L.）DC.

别名 蒙山莴苣、紫花山莴苣、苦芙、鞑靼山莴苣、钩芙、苦板、苦菜、败酱、败酱草。

识别要点 多年生草本，根圆锥形。茎直立，具纵棱。春季只具基生叶，初夏抽出花莛并开花。基生叶与茎下部叶灰绿色，稍肉质，柄基半抱茎；叶片具不规则的羽状或倒羽状浅裂或深裂，侧裂片三角形，边缘具细小的刺齿，茎中部叶少分裂或全缘，茎上部叶较小。茎顶由多数头状花组成圆锥花序，梗不等长；总苞片 3 层，带紫红色，边缘狭膜质，花全为舌状，两性，紫色或淡紫色。瘦果长椭圆形，冠毛白色。花果期 6 ～ 9 月。（图 3–744–1 ～ 3–744–3，见 936 页）

生境与分布 生长于草原、沙丘、沙地、黄土沟岸、湖滨和河滩的盐渍化草甸群落内。分布于我国东北、华北、西北各地。

药用部位 全草。

采集加工 夏、秋季采挖，除净泥土，晒干。

化学成分 全草含蜡醇、转化糖、胆碱、酒石酸、氧化酶、弹性橡胶、甘露醇、左旋肌醇、苦味质、山莴苣苦素、山莴苣素、α – 香树脂醇。

药理作用 乳苣总黄酮具有良好的清除羟自由基的功能。

性味归经 苦，微寒。归肝、大肠经。

功能主治 清热解毒，活血排脓，凉血止血。适用于暑热烦闷，痢疾，肠炎，疮疖痈肿，痔疮，丹毒，外伤出血，跌打损伤。

（三百三十五）翅果菊属 *Pterocypsela* Shih

药用记载 翅果菊 *Pterocypsela indica*（L.）Shih 的全草在《全国中草药汇编》《中药大辞典》《中华本草》中记载为山莴苣（*Lactuca indica* L. 为翅果菊的异名）；根在《中药大辞典》中记载为白龙头。毛脉翅果菊 *P. raddeana*（Maxim.）Shih 的全草或根在《全国中草药汇编》《中华本草》中记载为山苦菜。

745. 翅果菊 *Pterocypsela indica*（L.）Shih

别名 山莴苣、苦莴苣、山马草、野莴苣、野生菜、苦麻菜、败酱草、苦马地丁、苦菜。

识别要点 二年生草本。茎无毛，上部有分枝。叶互生，无柄；叶形多变化，条形；长椭圆状条形或条状披针形，不分裂而基部扩大戟形半抱茎，全部叶有狭窄膜片状长毛。头状花序在茎枝顶端排成宽或窄的圆锥花序；舌状花淡黄色或白色。瘦果黑色，压扁，边缘不明显，内弯，每面仅有 1 条脉纹，喙短而明显，冠毛白色。花果期 9 ～ 11 月。（图 3–745–1 ～ 3–745–5，见 937 页）

生境与分布　生长于田间、路旁、灌丛或滨海处。分布于除西北外的全国各地。

药用部位　全草、根。

采集加工　全草：春、夏间采收，洗净，鲜用或晒干。根：春、夏季采挖，洗净，晒干。

化学成分　全草含 α－香树脂醇、β－香树脂醇、羽扇豆醇、伪蒲公英甾醇、蒲公英甾醇、计曼尼醇、β－谷甾醇、菜油甾醇、豆甾醇。

性味归经　全草：苦，寒。根：苦，寒，有小毒。归肝、大肠、肾经。

功能主治　全草：清热解毒，活血，止血。适用于咽喉肿痛，肠痈，疮疖肿毒，子宫颈炎，产后瘀血腹痛，疣瘤，崩漏，痔疮出血。

根：清热凉血，消肿解毒。适用于扁桃体炎，妇女血崩，疖肿，乳痈。

746. 翼柄翅果菊 *Pterocypsela triangulata*（Maxim.）Shih

别名　翼柄山莴苣。

识别要点　二年生草本或多年生草本，根有粗壮分枝。茎直立，单生，通常紫红色，上部圆锥花序状分枝，全部茎枝无毛。中下部茎叶三角状戟形、宽卵形、宽卵状心形，基部耳状半抱茎；向上的茎叶渐小，全部叶两面无毛。头状花序多数，沿茎枝顶端排列成圆锥花序。总苞果期卵球形，通常红紫色或边缘染红紫色。舌状小花黄色。瘦果黑色或黑棕色，每面有 1 条高起的纵肋，顶端急尖成喙。冠毛白色。花果期 7 ～ 10 月。（图 3–746–1 ～ 3–746–2，见 937 页）

生境与分布　生长于山坡草地、林缘、路边。分布于东北、河北、山西。

药用等参考翅果菊（与翅果菊的区别为叶较宽）。

747. 毛脉翅果菊 *Pterocypsela raddeana*（Maxim.）Shih

别名　毛脉山莴苣、老蛇药、野洋烟。

识别要点　二年生草本。全株具乳汁。茎淡红色，常密被狭膜片状毛，上部无毛。叶互生；叶片卵形、椭圆形或三角状长卵形，大头羽状全裂或深裂，边缘有不等大齿缺。头状花序圆柱状，在茎枝顶端排成窄圆锥花序状；全为舌状花，黄色；总苞片 3 ～ 4 层。瘦果倒卵形压扁，有 3 条高起的纵肋，有宽边；果颈喙部极短；冠毛白色，粗糙。花果期 8 ～ 11 月。（图 3–747–1 ～ 3–747–2，见 938 页）

生境与分布　生长于林下、灌丛、草地。分布于东北及河北、陕西、甘肃、山东、河南。

药用部位　全草或根。

采集加工　夏、秋季采收，切段，鲜用或晒干。

性味归经　苦，寒。归肺、脾经。

功能主治　清热解毒，祛风除湿。适用于风湿痹痛，发痧腹痛，疮疡疖肿，蛇咬伤。

（三百三十六）毛连菜属 *Picris* L.

药用记载　毛连菜 *Picris hieracioides* L. 的花序在《中华本草》中记载为毛连菜；根及全草在《中

华本草》中记载为毛柴胡，在《中药大辞典》中记载为枪刀菜根。日本毛连菜 *P. japonica* Thunb. 的全草在《四部医典》中记载为希日图如古。

748. 毛连菜 *Picris hieracioides* L.

别名 枪刀菜、毛牛耳大黄、羊下巴、牛踏鼻、毛柴胡。

识别要点 一年生草本。全株被钩状分叉刚毛。茎上部常分枝。基部叶和茎下部叶长圆状倒披针形或长圆状披针形，边缘具疏齿；基生叶在花期枯萎；中部叶披针形，上部叶条状披针形。头状花序，多数，在枝顶排成伞房状；总苞片 3 层，小花舌状，黄色，先端具 5 小齿。瘦果无喙，微弯曲，红褐色，有 5 条纵棱及横皱纹；冠毛污白色。花、果期 7 ～ 9 月。（图 3–748–1 ～ 3–748–2，见 938 页）

生境与分布 生长于山坡、田边、林缘、林下及沟谷中。分布于东北、华北、西北、华东、华中、西南和西藏等地。

药用部位 花序、根及全草。

采集加工 花序：夏季花开时采收，洗净，晒干。根及全草：夏、秋季采收，洗净，晒干。

化学成分 含毛连菜内酯、杰氏苦苣菜内酯、8– 脱氧山莴苣素。根含毛连菜萜烯醇乙酸酯、异毛连菜萜烯醇乙酸酯、乙酸酯、毛连菜苷、山莴苣素等。

性味归经 花序：苦，咸，微温。归肺经。根及全草：辛，凉。归肝、肾经。

功能主治 花序：理肺止咳，化痰平喘，宽胸。适用于咳嗽痰多，咳喘，嗳气，脘腹闷胀。

根及全草：清热解毒，散瘀，利尿。适用于流感发热，乳痈，无名肿毒，跌打损伤，小便不利。

749. 日本毛连菜 *Picris japonica* Thunb.

别名 枪刀菜、羊下巴、毛柴胡、希日 – 明占（蒙名）、查希巴 – 其其格（蒙名）、希日图如古（蒙名）。

识别要点 二年生草本，植株有乳汁。茎直立，上部分枝，具棱及钩状硬毛。叶矩圆状披针形至条状披针形，下部叶较长且较宽，中上部叶较小且较狭，有钩状毛。头状花序多数，在茎顶排列成伞房状，花序梗较长，基部具条形苞叶；总苞筒状钟形，背面被硬毛；全为舌状花，花黄色。瘦果圆柱形，具横纹，无喙；冠毛白色。花期 7 ～ 9 月，果期 8 ～ 10 月。（图 3–749–1 ～ 3–749–2，见 938 页）

生境与分布 生长于沟谷、林缘及河滩。分布于东北、华北、华东、华中、西北和西南。

药用部位 根及全草。

采集加工 夏、秋季采收，除去杂质，洗净泥土，晒干，切段备用。

化学成分 地上部分含黄酮类化合物、生物碱。叶、花及皮中含齐墩果酸、蒲公英赛醇、熊果酸、白桦脂酸、蛇麻脂醇、β – 谷甾醇、β – 香树脂醇。

药理作用 ①有显著降血糖作用，同时可以调节血脂水平。②能刺激脾脏淋巴细胞增殖，有免疫增强作用。

性味归经 中药：苦、辛，凉。归肝、肾经。蒙药：苦，凉，糙。

功能主治 中药：泻火解毒，祛瘀止痛，利小便。适用于痈疮肿毒，跌打损伤，泄泻，便不利。

蒙药：清热解毒，消肿杀“粘”，止痛。适用于瘟疫，流感，阵刺痛，“发症”，乳痈。

（三百三十七）福王草属 *Prenanthes* L.

药用记载 现代研究福王草 *Prenanthes tatarinowii* Maxim. 中分出多种倍半萜内酯、倍半萜苷及其他类型的化合物（《福建医科大学学报》2006 年第 04 期）。倍半萜内酯类化合物，一般具有很好的生理活性，如抗肿瘤、抗病毒、抗溃疡、改善睡眠、调节植物生长等。

750. 福王草 *Prenanthes tatarinowii* Maxim.

别名 盘果菊。

识别要点 多年生草本。茎直立，单生。中下部茎叶心形或卵状心形，全缘或有锯齿或不等大的三角状锯齿，齿顶及齿缘有小尖头。头状花序多数，沿茎枝排成疏松的圆锥状花序或少数沿茎排列成总状花序。总苞狭圆柱状，舌状小花紫色、粉红色，极少白色或黄色。瘦果线形或长椭圆状，紫褐色，有 5 条高起纵肋。冠毛浅土红色或褐色。花果期 8 ～ 10 月。（图 3–750–1 ～ 3–750–2，见 939 页）

生境与分布 生长于山谷、山坡林缘、林下、草地或水旁潮湿地。分布于东北、内蒙古、河北、山西、陕西、甘肃、山东、湖北、四川、云南。

药用部位 全草。

采集加工 盛花期采集全草，晒干备用。

化学成分 含木栓酮、木栓醇、α – 香树脂醇、α – 香树脂醇乙酸酯、β – 香树脂醇乙酸酯、蒲公甾醇乙酸酯、β – 谷甾醇等。

药理作用 有一定的抗肿瘤活性。

性味归经 苦，寒。归肝经。

功能主治 活血止血。适用于痈疮肿毒。

（三百三十八）鸦葱属 *Scorzonera* L.

药用记载 鸦葱 *Scorzonera austriaca* Willd.、蒙古鸦葱 *S. mongolica* Maxim. 的根或全草在《全国中草药汇编》《中药大辞典》《中华本草》中记载为雅葱。华北鸦葱 *S. albicaulis* Bunge 在《中药大辞典》中记载为仙茅参；在《全国中草药汇编》中记载为白茎鸦葱。桃叶鸦葱 *S. sinensis* Lipsch. et Krasch. ex Lipsch. 的根在《中华本草》中记载为老虎嘴。

751. 鸦葱 *Scorzonera austriaca* Willd.

别名 雅葱、土参、黄花地丁、老鹤咀子、谷罗葱、兔儿奶、笔管草、水防风、老观笔。

识别要点 多年生草本。根圆柱形，根颈部具多数残存纤维状残叶鞘，黑褐色。茎无毛，常在头状花序下膨大。基生叶宽披针形至条椭圆状卵形，基部渐狭成有翅的叶柄，无毛，边缘平展；茎生叶

2～3枚，下部的宽披针形，上部的鳞片状。头状花序，单生枝端，大，外层总苞片宽卵形，无毛，内层椭圆形；舌状花黄色，两性，结实。瘦果无毛，有纵肋；冠毛污白色，羽状。花期4～5月，果期6～7月。（图3–751–1～3–751–3，见939页）

生境与分布 生长于山坡草地。分布于东北、华北、西北及华东等地区。

药用部位 根或全草。

采集加工 夏、秋季采收，洗净，鲜用或晒干。

化学成分 根含橡胶、菊糖、胆碱。叶含镍、铬、钴、钙、镁、铁等微量元素。

性味归经 微苦、涩，寒。归心经。

功能主治 清热解毒，活血消肿。适用于五痨七伤。外用治疔疮，痈疽，毒蛇咬伤，蚊虫叮咬，乳腺炎。

752. 蒙古鸦葱 *Scorzonera mongolica* Maxim.

别名 羊角菜、羊犄角。

识别要点 多年生草本。灰绿色，无毛。根垂直，圆柱状。茎多数，上部分枝，直立自基部铺散。叶肉质，灰绿色，粗涩，具不明显的3～5脉；基生叶披针形或条状披针形，基部收缩成短柄，柄基扩大成鞘状；茎生叶无柄，条状披针形。头状花序，单生茎端或分枝顶端，狭圆锥状；总苞片无毛或有微毛，外层卵形，内层长椭圆状条形；舌状花黄色，干时红色。瘦果上部有疏柔毛；冠毛白色，羽状。花期5～9月，果期7～9月。（图3–752–1～3–752–2，见939～940页）

生境与分布 生长于盐碱地或河边湿地。分布于辽宁、内蒙古、河北、山西、甘肃、青海、山东等地。

化学成分 全草含脱氢木香内酯、β－谷甾醇、胆甾醇、亚油酸甘油酯、硬脂酸、软脂酸、蔗糖、毛地黄黄酮–5,3′－二甲酯、邻苯二甲酸二异丁酯、邻苯二甲酸二正丁酯。

药理作用 所含的有效成分对小鼠肺腺癌细胞显示出一定的抑制作用。

其他与鸦葱相同。

753. 华北鸦葱 *Scorzonera albicaulis* Bunge

别名 笔管草、白茎雅葱、细叶鸦葱、猪尾巴、羊奶子、倒扎草、茅草细辛、独脚茅草。

识别要点 多年生草本，幼株密被蛛丝状绵毛。茎直立，具沟槽，基部被残叶鞘，上部分枝。基生叶线形，有时超出茎，具5～7条平行脉，表面无毛，背面疏被柔毛；茎生叶与基生叶同形，较小，无柄；抱茎，向上渐小。头状花序数个，排成伞房状；总苞狭筒形；舌状花黄色，背面稍带淡紫色。瘦果无毛，黄褐色，具纵肋，冠毛黄褐色。果期6～9月。（图3–753–1～3–753–2，见940页）

生境与分布 生长于干山坡、固定沙丘、砂质地、山坡灌丛、林缘、路旁等处。分布于东北、华北、华东、陕西等地。

药用部位 根。

采集加工 秋季采收，除去须根，洗净晒干或蒸后晒干。

性味归经 甘、苦，微凉。归肝、肺经。

功能主治 清热解毒，祛风除湿，理气活血。适用于外感风寒，发热头痛，久年哮喘，风湿痹痛，妇女倒经，跌打损伤，带状疱疹，疔疮。

754. 桃叶鸦葱 *Scorzonera sinensis* Lipsch. et Krasch. ex Lipsch.

别名 老虎嘴、皱叶鸦葱。

识别要点 多年生草本植物，具乳汁。根粗壮，根系稠密而厚实，纤维状，褐色。茎单生或 3 ～ 4 个聚生，无毛，有白粉。基生叶披针形或宽披针形，无毛，有白粉，边缘皱波状，叶柄基部宽鞘状抱茎；茎生鳞片状，半抱茎。头状花序单生于茎顶，总苞筒形；舌状花黄色，外面玫瑰色。瘦果圆柱形，无喙，有纵沟。冠毛白色。花、果期 4 ～ 6 月。（图 3–754–1 ～ 3–754–3，见 940 页）

生境与分布 生长于沙丘、荒地、山坡、丘陵地或灌木林下。分布于吉林、辽宁、内蒙古、河北、河南、山西、陕西、甘肃、山东、江苏。

药用部位 根。

采集加工 夏季采挖，洗净，晒干。

药理作用 桃叶鸦葱可显著抑制肉芽组织增生，显著抑制足肿胀，明显降低醋酸诱发的小鼠扭体次数，具有显著的抗炎作用和镇痛作用。

性味归经 辛，凉。归肺、肝经。

功能主治 清热解毒，疗疮。适用于外感风热，疔毒恶疮，乳痈。

（三百三十九）黄鹌菜属 *Youngia* Cass.

药用记载 黄鹌菜 *Youngia japonica*（L.）DC. 的根或全草在《全国中草药汇编》《中药大辞典》《中华本草》中记载为黄鹌菜。碱黄鹌菜 *Y. stenoma*（Turcz.）Ledeb. 的全草在《全国中草药汇编》《中华本草》中记载为碱黄鹌菜。

755. 细叶黄鹌菜 *Youngia tenuifolia*（Willd.）Babcock. et Stebbins FOC 修订为细叶假还阳参 *Crepidiastrum tenuifolium*

别名 蒲公幌、细叶黄鹌草、细叶黄鹌茶、薄叶黄鹌菜、杨给日干那（蒙名）、杨给日干纳（蒙名）。

识别要点 多年生草本。根木质，垂直直伸。茎直立，全部茎枝无毛。基生叶多数或极多数，羽状全裂或深裂；中上部茎叶向上渐小。头状花序直立；在枝顶端排成伞房花序或伞房圆锥花序。总苞圆柱状，近顶端有角状附属物。小花舌状黄色，花冠管外面有微柔毛。瘦果黑色或黑褐色，顶端无喙，有粗纵肋，肋上有小刺毛。冠毛白色。花果期 7 ～ 9 月。（图 3–755–1 ～ 3–755–2，见 940 ～ 941 页）

生境与分布 生长于山坡、高山与河滩草甸、水边及沟底砾石地。分布于东北、内蒙古、河北、新疆、西藏。

药用部位 根及全草。

采集加工 春季采收全草，秋季采根，鲜用或切段晒干。

性味归经 甘、微苦，凉。归肝、肾经。

功能主治 清热解毒，利尿消肿。适用于感冒，咽痛，眼结膜炎，乳痈，疮疖肿毒，毒蛇咬伤，痢疾，肝硬化腹水，急性肾炎，淋浊，血尿，白带异常，风湿关节炎，跌打损伤。

附注 东北地区以细叶黄鹌菜做黄鹌菜入药。

756. 碱黄鹤菜 *Youngia stenoma*（Turcz.）Ledeb. FOC 修订为碱小苦苣菜 *Sonchella stenoma*

别名 细茎黄鹌菜、好吉日苏格－杨给日干纳（蒙名）。

识别要点 一年生草本。茎直立，不分枝。叶基生或互生；根生叶线形，基部狭长成柄，全缘或具微齿；茎生叶无柄，较小，狭线形。头状花序有梗，组成总状；总苞筒状，苞片少；全为舌状花，黄色。瘦果扁，冠毛白色。花、果期 7 ～ 9 月。（图 3–756–1 ～ 3–756–2，见 941 页）

生境与分布 生长于河滩、草甸、盐碱性的低湿地。分布于东北、内蒙古、甘肃、宁夏等省区。

药用部位 全草。

采集加工 夏、秋季采收，切段晒干。

性味归经 微苦，寒。归肝经。

功能主治 清热解毒，消肿止痛。适用于疔疮肿毒。

（三百四十）蒲公英属 *Taraxacum* F. H. Wigg.

药用记载 蒲公英 *Taraxacum mongolicum* Hand.– Mazz.、华蒲公英 *T. borealisinense* Kitam.、东北蒲公英 *T. ohwianum* Kitam.、异苞蒲公英 *T. heterolepis* Nakai et Koidz.、亚洲蒲公英 *T. asiatisc* Dadlst.、红梗蒲公英 *T. erpyhropodium* kitag. 等同属多种植物的全草在《中国药典》《中药大辞典》《中华本草》中记载为蒲公英。

757. 蒲公英 *Taraxacum mongolicum* Hand.– Mazz.

别名 黄花地丁、婆婆丁、蒲公草、白鼓丁、真痰草、狗乳草、奶汁草、鬼灯笼、黄花草、姑姑草。

识别要点 多年生草本。全株含白色乳汁。根深长。叶根生，莲座状；具叶柄，叶片线状披针形，不规则羽状分裂，裂片间有细小锯齿，被白色蛛丝状毛。头状花序单一，顶生，全为舌状花，两性；总苞片多层，边缘膜质；花托平坦；花冠黄色，先端平截，常裂。瘦果具纵棱，果上有刺状凸起，果顶具喙；冠毛白色。花期 4 ～ 5 月，果期 6 ～ 7 月。（图 3–757–1 ～ 3–757–3，见 941 页）

生境与分布 生长于山坡草地、路旁、河岸、沙地及田间。分布于东北、华北、华东、华中、西南及陕西、甘肃、青海等地。

药用部位 全草。

采集加工 4 ～ 5 月开花前或刚开花时连根挖取，除去泥土，晒干。

化学成分 蒲公英全草含蒲公英甾醇、胆碱、菊糖、果胶等。根中含蒲公英醇、蒲公英赛醇、β－

香树脂醇、豆甾醇、β－谷甾醇、胆碱、咖啡酸、棕榈酸、蜂蜡酸等。叶含叶黄素、堇黄质、叶绿酯、维生素 C 及 D 等。花含山金车二醇、β－谷甾醇、叶酸和维生素 C 等。

药理作用 ①注射液试管内对金黄色葡萄球菌等有一定杀菌作用。②叶有疏通乳腺阻塞，促进泌乳的作用。③对巨噬细胞具有更强的激活能力，长期给药对肿瘤细胞有效。④临床上治疗慢性胆囊痉挛及结石症有效。⑤有利尿健胃，轻泻等作用。

性味归经 苦、甘，寒。归肝、胃经。

功能主治 清热解毒，消肿散结，利尿通淋。适用于乳痈，肺痈，肠痈，痄腮，疔毒疮肿，目赤肿痛，感冒发热，咳嗽，咽喉肿痛，胃火，肠炎，痢疾，肝炎，胆囊炎，尿路感染，蛇虫咬伤。

用药警戒 阳虚外寒、脾胃虚弱者忌用。

758. 大头蒲公英 *Taraxacum calanthodium* Dahlst.

别名 库芒（维名）、库札（维名）。

识别要点 多年生草本。根颈部有褐色残存叶基。叶宽披针形或倒卵状披针形，羽状深裂，侧裂片顶端裂片较大。花莛数个，顶端多少密被蛛丝状柔毛；头状花序大；总苞片干后黑色或墨绿色，有明显的白色或淡褐色膜质边缘；外层总苞片宽卵状披针形或卵形；舌状花黄色，边缘花舌片背面具红紫色条纹，花柱和柱头暗绿色，干时黑色。瘦果黄褐色，冠毛淡污黄白色。花果期 5 ～ 8 月。（图 3–758–1 ～ 3–758–2，见 942 页）

生境与分布 生长于高山草地。分布于东北、新疆。

药用等各项同蒲公英。

759. 东北蒲公英 *Taraxacum ohwianum* Kitam.

别名 婆婆丁。

识别要点 多年生草本。根粗长。叶倒披针形，两面疏生柔毛，侧裂片 4 ～ 5 对，稍下倾，具疏齿，稀全缘，顶端的裂片大，扁菱形或三角形，全缘。花莛多数；头状花序下面有疏绒毛；外层总苞片宽卵形或披针形，疏生长柔毛，顶端尖或稍钝，淡粉色，无小角；舌状花黄色。瘦果淡褐色，具纵沟，上部有尖小瘤；冠毛污白色。花期 5 ～ 8 月，果期 6 ～ 9 月。（图 3–759–1 ～ 3–759–2，见 942 页）

生境与分布 生长于山野、山坡路旁、溪流边。分布于我国东北。

药用等各项同蒲公英。

760. 异苞蒲公英 *Taraxacum heterolepis* Nakai et Koidz.

别名 蒲公英、婆婆丁。

识别要点 多年生草本，全体含乳汁。根圆柱状，深褐色，粗壮。叶片肥大，宽倒披针形或条形，先端锐尖或钝，基部渐狭成柄，顶裂片三角形，侧裂片长三角形或近条形，裂片常较远隔，其间夹生小裂片或齿。花莛较叶短，总苞钟状，总苞片披针形，背部先端具角状凸起；舌状花冠黄色。瘦果上部有刺状凸起；冠毛白色。花期 6 ～ 7 月，果期 7 ～ 9 月。（图 3–760–1 ～ 3–760–2，见 942 页）

生境与分布 生长于湿润草地原野、路旁、林缘附近。分布于我国东北、内蒙古。

药用等各项同蒲公英。

761. 药用蒲公英 *Taraxacum officinale* F. H. Wigg.

别名 蒲公英、药蒲公英、西洋蒲公英。

识别要点 多年生草本。根颈部密被黑褐色残存叶基。叶狭倒卵形、长椭圆形，稀少倒披针形，大头羽状深裂或羽状浅裂，裂片间常有小齿或小裂片，叶基有时显红紫色。花莛多数，长于叶，顶端被丰富的蛛丝状毛，基部常显红紫色；总苞宽钟状，总苞片绿色，无角，有时略呈胼胝状增厚；舌状花亮黄色，花冠喉部及舌片下部的背面密生短柔毛。瘦果浅黄褐色，冠毛白色，花果期 6 ～ 8 月。（图 3–761–1 ～ 3–761–2，见 943 页）

生境与分布 生长于低山草原、森林草甸或田间与路边。分布于东北、内蒙古、新疆。

药用等各项同蒲公英。

762. 斑叶蒲公英 *Taraxacum variegatum* Kitag.

别名 婆婆丁、黄花地丁、奶汁草。

识别要点 多年生草本。根粗壮，深褐色，圆柱状。叶倒披针形或长圆状披针形，近全缘，不分裂或具倒向羽状深裂，叶面有暗紫色斑点或斑纹，基部渐狭成柄。花莛上端疏被蛛丝状毛，总苞钟状，花期不反卷；舌状花黄色，边缘花舌片背面具暗绿色宽带。瘦果倒披针形或矩圆状披针形，淡褐色，上部有刺状凸起，下部有小钝瘤；冠毛白色。花果期 4 ～ 6 月。（图 3–762–1 ～ 3–762–2，见 943 页）

生境与分布 生长于山坡路旁、沟旁或盐碱地带。分布于东北、河北、内蒙古、新疆等地。

药用等各项同蒲公英。

763. 朝鲜蒲公英 *Taraxacum coreanum* Nakai

别名 白花蒲公英。

识别要点 多年生草本。根圆锥形，褐色或深褐色。叶倒披针形或线状披针形，先端锐尖，基部渐狭成柄。花莛数个，顶端幼时密被白色绵毛，后光滑；头状花序；总苞宽钟状，外层先端具明显角状凸起，带红紫色，边缘疏生缘毛；内层先端暗紫色；舌状花白色，稀淡黄色，边缘花舌片背面有紫色条纹。瘦果褐色，冠毛白色。花果期 4 ～ 6 月。（图 3–763–1 ～ 3–763–2，见 943 页）

生境与分布 生长于原野、路旁。分布于东北、内蒙古、河北。

药用等各项同蒲公英。

764. 芥叶蒲公英 *Taraxacum brassicaefolium* Kitag.

别名 婆婆丁、芥叶莆公英、得米格力格 – 巴格巴盖 – 其其格（蒙名）。

识别要点 多年生草本。叶宽倒披针形，或宽线形，似芥叶羽状深裂或大头羽裂半裂，基部渐狭成短柄，具翅。花莛数个，常为紫褐色；头状花序；总苞宽钟状，花期不反卷，外层先端具短角状凸起，内层先端带紫色；花序托有小的卵形膜质托片；舌状花黄色，边缘花舌片背面具紫色条纹。瘦果倒卵状长圆形。花果期 4 ～ 6 月。（图 3–764–1 ～ 3–764–3，见 944 页）

生境与分布 生长于河边、林缘、路旁。分布于东北、内蒙古、河北。

药用等各项同蒲公英。

765. 光苞蒲公英 *Taraxacum lamprolepis* kitag

识别要点 多年生草本。叶倒披针形至线形，顶端裂片小，戟形、正三角形或狭卵形。花莛顶端疏被蛛丝状毛或无毛；头状花序；总苞钟状；外层先端渐尖，略增厚或具很短的角状凸起，有黑绿色透明边缘，无毛或疏被蛛丝状毛；内层先端多少具暗紫色短角状凸起。舌状花黄色，边缘花舌片背面具暗色条纹。瘦果矩圆状倒卵形，棕褐色，上部具刺状凸起，下部多少具瘤状凸起；冠毛白色。花果期 5 ～ 7 月。（图 3–765–1 ～ 3–765–2，见 944 页）

生境与分布 生长于山野向阳地。分布于东北、内蒙古。

药用等各项同蒲公英。

766. 多葶蒲公英 *Taraxacum multiscaposum* Schischk.

别名 多莛蒲公英。

识别要点 多年生草本。根颈部无残存叶基。叶倒卵圆形、狭倒卵形至长椭圆形，不分裂、具波状齿，或羽状浅裂至深裂，裂片边缘有小牙齿，叶基常显红紫色。花莛长于叶，总苞宽钟状，总苞片先端钝，外层总苞片浅绿色，卵圆形至宽披针形，反卷，具窄膜质边缘，几与内层总苞片等宽；内层总苞片绿色；舌状花黄色，花冠无毛，边缘花舌片背面有紫色条纹。瘦果黄褐色，其余部分具小瘤状凸起；冠毛白色。花果期 5 ～ 7 月。（图 3–766–1 ～ 3–766–2，见 944 ～ 945 页）

生境与分布 生长于低山草原、荒漠区汇水洼地，也见于农田水边、路旁。分布于东北、新疆等地。

药用等各项同蒲公英。

767. 小花蒲公英 *Taraxacum parvulum*（Wall.）DC.

别名 小蒲公英。

识别要点 多年生矮小草本。叶倒披针形，全缘或大头羽状半裂至深裂，侧裂片近三角形至长三角形，相互连接或有间距，平展。花莛较短，顶端密生蛛丝状毛；头状花序总苞小，外层总苞片略呈覆瓦状排列，淡绿色，具明显的宽膜质边缘，先端增厚或光滑，中间常为黑色条带；内层总苞片线形，有膜质边缘，先端紫色；舌状花黄色，边缘花舌片背面有紫色条纹，花柱和柱头黄色。瘦果淡橘黄至棕色；冠毛白色。花果期 5 ～ 8 月。（图 3–767–1 ～ 3–767–2，见 945 页）

生境与分布 生长于沼泽地、河滩草甸以及山坡草地。分布于东北、山西、青海、四川西部、云南西北部及西藏。

药用等与蒲公英相同。

768. 白缘蒲公英 *Taraxacum platypecidum* Diels

别名 热河蒲公英，山蒲公英，河北蒲公英。

识别要点 多年生草本。根颈部有黑褐色残存叶柄。叶宽倒披针形或披针状倒披针形，羽状分裂，裂片三角形，全缘或有疏齿，侧裂片较大，三角形，疏被蛛丝状柔毛或几无毛。花葶 1 至数个，上部密被白色蛛丝状绵毛；头状花序大型；总苞宽钟，外层总苞片宽卵形，中央有暗绿色宽带，边缘为宽白色膜质；舌状花黄色，边缘花舌片背面有紫红色条纹，花柱和柱头暗绿色，干时多少黑色。瘦果淡褐色，冠毛白色。花果期 3 ～ 6 月。（图 3-768-1 ～ 3-768-4，见 945 页）

生境与分布 生于山坡草地或路旁。分布于东北、内蒙古、河北、山西、陕西、河南、湖北、四川等省区。

药用等与蒲公英相同。